Nouvelles Observations Sur Les Abeilles

Les tomes
I et II

Edition du bicentenaire
(1814 - 2014)

Par François Huber

Les Nouvelles Observations Sur Les Abeilles
Les tomes I et II Edition du bicentenaire (1814
- 2014)

Ecrit par François Huber entre 1789 et 1814.
Le premier tome a été publié en 1792 et une série de
deux tomes (avec en plus le deuxième tome) a été
publiée en 1814.

Améliorations des gravures et autres parties
Copyright X-Star Publishing Company, 2012-2014

Collaborateurs: François Huber; François Burnens; Pierre
Huber; Maria Aimée Lullin Huber; Jean Senebier; Charles
Bonnet; Christine Jurine; John Hunter

X-Star Publishing Company
Nehawka, Nebraska, USA
xstarpublishing.com

ISBN 978-161476-156-3
844 pages
149 Illustrations

Notes du Transcripteur

Pour autant que je le sache, ce merveilleux ouvrage n'a plus été disponible en français depuis son édition de 1814. J'ai voulu le rééditer à l'occasion du bicentenaire de sa première publication par Huber en 1814.

Dans cette édition, il y a de nouvelles gravures numérisées provenant de copies très bien conservées des deux tomes des « Nouvelles Observations sur les Abeilles » édition originale de 1814. Une gravure additionnelle du travail d'Huber venant du livre de Cheshire et une gravure de François Huber tirée de l'édition anglaise de Dadant ont été incluses. De plus, sept photos d'une reproduction de qualité de la ruche en feuillets d'Huber provenant d'un musée ont été aussi incluses. Toutes les figures ont été coupées, agrandies et placées dans le texte à l'endroit où elles sont citées. Les photos des planches originales ont été incluses à la fin du livre pour des raisons artistiques et historiques.

Pour replacer ce livre dans son contexte, j'y ai inclus un mémoire d'Huber par le professeur de Candolle, un ami d'Huber. Cela donne un petit aperçu de la vie d'Huber. Certaines orthographes de l'ancien français ont été mises à jour et des notes ont été ajoutées pour présenter les mesures en métrique moderne. Des rubriques et des sous-rubriques ont été ajoutées pour rendre les sujets particuliers plus faciles à retrouver dans le texte. Ces rubriques et sous-rubriques figurent aussi dans la table des matières. Une table des illustrations est aussi incluse.

Pour replacer ce texte dans son contexte historique, la conjecture initiale d'Huber est basée sur la pensée actuelle à propos des reines et de leur fertilité.

La parthénogenèse n'a pas été proposée, encore moins prouvée par Dzierzon, et ne fut pas publiée jusqu'en 1845, alors certaines hypothèses d'Huber sur la ponte des faux-bourdons sont désuètes. Mais à l'opposé de sa conjecture qu'il définit clairement comme une conjecture, je pense que vous trouverez ses observations vraies et correctes et il fait toujours attention à bien les distinguer les unes des autres. Aussi, durant la rédaction du premier volume, Huber n'avait pas encore fait sa recherche sur les origines de la cire qui apparaîtra dans le tome II.

—Michael Bush, Transcripteur

Table des matières

Table des illustrations

Tome I

En publiant mes observations sur les abeilles, je ne dissimulerai point que ce n'est pas de mes propres yeux que je les ai faites. Par une suite d'accidents malheureux, je suis devenu aveugle dans ma première jeunesse ; mais j'aimais les sciences, et je n'en perdis pas le goût en perdant l'organe de vue. Je me fis lire les meilleurs ouvrages sur la physique et sur l'histoire naturelle : j'avais pour lecteur un domestique (François Burnens, né dans le Pays-de-Vaud), qui s'intéressait singulièrement à tout ce qu'il me lisait : je jugeai assez vite par ses réflexions sur nos lectures, et par les conséquences qu'il savait en tirer, qu'il les comprenait aussi bien que moi, et qu'il était né avec les talents d'un observateur. Ce n'est pas le premier exemple d'un homme, qui, sans éducation, sans fortune, et dans les circonstances les plus défavorables, ait été appelé par la nature seule à devenir naturaliste. Je résolus de cultiver son talent et de m'en servir un jour pour les observations que je projetais : dans ce but, je lui fis répéter d'abord quelques-unes des expériences les plus simples de la physique ; il les exécuta avec beaucoup d'adresse et d'intelligence ; il passa ensuite à des combinaisons plus difficiles. Je ne possédais pas alors beaucoup d'instruments, mais il savait les perfectionner, les appliquer à de nouveaux usages, et, lorsque cela devenait nécessaire, il faisait lui-même les machines dont nous avions besoin. Dans ses diverses occupations, le goût qu'il avait pour les sciences devint bientôt une véritable passion, et je n'hésitai plus à lui donner toute ma confiance, parfaitement assuré de voir bien en voyant par ses yeux.

La suite de mes lectures m'ayant conduit aux beaux mémoires de M. de Réaumur sur les abeilles, je trouvai dans cet ouvrage un si beau plan d'expériences, des observations faites avec tant d'art, une logique si sage, que je résolus d'étudier particulièrement ce célèbre auteur, pour nous former mon lecteur et moi à son école, dans l'art si difficile d'observer la nature. Nous commençâmes à suivre les abeilles dans des ruches vitrées, nous répétâmes toutes les expériences de M. de Réaumur, et nous obtînmes exactement les mêmes résultats, lorsque nous employâmes les mêmes procédés. Cet accord de nos observations avec les siennes me fit un extrême plaisir, parce qu'il me donnait la preuve que je pouvais m'en rapporter absolument aux yeux de mon élève. Enhardis par ce premier essai, nous tentâmes de faire sur les abeilles des expériences entièrement neuves ; nous imaginâmes diverses constructions de ruches auxquelles on n'avait point encore pensé, et qui présentaient de grands avantages, et nous eûmes le bonheur de découvrir des faits remarquables qui avaient échappé aux Swammerdam, aux Réaumur et aux Bonnet. Ce sont ces faits que je publie dans cet écrit : il n'en est aucun que nous n'ayons vu et revu plusieurs fois, pendant les cours de huit années que nous nous sommes occupés de recherches sur les abeilles.

On ne peut se faire une juste idée de la patience et de l'adresse avec lesquelles Burnens a exécuté les expériences que je vais décrire : il lui est arrivé souvent de suivre pendant vingt-quatre heures, sans prendre ni repos ni nourriture, de suivre, dis-je, quelques abeilles ouvrières de nos ruches, que nous avions lieu de croire fécondes, afin de les surprendre au moment où elles pondraient des yeux. D'autres fois, lorsqu'il nous importait d'examiner toutes les mouches qui habitaient une ruche, il ne recourait pas à l'opération du bain, qui est si simple et si facile, parce qu'il avait aperçu que le séjour dans l'eau défigure les abeilles jusqu'à un certain point, et ne permet plus de reconnaître les petites différences de conformation que nous voulions constater ; mais il prenait entre ses doigts, une à une, toutes les abeilles, et les examinait avec attention sans redouter leur colère : il est vrai qu'il avait acquis une telle dextérité, qu'il évitait pour l'ordinaire les coups d'aiguillon ; mais il n'était pas toujours aussi heureux, et lors même qu'il était piqué, il continuait son examen avec la tranquillité la plus parfaite. Je me reprochais fréquemment de mettre son courage et sa patience à une telle épreuve, mais il s'intéressait aussi vivement que moi au succès de nos expériences, et dans l'extrême désir qu'il avait d'en connaître les résultats, il comptait pour rien la peine, la fatigue et les douleurs passagères des piqûres. Si donc il y a quelque mérite dans nos découvertes, j'en dois partager l'honneur avec lui ; et c'est une grande satisfaction pour moi de lui assurer cette récompense, en lui rendant publiquement justice.

Tel est le récit fidèle des circonstances dans lesquelles je me suis trouvé : je ne me cache point que j'ai beaucoup à faire pour gagner la confiance des naturalistes ; mais pour être plus sûr de l'obtenir, je me permettrai ici un léger mouvement d'amour-propre. J'ai communiqué successivement à M. C. Bonnet mes principales observations sur les abeilles ; il les a trouvées bonnes, il m'a exhorté lui-même à les publier, et c'est avec sa permission que je les fais paraître sous ses auspices. Ce témoignage de son approbation est si glorieux pour moi, que je n'ai pu me refuser au plaisir d'en informer mes lecteurs.

Je ne demande point qu'on ne me croie uniquement sur ma parole : je raconterai nos expériences et les pré-

cautions que nous avons prises : je détaillerai si exactement les procédés que nous avons employés, que tous les
observateurs pourront répéter ces expériences ; et si
alors, comme je n'en doute point, ils obtiennent les
mêmes résultats que moi, j'aurai cette consolation, que la
perte de ma vue ne m'aura pas rendu tout-à-fait inutile
aux progrès de l'Histoire Naturelle.

Lettre première—Sur la fécondation de la reine-Abeille

Pregny, 13 Août 1789.

Monsieur,

Lorsque j'ai eu l'honneur de vous rendre compte à Genthod de mes principales expériences sur les abeilles, vous avez désiré que j'en écrivisse tous les détails, et que je vous les envoyasse, pour que vous pussiez en juger avec plus d'attention. Je me suis donc pressé d'extraire de mes journaux les observations ci-jointes. Rien ne pouvait être aussi flatteur pour moi que l'intérêt que vous voulez bien prendre au succès de mes recherches. Permettez-moi donc de vous rappeler la promesse que vous m'avez donnée de m'indiquer de nouvelles expériences à tenter.

Observation des ruches

Après avoir longtemps suivi les abeilles dans des ruches vitrées, construites sur les proportions qu'indique M. de Réaumur, vous avez senti, Monsieur, que leur forme n'était pas favorable à l'observateur, parce que ces ruches sont trop épaisses, que les abeilles y construisent deux rangs de gâteaux parallèles, et que conséquemment tout ce qui se passe entre ces gâteaux échappe à l'observation : d'après cette remarque, qui est parfaitement juste, vous avez conseillé aux naturalistes de se servir de ruches beaucoup plus plates, ou dont les verres fussent tellement rapprochés l'un de l'autre, qu'il ne put y avoir entre eux qu'un seul rang de gâteaux. J'ai suivi votre conseil, Monsieur ; j'ai fait faire des ruches de dix-huit lignes d'épaisseur seulement, et je n'ai pas eu de peine à y établir des essaims. Mais il ne faut pas s'en rapporter aux abeilles du soin de construire un gâteau simple dans le plan de la ruche ; elles ont été instruites par la nature à bâtir des gâteaux parallèles, c'est une loi à laquelle elles ne dérogent jamais, lorsqu'on ne les y force pas par quelque disposition particulière : si donc on les laissait faire dans nos ruches minces, comme elles ne pourraient pas construire deux gâteaux parallèles au plan de la ruche, elles en construiraient plusieurs petits, perpendiculaires à ce plan, et alors tout ce qui passerait entre les gâteaux serait également perdu pour l'observateur : il faut donc arranger d'avance les gâteaux. Je les fais placer de manière que leur plan soit bien perpendiculaire à l'horizon, et que leurs deux surfaces soient des deux côtés à trois ou quatre lignes des verres de la ruche. Cette distance laisse aux abeilles une liberté suffisante, mais elle leur ôte celle de former, en s'accumulant, des grappes ou des massifs trop épais sur la surface des gâteaux. A l'aide de ces précautions, les abeilles s'établissent facilement dans des ruches aussi minces : elles y font leurs travaux avec la même assiduité et le même ordre, et comme il n'y a aucune cellule qui n'y soit à découvert, nous sommes parfaitement sûrs que les abeilles ne peuvent nous y cacher aucun de leurs mouvements.

Description de la ruche inventée par l'auteur

Il est vrai qu'en obligeant ces mouches à se contenter d'une habitation où elles ne pouvaient construire qu'un seul rang de gâteaux, j'avais, jusqu'à un certain point, changé leur situation naturelle, et cette circonstance pouvait paraître capable d'altérer plus ou moins leur instinct. J'imaginai donc, pour prévenir toute espèce d'objection, une forme de ruches ordinaires, où les abeilles construisent plusieurs rangs de gâteaux parallèles. En voici en peu de mots la description.

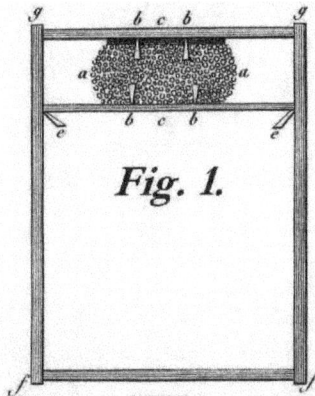

Fig. 4.

Fig. 1.

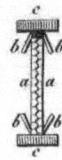

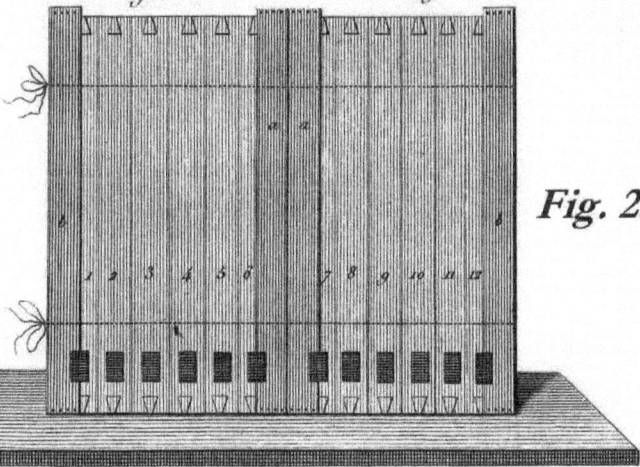

Fig. 2.

Fig. 3.

Tome 1 Planche I—Ruche en livre.

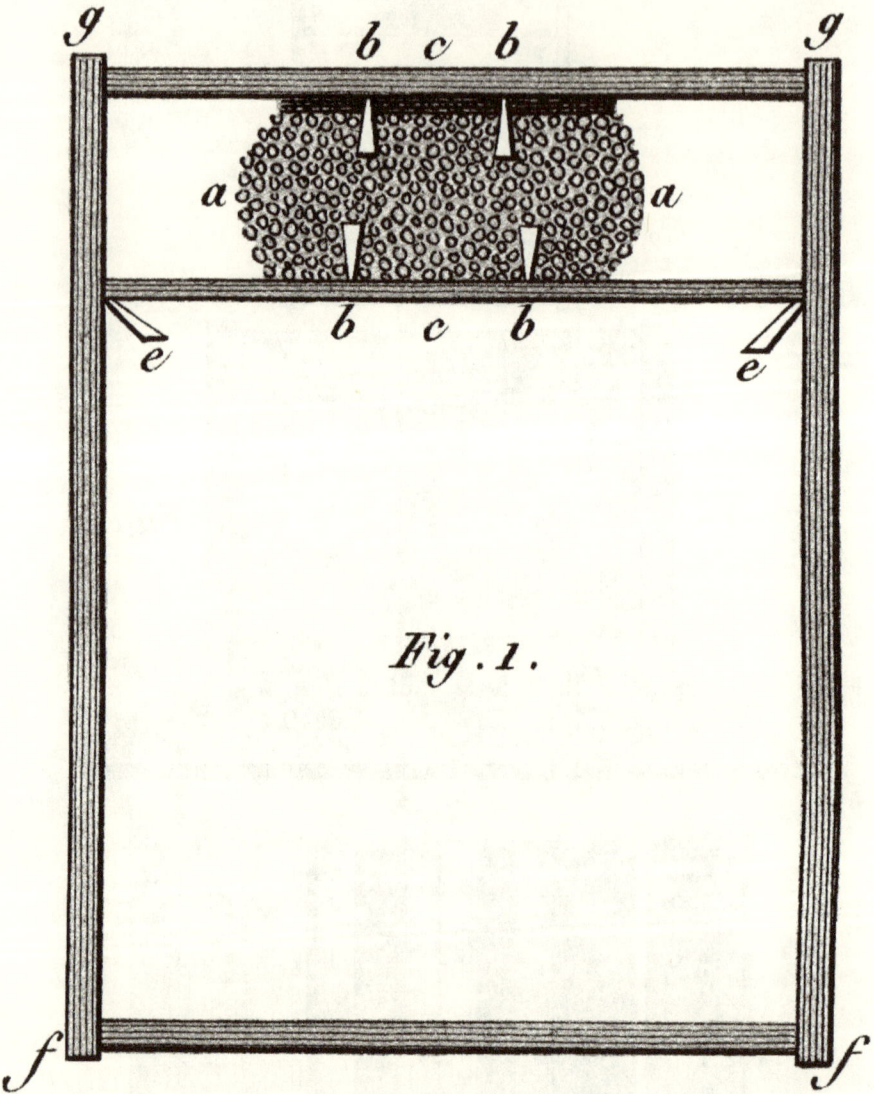

Fig. 1.

Tome 1 Planche I Fig. 1—Ruche en livre, un châssis.

Tome 1. *Explication de la planche première.*

La ruche *en livre* est composée de la réunion de douze châssis placés verticalement et parallèlement les uns aux autres.

La figure 1ère représente un de ces châssis : les montants *fg*, *fg* doivent avoir douze pouces, et les traverses *ff*, *gg* neuf ou dix ; l'épaisseur des montants et des traverses sera d'un pouce, et leur largeur de quinze lignes ; il est important que cette dernière mesure soit exacte.

aa, Parcelle de gâteau qui sert à diriger les abeilles dans leurs travaux.

d Liteau mobile qui sert à supporter sa partie inférieure.

bb, *bb*, Chevilles dont l'usage est de contenir le gâteau dans le plan du châssis : il y en a quatre de l'autre côté que l'on ne peut voir dans cette figure ; mais la figure 4 montre comment elles doivent être placées.

ee, Chevilles plantées dans les traverses au-dessous du liteau mobile, dans les montants, et pour le soutenir.

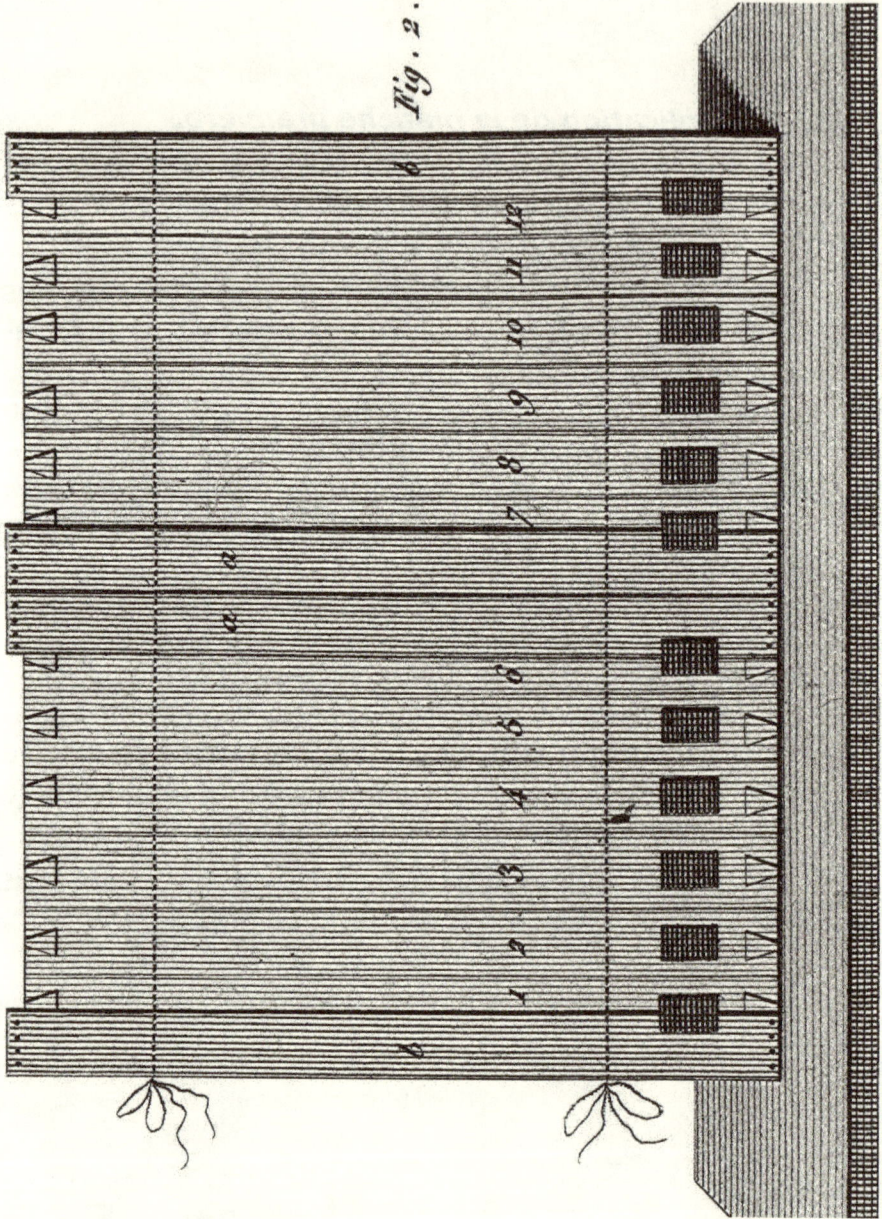

Tome 1 Planche I Fig. 2—Ruche en livre, fermée.

La figure 2 représente une ruche en livre, composée de douze cadres tous numérotés. On voit entre le sixième et le septième châssis, deux planches avec leurs recouvrements qui divisent cette ruche en deux parties égales, et qui n'y doivent être placées que lorsqu'on veut la séparer pour former un essaim artificiel. Elles sont désignées par *aa*.

bb, Planches qui ferment les deux côtés de la ruche, et qui ont des recouvrements.

On voit des portes au bas de chacun des cadres de cette ruche ; toutes doivent être fermées, à la réserve des cadres n^{0}1 et n^{0}12 ; mais il faut qu'elles puissent s'ouvrir à volonté.

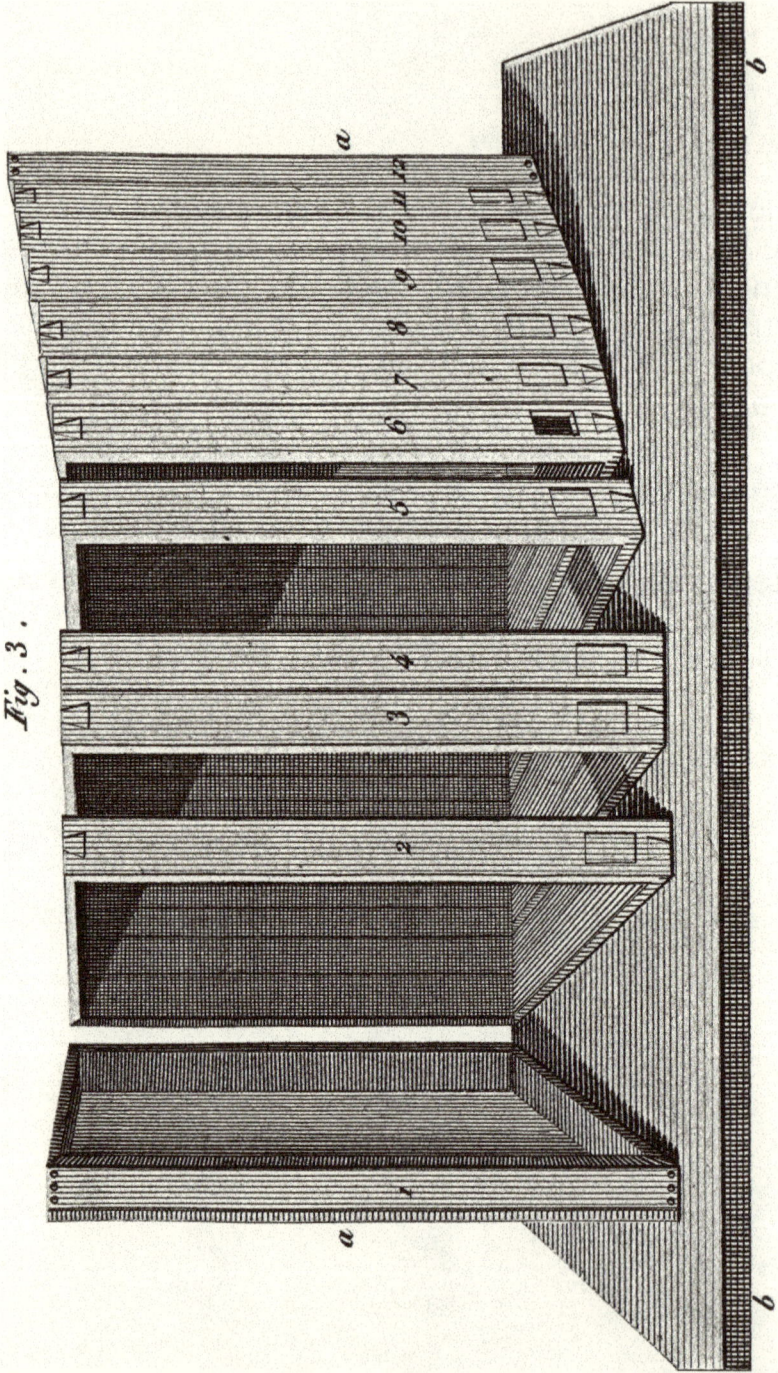

Tome 1 Planche I Fig. 3—Ruche en livre, ouverte.

La figure 3 fait voir la ruche en livre ouverte en partie, pour faire sentir que les châssis dont elle est composée peuvent être unis par une charnière quelconque, et s'ouvrir comme les feuillets d'un livre.

aa, Sont des recouvrements qui la ferment par les côtés.

Fig. 4.

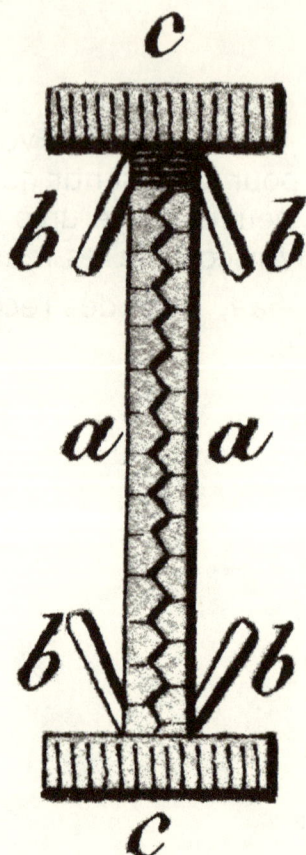

Tome 1 Planche 1 Fig. 4—Ruche en livre, vue transversale du châssis dans la Fig. 1.

La figure 4 n'est autre chose que la figure 1ère vue d'un autre sens.

aa, Parcelle de gâteau qui sert à diriger les abeilles.

bb, *bb*, Chevilles disposées en pinces, qui servent à le contenir dans le sens du châssis.

cc, Portions des deux liteaux, l'un supérieur et fixe sert à retenir le gâteau dans sa situation verticale ; l'autre inférieur et mobile sert à le supporter par-dessous.

Je me procurai plusieurs petits châssis de sapin d'un pied en carré, et de quinze lignes d'épaisseur : je les fis joindre tous ensemble par des charnières, en sorte qu'ils pussent s'ouvrir et se fermer à volonté comme les feuillets d'un livre, et je fis couvrir les deux châssis extérieurs par des carreaux de verre qui représentaient la couverture du livre. Lorsque nous voulions employer les ruches de cette forme, nous avions soin de fixer un gâteau de cellules dans le plan de chacun de nos châssis ; nous introduisions ensuite toute la quantité d'abeilles dont nous avions besoin pour chaque expérience particulière ; puis en ouvrant successivement les divers châssis, nous inspections plusieurs fois, tous les jours, chaque gâteau sur ses deux surfaces : il n'y avait donc pas dans ces ruches une seule cellule où nous ne pussions suivre à chaque instant ce qui se passait ; je pourrais presque dire qu'il n'y avait pas une seule mouche que nous ne connussions particulièrement. Dans le fait, cette construction n'est autre chose qu'une réunion de plusieurs ruches fort aplaties, qu'on peut séparer les unes des autres à volonté : je conviens qu'il ne faut pas visiter les abeilles lorsqu'elles habitent des domiciles de ce genre, avant qu'elles aient elles-mêmes fixé solidement leurs gâteaux dans les châssis ; ils pourraient sans cette précaution sortir du plan des cadres, tomber sur les abeilles, en écraser ou en blesser quelques-unes, et les irriter à tel point, que l'observateur ne pourrait éviter des piqûres toujours désagréables et quelquefois dangereuses : mais bientôt elles s'accoutument à leur situation, elles s'apprivoisent en quelque sorte, et au bout de trois jours on peut opérer sur la ruche, l'ouvrir, emporter des portions de gâteaux, en remettre d'autres, sans que les mouches donnent des signes de mécontentement trop redoutables. Veuillez-vous souvenir, Monsieur, que lorsque vous vîntes dans ma retraite, je vous montrai une ruche de cette forme qui était depuis longtemps en expérience, et que vous fûtes singulièrement étonné de la tranquillité avec laquelle les abeilles permirent qu'on l'ouvrit.

J'ai répété toutes mes observations dans les ruches de cette dernière forme, et elles y ont eu exactement les mêmes résultats que dans celles qui étaient les plus minces. Je crois donc avoir détruit d'avance les objections qu'on aurait pu me faire sur les inconvénients supposés de mes ruches plates. Je n'ai, du reste, aucun regret d'avoir évité l'erreur, et d'ailleurs, j'ai trouvé dans ces dernières ruches, (que je nommerai *ruches en livre ou en feuillets*) quelques avantages qui les rendent très utiles, lorsqu'on veut s'occuper de la partie économique des abeilles. Je les détaillerai dans la suite si vous me le permettez.

Je viens actuellement, Monsieur, à l'objet particulier de cette lettre, la fécondation de la reine-abeille. Note: Je n'ose pas exiger de mes lecteurs que, pour comprendre mieux ce que j'ai à leur exposer, ils relisent les mémoires de Réaumur sur les abeilles, et ceux de la Société de Lusace, mais je les invite à méditer l'extrait qu'en a donné M. Bonnet dans ses œuvres, tome X de l'édition in-8, et V de l'édition in-4. Ils y trouveront un précis court et parfaitement clair de tout ce que les naturalistes avaient découvert jusqu'à présent sur ces mouches

Opinions sur la fécondation des abeilles

J'examinerai d'abord en peu de mots les différentes opinions des naturalistes sur le singulier problème que présente cette fécondation : je vous rendrai compte des observations les plus remarquables que leurs conjectures m'ont donné lieu de faire, et je décrirai ensuite les nouvelles expériences par lesquelles je crois avoir résolu le problème.

Opinion de Swammerdam

Swammerdam, qui avait observé les abeilles avec une assiduité constante, et qui n'était jamais parvenu à voir un accouplement réel entre un faux-bourdon et une

reine, se persuada que l'accouplement n'était point nécessaire à la fécondation des œufs ; mais comme il remarqua
que les faux-bourdons exhalent en certains temps une
odeur très forte, il s'imagina que cette odeur était une
émanation de l'aura seminalis, ou l'aura seminalis elle-
même, qui, en pénétrant le corps de la femelle, y opérait
la fécondation. Il se confirma dans sa conjecture, lorsqu'il
vint à disséquer les organes de la génération des mâles ;
il fut si frappé de la disproportion qu'ils présentent, comparés aux organes de la femelle, qu'il ne crût pas la copulation possible ; son opinion sur l'influence de l'odeur des
faux-bourdons avait d'ailleurs cet avantage, qu'elle expliquait très bien leur prodigieuse multiplication. Il y en a
souvent quinze cents ou deux mille dans une ruche, et
suivant Swammerdam, il fallait bien qu'ils y fussent en
grand nombre, pour que l'émanation qu'ils répandent eût
une intensité ou une énergie suffisante à la fécondation.

M. de Réaumur a déjà réfuté cette hypothèse par
des raisonnements justes et concluants ; cependant il n'a
point fait la seule expérience qui put la vérifier ou la
détruire d'une manière décisive. Il fallait enfermer tous les
faux-bourdons d'une ruche dans une boîte percée de trous
très fins, qui donnassent passage à l'émanation de l'odeur,
sans laisser passer les organes mêmes de la génération ;
placer cette boîte dans une ruche bien peuplée, mais
exactement privée des mâles de la grande et de la petite
taille, et se rendre attentif au résultat. Il est évident que
si, après avoir disposé les choses de cette manière, la
reine avait pondu des œufs féconds, l'hypothèse de
Swammerdam eût acquis beaucoup de vraisemblance, et
qu'au contraire, elle eût été renversée si la reine n'avait
pas pondu du tout, ou n'avait pondu que des œufs stériles. Nous avons fait cette expérience telle que je viens
de l'indiquer, avec toutes les précautions possibles, et la
reine est restée inféconde. Il est donc certain que

l'émanation de l'odeur des mâles ne suffit point à la féconder.

Opinion de M. de Réaumur

M. de Réaumur avait une autre opinion : il croyait que la fécondité de la reine-Abeille était la suite d'un accouplement réel ; il enferme quelques faux-bourdons avec une reine vierge, dans un poudrier ; il vit cette femelle faire beaucoup d'agaceries aux mâles ; cependant, comme il n'aperçut point de jonction assez intime pour qu'il pût l'appeler un véritable accouplement, il ne prononça point, et laissa la question indécise. Nous avons répété après lui son observation : nous avons renfermé, à diverses reprises, des reines vierges avec des faux-bourdons de tout âge, nous avons fait l'expérience dans toutes les saisons, et nous avons été témoins de toutes les petites agaceries, de toutes les avances faites aux mâles par la reine : nous avons même cru voir quelquefois entre eux une espèce de jonction, mais si courte et si imparfaite, qu'il n'était pas vraisemblable qu'elle pût opérer la fécondation. Cependant, comme nous ne voulions rien négliger, nous prîmes le parti d'enfermer dans sa ruche la reine vierge qui avait souffert cette approche d'un mâle, et de l'observer pendant quelques jours pour voir si elle serait devenue féconde. Nous fîmes durer sa prison plus d'un mois, et dans tout cet espace de temps, elle ne pondit pas un seul œuf ; elle était donc restée stérile. Ces jonctions instantanées n'opèrent donc pas la fécondation.

Opinion de M. de Braw

Vous avez rapporté, Monsieur, dans la Contemplation de la Nature. Partie XI, chapitre XXVII, les observations d'un naturaliste anglais, M. *de Braw*. Elles paraissaient faites avec exactitude, et éclaircir enfin le mystère de la fécondation de la reine-abeille. Note: voyez le volume LXVII des Transactions Philosophiques

Cet observateur, favorisé par le hasard, aperçut un jour au fond de quelques cellules où il y avait des œufs, une liqueur blanchâtre, en apparence spermatique, fort distincte au moins de la gelée que les ouvrières rassemblent ordinairement autour des vers nouvellement éclos. Il fut très curieux d'en connaître l'origine, et comme il conjectura que c'étaient des gouttes de la liqueur prolifique des mâles, il entreprit de veiller dans une de ses ruches tous les mouvements des faux-bourdons, pour les surprendre au moment où ils arroseraient les œufs. Il assure qu'il ne tarda pas à en voir plusieurs qui insinuaient la partie postérieure de leur corps dans les cellules, et qui y déposaient leur liqueur. Après avoir répété plusieurs fois cette première observation, il entreprit une assez longue suite d'expériences : il renferma un certain nombre d'ouvrières dans des cloches de verre avec une reine et quelques faux-bourdons, il leur donna des parcelles de gâteau où il n'y avait que du miel, et point de couvain, et il vit cette reine pondre des œufs que les mâles arrosèrent, et dont il sortit des vers. Lorsqu'au contraire, il ne renferma point de faux-bourdons dans la prison où il tenait la reine, cette femelle ne pondit point, ou ne déposa que des œufs stériles. Il n'hésita plus alors à donner comme un fait démontré que les mâles des abeilles fécondent les œufs de la reine à la manière des poissons et des grenouilles, c'est-à-dire, extérieurement après qu'ils sont pondus.

Cette explication avait quelque chose de très spécieux ; les expériences sur lesquelles elle était fondée, paraissaient bien faites, et elle rendait surtout parfaitement raison du nombre prodigieux de mâles qui se trouvent dans les ruches : cependant il restait une objection très forte à laquelle l'auteur avait négligé de répondre. Il naît des vers lorsqu'il n'y a plus de faux-bourdons. Depuis le mois de Septembre jusqu'en Avril, les ruches sont, pour l'ordinaire, privées de mâles, malgré leur absence, les œufs que la reine pond dans cet intervalle ne sont point stériles : ils n'ont donc pas besoin, pour être fécondés, de l'influence de la liqueur prolifique. Faudrait-il donc supposer qu'elle leur est nécessaire dans un certain temps de l'année, et que, dans toute autre saison, elle leur devient inutile ?

Pour découvrir la vérité au milieu de ces faits, en apparences si contradictoires, je résolus de répéter les expériences de M. *de Braw*, et d'y apporter plus de précautions qu'il ne paraissait y en avoir mis lui-même. Je cherchai d'abord dans les cellules qui contenaient des œufs cette liqueur dont il parle, et qu'il prenait pour des gouttes de sperme : nous trouvâmes, Burnens et moi, plusieurs cellules, où effectivement il y avait une apparence de liqueur, et je dois convenir que les premiers jours où nous fîmes cette observation nous eûmes aucun doute sur la réalité de cette découverte : mais ensuite nous reconnûmes qu'il y avait ici une illusion, causée par la réflexion des rayons de la lumière ; car nous ne pouvions apercevoir de ces traces de liqueur, que lorsque le soleil dardait ses rayons au fond des cellules. Ce fond est ordinairement tapissé des débris de différentes coques des vers qui y sont éclos successivement ; ces coques sont assez brillantes, et l'on conçoit que lorsqu'elles sont fortement éclairées, il en résulte un effet de lumière, sur lequel il est facile de se tromper. Nous nous en convainquîmes d'une manière très précise en examinant la chose de plus près. Nous détachâmes les cellules qui présentaient ce phénomène, nous les coupâmes sous tous les sens, et nous vîmes alors très clairement qu'il n'y avait pas la plus petite trace d'une véritable liqueur.

Quoique cette première observation nous eût déjà inspiré une sorte de défiance contre la découverte de M. *de Braw*, nous répétâmes ses autres expériences avec le plus grand soin. Le 6 Août 1787, nous baignâmes une ruche ; nous examinâmes avec une attention scrupuleuse toutes les abeilles pendant qu'elles étaient dans le bain. Nous nous assurâmes qu'il n'y avait aucun mâle, ni de la grande, ni de la petite taille ; nous visitâmes également tous les gâteaux, et nous reconnûmes qu'il ne s'y trouvait ni nymphe, ni ver de mâles. Lorsque les abeilles furent séchées, nous les replaçâmes toutes avec leur reine dans leur habitation ; puis nous transportâmes cette ruche dans mon cabinet. Comme nous désirions que ces abeilles pussent jouir de la liberté, nous ne les enfermâmes point ; elles allèrent donc de la campagne, et y firent leur récolte ordinaire : mais, attendu qu'il fallait s'assurer que, pendant tout le temps de l'expérience, il ne s'introduirait aucun mâle dans la ruche, nous adaptâmes, à son entrée, un canal vitré, dont les dimensions étaient telles, que deux abeilles seulement pouvaient y passer à la fois, et nous veillâmes attentivement sur ce canal, pendant les quatre ou cinq jours que l'expérience devait durer. Si un mâle s'était présenté, nous l'aurions reconnu à l'instant, nous l'aurions écarté pour qu'il ne troublât point le résultat de l'expérience commencée. Or, nous pouvons répondre qu'il ne s'en présenta pas un seul. Cependant la reine pondit, dès le premier jour (le 6 août), quatorze œufs dans des cellules d'ouvrières, et tous ces vers furent éclos le 10 du même mois.

Cette expérience est décisive. Puisque les œufs que pondit la reine, dans une ruche où il n'y avait point de mâles, et où il était impossible qu'il s'en introduisit un seul ; puisque ces œufs, dis-je, furent féconds, il est très sûr que, pour éclore, ils n'ont pas besoin d'être arrosés de la liqueur des mâles.

Il me semble qu'on ne peut proposer contre cette conséquence aucune objection un peu raisonnable. Cependant, comme je me suis fait l'habitude, dans toutes mes expériences, de chercher moi-même avec grand soin les plus petites difficultés qu'on pourrait élever sur leurs résultats, je pensai que les partisans de M. *de Braw* diraient que les abeilles, privées de leurs faux-bourdons, savent peut-être chercher ceux qui habitent d'autres ruches, leur enlever la liqueur fécondante, et la rapporter dans leur propre domicile pour la déposer sur les œufs.

Il était fort aisé d'apprécier la valeur de ce soupçon. Il s'agissait de répéter l'expérience précédente, en prenant la précaution d'enfermer les abeilles dans leur ruche, si exactement qu'aucune d'entre elles n'en put sortir. Vous savez, Monsieur, que ces mouches peuvent vivre pendant trois ou quatre mois prisonnières dans une ruche, qui est d'ailleurs bien approvisionnée de miel et de cire, et à laquelle on a laissé de petites ouvertures pour le passage de l'air. Je fis cette expérience le 10 Août, je m'étais assuré par le bain qu'il n'y avait aucun mâle parmi ces abeilles ; elles furent prisonnières, au sens le plus étroit, pendant quatre jours, et au bout de ce temps, je trouvai sur leur lit de gelée quarante petits vers nouvellement éclos. Je poussai l'exactitude au point de faire baigner encore une fois cette ruche, pour m'assurer qu'aucun mâle n'avait échappé à mes recherches ; nous examinâmes toutes les mouches une à une, et nous pouvons garantir qu'il n'y eût pas une seule qui ne nous montrât son aiguillon. Ce résultat, si conforme à celui de la première expérience, démontrait que les œufs de la reine-abeille ne sont point fécondés extérieurement.

Il était fort aisé d'apprécier la valeur de ce soupçon. Il s'agissait de répéter l'expérience précédente, en prenant la précaution d'enfermer les abeilles dans leur ruche, si exactement qu'aucune d'entre elles n'en put sortir. Vous savez, Monsieur, que ces mouches peuvent vivre pendant trois ou quatre mois prisonnières dans une ruche, qui est d'ailleurs bien approvisionnée de miel et de cire, et à laquelle on a laissé de petites ouvertures pour le passage de l'air. Je fis cette expérience le 10 Août, je m'étais assuré par le bain qu'il n'y avait aucun mâle parmi ces abeilles ; elles furent prisonnières, au sens le plus étroit, pendant quatre jours, et au bout de ce temps, je trouvai sur leur lit de gelée quarante petits vers nouvellement éclos. Je poussai l'exactitude au point de faire baigner encore une fois cette ruche, pour m'assurer qu'aucun mâle n'avait échappé à mes recherches ; nous examinâmes toutes les mouches une à une, et nous pouvons garantir qu'il n'y eût pas une seule qui ne nous montrât son aiguillon. Ce résultat, si conforme à celui de la première expérience, démontrait que les œufs de la reine-abeille ne sont point fécondés extérieurement.

Opinion de M. Hattorf

Les observateurs de Lusace, et en particulier M. *Hattorf*, ont cru que la reine-abeille était fécondé par elle-même sans le concours des mâles. Note : Voyez dans l'histoire des abeilles de M. Schirach un mémoire de M. Hattorf, intitulé : Recherches physiques sur cette question : La reine-abeille doit-elle être fécondée par les faux-bourdons ? Je vous rappellerai, Monsieur, le précis de l'expérience sur laquelle ils fondaient cette opinion.

M. *Hattorf* prit une reine sur la virginité de laquelle il ne pouvait avoir de doute ; il l'enferma dans une ruche dont il exclut tous les mâles de la grande et de la petite sorte, et quelques jours après il y trouva des œufs et des vers. Il prétend que, dans les cours de cette expérience, il ne s'introduisit aucun faux-bourdon dans cette ruche, et comme, malgré leur absence, cette reine pondit des œufs, d'où sortirent de petits vers, il en conclut qu'elle est féconde par elle-même.

En réfléchissant sur cette expérience, je ne la trouvai pas assez exacte. Je savais que les faux-bourdons passent très facilement d'une ruche dans une autre, et M. *Hattorf* n'avait pris aucune précaution pour qu'il ne s'en introduisit point dans la sienne ; il dit bien qu'il n'y vint aucun mâle, mais il ne nous dit pas par quel moyen il s'assura de ce fait : lors même qu'il serait parvenu à reconnaître qu'il n'y était entré aucun faux-bourdon de la grande taille, il restait possible qu'il se fut introduit un petit mâle, qui eût échappé à sa vigilance, et qui eût fécondé la reine. Pour éclaircie ce doute, je résolus de répéter l'expérience de cet observateur, telle qu'il l'a décrite, sans y apporter plus de soin ou de précautions.

Je plaçai une reine vierge dans une ruche dont j'enlevai tous les mâles, et je laissai aux abeilles une liberté entière : quelques jours après je visitai cette ruche, j'y trouvai des vers nouvellement éclos. Voilà bien le même résultat que M. *Hattorf* ; mais, pour en tirer la même conséquence, il fallait s'assurer très positivement qu'il ne s'était introduit aucun mâle. Il fallait baigner les abeilles et les examiner une à une. Nous fîmes cette opération, et après une recherche très attentive, nous trouvâmes en effet quatre petits mâles. Il suit de là que pour faire une expérience décisive sur cette question, il ne suffit pas, en disposant l'appareil, d'enlever tous les faux-bourdons ; il faut empêcher encore par quelque moyen sûr, qu'aucun d'entre eux ne vienne à s'y introduire, et c'est ce que l'observateur allemand avait négligé de faire.

Je me préparai alors à réparer cette omission. Je pris une reine vierge ; je la plaçai dans une ruche, j'enlevai soigneusement tous les mâles, et pour être physiquement sûr qu'il n'en viendrait aucun, j'adaptai à l'ouverture de ma ruche un canal vitré, dont les dimensions étaient telles, que les abeilles ouvrières pouvaient y passer librement, mais qui était trop petit pour qu'un mâle de la plus petite taille pût s'y glisser. Les choses restèrent ainsi disposées pendant trente jours ; les ouvrières allant et venant librement, firent tous les travaux ordinaires, mais la reine resta stérile ; au bout de trente jours son ventre était aussi effilé qu'au moment de sa naissance. Je répétai cette expérience plusieurs fois, le résultat fut toujours le même.

Ainsi donc, puisqu'une reine qu'on sépare rigoureusement de tout commerce avec les mâles, reste stérile, il est évident qu'elle n'est pas féconde par elle-même. L'opinion de M. *Hattorf* est donc mal fondée.

Jusqu'ici, en cherchant à vérifier ou à détruire par de nouvelles expériences les conjectures de tous les observateurs qui m'avaient précédé, j'avais acquis la connaissance de nouveau faits ; mais ces faits étaient, en apparence, si contradictoires entre eux, qu'ils rendaient la solution du problème plus difficile encore. Lorsqu'en travaillent sur l'hypothèse de M. *de Braw*, j'enfermai une reine dans une ruche, dont j'ai pris soin d'écarter tous les faux-bourdons, cette reine ne laissa pas d'être féconde. Lorsqu'au contraire, en examinant l'opinion de M. *Hartoff*, je plaçai dans les mêmes circonstances une femelle de la virginité de laquelle j'étais parfaitement sûr, cette femelle resta stérile.

Difficultés de la découverte d'un mode d'imprégnation

Embarrassé par tant de difficultés, je fus sur le point d'abandonner ce sujet de recherches, lorsqu'enfin, en y réfléchissant plus attentivement, je crus que ces contradictions apparentes provenaient du rapprochement que je me permettais de faire entre des expériences exécutées sur des femelles que je n'avais pas observées dès leur naissance, et qui avaient peut-être été fécondées à mon insu. Plein de cette idée, j'entrepris de suivre un nouveau plan d'observations, non sur des reines prises au hasard dans mes ruches, mais sur des femelles décidément vierges, et dont je connaîtrais l'histoire depuis le moment de leur sortie de la cellule.

Expériences sur la fécondation des Abeilles

J'avais un très grand nombre de ruches : j'enlevai toutes les femelles qui y régnaient, et je substituai à chacune d'entre elles une reine prise au moment de sa naissance ; je partageai ensuite ces ruches en deux classes. Dans celle de la première, j'enlevai tous les mâles de la grande taille et de la petite, et je leur fis adapter un canal vitré assez étroit pour qu'aucun faux-bourdon ne pût s'y introduire, mais en même temps assez large pour que les abeilles ouvrières pussent entrer et sortir librement. Dans les ruches de la seconde classe, je laissai tous les faux-bourdons qui pouvaient s'y trouver ; j'y en introduisis même de nouveaux, et comme je ne voulais pas qu'ils pussent s'échapper, je donnai à ces ruches, ainsi qu'aux premières, un canal vitré trop étroit pour le passage des mâles.

Je suivis pendant plus d'un mois, et avec beaucoup de soin, cette expérience faite en grand, et je fus fort surpris de voir au bout de ce terme toutes mes reines également stériles.

Il est donc parfaitement sûr que les reines-abeilles restent infécondes, même au milieu d'un sérail de mâles, lorsqu'on prend la précaution de les tenir prisonnières dans leur ruche. Ce résultat me conduisait à soupçonner que les femelles ne peuvent être fécondées dans l'intérieur de leurs habitations, et qu'il faut qu'elles en sortent pour recevoir les approches du mâle. Il était bien facile de s'en assurer par une expérience directe. Comme ceci est important, je rapporterai en détail celle que nous fîmes, mon secrétaire et moi, le 29 Juin 1788.

Nous savions que, pendant la belle saison, les faux-bourdons sortent ordinairement de leurs ruches à l'heure la plus chaude du jour. Or, il était naturel de penser que, si les reines sont obligées d'en sortir aussi pour être fécondées, elles seraient instruites à choisir le temps même de la sortie des mâles.

Nous plaçâmes donc vis-à-vis d'une ruche dont la reine inféconde était âgée de cinq jours. Il était onze heures du matin : le soleil avait brillé depuis son lever, et l'air était très chaud ; les mâles commençaient à sortir de quelques ruches, nous agrandîmes alors l'ouverture de la porte de celle que nous voulions observer ; puis nous fixâmes toute notre attention sur cette porte et sur les mouches qui en sortiraient. Nous vîmes d'abord paraître les mâles, qui ne tardèrent pas à prendre l'essor, dès que nous les eûmes mis en liberté. Bientôt après la jeune reine parut à la porte de sa ruche ; elle ne prit point le vol en sortant. Nous la vîmes se promener sur l'appui de cette ruche pendant quelques instants, elle brossait son ventre avec ses jambes postérieures : les abeilles, et les mâles qui sortaient de sa ruche, ne lui donner aucune attention : la jeune reine prit enfin le vol. Quand elle fut à quelques pieds de sa ruche, elle se retourna, et s'en approcha comme pour examiner le point d'où elle était partie ;(on eût dit qu'elle jugeait cette précaution nécessaire pour le reconnaître à son retour) elle s'en éloigna ensuite, et elle décrivit en volant des cercles horizontaux à douze ou quinze pieds au-dessus de la terre. Nous diminuâmes alors l'ouverture de sa ruche, pour qu'elle ne pût y rentrer à notre insu, et nous allâmes nous placer au centre des cercles qu'elle décrivait en volant, afin d'être plus à portée de la suivre et de voir toutes ses actions. Mais elle ne resta pas longtemps dans une situation aussi favorable à l'observation ; bientôt elle prit un vol rapide, et s'éleva à perte de vue : nous regardâmes aussitôt notre poste au-devant de sa ruche, et au bout de sept minutes nous vîmes la jeune reine revenir au vol, et se poser à la porte d'une habitation dont elle n'était sortie qu'une fois. Nous la prîmes alors dans nos mains pour l'examiner, et ne lui ayant trouvé aucun signe extérieur qui indiquât la fécondation, nous la laissâmes rentrer dans sa demeure. Elle y resta près d'un quart d'heure, au bout duquel elle reparut ; après s'être brossée comme la première fois, elle partit au vol, elle se retourna pour examiner sa ruche, et s'éleva d'abord à une telle hauteur, que nous la perdîmes bientôt de vue. Cette seconde absence fut bien plus longue que la première, ce ne fut qu'après vingt-sept minutes que nous la vîmes revenir au vol, et se poser sur l'appui de la ruche. Nous la trouvâmes alors dans un état bien différent de celui où nous l'avions vue quand elle était revenue de sa première excursion : la partie postérieure de son corps était remplie d'une matière blanche, épaisse et dure, les bords intérieurs de sa vulve en étaient couverts ; la vulve elle-même était entr'ouverte, et nous pûmes voir aisément que sa capacité intérieure était remplie de la même matière. Cette substance ressemblait assez à la liqueur dont sont remplies les vésicules séminales des mâles, et nous les trouvâmes parfaitement semblables entre elles, quant à la couleur et à la consistance; (Note: On verra dans la lettre suivante que ce que nous prenions pour des gouttes de sperme coagulé, était réellement les parties de la génération du mâle, que l'accouplement fixe dans le corps de la femelle. Nous devons cette découverte à une circonstance dont je donnerai ci-dessous les détails. Pour ne pas allonger cet ouvrage, j'aurais dû peut être supprimer tout ce que je raconte ici de mes premières observations sur la fécondation de la reine-abeille, et passer tout de suite aux expériences qui prouvent qu'elle rapporte avec elles les organes de la génération du mâle ; mais, dans des observations de ce genre, qui sont également neuves et délicates, il est si facile de se tromper, que je crois rendre service à mes lecteurs en leur exposant, de bonne foi, les erreurs que j'ai commises. C'est une nouvelle preuve, ajoutée à tant d'autres, de l'obligation où se trouve un observateur, de répéter mille et mille fois ses expériences, pour obtenir enfin la certitude qu'il voit les choses sous leur véritable point de vue.) mais il nous fallait une preuve plus forte que cette ressemblance, pour être sûrs que la liqueur blanche dont la reine était revenue imprégnée, était bien la liqueur fécondante des mâles ; il fallait qu'elle opérât la fécondation. Nous laissâmes donc rentrer cette reine dans sa demeure, et l'y enfermâmes.

Deux jours après nous ouvrîmes la ruche, et nous eûmes la preuve que la reine était devenue féconde. Son ventre était sensiblement grossi, et elle avait déjà pondu près de cent œufs dans les cellules d'ouvrières.

Pour confirmer cette découverte, nous fîmes plusieurs autres expériences qui eurent le même succès. Je transcrirai encore celle-ci de mon journal. Le 2 Juillet, le temps était très beau, les mâles sortaient en foule. Nous offrîmes la liberté à une reine qui n'avait jamais habité avec les mâles, (car sa ruche en avait toujours été rigoureusement privée). Elle était âgée de onze jours, et absolument inféconde ; nous la vîmes bientôt sortir de de sa ruche, partir au vol après l'avoir examinée, et s'élever à perte de vue : elle revint au bout de quelques minutes, sans aucune des marques extérieures de la fécondation ; elle en sortit pour la seconde fois, au bout d'un quart d'heure, mais d'un vol si rapide, que nous ne pûmes la suivre que pendant un instant bien court ; cette nouvelle absence dura trente minutes. Le dernier anneau de son ventre était ouvert et la vulve était remplie. Nous replaçâmes cette reine dans son habitation, d'où nous continuâmes d'exclure tous les mâles. Nous la visitâmes deux jours après, et nous trouvâmes la reine féconde.

Ces observations nous apprirent enfin pourquoi M. Hattorf avait obtenu des résultats différents des nôtres. Il avait mis des reines fécondes, dans des ruches qui étaient privées de mâles, et il en avait conclu que leur concours n'était pas nécessaire à la fécondation ; mais il n'avait pas laissé à ses reines la liberté de sortir de leurs ruches, et elles en avaient profité pour aller rejoindre les mâles. Nous avions, au contraire entouré nos reines d'un grand nombre de mâles et elles étaient restées stériles, parce que les précautions que nous avions prises pour enfermer les mâles dans les ruches, avaient aussi empêché nos reines d'en sortir, s'en aller chercher au-dehors la fécondation qu'elles ne pouvaient obtenir au-dedans.

Nous avons répété ces expériences sur des reines âgées de 20, 25, 30, 35 jours... Toutes sont devenues fécondes après une seule imprégnation. Nous avons cependant observé quelques particularités essentielles dans la fécondité de celles de ces reines qui n'ont été fécondées que depuis le 20ème jour de leur vie ; mais nous nous réservons d'en parler, quand nous pourrons offrir aux naturalistes des observations assez sûres et assez répétées pour mieux mériter leur attention.

Qu'on me permette cependant d'ajouter ici un mot. Quoique nous n'ayons pas été témoins d'un accouplement réel entre la reine et un faux-bourdon, nous croyons néanmoins que, d'après les détails où nous venons d'entrer, il ne restera aucun doute sur la réalité de cet accouplement, et sur sa nécessité pour la fécondation. La suite de nos expériences, faites avec toutes les précautions possibles, nous paraît démonstrative. La stérilité constante des reines dans les ruches où il n'y avait point de mâles, et dans celles où elles étaient enfermées avec des mâles ; la sortie de ces reines hors de leurs ruches, et les signes très marqués d'imprégnation qu'elles présentent en y revenant, sont des preuves contre lesquelles il ne peut pas rester d'objections. Nous ne désespérons pas de pouvoir, au printemps prochain, nous procurer le dernier complément de cette preuve, en saisissant la femelle à l'instant même de la copulation.

Les naturalistes avaient toujours été fort embarrassés à expliquer le nombre de faux-bourdons qui se trouvent dans la plupart des ruches, et qui ne paraissent qu'une charge à la communauté des abeilles, puisqu'ils n'y remplissent aucune fonction. Mais aujourd'hui on peut commencer à entrevoir l'intention de la nature, en les multipliant à tel point ; puisque la fécondation ne peut s'opérer dans l'intérieur des ruches, et que la reine est obligée de voler dans le vague des airs pour trouver un mâle qui puisse la féconder, il fallait que ces mâles fussent en assez grand nombre pour que la reine eut la chance d'en rencontrer un ; s'il n'y eût eu dans chaque ruche qu'un ou deux faux-bourdons, la probabilité qu'ils en sortiraient au même instant que la reine, et qu'ils se rencontreraient dans leurs excursions, eût été bien petite, et la plupart des femelles seraient restées stériles.

Mais pourquoi la nature n'a-t-elle pas permis que la fécondation s'opérât dans l'intérieur des ruches ? C'est un secret qu'elle ne nous a point dévoilé. Il est possible que quelque circonstance favorable nous mette à portée de le pénétrer dans la suite de nos observations. On pourrait imaginer diverses conjectures, mais aujourd'hui on veut des faits, et on rejette les suppositions gratuites. Nous rappellerons seulement que les abeilles ne forment pas la seule république d'insectes qui présente cette singularité ; les femelles des fourmis sont également obligées de sortir de leur fourmilière pour être fécondées par les mâles de l'espèce.

Je n'ose vous prier, Monsieur, de me communiquer les réflexions que votre génie vous inspirera sur les faits que je viens de vous exposer. Je n'ai point encore de droit à cette faveur ; mais si, comme je n'en doute point, il vous vient à l'esprit de nouvelles expériences à tenter, soit sur d'autres points de l'histoire de ces mouches, faites-moi la grâce de me les indiquer : j'apporterai à leur exécution tous les soins dont je suis capable, et je regarderai cette marque d'amitié et d'intérêt de votre part comme l'encouragement le plus flatteur que je puisse recevoir dans la continuation de mon travail.

J'ai l'honneur d'être avec respect,

Monsieur, Votre, etc.

Vous m'avez surpris, Monsieur, bien agréablement en me communiquant votre intéressante découverte sur la fécondation de la reine-abeille. Quand vous avez soupçonné que cette mouche sortait de la ruche pour être fécondée, vous avez eu une idée très heureuse, et le moyen auquel vous avez eu recours pour vous en assurer était très approprié au but.

Je vous rappellerai à ce sujet que les mâles et les femelles des fourmis s'accouplent en l'air, et qu'après la fécondation, les femelles rentrent dans la fourmilière et y déposent leurs œufs. *Contemplation de la Nature*, partie XI, chapitre XXII, note I. Il restait à saisir l'instant où le faux-bourdon s'unit à la reine-abeille ; mais le moyen de s'assurer de la manière dont s'opère une copulation qui s'exécute en l'air, et loin des yeux de l'observateur ! Dès que vous avez de bonnes preuves que la liqueur qui humectait les derniers anneaux de la reine à sa rentrée dans la ruche, était bien la même que celle que fournissent les mâles, c'est plus qu'une simple présomption en faveur de l'accouplement. Peut-être est-il nécessaire, pour qu'il s'opère, que le mâle puisse saisir la femelle par-dessous le ventre, ce qui ne saurait s'exécuter bien qu'en l'air. La grande ouverture que vous avez observée dans une certaine circonstance à l'extrémité du ventre de la reine paraît bien répondre au volume singulier des parties sexuelles du mâle.

Vous désirez, mon cher Monsieur, que je vous indique quelques nouvelles expériences à tenter sur nos industrieuses républicaines ; je le ferai avec d'autant plus d'empressement et de plaisir, que je sais mieux à quel point vous possédez l'art précieux de combiner les idées, et de tirer cette combinaison des résultats propres à nous révéler de nouvelles vérités. Voici donc quelques expériences qui me viennent dans ce moment à l'esprit.

Suggestions de M. Bonnet pour les expériences sur la fécondation des Abeilles

Fécondation artificielle

Il conviendrait d'essayer de féconder artificiellement une reine vierge, en introduisant dans le vagin, avec la pointe d'un pinceau, un peu de la liqueur prolifique du mâle, et en prenant les précautions propres à écarter toute méprise. Vous savez tout ce que les fécondations artificielles nous ont déjà valu en plus d'un genre.

S'assurer que la reine qui rentre soit celle qui reste

Afin d'être assuré que la reine qui est sortie de la ruche pour être fécondée, est bien la même qui y rentre pour y déposer ses œufs, il sera nécessaire de peindre son corselet avec un vernis impénétrable à l'humidité. Il sera bien aussi de peindre le corselet d'un bon nombre d'ouvrières pour découvrir la durée de la vie de l'abeille. On y parviendrait plus sûrement en les mutilant légèrement.

Position requise pour l'éclosion de l'œuf

Pour éclore, le petit ver exige que son œuf soit fixé presque verticalement par une de ses extrémités près du fond de l'alvéole ; ceci fait naître une question : est-il bien sûr qu'un œuf d'abeille ne puisse donner son fruit qu'autant qu'il est fixé par un de ses bouts près du fond d'un alvéole ? Je n'oserais l'affirmer, et je laisse à l'expérience à décider la question.

Les œufs sont-ils réels ?

Je vous le disais un jour ; j'ai eu longtemps un doute sur la véritable nature de ces petits corps oblongs que la reine dépose au fond des cellules : j'avais du penchant à les prendre pour de petits vers qui n'ont pas encore commencé à se développer. Leur forme très allongée me paraissait favoriser mon soupçon : il s'agirait donc de les observer avec la plus grande assiduité depuis l'instant de la ponte jusqu'à celui de l'éclosion. Si l'on voyait la peau s'ouvrir, et le petit ver sortir par l'ouverture, il n'y aurait plus lieu à aucun doute, et ces petits corps seraient bien de véritables œufs.

Suggestions pour observer le vrai accouplement

Je reviens à la manière dont s'opère l'accouplement. La hauteur à laquelle la reine et les mâles s'élèvent en l'air ne permet point de voir distinctement ce qui se passe entre eux : il faudrait donc essayer de renfermer la ruche dans une chambre dont le plancher serait fort exhaussé. Il conviendrait encore de répéter l'expérience de M. de Réaumur, qui renferma une reine avec quelques mâles dans un poudrier on employait un tube de verre de plusieurs pouces de diamètre, et de plusieurs pieds de longueur, peut-être réussirait-on à observer quelque chose de décisif.

Ponte d'ouvrières ou de petites reines

Vous avez eu le bonheur d'observer de ces petites reines dont l'abbé Needham avait parlé, et qu'il n'avait point vues : il importera beaucoup de disséquer avec soin ces petites reines pour y découvrir les ovaires. Lorsque M. Reims m'eut appris, qu'ayant renfermé environ trois cents ouvrières dans une caisse avec un gâteau qui ne contenait aucun œuf, et que quelque temps après il avait trouvé des centaines d'œufs dans ce gâteau, qu'il attribuait à la ponte de ces ouvrières, je lui recommandai fort de disséquer les ouvrières : il le fit, et m'annonça qu'il avait trouvé des œufs dans trois d'entre elles. C'étaient apparemment de petites reines qu'il avait disséquées sans les connaître. Comme il naît de petits faux-bourdons, il n'est pas étrange qu'il naisse de petites reines, et sans doute par les mêmes circonstances extérieures.

Ces reines de la petite taille méritent fort qu'on les fasse connaître, parce qu'elles peuvent influer beaucoup dans diverses expériences, et jeter l'observateur dans l'embarras. Il faudra s'assurer si elles prennent leur accroissement dans des cellules pyramidales, plus petites que les ordinaires, ou dans les cellules hexagones.

La méthode de Schirach fonctionne-t-elle avec les œufs?

La fameuse expérience de Schirach sur la prétendue conversion d'un ver commun en ver royal ne saurait être trop répétée, quoiqu'elle l'ait été bien des fois par les observateurs de Lusace. Mais l'inventeur ne réussit qu'avec des vers de trois à quatre jours, et jamais avec de simples œufs. Je désirerais qu'on s'assurât mieux de la vérité de la dernière assertion.

Les observations de Lusace et celui du Palatinat soutiennent que les abeilles communes, ou les ouvrières, ne pondent que des œufs de faux-bourdons ; car il est évident que ces œufs, qu'on a crus pondus par les ouvrières, l'avaient été par des reines de la petite taille. Mais comment supposer que les ovaires de ces petites reines ne contenaient que des œufs de faux-bourdons ?

M. de Réaumur nous a appris qu'on prolonge la durée de la vie des chrysalides, en les tenants dans un lieu froid, tel qu'une glacière : il conviendrait de tenter la même expérience sur les œufs de la reine-abeille et sur les nymphes des faux-bourdons et des ouvrières.

Les effets des cellules ont-ils une influence sur la taille des abeilles?

Une autre expérience intéressante à tenter, serait de retrancher tous les gâteaux composés de cellules communes, pour ne laisser subsister que les gâteaux composés destinées aux vers de faux-bourdons. On verrait si les œufs des vers communs, que la reine pondrait dans ces grandes cellules, donneraient des ouvrières de plus grande taille. Mais il y a bien de l'apparence que le retranchement des cellules communes découragerait les abeilles ; car elles ont besoin de ces sortes de cellules pour y renfermer la cire et le miel. Peut-être néanmoins qu'en retranchant qu'une partie plus ou moins considérable des cellules communes, la mère serait forcée de pondre des œufs communs dans des cellules de faux-bourdons.

Les larves de la reine dans une cellule commune ?

Je désirerais encore qu'on essayât de tirer délicatement d'une cellule royale le jeune ver qui y est logé, et de le placer au fond d'une cellule commune, où l'on aurait déposé de la bouillie royale.

La taille idéale et la forme de la ruche?

La forme des ruches influe beaucoup sur la disposition respective des gâteaux : ce serait donc une expérience très indiquée que de varier beaucoup la forme des ruches et leurs dimensions intérieures. Rien ne serait plus propre à nous faire juger de la manière dont les abeilles savent modifier leur travail et l'approprier aux circonstances.

Ceci pourrait encore donner lieu à découvrir des faits particuliers que nous ne devinons pas.

Les œufs de faux-bourdon, d'ouvrière et de reine peuvent-ils être distingués ?

On n'a pas comparé avec soin l'œuf royal et l'œuf de faux-bourdon avec les œufs d'où sortent les vers communs. Il conviendrait fort d'instituer cette comparaison pour s'assurer si ces différents œufs recèlent des caractères qui les fassent distinguer.

Alimenter les ouvrières avec de la bouillie royale

La bouillie dont les ouvrières alimentent le verre royal n'est pas la même que celle dont elles alimentent le ver commun : ne pourrait-on point tenter d'enlever avec la pointe d'un pinceau un peu de la bouillie du ver royal pour en alimenter un ver commun, qui se trouverait placé dans une cellule commune de la plus grande dimension ? J'ai vu des cellules communes presque verticales en embas, et où la reine n'avait pas laissé de pondre des œufs communs. Ce seraient de telles cellules que je préférerais pour l'expérience que je propose.

Faits du livre de Bonnet qui requièrent une vérification

J'ai rassemblé dans mes *Mémoires sur les Abeilles*, divers faits qui exigeraient d'être vérifiés ; mes propres observations ne l'exigeraient pas moins : vous saurez, mon cher Monsieur, choisir entre ces faits ceux qui méritent le plus de vous occuper : vous avez déjà tant enrichi l'histoire des abeilles, qu'on peut tout attendre de votre sagacité et de votre persévérance. Vous savez quels sont les sentiments que vous avez inspirés au Contemplateur de la Nature.

A Genthod, le 18 Août 1789

Pregny, 19 Août 1791

La reine est imprégnée par copulation, ce qui n'a jamais eu lieu dans une ruche

Monsieur, C'est en 1787 et 1788 que j'ai fait toutes les expériences dont je vous ai rendu compte dans ma précédente lettre. Elles me paraissent établir deux vérités sur lesquelles on n'avait eu jusqu'à présent que des indications très vagues.

1°. Les reines-abeilles ne sont point fécondes par elles-mêmes ; elles ne le deviennent qu'après un accouplement avec un faux-bourdon.

2°. L'accouplement s'opère hors de la ruche, et dans les airs.

Ce dernier fait était si extraordinaire, que malgré toutes les preuves que nous en avions acquises, nous désirions très vivement de prendre la reine sur le fait. Mais comme dans cette circonstance elle s'élève à une grande hauteur, nos yeux ne pouvaient jamais y atteindre. Ce fut alors que vous me conseillâtes, Monsieur, de retrancher une partie des ailes des reines vierges, pour les empêcher de voler aussi rapidement et à une si grande distance. Nous nous y prîmes de toutes les manières pour profiter de ce conseil ; mais à notre grand regret, nous vîmes que quand nous n'en retranchions qu'une petite partie, nous ne diminuions point la rapidité de leur vol. Il y a probablement un milieu entre ces deux extrêmes, nous ne sûmes pas le saisir. Nous essayâmes encore, d'après votre recommandation, de rendre leur vue moins perçante, en couvrant une partie de leurs yeux d'un vernis opaque ; cette tentative fut également inutile.

Les expériences sur la fécondation artificielle n'ont pas réussi

Enfin, pour dernier moyen, nous cherchâmes à féconder artificiellement des reines-abeilles, en introduisant dans leurs parties postérieures la liqueur des mâles.

Nous prîmes dans cette opération toutes les précautions que nous pûmes imaginer pour en assurer le succès, et le résultat n'en fut pas satisfaisant. Plusieurs reines furent les victimes de notre curiosité ; les autres qui y survécurent n'en restèrent pas moins stériles.

Quoique ces diverses tentatives eussent été infructueuses, il n'en était pas moins prouvé que les femelles sortent de leurs ruches pour chercher les mâles, et qu'elles y reviennent avec les symptômes de fécondation les plus évidents ; satisfaits de cette découverte, nous n'espérions plus que du temps ou du hasard la preuve décisive, un véritable accouplement opéré sous nos yeux. Nous étions loin de soupçonner une découverte forte singulière que nous avons faite cette année au mois de Juillet, et qui donne une démonstration complète de l'accouplement supposé.

Observations anatomiques sur les organes sexuelles des abeilles

Note: *Swammerdam*, qui nous a donné la description de l'ovaire de la reine des abeilles, l'a laissée incomplète. Il dit qu'il n'a pu voir comment le canal des œufs à sa sortie hors du ventre, ni quelles sont les parties qu'on y peut apercevoir outre celles qu'il a décrites.

« Quelque peine que je me sois donnée, » dit-il (Bible de la Nature), « pour découvrir distinctement l'issue de la vulve, je n'ai pu en venir à bout, tant par ce que j'étais pour lors à la campagne, et que je n'avais pas avec moi tous mes instruments, que parce que je ne voulais pas faire sortir la vulve du derrière de la femelle, de peur d'endommager quelques autres parties, que j'avais besoin d'examiner en même temps. Cependant, j'ai vu assez nettement que le canal excrétoire des œufs forme un renflement musculeux à l'endroit où il s'approche du dernier anneau du ventre ; qu'ensuite il se rétrécit et se dilate de nouveau en devenant membraneux. Je n'ai pu le suivre plus loin, parce que je voulais conserver la vésicule du venin, qui est située précisément à cet endroit, avec quelques muscles qui servent au jeu de l'aiguillon. Mais dans une autre femelle, il m'a semblé que la vulve, en supposant l'abeille couchée sur le ventre, s'ouvre dans le dernier anneau sous l'aiguillon, et qu'il est très difficile de pénétrer dans cette ouverture, à moins que ces parties ne s'étendent et ne se déploient dans le temps que l'abeille pond. »

Nous avons essayé, Monsieur, de voir ce qui avait échappé à l'infatigable Swammerdam, il nous a mis sur la voie, en nous indiquant le temps de la ponte comme celui où l'on pouvait faire cette recherché avec le plus d'avantage: nous avons vu alors que le canal excrétoire des œufs n'avait pas sa sortie immédiatement hors du corps ; et que les œufs au sortir de la matrice tombaient dans une cavité, où ils étaient contenus quelques instants plus ou moins longs, avant de sortir hors du ventre par les lèvres du dernier anneau.

Le 6 Août 1787, nous prîmes dans sa ruche une reine très féconde : la tenant délicatement par les ailes et renversée, tout son ventre était à découvert, elle en saisit l'extrémité avec les jambes de la seconde paire, et l'amenant par ce moyen du côté de sa tête, elle le courba autant qu'elle put, et prit la forme d'un arc. Cette attitude nous paraissant contraire à la ponte, nous la forçâmes, par le moyen d'une paille, à en prendre une plus naturelle et à redresser son ventre. Cette reine, pressée de pondre, ne put retenir ses œufs plus longtemps : nous la vîmes faire un effort et allonger son ventre ; la partie inférieure du dernier anneau s'écartait assez de la supérieure pour laisser une ouverture, qui mit à découvert une partie de la capacité intérieure du ventre. Nous vîmes l'aiguillon dans son étui, dans la partie supérieure de cette cavité. La reine alors fit de nouveaux efforts, et nous vîmes un œuf sortir du bout du canal de l'ovaire, et s'élancer dans la cavité dont nous avons parlé ; puis les lèvres se refermèrent, et ce ne fut qu'après quelques instants qu'elles se rouvrirent bien moins que la première fois, et suffisamment pour laisser sortir l'œuf que nous avions vu tomber dans cette cavité.

Explication de la seconde planche

La figure première représente les parties propres aux mâles des abeilles, telles qu'elles sont, lorsqu'après avoir ouvert leur corps, on les en a tirées, et qu'on les a étendues, afin que les unes ne cachassent pas les autres.

a, le bout postérieur du corps, le dessus du dernier anneau.

ss, les vésicules séminales.

dd, les vaisseaux déférents (vas deferens)

qq, étranglement par lequel les vaisseaux déférents communiquent avec les vésicules séminales.

xx, vaisseaux tortueux, qui ont plus de longueur qu'ils n'en ont ici, et qui se rendent aux testicules.

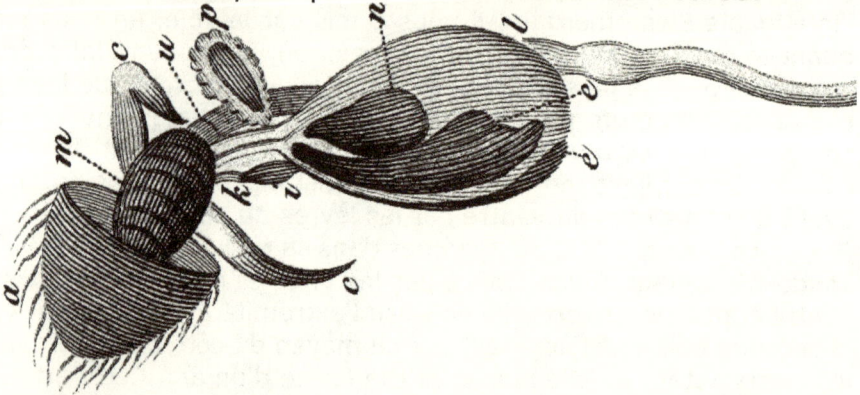

Tome 1 Planche II Fig. 1—Organes de faux-bourdon.

tt, les testicules.

r, canal dans lequel les vésicules séminales peuvent porter leur liqueur laiteuse, et que Swammerdam appelle *la racine du pénis*.

l, l'endroit où le canal précédent se joint au corps que nous avons nommé *la lentille*.

li, la lentille.

ie, ie, deux plaques brunes et écailleuses ou cartilagineuses, qui fortifient la lentille, près d'un de ses bords.

n, autre plaque cartilagineuse.

Sur la face de la lentille qui ne saurait paraître dans cette figure, il y a deux plaques semblables à celles qui sont marqués ie, et n ; elles y sont semblablement placées.

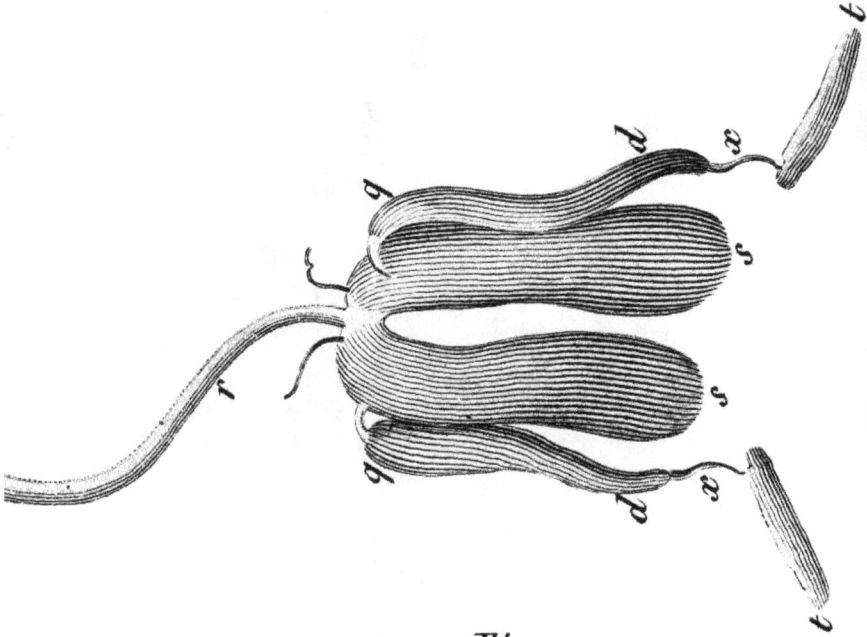

Fig.1.

Tome 1 Planche II Fig. 1—Organes de faux-bourdon (suite).

k, canal fait de membranes plissées, qui part du bout postérieur de la lentille.

p, palette gauderonnée.

u, l'arc ; il paraît au travers des membranes qui le couvrent.

m, les membranes qui forment cette espèce de sac charnu ; qui, lorsqu'il est hors du corps, a à son bout un masque velu.

cc, les deux cornes, dont l'une est étendue, l'autre est pliée; elles le sont toutes deux naturellement et plus pliée que celle qui l'est ici.

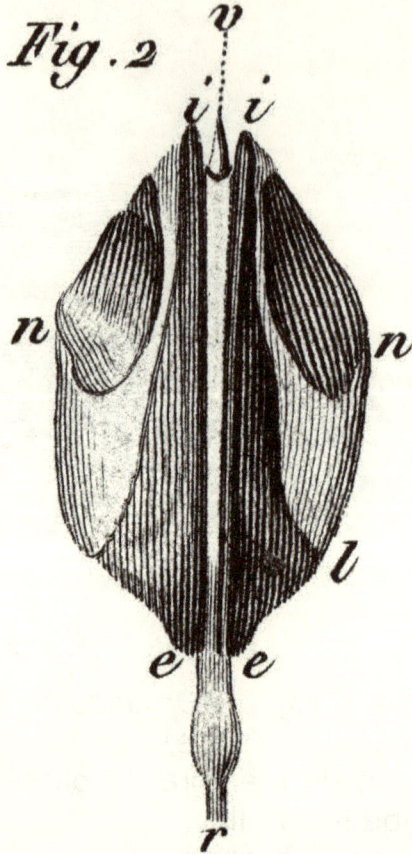

*Tome 1 Planche II Fig. 2—Organe du faux-bourdon,
partie qui reste dans la reine.*

La fig. 2 représente cette partie des mâles qui reste
engagée dans la partie postérieure des femelles après
l'accouplement, et que M. *de Réaumur* a appelée *la lentille*.

li, le corps lenticulaire vu à la loupe en face.

r, fragments du canal que *Swammerdam* a appelé
la racine du pénis, et qui se rompt en cet endroit, quand
le mâle se sépare de la femelle après l'accouplement.

ie, ie, deux lames écailleuses qui font l'office de
pinces.

n, n,   deux lames cartilagineuses qui sont plus courtes que les premières et qui les accompagnent.

v, la partie que j'ai appelée la *verge* ou le *pénis*.

Le mâle perd ses organes sexuels lors de la copulation

Nous savions par nos propres observations que le sperme des faux-bourdons se coagule dès qu'il est exposé à l'air ; et plusieurs expériences, en confirmant ce fait, nous avaient laissé si peu de doute à cet égard, que toutes les fois que nous vîmes reparaître les femelles avec les signes extérieurs de la fécondation, nous crûmes reconnaître, dans la substance blanchâtre dont leur vulve était remplie, les gouttes du sperme des mâles. Nous n'imaginâmes pas même alors de disséquer ces femelles pour nous en assurer plus positivement.

Mais cette année-ci, soit pour ne rien négliger, soit peut-être pour examiner le développement que nous supposions produit dans les organes des reines-abeilles par l'injection de sperme coagulé que les mâles y laissaient, nous avons entrepris d'en disséquer plusieurs ; à notre grande surprise, nous avons entrepris d'en disséquer plusieurs ; à notre grande surprise, nous avons trouvé que ce que nous prenions pour un résidu de la liqueur prolifique, était réellement les parties de la génération du mâle, qui se séparent de son corps dans le temps de la copulation, et restent implantées dans la vulve des femelles : voici les détails de cette découverte.

Après avoir pris la résolution de disséquer quelques reines-abeilles au moment où elles reviendraient à leur ruche avec les signes extérieurs de la fécondation, nous nous procurâmes, suivant la méthode de Schirach, plusieurs reines, et nous leur donnâmes successivement la liberté de sortir pour aller chercher les mâles ; la première qui en profita fut retenue à l'instant où elle allait rentrer dans sa ruche, et sans dissection, elle nous apprit d'elle-même ce que nous désirions impatiemment se savoir.

Nous l'avions saisie par ses quatre ailes, et nous examinions le dessous de son ventre, qui se présentait à nous.
Sa vulve entrouverte laissait voir le bout presque ovale
d'un corps blanc qui empêchait, par son volume et par sa
position, les lèvres de se rapprocher ; le ventre de la reine
était dans un mouvement continuel ; il s'allongeait, se
raccourcissait, se courbait, et se redressait alternativement. Déjà nous étions prêts à couper ses anneaux, et à
chercher, par le moyen de la dissection, la cause de tous
ces mouvements, quand nous vîmes cette reine courber
assez son ventre pour pouvoir en atteindre l'extrémité
avec ses jambes postérieures, et saisir avec les crochets
de ses pieds la partie du corps blanchâtre qui était entre
les lèvres de sa vulve, et qui les tenait écartées ; elle
faisait évidemment un effort pour l'en retirer ; elle y
réussit bientôt, et le déposa dans nos mains. Nous nous
attendions à voir l'amas informe de quelque liqueur coagulée ; mais quelle fut notre surprise, quand nous vîmes
que ce que la reine avait tiré de sa vulve était une partie
même du faux-bourdon qui l'avait rendue mère ! D'abord
nous n'en crûmes pas nos yeux ; mais enfin, après avoir
examiné ce corps sous toutes ses faces, soit à l'œil nu,
soit avec le secours d'une bonne loupe, nous reconnûmes
distinctement que c'était la partie des faux-bourdons que
M. de Réaumur appelle le corps lenticulaire, ou la lentille,
et dont voici la description copiée dans son ouvrage même
(Voyez Neuvième Mémoire sur les Abeilles, édition in-4,
page 489)

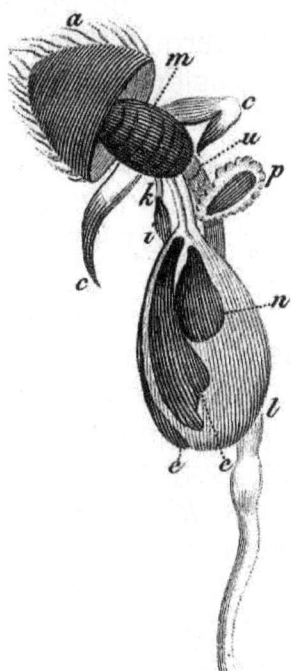

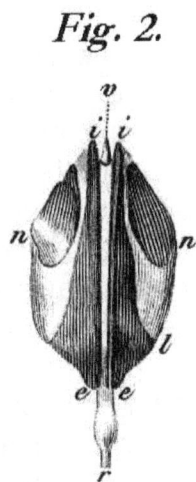

Fig. 2.

Fig. 1.

Tome 1 Planche II—Organe du faux-bourdon

"Lorsqu'on a ouvert le corps d'un faux-bourdon, soit par-dessus, soit par dessous, on remarque bientôt une masse formée par l'assemblage de plusieurs corps, souvent d'un blanc qui surpasse celui du lait : vient-on à développer cette masse, on la trouve composée principalement de quatre corps oblongs ; les deux plus gros de ces corps tiennent à une espèce de cordon tortueux que *Swammerdam* a appelé *la racine du pénis* (voir planche II fig. 1), et il a donné le nom de *vésicules séminales ss*, aux deux corps blancs et longs que nous venons de considérer. Deux autres corps, oblongs comme les précédents ; mais qui ont un diamètre qui n'est guère que la moitié de celui des premiers, et qui sont plus courts, sont appelés par le même auteur les *vaisseaux déférents dd*. Chacun d'eux communique avec une des vésicules séminales, près de l'endroit *qq*, où celles-ci s'unissent avec le cordon tortueux *r* : de l'autre bout de chacun de ces vaisseaux *xx*, assez délié, qui après quelques plis et replis, aboutit à un corps un peu plus gros, mais difficile à dégager des trachées qui l'environnent. *Swammerdam* regarde ces deux corps *tt* comme les testicules. Nous avons donc deux corps d'un volume considérable qui communiquent avec deux autres corps encore plus longs et plus gros. Ces quatre corps ont un tissu cellulaire, rempli d'une liqueur laiteuse, qu'on en peut tirer par expression. Le cordon long et tortueux *r*, auquel tiennent les deux plus grands de ces corps, ceux qui ont été nommés les *vésicules séminales* ; ce cordon, dis-je, est sans doute le conduit par lequel la liqueur laiteuse peut sortir. Après s'être plié et replié plusieurs fois sur lui-même, il s'élargit, ou si l'on veut, il se termine à une espèce de vessie *li*, ou de sac charnu. On trouve cette dernière partie plus ou moins allongée, et plus ou moins aplatie dans différents mâles ; en l'appelant le *corps lenticulaire*, ou la *lentille*, nous lui donnons un nom qui présente une image assez ressemblante de la figure qu'il a constamment dans tous les faux-bourdons, dont les parties intérieures ont acquis de la consistance dans l'esprit-de-vin. Ce corps *li* est donc une lentille assez renflée, dont la moitié, ou à peu près de la circonférence, est bordée par deux lames écailleuses *ei*, de couleur de marron, qui suivent la courbure de son contour. Un petit cordon blanc, qui fait le vrai bord de la lentille, est pourtant visible, et les sépare l'une de l'autre. Cette lentille est un peu oblongue ; aussi, pour nous exprimer plus commodément, lui donnerons-nous deux bouts, que nous distinguerons l'un de l'autre par le nom de *postérieur* et celui d'*antérieur*. Le bout antérieur *l*, le plus proche de la tête, est celui où s'insère le canal r, qui part des vésicules séminales. Le bout opposé i, le plus proche de l'anus, est le *postérieur* ; c'est d'auprès de ce dernier que partent les deux lames écailleuses *ei, ei*, d'où chacune s'élargit pour venir couvrir une partie de la lentille. Au-dessous de l'endroit où chaque lame s'est le plus élargie, elle a une espèce d'échancrure, qui lui fait deux pointes mousses, d'inégale longueur, et dont la plus longue est sur la circonférence de la lentille. Outre ces deux lames écailleuses, il y en a deux autres *nn*, de la même couleur, plus étroites, et au moins plus courtes de la moitié, dont chacune est posée tout proche des précédentes, et dont l'origine est auprès de l'origine de celle qu'elle accompagne ; c'est-à-dire au bout postérieur de la lentille. Le reste de cette lentille est blanc et membraneux : de son bout postérieur part un tuyau *k*, un canal de même blanc et de même membraneux ; du diamètre duquel il est difficile de juger, car les membranes qui le forment sont visiblement plissées. A un des côtés de ce tuyau est attachée une partie *p*, charnue, qui a quelque chose de la figure d'une palette, dont une des faces serait concave, et aurait ses bords gaudronnés ; l'autre face de cette palette est convexe ; en quelques circonstances les gaudrons se relèvent, leurs bouts excèdent le reste du contour, ils forment des espèces de rayons qui font pa-

raître la palette très joliment ouvragée. Elle est couchée
sur la lentille, elle s'y applique par sa partie concave ;
mais elle ne lui est pas adhérente. Swammerdam a paru
disposé à croire que cette palette est la partie qui caractérise le mâle.

"Les parties dont nous venons de parler, et qui
sont les plus visibles dans le corps des faux-bourdons, ne
sont point encore de celles qui en sortent les premières,
ni de celles qui, hors du corps, se font le plus remarquer.
Si on considère le canal *k*, ou l'espèce de sac qui part du
bout postérieur de la lentille, si on le considère, dis-je, du
côté opposé au bord de la lentille qui fait la séparation
des deux grandes plaques écailleuses, on voit distinctement ce corps *u*, que nous avons appelé l'arc ; on peut
compter ces cinq bandes velues disposées transversale-
ment, elles sont de couleur fauve, pendant que le reste
est blanc. Cet arc semble même hors du canal membraneux, parce qu'il n'est recouvert que par une membrane
très transparente ; par un de ses bouts il atteint presque
le corps lenticulaire, et par l'autre il se termine à l'endroit
où le canal membraneux se joint à des membranes *m*,
plissées et jaunâtres, qui font une espèce de sac, qui
s'applique contre les bords de l'ouverture, préparée pour
laisser sortir toutes les parties destinées à la génération.
Les membranes roussâtres dont nous parlons sont celles
que la pression oblige à se montrer les premières en dehors, celles qui forment cette masse allongée dont le
bout est une espèce de masque velu. Enfin à ce sac, fait
de membranes roussâtres, tiennent deux appendices cc,
d'un jaune rougeâtre, et rouges même à leur bout ; ce
sont ces appendices qui paraissent en dehors, sous la
forme de cornes.

"Quand en pressant le ventre d'un faux-bourdon peu à peu, mais de plus en plus et avec précaution, on fait successivement sortir de nouvelles parties, ces parties se montrent par la face opposée à celle qu'elles présentent lorsqu'elles sont dans le corps. La surface de ces parties, qui était alors l'intérieure devient l'extérieure ; il leur arrive ce qui arrive à un bas qu'on veut retourner était fixée contre un cerceau, et qu'on commençât à renverser le bas peu à peu en commençant par la bande la plus proche de l'ouverture, et ainsi de suite, de façon qu'on fit sortir le talon et le pied les derniers, on aurait dans le retournement du bas une image de la manière dont se retournent les parties du mâle des abeilles pour paraître en dehors.

"Quand on connaît leur disposition dans l'intérieur il est aisé de juger de l'ordre dans lequel elles doivent se montrer à l'extérieur. Le sac roussâtre, qui est le plus près de l'ouverture, doit paraître le premier, et comme une portion de sa surface intérieure est velue, elle fournit le masque velu. Les bases des cornes doivent ensuite commencer à se faire voir, l'arc doit paraître ensuite. Quand l'arc est entièrement sorti, il faut redoubler la pression pour faire sortir de nouvelles parties ; car c'est par le bout de cet arc que sort le corps lenticulaire qui prend alors une figure très allongée. Malgré cette figure il est aisé à reconnaître, et qu'il est évident qu'il a été renversé, parce que sur l'un de ses côtés, on trouve les plaques écailleuses que nous avons décrites, et la face par laquelle on les voit est concave, au lieu que celle par laquelle on les voit dans le corps est convexe. "

Le corps lenticulaire *li*, armé des larmes écailleuses *ie, ie*, est la seule des parties décrites par M. de Réaumur, que nous ayons trouvé engagée dans la vulve de nos reines.

Le canal r que Swammerdam a appelé la racine du pénis se rompt après la fécondation : nous en avons vu les fragments à l'endroit où il se joint au bout *l* de la lentille, vers son extrémité antérieure ; mais nous n'avons trouvé aucune trace du canal *k* fait de membranes plissées, qui part de son bout postérieur ; ni de la palette gaudronnée *p* qui adhère à ce canal, et que Swammerdam avait nommé pénis, à cause de sa ressemblance à celui d'autres animaux, quoiqu'il ne crût pas lui-même que cette partie qui n'est point percée pût en faire les fonctions. Il faut donc que le canal *k* et tout ce qui lui appartient, se rompe en *i*, tout près du bout postérieur de la lentille, et que ces parties restent dans le corps du mâle.

Quand on dissèque un faux-bourdon on voit vers le commencement du canal r deux nerfs très apparents qui s'insèrent dans les vésicules séminales, et leur distribuent, ainsi qu'à la racine du pénis, beaucoup de ramifications.

Selon Swammerdam ces nerfs et leurs ramifications peuvent servir tout à la fois au mouvement de ces parties, à l'émission de la liqueur séminale et au sentiment de plaisir dans l'instant de cette émission.

On aperçoit encore tout auprès de ces nerfs deux ligaments destinés à retenir en situation les organes générateurs, de sorte qu'on ne peut les en tirer sans faire quelque effort, excepté cependant la racine du pénis et la lentille, qui peuvent sortir naturellement, et qui sortent en effet hors du corps du mâle dans l'accouplement.

Le canal *r* n'est point étendu dans le corps des mâles comme il l'est dans la figure que j'ai fait graver ici ; mais ce conduit long et tortueux se plie et se replie plusieurs fois depuis les vésicules *ss* d'où il part, jusqu'au corps lenticulaire où il aboutit et où il porte la liqueur séminale. Il peut donc se déplier, s'étendre, s'allonger autant et plus qu'il ne le faut pour permettre à la lentille de s'avancer dans le corps du mâle, d'en sortir et de passer dans celui de la femelle.

Lorsqu'on ouvre un faux-bourdon on voit que cela peut être ainsi ; car si l'on saisit le corps lenticulaire, et si l'on essaye de le déplacer, les plis du canal tortueux s'effacent, ce cordon s'allonge considérablement, et si l'on veut l'écarter davantage il se rompt en *l*, tout auprès de la lentille et précisément au même endroit où il s'en sépare après la copulation.

Une pression plus ou moins forte peut faire sortir du corps des mâles plusieurs des parties que la figure repré-sente ; mais elles se retournent alors, se renversent comme un gant et se montrent par leur face intérieure. Swammerdam et Réaumur ont admiré ce mécanisme, et l'ont décrit avec la plus grande précision. Nous avons pressé comme eux un grand nombre de mâles, nous avons vu très souvent ce retournement vraiment merveil-leux, et compris qu'il pouvait être opéré par l'effort de l'air. Mais ce qu'il nous est impossible de croire, c'est que les parties de la génération se retournent du dedans au dehors dans l'accouplement, comme cela arrive par l'effet d'une pression extraordinaire ; car aucun des mâles que nous avons pressé n'a survécu à cette opération : il est fort singulier qu'une circonstance aussi remarquable ait échappé à ces grands naturalistes.

Nous avons bien vu, comme M. de Réaumur, des mâles que nous n'avions point pressés, et qui avaient fait sortir quelques-unes de leurs parties retournées ; mais ils étaient morts à l'instant, et sans avoir pu faire rentrer dans leurs corps celles de ces parties qu'une pression, peut-être accidentelle, avait forcé d'en sortir.

Une autre observation prouve encore que le renversement dont il est ici question n'a point lieu dans l'ordre naturel. En examinant la lentille dont la reine s'était débarrassée en notre présence, nous vîmes clairement qu'elle n'avait point été retournée, puisque la face par laquelle on la voyait était la même que celle par laquelle elle se montre dans le corps du mâle ; ce que nous reconnûmes à la question de ses quatre lames écailleuses, qui nous offraient la lentille vers son bout postérieur ; dans le cas du retournement, le contraire serait nécessairement arrivé.

Nous soupçonnâmes dès lors que ces lames, destinées, selon M. de Réaumur, à fortifier le corps lenticulaire, pouvaient avoir un usage plus important et faire l'offre de pinces ou de crochets. La situation respective de ces lames, leur figure, leur consistance écailleuse, la place qu'elles occupaient sur la lentille, et surtout les efforts qu'avait dû faire notre reine pour s'en débarrasser, semblaient appuyer cette conjecture : mais elle ne fut vérifiée que lorsque nous eûmes vu ces parties et observé leur disposition dans le corps même des femelles que nous sacrifiâmes à notre curiosité. Nous empêchâmes pour cela quelques-unes de nos reines de déplacer et d'arracher de leur corps les parties qu'y avaient laissées les mâles qui venaient de les féconder, et la dissection nous apprit que ces lames étaient de vraies pinces ou des crochets, comme nous l'avions conjecturé.

La lentille était placée au-dessous de l'aiguillon des reines, et le pressait contre la région supérieure du ventre ; elle remplissait donc la cavité de la vulve, et elle s'appuyait par son bout postérieur contre celui du vagin ou du canal excrétoire des œufs. C'était là que l'on voyait le jeu et l'usage des pièces écailleuses ; elles étaient écartées l'une de l'autre, mais un peu plus qu'elles ne le sont dans le corps du mâle. Elles étaient implantées au-dessous de l'orifice du vagin et pressaient entre elles quelques parties que leur extrême petitesse ne nous a pas permis de distinguer ; mais l'effort qu'il nous a fallu faire pour les séparer et pour enlever le corps lenticulaire, ne nous a laissé aucun doute sur l'usage de ces crochets écailleux.

Les lentilles prises dans le corps des mâles nous ont toujours paru moins grosses que celles que nous avons trouvées dans la vulve des femelles ; et nous avons remarqué, comme M. de Réaumur, que ces mêmes parties, prises dans différents mâles, n'ont pas toujours un volume égal ; mais nous en avons découvert une, qui lui avait échappé ainsi qu'à Swammerdam ; ce nouvel organe joue probablement le premier rôle dans la fécondation. Nous en parlerons en rendant compte de l'expérience qui nous l'a fait apercevoir.

Expériences prouvant la copulation de la reine

1ère Expérience: montrant que plus d'un vol d'accouplement est parfois nécessaire

Le 10 Juillet nous laissâmes sortir, les unes après les autres, trois reines vierges, et âgées de quatre à cinq jours. Deux de ces reines prirent l'essor plusieurs fois, leurs absences furent courtes et infructueuses ; celle à qui nous donnâmes la liberté la dernière, en profita mieux que les autres ; elle sortit trois fois : ses deux premières absences ne furent pas longues, mais la dernière dura trente-cinq minutes. Elle revint alors dans un état bien différent, et qui ne nous permit pas de douter de l'emploi qu'elle avait fait de son temps ; car sa vulve entrouverte permettait de voir les parties qu'avait laissées dans son corps le mâle qui l'avaient rendue mère.

Nous saisîmes ses quatre ailes d'une main, et nous reçûmes dans l'autre le corps lenticulaire qu'elle arracha de sa vulve avec les crochets de ses pieds; son bout postérieur était armé de deux pinces écailleuses et élastiques ; on pouvait les écarter l'une de l'autre; si on les lâchait, elles se rapprochaient et se mettaient dans leur première situation.

Vers le bout antérieur de la lentille, on voyait un fragment de la racine du pénis ; ce conduit s'était rompu à une demi-ligne du corps lenticulaire: ne serait-il fragile en cet endroit que pour faciliter la séparation du mâle et de la femelle ? On serait tenté de le croire. Nous laissâmes rentrer cette reine dans son habitation ; nous arrangeâmes sa porte de manière qu'elle ne pût en sortir à notre insu.

Le 17ème, nous visitâmes sa ruche, nous n'y trouvâmes point d'œufs ; la reine était tout aussi mince que le jour de sa première sortie. Le mâle qui s'était uni avec elle ne l'avait donc pas fécondée. Nous essayâmes de lui offrir encore la liberté ; elle en profita, et après deux absences rapporta à sa ruche les preuves d'un nouvel accouplement ; nous la refermâmes encore, et les œufs qu'elle pondit dans la suite, nous prouvèrent que le second avait été plus heureux que le premier, et qu'il pouvait y avoir des mâles plus propres que d'autres à la fécondation.

Il est cependant bien rare qu'un seul accouplement ne suffise pas; dans le cours de nos nombreuses expériences, nous n'avons vu que deux reines à qui il en ait fallu plus d'un pour devenir fécondes, et toutes les autres l'ont été, dès la première fois qu'elles se sont accouplées.

2nde Expérience: nous a poussés à croire que l'organe du faux-bourdon était brisé.

Le 18ème, nous offrîmes la liberté à une reine vierge, âgée de vingt-sept jours ; elle sortit deux fois ; sa seconde absence dura vingt-huit minutes, et à son retour elle rapporta à sa ruche les preuves de son accouplement.

Nous ne l'y laissâmes point rentrer ; mais nous la plaçâmes sous un verre, pour voir comment elle se débarrasserait des parties du mâle qui empêchaient sa vulve de se
refermer ; elle ne pût y réussir tant qu'elle n'eût que la
table et les parois glissantes du vase pour point d'appui.
Nous introduisîmes sous son verre un petit morceau de
gâteau, afin de lui donner les mêmes facilités qu'elle
aurait trouvées dans sa ruche, et pour voir si avec ce
secours elle saurait se passer de celui des abeilles. Elle y
monta bien vite, se cramponna aux bords des cellules
avec ses quatre premières jambes ; puis, allongeant les
deux dernières, et les étendant le long de son ventre, elle
paraissait le presser et le frotter en les glissant de haut en
bas le long de ses côtés ; passant enfin les crochets de
ses pieds dans l'ouverture que laissaient entre elles les
deux pièces du dernier anneau, elle saisit le corps lenticulaire et le laissa tomber sur la table ; nous le prîmes
alors : son bout postérieur était réellement armé de deux
pinces écailleuses, au-dessous desquelles, et dans la
même direction, était un corps cylindrique, d'un blanc
grisâtre ; le bout de ce corps, le plus éloigné de le lentille,
nous parut sensiblement plus gros que celui par lequel il y
adhérait ; et après ce renflement, il se terminait en
pointe ; cette pointe était double et ouverte en bec
d'oiseau, ce qui nous fit juger que ce corps avait été
rompu et déchiré ; l'expérience suivante appuya cette
conjecture.

3ème Expérience: a semblé indiqué que c'était l'organe mâle dont le corps lenticulaire était seulement un appendice

Le 19ème, nous donnâmes la liberté à une reine
vierge et âgée de quatre jours ; elle sortit deux fois ; sa
seconde absence, toujours plus longue que la première,
dura trente-six minutes ; elle revint de sa dernière course
avec les marques de sa fécondation. Nous voulions avoir

entières les parties que le mâle avait laissées dans sa vulve ; il fallait, pour y parvenir, empêcher que la reine ne les rompit, en les arrachant avec ses pieds : après avoir tué cette femelle le plus promptement qu'il nous fut possible, on coupa ses derniers anneaux pour mettre sa vulve à découvert ; mais en lui ôtant la vie, nous n'avions pas détruit le mouvement ; il y en eut de tels dans ces parties, que le corps lenticulaire en sortit spontanément et que celui que nous avions intérêt de voir se rompit comme la première fois : nous fûmes donc obligés de répéter cette épreuve : je ne donnerai que les résultats de celles qui nous permirent de l'avoir dans son entier.

En séparant le corps lenticulaire de l'orifice du vagin, contre lequel il était appliqué, il nous arriva plusieurs fois d'entraîner avec lui un corps blanc qui lui adhérait par une de ses extrémités ; l'autre était engagée dans le canal excrétoire des œufs.

Ce corps paraissait cylindrique à son origine vers la lentille, il se renflait ensuite, puis il se rétrécissait pour se dilater encore et plus que la première fois ; il formait alors une espèce de gland, après quoi il diminuait graduellement, et se terminait en pointe aigue.

Ces détails n'étaient point sensibles à la vue simple, et il fallait une loupe assez forte pour les apercevoir.

La figure de ce corps et sa position semblaient autoriser à le regarder, comme la partie caractéristique du mâle, dont le corps lenticulaire ne serait qu'un appendice ; mais la dernière reine que nous eûmes à notre disposition nous fit voir une particularité qui détruisit cette conjecture.

4ème Expérience: réfutant la précédente conjecture de la 3ème expérience.

Le 20ème, nous donnâmes la liberté à deux reines vierges : la première était déjà sortie les jours précé-

dents, mais elle n'avait point été fécondée ; nous la saisîmes à son retour ; elle avait la vulve entrouverte et la
lentille du mâle paraissait entre ses lèvres : nous voulions
la mettre hors d'état de s'en débarrasser elle-même, mais
elle l'enleva avec ses jambes si vivement, que nous ne
pûmes la prévenir, et nous la laissâmes rentrer dans sa
ruche.

La seconde reine à qui nous avions donné la liberté,
sortit deux fois ; sa première absence fut courte, comme
à l'ordinaire : la seconde dura environ une demi-heure ;
elle revint alors féconde, et nous la prîmes à son retour.
Nous l'ouvrîmes promptement après l'avoir tuée. On
trouva le corps lenticulaire placé comme dans toutes les
reines que nous avions observées jusqu'alors : ses pinces
pénétraient au fond de la vulve ; les pointes mousses qui
les terminent nous parurent implantées au-dessous du
canal excrétoire des œufs : elles pressaient entre elles des
parties que nous ne pûmes distinguer, à cause de leur
extrême petitesse : la résistance que nous éprouvâmes en
essayant de les détacher, ne nous permis pas de douter
que ces crochets ne servissent à rapprocher l'extrémité de
la lentille de l'orifice du vagin et à l'y tenir appliquée. Par
cette précaution dont on a des exemples chez d'autres
insectes, le mâle et la reine ne pouvant se séparer
qu'après avoir accompli le vœu de la nature, le succès de
leur union en était plus assuré.

Avant de déranger ces parties, nous les plaçâmes au
foyer du microscope : nous vîmes alors une particularité
qui nous avait échappé : en tirant en arrière le corps
lenticulaire, il sortit du vagin une petite partie (voyez fig.
2) adhérente au bout postérieur de la lentille et placée au-
dessous des pinces écailleuses. Elle rentra d'elle-même
dans la lentille comme les cornes d'un limaçon. Cette
partie est très courte, blanche, et paraît cylindrique : il y
avait au-dessous des pinces quelque peu de liqueur sémi-

nale à demi-coagulée au fond de la vulve. En cherchant ce qui pouvait être resté alors dans le vagin, nous n'y trouvâmes aucune partie dure : nous en exprimâmes beaucoup de sperme : cette matière était presque liquide, mais bientôt elle se coagula et forma une masse blanchâtre qui n'avait rien d'organisé. Cette observation faite avec soin détruisit tous nos doutes et nous démontra que ce que nous avions pu prendre pour la partie caractéristique du mâle, n'était autre chose que la semence elle-même qui s'était coagulée dans l'intérieur du vagin et an avait pris la forme.

La seule partie dure que le mâle eut introduite dans le vagin de la femelle était donc cette pointe courte et cylindrique qui s'était retirée dans la lentille quand nous l'en avions séparée. Son office et sa situation prouvent que c'est là qu'il faut chercher l'issue de la liqueur séminale, si toutefois on peut espérer de la trouver ouverte en tout autre temps que celui de l'accouplement.

Nous avons cherché cette nouvelle partie dans les faux-bourdons, et nous l'avons trouvée dans le premier que nous avons disséqué ; en pressant du haut en bas les vésicules séminales (*ss, fig.1,*) nous avons forcé la liqueur blanche dont elles étaient remplies à en sortir, et à descendre dans la racine du pénis *r*, et dans le corps lenticulaire *li*, qui s'est alors sensiblement gonflé. Nous avons empêché que cette liqueur ne retournât en arrière, et que nous l'avons forcée, par une nouvelle pression, à se porter en avant. Cependant en pressant la lentille même, la liqueur n'en est point sortie ; mais nous avons vu paraître vers son bout postérieur, et au-dessous des pinces écailleuses un petit corps blanc, court, cylindrique, et qui avait la même apparence que celui que nous avions trouvé engagé dans le vagin de notre reine. Quand nous ne pressions pas la lentille, cette partie y rentrait, et nous la voyons reparaître toutes les fois que nous recommencions de la presser.

Je vous prie, Monsieur, en la lisant cette lettre de jeter les yeux sur la figure que M. de Réaumur a publiée des organes sexuels des faux-bourdons et que j'ai fait copier ; les descriptions qui y sont jointes, m'ont paru fort exactes, et donnent une idée juste de la situation de ces parties, lorsqu'on les observe dans le corps des mâles. Sur la seule inspection de ces figures, on conçoit facilement l'apparence que présentent ces mêmes parties dans la vulve de la femelle, lorsqu'elles y restent implantées après l'accouplement.

Les détails que j'ai exposés achèvent de fixer l'imagination du lecteur, et indiquent suffisamment la situation et la forme de l'organe que j'ai découvert et qui doit être regardé comme la verge de l'abeille mâle dont la lentille ne serait qu'un appendice.

Je ne doute point qu'en perdant leurs parties sexuelles les faux-bourdons ne périssent après l'accouplement . Note : En réfléchissant un jour à la découverte qui fait le sujet de cette lettre, et à l'impossibilité d'être témoins d'un accouplement qui s'opère dans les airs, il nous parut qu'on ajouterait une preuve de plus à celles que nous en avions eues, si l'on pouvait trouver le mâle qui aurait fécondé une de nos reines, et le saisir à son retour : mais nous ne devions l'espérer que dans le cas où il ne mourrait pas de mort subite après l'accouplement, et où il aurait encore le temps de revenir à sa ruche.

Burnens pensa qu'il serait aisé à reconnaître et à distinguer de ceux qui meurent sans s'être accouplés, et sans n'avoir souffert aucune mutilation. Il se condamna donc à examiner un a un tous les faux-bourdons qu'il trouverait morts auprès des ruches, pendant la saison des essaims.

Après de longues et inutiles recherches, il en trouva enfin quelques-uns qui étaient effectivement venus mourir aux pieds de leurs ruches, et qui avaient été évidemment mutilés, car ils avaient perdu celles de leurs parties génitales qui restent dans la vulve des reines. La racine du pénis était sortie de leur corps après l'accouplement, un bout de ce canal long de dix à douze lignes, pendait à l'extrémité de leur ventre, et s'y était desséché. Aucune des parties que la pression peut obliger à paraître, ne se montrait en cet endroit.

Ces observations, faites avec le plus grand soin, confirmèrent la conjecture que j'avais déjà énoncée, à savoir qu'aucune autre partie que le pénis et ses appendices ne sort du corps des mâles au temps de l'accouplement. Elles prouvèrent aussi que les mâles périssent après avoir perdu leurs parties sexuelles, et que leur mort n'est pas aussi prompte que l'on aurait pu le penser.

En venant mourir aux pieds de leur ruche, ils rapportent, ainsi que la reine, les preuves de leur union et d'une vérité longtemps méconnue.

Mais par quelle raison la nature a-t-elle exigé de ce mâle un si grand sacrifice ? C'est un mystère, que je n'entreprendrai point de pénétrer. Je ne connais aucun fait analogue dans l'histoire des animaux ; mais comme il y a deux espèces d'insectes dont l'accouplement ne peut s'opérer que dans les airs, les éphémères et les fourmis, il serait très intéressant de savoir si leurs mâles perdent aussi leurs parties sexuelles dans ces circonstances, et si en faisant, comme les faux-bourdons, l'amour au vol, la jouissance est aussi pour eux, le prélude de la mort ?

Agréez l'assurance de mon respect, etc.

Du 29 Mai 1813

NB : je n'ai point observé les accouplements des éphémères, mais M. Degers qui en a été le témoin, ne dit pas que leurs mâles soient mutilés. Une circonstance aussi remarquable ne lui aurait pas échappée.

Quant aux fourmis, leurs mâles perdent si peu leurs parties sexuelles, qu'ils peuvent féconder plusieurs femelles de suite, et je m'en suis assuré par des observations répétées.

Pregny, 21 Août 1791

L'imprégnation retardée affecte les ovaires de la reine pour qu'elle ne ponde que des œufs de mâles

Monsieur,

Je vous ai dit dans ma première lettre, que lorsqu'on ne permettait aux jeunes reines abeilles de recevoir les approches du mâle que le vingt-cinquième ou trentième jour après leur naissance, le résultat de cette fécondation présentait des particularités très intéressantes. Je ne vous en donnai pas alors les détails, parce qu'au moment où j'eus l'honneur de vous écrire, mes expériences sur ce sujet n'avaient pas encore été assez multipliées. Dès lors je les ai répétées un si grand nombre de fois, et leurs résultats ont été si uniformes, que je ne crains plus de vous annoncer comme une découverte certaine, le singulier effet que produit sur les ovaires de la reine abeille le retard de la fécondation. Lorsqu'une reine reçoit les approches du mâle dans les quinze premiers jours de sa vie, elle devient en état de pondre des œufs d'ouvrières et des œufs de faux-bourdons : mais si sa fécondation est retardée jusqu'au vingt-deuxième jour, ses ovaires sont viciés de manière qu'elle deviendra inhabile à pondre des œufs d'ouvrières ; elle ne pondra plus que des œufs de mâles.

J'étais occupé de recherches relatives à la formation des essaims, lorsque j'eus, pour la première fois, l'occasion d'observer une reine qui ne pondait que des œufs de faux-bourdons. C'était en juin 1787. J'avais vu que quand une ruche est prête à essaimer, le moment du jet est toujours précédé par une agitation très vive, qui d'abord saisit la reine, se communique ensuite aux ouvrières, et excite au milieu d'elles un si grand tumulte, qu'elles abandonnent leurs travaux, et sortent en désordre par les portes de leur ruche. Je savais bien alors qu'elle était la cause de l'agitation de la reine (*) ; mais j'ignorais encore comment ce délire se communiquait aux ouvrières, et cette difficulté arrêtait mon travail. Pour la résoudre, j'imaginai de chercher par des expériences directes, si toutes les fois que la reine serait fortement agitée, même hors du temps des essaims, son agitation se communiquerait également aux abeilles communes. J'enfermai dans une ruche une reine, au moment de sa naissance, et je l'empêchai de sortir, en rendant les portes de son habitation trop étroites pour elle. Je ne doutais pas que dès qu'elle sentirait le désir impérieux de se joindre aux mâles, elle ne fît de grands efforts pour s'échapper de la ruche, et que l'impossibilité d'y réussir ne la jetât dans une sorte de délire. Burnens eut la constance d'observer cette reine captive pendant trente-cinq jours. Il la vit tous les matins vers les onze heures, lorsque le temps était beau, et que le soleil invitait les mâles à sortir des ruches, il la vit, dis-je, parcourir impétueusement tous les coins de son habitation pour chercher une issue : mais comme elle n'en trouvait point, ses efforts inutiles lui donnèrent chaque fois une agitation extraordinaire, dont je décrirai ailleurs les symptômes, et dont les abeilles communes ressentirent aussi les atteintes.

Pendant le cours de cette longue prison, la reine ne sortit pas une seule fois, elle ne put donc pas être fécondée. Le trente-sixième jour je lui rendis enfin la liberté, elle en profita bien vite, et ne tarda pas à revenir avec les signes les plus marqués de fécondation. Content du succès de cette expérience pour l'objet particulier que je m'étais proposé, j'étais loin d'espérer qu'elle me procurerait encore la connaissance d'un fait très remarquable. Quelle ne fut point ma surprise, lorsque je reconnus que cette femelle, qui commença comme à l'ordinaire sa ponte, quarante-six heures après l'accouplement, ne pondait point des œufs d'ouvrières, mais des œufs de faux-bourdons, et que dans la suite elle pondit uniquement des œufs de cette sorte !

Je m'épuisai d'abord en conjectures sur ce fait singulier ; mais plus j'y réfléchissais, plus je le trouvais inexplicable. Enfin, en méditant avec attention sur les circonstances de l'expérience que je viens de décrire, il me parut qu'il y en avait deux principales, dont je devais tâcher avant tout de peser séparément l'influence. D'un côté, cette reine avait souffert une prison forte longue ; d'un autre côté, sa fécondation avait été extrêmement retardée. Vous savez, Monsieur, que les reines-abeilles reçoivent ordinairement les approches du mâle le cinq ou sixième jour après leur naissance, et celle-ci ne s'était accouplée que le trente-sixième jour. Si je suppose ici que l'emprisonnement pouvait être la cause du fait, ce n'est pas que je donne moi-même beaucoup de poids à cette supposition. Dans l'état naturel, les reines-abeilles ne sortent de leur ruche que pour aller chercher les mâles peu de jours après leur naissance : pendant tout le reste de leur vie, si on excepte le jour du départ de l'essaim qu'elles conduisent, elles y sont volontairement prisonnières : il était donc bien peu vraisemblable que la captivité eût produit l'effet que je travaillais à expliquer. Cependant, comme dans un sujet aussi neuf il ne faut rien négliger, je voulus m'assurer d'abord si c'était à la longueur de l'emprisonnement, ou bien au retard de la fécondation, qu'était due la singularité que j'avais observée dans la ponte de cette reine.

Mais ce travail n'était pas facile. Pour découvrir si c'était la captivité de la reine, et non le retard de la fécondation, qui avait vicié ses ovaires, il aurait fallu permettre à une femelle de recevoir les approches du mâle, et cependant la retenir prisonnière ; or cela ne se pouvait pas, attendu que les reines-abeilles ne s'accouplent jamais dans l'intérieur des ruches. Par la même raison, il était impossible de retarder l'accouplement d'une reine sans la constituer prisonnière. Cette difficulté m'embarrassa longtemps : j'imaginai enfin un appareil qui n'était pas rigoureusement exact, mais qui remplissait à peu près mon but.

Je pris une reine au moment où elle venait de subir sa dernière métamorphose ; je la plaçai dans une ruche bien approvisionnée, et peuplée d'un nombre suffisant d'ouvrières et de mâles. Je rétrécis la porte de cette ruche au point qu'elle devînt trop étroite pour le passage de la reine, et j'y adaptai un canal vitré qui communiquait à une grande boîte carrée de verre, de huit pieds en tous sens. La reine pouvait venir à tout instant dans cette boîte, y voler, s'y ébattre, y respirer un air meilleur que celui de l'intérieur des ruches, et cependant elle ne pouvait y être fécondée ; car quoique les mâles volassent aussi dans cette même enceinte, l'espace en était trop borné pour qu'il pût s'établir aucune jonction entre eux et la femelle. Vous savez, Monsieur, par les expériences que je vous ai racontées dans ma première lettre, que l'accouplement ne se fait que dans le haut des airs. Je trouvai donc dans la disposition de cet appareil l'avantage de retarder la fécondation, en même temps que je laissai à la reine une liberté assez grande pour qu'à l'état dans lequel elle serait appelée à vivre, ne fut pas trop éloigné de l'état de nature. Je suivis cette expérience pendant quinze jours. La jeune femelle captive sortit de sa ruche tous les matins, lorsque le temps était beau ; elle vint se promener dans sa prison de verre, elle y volait avec assez de facilité, et se donnait beaucoup de mouvement. Pendant cet intervalle elle ne pondit point, parce qu'elle n'eût de jonction avec aucun mâle. Enfin le seizième jour je lui donnai une entière liberté : elle s'éloigna de sa ruche, s'éleva dans le haut des airs, et revint avec tous les signes de fécondation. Deux jours après elle pondit : ses premiers œufs furent des œufs d'ouvrières, et dans la suite elle en pondit autant que les reines les plus fécondes.

Il suit de là:

1°. Que la captivité n'altère point les organes des reines-abeilles.

2°. Que lorsque la fécondation a eu lieu dans les seize premiers jours qui suivent leur naissance, elles pondent des œufs des deux sortes.

Cette première expérience était fort importante ; en m'indiquant clairement la marche que je devais suivre dans mon travail, elle le rendait beaucoup plus simple ; elle excluait absolument la supposition que j'avais faite sur l'influence de la captivité, et ne me laissait à chercher que les effets d'un plus long retard dans la fécondation.

Dans ce but je répétai l'expérience précédente de la même manière que la première fois ; mais au lieu de rendre à la reine vierge, que je plaçai dans la ruche, sa liberté le seizième jour après sa naissance, je la retins captive jusqu'au vingt-unième jour ; elle sortit alors, s'éleva dans l'air, fut fécondée, et revint dans son habitation. Quarante-six heures après elle commença à pondre, mais c'étaient des œufs de mâles, et dans la suite, quoiqu'elle fût très féconde, elle ne, pondit aucun d'une autre sorte. Je m'occupai encore pendant le reste de cette année 1787, et dans les deux années suivantes, d'expériences sur le retard de la fécondation, et j'eus constamment les mêmes résultats. Il est donc vrai, que lorsque l'accouplement des reines abeilles est retardé au-delà du vingtième jour, il n'opère, si je puis parler ainsi, qu'une demi-fécondation : au lieu de pondre également des œufs d'ouvrières et des œufs de mâles seulement.

Je ne prétends point à l'honneur d'expliquer ce fait étrange. Lorsque la suite de mes observations sur les abeilles m'a fait connaître qu'il y avait quelquefois dans les ruches des reines qui ne pondaient que des œufs de faux-bourdons, j'ai dû chercher quelle était la cause *prochaine* d'une pareille singularité, et je me suis assuré que cette cause est le retard de la fécondation. La preuve que j'en ai acquise est démonstrative, car je puis toujours empêcher les reines abeilles de pondre des œufs d'ouvrières en retardant leur fécondation jusqu'au vingt-deuxième, ou vingt-troisième jour. Mais quelle est la cause *éloignée* de ce fait, ou en d'autres termes, pourquoi le retard de la fécondation met-il les reines abeilles hors d'état de pondre des œufs d'ouvrières ? C'est un problème sur lequel l'analogie ne fournit aucune lumière ; dans toute l'histoire physiologique des animaux, je ne connais point d'observation qui y ait le moindre rapport.

Ce problème paraît bien plus difficile encore, quand on sait comment les choses se passent dans l'état naturel, c'est-à-dire, lorsque la fécondation n'a souffert aucun retard. Dans ce cas, quarante-six heures après l'accouplement, la reine pond des œufs d'ouvrières, et continue jusqu'à l'âge de onze mois, à pondre presque uniquement des œufs de cette sorte. Ce n'est ordinairement qu'au bout de ces onze mois qu'elle commence à faire une ponte considérable, et suivie d'œufs de mâles (*). Quand au contraire la fécondation est retardée au-delà du vingtième jour, la reine pond, dès la quarante-sixième heure, des œufs de mâles, et n'en pond jamais d'autres pendant le reste de sa vie. Or puisque dans l'état naturel la reine ne pond que des œufs d'ouvrières, pendant les onze premiers mois, il est clair que les œufs d'ouvrières et les œufs de mâles ne sont pas mêlés indistinctement dans ses oviductus : les œufs occupent sans doute dans les ovaires une place correspondante aux lois que suit la ponte : ceux d'ouvrières sont placés à la suite de ceux-là : et il semble que la reine ne peut pondre aucun œuf de mâle, qu'auparavant elle ne soit débarrassée de tous les œufs d'ouvrières qui occupent le premier rang dans ses oviductus. Pourquoi donc cet ordre est-il interverti lorsque l'accouplement est retardé ? Comment se fait-il que tous les œufs d'ouvrières que la reine eût dû pondre, si la fécondation eût été faite à temps, se flétrissent, disparaissent, et n'arrêtent plus le passage des œufs de mâles, qui ne sont placés qu'en seconde ligne dans les ovaires ?

(*) Note : il paraît que ce terme n'est pas de rigueur, et que l'époque de la grande ponte d'œufs de mâles peut être accélérée ou retardée selon que les circonstances atmosphériques sont plus ou moins favorables aux abeilles et à leurs récoltes.

Une copulation imprègne tous les œufs que la reine pourra pondre en deux années

Ce n'est pas tout : je me suis assuré qu'un seul accouplement suffit à féconder tous les œufs qu'une reine-abeille doit pondre pendant le cours de deux ans au moins : j'ai même lieu de croire que ce seul acte suffit à la fécondation de tous les œufs qu'elle pondra pendant sa vie, mais je n'ai de preuve sûre que pour le terme de deux ans. Ce fait, déjà bien remarquable en lui-même, rend encore plus difficile à concevoir l'influence du retard de la fécondation. Puisqu'un seul accouplement suffit, il est clair que la liqueur des mâles agit dès le premier instant sur tous les œufs que la reine doit pondre pendant deux ans ; elle leur donne suivant vos principes, Monsieur,

ce degré d'*animation* qui détermine ensuite leur développement successif ; après avoir reçu cette première *impulsion de vie*, ils croissent, ils mûrissent, pour ainsi dire,
progressivement jusqu'au jour où ils seront pondus : et
comme les mois de la ponte sont constantes, que les œufs
pondus pendant les onze premiers mois sont toujours des
œufs d'ouvrières, il est clair que ces œufs, qui doivent
sortir les premiers, sont aussi les premiers qui arrivent à
la maturité : il faut donc, dans l'état naturel, l'espace de
onze mois pour que les œufs de mâles prennent le degré
d'accroissement qu'ils doivent avoir au moment où ils sont
pondus. Cette conséquence, qui me paraît directe, rend le
problème insoluble à mes yeux. Comment se fait-il que les
œufs de mâles qui doivent croître lentement pendant onze
mois, reçoivent tout-à-coup leur dernier développement
dans l'espace de quarante-huit heures, lorsque la fécondation a été retardée au-delà de vingt-un jours, et par le
seul effet de ce retard ? Remarquez, je vous prie, que la
supposition de l'accroissement successif des œufs n'est
pas gratuite : elle est bien dans les principes d'une saine
physique : d'ailleurs, pour s'assurer qu'elle est fondée, il
suffit de jeter les yeux sur la figure qu'a donnée Swammerdam des ovaires de la reine-abeille : on y voit que les
œufs renfermés dans cette partie des filets contigüe à la
vulve, sont beaucoup plus avancés, plus gros que ceux qui
sont contenus dans la partie opposée de ces mêmes filets.
La difficulté que je propose ici reste donc dans toute sa
force : c'est un abîme où je me perds.

Le seul fait connu qui ait une apparence de rapport
avec ceux que je viens de décrire, c'est l'état où se trouvent   certaines   graines   végétales   qui,
quoiqu'extérieurement bien conservées, perdent en vieillissant la faculté de germer : il se pourrait aussi que les
œufs d'ouvrières ne conservassent que pendant un temps
fort court la propriété d'être fécondés par la liqueur séminale et que, passé ce terme, qui ne serait que de quinze

ou dix-huit jours, ils fussent désorganisés au point de ne pouvoir plus être *animés* par cette liqueur. Je sens, Monsieur, que cette comparaison est très imparfaite, et que d'ailleurs elle n'explique rien ; elle ne met pas même sur la voie de tenter aucune expérience nouvelle : je n'ajoute plus qu'une réflexion.

On avait observé jusqu'ici d'autre effet du retard de la fécondation sur les femelles des animaux que de les rendre absolument stériles. Les reines abeilles nous offrent le premier exemple d'une femelle à laquelle ce retard laisse encore la faculté d'engendrer des mâles. Or comme il n'y a point de fait unique dans la nature, il est très vraisemblable que d'autres animaux nous offriraient aussi la même particularité. Ce serait donc un objet de recherches très curieux, que d'observer les insectes sous ce nouveau point de vue. Je dis *les insectes*, car je n'imagine pas qu'on découvrît quelque chose d'analogue dans les animaux d'un autre genre. Il faudrait même commencer les expériences que j'indique ici sur les insectes qui se rapprochent le plus des abeilles, comme les guêpes, les bourdons velus, les abeilles maçonnes, toutes les espèces de mouches, etc. etc. On tenterait ensuite quelques expériences sur les papillons ; et on découvrirait peut-être alors quel animal, sur lequel le retard de la fécondation produirait le même effet que sur les reines abeilles. Si cet animal état d'une grandeur supérieur à celle des abeilles, la dissection en serait beaucoup plus facile, et l'on discernerait ce qui arrive aux œufs dont le retard de la fécondation ne permet pas le développement. Au moins pourrait-on espérer que quelque circonstance heureuse conduirait à la solution du problème. Note : Les expériences que je propose dans ce paragraphe me rappellent une réflexion forte singulière de M. de Réaumur. En parlant des mouches vivipares, il dit qu'il ne serait point impossible qu'une poule accouchât d'un poulet vivant, si après avoir été fécondée, on trouvait quelque moyen de retenir pendant vingt jours dans ses oviductus les premiers œufs qu'elle aurait dû pondre. (Voyez Réaumur sur les insectes, Tome IV, Mémoire 10°.)

Je reviens au récit de mes expériences.

Les reines pondant des faux-bourdons continuent de pondre des faux-bourdons pendant au moins 9 mois

En Mai 1789 je saisis deux reines, au moment où elles subissaient leur dernière métamorphose : je plaçai l'une dans une *ruche en feuillets* bien pourvue de miel et de cire, et suffisamment peuplée d'ouvrières et de mâles. Je plaçai l'autre reine dans une ruche exactement semblable, mais dont j'avais enlevé tous les faux-bourdons. J'arrangeai les portes de ces ruches de manière que les abeilles communes puissent jouir d'une entière liberté, mais je les rendis trop étroites pour le passage des femelles et des faux-bourdons. Je laissai ces reines prisonnières pendant l'espace de trente jours. Après ce terme, je leur donnai la liberté ; elles sortirent avec empressement, et revinrent fécondées. Au commencement de Juillet je visitai les deux ruches, et j'y trouvai beaucoup de couvain était composé en entier de vers et de nymphes de mâles ; il n'y avait pas, à la lettre, une seule nymphe, un seul ver d'ouvrières. Les deux reines pondirent sans interruption jusqu'en automne, et toujours des œufs de faux-bourdons. Leur ponte finit dans la première quinzaine de Novembre, comme celle des reines de mes autres ruches.

Je désirais beaucoup de savoir ce qu'elles deviendraient au printemps suivant ; si elles recommenceraient leur ponte, si une nouvelle fécondation leur serait nécessaire, et dans le cas où elles pondraient, de quelle sorte seraient leurs œufs ; mais comme leurs ruches étaient déjà fort affaiblies, je craignais qu'elles ne périssent pendant l'hiver. Cependant, par bonheur, nous parvînmes à les conserver, et dès le mois d'Avril 1790 nous vîmes ces reines recommencer leur ponte : par les précautions que nous avions prises, nous étions très sûrs qu'elles n'avaient pas reçu de nouveau les approches du mâle : ces derniers œufs étaient encore des œufs de faux-bourdons.

Il eût été très intéressant de suivre plus loin l'histoire de ces deux femelles, mais à mon grand regret leurs ouvrières les abandonnèrent le 4 Mai ; et ce même jour nous trouvâmes les reines mortes. Il n'y avait cependant aucune teigne dans les gâteaux qui eût pu déranger les abeilles, et le miel était encore assez abondant ; mais comme dans le cours de l'année précédente il n'y était né aucune ouvrière, que d'ailleurs l'hiver en avait fait périr plusieurs, elles se trouvèrent en trop petit nombre au printemps pour vaquer à leurs travaux ordinaires, et dans leur découragement elles désertèrent leur habitation pour se jeter dans les ruches voisines.

Je trouve dans mon journal le détail d'une multitude d'expériences sur le retard de la fécondation des reines abeilles : je ne finirais point si je les transcrivais toutes ici : je répète encore qu'il n'y a pas eu la plus petite variation dans le résultat principal, et que toutes les fois que l'accouplement de ces reines a été différé au-delà du vingt-unième jour, elles n'ont pondu que des œufs de mâles. Je me bornerai donc, Monsieur, à vous rendre compte de celles de mes expériences qui m'ont valu la connaissance de quelque fait remarquable dont je n'ai point encore parlé.

Le temps froid peut retarder le début de la ponte

Le 4 Octobre 1789 il naquit une reine dans une de mes ruches : nous la plaçâmes dans une ruche en feuillets. Quoique la saison fût déjà bien avancée, il y avait encore un grand nombre de mâles dans les ruches. Il était important de savoir si dans ce temps de l'année, ils pourraient également opérer la fécondation, et dans le cas où elle réussirait, si la ponte commencée au milieu de l'automne serait interrompue ou continuée pendant l'hiver.

Nous laissâmes donc à cette reine la liberté de sortir de la ruche. Elle s'échappa effectivement ; mais elle fit vingt-quatre tentatives inutiles avant de reparaître avec les signes de la fécondation. Enfin le 31 Octobre elle fut heureuse ; elle sortit et revint avec les marques les plus évidentes du succès de ses amours ; elle était âgée alors de vingt-sept jours, et par conséquent sa fécondation avait été fort retardée. Elle aurait dû pondre quarante-six heures après, mais le temps fut froid, et elle ne pondit point ; ce qui, pour le dire en passant, prouve bien que le refroidissement de la température est la principale cause qui suspend la ponte des reines en automne. J'étais fort impatient de savoir si, au retour du printemps, elle serait féconde sans avoir besoin d'un nouvel accouplement. Le moyen de s'en assurer était simple ; il suffisait de rétrécir la porte de sa ruche, afin qu'elle ne pût point s'échapper. Je la retins donc prisonnière depuis la fin d'Octobre jusqu'en Mai. Au milieu de Mars nous visitâmes ses gâteaux, et nous y trouvâmes beaucoup d'œufs ; mais comme ils étaient placés dans des alvéoles du plus petit diamètre, il fallait attendre quelques jours de plus pour en juger. Le 4 Avril nous examinâmes encore l'état de la ruche, et nous y trouvâmes une quantité prodigieuse de vers et de nymphes. Toutes ces nymphes et tous ces vers étaient de la sorte des faux bourdons. La reine n'avait pas pondu un seul œuf d'ouvrières.

Dans cette expérience, comme dans les précédentes, le retard de la fécondation avait donc rendu la reine-abeille incapable de pondre des œufs d'ouvrières. Ce résultat est ici d'autant plus remarquable, que la ponte de cette reine avait commencé quatre mois et demi seulement après sa fécondation. Le terme de quarante-six heures qui s'écoule à l'ordinaire entre l'accouplement de la femelle et sa ponte n'est donc pas un terme de rigueur : l'intervalle peut être beaucoup plus long si la température devient froide. Enfin il suit de cette expérience, que lors même que le froid retardera la ponte d'une reine qui a été fécondée en automne, elle commencera à pondre au printemps, sans qu'un nouvel accouplement lui devienne nécessaire.

J'ajouterai ici que la reine dont je viens de tracer l'histoire était d'une étonnante fécondité. Le 1er de Mai nous trouvâmes dans sa ruche, outre six cents mâles sous la forme de mouches, deux mille quatre cent trente-huit cellules qui contenaient, ou des œufs, ou des vers, ou des nymphes de faux-bourdons. Elle avait donc pondu en Mars et Avril plus de trois mille œufs de mâles ; c'est environ cinquante par jour. Malheureusement elle périt peu de temps après, et nous ne pûmes pas continuer notre observation : si je m'étais proposé de calculer le nombre total d'œufs de mâles qu'elle aurait pondus pendant l'année, et de le comparer à celui des œufs de la même sorte que pondent les reines dont la fécondation n'a pas été retardée. Vous savez, Monsieur, que celles-ci pondent au printemps environ deux mille œufs de faux-bourdons ; elles en font au mois d'août, une seconde ponte moins considérable, et dans les intervalles elles pondent presque uniquement des œufs d'ouvrières. Il n'en est pas ainsi des femelles dont l'accouplement a été différé, elles ne pondent aucun œuf d'ouvrières ; pendant quatre, cinq, six mois de suite, elles pondent sans interruption des œufs de mâles, et en si grand nombre que je présume que dans ce court espace de temps, elles donnent naissance à plus de faux-bourdons qu'une femelle dont la fécondation n'a pas été retardée n'en fait naître dans le cours de deux ans : j'ai fort regretté de n'avoir pu vérifier cette conjecture.

Les reines pondant des œufs de faux-bourdons sont formées différemment

Je dois encore, Monsieur, vous rendre compte de la manière assez remarquable dont les reines qui ne pondent que des œufs de mâles déposent quelquefois ces œufs dans les cellules. Elles ne les placent pas toujours sur les losanges qui servent de fond aux alvéoles, mais elles les déposent souvent sur leur pan inférieur, et à deux lignes de l'ouverture. La raison en est que leur ventre est plus court que celui des reines dont la fécondation n'a point été retardée, leur extrémité postérieure reste effilée, tandis que les deux premiers anneaux qui tiennent au corselet sont extraordinairement renflés : il résulte de cette forme, que lorsqu'elles se disposent à pondre, leur anus ne peut pas s'étendre jusqu'aux losanges du fond des cellules : l'enflure des anneaux antérieurs du ventre ne le permet pas ; et conséquemment les œufs doivent rester fixés là où l'anus peut atteindre. Les larves qui en proviennent passent tout le temps qu'elles sont sous cette forme à la même place où était l'œuf dont elles sortent, ce qui prouve que les abeilles ne sont point comme on l'avait présumé, chargées du soin de transporter les œufs de la reine. Mais elles emploient, dans le cas dont il s'agit ici, un autre procédé ; elles allongent hors du plan de gâteau les cellules où elles voient des œufs placés à deux lignes de distance de l'ouverture.   Note : Cette observation nous apprend encore que les œufs des abeilles n'ont point besoin, pour donner leur fruit, d'être fixés par un de leurs bouts près du fond des alvéoles.

Les abeilles ne sont pas chargées du transport des œufs

Permettez-moi, Monsieur, de m'écarter un moment de mon sujet, pour vous raconter une expérience dont le résultat m'a paru intéressant. Je dis que les abeilles ne sont point chargées du soin de transporter dans des cellules convenables les œufs que leur reine a mal placés ; et à n'en juger que par le seul fait que je rapporte ici, vous me trouverez sans doute bien fondé à leur refuser cette industrie. Cependant, comme plusieurs auteurs ont assuré le contraire, et ont voulu nous faire admirer les ouvrières dans le transport des œufs, je dois vous prouver d'une manière évidente qu'ils se sont trompés.

J'ai fait construire une ruche vitrée à deux étages : j'ai rempli l'étage supérieur de rayons à grandes cellules, et l'étage inférieur de gâteaux composés de cellules communes. Ces deux étages étaient séparés l'un de l'autre par une espèce de traverse ou de diaphragme, qui laissait de chacun de ses côtés un espace suffisant pour le libre passage des ouvrières d'un étage à l'autre, mais trop étroit pour que la reine pût s'y glisser. J'ai peuplé cette ruche d'un bon nombre d'abeilles, et j'ai enfermé dans la partie supérieure une femelle très féconde, qui avait achevé depuis peu de temps sa grande ponte d'œufs de mâles. Cette femelle n'avait donc plus que des œufs d'ouvrières à pondre, et elle ne pouvait les déposer que dans de grandes cellules, puisqu'il n'y en avait point d'une autre sorte autour d'elle. Vous devinez, Monsieur, le but que je me proposais en disposant les choses de cette manière. Mon raisonnement était bien simple. Si la reine pond des œufs d'ouvrières dans les grandes cellules, et que les abeilles soient chargées du soin de transporter les œufs mal placés, elles ne manqueront pas de profiter de la liberté que je leur ai donnée de passer d'un des étages de leur ruche à l'autre, elles iront chercher les œufs déposés dans les grandes alvéoles, et les porteront dans l'étage inférieur où sont les petites cellules qui leur conviennent. Si au contraire elles laissent les œufs d'ouvrières dans les grandes alvéoles, j'aurai acquis la preuve certaine qu'elles ne sont point chargées du soin de les transporter.

Le résultat de cette expérience excitait vivement ma curiosité. Nous observâmes plusieurs jours de suite la reine de notre ruche et ses abeilles avec une attention soutenue. Pendant les vingt-quatre premières heures, la femelle s'obstina à ne pas pondre un seul œuf dans les grandes cellules qui l'entouraient ; elle les examinait l'une après l'autre, mais passait outre, et n'insinua son ventre dans aucune : on la voyait inquiète, tourmentée ; elle

parcourait ses gâteaux en tous sens ; la sensation de ses
œufs paraissait lui être très incommode, mais elle persis-
tait à les retenir, plutôt que de les déposer dans des cellules dont le diamètre ne leur convenait pas. Ses abeilles
ne cessaient point cependant de lui rendre des hommages
et de la traiter en mère. Je vis même avec plaisir, que
lorsque la reine s'approchait des bords de la traverse qui
séparait les deux étages, elle les mordait pour chercher à
agrandir le passage ; ses ouvrières s'approchaient d'elle,
travaillaient aussi de leurs dents, et faisaient tous leurs
efforts pour détruire les portes de la prison ; mais leur
peine fut inutile. Le second jour la reine ne pouvait plus
retenir ses œufs, ils lui échappaient comme malgré elle ;
elle les laissait tomber au hasard. Nous en trouvâmes
cependant huit ou dix dans les cellules : mais le lendemain ils étaient disparus. Nous imaginâmes alors que les
abeilles les avaient transportés dans les petits alvéoles de
l'étage inférieur, et nous les y cherchâmes avec le plus
grand soin ; mais je puis vous assurer qu'il n'y en avait
pas un seul. Le troisième jour la reine pondit encore
quelques œufs, qui disparurent comme les premiers. Nous
les cherchâmes de nouveau dans les petites cellules, ils
n'y étaient point.

Elles mangent parfois les œufs

Le fait est que les ouvrières les mangent, et voilà ce
qui a trompé les observateurs, qui prétendent qu'elles les
transportent. Ils ont vu disparaître les œufs des cellules
où ils étaient mal placés, et sans autre examen ils ont
assuré que les abeilles les portent ailleurs : elles les prennent bien à la vérité, mais elles ne les transportent pas ;
elles les mangent.

La nature n'a donc point chargé les abeilles du soin
de placer les œufs dans des cellules qui leur soient appropriées ; mais elle a donné aux femelles elles-mêmes assez
d'instinct pour sentir de quelle sorte est l'œuf qu'elles

vont pondre, et pour le placer dans une cellule qui lui convienne. M. de Réaumur l'avait déjà observé, et à cet égard mes observations s'accordent avec les siennes. Il est donc certain que dans l'état naturel, lorsque la fécondation s'est faite à temps, lorsque la reine n'a souffert par aucune circonstance, elle ne se trompe point dans le choix des diverses sortes de cellules où elle doit déposer ses œufs : elle ne manque point à pondre ceux d'ouvrières dans les petits alvéoles, et ceux de mâles dans les grandes cellules. Vous voyez, Monsieur, que je parle ici de ce qui se passe dans l'état naturel. Cette distinction est importante : car on ne retrouve plus la même sûreté d'instinct dans la conduite des femelles dont l'accouplement a été trop différé : celles-ci ne choisissent pas les cellules où elles doivent pondre leurs œufs. Cela est si vrai, que dans les premiers temps où j'observai les reines dont la fécondation est retardée, je me trompai plus d'une fois sur la sorte des œufs qu'elles pondaient : je les voyais pondre indistinctement dans les petites cellules et dans les cellules de faux-bourdons, et ne devinant point que leur instinct eût souffert, je croyais que les œufs pondus dans les petites cellules étaient des œufs d'ouvrières : je fus donc très surpris quand, au moment où les vers qui en étaient éclos devaient subir leur métamorphose en nymphes, je vis les abeilles fermer leurs cellules qui contiennent des vers de mâles, et m'apprendre d'avance que tous ces vers devaient se transformer en faux-bourdons ; ils étaient en effet des mâles de la petite taille ; ceux qui avaient été élevés dans les grandes cellules devinrent de grands faux-bourdons. J'avertis donc les observateurs qui voudront répéter mes expériences sur les reines qui ne pondent que des œufs de mâles, de ne pas se laisser induire en erreur par cette circonstance, et de s'attendre à voir ces reines déposer des œufs de faux-bourdons dans des cellules d'ouvrières.

Les œufs produisant des mâles sont parfois pondus dans des cellules royales

Il y a plus, et ceci est une observation vraiment curieuse : ces mêmes femelles, dont la fécondation a été différée, pondent quelquefois des œufs de faux-bourdons dans des cellules royales. Lorsque je donnerai l'histoire des essaims, je ferai voir que dans l'état naturel, au moment où les reines commencent leur grande ponte de mâles, les ouvrières construisent un assez grand nombre de cellules royales : il y a sans doute un rapport secret entre l'apparition des œufs de faux-bourdons et la construction de ces cellules : c'est une loi de la nature à laquelle les abeilles ne dérogent point. Il n'est donc pas surprenant qu'elles construisent des cellules de cette sorte, dans les ruches gouvernées par des reines qui ne pondent que des œufs de faux-bourdons. Il n'est pas non plus fort singulier que ces reines déposent dans des cellules royales les œufs de la seule sorte qu'elles puissent pondre, car en général leur instinct paraît altéré. Mais ce que je ne conçois pas, c'est que les abeilles soignent les œufs de mâles déposés dans ces cellules, comme ceux qui doivent devenir reines ; elles leur donnent une nourriture plus abondante, elles élèvent ensuite et prolongent ces cellules comme elles le font lorsqu'elles contiennent un ver royal ; elles y travaillent, en un mot, avec une telle régularité, que souvent nous y avons été trompés nous-mêmes. Nous avons ouvert plus d'une fois de ces cellules, après que les abeilles leur avaient ajusté le couvercle qui doit les fermer, dans la persuasion d'y trouver des nymphes royales, et cependant c'était toujours une nymphe de faux-bourdon qui y était logée. Ici, l'instinct des ouvrières paraît en défaut. Dans l'état naturel, elles distinguent parfaitement les vers de mâles de ceux des abeilles communes, puisqu'elles ne manquent jamais de donner aux cellules où sont ces vers de mâles, un couvercle particulier. Pourquoi donc ne distinguent-elles plus les vers de faux-bourdons, lorsqu'ils se trouvent placés dans des cellules royales ? Ce fait me paraît mériter beaucoup d'attention. Je suis convaincu que pour pénétrer les lois de l'instinct des animaux, il faut observer avec soin les cas où cet instinct paraît s'égarer. Note : Voyez la note (1) de la deuxième lettre.

J'aurais dû, peut-être, Monsieur, en commençant cette lettre, donner un précis des observations que d'autres naturalistes ont faites avant moi, sur les reines qui ne pondaient que des œufs de mâles ; mais je réparerai ici cette omission. Dans un ouvrage intitulé, *Histoire de la reine des abeilles,* traduit de l'allemand par *Blassière*, on a imprimé une lettre que vous écrivît M. *Schirach* en date du 15 Avril 1771, où il parle de quelques-unes de ses ruches dont tout le couvain se transformait en faux-bourdons. Vous vous souvenez, Monsieur, qu'il attribuait cet accident à quelque vice inconnu des ovaires de la reine régnante dans les ruches où il ne naissait que des mâles ; mais il était loin de soupçonner que le retard de la fécondation eût produit ce vice des ovaires. Il se félicitait avec raison d'avoir découvert un moyen d'empêcher le dépérissement des ruches qui se trouvent dans ce cas : et ce moyen était fort simple, il suffisait d'enlever la reine qui ne pond que des œufs de faux-bourdons, et de lui en substituer une dont les ovaires ne fussent pas viciés. Mais pour faire cette substitution, il fallait pouvoir se procurer des reines-abeilles à volonté, et la découverte de ce secret était réservée à M. Schirach : j'en parlerai dans la lettre suivante. Vous voyez par ce détail que toutes les expériences du naturaliste allemand avaient eu pour objet de sauver les ruches dont les reines ne pondent que des œufs de mâles, et qu'il n'avait pas travaillé à découvrir la cause du vice qui se manifeste dans leurs ovaires.

Les mâles tolérés dans les ruches avec les reines pondant des faux-bourdons.

M. de Réaumur dit aussi un mot, quelque part, d'une ruche dans laquelle il avait trouvé beaucoup plus de faux-bourdons que d'abeilles ouvrières, mais il ne se livre à aucune conjecture sur ce fait ; il ajoute seulement, comme une circonstance remarquable, que les mâles furent tolérés dans cette ruche jusqu'au printemps de l'année suivante. Il est vrai que les abeilles gouvernées par une reine qui ne pond que des œufs de mâles, ou par une reine vierge, gardent leurs faux-bourdons plusieurs mois après qu'ils ont été massacrés dans les autres ruches. Je ne saurais pas en indiquer la raison, mais c'est un fait que j'ai revu bien des fois pendant la longue suite d'observations que j'avais entreprise sur les reines dont la fécondation a été retardée. En général, il m'a paru qu'aussi longtemps que la reine d'une ruche pond des œufs de mâles, ses abeilles ne massacrent point les faux-bourdons qui existent dans cette même ruche sous la forme de mouches.

Agréez, Monsieur, le témoignage de mon respect.

Pregny, 24 Août 1791

Les larves des ouvrières converties en reines

Monsieur,

Lorsque vous avez été appelé dans la nouvelle édition de vos œuvres, à rendre compte des belles expériences de M. Schirach sur la conversion des vers *d'abeilles communes* en vers *royaux*, vous avez invité les naturalistes à les répéter. En effet, une découverte aussi importante demandait à être confirmée par plusieurs témoins. Je m'empresse donc de vous apprendre que toutes mes recherches établissent la réalité de cette découverte. Depuis près de dix ans que je travaille sur les abeilles, j'ai répété l'expérience de M. *Schirach* tant de fois, avec un succès si soutenu, que je ne puis pas élever le moindre doute. Je regarde donc comme un fait certain, que lorsque les abeilles perdent leur reine, et qu'elles conservent dans leur ruche des vers d'ouvrières, elles agrandissent plusieurs des cellules dans lesquelles ils sont logés, qu'elles leur donnent non-seulement une nourriture différente, mais en plus forte dose, et que les vers élevés de cette manière, au lieu de se convertir en *abeilles communes*, deviennent de véritables *reines*. Je supplie mes lecteurs de méditer l'explication que vous avez donnée d'un fait aussi nouveau, et les conséquences philosophiques que vous en avez tirées. *Contemplation de la Nature Partie XI, Chapitre XXVII.*

Je me bornerai dans cette lettre à vous raconter quelques détails sur la forme des cellules royales que les abeilles construisent autour des vers qu'elles destinent à l'état royal. Je finirai par la discussion de quelques points sur lesquels mes observations diffèrent de celles de M. Schirach.

Actions des abeilles après la perte de la reine

Lorsque les abeilles ont perdu leur reine, elles s'en aperçoivent très vite, et au bout de quelques heures elles entreprennent les travaux nécessaires pour réparer leur perte.

D'abord, elles choisissent les jeunes vers d'ouvrières auxquels elles doivent donner les soins propres à les convertir en reines, et dès ce premier moment elles commencent à agrandir les cellules où ils sont logés. Le procédé qu'elles emploient est curieux. Pour le faire mieux comprendre, je décrirai leur travail sur une seule de ces cellules : ce que j'en dirai doit s'appliquer à toutes celles qui contiennent les vers qu'elles appellent au trône. Après avoir choisi un ver d'ouvrières, elles sacrifient trois des alvéoles contigus à celui où il est placé ; elles en emportent les vers et la bouillie, et élèvent autour de lui une cloison cylindrique ; sa cellule devient donc un vrai tube, à fond rhomboïdal, car elles ne touchent point aux pièces de ce fond ; si elle l'endommageaient, il faudrait qu'elles missent à jour les trois cellules correspondantes de la face opposée du gâteau, et que par conséquent elles sacrifiassent les vers qui les habitent, sacrifice qui n'était pas nécessaire, et que la nature n'a pas permis. Elles laissent donc le fond rhomboïdal, et se contentent d'élever autour du ver un vrai tube cylindrique, qui se trouve, ainsi que les autres cellules du gâteau, placé horizontalement. Mais cette habitation ne peut convenir au ver appelé à l'état de reine que pendant les trois premiers jours de sa vie ; il faut qu'il vive les deux autres jours, pendant lesquels il conserve encore la forme de ver, dans une autre situation : pour ces deux jours, portion si courte de la durée de son existence, il doit habiter une cellule de forme à peu près pyramidale, dont la base soit en haut et la pointe en embas. On dirait que les ouvrières le savent, car dès que le ver a achevé son troisième jour, elles préparent le local que doit occuper son nouveau logement, elles rongent quelques-unes des cellules placées au-dessous du tube cylindrique, sacrifient sans pitié les vers qui y sont contenus, et se servent de la cire qu'elles viennent de ronger pour construire un nouveau tube de forme pyramidale, qu'elles soudent à l'angle droit sur le premier, et qu'elles dirigent en embas : le diamètre de cette pyramide diminue insensiblement depuis sa base, qui est assez évasée, jusqu'à la pointe. Pendant les deux jours que le ver l'habite, il y a toujours une abeille qui tient sa tête plus ou moins avancée dans la cellule : quand une ouvrière la quitte, il en vient une autre prendre sa place. Elles y travaillent à prolonger la cellule à mesure que le ver grandit, et elles lui apportent sa nourriture ; qu'elles placent devant sa bouche, et autour de son corps : elles en font une espèce de cordon autour de lui. Le ver qui ne peut se mouvoir qu'en spirale tourne sans cesse pour saisir la bouillie placée devant sa tête ; il descend insensiblement, et arrive enfin tout près de l'orifice de sa cellule : c'est à cette époque qu'il doit se transformer en nymphe. Les soins des abeilles ne lui sont plus nécessaires : elles ferment son berceau d'une clôture qui lui est appropriée, et il y subit au temps marqué ses deux métamorphoses.

La méthode de Schirach également réussie avec des vers vieux de quelques heures à trois jours

M. Schirach prétend que les abeilles ne choisissent jamais que des vers de *trois jours* pour leur donner *l'éducation royale* : je me suis assuré, au contraire, que l'opération réussit également sur des vers âgés de *deux jours* seulement. Permettez-moi de vous raconter tout au long la preuve que j'en ai acquise : elle démontrera en même temps la réalité de la conversion des vers d'ouvrières en reines, et le peu d'influence qu'a l'âge des vers sur le succès de l'opération.

Je fis placer dans une ruche privée de reine quelques parcelles de gâteaux dont les cellules renfermaient des œufs d'ouvrières, et des vers de la même espèce déjà éclos. Le même jour les abeilles agrandirent quelques-unes des cellules à vers ; elles les convertirent en cellules royales, et donnèrent aux vers qui y étaient contenus, un épais lit de gelée. Je fis enlever alors cinq des vers placés dans ces cellules, et Burnens leur substitua cinq vers d'ouvrières que nous avions vu sortir de l'œuf quarante-huit heures auparavant. Nos abeilles ne parurent point s'apercevoir de cet échange : elles soignèrent les nouveaux vers comme ceux qu'elles avaient choisis elles-mêmes : elles continuèrent à agrandir les cellules, où nous les avions placés, et les fermèrent au temps ordinaire ; elles couvèrent ensuite ces cinq cellules pendant sept jours, au bout desquels nous les empotâmes pour avoir vivantes les reines qui en devaient sortir. Deux de ces reines sortirent presqu'en même temps, elles étaient de la grande taille, et parfaitement développés à tous égards. Les trois autres cellules ayant passé leur terme sans qu'aucune reine en fut sortie, nous les ouvrîmes pour voir dans quel état elles y étaient : nous trouvâmes dans l'une, une reine morte, sous forme de nymphe : les deux autres étaient vides ; leurs vers avaient filé leurs coques de soie, mais ils étaient morts avant de passer à l'état de nymphe, et n'offraient plus qu'une peau desséchée. Je ne puis rien imaginer de plus positif que cette expérience : il est démontré que les abeilles ont le pouvoir de convertir en reines des vers d'ouvrières, puisqu'elles ont réussi à se donner des reines, en opérant sur des vers d'ouvrières que nous leur avions choisi nous-mêmes : il est également démontré, que pour le succès de l'opération, il n'est pas nécessaire que les vers aient *trois jours*, puisque ceux que nous avions confiés à nos abeilles étaient âgées de *deux jours* seulement.

Ce n'est pas tout ; les abeilles peuvent convertir en reines des vers d'ouvrières beaucoup plus jeunes encore. L'expérience suivante m'a appris que lorsqu'elles ont perdu leur reine, elles destinent à la remplacer des vers âgés de quelques heures seulement. Je possédais une ruche qui, étant privée de femelle, n'avait depuis long-temps aucun œuf, ni aucun ver : je lui fis donner une reine de la plus grande fécondité ; elle ne tarda pas à pondre dans les cellules d'ouvrières. Je laissai cette fe-melle dans la ruche, un peu moins de trois jours, et je la fis enlever, avant qu'aucun des œufs qu'elle avait pondus fut éclos : le lendemain, c'est-à-dire le quatrième jour, Burnens compta cinquante petits vers, dont les plus âgés avaient à peine vingt-quatre heures. Cependant, dès cette époque, plusieurs de ces vers étaient déjà destinés à devenir reines ; la preuve en est que les abeilles avaient mis autour d'eux une provision de gelée beaucoup plus grande que celle qu'elles donnent aux vers ordinaires. Le jour suivant les vers avaient près de quarante heures ; les abeilles avaient agrandi leurs berceaux ; elles avaient converti leurs cellules hexagones en cellules cylindriques de la plus grande capacité ; elles y travaillèrent encore les jours suivants, et les fermèrent le cinquième jour, à dater de la naissance des vers. Sept jours après la clôture de la première de ces cellules royales, nous en vîmes sortir une reine de la plus grande taille. Cette reine commença d'abord à se jeter sur les autres cellules royales, et elle chercha à y détruire les vers ou les nymphes qui y étaient renfermées. Je raconterai dans une autre lettre les effets de sa fureur.

Vous voyez, Monsieur, par ces détails, que M. Schi-rach n'avait point encore assez varié ses expériences, lorsqu'il a affirmé que, pour se convertir en reines, il fallait que les vers d'ouvrières fussent âgés de *trois jours*. Il est certain que l'opération a le même succès, non-seulement sur les vers de *deux jours*, mais encore sur ceux qui ne sont âgés que de quelques heures.

Deux manières de faire des reines

Après avoir fait, pour vérifier la découverte de M. *Schirach*, les recherches dont je viens de rendre compte, j'ai voulu savoir si, comme le prétend cet observateur, le seul moyen qu'aient les abeilles de se procurer une reine, soit de donner une certaine nourriture aux vers d'ouvrières, et de les élever dans des cellules plus grandes. Vous n'avez point oublié que M. *de Réaumur* avait là-dessus des idées bien différentes.

"La mère, dit-il, doit pondre, et pond des œufs, d'où doivent sortir des mouches propres à être mères à leur tour. Elle le fait, et nous allons voir que les travailleuses savent qu'elle le doit faire. Les abeilles, à qui les mères sont si chères, paraissent s'intéresser beaucoup pour les œufs qui en doivent donner, et les regarder comme bien importants : elles construisent des alvéoles particuliers où ils doivent être déposés, etc. etc. Quand une cellule royale n'est encore que commencée, elle a assez la forme d'un gobelet, ou, plus précisément, celle d'un de ces calices destinés à contenir un gland, et dont le gland est sorti, etc. etc."

M. *de Réaumur* ne soupçonnait pas la possibilité de la conversion d'un ver d'ouvrière en reine, mais il pensait que la mère abeille pondait dans les cellules royales des œufs d'une sorte particulière, d'où sortaient des vers qui devaient devenir reines à leur tour. Au contraire, suivant M. Schirach, les abeilles ayant toujours la possibilité de se procurer une reine, en donnant une certaine éducation à des vers d'ouvrières âgés de trois jours, il eût été inutile que la nature accordât encore aux femelles la faculté de pondre des *œufs royaux* ; une telle prodigalité de moyens ne lui paraissait pas conforme aux lois ordinaires de la nature : il affirme donc en propres termes que la mère abeille ne pond point des œufs royaux, dans des cellules préparées pour cette fin : il ne regarde les cellules royales que comme des cellules ordinaires élargies par les abeilles, au moment où elles destinent le ver qui y est renfermé à devenir une reine ; et il ajoute qu'en tout état de cause, la cellule royale serait trop longue pour que la mère, en y introduisant son ventre, put en toucher le fond et y déposer un œuf.

M. *de Réaumur* ne dit nulle part, j'en conviens, que la reine ait pondu, sous ses yeux, dans une cellule royale, cependant, il n'avait aucun doute sur ce fait, et d'après toutes mes observations, je vois qu'il avait deviné fort juste. Il est parfaitement sûr, qu'en certain temps de l'année, les abeilles préparent des cellules royales, que les femelles y déposent leurs œufs, et que de ces œufs il sort des vers qui deviennent des reines.

L'objection que fait M. Schirach sur la longueur des cellules royales ne prouve rien : la reine n'attend point, pour y pondre, qu'elles soient achevées ; elle y dépose ses œufs, lorsqu'elles ne sont encore qu'ébauchées, et qu'elles ont la forme du calice d'un gland. Ce naturaliste, ébloui par l'éclat de sa découverte, n'a pas vu la vérité toute entière ; il a aperçu le premier la ressource que la nature a accordée aux abeilles, pour réparer la perte de leur reine, et il s'est persuadé trop vite qu'elle n'avait pourvu, par aucun autre moyen, à la naissance des femelles. Son erreur provient de ce qu'il n'a pas observé ces mouches dans des ruches assez plates. S'il s'était servi de ruches comme les miennes, il aurait trouvé dans toutes celles qu'il aurait ouvertes au printemps, la confirmation de l'opinion de M. *de Réaumur*. Dans cette saison qui est celle des essaims, les ruches en bon état sont gouvernées par une reine féconde. On y trouve des cellules royales, d'une forme assez différente de celles que les abeilles

construisent autour des vers d'ouvrières, qu'elles destinent à devenir reines. Ce sont de grandes cellules, atta-
chées au bord des gâteaux par un pédicule, et appendues
verticalement, en manière de stalactites ; telles en un mot
que M. *de Réaumur* les a décrites. Les femelles
n'attendent pas pour y pondre qu'elles aient toute leur
longueur ; nous en avons surpris quelques-unes au moment où elles y déposaient un œuf ; la cellule n'avait alors
que la grandeur et la forme du calice d'un gland : les
ouvrières ne les allongent jamais qu'après que l'œuf y a
été pondu : elles les agrandissent à mesure que le ver
prend son accroissement, et les ferment lorsqu'il va se
transformer en nymphe royale. Il est donc vrai qu'au
printemps la reine abeille dépose dans des cellules
royales, préparées d'avance, des œufs d'où doivent sortir
des mouches de sa sorte. La nature a donc pourvu par un
double moyen à la multiplication et à la conservation de
l'espèce chez les abeilles.

J'ai l'honneur d'être, etc.

Expériences qui prouvent qu'il y a quelque fois dans les ruches, des abeilles ouvrières qui pondent des œufs féconds

Pregny, 25 Août 1791

Monsieur,

La singulière découverte de M. Riem, sur l'existence des abeilles ouvrières fécondes, vous a paru bien douteuse (*) : vous avez soupçonné que les œufs, dont cet observateur attribuait la ponte à des ouvrières, avaient été réellement pondus par de petites reines, que leur taille fait confondre aisément avec les abeilles communes. Cependant nous n'avez pas prononcé d'une manière décisive, que M. Riem se fût trompé : et dans la lettre que vous m'avez fait l'honneur de m'écrire, vous m'avez invité à chercher, par des expériences nouvelles, s'il y a effectivement dans les ruches des abeilles ouvrières, capables de pondre des œufs féconds. J'ai fait, Monsieur, ces expériences avec beaucoup de soin ; vous jugerez du degré de confiance qu'elles méritent.

Le 5 Août 1788, nous trouvâmes des œufs et des vers de mâles dans deux de mes ruches, qui étaient l'une et l'autre privées de reines depuis quelque temps. Nous y vîmes aussi les premiers commencements de quelques cellules royales, appendues en manière de stalactites sur les bords des gâteaux. Dans ces cellules, il y avait des œufs de mâles. Comme j'étais parfaitement sûr qu'il n'y avait point de reine de la *grande* taille parmi les abeilles de ces deux ruches, il était clair que les œufs qui s'y trouvaient, et dont le nombre augmentait tous les jours, avaient été pondus, ou par des reines de la *petite* taille, ou par des *ouvrières* fécondes. J'avais lieu de croire que c'étaient effectivement des abeilles communes qui les pondaient ; car nous avions aperçu souvent des mouches de cette dernière sorte, qui introduisaient leur partie postérieure dans les cellules, et qui y prenaient la même attitude que prend la reine lorsqu'elle va pondre. Mais malgré tous nos efforts, nous n'avions pu en saisir aucune dans cette circonstance, pour l'examiner de plus près ; et nous ne voulions rien affirmer jusqu'à ce que nous eussions tenu entre nos doigts les abeilles qui avaient pondu. Nous continuâmes donc nos observations avec la même assiduité, espérant que, par un hasard heureux, ou dans un moment d'adresse, nous parviendrons à saisir une de ces abeilles. Pendant plus d'un mois toutes nos tentatives échouèrent.

Burnens m'offrît alors de faire sur ces deux ruches une opération qui exigeait tant de courage et de patience, que je n'avais pas osé lui en parler, quoique j'en eusse aussi conçu le plan moi-même. Il me proposa d'examiner séparément toutes les abeilles qui peuplaient ces ruches, pour savoir s'il ne s'état point glissé parmi elles quelque *petite reine* qui eût échappé à nos premières recherches. Cette expérience était bien importante ; car si nous ne trouvions point de *petites reines*, nous acquérions alors la preuve démonstrative que les œufs dont nous cherchions d'origine avaient été pondus par de simples *ouvrières*.

Pour faire avec toute l'exactitude possible une opération de cette nature, il ne fallait pas se contenter de baigner les abeilles. Vous savez, Monsieur, que le contact de l'eau resserre leurs parties extérieures, qu'il altère jusqu'à un certain point la forme de leurs organes ; et comme les petites reines ressemblent beaucoup aux ouvrières, la plus légère altération dans les formes n'aurait plus permis de distinguer, avec assez de précision, à quelle sorte appartenait chacune des mouches qu'on aurait baignées. Il fallait donc prendre une à une, dans les ruches, toutes les abeilles, les saisir vivantes malgré leur colère, et observer avec le plus grand soin leurs caractères spécifiques. C'est ce que Burnens entreprit, et exécuta avec une adresse inconcevable. Il employa onze jours à cette opération, et pendant tout le temps qu'elle il se permit à peine d'autre distraction que celle qu'exigeait le repos de ses yeux. Il tint entre ses doigts chacune des mouches qui composaient ces deux ruches, il examina attentivement leur trompe, leurs jambes postérieures, leur aiguillon ; il n'en trouva pas une seule, qui n'eût les caractères d'abeille commune, c'est-à –dire, la petite corbeille sur les jambes postérieures, la trompe longue et l'aiguillon droit. Il avait préparé d'avance des boîtes vitrées où étaient placés quelques gâteaux : c'est dans ces boîtes qu'il mettait chaque abeille, après l'avoir examinée : je n'ai pas besoin d'avertir qu'il les y retint prisonnières ; cette dernière précaution était indispensable, car l'expérience n'était pas finie encore ; il ne suffisait pas d'avoir constaté que toutes ces mouches étaient de la sorte des abeilles ouvrières, il fallait continuer à les observer, et voir si quelqu'une d'entre elles pondrait des œufs. Nous examinâmes donc, pendant plusieurs jours, les cellules des gâteaux que nous avions donnés à ces mouches, et nous ne tardâmes pas à y apercevoir des œufs nouvellement pondus, d'où sortirent au temps ordinaire des vers de faux-bourdons.

Burnens avait tenu entre ses doigts les abeilles qui les pondirent ; et comme il était parfaitement sûr de n'avoir tenu que des abeilles *communes*, il est démontré qu'il y a quelquefois dans les ruches des abeilles *ouvrières fécondes*.

Après avoir vérifié la découverte de M. Riem, par une expérience aussi décisive, nous remplaçâmes dans des ruches vitrées, fort minces, toutes les abeilles que nous avions examinées : ces ruches, qui n'avaient que dix-huit lignes d'épaisseur, ne pouvaient contenir qu'un seul rang de gâteaux ; elles étaient ainsi très favorables à l'observation. Nous ne doutâmes plus qu'en persistant à veiller nos abeilles, nous ne parvinssions pas à surprendre, au moment de sa ponte, l'une de celles qui étaient fécondes, et à la saisir. Nous voulions la disséquer, comparer l'état de ses ovaires à l'ovaire des reines, et reconnaître les différences. Nous eûmes enfin, le 8 Septembre, le bonheur d'y réussir.

Nous aperçûmes dans une cellule une abeille qui y avait pris l'attitude d'une femelle qui pond ; nous ne lui laissâmes pas le temps d'en sortir ; nous ouvrîmes promptement la ruche, et nous saisîmes cette abeille : elle avait tous les caractères extérieurs des abeilles communes ; la seule différence que nous pûmes reconnaître, et elle était bien légère, c'est que son ventre nous parut moins gros et plus effilé que celui des ouvrières. Nous la disséquâmes ensuite, et nous trouvâmes ses ovaires plus petits, plus fragiles, composés d'un moindre nombre d'oviductus que les ovaires des reines : les filets qui contenaient les œufs étaient extrêmement fins, et présentaient de légers renflements placés à d'égales distances. Nous comptâmes onze œufs de grosseur sensible, dont quelques-uns nous parurent prêts à être pondus. Cet ovaire était double comme celui des reines.

Le 9 Septembre nous saisîmes une autre abeille féconde, au moment où elle venait de pondre, et nous la disséquâmes. Son ovaire était encore moins développé que celui de l'abeille dont il s'est agi dans l'article précédent ; nous n'y comptâmes que quatre œufs qui fussent au terme de maturité. Burnens tira un de ces œufs de l'*oviductus* qui le renfermait, et réussit à le faire tenir par un de ses bouts sur une lame de verre : ce qui semblerait indiquer, pour le dire en passant, que c'est dans les *oviductus* mêmes que les œufs sont enduits de la liqueur visqueuse avec laquelle ils viennent au jour, et non dans leur trajet au-dessous du sac *sphérique*, comme le croyait *Swammerdam.*

Pendant le reste de ce mois, nous trouvâmes encore, dans les mêmes ruches, dix abeilles fécondes, dont nous fîmes également la dissection. Nous distinguâmes aisément les ovaires de la plupart de ces mouches : il y en eût cependant quelques-unes dans lesquelles nous n'en vîmes aucune trace : les *oviductus* de ces dernières n'étaient, suivant toute apparence, développés qu'imparfaitement ; et pour les reconnaître, il aurait fallu plus d'adresse que nous n'avions pu en acquérir encore dans la dissection.

Les *ouvrières* fécondes ne pondent jamais des œufs d'abeilles *communes* ; elles ne pondent que des *œufs de mâles.* M. *Riem* avait déjà observé ce fait singulier, et à cet égard toutes mes observations confirment les siennes. J'ajouterai seulement à ce qu'il en dit, que les ouvrières fécondes ne sont point absolument indifférentes sur le choix des cellules où elles déposent leurs œufs. Elles préfèrent toujours de les pondre dans les grandes cellules, et ne les placent dans les petits alvéoles que lorsqu'elles n'en trouvent point d'un plus grand diamètre ; mais elles ont ce rapport avec les reines dont la fécondation a été retardée, qu'elles pondent aussi quelquefois leurs œufs dans les cellules royales.

En parlant dans la lettre troisième de ces femelles qui ne pondent que des œufs de faux-bourdons, j'ai témoigné ma surprise des soins que les abeilles rendent à ceux qu'elles déposent dans les cellules royales, de l'assiduité avec laquelle elles nourrissent les vers qui en proviennent, et de la clôture sous laquelle elles les enferment lorsqu'ils sont près de leur terme ; mais je ne sais pourquoi j'ai oublié de vous dire, Monsieur, que les ouvrières, après avoir fermé ces cellules royales, les guillochent et les couvent jusqu'à la dernière transformation des mâles qu'elles contiennent. Les ouvrières traitent bien différemment les cellules royales dans lesquelles les abeilles fécondes pondent des œufs de faux-bourdons ; elles commencent à la vérité par donner tous leurs soins à ces œufs, et aux vers qui en éclosent ; elles ferment ces cellules au temps convenable ; mais jamais elles ne manquent à les détruire trois jours après les avoir fermées.

Après avoir heureusement achevé ces premières expériences, il restait à découvrir la cause du développement des organes sexuels des *ouvrières* fécondes. M. *Riem* ne s'est point occupé de cet intéressant problème, et je craignis d'abord de n'avoir, pour le résoudre, d'autre guide que mes conjectures. Cependant après y avoir réfléchi, je crus apercevoir dans le rapprochement des faits dont cette lettre contient le détail, une sorte de lueur propre à éclairer la marche que je devais suivre dans cette nouvelle recherche.

Toutes les abeilles communes sont originellement des femelles

Depuis les belles découvertes de M. Schirach, il est hors de doute que toutes les abeilles communes sont originairement du sexe féminin ; la nature leur a donné les germes d'un ovaire ; mais elle n'a pas permis qu'il se développât que dans le cas particulier où ces abeilles recevraient, sous la forme de ver, une nourriture particulière. Il faut donc examiner avant tout si nos *ouvrières fécondes* ont eu, dans l'état de ver, cette même nourriture.

Toutes mes expériences m'ont convaincu qu'il ne naît des abeilles capables de pondre que dans les ruches qui ont perdu leur reine. Or, lorsque les abeilles ont perdu leur mère, elles préparent une grande quantité de *gelée royale* pour en nourrir les vers qu'elles destinent à la remplacer. Si donc les ouvrières fécondes ne naissent jamais que dans ce seul cas, il est évident qu'elles ne naissent que dans les ruches dont les abeilles préparent de la *gelée royale*. C'est sur cette circonstance, Monsieur, que je portai toute mon attention. Elle me fit soupçonner que lorsque les abeilles donnent à quelques vers *l'éducation royale*, elles laissent tomber, ou par accident, ou par une sorte d'instinct dont j'ignore le principe, de petites portions de gelée royale dans les alvéoles voisins des cellules où sont les vers destinés à l'état de reines. Les vers d'ouvrières qui ont reçu accidentellement ces petites doses d'un aliment aussi actif, doivent en ressentir plus ou moins l'influence : leurs ovaires doivent acquérir une sorte de développement ; mais ce développement sera imparfait. Pourquoi ? Parce que la nourriture royale n'a été administrée qu'en petites doses ; et que d'ailleurs les vers dont je parle ayant vécu dans les cellules du plus petit diamètre, leurs parties n'ont pas pu s'étendre au-delà des proportions ordinaires. Les abeilles qui naîtront de ces vers auront donc la taille et tous les caractères extérieurs des simples ouvrières ; mais elles auront de plus la faculté de pondre quelques œufs, par le seul effet de la petite portion de gelée royale qui aura été mêlée à leurs autres aliments.

Pour juger de la justesse de cette explication, il fallait suivre, dès leur naissance, les ouvrières fécondes, cherche si les alvéoles, dans lesquels elles sont élevées, se trouvent constamment dans le voisinage des cellules royales, et si la bouillie dont ces vers se nourrissent est mêlée de quelques portions de gelée royale. Malheureusement cette dernière partie de l'expérience est fort difficile à exécuter. Quand la gelée royale est pure, on la reconnaît à son goût aigrelet et relevé ; mais lorsqu'elle est mêlée de quelque autre substance, on ne distingue plus sa saveur que d'une manière très imparfaite. Je crus donc devoir me borner à l'examen de l'emplacement des cellules où naissent les *ouvrières fécondes*. Comme ceci est important, permettez-moi de vous décrire une de mes expériences en détail.

En Juin 1790, je m'aperçus que les abeilles d'une de mes ruches les plus minces avaient perdu leur reine depuis plusieurs jours, et qu'il ne leur restait aucun moyen de la remplacer, parce qu'elles n'avaient point de vers d'ouvrières. Je leur fis donner alors une petite portion de gâteau dont toutes les cellules contenaient un jeune ver de cette sorte. Dès le lendemain, les abeilles prolongèrent plusieurs de ces alvéoles en forme de cellules royales, autour des vers qu'elles destinaient à devenir reines. Elles donnèrent aussi des soins aux vers placés dans les cellules voisines de celles-là. Quatre jours après, toutes les cellules royales qu'elles avaient construites étaient fermées, et nous comptâmes avec plaisir dix-neuf petits alvéoles qui avaient également reçu toute leur perfection, et qui étaient fermés d'un couvercle presque plat. Dans ces derniers étaient les vers qui n'avaient pas reçu l'éducation royale ; mais comme ils avaient pris leur accroissement dans le voisinage des vers destinés à remplacer la reine, il était très intéressant pour moi d'observer ce qu'ils deviendraient. Il fallait saisir le moment où ils prendraient leur dernière forme. Pour ne pas le manquer, j'en levai ces dix-neuf cellules ; je les plaçai dans une boîte grillée que j'introduisis au milieu de mes abeilles ; j'enlevai également les cellules royales ; car il importait beaucoup que les reines, qui devaient en sortir, ne vinssent pas compliquer ou déranger les résultats de mon expérience. Il y avait bien ici une autre précaution à prendre : je devais craindre qu'en privant mes abeilles du fruit de leurs peines et de l'objet de leurs espérances, elles ne tombassent dans le découragement : je pris donc le parti de leur donner une autre portion de gâteau qui contînt du couvain d'ouvrières, en me réservant de leur ôter impitoyablement ce nouveau couvain, quand le temps en serait venu. Ce moyen réussit à merveille ; les mouches, en donnant leurs soins à ces derniers vers, oublièrent ceux que je leur avais enlevés.

Quand le moment où les vers de mes dix-neuf cellules devaient subir leur dernière transformation approcha, je fis visiter plusieurs fois, chaque jour, la boîte grillée où je les avais renfermées, et j'y trouvai enfin six abeilles exactement semblables aux *abeilles communes*. Les vers qui étaient dans les treize autres cellules périrent sans se métamorphoser en mouches.

J'ôtai alors de ma ruche la dernière portion de couvain que j'y avais placée pour prévenir le découragement des ouvrières ; je mis à part les reines nées dans les cellules royales, et après avoir peint d'une couleur rouge le corselet de mes six abeilles, après leur avoir amputé l'antenne droite, je les fis entrer toutes les six dans la ruche, et elles y furent bien accueillies.

Vous concevez facilement, Monsieur, quel était mon projet dans cette suite d'opérations. Je savais qu'il n'y avait parmi mes abeilles aucune reine de la grande ni de la petite taille : si donc, en continuant à les observer, je trouvais dans les gâteaux des œufs nouvellement pondus, combien ne devenait-il pas vraisemblable qu'ils l'auraient été par l'une ou l'autre de mes six abeilles. Mais, pour en acquérir la parfaite certitude, il fallait les surprendre au moment de la ponte, et afin de les reconnaître, il fallait les marquer de quelque tache ineffaçable.

Cette marche eut un plein succès. En effet, nous ne tardâmes pas à apercevoir des œufs dans la ruche ; le nombre en augmentait même tous les jours : les vers qui en provenaient étaient tous de la sorte des faux-bourdons ; mais il se passa bien du temps avant que nous pussions saisir les mouches qui les pondaient. Enfin, à force d'assiduité et de persévérance, nous aperçûmes une abeille qui introduisait sa partie postérieure dans une cellule ; nous ouvrîmes la ruche ; nous saisîmes cette abeille ; nous vîmes l'œuf qu'elle venait de déposer ; et en l'examinant elle-même, nous reconnûmes à l'instant, aux restes de couleur rouge qu'elle avait sur son corselet, et à la privation de son antenne droite, qu'elle était une de ces six mouches élevées sous la forme de ver dans le voisinage des cellules royales.

Je n'eus plus de doute alors sur la vérité de ma conjecture ; je ne sais cependant, monsieur, si la démonstration que je viens d'en donner vous paraîtra aussi rigoureuse, qu'elle me le paraît à moi-même ; mais voici comment je raisonne. S'il est certain que les ouvrières fécondes naissent toujours dans les alvéoles voisins des cellules royales, il n'est pas moins sûr que ce voisinage soit en lui-même une circonstance assez indifférente ; car la grandeur et la forme de ces cellules ne peuvent produire aucun effet sur les vers qui naissent dans les alvéoles qui les entourent. Il y a donc ici quelque chose de plus : or, nous savons que les abeilles portent dans les cellules royales une nourriture particulière ; nous savons que les abeilles portent dans les cellules royales une nourriture particulière ; nous savons encore que l'influence de cette bouillie sur le germe des ovaires est très puissante, qu'elle peut seule développer ce germe ; il faut donc nécessairement supposer que les vers placés dans les alvéoles voisins ont eu à part à cette nourriture. Voilà donc ce qu'ils gagnent au voisinage des cellules royales ; c'est que les abeilles qui se portent en foule vers ces dernières passent sur eux, s'y arrêtent, et laissent tomber quelque portion de la gelée qu'elles destituent aux vers royaux. Je crois ce raisonnement conforme aux règles d'une saine logique.

Recevant de la bouillie royale pendant que les larves développent leurs ovaires

J'ai répété si souvent l'expérience que je viens de décrire, et j'en ai pesé toutes les circonstances avec tant de soin, que je suis parvenu à faire naître des abeilles ouvrières fécondes dans mes ruches, toutes les fois que je le veux. Le moyen est simple. J'enlève la reine d'une ruche ; aussitôt les abeilles travaillent à la remplacer, en agrandissant plusieurs des cellules qui contiennent du couvain d'ouvrières, et en donnant aux vers qu'elles renferment la gelée royale ; elles laissent aussi tomber de petites doses de cette bouillie sur les jeunes vers logés dans les cellules voisines, et cette nourriture développe jusqu'à un certain point leurs ovaires. Il naît donc toujours des *ouvrières fécondes* dans les ruches où les abeilles s'occupent à réparer la perte de leur reine ; mais il est fort rare qu'on les y trouve, parce que les jeunes reines élevées dans les cellules royales se jettent sur elles, et les massacrent. Il faut donc pour sauver leur vie, enlever leurs ennemis ; il faut emporter ces cellules royales avant que les vers qui y sont logés aient subi leur dernière transformation. Alors les ouvrières fécondes ne trouvant plus de rivales dans la ruche au moment de leur nais-sance, y seront fort bien reçues, et si on a soin de les marquer de quelques jours après des œufs de mâles. Tout le secret du procédé que j'indique ici consiste donc à enlever les cellules royales à temps ; c'est-à-dire, dès qu'elles sont fermées, et avant que les jeunes reines en soient sorties. Note: j'ai vu souvent des reines-abeilles, au mo-ment de leur naissance, commencer par attaquer les cellules royales, et se jeter ensuite sur les cellules communes qui les touchaient. La première fois que je fus témoin de ce dernier fait, je n'avais point encore observé les ouvrières fécondes, et je ne pus comprendre par quel motif les reines dirigeaient ainsi leur fureur contre des cellules communes ; mais je ne pus comprendre par quel motif les reines dirigeaient ainsi leur fureur contre des cellules communes ; mais je conçois actuellement qu'elles distinguent la sorte de mouches qui y sont renfermés, et qu'elles doivent avoir contre elles le même instinct de jalousie, ou le même sentiment d'aversion, que contre les nymphes de reines proprement dites

Je n'ajoute plus qu'un mot à cette longue lettre. La naissance des ouvrières fécondes n'a rien de bien surprenant quand on a médité les conséquences de la belle découverte de Schirach. Mais pourquoi ces mouches ne pondent-elles que des œufs de mâles ? Je conçois qu'elles n'en pondent qu'un petit nombre, parce que leurs ovaires n'ont reçu qu'un développement très imparfait ; mais je ne distingue point par quelle raison tous leurs œufs sont de la sorte des mâles. Je ne devine pas mieux de quelle utilité elles sont dans les ruches ; et je n'ai fait encore aucune recherche sur la manière dont s'opère leur fécondation.

Agréez, Monsieur, l'assurance de mon respect, etc.

...et sur ce qui arrive dans une ruche quand on substitue à sa reine naturelle une reine étrangère.

Pregny, le 28 Août 1791

Monsieur,

Lorsque M. de Réaumur composa son histoire des abeilles, il n'avait pas vu tout ce qui a rapport à ces mouches industrieuses. Plusieurs observateurs, et en particulier ceux de Lusace, ont découvert nombre de faits importants qui lui avaient échappé ; j'ai fait aussi à mon tour diverses observations qu'il ne soupçonnait pas ; cependant, et c'est une chose très remarquable, non seulement tout ce qu'il déclare en propres termes *avoir vu* a été vérifié par les naturalistes qui l'ont suivi ; mais encore toutes ses conjectures se sont trouvées ; les observateurs allemands, MMM. *Schirach, Hattorf, Riem*, le contredisent bien quelquefois dans leurs mémoires ; mais je puis vous assurer que lorsqu'ils combattent les expériences de M. *de Réaumur*, ce sont presque toujours eux qui se trompent ; l'on en pourrait citer plusieurs exemples. Celui que j'en rapporterai aujourd'hui me fournira l'occasion de vous détailler quelques faits intéressants.

M. *de Réaumur* avait observé que quand il naît ou qu'il survient quelque reine surnuméraire dans une ruche, l'une des deux périt en peu de temps : à la vérité il n'avait pas vu le combat dans lequel elle succombe, mais il avait conjecturé que les reines s'attaquaient réciproquement, et que l'empire demeurait à la plus forte ou à la plus heureuse. M. *Schirach*, au contraire, et après lui, M. *Riem*, prétendent que ce sont les abeilles ouvrières qui se jettent sur les reines étrangères, et qui les tuent à coups d'aiguillon. Je ne comprends point par quel hasard ils ont pu faire cette observation ; car, comme ils ne se servaient que des ruches assez épaisses, où se trouvaient plusieurs rangs de gâteaux parallèles, ils pouvaient tout au plus apercevoir le commencement des hostilités : les abeilles courent très vite quand elles se combattent ; elles fuient de tous côtés ; elles se glissent entre les gâteaux, et cachent ainsi leurs mouvements à l'observateur. Pour moi, Monsieur, qui me suis servi des ruches les plus favorables, je n'ai jamais vu de combat entre les reines et les ouvrières ; mais bien souvent entre les reines elles-mêmes.

Inimitié mutuelle des reines

J'avais en particulier une ruche dans laquelle se trouvaient à la fois cinq ou six cellules royales, dont chacune renfermait une nymphe : l'une d'elles étant plus âgée, subit avant les autres la dernière transformation. Il y avait à peine dix minutes que cette jeune reine était sortie de son berceau, qu'elle alla visiter les autres cellules royales fermées ; elle se jeta avec fureur sur la première qu'elle rencontra : à force de travail, elle parvint à en ouvrir la pointe ; nous la vîmes tirailler avec ses dents la soie de la coque qui y était renfermée ; mais probablement ses efforts ne réussissaient pas à son gré, car elle abandonna ce bout de la cellule royale, et alla travailler à l'extrémité opposée, où elle parvint à faire une plus large ouverture ; quand elle l'eut assez agrandie, elle se retourna pour y introduire son ventre ; elle y fit divers mouvements en tous sens, jusqu'à ce qu'enfin elle réussit à frapper sa rivale d'un coup d'aiguillon mortel. Alors elle s'éloigna de cette cellule, et les abeilles qui y étaient restées, jusqu'à ce moment, spectatrices de son travail, se mirent, après son départ, à agrandir la brèche qu'elle y avait faite, et en tirèrent le cadavre d'une reine à peine sortie de son enveloppe de nymphe.

Pendant ce temps-là, la jeune reine victorieuse se jeta sur une autre cellule royale, et y fit également une large ouverture, mais elle ne chercha point à y introduire l'extrémité de son ventre ; cette seconde cellule ne contenait pas, comme la première une reine déjà développée, et à laquelle il ne restait plus qu'à sortir de sa coque ; elle ne renfermait qu'une nymphe royale : il y a donc toute apparence que, sous cette forme, les nymphes de reines inspirent moins de fureur à leurs rivales ; mais elles n'en échappent pas mieux à la mort qui les attend ; car, dès qu'une cellule royale a été ouverte avant le temps, les abeilles en tirent ce qu'elle contenait sous quelque forme qu'il s'y trouve, de ver, de nymphe ou de reine : aussi, lorsque la reine victorieuse eut quitté cette seconde cellule, les ouvrières agrandirent l'ouverture qu'elle y avait pratiquée, et en tirèrent la nymphe qui y était renfermée : enfin, la jeune reine se jeta sur une troisième cellule ; mais elle ne réussit pas à l'ouvrir : elle y travaillait languissamment, elle paraissait fatiguée de ses premiers efforts. Nous avions besoin, dans ce temps-là, de reines pour quelques expériences particulières, nous nous déterminâmes donc à emporter les autres cellules royales qu'elle n'avait pas attaquées encore, pour les mettre à l'abri de ses fureurs.

Nous voulûmes voir ensuite ce qui arriverait, dans le cas où deux reines sortiraient de leurs cellules en même temps, et par quels coups l'une des deux périrait. Noud fîmes sur ce sujet une observation, que je trouve dans mon journal en date du 15 Mai 1790.

L'instinct des reines empêchent leur mort simultanée

Deux jeunes reines sortirent ce jour-là de leurs cellules, presqu'au même moment, dans une de nos ruches les plus minces. Dès qu'elles furent à portée de se voir, elles s'élancèrent l'une contre l'autre avec l'apparence d'une grande colère, et se mirent dans une situation telle, que chacune avait ses antennes prises dans les dents de sa rivale ; la tête, le corselet et le ventre de l'une étaient opposés à la tête , le corselet et le ventre de l'autre ; elles n'avaient qu'à replier l'extrémité postérieure de leurs corps, elles se seraient percées réciproquement de leur aiguillon, et seraient mortes toutes les deux dans le combat. Mais il semble que la nature n'a pas voulu que leurs duels fissent périr les deux combattantes ; on dirait qu'elle a ordonné aux reines qui se trouveraient dans la situation que je viens de décrire (c'est-à-dire en face et ventre contre ventre) de se fuir à l'instant même avec la plus grande précipitation. Aussi, dès que les deux rivales dont je parle sentirent que leurs parties postérieures allaient se rencontrer, elles se dégagèrent l'une de l'autre, et chacune s'enfuit de son côté. Vous verrez, Monsieur, que j'ai répété cette observation très souvent ; elle ne me laisse aucun doute, et il me semble même que dans ce cas-ci, on peut pénétrer l'intention de la nature.

Il ne devait pas y avoir dans une ruche plus d'une reine : il fallait donc que si par hasard il en naissait ou en survenait une seconde, l'une des deux fut mise à mort. Or, il ne pouvait pas être permis aux abeilles ouvrières de faire cette exécution, parce que dans une république composée d'autant d'individus entre lesquels on ne peut pas supposer un concert toujours égal, il serait fréquemment arrivé qu'un groupe d'abeilles se serait jeté sur l'une des reines, tandis qu'un second groupe aurait massacré l'autre, et la ruche aurait été privée de reine. Il fallait donc que les reines seules fussent chargées du soin de se défaire de leurs rivales. Mais comme, dans ces combats, la nature ne voulait qu'une seule victime, elle a sagement arrangé d'avance qu'au moment où, par leur position, les deux combattantes pourraient perdre la vie l'une et l'autre, elles ressentirent toutes les deux une crainte si forte, qu'elles ne pensassent plus qu'à fuir sans se darder leurs aiguillons.

Je sais qu'on court le risque de se tromper, quand on cherche minutieusement les causes finales des plus petits faits ; mais, dans celui-ci, le but et le moyen m'ont paru si clairs, que je me suis hasardé à donner cette conjecture. Vous jugerez, Monsieur, infiniment mieux que moi, jusqu'à quel point elle est fondée ; mais je reviens de cette digression.

Quelques minutes après que nos deux reines se furent séparées, leur crainte cessa, et elles recommencèrent à se chercher ; bientôt elles s'aperçurent, et nous les vîmes courir l'une contre l'autre : elles se saisirent encore comme la première fois, et se mirent exactement dans la même position : le résultat en fut le même ; dès que leurs ventres s'approchèrent, elles ne songèrent plus qu'à se dégager l'une de l'autre, et elles s'enfuirent. Les abeilles ouvrières étaient fort agitées pendant tout ce temps-là, et leur tumulte paraissait s'accroître, lorsque les deux adversaires se séparaient ; nous les vîmes à deux différentes fois arrêter les reines dans leur fuite, les saisir par les jambes, et les retenir prisonnières plus d'une minute. Enfin, dans une troisième attaque, celle des deux reines qui était la plus acharnée ou la plus forte, courut sur sa rivale au moment où celle-ci ne la voyait pas venir ; elle la saisit avec ses dents à la naissance de l'aile, puis monta sur son corps, et amena l'extrémité de son ventre sur les derniers anneaux de son ennemie, qu'elle parvint facile-ment à percer de son aiguillon ; elle lâcha alors l'aile qu'elle tenait entre ses dents, et retira son dard ; la reine vaincue tomba, se traîna languissamment, perdit ses forces très vite, et expira bientôt après. Cette observation prouvait que les reines vierges se livrent entre elles des combats singuliers. Nous voulûmes voir ensuite si les reines fécondes et mères avaient les unes contre les autres la même animosité.

Les abeilles communes semblent lancer leurs combats

Nous choisîmes pour cette nouvelle observation, le 22 Juillet, une ruche plate, dont la reine était très féconde, et comme nous étions curieux de savoir si elle détruirait les cellules royales, ainsi que le pratiquent les reines vierges, nous plaçâmes d'abord au milieu de son gâteau trois de ces cellules fermées. Aussitôt qu'elle les aperçût, elle s'élança sur le groupe qu'elles formaient, les perça vers leur base, et ne les quitta qu'après avoir mis à découvert les nymphes qui y étaient renfermées. Les ouvrières qui, jusqu'à ce moment, étaient restées spectatrices de cette destruction, vinrent alors pour enlever les nymphes royales ; elles prirent avidement la bouillie qui reste au fond de ces cellules, elles sucèrent aussi ce qui se trouvait de fluide dans l'abdomen des nymphes, et finirent par détruire les cellules dont elles les avaient tirées.

Nous introduisîmes ensuite dans cette même ruche une reine très féconde, dont nous avions peint le corselet pour la distinguer de la reine régnante : il se forma très vite un cercle d'abeilles autour de cette étrangère, mais leur intention n'était pas de l'accueillir ou de la caresser ; car insensiblement elles s'accumulèrent si bien autour d'elle, et la serrèrent de si près, qu'au bout d'une minute elle perdit sa liberté et se trouva prisonnière. Ce qu'il y a ici de très remarquable, c'est qu'au même temps, d'autres ouvrières s'accumulaient autour de la reine régnante et gênaient tous ses mouvements : nous vîmes l'instant où elle allait être enfermée comme l'étrangère. On dirait quelquefois que les abeilles prévoient le combat que vont se livrer les deux reines, et qu'elles sont impatientes d'en voir l'issue ; car elles ne les retiennent prisonnières que lorsqu'elles paraissent s'écarter l'une de l'autre ; et si l'une des deux, moins gênée dans ses mouvements, semble vouloir se rapprocher de sa rivale, alors toutes les abeilles qui formaient ces massifs, s'écartent pour leur laisser l'entière liberté de s'attaquer ; puis elles reviennent les serrer de nouveau, si les reines paraissent encore disposées à fuir.

Nous avons vu ce fait très souvent : mais il présente un trait si neuf et si extraordinaire de la police des abeilles, qu'il faudrait le revoir mille fois, pour oser l'assurer positivement. Je voudrais, Monsieur, inviter les naturalistes à examiner avec attention le combat des reines, et à constater surtout quel est le rôle qu'y jouent les ouvrières. Cherchent-elles à accélérer ces combats ? Excitent-elles, par quelque moyen secret, la fureur des combattantes ? Comment se fait-il qu'accoutumées à rendre des soins à leur propre reine, il y ait pourtant des circonstances où elles l'arrêtent, lorsqu'elle se prépare à fuir un danger qui la menace ?

Pour résoudre ces problèmes, il faudrait tenter une longue suite d'observations. C'est un champ d'expériences bien vaste, et dont les résultats seraient infiniment curieux. Veuillez me pardonner mes fréquentes digressions ; ce sujet est très philosophique, mais il faudrait votre génie, Monsieur, pour le manier et le présenter : je poursuis la description du combat de nos deux reines.

Le massif d'abeilles qui entouraient la reine régnante lui ayant permis quelque léger mouvement, elle parût s'acheminer vers la portion du gâteau sur laquelle était sa rivale ; alors toutes les abeilles se reculèrent devant elle : peu-à-peu, la multitude d'ouvrières qui séparaient les deux adversaires se dispersa ; enfin, il n'en restait plus que deux, qui s'écartèrent et permirent aux reines de se voir : en cet instant, la reine régnante se jeta sur l'étrangère, la saisit avec ses dents près de la racine des ailes, et parvint à la fixer contre le gâteau, sans lui laisser la liberté de faire de la résistance, ni même aucun mouvement ; ensuite elle recourba son ventre, et perça d'un coup mortel cette malheureuse victime de notre curiosité.

Enfin, pour épuiser toutes les combinaisons, il nous restait encore à découvrir s'il y aurait un combat entre deux reines dont l'une serait féconde et l'autre vierge, et quelles en seraient les circonstances et l'issue.

Nous avions une ruche vitrée, dont la reine était vierge et âgée de vingt-quatre jours : nous y introduisîmes, le 18 Septembre, une reine très féconde, et nous la plaçâmes sur la face du gâteau opposée à celle où était la reine vierge, pour nous donner le temps de voir comment les ouvrières la recevraient : elle fut bientôt entourée d'abeilles qui l'enveloppèrent. Cependant elle ne fut qu'un instant serrée entre leurs cercles ; elle était pressée de pondre, elle laissait tomber ses œufs, et nous ne pûmes voir ce qu'ils devinrent ; les abeilles ne les portèrent sûrement pas dans les cellules, car nous n'en trouvâmes aucun quand nous les visitâmes. Le groupe qui entourait cette reine s'étant un peu dissipé, elle s'achemina vers le bord du gâteau, et se trouva bientôt à une très petite distance de la reine vierge. Dès qu'elles s'aperçurent, elles s'élancèrent l'une contre l'autre ; la reine vierge monta alors sur le dos de sa rivale, et darda sur son ventre plusieurs coups d'aiguillon ; mais comme ces coups ne portèrent que sur la partie écailleuse, ils ne lui firent aucun mal, et les combattantes se séparèrent : quelques minutes après elles revinrent à la charge : cette fois la reine féconde parvint à monter sur le dos de son ennemie, mais elle chercha inutilement à la percer, l'aiguillon n'entra pas dans les chairs ; la reine vierge parvint à se dégager et s'enfuit ; elle réussit encore à s'échapper dans une autre attaque, où la reine féconde avait pris sur elle l'avantage de la position. Ces deux rivales paraissaient de même force, et il était difficile de prévoir de quel côté pencherait la victoire, lorsque enfin, par un hasard heureux, la reine vierge perça mortellement l'étrangère, qui expira sur le moment même.

Le coup avait pénétré si avant, que la reine victorieuse ne pût pas d'abord retirer son dard, et qu'elle fut entraînée dans la chute de son ennemie. Nous la vîmes faire bien des efforts pour dégager son aiguillon : elle n'y pût réussir qu'en se tournant sur l'extrémité de son ventre, comme sur un pivot. Il est probable que par ce mouvement les barbes de l'aiguillon se fléchirent, se couchèrent en spirale autour de la tige, et qu'elles sortirent ainsi de la plaie qu'elles avaient faite.

Je crois, Monsieur, que ces observations ne vous laisseront plus aucun doute sur la conjecture de notre célèbre Réaumur. Il est certain que, si l'on introduit dans une ruche plusieurs reines, une seule conservera l'empire, que les autres périront sous ses coups, et que les abeilles ouvrières ne tenteront pas un instant d'employer leurs aiguillons contre cette reine étrangère. J'entrevois ce qui a pu tromper à cet égard MM. Riem et Schirach ; mais pour l'expliquer, il faut que je raconte dans un assez long détail un nouveau trait de la police des abeilles.

Dans l'état naturel des ruches, il peut se trouver pour quelques moments plusieurs reines, celles qui seront nées dans les cellules royales que les abeilles y auront construites ; et elles y resteront jusqu'à ce qu'il se soit formé un essaim, ou qu'un combat entre ces reines ait décidé à laquelle appartiendrait le trône ; mais, hors ce cas, il ne peut jamais y avoir de reines surnuméraires, et si un observateur en veut introduire une, ce n'est que par

le force qu'il y parvient, c'est-à-dire, en ouvrant la ruche.
En un mot, dans l'état naturel, jamais une reine étrangère
ne pourrait s'y glisser, et voici pourquoi.

Un garde est constamment posté à l'entrée de la ruche

Les abeilles posent et entretiennent nuit et jour une
garde suffisante aux portes de leur habitation : ces vigilantes sentinelles examinent tout ce qui se présente, et
comme si elles ne s'en fiaient pas à leurs yeux seulement,
elles touchent de leurs antennes flexibles tous les individus qui veulent pénétrer dans la ruche, et les diverses
substances qu'on met à leur portée, ce qui, pour le dire en
passant ne permet guère de douter que les antennes ne
soient l'organe du tact. S'il se présente une reine étrangère, les abeilles de la garde la saisissent à l'instant ;
pour l'empêcher d'entrer, elles accrochent avec leurs
dents ses jambes ou ses ailes, et la serrent de si près
entre leurs cercles qu'elle ne peut pas s'y mouvoir : peu à
peu il vient de l'intérieur de la ruche de nouvelles abeilles
qui se joignent à ce massif et le rendent encore plus
serré; toutes leurs têtes sont tournées vers le centre où la
reine est renfermée, et elles s'y tiennent avec une telle
apparence d'acharnement, qu'on peut prendre la pelote
qu'elles forment et la porter quelques moments sans
qu'elles s'en aperçoivent ; il est de toute impossibilité
qu'une reine étrangère, enveloppée et serrée si étroitement, puisse pénétrer dans la ruche. Si les abeilles la
retiennent trop longtemps prisonnière elle périt, et sa
mort est probablement occasionnée ou par la faim, ou par
la privation d'air : il est très sûr au moins qu'elle ne reçoit
pas de coups d'aiguillon : il ne nous est arrivé qu'une
seule fois de voir les dards des abeilles se tourner contre
une de ces reines emprisonnées, et ce fut par notre
faute ; touchés de son sort, nous voulûmes la tirer du
centre de la pelote qui l'enveloppait ; à l'instant les
abeilles s'irritèrent, lâchèrent toutes leurs aiguillons, et

quelques coups portèrent contre la malheureuse reine, qui succomba. Il est si vrai que ces aiguillons n'étaient pas dirigés contre elle, que plusieurs ouvrières en furent percées elles-mêmes : et ce n'était certainement pas leur intention de se tuer les unes les autres. Si donc nous n'avions pas troublé les abeilles de ce massif, elles se seraient contentées de garder la reine entre elles, et ne l'auraient pas massacrée.

Or, pour en revenir à M. Riem, c'est dans une circonstance analogue à celle que je viens de décrire, qu'il a vu les ouvrières s'acharner à poursuivre une reine ; il a cru qu'elles cherchaient à la percer de leurs dards, et il en a conclu que les abeilles communes étaient chargées de tuer les reines surnuméraires. Vous avez rapporté son observation dans la *Contemplation de la Nature*; Note : Nouvelle édition, Partie XI, Chapitre XXVII, note 7

Mais vous voyez, Monsieur, d'après les détails dans lesquels je viens d'entrer, qu'il s'était mépris ; il ne connaissait point l'attention avec laquelle les abeilles observent ce qui se passe à l'entrée de leurs ruches, et il ignorait absolument les moyens qu'elles emploient pour empêcher les reines surnuméraires d'y pénétrer.

Après avoir bien constaté, qu'en aucun cas, les abeilles ouvrières ne tuent à coup d'aiguillon les reines surnuméraires, nous fûmes curieux de savoir comment une reine étrangère serait reçue dans une ruche qui n'aurait point de reine régnante ; nous fîmes, pour éclaircir ce point, une multitude d'expériences dont les détails prolongeraient trop cette lettre ; je n'en rapporterai ici que les principaux résultats.

Ce qui s'ensuit quand les abeilles perdent leur reine

Lorsqu'on enlève la reine d'une ruche, les abeilles ne s'en aperçoivent pas d'abord ; elles n'interrompent point leurs travaux, elles soignent leurs petits, elles font toutes leurs opérations ordinaires avec la même tranquillité ; mais au bout de quelques heures, elles s'agitent ; tout paraît en tumulte dans leur ruche ; on entend un bourdonnement singulier ; les abeilles quittent le soin de leurs petits, courent avec impétuosité sur la surface des gâteaux et semblent en délire ; elles s'aperçoivent donc alors que leur reine n'est plus au milieu d'elles. Mais comment peuvent-elles s'en apercevoir ? Comment les abeilles qui sont sur la surface d'un gâteau savent-elles que la reine est ou n'est point sur le gâteau voisin ?

En parlant d'un autre trait de l'histoire de nos mouches, vous avez proposé vous-même ces questions, Monsieur, je ne suis assurément pas en état d'y répondre encore, mais j'ai rassemblé quelques faits qui faciliteront peut-être aux naturalistes la découverte de ce mystère.

Je ne doute point que cette agitation ne provienne de la connaissance qu'ont les ouvrières de l'absence de leur reine ; car dès qu'on la leur rend, le calme renaît au milieu d'elles à l'instant même ; et ce qu'il y a de bien singulier, c'est qu'elles la *reconnaissent* ; prenez, Monsieur, cette expression au pied de la lettre. La substitution d'une autre reine ne produit point le même effet, si elle est introduite dans la ruche pendant les douze premières heures qui suivent l'enlèvement de la reine régnante. Dans ce cas l'agitation continue, et les abeilles traitent la reine étrangère comme elles le font lorsque la présence de leur propre reine ne leur laisse rien à désirer ; elles la saisissent, l'enveloppent de toutes parts, la retiennent captive dans un massif impénétrable pendant un espace de temps très long ; pour l'ordinaire cette reine y succombe, soit de faim, soit par la privation de l'air.

Résultats de l'introduction d'une reine étrangère

Lorsqu'on a laissé passer dix-huit heures avant de substituer une reine étrangère à la reine régnante enlevée, elle y est traitée d'abord de la même manière ; mais les abeilles qui l'avaient enveloppée se lassent plus vite ;

le massif qu'elles forment autour d'elle n'est bientôt plus aussi serré ; peu à peu elles se dispersent, et enfin cette reine sort de captivité ; on la voit marcher d'un pas faible et languissant : quelquefois elle expire dans l'espace de quelques minutes. Nous avons vu d'autres reines sortir bien portantes d'une prison qui avait duré dix-sept heures, et finir par régner dans les ruches où d'abord elles avaient été si mal reçues.

Mais si on attend vingt-quatre ou trente heures pour substituer à la reine enlevée une reine étrangère, celle-ci sera bien accueillie et régnera dès l'instant où elle sera introduite dans la ruche. Note: Je parle ici du bon accueil qu'après un interrègne de vingt-quatre heures, les abeilles font à toute reine étrangère qu'on substitue à leur reine naturelle ; mais comme ce mot d'accueil est assez vague, il convient d'entrer dans quelques détails pour déterminer le sens précis que je lui donne. Le 15 Août de cette année j'introduisis dans une de mes ruches vitrées une reine féconde, âgée de onze mois. Les abeilles étaient privées de reine depuis vingt-quatre heures, et pour réparer leur perte, elles avaient déjà commencé à construire douze cellules royales, de la sorte de celles que j'ai décrites dans une des lettres précédentes. Au moment où je plaçai sur le gâteau cette femelle étrangère, les ouvrières qui se trouvèrent auprès d'elle, la touchèrent de leurs antennes, passèrent leurs trompes sur toutes les parties de son corps, et lui donnèrent du miel ; puis elles firent place à d'autres qui la traitèrent exactement de la même manière. Toutes ces abeilles battirent des ailes à la fois, et se rangèrent en cercle autour de leur souveraine. Il en résulta une sorte d'agitation qui se communiqua peu à peu aux ouvrières placées sur les autres parties de cette même face du gâteau, et les détermina à venir reconnaître à leur tour ce qui se passait sur le lieu de la scène. Elles arrivèrent bientôt, franchirent le cercle que les premières venues avaient formé, s'approchèrent de la reine, la touchèrent de leurs antennes, lui donnèrent du miel, et après cette petite cérémonie se reculèrent, se placèrent derrière les autres, et grossirent le cercle. Là elles agitèrent leurs ailes, se trémoussèrent sans désordre, sans tumulte, comme si elles eussent éprouvé une sensation qui leur fût très agréable. La reine n'avait pas quitté encore la place où je l'avais mise, mais au bout d'un quart d'heure elle se mit à marcher. Les abeilles, loin de s'opposer à son mouvement, ouvrirent le cercle du côté où elle se dirigeait, la suivirent, et lui bordèrent la haie. Elle était pressée du besoin de pondre, et laissait tomber ses œufs. Enfin, après un séjour de quatre heures, elle commença à déposer des œufs de mâles dans les grandes cellules qu'elle rencontra sur son chemin.

Pendant que les faits que je viens de décrire se passaient sur la face du gâteau où j'avais placé cette reine, tout était resté parfaitement tranquille sur la face opposée : il semble que les ouvrières qui se trouvaient sur cette dernière, ignorassent profondément l'arrivée d'une reine dans leur ruche ; elles travaillaient avec beaucoup d'activité à leurs cellules royales, comme si elles eussent ignoré qu'elles n'en avaient plus besoin ; elles soignaient les vers royaux, leur apportaient de la gelée, etc. etc. Mais enfin, la nouvelle reine passa de leur côté ; elle fut reçue de leur part avec le même empressement qu'elle avait éprouvé de leurs compagnes sur la première face du gâteau ; elles lui bordèrent la haie, lui donnèrent du miel, la touchèrent de leurs antennes ; et ce qui prouve encore mieux qu'elles la traitèrent en mère, c'est qu'elles renoncèrent tout de suite à continuer les cellules royales, qu'elles enlevèrent les vers royaux, et mangèrent la bouillie qu'elles avaient accumulée autour d'eux. Depuis ce moment la reine fut reconnue de tout son peuple, et se conduisit dans sa nouvelle habitation comme elle eût fait dans sa ruche natale.

Ces détails me paraissent donner une idée assez juste de la manière dont les abeilles reçoivent une reine étrangère, lorsqu'elles ont eu le temps d'oublier la leur. Elles la traitent exactement comme si c'était leur reine naturelle, à cela près que, dans le premier instant, il y a peut-être plus de chaleur, ou, si j'ose parler ainsi, plus de démonstrations. Je sens l'impropriété de ces termes, mais M. de Réaumur les a en quelque sorte consacrés: il ne fait aune difficulté de dire que les abeilles rendent à leur reine des soins, des respects, des hommages, et, à son exemple, ces mêmes expressions ont échappé à la plupart des auteurs qui ont parlé des abeilles.

Une absence de vingt-quatre ou trente heures suffit donc pour faire oublier aux abeilles leur première reine. Je m'interdis toute conjecture.

Le massacre des mâles

Cette lettre n'est remplie que des descriptions de combats, et de scènes lugubres : je devrais peut être, en la terminant, vous donner la relation de quelque trait d'une industrie plus douce et plus intéressante. Cependant, pour n'avoir plus à revenir sur des récits de duels et de massacres, je joindrai encore ici mes observations sur le carnage des mâles.

Vous vous rappelez, Monsieur, que tous les observateurs d'abeilles s'accordent à dire que, dans un certain temps de l'année, les ouvrières chassent et tuent les faux-bourdons. M. de Réaumur parle de ces exécutions comme d'une horrible tuerie ; à la vérité, il ne dit pas en propres termes qu'il en ait été le témoin ; mais ce que nous avons observé est si conforme à ce qu'il en raconte, qu'il n'est pas douteux qu'il n'ait vu lui-même les particularités de ce massacre.

C'est ordinairement dans les mois de Juillet et d'Août que les abeilles se défont des mâles. On les voit alors leur donner la chasse, les poursuivre jusqu'au fond des ruches, où ils se réunissent en foule ; et comme on trouve dans ce même temps une grande quantité de cadavres de faux-bourdons sur la terre au-devant des ruches : il ne paraissait pas douteux qu'après leur avoir donné la chasse, les abeilles ne les tuassent à coup d'aiguillon. Cependant on ne les voit point employer cette arme contre eux sur la surface des gâteaux ; elles se contentent de les poursuivre et de les en chasser. Vous le dites vous-même, Monsieur, dans une des notes nouvelles que vous avez ajoutées à la *Contemplation de la Nature* Note : Chapitre XXVI, Partie XI, et vous paraissez disposé à croire que les faux-bourdons, réduits à se retirer dans un coin de la ruche, y meurent de faim. Cette conjecture était très vraisemblable ; cependant il restait encore possible que le carnage s'opérât dans le fond des ruches, et que jusqu'ici on ne fut parvenu à l'y voir, parce que cette partie est obscure et échappe aux yeux de l'observateur.

Afin d'apprécier la justesse de ce doute, nous imaginâmes de faire vitrer la table qui sert de fond aux ruches, et de nous placer par-dessous, pour voir tout ce

qui se passerait dans le lieu de la scène. Nous construisîmes une table vitrée, sur laquelle nous posâmes six
ruches peuplées d'essaims de l'année précédente, et en
nous couchant sous cette table nous cherchâmes à découvrir de quelle manière les faux-bourdons perdaient la vie.
Cette invention nous réussit à merveille. Le 4 Juillet 1787,
nous vîmes les ouvrières faire un vrai massacre des
mâles, dans six essaims, à la même heure, et avec les
mêmes particularités. La table vitrée était couverte
d'abeilles qui paraissaient très animées, et qui
s'élançaient par les antennes, les jambes, ou les ailes ; et
après les avoir tiraillés, ou, pour ainsi dire, écartelés, elles
les tuaient à grands coups d'aiguillons, qu'elles dirigeaient
ordinairement entre les anneaux du ventre ; l'instant où
cette arme redoutable les atteignait était toujours celui de
leur mort, ils étendaient leurs ailes et expiraient. Cependant, comme si les ouvrières ne les eussent pas trouvés
aussi mort qu'ils nous le paraissaient, elles frappaient
encore de leurs dards, et si profondément qu'elles avaient
beaucoup de peine à les retirer : il fallait qu'elles tournas-
sent sur elles-mêmes pour réussir à les dégager.

Le lendemain, nous nous mîmes encore dans la
même position, pour observer ces mêmes ruches, et nous
fûmes témoins de nouvelles scènes de carnage. Pendant
trois heures nous vîmes nos abeilles en furie tuer des
mâles. Elles avaient massacré la veille ceux de leurs
propres ruches ; mais ce jour-là, elles se jetaient sur les
faux-bourdons chassés des ruches voisines, et qui venaient se réfugier dans leur habitation. Nous les vîmes
aussi arracher des gâteaux quelques nymphes de mâles
qui y restaient ; elles suçaient avec avidité tout ce qu'il y
avait de fluide dans leur abdomen, et les emportaient
ensuite au dehors. Le jour suivant il ne parut plus de
faux-bourdons dans ces ruches.

Ces deux observations me semblent décisives, Monsieur, il est incontestable que la nature a chargé les ouvrières du soin de tuer les mâles de leurs ruches, dans certains temps de l'année. Mais quel est le moyen qu'elle emploie pour exciter la fureur des abeilles contre ces mâles ? C'est encore là une de ces questions auxquelles je n'entreprendrai point de répondre.

Cela n'arrive jamais dans les ruches privée de reines

J'ai cependant fait une observation qui pourra conduire un jour à la solution du problème. Les abeilles ne tuent jamais les mâles dans les ruches privées de reines ; ils y trouvent, au contraire, un asile assuré, dans les temps mêmes où elles en font ailleurs un horrible massacre ; ils y sont alors soufferts, nourris, et on y en voit un grand nombre, même au mois de Janvier. Ils sont également conservés dans les ruches qui, n'ayant point de reine proprement dite, ont parmi elles quelques individus de cette sorte d'abeilles qui pondent des œufs de mâles, et dans celles dont les reines à demi fécondes, si je puis parler ainsi, n'engendrent que des faux-bourdons. Le massacre n'a donc lieu que dans les ruches dont les reines sont complètement fécondes, et ce n'est jamais qu'après la saison des essaims qu'il commence.

J'ai l'honneur d'être, etc.

Suite des expériences sur la manière dont les abeilles reçoivent une reine étrangère : observations de M. de Réaumur sur ce sujet.

Pregny, 30 Août 1791

Monsieur, Je vous ai souvent dit combien j'admirais les mémoires de M. de Réaumur sur les abeilles. Je me plais à répéter, que si j'ai fait quelques progrès dans l'art d'observer, je les dois à l'étude approfondie des ouvrages de cet excellent naturaliste. En général, son autorité me parait si forte que j'en crois à peine mes propres expériences, lorsque leurs résultats diffèrent de ceux qu'il a obtenus. Aussi, lorsque je me trouve en opposition avec l'historien des abeilles, je recommence mes observations, j'en varie les procédés, j'examine avec le plus grand soin toutes les circonstances qui pourraient me faire illusion, et je n'interromps mon travail qu'après avoir acquis la certitude morale de ne m'être point trompé. A l'aide de ces précautions, j'ai reconnu la justesse du coup d'œil de M. de Réaumur, et j'ai vu, en mille occasions, que si certaines expériences paraissent le combattre, c'est qu'elles sont mal exécutées. J'en excepterai cependant quelques faits sur lesquels j'ai eu constamment un résultat différent du sien. Ceux que j'ai exposés dans ma précédente lettre, sur la manière dont les abeilles reçoivent une reine étrangère à la place de celle à laquelle elles étaient accoutumées, sont de ce nombre.

Lorsqu'après avoir enlevé la reine d'une ruche, je lui substituais, sur le champ, une reine étrangère, les abeilles recevaient mal cette usurpatrice; elles la serraient, l'enveloppaient, et souvent finissaient par l'étouffer. Je ne pus réussir à leur faire adopter une reine nouvelle qu'en attendant vingt ou vingt-quatre heures pour la leur donner. Au bout de ce temps, elles paraissaient avoir oublié leur propre reine, et recevaient avec respect toute femelle qu'on mettait à sa place. M. de Réaumur dit, au contraire, que si on enlève aux abeilles leur reine, et qu'on leur en présente une autre, la reine nouvelle sera au moment même parfaitement bien reçue. Pour le prouver, il rapporte tous les détails d'une expérience, qu'il faut lire dans l'ouvrage même Note: Edition in-4, Tome V, Page 258; je n'en donnerai ici que l'extrait: il fit sortir de leur ruche natale quatre ou cinq cents abeilles, et il les détermina à entrer dans une boîte vitrée, vers le haut de laquelle il avait fixé un petit gâteau; il vit d'abord ces mouches s'agiter beaucoup : pour les calmer, ou les consoler, il essaya de leur offrir une reine nouvelle. Dès cet instant le tumulte cessa, et la reine étrangère fut reçue avec tout respect.

Je ne conteste pas le résultat de cette expérience; mais, à mon avis, elle ne prouve pas la conséquence que M. de Réaumur en tire : l'appareil qu'il y a employé éloignait trop les abeilles de leur situation naturelle, pour qu'il pût juger de leur instinct et de leurs dispositions. Il a vu lui-même, en d'autres circonstances, que ces mouches réduites à un petit nombre perdaient leur industrie, leur activité, et ne se livraient qu'imparfaitement à leurs travaux ordinaires. Leur instinct est donc modifié par toute opération qui les réduit à un trop petit nombre. Pour que l'expérience fut vraiment concluante, il fallait donc l'exécuter dans une ruche bien peuplée, enlever à cette ruche sa reine natale, et lui en substituer à l'instant même une étrangère; je suis persuadé que, dans ce cas, M. de Réaumur aurait vu les abeilles emprisonner l'usurpatrice, la serrer entre leurs cercles pendant quinze ou dix-huit heures au moins, et finir souvent par l'étouffer. Il n'aurait vu faire d'accueil à une reine étrangère, que lorsqu'il aurait attendu vingt-quatre heures à l'introduire dans la ruche, après l'enlèvement de la reine natale. Je n'ai eu cet égard aucune variation dans le résultat de mes expériences : leur nombre, et l'attention avec laquelle je les ai faites, me font présumer qu'elles peuvent mériter votre confiance

Une pluralité de reines n'est jamais tolérée

Dans un autre endroit du mémoire que j'ai cité (page 267), M. de Réaumur affirme que les abeilles qui ont une reine dont elles sont contentes, sont cependant disposées à faire le meilleur accueil à une femelle étrangère qui vient chercher un asile parmi elles.

Je vous ai raconté, Monsieur, mes expériences sur ce fait, dans ma lettre précédente ; elles ont eu un succès très différent de celui de M. de Réaumur. J'ai prouvé que les ouvrières n'emploient jamais leur aiguillon contre aucune reine, mais il s'en faut bien qu'elles fassent un bon accueil à une femelle étrangère; elles la retiennent serrée au milieu d'elles, la pressent entre leurs cercles, et ne paraissent lui laisser de liberté que lorsqu'elle s'apprête à combattre la reine régnante. Mais on ne peut faire cette observation que dans nos ruches les plus minces. Celles de M. de Réaumur avaient toujours au moins deux gâteaux parallèles; et par cette disposition, il n'a pu voir quelques circonstances très importantes qui influent sur la conduite que tiennent les ouvrières, lorsqu'on leur donne plusieurs femelles. Il a pris pour des caresses les cercles que les ouvrières forment d'abord à l'entour d'une reine étrangère; et pour peu que cette reine se soit avancée entre les gâteaux, il lui aura été impossible de voir que ces cercles, qui se rétrécissaient toujours davantage, finissaient par gêner beaucoup les mouvements de la femelle qui y était renfermée. Si donc il avait employé des ruches plus minces, il aurait reconnu que ce qu'il prenait pour les signes d'un bon accueil, n'était que le prélude d'un véritable emprisonnement.

Je répugne à dire que M. de. Réaumur s'est trompé; cependant je ne puis admettre avec lui, qu'en certaines occasions, les abeilles souffrent dans leurs ruches une pluralité de femelles. L'expérience sur laquelle il fonde cette assertion ne peut pas être regardée comme décisive. Il fit entrer au mois de Décembre une reine étrangère dans une ruche vitrée, placée dans son cabinet, et il l'y enferma. Les abeilles ne pouvaient pas en rien, emporter au dehors, cette étrangère y fut bien reçue, sa présence retira les ouvrières de l'état d'engourdissement où elles étaient alors, et où elles ne retombèrent plus. Elle n'excita point de carnage; le nombre des abeilles mortes qui étaient au fond de la ruche n'augmenta pas sensiblement, et il ne s'y trouva point de cadavres de reines. Pour que l'on pût tirer de cette observation quelque conséquence favorable à la pluralité des reines, il faudrait s'être assuré qu'au moment où on introduisit la reine nouvelle dans la ruche, elle avait encore sa reine natale ; or, l'auteur négligea cette précaution, il est très vraisemblable que la ruche dont il parle avait perdu sa reine, puisque les abeilles y étaient languissantes, et que la présence d'une reine étrangère leur rendit leur activité.

J'espère, Monsieur, que vous me pardonnerez cette légère critique, loin de chercher des fautes dans les ouvrages de notre célèbre Réaumur, j'ai eu le plus grand plaisir lorsque mes observations se sont accordées avec les siennes; et beaucoup plus encore lorsque mes expériences ont justifié ses conjectures. Mais j'ai dû indiquer les cas où l'imperfection de ses ruches l'a induit en erreur, et expliquer par quelles raisons je n'ai pas vu certains faits de la même manière que lui; je désire surtout de mériter votre confiance, et je n'ignore pas qu'il me faut de plus grands efforts lorsque j'ai à combattre l'historien des abeilles.

Je m'en rapporte à votre jugement, Monsieur, et vous prie d'agréer l'assurance de mon respect, etc.

8ème Lettre—La reine est-elle ovipare? Recherches sur la manière dont les vers des abeilles filent la soie de leurs coques. Quelle est l'influence de la grandeur des cellules sur la taille des mouches qui en proviennent ?

Pregny, 4 Septembre 1791

Monsieur,

Je rassemblerai dans cette lettre quelques observations isolées, relatives à divers traits de l'histoire des abeilles dont vous avez désiré que je m'occupasse.

Vous m'avez invité à chercher si la reine est réellement *ovipare*. M. de Réaumur n'a point décidé cette question : il dit même qu'il n'a jamais vu éclore de ver d'abeille; il assure seulement qu'on trouve des vers dans les cellules, où, trois jours auparavant, des œufs avaient été déposés. Vous comprenez, Monsieur, que pour saisir le moment où le ver sort de l'œuf, il ne faut pas se borner à l'observer dans l'intérieur des ruches, parce que le mouvement perpétuel des mouches ne permet pas de distinguer assez précisément ce qui se passe au fond des alvéoles. Il faut retirer ces œufs, les placer sur une lame de verre au foyer du microscope, et veiller avec attention sur tous les changements qu'ils éprouvent.

Il est encore une autre précaution à prendre : comme il faut aux vers, pour éclore, un certain degré de chaleur, si on en privait les œufs trop tôt, ils se dessécheraient et périraient. Le seul moyen de réussir à voir l'instant où le ver sort de l'œuf, consiste donc à veiller la reine lorsqu'elle pond, à marquer les œufs qu'elle vient de déposer de quelque signe reconnaissable, et à ne les enlever de la ruche, pour les placer sur une lame de verre, qu'une heure ou deux avant les trois jours révolus. Il est très certain alors que les vers écloront, attendu qu'ils auront joui le plus longtemps possible de toute la chaleur qui leur est nécessaire. Tel est le procédé que j'ai suivi. En voici maintenant le résultat.

Nous enlevâmes au mois d'Août quelques cellules, dans lesquelles étaient des œufs pondus trois jours auparavant ; nous retranchâmes les pans de tous ces alvéoles, et nous fixâmes sur une lame de verre la pièce du fond pyramidal, où les œufs étaient implantés. Bientôt nous vîmes de légers mouvements d'inclinaison et de redressement dans l'un de ces œufs; au premier moment, la loupe ne nous faisait rien apercevoir sur la surface de l'œuf qui fut organisé; le ver était pour nous entièrement caché sous sa pellicule: nous le plaçâmes alors au foyer d'une lentille très forte; mais, pendant que nous préparions cet appareil, le jeune ver rompit la membrane qui l'emprisonnait, et se dépouilla d'une partie de son enveloppe: nous la vîmes déchirée et chiffonnée sur quelques parties de son corps, et plus particulièrement sur ses derniers anneaux : le ver, par des mouvements assez vifs, se courbait et se redressait alternativement; il lui fallut vingt minutes de travail pour achever de jeter sa dépouille; ses grands mouvements cessèrent alors, il se coucha, se contourna en arc, et parut dans cette position prendre un repos dont il avait besoin. Ce ver provenait d'un œuf pondu dans une cellule d'ouvrière, et serait devenu une ouvrière lui-même.

La reine abeille est ovipare

Nous nous rendîmes ensuite attentifs au moment où un ver de mâle devait éclore. Nous l'exposâmes au soleil sur une lame de verre : en le regardant avec une bonne lentille, nous découvrîmes neuf des anneaux du ver sous la pellicule transparente de l'œuf; cette membrane était encore entière; le ver était complètement immobile : nous distinguions sur sa surface les deux lignes longitudinales des trachées, et un grand nombre de leurs ramifications. Nous ne perdîmes pas de vue cet œuf un seul instant, et pour cette fois nous saisîmes les premiers mouvements du ver. Le gros bout se courbait, se redressait alternativement, et touchait presque le plan où la pointe était fixée. Ces efforts opérèrent d'abord le déchirement de la membrane dans la partie supérieure près de la tête, puis sur le dos, et enfin successivement dans toutes les parties. La pellicule chiffonnée restait en paquets sur divers endroits du corps du ver: elle tomba ensuite.   Note : il est donc sûr que la reine est ovipare.

Quelques observateurs ont dit que les ouvrières rendaient des soins aux œufs que pond leur reine avant que le ver en sortît, et il est vrai qu'en quelque temps qu'on visite une ruche, on voit toujours des ouvrières qui tiennent leur tête et leur thorax enfoncés dans les cellules où il y a des œufs, et qui restent immobiles dans cette position plusieurs minutes de suite. Il est impossible de voir ce qu'elles y font, parce que leur corps cache absolument l'intérieur des cellules. Mais il est facile de s'assurer que, lorsqu'elles prennent cette attitude, elles ne s'occupent point à soigner les œufs. Si l'on enferme dans une boîte grillée des œufs au moment où la reine vient de les pondre, et qu'on les place ensuite dans une ruche forte, pour qu'ils y aient le degré de chaleur qui leur est nécessaire, les vers éclosent au temps ordinaire comme si on les eût laissés dans les cellules. Ils n'ont donc pas besoin pour éclore que les abeilles rendent aux œufs dont ils ne sortent aucun soin particulier.

Les abeilles semblent se reposer occasionnellement

J'ai lieu de croire que, lorsque les ouvrières entrent dans les cellules la tête la première, et y restent sans mouvement pendant quinze ou vingt minutes, c'est uniquement pour s'y reposer de leurs courses et de leurs fatigues. Les observations que j'ai faites sur ce sujet me semblent très précises. Vous savez, Monsieur, que les abeilles construisent quelquefois des espèces de cellules de forme irrégulière contre les vitres de leur ruche; ces cellules, qui sont vitrées d'un côté, deviennent très commodes pour l'observateur, puisqu'elles permettent de voir tout ce qui se passe dans leur intérieur. Or, j'ai vu fréquemment des abeilles y entrer dans des moments où rien ne pouvait les y attirer; c'étaient des cellules où il ne restait plus rien à finir, et qui cependant ne contenaient ni œufs ni miel. Les ouvrières ne venaient donc s'y placer que pour y jouir de quelques instants de repos. En effet, elles y restaient vingt ou vingt-cinq minutes, dans une telle immobilité qu'on aurait pu croire qu'elles étaient mortes, si la dilatation de leurs anneaux n'avait pas montré qu'elles respiraient encore. Ce besoin de repos n'est pas particulier aux ouvrières seules : les reines entrent aussi quelquefois la tête la première dans les grandes cellules à mâles, et y restent très longtemps immobiles. L'attitude qu'elles y prennent ne permet pas trop aux abeilles de leur rendre des hommages ; cependant, même dans ces circonstances, les ouvrières ne laissent pas de faire le cercle autour d'elle, et de brosser la partie de leur ventre qui reste à découvert.

Les faux-bourdons n'entrent pas dans les cellules, quand ils veulent se reposer, mais ils s'accumulent, se serrent les uns contre les autres sur les gâteaux, et conservent quelquefois cette situation pendant dix-huit ou vingt heures, sans prendre le plus léger mouvement.

Comme il importe dans plusieurs expériences de connaître exactement le temps que vivent les trois sortes de vers des abeilles, avant de prendre leur dernière forme, je joindrai ici mes observations particulières sur ce sujet.

Intervalle entre la production de l'œuf et le parfait état des abeilles

Les vers des ouvrières.

Trois jours dans l'état d'œuf; cinq jours dans l'état de ver, au bout desquels les abeilles ferment sa cellule d'un couvercle de cire : le ver commence alors à filer sa coque de soie, il emploie trente-six heures à cet ouvrage: trois jours après, il se métamorphose en nymphe, et passe sept jours et demi sous cette forme ; il n'arrive donc à son dernier état, celui de *mouche*, que le vingtième jour de sa vie, à dater de l'instant où l'œuf dont il sort a été pondu.

Le ver royal.

Le ver *royal* passe également trois jours sous la forme d'œuf, et cinq sous celle de ver : après ces huit jours, les abeilles ferment sa cellule, et il commence tout de suite à y filer sa coque, opération qui l'occupe vingt-quatre heures: il reste dans un parfait repos le dixième et le onzième jour, et même les seize premières heures du douzième; à cette époque il se transforme en nymphe, et passe quatre jours et un tiers sous cette forme. C'est donc dans le seizième jour de sa vie qu'il arrive à l'état de reine parfaite.

Le ver mâle.

Trois jours dans l'œuf, six et demi sous forme de ver: il ne se métamorphose en mouche que le vingt-quatrième jour après sa naissance : je date également du jour où l'œuf dont il sort a été pondu.

Les vers d'abeilles sont apodes; cependant ils ne sont point condamnés à une immobilité complète dans leurs cellules: ils s'y avancent en tournant en spirale. Ce mouvement si lent dans les trois premiers jours, qu'il est à peine reconnaissable, devient ensuite plus facile à distinguer : j'ai vu ces vers faire alors deux révolutions entières dans l'espace d'une heure trois-quarts. Lorsqu'ils s'approchent du terme de leur métamorphose, ils ne sont plus qu'à deux lignes de l'orifice de la cellule. L'attitude qu'ils y prennent est toujours la même; ils y sont contournés en arc. Il résulte de cette position que, dans les cellules horizontales, telles que les cellules d'ouvrières et les cellules de faux-bourdons, les vers sont placés perpendiculairement à l'horizon; et qu'au contraire, dans les cellules perpendiculaires à l'horizon, telles que le sont les cellules royales, les vers sont placés horizontalement. On pourrait croire que cette différence de position a une grande influence sur l'accroissement des différents vers d'abeilles, et cependant elle n'en a point. En tournant des gâteaux qui contenaient des cellules communes remplies de couvain, j'ai obligé les vers à se contenter d'une situation horizontale, et leur développement n'en a point souffert: j'ai retourné aussi des cellules royales, de manière que les vers royaux qu'elles renfermaient fussent placés verticalement, et leur accroissement n'en a été ni moins rapide ni moins parfait.

La manière de filer le cocon

Je me suis beaucoup occupé de la manière dont les vers d'abeilles filent la soie de leurs coques, et j'ai vu à cet égard des particularités qui m'ont paru également neuves et intéressantes. Les vers d'*ouvrières* et ceux de *mâles* se filent dans leurs cellules des coques complètes, c'est-à-dire, qui sont fermées à leurs deux bouts, et qui enveloppent tout leur corps; les vers royaux, au contraire, ne filent que des coques incomplètes, c'est-à-dire, qui sont ouvertes à leur partie postérieure, et qui n'enveloppent que la tête, le thorax et le premier anneau de l'abdomen. La découverte de cette différence dans la forme des coques, qui au premier coup d'œil peut paraître minutieuse, m'a fait cependant un extrême plaisir, parce qu'elle montre évidemment l'art admirable avec lequel la nature fait correspondre ensemble les différents traits de l'industrie des abeilles.

Celui de la reine est ouvert sur un côté

Vous vous rappelez, Monsieur, les preuves que Je vous ai données de l'aversion qu'ont les reines les unes contre les autres, des combats qu'elles se livrent, et de l'acharnement avec lequel elles cherchent à se détruire. Lorsqu'il y a plusieurs nymphes royales dans une ruche, celle qui se transforme la première en reine se jette sur les autres et les perce à coups d'aiguillon. Or, elle n'y réussirait pas si ces nymphes étaient enveloppées d'une coque complète. Pourquoi? Parce que la soie que filent les vers est forte, que la coque est d'un tissu serré, et que l'aiguillon ne pénétrerait pas; ou s'il y pénétrait, la reine ne pourrait point l'en retirer, parce que les barbes du dard s'arrêteraient dans les mailles de cette coque; et elle périrait elle-même victime de sa propre fureur. Ainsi donc, pour qu'une reine parvînt à tuer ses rivales dans leurs cellules, il fallait qu'elle y trouvât leurs parties postérieures à découvert; les vers royaux ne devaient donc se filer que des coques incomplètes : remarquez, je vous prie, que c'étaient bien leurs derniers anneaux qu'ils devaient laisser à nu, car c'est la seule partie de leur corps que l'aiguillon puisse attaquer; la tête et le thorax sont revêtus de lames écailleuses continues que cette arme ne pénètre point.

Jusqu'ici, Monsieur, les observateurs nous avaient fait admirer la nature, dans les soins qu'elle s'est donnée pour la conservation et la multiplication des espèces, mais dans le fait que je raconte, il faut admirer encore les précautions qu'elle a prises pour exposer certains individus à un danger mortel.

Les détails où je viens d'entrer indiquent donc clairement la cause finale de l'ouverture que les vers royaux laissent à leurs coques ; mais ils ne nous montrent pas si c'est pour obéir à un instinct particulier qu'ils laissent cette ouverture, ou bien parce que l'évasement de leurs cellules ne leur permet pas de tendre des fils dans la partie supérieure. Cette question m'intéressait beaucoup. Le seul moyen de la décider était d'observer les vers pendant qu'ils filent ; mais on ne le pouvait pas dans leurs cellules opaques : j'imaginai donc de les en déloger, et de les introduire dans des portions de tubes de verre, que j'avais fait souffler de manière à imiter parfaitement la forme des différentes sortes d'alvéoles. Le plus difficile était de les tirer de leur habitation, et de les placer dans ces nouveaux domiciles. Burnens fit cette opération avec beaucoup d'adresse; il ouvrit dans mes ruches plusieurs cellules royales fermées; il choisit le moment où nous savions que les vers allaient commencer leurs coques; il les prit délicatement, et sans qu'ils en souffrissent, il en introduisit un dans chacune de mes cellules de verre.

Bientôt nous les y vîmes se préparer à l'ouvrage : ils commencèrent par étendre la partie antérieure de leur corps en ligne droite, en laissant roulée leur partie postérieure ; celle-ci formait donc une courbe dont les parois longitudinales de la cellule étaient les tangentes, et lui fournissaient deux points d'appui. Suffisamment soutenus dans cette situation, nous les vîmes approcher leur tête des différents points de la cellule auxquels ils pouvaient atteindre, et en tapisser la surface d'une couche de soie épaisse. Nous remarquâmes qu'ils ne tendaient point leurs fils d'une paroi à l'autre, et que même ils ne le pouvaient pas, parce qu'obligés pour se soutenir de tenir roulés leurs anneaux postérieurs, la partie libre et mobile de leur corps n'est plus assez longue pour que leur bouche puisse aller placer des fils sur les deux parois diamétralement opposées. Vous n'avez pas oublié, Monsieur, que les cellules royales ont la forme d'une pyramide dont la base est assez large, assez évasée, et dont la pointe est longue et amincie. Ces cellules sont placées verticalement dans les ruches, la base en haut, et la pointe en bas. Dans cette position, vous comprenez que le ver royal ne peut se soutenir dans sa cellule, que lorsque la courbure de sa partie postérieure lui fournit deux points d'appui, et qu'il ne peut trouver cet appui qu'autant qu'il reste dans la partie inférieure, ou vers la pointe. Si donc il voulait monter pour filer vers le bout évasé de la cellule, il ne pourrait pas atteindre en même temps ses parois opposées, parce qu'elles seraient trop éloignées l'une de l'autre, il ne pourrait pas toucher d'une part avec sa queue et de l'autre avec son dos ; il tomberait donc: je m'en suis assuré très positivement, en plaçant quelques vers royaux dans des cellules vitrées trop larges, et dont le plus grand diamètre s'étendait plus vers la pointe qu'il ne le fait dans les cellules ordinaires : ils n'ont pu s'y soutenir.

Ces premières expériences ne me permettaient pas de supposer un instinct particulier dans les vers royaux; elles me prouvaient que s'ils filent des coques incomplètes, c'est qu'ils y sont obligés par la forme de leurs cellules. Cependant je voulus avoir une preuve plus directe encore. Je fis placer des vers de cette même forte dans des cellules de verre cylindriques, ou simplement dans des portions de tubes qui imitent les cellules ordinaires, et j'eus le plaisir de voir ces vers se filer des coques complètes, aussi bien que le font les vers d'*ouvrières*.

Enfin, je plaçai des vers *communs* dans des cellules de verre fort évasées, et ils y laissèrent leur coque ouverte. Il est donc démontré que les vers *royaux* et les vers d'*ouvrières* ont exactement le même instinct, la même industrie, ou en d'autres termes, que, placés dans les mêmes circonstances, ils se conduisent de la même manière. J'ajouterai ici que les vers royaux, logés artificiellement dans des cellules d'une telle forme qu'ils puissent filer des coques complètes, y subissent également bien toutes leurs métamorphoses. L'obligation que la nature leur a imposée de laisser une ouverture à leurs coques, n'est donc pas nécessaire à leur développement , elle n'a donc d'autre but que de les exposer au danger certain de périr sous les coups de leur ennemi naturel: observation neuve et vraiment singulière.

Expériences sur les conséquences de la taille de la cellule

Pour achever l'histoire des vers d'abeilles, je dois rendre compte des expériences que j'ai faites sur le changement qu'apporte à leur taille la grandeur des cellules où ils vivent. C'est à vous, Monsieur, que je dois l'indication des expériences qu'il y avait à faire sur cet intéressant sujet.

Comme il se trouve souvent, dans les ruches, des mâles plus petits que ne doivent l'être les individus de cette forte, et quelquefois aussi des reines qui n'ont pas toute la grandeur qu'elles devraient avoir, il était curieux de déterminer en général jusqu'à quel point la grandeur des cellules dans lesquelles les abeilles ont passé leur premier âge influe sur leur taille. C'est dans ce but que vous m'avez conseillé d'ôter d'une ruche tous les gâteaux composés de cellules communes, et de n'y laisser que ceux qui sont composés de grands alvéoles. Il était évident que si les œufs d'abeilles communes, que la reine pondrait dans ces grandes cellules, donnaient naissance à des ouvrières d'une plus grande taille, il faudrait en conclure que la grandeur des alvéoles avait une influence marquée sur celle des abeilles.

La première fois que je fis cette expérience elle n'eut pas de succès, parce que les teignes se mirent dans la ruche que j'y avais consacrée, et découragèrent mes abeilles : mais je la répétai ensuite, et le résultat en fut assez remarquable.

Je fis enlever dans l'une de mes plus belles ruches vitrées tous les rayons composés de cellules communes, je n'y laissai que les gâteaux composés de cellules à faux-bourdons, et afin qu'il n'y eut point de place vacante, j'y en fis placer d'autres encore de la même sorte. C'était au mois de Juin, c'est-à-dire, dans le temps de l'année le plus favorable aux abeilles. Je m'attendais que ces mouches répareraient bien vite le désordre que cette opération avait produit dans leur ruche, qu'elles travaille-raient aux brèches que nous avions faites, qu'elles lie-raient les nouveaux rayons aux anciens, et je fus très surpris de voir qu'elles ne se mettaient point à l'ouvrage. Je les observai pendant quelques jours, dans l'espérance qu'elles reprendraient de l'activité. Mais cette espérance fut encore trompée. Les abeilles ne cessaient pas, à la vérité, de rendre des *respects* à leur reine, mais à cela près leur conduite était absolument différente de celle qu'elles ont à l'ordinaire: elles restaient entassées sur les gâteaux sans y exciter de chaleur sensible; un thermo-mètre placé au milieu d'elles ne monta qu'à 22° quoiqu'il fût à 20 à l'air extérieur. En un mot, elles me paraissaient être dans le plus profond découragement.

La reine elle-même, qui était très féconde, et qui devait se sentir pressée du besoin de pondre, hésita longtemps avant de déposer ses œufs dans les grandes cellules, elle les laissait tomber plutôt que de les pondre dans des alvéoles qui n'étaient point faits pour eux. Ce-pendant, le second jour nous en trouvâmes six qu'elle y avait déposés assez régulièrement. Trois jours après les vers en étaient éclos, et nous les suivîmes pour en connaître l'histoire. Les abeilles commencèrent par leur donner de la nourriture, elles n'étaient pas fort empressées dans ce travail, cependant je ne désespérai point qu'elles ne continuassent à les élever. Je me trompais encore, car dès le lendemain tous ces vers disparurent, et les cellules où nous les avions vus la veille étaient vides. Un morne silence régnait dans la ruche, il n'en sortait qu'un très petit nombre d'abeilles, celles qui revenaient ne rapportaient pas de pelotes sur leurs jambes ; tout était froid et inanimé. Pour leur redonner un peu de mouvement, j'imaginai de placer dans leur ruche un gâteau composé de petites cellules, et rempli de couvain de mâles de tout âge. Les abeilles, qui s'étaient obstinées pendant douze jours à ne pas vouloir travailler en cire, ne s'occupèrent point à souder ce nouveau rayon avec les leurs; cependant leur industrie se réveilla, et leur fit employer un procédé que je ne prévoyais point: elles se mirent à enlever tout le couvain qui était dans ce gâteau, elles en nettoyèrent parfaitement toutes les cellules, et les rendirent propres à recevoir de nouveaux œufs.

La reine pondant de multiples œufs

Je ne sais si elles avaient l'espérance que leur reine viendrait y pondre, mais ce qu'il y a de sûr, c'est que si elles s'en étaient flattées, elles ne se trompèrent point: de ce moment, la femelle ne laissa plus tomber ses œufs, elle vint se fixer sur le nouveau gâteau, et y pondit une telle quantité d'œufs, que nous en trouvâmes cinq ou six ensemble dans plusieurs cellules. Je fis enlever alors tous les gâteaux composés de grands alvéoles, pour mettre à leur place des rayons à petites cellules, et cette opération acheva de rendre à mes abeilles toute leur activité.

Les circonstances de ce fait me paraissent dignes d'attention ; elles prouvent d'abord que la nature n'a pas laissé à la reine abeille le choix de la sorte d'œufs qu'elle a à pondre ; elle a voulu que dans un certain temps de l'année cette femelle pondît des œufs de mâles, dans un autre temps des œufs d'ouvrières, et elle ne lui a point permis d'intervertir cet ordre. Vous avez vu, Monsieur, dans la troisième lettre, qu'un autre fait m'avait déjà conduit à la même conséquence, et comme elle me parait fort importante, j'ai été charmé de la voir confirmée par une nouvelle observation. Je répète donc que les œufs ne sont pas mêlés indistinctement dans les ovaires de la reine, mais qu'ils ont été arrangés de manière à ce que, dans une certaine saison, elle ne doit en pondre que d'une seule sorte. Ce serait donc en vain que dans le temps de l'année où cette reine doit pondre des œufs d'ouvrières, on voudrait la forcer à pondre des œufs de faux-bourdons en remplissant sa ruche de grandes cellules, car nous voyons par l'expérience que je viens de décrire, qu'elle aimera mieux laisser tomber ses œufs d'ouvrières au hasard que de les placer dans des alvéoles qui ne sont pas faits pour eux, et qu'elle ne pondra point d'œufs de mâles. Je ne me laisse point aller au plaisir d'accorder à cette reine du discernement ou de la prévoyance, car d'ailleurs j'aperçois une sorte d'inconséquence dans sa conduite. Si elle se refusait à pondre des œufs d'ouvrières dans de grandes cellules, parce que la nature lui a appris que la grandeur de ces berceaux n'est pas proportionnée à la taille ou aux besoins des vers communs, pourquoi ne lui aurait-elle pas également appris qu'elle ne devait pas pondre plusieurs œufs dans le même alvéole? Il paraissait bien plus facile d'élever un seul ver d'ouvrière dans une grande cellule, que d'en élever plusieurs de la même sorte dans un petit alvéole. Le prétendu discernement de la reine abeille n'est donc pas fort éclairé. Le trait d'industrie qui brille le plus ici, c'est celui des abeilles communes de cette ruche. Lorsque je leur donnai un rayon composé de petites cellules, rempli de couvain mâle, leur activité se réveilla; mais au lieu de s'appliquer aux soins qu'exigeait ce couvain, comme elles s'en seraient occupées dans toute autre circonstance, elles détruisirent tous ces vers, toutes ces nymphes, nettoyèrent leurs cellules, afin que sans aucun retard leur reine tourmentée du besoin de pondre put y venir déposer ses œufs. Si on pouvait leur supposer du raisonnement ou du sentiment, ce fait serait une preuve intéressante de leur affection pour leur femelle.

L'expérience dont je viens de vous donner le long détail n'ayant pas rempli le but que je me proposais, de déterminer l'influence qu'a la grandeur des cellules sur la taille des vers qui y naissent, j'imaginai une autre expérience qui fut plus heureuse.

Je choisis un gâteau de grandes cellules qui contenaient des œufs et des vers de mâles. Je fis enlever tous ces vers de dessus leur bouillie, et Burnens mit à leur place des vers âgés d'un jour pris dans des cellules d'ouvrières, puis il donna ce gâteau à soigner aux abeilles d'une ruche qui avait sa reine. Les abeilles n'abandonnèrent point ces vers *déplacés*, elles fermèrent les cellules qui les contenaient d'un couvercle presque plat, clôture bien différente de celle qu'elles placent sur les cellules de mâles; ce qui prouve, pour le dire en passant, que quoique ces vers habitassent de grands alvéoles, elles avaient fort bien distingué qu'ils n'étaient pas des vers de faux-bourdons. Ce gâteau resta dans la ruche pendant huit jours, à dater du moment où les cellules furent fermées. Je le fis enlever ensuite pour visiter les nymphes qu'il contenait. C'étaient bien des nymphes d'ouvrières, elles nous parurent plus ou moins avancées ; mais pour la grandeur et pour la forme elles étaient toutes parfaitement semblables à celles qui prennent leur accroissement dans les plus petites cellules. J'en conclus que les vers d'ouvrières ne prennent pas plus d'extension dans les grands alvéoles que dans les petits. J'ajouterai même, que quoique je n'aie fait cette expérience qu'une seule fois, elle me parait décisive. La nature qui a appelé les ouvrières à vivre sous leur forme de ver, dans des cellules d'une certaine dimension, a voulu sans doute qu'elles y reçussent tout le développement auquel elles devaient parvenir, elles y trouvent tout l'espace qu'il faut pour la parfaite extension de tous leurs organes: un plus grand espace leur serait donc inutile à cet égard; elles ne doivent donc pas prendre une taille plus grande dans les cellules plus spacieuses que celles qui leur sont destinées. S'il se trouvait dans les gâteaux quelques cellules plus petites que les cellules communes, et que la reine y pondit des œufs d'ouvrières, il est vraisemblable que les abeilles qui y seraient élevées n'y acquerraient qu'une taille inférieure à celle des abeilles communes, parce qu'elles y seraient gênées; mais il ne résulte pas de là qu'un alvéole plus élargi doive leur donner une taille extraordinaire.

L'effet que produit, sur la grandeur des faux-bourdons, le diamètre des cellules où ils vivent sous la forme de ver, peut nous servir de règle pour juger de ce qui doit arriver aux vers d'ouvrières dans les mêmes circonstances. Les grandes cellules de mâles ont tout l'espace nécessaire pour la parfaite extension des organes propres aux individus de cette sorte. Si donc on élevait des mâles dans des alvéoles plus grands encore que ceux-là, ils n'y prendraient point une taille supérieure à la grandeur ordinaire des faux-bourdons. Nous en avons la preuve dans ceux qui sont engendrés par les reines dont la fécondation a été retardée. Vous vous rappelez, Monsieur, que ces reines pondent quelquefois des œufs de mâles dans les cellules royales: or les faux-bourdons provenus de ces œufs, et élevés dans ces cellules bien plus spacieuses que ne le sont celles que la nature leur destine ordinairement, ne sont pourtant pas plus grands que les mâles ordinaires. Il est donc vrai de dire que, quelle que soit la grandeur des alvéoles où les vers d'abeilles seront élevés, ils n'y acquerront pas une taille supérieure à celle qui est propre à l'espèce ; mais, s'ils vivent sous leur première forme dans des cellules plus petites que celles où ils doivent être, comme leur accroissement y sera gêné, ils ne parviendront pas à la taille ordinaire.

J'en ai acquis la preuve par le résultat de l'expérience suivante. J'avais un gâteau tout composé de cellules de grands faux-bourdons, et un gâteau de cellules d'ouvrières , qui servaient également de berceaux à des vers de mâles. Burnens prit dans les plus petites cellules un certain nombre de vers, et les plaça dans les grandes sur le lit de gelée qui y avait été préparé : réciproquement, il introduisit dans les petites cellules des vers éclos dans les plus grandes, et il donna ces vers à soigner aux ouvrières d'une ruche dont la reine ne pondait que des œufs de mâles. Les abeilles ne s'*inquiétèrent* point de ce déplacement, elles soignèrent également bien tous les vers, et quand ils furent arrivés au terme de leur métamorphose, elles donnèrent aux petites comme aux grandes cellules ce couvercle bombé qu'elles placent ordinairement sur les berceaux de mâles. Huit jours après nous enlevâmes ces gâteaux, et nous trouvâmes comme je m'y attendais, des nymphes de grands faux - bourdons dans les grandes cellules, et des nymphes de petits mâles dans les cellules plus petites.

Vous m'aviez indiqué, Monsieur, une autre expérience, que j'ai faite avec soin, mais qui a rencontré dans l'exécution des difficultés que je ne prévoyais pas. Pour apprécier le degré d'influence que peut avoir la bouillie royale sur le développement des vers, vous m'aviez chargé d'enlever un peu de cette bouillie avec la pointe d'un pinceau, et d'en alimenter un ver d'ouvrière qui se trouverait placé dans une cellule commune. J'ai tenté deux fois cette opération sans succès, et je me suis même assuré que jamais elle ne pourrait réussir ; voici pourquoi:

Lorsque les abeilles ont une reine, et qu'on leur donne à soigner des vers dans les cellules desquels on a mis de la bouillie royale, elles enlèvent très vite ces vers, et mangent avidement la bouillie sur laquelle on les avait placés. Quand au contraire elles sont privées de reine, elles convertissent les cellules communes dans lesquelles sont ces vers, en cellules royales de la plus grande sorte; alors les vers qui ne devaient se transformer qu'en abeilles communes deviennent infailliblement de véritables reines.

Mais il y a un autre cas dans lequel nous pouvons juger de l'influence de la bouillie royale, administrée à des vers placés dans des cellules communes. Je vous en ai exposé fort au long les détails dans ma lettre sur l'existence des *ouvrières fécondes*. Vous n'aurez point oublié, Monsieur, que ces ouvrières devaient le développement de leurs organes sexuels à quelques portions de gelée royale, dont elles avaient été nourries sous leur forme de ver. Faute de nouvelles observations plus directes sur ce sujet, je renvoie aux expériences décrites dans la cinquième lettre.

Recevez l'assurance de mon respect, etc.

Pregny le 6 Septembre 1791

Monsieur,

Je dois ajouter quelques faits aux connaissances que M. de Réaumur nous a données sur *la formation des essaims.*

Ce célèbre naturaliste dit, dans son histoire des abeilles, que c'est toujours, ou presque toujours, une jeune reine qui se met à la tête des essaims ; mais il ne l'a point affirmé positivement; il lui restait quelques doutes ; voici ses propres paroles:

> "Est-il bien sûr, comme nous l'avons supposé jusqu'ici, avec tous ceux qui ont parlé des abeilles, que ce soit toujours une jeune mère qui se mette à la tête de la colonie? La vieille mère ne pourrait-elle point prendre du dégoût pour son ancienne habitation? Enfin, ne pourrait-elle pas être déterminée, par quelques circonstances particulières, à abandonner toutes ses possessions à la jeune femelle? Je serais en état de satisfaire à cette question, autrement que par des vraisemblances, sans les contretemps qui ont fait périr les mouches des ruches, à la mère de chacune desquelles j'avais mis une tache rouge sur le corselet."

Ces expressions semblent indiquer que M. de Réaumur soupçonnait les vieilles mères abeilles de se mettre quelquefois à la tête des essaims. Vous verrez, Monsieur, par les détails où je vais entrer, que ce soupçon était parfaitement juste.

Une même ruche peut jeter plusieurs essaims pendant le cours du printemps et de la belle saison. La vieille reine est toujours à la tête de la première colonie qui sort; les autres sont conduites par les jeunes reines. Tel est le fait que je prouverai dans cette lettre; il est accompagné de circonstances remarquables dont je ne négligerai point de donner ici l'histoire.

Mais avant d'en commencer le récit, je dois répéter ce que j'ai déjà dit bien des fois, c'est que, pour voir bien ce qui est relatif à l'industrie et à l'instinct des abeilles, il faut se servir ou de nos *ruches en feuillets*, ou de nos ruches les plus plates. Lorsqu'on laisse à ces mouches la liberté de construire plusieurs rangs de gâteaux parallèles, on ne peut plus observer ce qui se passe, à tout instant, entre ces gâteaux; ou si l'on veut examiner ce qu'elles y ont construit, on est obligé de les en chasser par le moyen de l'eau ou de la fumée , procédé violent qui ne laisse rien dans l'état de nature, qui dérange pour longtemps l'instinct des abeilles, et expose par conséquent l'observateur à prendre de simples accidents pour des lois constantes.

L'ancienne reine conduit toujours le premier essaim

Je viens maintenant aux expériences qui prouvent qu'une vieille reine conduit toujours le premier essaim de l'année.

J'avais une ruche vitrée composée de trois gâteaux parallèles, placés dans des cadres qui pouvaient s'ouvrir comme les feuillets d'un livre : la ruche était assez bien peuplée, et pourvue abondamment de miel, de cire brute et de couvain de tout âge. Je lui ôtai sa reine le 5 Mai 1788 : le 6, j'y fis entrer toutes les abeilles d'une autre ruche, avec une reine féconde et âgée pour le moins d'un an. Elles entrèrent sans difficulté et sans combat, et furent en général bien reçues. Les anciennes habitantes de la ruche, qui depuis la privation de leur reine avaient déjà commencé douze cellules royales, accueillirent aussi parfaitement la reine féconde que nous leur donnâmes; elles lui offrirent du miel; elles formèrent autour d'elle des cercles réguliers; cependant, il y eut dans la soirée un peu d'agitation ; mais qui se borna à la surface du gâteau sur laquelle nous avions placé la reine, et qu'elle n'avait pas quitté. Tout resta parfaitement calme sur l'autre surface du même gâteau.

Le 7 au matin, les abeilles avaient détruit leurs douze premières cellules royales. L'ordre continuait d'ailleurs à régner dans la ruche; la reine y pondait alternativement des œufs de mâles dans les grands alvéoles, et des œufs d'ouvrières dans les petites cellules.

Vers le 12, nous trouvâmes nos abeilles occupées à construire vingt-deux cellules royales de l'espèce de celles que décrit M. de Réaumur, c'est-à-dire, qui n'ont point leurs bases dans le plan du gâteau ; mais qui sont suspendues par des pédicules plus ou moins longs, en manière de stalactites, sur les bords des chemins que les abeilles se pratiquent dans l'épaisseur des gâteaux. Elles ne ressemblaient pas mal au calice d'un gland, et les plus longues n'avaient guère que deux lignes et demie depuis leurs fonds jusqu'à leurs orifices.

Le 13, le ventre de la reine nous parut déjà plus aminci qu'au moment où elle fut introduite dans notre ruche : cependant elle pondait encore quelques œufs, soit dans les cellules communes, soit dans les cellules de mâles. Nous la surprîmes aussi ce même jour, au moment où elle pondait dans une des cellules royales : elle en délogea d'abord l'ouvrière qui y travaillait, en la poussant avec sa tête; puis, après en avoir examiné le fond, elle y introduisit son ventre, en se tenant accrochée avec ses jambes antérieures sur une des cellules voisines.

Le 15, l'amincissement de la reine était bien plus marqué encore : les abeilles ne cessaient de soigner les cellules royales, qui étaient toutes inégalement avancées : quelques-unes ne s'élevaient qu'à trois ou quatre lignes, tandis que d'autres avaient déjà un pouce de longueur, ce qui prouve que la reine n'avait pas pondu dans toutes ces cellules à la même date.

Le 19, au moment où nous nous y attendions le moins, cette ruche jeta un essaim ; nous n'en fûmes avertis que par le bruit qu'il fit en l'air : nous nous pressâmes de le recueillir, et nous le plaçâmes dans une ruche préparée. Quoique nous eussions manqué les circonstances du départ, l'objet particulier de cette expérience fut néanmoins parfaitement rempli ; car en examinant toutes les mouches de l'essaim, nous nous convainquîmes qu'il avait été conduit par la vieille reine, par celle que nous avions introduite le 6 du mois, et que nous avions rendue toujours reconnaissable par l'amputation d'une antenne. Remarquez qu'il n'y avait aucune autre reine dans cette colonie. Nous visitâmes la ruche dont elle était sortie ; nous y trouvâmes sept cellules royales fermées à la pointe, mais ouvertes sur le côté et parfaitement vides ; il y en avait onze autres entièrement fermées, et quelques - unes nouvellement commencées ; d'ailleurs, il ne restait aucune reine dans cette ruche.

L'essaim nouveau devint ensuite l'objet de notre attention : nous l'observâmes pendant le reste de l'année, l'hiver et le printemps suivant, et nous eûmes, au mois d'Avril, le plaisir de voir sortir, à la tête d'un essaim, cette même reine qui, au mois de Mai de l'année précédente, avait conduit celui dont je viens de vous parler.

Vous voyez, Monsieur, que cette expérience est positive. Nous nous sommes servis d'une vieille reine ; nous l'avons placée dans notre ruche vitrée, dans le temps de sa ponte de mâles ; nous avons vu les abeilles bien la recevoir, et choisir cette même époque pour construire des cellules royales. La reine a pondu dans une de ses cellules sous nos yeux, et est sortie enfin de cette ruche à la tête d'un essaim.

Mais jamais avant le dépôt des œufs dans les cellules royales

Cette observation, nous l'avons répétée plusieurs fois avec le même succès. Il nous parait donc incontestable que c'est toujours la vieille reine qui conduit hors de la ruche le premier essaim; mais elle ne la quitte qu'après avoir déposé dans les cellules royales des œufs dont il sortira d'autres reines après son départ. Les abeilles ne préparent ces cellules que lorsqu'elles voient leur reine occupée de sa ponte de mâles, et ceci est accompagné d'une circonstance très remarquable, c'est qu'après avoir fait cette ponte, le ventre de la reine est sensiblement diminué; elle peut voler facilement, tandis qu'avant de pondre les mâles, son ventre est si pesant qu'elle peut à peine se traîner. Il fallait donc qu'elle les pondit pour se trouver en état d'entreprendre un voyage qui, quelquefois, peut être assez long.

Mais cette condition seule ne suffit pas: il faut encore que les abeilles soient en grand nombre dans la ruche; il faut qu'elles y surabondent pour qu'il se forme un essaim, et on dirait que ces mouches le savent; car si leur ruche est mal peuplée, elles ne construiront point de cellules royales au moment de la ponte des mâles, qui est la seule époque de l'année où la vieille reine puisse conduire une colonie. Nous en avons acquis la preuve dans le résultat d'une expérience faite très en grand.

Le 3 Mai 1788, nous divisâmes en deux dix-huit ruches, dont les reines avaient toutes environ un an ; ainsi chacune des parties de ces ruches n'avait plus que la moitié des abeilles qui composaient chaque peuplade avant la division : dix-huit demi-ruches se trouvèrent sans reines; mais dans l'espace de dix ou quinze jours les abeilles réparèrent cette perte, et se procurèrent des femelles : les dix-huit autres parties avaient conservé les reines, qui étaient très fécondes. Ces reines ne tardèrent pas à commencer leurs pontes de mâles; mais les abeilles qui se voyaient en petit nombre, ne construisirent point de cellules royales, et aucune de ces ruches ne donna d'essaim. Si donc la ruche dans laquelle se trouve la vieille reine n'est pas très peuplée, elle y reste jusqu'au printemps suivant; et si à cette nouvelle époque, la population est suffisante, les abeilles prépareront des cellules royales, dès que leur reine commencera sa ponte de mâles ; celle-ci y déposera ses œufs, et sortira à la tête d'une colonie, avant la naissance des jeunes reines.

Tel est, Monsieur, fort en abrégé, le précis de mes observations sur les essaims que conduisent les vieilles reines : pardonnez- moi d'avance la longueur des détails où je vais entrer sur l'histoire des cellules royales, que cette reine laisse dans la ruche au moment de son départ. Tout ce qui est relatif à cette partie de la science des abeilles était jusqu'à présent fort obscur ; il m'a fallu une longue suite d'observations, continuées pendant plusieurs années, pour soulever un peu le voile qui couvrait ces mystères: j'en ai été dédommagé, il est vrai, par le plaisir de voir mes expériences se confirmer réciproquement; mais ces recherches, vu l'assiduité qu'elles exigeaient, étaient devenues réellement très pénibles.

Après avoir constaté, en 1788 et en 1789, que les reines âgées d'un an conduisaient les premiers essaims, et qu'elles laissaient dans la ruche des vers, ou des nymphes, qui devaient se métamorphoser en reines à leur tour, j'entrepris en 1790 de profiter de la beauté du printemps, pour observer tout ce qui a rapport à ces jeunes reines; je vais extraire de mes journaux mes principales expériences.

Le 14 Mai, nous introduisîmes dans une grande ruche vitrée, très plate, les abeilles de deux paniers, en ne leur destinant qu'une seule reine, qui était née l'année d'auparavant; et qui, dans sa ruche natale, avait déjà commencé sa ponte de mâles.

Le 15, nous fîmes entrer cette reine dans la ruche : elle était très féconde; elle fut fort bien reçue, et commença très vite à pondre alternativement dans les cellules communes, et dans les grands alvéoles.

Le 20, nous trouvâmes les fondements de seize cellules royales : elles étaient toutes placées sur les bords, de ces chemins que les abeilles pratiquent dans l'épaisseur de leurs gâteaux, pour passer d'une surface à l'autre: leur forme était en manière de stalactites.

Le 27, dix de ces cellules étaient fort agrandies, mais inégalement; et aucune n'avait la longueur que les abeilles leur donnent lorsque les vers sont éclos.

Le 28, la reine n'avait cessé de pondre jusqu'à ce jour: son ventre était fort aminci, mais elle commençait à s'agiter. Bientôt sa démarche devint plus vive; cependant elle examinait encore les cellules, comme lorsqu'elle veut y déposer ses œufs : quelquefois elle y faisait entrer la moitié de son ventre, puis l'en retirait brusquement sans y avoir pondu; d'autres fois, ne s'y enfonçant pas davantage , elle y déposait un œuf, qui se trouvait alors placé fort irrégulièrement; il n'était point fixé par l'un de ses bouts au fond de la cellule, mais il était couché au milieu d'un des pans de l'hexagone. La reine en courant ne produisait aucun son distinct, et nous n'entendions rien qui fut différent du bourdonnement ordinaire des abeilles; elle passait sur le corps de celles qui se trouvaient sur sa route; quelquefois, lorsqu'elle s'arrêtait, les abeilles qui la rencontraient s'arrêtaient aussi comme pour la regarder; elles s'avançaient brusquement vers cette reine, la frappaient de leur tête et montaient sur son dos ; elle partait alors, portant en croupe quelques-unes de ses ouvrières; aucune ne lui donnait du miel, mais elle en prenait elle-même dans les cellules ouvertes qui se trouvèrent sur sa route; on ne lui bordait plus la haie, on ne lui faisait plus de cercles réguliers. Les premières abeilles que ses courses avaient émues la suivaient en courant comme elle, et émouvaient à leur tour en passant celles qui étaient encore tranquilles sur les gâteaux. Le chemin qu'avait parcouru la reine était reconnaissable après son passage par l'agitation qu'elle y avait excité, et qui ne se calmait plus. Bientôt elle eût visité toutes les parties de sa ruche, et y eût excité un trouble général; s'il restait encore quelques endroits où les abeilles fussent tranquilles, on voyait celles qui étaient agitées y arriver et y communiquer le mouvement. La reine ne pondait plus dans les cellules, elle laissait tomber ses œufs : les abeilles ne soignaient plus leurs petits; toutes couraient et se croisaient en tous sens; celles même qui étaient revenues de la campagne avant que l'agitation fut extrême, n'étaient pas plutôt entrées dans la ruche qu'elles participaient à ces mouvements tumultueux, elles ne songeaient plus à se débarrasser des pelotes de pollen qu'elles portaient à leurs jambes, et couraient aveuglément. Enfin, dans un moment, toutes les mouches se précipitèrent vers les portes de la ruche et leur reine avec elles.

Comme il m'importait beaucoup de revoir la formation de nouveaux essaims dans cette même ruche, et que par conséquent je désirais qu'elle restât très peuplée, je fis enlever la reine à l'instant où elle sortait, afin que les abeilles ne s'éloignassent pas trop, et pussent rentrer. En effet, dès qu'elles eurent perdu leur femelle, elles revinrent elles-mêmes se placer dans la ruche. Pour augmenter encore plus la population, je leur joignis un autre essaim qui était sorti d'une ruche en panier, dans la même matinée, et dont je fis pareillement enlever la reine.

Tous les faits que je viens de raconter étaient bien positifs, et d'ailleurs ne paraissaient nullement susceptibles d'équivoque : cependant je voulus les revoir encore;

j'étais surtout curieux de savoir si les vieilles reines se conduisaient toujours de la même manière. Je me déterminai donc à faire replacer, dans cette même ruche vitrée, une reine âgée d'un an, que j'avais observée jusqu'alors, et qui venait de commencer sa ponte de mâles. Elle y fut introduite le 29. Ce même jour, nous trouvâmes qu'une des cellules royales, que la précédente reine avait laissées, était plus grande que les autres; et à la longueur, nous jugeâmes que le ver qui y était renfermé avait deux jours. L'œuf dont il sortait avait donc été pondu le 24, par la précédente reine; le ver en était éclos le 27. Le 30, la reine pondait beaucoup, alternativement dans les grands et les petits alvéoles. Ce même jour et les deux suivants, les abeilles agrandirent plusieurs de leurs cellules royales, mais inégalement; ce qui prouve qu'elles renfermaient des vers de différents âges.

Le 1er Juin il y en eut une de fermée; le 2, il y en eût une autre. Les abeilles en commencèrent aussi plusieurs nouvelles. A onze heures du matin, tout était encore parfaitement tranquille dans la ruche; mais à midi, la reine passa tout-à-coup de l'état le plus calme à une, agitation très marquée, qui gagna insensiblement les ouvrières, dans toutes les parties de leur domicile. Quelques minutes après, elles se précipitèrent en foule vers les portes et sortirent avec leur reine: elles se fixèrent sur une branche d'arbre du voisinage, j'y fis chercher et enlever la reine, afin que les abeilles en étant privées, rentrassent dans la ruche, et effectivement elles ne tardèrent pas à s'y replacer. Leur premier soin parut être d'y chercher leur femelle; elles étaient encore fort agitées, mais peu-à-peu elles se calmèrent, et à trois heures tout était tranquille et bien ordonné.

Le 3, elles avaient repris tous leurs travaux ordinaires: elles soignaient leurs petits, travaillaient dans l'intérieur des cellules royales ouvertes, et rendaient aussi quelques soins à celles qui étaient fermées: elles les guillochaient, non en y appliquant des cordons de cire, mais en ôtant au contraire de dessus leurs surfaces ; ce guillochis est presque imperceptible vers la pointe de la cellule, il devient plus profond au-dessus, et depuis là jusqu'au gros bout de la pyramide , les ouvrières le creusent toujours plus profondément. La cellule, une fois fermée, devient ainsi plus mince, et elle l'est tellement dans les dernières heures qui précèdent la métamorphose de la nymphe en reine, qu'on peut voir tous ses mouvements à travers la légère couche de cire qui sert de fond aux guillochis, pourvu toutefois qu'on place ces cellules entre l'œil et la lumière du soleil. Ce qu'il y a d'assez remarquable, c'est qu'en amincissant ces cellules depuis le moment où elles sont fermées, les abeilles savent modérer ce travail de manière qu'il ne soit achevé que lorsque la nymphe est prête à subir sa dernière métamorphose: au septième jour, l'extrémité de la coque est presque entièrement *décirée*, si je puis me servir de ce mot; aussi est-ce dans cette partie que sont la tête et le corselet de la reine. Le déchirement de la coque facilite sa sortie, en ne lui laissant que la peine de couper la soie dont elle est tissue. Il est très vraisemblable que ce travail est destiné à favoriser l'évaporation de l'humeur surabondante de la nymphe royale, et que les abeilles savent le graduer, et le proportionner suivant l'âge et l'état de la nymphe. J'ai entrepris quelques expériences directes sur ce sujet; mais elles ne sont pas achevées. Ce même jour du 3 Juin, nos mouches fermèrent une troisième cellule royale, vingt-quatre heures après avoir fermé la seconde. Les jours suivants, la même opération se fit successivement sur plusieurs autres cellules.

Le 7, nous attendions à tout moment de voir sortir une reine de la cellule royale qui avait été fermée le 30 Mai. Dès la veille, cette reine était arrivée à son terme, ses sept jours étaient accomplis. Le guillochis de sa cellule était si approfondi, que nous apercevions un peu ce qui se passait dans l'intérieur; nous pouvions distinguer que la soie de la coque était coupée circulairement à une ligne et demie au-dessus de la pointe; mais comme les abeilles n'avaient pas voulu que cette reine sortît encore, elles avaient soudé le couvercle contre la cellule avec quelques particules de cire.

L'effet singulier d'un son émis par les reines parfaites

Ce qui nous parut alors fort singulier, c'est que cette femelle rendait dans sa prison une espèce de son, un claquement fort distinct : le soir ce chant était encore plus particularisé, il était composé de plusieurs notes sur le même ton, et qui se suivaient rapidement.

Le 8, nous entendîmes le même chant dans la seconde cellule. Plusieurs abeilles faisaient la garde autour de chaque cellule royale.

Le 9, la première cellule s'ouvrit. La jeune reine qui en sortit était vive, sa taille effilée, sa couleur rembrunie; nous, comprîmes alors la raison pour laquelle les abeilles retiennent captives, au-delà de leur terme, les jeunes femelles dans leurs alvéoles : c'est afin qu'elles soient en état de voler dès l'instant où elles en sortent. La nouvelle reine devint l'objet de toute notre attention : dès qu'elle passait près des cellules royales, les abeilles qui les gardaient la tiraillaient, la mordaient et la chassaient; elles semblaient fort acharnées contre elle, et ne lui laissaient quelque tranquillité que lorsqu'elle était fort éloignée de toute cellule royale. Ce manège se répéta très fréquemment dans la journée; elle chanta deux fois : lorsque nous la vîmes produire ce son, elle était arrêtée, son corselet appuyait contre le gâteau, ses ailes étaient croisées sur son dos: elle les agitait sans les décroiser et sans les ouvrir davantage. Quelle que fût la cause qui lui faisait choisir cette attitude, les abeilles en paraissaient affectées, toutes baissaient alors la tête et restaient immobiles.

Le lendemain, la ruche présentait les mêmes apparences, il y restait encore vingt-trois cellules royales, qui étaient toutes assidûment gardées par un grand nombre d'abeilles. Dès que la reine s'en approchait, toutes ces gardes s'agitaient, l'environnaient, la mordaient, la houspillaient de toutes les manières, et finissaient ordinairement par la chasser; quelquefois elle chantait dans ces circonstances, en reprenant l'attitude que j'ai décrite tout à l'heure, et de ce moment les abeilles devenaient immobiles.

La reine emprisonnée dans la cellule N° 2 n'était point sortie encore; nous l'entendîmes chanter à différentes reprises. Nous vîmes aussi par hasard la manière dont les abeilles la nourrissaient. En l'examinant attentivement, nous remarquâmes une petite ouverture dans la partie du bout de la coque que cette reine avait coupée, au moment où elle aurait pu sortir, et que ses gardes avaient recouvert de cire pour la retenir prisonnière. Par cette fente elle faisait sortir et rentrer alternativement sa trompe : les abeilles ne firent pas d'abord ce mouvement mais enfin l'une d'elles l'aperçût, et vint appliquer sa bouche sur la trompe de la reine captive puis elle fit place à d'autres, qui vinrent également s'en approcher pour lui donner du miel. Quand elle fut bien rassasiée, elle retira sa trompe, et les abeilles rebouchèrent avec de la cire l'ouverture par laquelle elle l'avait fait sortir.

Entre midi et une heure, ce même jour, la reine devint fort agitée. Les cellules royales de sa ruche étaient fort multipliées; elle ne pouvait aller nulle part sans en rencontrer quelqu'une, et dès qu'elle en approchait, elle était fort maltraitée; elle fuyait ailleurs, où elle ne trouvait pas un meilleur accueil. Ses courses agitèrent enfin les abeilles; elles restèrent pendant longtemps dans la plus grande confusion; puis elles se précipitèrent vers les portes de la ruche, sortirent, et allèrent se placer sur un arbre du jardin. Ce qu'il y eût de singulier, c'est que la reine ne pût pas les suivre, et conduire elle-même l'essaim : elle a voit voulu passer entre deux cellules royales avant que les abeilles en eussent abandonné la garde et elle en fut tellement serrée et mordue, qu'elle ne put se mouvoir. Nous l'enlevâmes alors, et nous la plaçâmes dans une ruche séparée pour une expérience particulière ; les abeilles qui s'étaient formées en essaim, et qui étaient accumulées en grappe sur une branche d'arbre, reconnurent bientôt que leur reine ne les avait pas suivies, et elles rentrèrent elles-mêmes dans leur habitation. Telle fut l'histoire de la seconde colonie de cette ruche.

Nous étions très curieux de suivre ce que deviendraient les autres cellules royales: entre celles qui étaient fermées, il y en avait quatre qui contenaient des reines parfaitement développées, et qui auraient pu sortir si les abeilles ne les en avoient empêché. Elles ne furent point ouvertes pendant le temps qui précéda l'agitation de l'essaim, ni dans l'instant du jet.

Le 11 aucune de ces reines n'était encore libérée : celle du N°2 avait dû subir sa transformation le 8; elle était donc prisonnière depuis trois jours; et par conséquent la prison se prolongeait plus que celle du N°1, qui avait donné lieu à la formation de l'essaim. Nous ne devinions pas la raison de cette différence dans la durée de la captivité.

De multiples reines dans un essaim

Le 12 cette reine fut enfin délivrée, nous la trouvâmes dans la ruche; elle y était traitée exactement comme sa devancière : les abeilles la laissaient tranquille lorsqu'elle était loin de toute cellule royale, et la tourmentaient cruellement lorsqu'elle en approchait. Nous observâmes assez longtemps cette reine : puis, ne prévoyant pas que, dès le même jour, elle dût emmener une colonie, nous perdîmes de vue pendant quelques heures notre ruche. Nous revînmes ensuite la visiter à midi, et nous fûmes très surpris de la trouver presque abandonnée; elle avait jeté pendant notre absence, un essaim prodigieux qui était encore réuni, en forme d'une grappe très épaisse, sur une branche de poirier dans le voisinage. Nous vîmes aussi avec étonnement que la cellule N° 3 était ouverte; le couvercle y tenait encore comme par une charnière. Il y a toute apparence que la reine, qui y était captive, profita du temps de désordre qui précède le jet pour sortir. Nous ne doutâmes point alors que les deux reines ne fussent ensemble dans l'essaim ; effectivement, nous les y trouvâmes l'une et l'autre, et nous les enlevâmes afin que les abeilles rentrassent dans la ruche. , Elles y rentrèrent aussitôt.

Tandis que nous étions occupés de cette opération, la reine, captive dans la cellule N°4, sortit de sa prison: et les abeilles l'y trouvèrent à leur retour. Elles furent d'abord assez agitées, mais elles se calmèrent vers le soir, et reprirent leurs travaux ordinaires; elles firent une sévère garde autour des cellules royales, et prirent grand soin á en écarter leur reine, dès qu'elle voulait s'en approcher: il restait en ce moment dix-huit de ces cellules fermées, et qu'il fallait garder.

À dix heures du soir, la reine prisonnière dans le N°5, fut mise en liberté: il y eût donc alors deux reines vivantes dans la ruche : elles cherchèrent d'abord à se combattre, mais parvinrent à se dégager l'une de l'autre: pendant la nuit elles se combattirent plusieurs fois, sans qu'il y eût rien de décisif: le lendemain 13, nous fûmes témoin de la mort de l'une des deux, qui succomba sous les coups de l'autre. Les détails de ce duel furent absolument semblables à ce que j'ai raconté ailleurs sur les *combats des reines*.

Celle qui resta victorieuse nous donna alors un spectacle assez singulier. Elle s'approcha d'une cellule royale, et prit ce moment pour chanter et pour se mettre dans cette attitude qui frappe les abeilles d'immobilité. Nous crûmes, pendant quelques minutes, que profitant de l'effroi qu'elle inspirait aux ouvrières gardes de la cellule, elle parviendrait à l'ouvrir et à tuer la jeune femelle qui y était renfermée; aussi se mit-elle en devoir de monter sur la cellule; mais, en s'y préparant, elle cessa de chanter, et quitta cette attitude qui paralyse les abeilles: de ce moment, les mouches gardiennes de la cellule reprirent courage; et à force de tourmenter et de mordre la reine qui les inquiétait, elles parvinrent à la chasser fort loin.

Le 14, il sortit une reine de la cellule N°6 ; et vers les onze heures, la ruche jeta un essaim avec toutes les circonstances de désordre que j'ai décrites précédemment: l'agitation fut même si considérable, que les abeilles ne restèrent pas en nombre suffisant pour garder les cellules royales, et que plusieurs des reines qui y étaient prisonnières parvinrent à les ouvrir, et à s'échapper : il y en avait trois dans la grappe de l'essaim, et trois autres qui étaient restées dans la ruche: nous enlevâmes celles qui avoient conduit la colonie, afin d'obliger les abeilles à revenir.

Elles rentrèrent dans la ruche; elles reprirent leur poste de gardes autour des cellules royales fermées, et maltraitèrent les trois reines libres qui voulaient s'en approcher.

Dans la nuit du 14 au 15, il y eût un duel dont une de ces reines fut victime; nous la trouvâmes morte le matin, sur le devant de la ruche, mais il en resta également trois vivantes ensemble; la troisième était sortie de sa cellule pendant cette même nuit. Dans la matinée du 15, nous fûmes témoins d'un duel entre deux de ces reines; et il n'en resta plus que deux libres à la fois; elles furent extrêmement agitées l'une et l'autre, soit par le désir qu'elles avaient de se combattre, soit par le traitement qu'elles éprouvèrent de leurs abeilles, lorsqu'elles ne se tenaient pas éloignées des cellules royales : bientôt leur agitation se communiqua aux mouches de la ruche; et à midi elles sortirent impétueusement avec les deux femelles. Ce fut le cinquième essaim que cette ruche donna depuis le 30 Mai Jusqu'au 15 Juin. Elle en donna encore le 16 un sixième, dont je ne vous décrirai point les détails, parce qu'ils ne m'apprirent rien de neuf.

J'ajouterai que nous perdîmes malheureusement ce dernier essaim, qui était très fort; les abeilles s'enfuirent à perte de vue; et nous ne les retrouvâmes point. La ruche resta alors fort mal peuplée ; il n'y avait plus que le très petit nombre d'abeilles, qui n'avaient pas participé à l'agitation au moment du jet et celles qui revinrent de la campagne après que l'essaim fut sorti. Les cellules royales se trouvèrent depuis ce moment fort mal gardées et les reines qu'elles contenaient s'en échappèrent; il se donna entre elles plusieurs combats, jusqu'à ce que le trône resta à la plus heureuse.

Malgré ses victoires, depuis le 16 jusqu'au 19 elle fut traitée par ses abeilles avec assez d'indifférence: c'est que, pendant ces trois jours, elle conserva sa virginité. Enfin, elle sortit pour aller chercher les mâles, revint avec tous les signes extérieurs de la fécondation, et dès lors elle fut accueillie avec toutes sortes de respects : elle pondit ses premiers œufs, quarante-six heures après avoir été fécondée.

Voilà, Monsieur, un compte simple et fidèle de mes observations sur la formation des essaims. Pour rendre ce récit plus net, je n'ai pas voulu l'interrompre par le détail de plusieurs expériences particulières que je fis en même temps ; avec l'intention d'éclaircir différents points de cette histoire qui restaient obscurs. Ce sera, si vous le permettez, le sujet des lettres suivantes. Malgré la longueur de mes relations, je ne désespère point de vous intéresser encore.

Agréez l'assurance de mon respect.

P.S. En relisant cette lettre, je m'aperçois, Monsieur, que j'ai laissé en arrière une objection qui pourrait embarrasser mes lecteurs, et à laquelle je ne dois pas négliger de répondre. Comme après les cinq premiers essaims dont je viens de vous tracer l'histoire, j'ai toujours fait rentrer dans la ruche les abeilles qui en étaient sorties dans le moment du jet, il n'est pas surprenant que cette ruche se soit trouvée constamment assez peuplée, pour que chaque colonie fût nombreuse. Mais, dans l'état naturel, les choses ne se passent point ainsi ; les abeilles qui composent un essaim ne rentrent point dans la ruche qu'elles viennent de quitter; et l'on me demandera sans doute quelle ressource de population met une ruche ordinaire en état de fournir trois ou quatre essaims, sans rester elle-même trop affaiblie.

Je ne veux point diminuer la difficulté : j'ai dit qu'en plusieurs cas l'agitation qui précède le jet est si considérable, que la plupart des abeilles quittent la ruche; et alors l'on a peine à comprendre que quatre ou cinq jours après, cette même ruche soit capable d'envoyer une autre colonie assez forte.

Mais, remarquez d'abord que la vieille reine, en la quittant, y laisse une quantité prodigieuse de couvain d'ouvrières. Ces vers ne tardent pas à se transformer en abeilles, et quelquefois la population est presqu'aussi grande après le premier essaim qu'elle l'était avant son départ. La ruche est donc parfaitement en état de fournir une seconde colonie sans trop se dépeupler. Le troisième et le quatrième essaim l'affaiblissent plus sensiblement, mais le nombre d'habitants qui y restent est presque toujours assez grand pour que les travaux ne soient pas interrompus: et ses pertes sont bientôt réparées par la grande fécondité des reines abeilles. Vous vous rappelez qu'elles pondent plus de cent œufs par jour.

Si, dans quelques cas, l'agitation du jet est assez vive pour que toutes les abeilles y participent et sortent à la fois, en laissant la ruche déserte, cette désertion ne dure qu'un instant : les essaims ne partent que dans les beaux moments du jour, et c'est à cette même époque que les abeilles sortent pour butiner dans la campagne; or toutes celles qui sont occupées au dehors à leurs diverses récoltes ne participent point à l'agitation du jet; quand elles reviennent à la ruche, elles y reprennent tranquille-ment leur travail: et leur nombre n'est pas petit; car lorsque le temps est beau, il y a au moins un tiers des abeilles de chaque ruche qui vont à la fois butiner dans la campagne.

Enfin, dans ce cas même qui parait embarrassant, d'une agitation si vive que toutes les abeilles désertent la ruche, il s'en faut bien que toutes celles qui cherchent à sortir deviennent membres de la colonie. Quand cette agitation de délire les saisit, elles se précipitent et s'ac-cumulent toutes à la fois vers les portes de la ruche, et là elles s'échauffent de telle manière qu'elles transpirent abondamment : les abeilles qui sont placées plus près du fond, et qui supportent le poids de toutes les autres, paraissent baignées de sueur; leurs ailes en deviennent humides; elles ne sont plus capables de voler, et lors même qu'elles parviennent à s'échapper, elles ne vont pas plus loin que l'appui de la ruche, et ne tardent pas à y rentrer.

Les abeilles qui sont nouvellement sorties de leurs cellules ne partent point avec l'essaim : encore faibles, elles ne pourraient se soutenir au vol. Voilà bien des recrues pour repeupler cette habitation qu'on croyait déserte.

Pregny, le 8 Septembre 1791.

Afin de mettre plus d'ordre dans la continuation de l'*histoire des essaims*, je crois, monsieur, qu'il est convenable de récapituler en peu de mots les principaux faits contenus dans la lettre précédente, et de donner sur chacun d'eux tous les développements qui résultent de plusieurs expériences nouvelles dont je n'ai point encore parlé.

1er fait: le nourrissage de la reine et du faux-bourdon a lieu en Avril et Mai

Si l'on observe, au retour du printemps, une ruche bien peuplée, et gouvernée par une reine féconde, on verra cette reine pondre, dans le courant du mois de Mai, une quantité prodigieuse d'œufs de mâles; et les ouvrières choisiront ce moment pour construire plusieurs cellules royales de l'espèce de celles que décrit M. de Réaumur.

Tel est le résultat de plusieurs observations long-temps suivies, entre lesquelles il n'y a jamais eu la plus légère variété, et je n'hésite point à vous l'annoncer comme une vérité démontrée; mais je dois joindre ici une explication nécessaire.

Pour qu'une reine commence sa grande ponte de mâles, elle doit être âgée de onze mois au moins : lorsqu'elle est plus jeune elle ne pond que des œufs d'ouvrières. Peut-être qu'une reine née au printemps pondra-t-elle dans le courant de l'été cinquante ou soixante œufs de mâles en tout, mais pour qu'elle entreprenne sa grande ponte d'œufs de faux bourdons, qui doit être de 2000 au moins, il faut qu'elle ait achevé son onzième mois. Dans la suite de nos expériences, qui ont plus ou moins dérangé le cours naturel des choses, il est arrivé très souvent que les reines ne parvenaient à cet âge qu'en Octobre; et dès ce moment, elles commençaient leurs pontes de mâles; les ouvrières choisissaient aussi cette époque pour bâtir des cellules royales comme si elles y étaient invitées par quelques émanations sorties de ces œufs. A la vérité il n'en résultait pas la formation d'aucun essaim, parce qu'en automne toutes les circonstances qui y sont nécessaires manquent absolument; mais il n'en est pas moins évident qu'il y a une liaison secrète entre la ponte des œufs de mâles et la construction des cellules royales.

Cette ponte dure ordinairement trente jours. Le 20 ou le 21 à dater du moment où elle a commencé, les abeilles posent les fondements de plusieurs cellules royales; elles en font quelquefois seize ou vingt, nous en avons vu jusqu'à 27. Dès que ces cellules ont atteint 2 ou 3 lignes de hauteur, la reine y pond des œufs d'où doivent naître des mouches de sa sorte, mais elle ne les y pond pas tous le même jour : pour que la ruche puisse donner plusieurs essaims il importe que les jeunes femelles qui doivent les conduire ne naissent pas toutes à la même date; et l'on dirait que la reine le sait d'avance, car elle a grand soin de mettre au moins un jour d'intervalle entre chaque œuf qu'elle pond dans ces différentes cellules. En voici la preuve : les abeilles sont instruites à fermer les alvéoles au moment où les vers qu'ils contiennent sont prêts à se métamorphoser en nymphes; or, elles ferment à différentes dates toutes les cellules royales; il est donc évident que les vers qu'elles contiennent ne sont pas tous précisément du même âge.

Avant que la reine commence à pondre des œufs de faux-bourdons, son ventre est très renflé; mais à mesure qu'elle avance dans cette ponte il diminue sensiblement, et lorsqu'elle est terminée il est fort aminci: elle se trouve alors en état d'entreprendre un voyage que les circonstances peuvent prolonger : cette condition était donc nécessaire; et comme tout harmonise dans les lois de la nature, ce temps de la naissance des mâles s'accorde avec celui de la naissance des femelles qu'ils doivent féconder.

2nd fait: le premier essaim qui sort d'une ruche au printemps est toujours conduit par une vieille reine

Lorsque les vers éclos des œufs que la reine a pondus dans les cellules royales sont prêts à se transformer en nymphes, cette reine sort de la ruche en conduisant un essaim à sa fuite: c'est une règle constante, que le premier essaim qu'une ruche jette au printemps est toujours conduit par la vieille reine.

Je crois en pénétrer la raison: pour qu'il n'y eût jamais pluralité de femelles dans une ruche, la nature a inspiré aux reines abeilles une horreur mutuelle les unes pour les autres: elles ne peuvent se rencontrer sans chercher à se combattre et à se détruire. Or, lorsque les reines sont à peu près du même âge, la chance du combat est égale entre elles, et le hasard décide à laquelle appartiendra le trône. Mais si l'une des combattantes est plus âgée que les autres, elle est plus forte, et l'avantage du combat lui restera; elle détruira successivement toutes ses rivales à mesure qu'elles naîtront. Si donc la vieille reine n'était pas sortie avant la naissance des jeunes femelles, renfermées dans les cellules royales, elle aurait détruit toutes ces femelles au moment où elles auraient subi leur dernière transformation : la ruche n'aurait jamais pu donner d'essaims, et l'espèce des abeilles serait périe. Il fallait, pour la conservation de l'espèce, que la vieille reine conduisît elle-même le premier essaim. Mais quel est le moyen secret que la nature emploie pour la décider à partir? Je l'ignore.

Il est très rare dans nos pays, cependant il n'est pas sans exemple, que l'essaim, conduit par une vieille reine, se peuple assez dans l'espace de trois semaines pour donner une nouvelle colonie, que cette même reine conduit encore: et voici comment cela peut arriver:

La nature n'a pas voulu que la reine quittât sa première ruche avant d'avoir achevé sa ponte d'œufs de mâles; il fallait bien qu'elle se délivrât de ses œufs de faux-bourdons pour devenir plus légère; d'ailleurs, si en entrant dans un nouveau domicile, sa première occupation eût été d'y pondre encore des mâles, elle aurait pu périr par vieillesse ou par accident avant d'avoir déposé des œufs d'ouvrières; les abeilles n'auraient eu alors aucun moyen de la remplacer, et la colonie se serait détruite.

Tous les cas ont été prévus avec une sagesse infinie. La première chose que font les abeilles d'un essaim, c'est de construire des cellules d'ouvrières: elles y travaillent avec beaucoup d'ardeur, et comme les ovaires de la reine ont été arrangés avec une prévoyance admirable, les premiers œufs qu'elle a à pondre dans sa nouvelle habitation sont des œufs d'ouvrières. Cette ponte dure ordinairement dix à onze jours; et pendant cet intervalle, les abeilles construisent des portions de gâteaux à grands alvéoles. On dirait qu'elles savent que leur reine pondra aussi des œufs de faux-bourdons: effectivement elle recommence à en déposer quelques-uns, en beaucoup moindre nombre que la première fois, à la vérité; mais Cependant en quantité suffisante pour que les abeilles soient encouragées à construire des cellules royales. Or, si dans ces circonstances le temps reste favorable, il n'est pas impossible qu'il se forme une seconde colonie, que la vieille reine conduira encore trois semaines après avoir conduit le premier essaim. Mais, je le répète, cela est fort rare dans notre climat: je reviens à l'histoire de la ruche dont la reine mère a emmené la première colonie.

3ᵉᵐᵉ fait: L'instinct des abeilles est affecté durant la période d'essaimage

Dès que l'ancienne reine a emmené son premier essaim, les abeilles qui restent dans la ruche soignent particulièrement les cellules royales, font autour d'elles une garde sévère, et ne permettent aux jeunes reines qui y ont été élevées d'en sortir que successivement, à quelques jours de distance les unes des autres.

Je vous ai mandé, Monsieur, dans la lettre précédente, les détails et les preuves de ce fait ; j'y ajouterai ici quelques réflexions. Dans le temps des essaims la conduite ou l'instinct des abeilles parait recevoir une modification particulière. En tout autre temps, lorsqu'après avoir perdu leur reine, elles destinent à la remplacer plusieurs vers d'ouvrières, elles prolongent et agrandissent les cellules de ces vers; elles leur donnent une nourriture plus abondante et d'un goût plus relevé; et par ces soins, elles parviennent à transformer en reines des vers qui ne devaient naturellement devenir que des abeilles communes. Nous leur avons vu construire dans le même temps 27 cellules royales de cette sorte; mais lorsqu'une fois elles les ont fermées et achevées, elles ne cherchent plus à préserver les jeunes femelles qui y sont contenues des attaques de leurs ennemies. L'une de ces femelles sortira peut-être la première de son berceau et se jettera successivement sur toutes les cellules royales, qu'elle ouvrira pour y percer ses rivales, sans que les ouvrières s'occupent à les défendre ; si plusieurs reines sortent à la fois, elles se chercheront et se combattront, il y aura plusieurs victimes et le trône restera à la femelle victorieuse. Bien loin que les abeilles témoins de ces duels cherchent à s'y opposer, elles paraîtront plutôt exciter les combattantes.

C'est tout autre chose dans le temps des essaims. Les cellules royales qu'elles construisent alors ont une forme différente des premières; elles les font en manière de stalactites; quand elles ne sont qu'ébauchées, elles ressemblent assez au calice d'un gland. Dès que les jeunes reines, qui y ont été élevées, sont prêtes à subir leur dernière transformation, les abeilles font autour de ces cellules une garde assidue. La femelle, qui provient du premier œuf royal que l'ancienne reine a pondu, sort enfin de son berceau ; les ouvrières la traitent d'abord avec indifférence; bientôt cette femelle cède à l'instinct qui la presse de détruire ses rivales; elle va chercher les cellules où elles sont renfermées; mais aussitôt qu'elle s'en approche, les abeilles la pincent, la tiraillent, la chassent, l'obligent à s'éloigner; et comme les cellules royales sont en grand nombre, à peine trouve-t-elle dans sa ruche un coin où elle soit tranquille. Sans cesse tourmentée par le désir d'attaquer les autres reines, et sans cesse repoussée, elle s'agite alors, traverse en courant les divers groupes que forment les ouvrières, et leur communique son agitation. En cet instant on voit un grand nombre d'abeilles se jeter vers les portes de la ruche; elles en sortent ; leur jeune reine est avant elles; c'est une colonie qui va chercher ailleurs une autre habitation. Après leur départ, les ouvrières qui sont restées dans la, ruche donnent la liberté à une autre reine, qu'elles traitent avec la même indifférence que la première, qu'elles chassent d'auprès des cellules royales, et qui se voyant perpétuellement croisée dans ses courses, s'agite, sort, et emmène avec elle un nouvel essaim. Cette scène se répète avec les mêmes circonstances trois ou quatre fois pendant le printemps dans une ruche bien peuplée. A la fin, le nombre des abeilles se trouve tellement réduit, qu'elles ne peuvent plus faire autour des cellules royales une garde aussi sévère; plusieurs jeunes femelles sortent alors toutes à la fois de leur prison, elles se cherchent, se combattent, et la reine victorieuse dans tous ces duels règne paisiblement sur la république.

Les plus longs intervalles que nous ayons observés entre chaque essaim naturel ont été de sept à neuf jours ; c'est pour l'ordinaire le temps qui s'écoule entre la première colonie que conduit la vieille reine, et l'essaim que conduit la première des jeunes femelles qui est mise en liberté; l'intervalle est moins long entre le second et le troisième; et le quatrième essaim part quelquefois le lendemain du troisième. Dans les ruches laissées à elles-mêmes, l'espace de quinze à dix-huit jours suffit pour le jet des quatre essaims, si toutefois le temps est favorable, comme je vais l'expliquer.

On ne voit jamais se former d'essaim que dans un beau jour, ou, pour parler plus exactement, dans un instant du jour où le soleil luit, et où l'air est calme. Il nous est arrivé d'observer dans une ruche tous les signes avant-coureurs du jet, le désordre, l'agitation; mais un nuage passait devant le soleil, et le calme renaissait dans la ruche; les abeilles ne songeaient plus à essaimer. Une heure après, le soleil s'étant montré de nouveau, le tumulte recommençait, il s'accroissait très rapidement, et l'essaim partait.

Les abeilles paraissent, en général, craindre beaucoup l'apparence du mauvais temps. Lorsqu'elles butinent dans la campagne, la marche d'un nuage au-devant du soleil les fait rentrer précipitamment, et je serais porté à croire que c'est la diminution subite de la lumière qui les inquiète; car, si le ciel est uniformément couvert, s'il n'y a pas d'alternatives de clarté et d'obscurité, elles vont à la campagne faire leurs récoltes ordinaires, et les premières gouttes d'une pluie douce ne les font pas même revenir avec une grande précipitation.

Je ne doute point que la nécessité de rencontrer un beau jour pour le jet d'un essaim ne soit une des raisons qui ont décidé la nature à donner aux abeilles le droit de prolonger la captivité de leurs jeunes reines dans les cellules royales. Je ne dissimulerai pas qu'elles paraissent quelquefois user d'une manière un peu arbitraire de ce droit : cependant, la prison des reines est toujours plus longue lorsque le mauvais temps dure sans interruption plusieurs jours de suite. Ici la cause finale ne peut pas être méconnue. Si les jeunes femelles avaient eu la liberté de sortir de leurs berceaux dès qu'elles y auraient reçu leur dernier développement, il y aurait eu pendant les mauvais jours pluralité de reines dans les ruches, et par conséquent des combats et des victimes : le mauvais temps aurait pu se prolonger assez pour que toutes les reines arrivassent à l'époque de leur transformation et de leur liberté. Après tous les combats qu'elles se seraient livrées, une seule, victorieuse de toutes les autres, serait restée en possession du trône, et la ruche, qui naturellement devait donner plusieurs essaims, n'en aurait pas donné un seul : la multiplication de l'espèce aurait donc été laissée au hasard de la pluie et du beau temps; au lieu qu'elle en est tout à fait indépendante par les sages dispositions de la nature. En ne laissant sortir de captivité qu'une seule femelle à la fois, la formation des essaims est assurée. Cette explication me parait si simple, que je crois superflu d'y insister davantage.

Mais, je dois indiquer une autre circonstance importante qui résulte de la captivité des reines; c'est qu'elles sont en état de voler et de partir dès que les abeilles leur laissent la liberté; et par ce moyen elles deviennent capables de profiter du premier moment où le soleil se montre pour emmener une colonie.

Vous savez, Monsieur, que toutes les abeilles, quelles qu'elles soient, ouvrières ou faux - bourdons, ne sont point en état de voler d'un jour ou deux, lorsqu'elles sortent de leurs cellules immédiatement après leur trans-formation; elles sont encore faibles, blanchâtres; leurs organes sont mal raffermis : il leur faut vingt-quatre ou trente heures au moins pour qu'elles acquièrent toutes leurs forces, et que leurs facultés se développent. Il en serait de même des femelles, si leur prison ne se prolon-geait pas au-delà du temps de leur transformation : au lieu qu'on les voit sortir de captivité, fortes, rembrunies, développées, et plus en état de voler qu'elles ne le seront dans aucun autre temps de leur vie. J'ai dit ailleurs quelle force les abeilles emploient pour retenir les femelles prisonnières; elles soudent, par un cordon de cire, le couvercle de leurs cellules sur ses parois. J'ai dit aussi comment elles les nourrissent. Je ne répéterai point ces détails.

Les reines sont libérées de leurs cellules en fonc-tion de leur âge

Un fait qui est encore bien remarquable, c'est que les femelles sont mises en liberté suivant la date de leur âge. Nous avons eu soin de distinguer par des numéros toutes les cellules royales au moment où les ouvrières les fermaient d'un couvercle, et nous choisissions cette époque, parce qu'elle servait à nous indiquer avec préci-sion l'âge des reines. Or, nous avons toujours observé que la reine la plus âgée était libérée la première; celle qui la suivait immédiatement était la seconde qui obtenait sa liberté, et ainsi de suite ; aucune des femelles ne sortait de prison qu'après que ses aînées étaient devenues libres.

Les abeilles jugent probablement de cela par le son émis

Je me suis demandé cent fois à moi-même : com-ment les abeilles distinguent-elles, d'une manière si sûre, l'âge de leurs captives? Je ferais mieux sans doute de répondre à cette question comme à tant d'autres, par un simple aveu de mon ignorance ; cependant, Monsieur, permettez-moi de vous exposer une conjecture. Vous savez que je n'ai pas abusé, comme quelques auteurs, du droit de me livrer aux hypothèses. Le chant ou le son que les jeunes reines rendent dans leurs cellules, ne serait-il point un des moyens que la nature emploie pour faire connaître aux abeilles l'âge de ces reines? Il est très sûr que la femelle dont la cellule a été fermée avant celles des autres chante aussi la première. La femelle contenue dans la cellule fermée immédiatement après celle - là; chante plutôt que ses cadettes, et ainsi de suite. Je conviens que comme leur captivité peut durer six jours, il reste possible que, dans cet espace de temps, les abeilles oublient quelle est la reine qui a chanté la première; mais il se peut aussi que les reines varient leur chant, l'augmentent en force à mesure qu'elles deviennent plus âgées, et que les abeilles soient apprises à distinguer ces variations. Nous avons nous-mêmes reconnu des différences dans ce chant, soit relativement à la succession des notes, soit à l'égard de l'intensité du son : il y a vraisemblablement des nuances encore plus fines qui échappent à nos organes, mais que ceux des ouvrières peuvent saisir.

Ce qui donne quelque poids à cette conjecture, c'est que les reines, élevées suivant la manière qu'a découverte M. Schirach, sont absolument muettes, aussi les ouvrières ne font-elles jamais la garde autour de leurs cellules; elles ne les retiennent pas captives un seul instant au-delà du terme de leur transformation, et lorsqu'elles l'ont subie, elles leur permettent des combats à outrance, jusqu'à ce qu'une seule d'entre elles devienne victorieuse de toutes les autres. Pourquoi? Parce qu'alors le seul but à remplir, est de remplacer la reine perdue; or, pourvu que dans le nombre des vers élevés en reines, un seul vienne à bien , le sort de toutes les autres femelles n'a plus rien d'inté-

ressant pour les abeilles ; au lieu qu'au temps des essaims, il fallait élever une succession de reines pour conduire les diverses colonies; et pour que la vie de ces
reines fut assurée, il fallait les préserver des suites de
cette horreur mutuelle qui les anime les unes contre les
autres. Voilà la raison évidente de toutes les précautions
que les abeilles, instruites par la nature, prennent dans le
temps des essaims ; voilà l'implication de la captivité des
femelles; et afin que la durée de cette captivité fût mesu-
rée sur l'âge des jeunes reines, il fallait qu'elles eussent
un moyen de faire distinguer aux ouvrières le temps où
elles devaient obtenir leur liberté. Ce moyen est le son
qu'elles rendent, et les variations qu'elles savent lui donner.

Malgré toutes mes recherches, je n'ai pu découvrir
où est placé l'instrument qui leur sert à produire ce son.
J'ai entrepris une nouvelle suite d'expériences sur ce
sujet ; mais elles ne sont pas achevées encore.

Il reste un autre problème à résoudre: comment se
fait-il que les reines, élevées suivant la méthode de M.
Schirach soient muettes, tandis que celles qui sont élevées dans le temps des essaims, ont la faculté de rendre
un certain son? Quelle est la raison physique de cette
différence?

J'ai cru d'abord qu'il fallait l'attribuer à l'époque de
leur vie, où les vers qui doivent devenir reines reçoivent la
bouillie royale. Les vers royaux reçoivent, au temps des
essaims, la nourriture de reines, dès le moment où ils
sortent de l'œuf: ceux au contraire qui sont destinés à
devenir reines, suivant la méthode de M, Schirach, ne la
reçoivent que le second ou le troisième jour de leur vie. Il
me semblait que cette circonstance était très capable
d'influer sur diverses parties de l'organisation, et en particulier sur l'instrument de la voix. Mais l'expérience a
détruit cette conjecture.

J'avais fait construire, avec des portions de tubes de verre, des cellules qui imitaient parfaitement la forme des cellules royales, pour y observer la manière dont les vers se métamorphosent en nymphes, et les nymphes en reines. J'ai décrit dans la Lettre VIII les observations que je rappelle ici. Nous introduisîmes dans une de ces cellules artificielles une nymphe, provenant d'un ver élevé en reine suivant la méthode de M. Schirach. Nous fîmes cette opération vingt-quatre heures avant le terme où il devait naturellement subir sa dernière métamorphose, et nous replaçâmes notre cellule de verre dans la ruche, pour que la nymphe y eût le degré de chaleur qui lui est nécessaire. Le lendemain nous eûmes le plaisir de la voir se dépouiller de ses enveloppes, et prendre sa dernière forme; elle ne pouvait pas s'échapper de sa prison, mais nous y avions ménagé une petite ouverture pour qu'elle pût en faire sortir sa trompe, et que les abeilles vinssent la nourrir. Je m'attendais que cette reine soit absolument muette ; cependant elle rendit des sons semblables à ceux que j'ai décrits ailleurs. Ma conjecture était donc fausse.

Je pensai alors que cette reine s'étant trouvée gênée dans ses mouvements et dans son désir de liberté, c'était l'état de contrainte qui déterminait les femelles à produire certains sons. Suivant ce nouveau point de vue, les reines élevées, soit à la manière de Schirach, soit d'après l'autre méthode, ont également la capacité de chanter; mais pour y être déterminées, il faut qu'elles se trouvent dans une situation gênante. Or, les reines qui proviennent des vers d'ouvrières ne sont pas contraintes un seul instant de leur vie, dans l'état naturel; et si elles ne chantent point, ce n'est pas qu'elles soient dépourvues de l'organe de la voix, c'est qu'elles n'ont rien qui les incite à chanter : au lieu que celles qui naissent dans le temps des essaims y sont excitées par l'état de captivité où les abeilles les retiennent. J'attache moi-même peu de valeur à cette supposition. Monsieur, et si j'en ai rendu compte ici, c'est moins pour m'en faire un mérite, que pour mettre les observateurs sur la voie d'en découvrir une meilleure.

Je ne me ferai pas non plus un mérite de la découverte du chant de la reine abeille. D'anciens auteurs en ont parlé; M. de Réaumur cite à cette occasion un ouvrage publié en latin en 1671, sous le titre de *Monarchia feminina,* par Charles Buttler. Note: Voyez Réaumur, Tome V, in-4, page 232 et 615

Il donne un précis très court des observations de ce naturaliste. On y voit qu'il avait embelli, ou pour mieux dire, défiguré la vérité, en y mêlant les imaginations les plus folles; mais il n'en est pas moins évident que Buttler avait entendu le véritable chant des reines, et qu'il ne le confondit point avec le bourdonnement confus qu'on entend fréquemment dans les ruches.

4ème fait: Les jeunes reines conduisant les essaims sont vierges

Lorsque les jeunes reines sortent de leurs ruches natales, en conduisant un essaim, elles sont encore dans l'état de virginité.

Le lendemain du jour où elles s'établissent dans leur nouveau domicile, est ordinairement celui où elles vont chercher les mâles ; cette époque répond communément au cinquième jour de leur vie sous la forme de reines; car elles en passent deux ou trois dans la captivité, un dans leur ruche natale avant d'en sortir , et un cinquième enfin dans leur nouveau domicile : les reines provenues d'un ver d'ouvrière, et élevées suivant la méthode de Lusace, passent aussi cinq jours dans leur ruche avant de sortir pour recevoir la fécondation. Les unes et les autres sont traitées avec indifférence par leurs abeilles, aussi longtemps qu'elles gardent leur virginité; mais dès qu'elles reviennent avec les lignes extérieurs de la fécondation, elles sont accueillies par leurs sujettes avec les respects les plus empressés. Cependant elles ne pondent que 46 heures après avoir été fécondées. Les vieilles reines, qui sortent au printemps à la tête du premier essaim, n'ont pas besoin d'un nouveau commerce avec les mâles pour conserver leur fécondité. Un seul accouplement suffit donc à féconder tous les œufs qu'elles doivent pondre pendant l'espace de deux ans au moins.

J'ai l'honneur d'être, etc.

11ème Lettre— Sur la formation des essaims (continuation du même sujet)

Pregny le 10 Septembre 1791

Monsieur,

J'ai rassemblé, Monsieur, dans les deux lettres précédentes, mes principales observations sur les essaims, celles que j'avais répétées le plus souvent, et dont les résultats constamment uniformes ne me laissaient craindre aucune illusion. J'en ai tiré les conséquences qui m'ont paru les plus immédiates, et dans toute la partie théorique j'ai évité avec soin de m'avancer au-delà des faits. Ce qui me reste à vous exposer aujourd'hui est plus conjectural, mais vous y trouverez le récit de quelques expériences que je crois assez curieuses.

La conduite des abeilles envers l'ancienne reine est particulière

J'ai montré que le principal motif du départ des jeunes femelles, dans le temps des essaims, était l'antipathie insurmontable que ces reines éprouvent les unes contre les autres; j'ai répété plusieurs fois qu'elles ne pouvaient satisfaire ce sentiment d'aversion, parce que les ouvrières les empêchent avec le plus grand soin d'attaquer les cellules royales. Cette perpétuelle contrariété dans leurs mouvements leur donne enfin une inquiétude visible, un degré d'agitation qui les porte à fuir: toutes les jeunes femelles sont traitées successivement de la même manière dans les ruches qui doivent essaimer. Mais les abeilles se conduisent fort différemment avec la vieille reine destinée à conduire le premier essaim; accoutumées à respecter toujours les reines fécondes, elles n'oublient point ce qu'elles doivent à celle-ci, elles lui laissent la plus

entière liberté dans tous ses mouvements; elles lui permettent de s'approcher des cellules royales, et si même
elle entreprend de les détruire, les abeilles ne s'y opposent point. Elle exécute donc ses volontés sans obstacle,
et l'on ne peut pas attribuer sa fuite, comme celle des
jeunes femelles, à la contrariété qu'elle éprouve. Aussi ai-
je avoué de bonne foi dans la lettre précédente, que
j'ignorais le motif de son départ.

Cependant, en y réfléchissant mieux, il ne m'a pas
paru que ce fait formât contre la règle générale une exception aussi forte que je l'avais jugé d'abord. Il est très-
sûr au moins que les vieilles reines ont, comme les jeunes
femelles, la plus grande aversion contre les individus de
leur sexe. J'en ai la preuve dans le grand nombre de
cellules royales que je leur ai vu détruire. Vous vous
souvenez, Monsieur, que dans le détail de ma première
observation fut le départ de la vieille reine, j'ai fait mention de sept cellules royales ouvertes sur le côté, et détruites par cette reine. Lorsque le temps reste plusieurs
jours de suite à la pluie, elles les détruisent toutes, alors il
n'y a point d'essaim, et c'est ce qui arrive trop souvent
dans notre pays, où les printemps sont ordinairement
pluvieux. Elles n'attaquent jamais ces cellules, lorsqu'elles
ne contiennent encore qu'un œuf ou un ver fort jeune ;
mais elles commencent à les redouter lorsque le ver est
prêt à se métamorphoser en nymphe, ou qu'il a déjà subi
cette transformation.

La présence des cellules royales, qui contiennent
des nymphes ou des vers prêts à le devenir, inspire donc
aussi aux vieilles reines l'horreur ou l'aversion la plus
forte, mais il reste à expliquer pourquoi, étant maîtresses
de les détruire, elles ne le font pas toujours. Ici je suis
réduit aux conjectures. Il se peut que le grand nombre de
cellules royales qui se trouvent à la fois dans la ruche, et
le travail qu'il faudrait entreprendre pour les ouvrir toutes,

inspire aux vieilles reines une terreur qu'elles ne peuvent plus surmonter, elles commencent bien par attaquer leurs rivales, mais ne pouvant pas y réussir très promptement, l'inquiétude s'accroît dans ce travail et devient une agitation terrible. Si en cet état le temps est favorable, elles seront naturellement disposées à sortir.

L'on comprend assez que les ouvrières, accoutumées à leur reine dont la présence est pour elles un véritable besoin, la suivent en foule dans son départ, et la formation du premier essaim ne fait naître à cet égard aucune difficulté.

Qu'est-ce qui persuade les abeilles de suivre les jeunes reines?

Mais vous me demanderez sans doute, Monsieur, par quel motif les abeilles, qui traitent fort mal les jeunes reines, et qui, dans les meilleurs moments, ne leur témoignent qu'une parfaite indifférence, sont pourtant disposées à les suivre dès qu'elles quittent la ruche. C'est vraisemblablement pour éviter la chaleur à laquelle leur ruche est alors exposée. L'agitation extrême qu'ont les jeunes femelles avant le jet, les porte à courir sur les gâteaux en tous sens; elles traversent les groupes d'abeilles, les heurtent, les dérangent, leur communiquent leur délire, et ces mouvements tumultueux font monter la température à un point que nos mouches ne peuvent plus supporter. Nous en avons fait plusieurs fois l'épreuve au thermomètre. Une ruche bien peuplée, au printemps, dans un beau jour, est ordinairement entre le 27 et le 29e degré; mais pendant le tumulte qui annonce le jet d'un essaim, la liqueur du thermomètre passe le 32e degré, et cette chaleur est intolérable aux abeilles; lorsqu'elles s'y sentent exposées, elles cherchent avec précipitation les portes de la ruche et sortent. En général, elles ne peuvent pas supporter une augmentation de chaleur subite; elles quittent leur domicile quand elle s'y fait sentir; et celles qui reviennent de la campagne n'y rentrent pas, tant qu'il y règne une température extraordinaire.

Je me suis assuré par des expériences directes, que les courses impétueuses de la reine abeille sur la surface des gâteaux agitaient réellement les ouvrières, et voici comment j'ai réussi à le constater. Je voulais éviter une complication de causes, il importait surtout de savoir si, hors du temps des essaims, l'agitation de la reine se communiquerait également aux abeilles. Je pris deux femelles vierges encore, mais qui avaient plus de cinq jours, et qui étaient capables de recevoir la fécondation. J'en plaçai une dans une ruche vitrée suffisamment peuplée, et je plaçai la seconde dans une autre ruche disposée de la même manière : après les avoir introduites, je fermai les ouvertures de manière que l'air seul put circuler, sans qu'il fût possible à aucune abeille de sortir. Je me préparai à observer ces deux ruches dans tous les moments du jour, où le beau temps invite les mâles et les reines à sortir pour travailler à la fécondation : le lendemain le temps fut variable, il ne s'échappa aucun mâle de mon rucher, et mes abeilles furent tranquilles; mais le jour suivant, vers les onze heures, le soleil étant brillant, mes deux reines prisonnières commencèrent à courir, cherchèrent une issue dans toutes les parties de leur domicile, et n'en trouvant point, marchèrent sur les gâteaux avec tous les symptômes les plus marqués d'inquiétude et d'agitation; bientôt mes abeilles participèrent à ce désordre; je les vis se précipiter en foule dans le fond des ruches où sont placées les portes; ne pouvant sortir, elles remontèrent avec la même rapidité, et coururent aveuglément sur les cellules jusqu'à quatre heures du soir. C'est à peu près l'époque où le soleil, baissé sur l'horizon, rappelle les mâles dans les ruches ordinaires : les reines qui demandent à être fécondées ne restent jamais dehors plus tard; aussi les deux femelles que j'observais commencèrent à se calmer, et en peu de temps la tranquillité fut rétablie. Ce manège se répéta plusieurs jours de fuite avec des symptômes parfaitement semblables, et je restai convaincu que l'agitation des abeilles, dans le temps du jet des essaims, n'a rien de particulier, mais que les ruches sont toujours en grand tumulte quand la reine est elle-même agitée.

Les reines des essaims sont toutes d'âge différent, alors que les reines d'urgence sont toutes du même âge

Je n'ai plus qu'un fait à vous exposer, Monsieur; j'ai dit que lorsque les abeilles ont perdu leur femelle, elles donnent à de simples vers d'ouvrières l'éducation royale, et que suivant la découverte de M. Schirach, elles réparent ordinairement dans l'espace de dix jours la perte de leur reine. Dans ce cas, il n'y a point d'essaims, toutes les jeunes femelles sortent presqu'en même temps de leurs cellules; et après s'être livré une guerre cruelle, l'empire reste à la plus heureuse.

Je comprends bien que la principale intention de la nature a été de remplacer la reine perdue; mais puisque les abeilles ont pour cette opération la liberté de choisir un des œufs ou des vers d'ouvrières, pendant les trois premiers jours de leur âge, pourquoi ne destinent- elles l'éducation royale qu'à des vers presqu'aussi jeunes, les uns que les autres, et qui doivent subir leur dernière transformation à peu près dans le même temps? Puisque dans la saison des essaims elles ont le droit de retenir les jeunes femelles prisonnières dans leurs cellules plus ou moins longtemps, pourquoi laissent-elles sortir, toutes à la fois, les reines qu'elles se procurent par la méthode de M. Schirach? Si elles avaient prolongé plus ou moins la durée de leur captivité, elles auraient pu remplir à la fois deux buts très importants, celui de réparer la perte de leurs femelles, et celui de se procurer une succession de reines pour conduire au dehors plusieurs essaims.

J'ai cru d'abord que cette différence de conduite devait être attribuée aux différentes circonstances dans lesquelles elles se trouvent. Elles ne sont invitées à faire toutes les dispositions relatives au jet des essaims que lorsqu'elles se voient en grand nombre, et qu'elles ont une reine occupée à sa grande ponte de mâles : au lieu que lorsqu'elles ont perdu leur femelle, elles ne trouvent plus dans leurs gâteaux ces œufs de faux-bourdons qui déterminent leur instinct; elles sont jusqu'à un certain point inquiètes et découragées.

J'imaginai donc, après avoir enlevé la reine d'une ruche, de rendre toutes les autres circonstances aussi parfaitement semblables qu'il serait possible, à celles où les abeilles sont quand elles se préparent au jet des essaims. J'augmentai avec excès la population de la ruche, en y introduisant une grande quantité d'ouvrières; je leur donnai plusieurs gâteaux remplis de couvain de mâles en tout état. Leur premier soin fut de construire des cellules royales à la manière de M. Schirach, et d'y élever des vers d'ouvrières avec la nourriture royale : elles commencèrent bien aussi quelques cellules en stalactites, comme si elles y eussent été invitées par la présence du couvain de mâles; mais elles ne les continuèrent pas, parce qu'il ne se trouvait parmi elles aucune reine qui pût y déposer des œufs. Enfin je leur donnai plusieurs cellules royales fermées, prises indifféremment dans des ruches qui se préparaient à essaimer; mais toutes ces précautions furent inutiles. Mes abeilles ne s'occupèrent qu'à remplacer leur reine perdue, elles ne donnèrent aucun soin particulier aux cellules royales que je leur avais confiées; les reines qu'elles contenaient en sortirent au temps ordinaire sans avoir été retenues prisonnières un instant: elles se livrèrent plusieurs combats, et il n'y eut point d'essaims.

En recourant à des subtilités, on parviendrait, peut-être, à indiquer la cause ou le but de cette bizarrerie apparente. Mais plus on admire les sages dispositions de l'auteur de la nature, dans les lois qu'il a prescrites à l'industrie des animaux, plus il faut de réserve pour n'admettre aucune supposition étrangère à ce beau système; plus il faut se défier de cette facilité d'imagination avec laquelle, en colorant les faits, on croit les expliquer.

En général, les naturalistes qui ont observé longtemps les animaux, et ceux surtout qui ont choisi les insectes pour l'objet favori de leurs études, leur ont prêté trop facilement nos sentiments, nos passions et même nos vues. Entraînés par le besoin d'admirer, choqués, peut-être, du mépris avec lequel on parle des insectes, ils se sont crûs dans l'obligation de justifier l'emploi du temps qu'ils leur avaient consacré, et ils ont embelli différents traits de l'industrie de ces petits animaux, par toutes les couleurs que fournit une imagination exaltée. Notre célèbre Réaumur n'est pas tout à fait exempt de reproches à cet égard : en traçant l'histoire des abeilles, il leur attribue souvent des intentions combinées, de l'amour, de la prévoyance, et d'autres facultés d'ordre trop élevé. Je crois m'apercevoir que, quoiqu'il se formât lui-même des idées assez justes sur les opérations de ces mouches, il eût su bon gré à son lecteur de leur supposer la connaissance de leurs véritables intérêts. C'est un peintre qui, dans son heureuse prévention, flatte l'original dont il exprime les traits. D'un autre côté, l'illustre Buffon traite injustement les abeilles comme de purs automates. Il vous était réservé, Monsieur, de ramener la théorie de l'industrie des animaux a des principes plus philosophiques, et de montrer que celles de leurs actions qui ont une apparence morale, tiennent à l'association *d'idées purement sensibles*. Ce n'est point mon intention de pénétrer ici ces profondeurs, ni d'insister sur les détails.

Mais comme l'ensemble des faits relatifs à la formation des essaims présente plus de sujets d'admiration, peut-être, qu'aucune autre partie de l'histoire des abeilles, je crois convenable d'indiquer en peu de mots la simplicité des moyens avec lesquels la sage nature conduit l'instinct de ces mouches. Elle ne pouvait leur accorder la plus légère portion d'intelligence; elle ne devait donc leur laisser aucune précaution à prendre, aucune combinaison à suivre, aucune prévoyance à exercer, aucune connaissance à acquérir. Mais après avoir modelé leur *sensorium* dans le rapport aux opérations diverses dont elles les chargeaient, c'est par l'attrait du plaisir qu'elle en a déterminé l'exécution: elle a donc pré ordonné toutes les circonstances relatives à la succession de leurs différents travaux, et à chacune de ces opérations elle a joint une sensation agréable. Ainsi donc lorsque les abeilles bâtissent leurs cellules, lorsqu'elles soignent leurs vers, lorsqu'elles récoltent des provisions, il ne faut chercher là, ni plan, ni affection, ni prévoyance; il ne faut y considérer comme moyen déterminant que la jouissance d'une sensation douce, attachée à chacune de ces opérations. Je parle à un philosophe, et comme ce sont ses propres opinions que j'applique à de nouveaux faits, je crois mon langage intelligible. Mais je supplie mes lecteurs de lire et de méditer ceux de vos ouvrages où vous vous êtes occupé de l'industrie des animaux. J'ajoute encore un mot , l'attrait du plaisir n'est pas le seul ressort qui les fait agir : il y a un autre principe, dont jusqu'ici on n'avait pas connu, au moins relativement aux abeilles, la prodigieuse influence; c'est le sentiment d'aversion que toutes leurs femelles éprouvent, en tout temps , les unes contre les autres; sentiment dont l'existence est si bien démontrée par mes observations, et qui explique une multitude de faits importants dans la théorie des essaims.

J'ai l'honneur d'être, etc.

12ème Lettre—Nouveaux détails sur les reines qui ne pondent que des œufs de faux-bourdons, et sur celles qui sont privées de leurs antennes

Pregny le 12 Septembre 1791

Monsieur,

En vous rendant compte, dans la lettre troisième de mes premières observations sur ces reines abeilles qui ne pondent que des œufs de mâles, j'ai prouvé qu'elles déposaient ces œufs indifféremment dans les cellules de toutes les grandeurs, et même dans les cellules royales: j'ai prouvé encore que les abeilles communes donnaient aux vers de faux-bourdons, éclos de ces œufs pondus dans les cellules royales, les mêmes soins que s'ils devaient réellement se transformer en reines; et j'ai ajouté qu'à cet égard, l'instinct des ouvrières me paraissait en défaut.

Note: Je me suis assuré, par de nouvelles observations, que les abeilles reconnaissent aussi bien les larves de faux-bourdons, quand les œufs dont elles proviennent ont été pondus dans des cellules royales, par des reines dont la fécondation a été retardée, que lorsqu'elles les ont déposés dans des alvéoles communs.

On n'a point oublié que les cellules royales ont la forme d'une poire, dont le gros bout est en haut; ou si l'on veut d'une pyramide renversée, dont l'axe serait à peu près vertical, et la longueur de quinze à seize lignes. L'on sait aussi que les reines pondent dans ces cellules quand elles ne sont qu'ébauchées ; alors elles ressemblent assez au calice d'un gland.

Les abeilles donnent bien d'abord la même figure et les mêmes dimensions aux cellules qui servent de berceaux aux mâles; mais au moment où leurs larves sont prêtes à se transformer, il est aisé de s'apercevoir qu'elles ne les ont point prises pour des vers royaux; car au lieu de fermer ces cellules en pointes comme elles le font toujours, quand elles contiennent des larves de cette dernière sorte, elles les évasent par le bas, et après y avoir ajouté un tube cylindrique, elles les ferment avec un couvercle bombé, qui ne diffère point de ceux qu'elles ont coutume de placer sur les cellules de mâles; mais comme ce tube a la même capacité que les alvéoles hexagones du plus petit diamètre, les larves que les abeilles font descendre dans cette partie de la cellule, et qui doivent subir leur dernière métamorphose, deviennent de faux-bourdons de la plus petite taille. La longueur totale de ces cellules extraordinaires est de vingt à vingt-deux lignes.

Cependant les abeilles n'ajoutent pas toujours un alvéole cylindrique à la cellule pyramidale, elles se contentent alors d'élargir un peu leur partie inférieure: dans ce cas, les larves qui y prennent leur accroissement peuvent devenir de grands faux-bourdons. J'ignore la cause des différences qu'on observe quelquefois dans la forme de ces alvéoles; mais ce qui me paraît bien certain, c'est que les abeilles ne s'y trompent jamais, et qu'elles nous donnent dans cette occasion une grande preuve de la sûreté de l'instinct dont elles sont douées.

La nature, qui a chargé les abeilles de l'éducation des petits, et du soin de leur donner des aliments appropriés à leur Age, et même à leur sexe, a dû leur apprendre à les reconnaître. Les mâles et les ouvrières adultes se ressemblent si peu, qu'il doit y avoir aussi quelque différence entre les larves des deux sortes; les ouvrières les distinguent sans doute, quoiqu'elles nous aient échappé.

En effet, il est très singulier que les abeilles, qui reconnaissent si bien les vers de mâles, lorsque les œufs dont ils sortent ont été pondus dans les petites cellules, qui n'oublient point de leur donner un couvercle bombé au moment où ils doivent se transformer en nymphes, ne reconnaissent plus les vers de cette même sorte, lorsque les œufs dont ils sont éclos ont été pondus dans des cellules royales, et les traitent exactement comme s'ils devaient se métamorphoser en reines. Cette irrégularité tient à quelque cause que je ne pénètre pas.

En relisant ce que j'ai eu l'honneur de vous écrire sur ce sujet, j'ai vu qu'il me restait une expérience intéressante à faire pour compléter l'histoire des reines abeilles qui ne pondent que des œufs de faux-bourdons: il fallait chercher si ces femelles elles-mêmes discerneraient que les œufs qu'elles pondent dans les cellules royales ne sont pas de la sorte des reines : j'avais déjà observé qu'elles ne cherchent point à détruire ces cellules lorsqu'elles sont fermées, et j'en concluais, qu'en général, la présence des cellules royales dans leur ruche ne leur inspira pas le même sentiment d'aversion qu'aux femelles, dont la fécondation n'a pas été retardée; mais pour s'en assurer d'une manière plus précise, il fallait examiner comment la présence d'une cellule, qui contiendrait une nymphe royale, affecterait une reine qui n'aurait jamais pondu que des œufs de faux-bourdons.

Cette expérience était facile; je l'ai exécutée le 4 Septembre de cette année, sur une de mes ruches qui était privée depuis quelque temps de sa reine naturelle. Les abeilles de cette ruche n'avaient pas manqué de construire plusieurs cellules royales pour remplacer leur femelle; je choisis ce moment pour leur donner une reine dont la fécondation avait été retardée jusqu'au vingt-huitième jour, et qui ne pondait que des œufs de mâles; j'ôtai en même temps toutes les cellules royales, hors une seule qui était fermée depuis cinq jours : il me suffisait qu'il y en restât une, pour voir l'impression qu'elle produi-rait sur la reine étrangère que je venais de placer parmi mes abeilles. Si elle eut cherché à la détruire, c'eût été à mes yeux une preuve qu'elle prévoyait la naissance d'une rivale dangereuse. Veuillez, Monsieur, excuser ce terme de prévoir, dont je sens l'impropriété, mais il m'épargne une longue périphrase. Si au contraire elle ne l'attaquait pas, je pouvais en conclure que le retard de la fécondation, qui la privait de la faculté de pondre des œufs d'ouvrières, lui avait ôté aussi une partie de son instinct. Et c'est ce qui arriva : cette reine passa plusieurs fois le premier jour et le lendemain sur la cellule royale, sans paraître la distin-guer des autres, elle pondit fort tranquillement dans les alvéoles qui l'environnaient: et malgré les soins que les abeilles ne cessaient point de rendre à cette cellule, elle ne me sembla pas se douter un instant du péril dont la menaçait la nymphe royale qui y était renfermée. Du reste, les ouvrières traitaient leur nouvelle reine aussi bien qu'elles auraient traité toute autre femelle : elles lui

prodiguaient le miel et les respects, et faisaient autour
d'elle ces cercles réguliers qu'on serait tenté de prendre
pour l'expression de leurs hommages.

L'imprégnation retardée affecte l'instinct des reines

Ainsi donc, indépendamment de l'espèce de désordre que le retard de la fécondation apporte aux organes sexuels des reines abeilles, il est certain qu'il leur
fait perdre une partie de leur instinct; elles n'ont plus
d'aversion ou de jalousie contre les mouches de leur sexe
en état de nymphe ; elles ne cherchent plus à les détruire
dans leurs berceaux.

Mon lecteur sera surpris que ces reines, dont la fécondation a été retardée, et dont la fécondité est si inutile
aux abeilles, en soient pourtant si bien accueillies, et leur
deviennent aussi chères que les femelles qui pondent des
œufs des deux sortes. Mais je me souviens d'avoir observé un fait plus étonnant encore. J'ai vu des ouvrières
donner tous leurs soins à leur reine quoiqu'elle fut stérile,
et, après sa mort, traiter son cadavre comme elles
l'avaient traitée elle-même pendant sa vie, préférer longtemps ce corps inanimé aux reines les plus fécondes que
je leur avais offertes. Ce sentiment, qui prend l'apparence
d'une affection si vive, est probablement l'effet de quelque
sensation agréable que les reines font éprouver à leurs
abeilles, et qui est indépendante de leur fécondité. Les
reines qui ne pondent que des œufs de mâles excitent
sans doute la même sensation sur les ouvrières.

En rapportant cette dernière observation, je me suis
rappelé un mot de Swammerdam: ce célèbre auteur dit
quelque part, que, lorsqu'une reine est aveugle, stérile, ou
mutilée, elle ne pond plus, et que les ouvrières de sa
ruche ne font plus aucune récolte ou aucun travail,
comme si elles savaient que, dans ce cas, il leur devient
inutile de travailler: mais en articulant ce fait, il ne cite
point les expériences qui le lui ont fait découvrir. Celles

que j'ai suivies moi-même sur ce sujet, m'ont appris quelques détails assez curieux.

J'ai retranché plusieurs fois les quatre ailes à des reines abeilles; et non seulement après cette mutilation elles n'ont pas cessé de pondre, mais leurs ouvrières ne leur ont pas témoigné moins d'égards qu'auparavant. Swammerdam n'est donc pas fondé à dire que les reines mutilées ne pondent plus; à la vérité, comme il ignorait que leur fécondation doit s'opérer hors des ruches, il est paisible qu'il eût coupé les ailes à des reines vierges, et que ces reines, devenues par cette privation incapables de voler, fussent restées stériles, faute de pouvoir chercher les mâles dans les airs. Le retranchement de leurs ailes ne rend donc point les femelles stériles, si elles ont été fécondées avant de les perdre.

J'avais souvent fait couper une des antennes d'une reine pour la reconnaître mieux, et cette amputation n'avait porté aucun préjudice , ni à sa fécondité ni à son instinct, ni aux soins que ses abeilles devaient lui rendre ; il est vrai que, comme j'avais laissé à ces femelles une de leurs antennes, la mutilation était imparfaite, et que cette expérience ne décidait rien.

Mais l'amputation des deux antennes produit des effets fort singuliers. Le 5 Septembre de cette année, je fis couper les deux antennes de cette même reine qui ne pondait que des œufs de mâles, et je la replaçai immédiatement après l'opération: de ce moment, elle y prit une démarche fort différente de celle qu'elle avait eue jusqu'alors. Nous la vîmes se promener sur les gâteaux avec une vivacité extraordinaire ; à peine donnait-elle aux ouvrières le temps de se séparer et de reculer devant elle: elle laissait tomber ses œufs au hasard, sans songer à les déposer dans aucune cellule. Comme sa ruche n'était pas fort peuplée, il y en avait une partie où ne se trouvait point de gâteau; c'est là qu'elle cherchait surtout à se

rendre, elle y restait immobile assez longtemps , et semblait éviter les abeilles; cependant quelques ouvrières la
suivaient dans ce désert, et lui témoignaient des respects
empressés: rarement leur demandait - elle du miel ; mais
quand cela arrivait, elle ne dirigeait plus sa trompe que
par une espèce de tâtonnement incertain, tantôt sur la
tête , tantôt sur les jambes des ouvrières, et c'était par
hasard qu'elle rencontrait leurs bouches. Dans d'autres
moments elle revenait sur les gâteaux, puis les quittait
encore pour courir sur les verres de la ruche, et dans ses
divers mouvements elle laissait toujours tomber ses œufs.
D'autres fois elle paraissait tourmentée du désir d'abandonner son habitation, elle se jetait vers l'ouverture de la
ruche , entrait dans le canal vitré, qui aboutissait à la
porte , mais comme l'orifice extérieur de ce canal était
trop étroit pour qu'elle put y passer, elle ne faisait que des
efforts inutiles, et rentrait dans son habitation : malgré
ces signes de délire, les abeilles ne cessaient de lui rendre
les mêmes soins qu'elles ont toujours pour leurs reines ,
mais celle-ci ne les recevait qu'avec indifférence. Tous les
symptômes que je viens de décrire me paraissaient l'effet
de l'amputation des antennes de cette femelle; cependant, comme son organisation avait déjà souffert du
retard de la fécondation, et que j'avais observé une sorte
d'affaiblissement dans son instinct, il était possible que les
deux causes concourussent ici au même effet. Pour bien
distinguer ce qui appartenait uniquement à la privation
des antennes, il fallait donc répéter l'expérience sur une
reine d'ailleurs bien organisée, et capable de pondre des
œufs des deux sortes.

L'amputation des antennes produit des effets singuliers

C'est ce que j'ai fait le 6 Septembre ; j'ai amputé les
antennes d'une femelle que j'observais depuis plusieurs
mois, et qui, douée d'une grande fécondité, avait déjà
pondu bon nombre d'œufs d'ouvrières et d'œufs de mâles.

Je l'ai placée ensuite dans la même ruche où était encore la reine de l'expérience précédente, et elle y a montré précisément les mêmes signes d'agitation et de délire, que je crois inutile de répéter ici : j'ajouterai seulement que, pour juger mieux de l'effet que produit la privation des antennes sur l'industrie et l'instinct des reines abeilles , j'observai attentivement comment ces deux femelles mutilées se traiteraient l'une l'autre: vous n'avez pas oublié, Monsieur, avec quel acharnement se combattent deux reines, lorsqu'elles ont tous leurs organes: il était donc très intéressant de savoir si elles éprouveraient la même aversion réciproque après avoir perdu leurs antennes. Nous suivîmes longtemps celles-ci; elles se rencontrèrent plusieurs fois dans leurs courses, et ne se donnèrent pas le plus léger signe de malveillance. Ce dernier fait est à mon avis la preuve la plus complète du changement opéré dans leur instinct.

Une autre circonstance bien remarquable, que l'expérience dont je viens de rendre compte me donna lieu d'observer, c'est le bon accueil que les abeilles firent à cette seconde reine étrangère pendant qu'elles conservaient encore la première. Après avoir vu tant de fois les signes de mécontentement que leur donne la pluralité des femelles dans leur ruche, après avoir été témoin, des massifs qu'elles forment autour des reines surnuméraires pour les retenir en prison, je ne m'attendais pas qu'elles rendraient à cette seconde femelle mutilée les mêmes soins qu'elles avaient encore pour la première. Ne serait-ce point qu'après la perte de leurs antennes, ces reines n'avaient plus aucun caractère qui servît à les distinguer l'une de l'autre?

Je serais d'autant plus porté à admettre cette conjecture, que lorsque j'introduisis dans la même ruche une troisième reine féconde, mais à laquelle j'avais laissé ses antennes, elle y fut extrêmement mal reçue. Les abeilles la saisirent, la mordirent, l'entourèrent si étroitement qu'elle ne pouvait presque plus ni respirer, ni se mouvoir. Si donc elles traitent également bien dans une même ruche deux femelles privées de leurs antennes, c'est vraisemblablement parce que ces deux femelles leur faisant éprouver la même sensation, elles n'ont plus de moyen de les distinguer l'une de l'autre.

Je conclus de tout ceci que les antennes ne sont point pour les insectes un frivole ornement, elles sont suivant toute apparence l'organe du tact ou de l'odorat; mais je ne saurais décider duquel de ces deux sens elles sont le siège, il ne serait pas impossible qu'elles eussent été organisées de manière à remplir tout à la fois ces deux fonctions.

Comme, dans le cours de cette expérience, les deux femelles mutilées eurent constamment le désir de s'échapper de leur ruche, je voulus savoir ce que l'une d'elles ferait si je lui laissais la liberté de sortir, et si ses abeilles la suivraient dans sa suite : j'enlevai donc de la ruche la première reine que j'y avais introduite, et la troisième: j'y laissai celle qui était féconde et mutilée, j'agrandis le canal vitré qui servait d'ouverture de manière qu'elle pût y passer.

Le même jour cette reine sortit de son habitation; d'abord elle prit le vol mais comme son ventre était encore rempli d'œufs, elle se trouva trop pesante, ne put se soutenir sur ses ailes, tomba, et n'essaya plus de voler. Elle ne fut accompagnée dans sa suite d'aucune ouvrière. Mais pourquoi l'abandonnèrent-elles à son départ, après lui avoir rendu tant de soins pendant qu'elle vivait au milieu d'elles? Vous savez, Monsieur, que les reines qui gouvernent un essaim faible sont quelquefois découragées et partent de leur ruche en entraînant tout leur petit peuple avec elles.

De même aussi les reines stériles, et celles dont l'habitation est désolée par les teignes, s'échappent et sont suivies par toutes leurs abeilles. Pourquoi donc, dans l'expérience que je rapporte ici, les ouvrières ont-elles laissé partir seule leur reine mutilée?

Je ne répondrai à cette question que par une conjecture. Il me paraît que lorsque les abeilles quittent leur ruche, elles y sont déterminées par l'augmentation de chaleur que leur cause l'agitation de la reine et le mouvement tumultueux qu'elle leur communique. Or les reines mutilées, malgré leur délire, n'agitent pas les ouvrières, parce que dans leurs courses elles cherchent surtout les parties inhabitées, et les vitres de la ruche; elles heurtent bien en passant quelques groupes d'abeilles; mais c'est un choc, semblable à celui de tout autre corps qui ne produit qu'une émotion locale et instantanée; l'agitation qui en résulte ne se communique point de proche en proche, comme celle qu'occasionnent les courses d'une reine qui dans l'état naturel veut fuir sa ruche et emmener un essaim : il n'y a pas augmentation de chaleur, et conséquemment aucune cause qui rende aux abeilles leur ruche insupportable.

Cette conjecture, qui explique assez bien le séjour que les abeilles persistent à faire dans leur ruche malgré le départ de leur reine mutilée, ne rend pas raison du motif qui, détermine cette reine elle-même à fuir. Son instinct est changé, c'est là tout ce que j'aperçois, je ne distingue rien de plus. J'ajouterai seulement qu'il est fort heureux pour la ruche que cette reine parte, et qu'elle parte promptement. Car comme les abeilles ne cessent pas de lui rendre des soins, elles ne songeraient pas, tant qu'elles la conserveraient, à s'en procurer une autre, et pour peu qu'elle tardât à fuir, il ne leur serait plus possible de la remplacer, parce que les vers d'ouvrières auraient passé le terme où ils peuvent être convertis en vers

royaux, et la ruche périrait. Remarquez, Monsieur, que les
œufs que cette reine mutilée laisse tomber, ne pourraient
jamais servir à la remplacer; car comme ils ne sont pas
déposés dans les cellules, ils se dessèchent et ne produisent rien.

Encore un mot sur les femelles qui ne pondent que
des œufs de mâles. M. Schirach pensait que l'une ou
l'autre branche de leur double ovaire avait souffert
quelque altération: il paraît avoir supposé que l'une de ces
branches ne contenait que des œufs dé mâles, tandis que
l'autre renferme uniquement des œufs d'ouvrières, et
comme il attribuait à une maladie quelconque, l'impossibilité où se trouvent certaines reines de pondre des œufs
d'ouvrières, sa conjecture devenait assez plausible. En
effet, si les œufs de mâles et ceux d'ouvrières sont indistinctement mêlés dans les deux branches de l'ovaire, il
semble au premier coup d'œil qu'une cause quelconque
qui agirait sur l'organe, devrait également altérer les deux
espèces d'œufs. Si, au contraire, l'un des rameaux est
uniquement occupé par des œufs de faux-bourdons,
tandis que l'autre ne contient que des œufs d'ouvrières,
on conçoit que par l'effet d'une maladie, l'une de ces
branches peut être attaquée et l'autre rester intacte.
Cette conjecture, quoique vraisemblable, est détruite par
l'observation. Nous avons disséqué dernièrement
quelques-unes de ces reines qui ne pondent que des œufs
de mâles, et nous avons trouvé les deux branches de
leurs ovaires également développées, également saines,
si je puis me servir de ce mot. La seule différence qui
nous ait frappé, c'est que dans ces deux rameaux, les
œufs ne nous ont pas paru aussi rapprochés les uns des
autres qu'ils le sont dans les ovaires des reines qui pondent des œufs des deux sortes.

J'ai l'honneur d'être etc.

Pregny le 1er Octobre 1791

Avantage de la ruche en feuillets

Monsieur,

Je vous entretiendrai dans cette lettre, des avantages que présentent, pour le perfectionnement de la science économique des abeilles, ces ruches de nouvelle construction dont je me suis servi, et que j'ai appelées *ruches en livres ou en feuillets* (*).

Je ne rapporterai point les différentes méthodes qu'on a employées jusqu'à présent, pour forcer les abeilles à nous céder une partie de leur miel et de leur cire; elles avaient presque toutes ce rapport, d'être à la fois cruelles et mal entendues.

Il me paraît évident, que lorsqu'on cultive les abeilles pour partager avec elles le produit de leurs récoltes, il faut chercher à les multiplier autant que le permet la nature du pays qu'on habite, et par conséquent respecter leur vie au moment même où l'on s'empare de leurs provisions. C'est donc une opération absurde que de sacrifier des ruches entières pour prendre toutes les richesses qu'elles renferment. Les habitants de nos campagnes, qui n'emploient pas d'autres moyens, perdent tous les ans des quantités énormes de ruches, et comme en général nos printemps ne sont pas favorables aux essaims, cette perte est irréparable. Je sais bien qu'ils n'adopteront pas d'abord ma méthode : ils sont trop attachés à leurs préjugés et à leurs vieilles habitudes. Mais les naturalistes et les cultivateurs éclairés sentiront l'utilité du procédé que j'indique, et s'ils le mettent en usage, j'espère que leur exemple contribuera à étendre et à perfectionner la culture des abeilles.

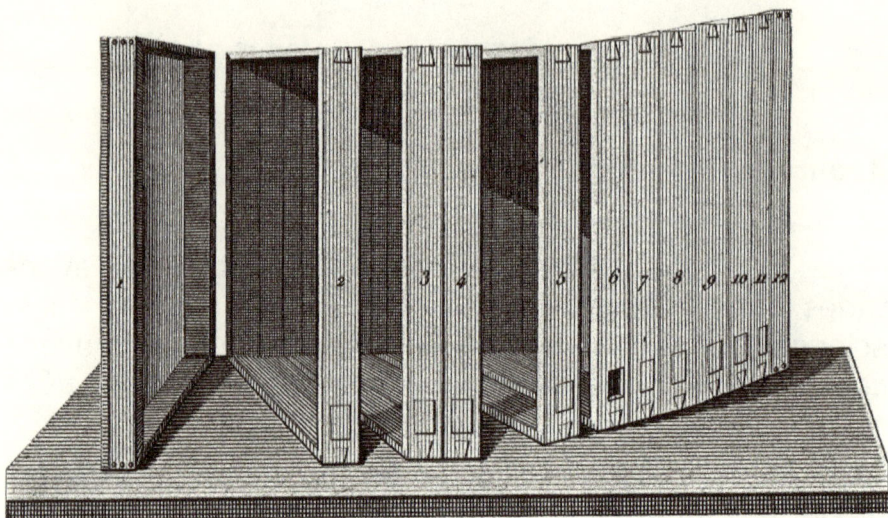

Tome 1 Planche I Fig. 3—Ruche en feuillets, ouverte.

Il n'est pas plus difficile de loger un essaim naturel dans une ruche en feuillets que dans toute autre d'une forme différente. Il y a cependant une précaution essentielle au succès, et que je ne dois pas omettre : si les abeilles sont indifférentes à la manière d'orienter leurs gâteaux, et à l'étendue plus ou moins grande qu'elles peuvent leur donner, d'un autre côté elles sont obligées à les construire toujours perpendiculairement à l'horizon, et parallèles entre eux. Si donc, en les établissant dans l'une de mes nouvelles ruches, on les laissait entièrement à elles-mêmes, il arriverait souvent qu'elles construiraient plusieurs petits gâteaux parallèles entre eux à la vérité, mais perpendiculaires au plan des cadres ou feuillets: d'autres fois elles les placeraient sur le point de réunion de deux de ces cadres, et par cette disposition elles rendraient nuls les avantages que je prétends retirer de la forme de mes ruches, puisqu'on ne pourrait plus les ouvrir à volonté sans couper ces gâteaux. Il faut donc leur tracer d'avance la direction suivant laquelle elles doivent les construire; il fait que le cultivateur pose lui-même, si je puis parler ainsi, les fondements de leur édifice, et le moyen en est fort simple; il suffit de fixer solidement dans le plan de quelques-uns des cadres dont une ruche est composée, une parcelle de gâteau : vous pouvez être sûr que les abeilles prolongeront ce gâteau commencé, et qu'en continuant leur travail elles suivront précisément la direction que vous leur aurez indiquée.

Ruche en feuillets avec toiture.

Cela rend les abeilles tractables

Vous n'aurez donc jamais aucun obstacle à vaincre pour ouvrir la ruche; vous n'aurez pas même de piqûres à craindre; car c'est encore là une des propriétés les plus singulières et les plus précieuses de cette construction, de rendre les abeilles tractables. Je vous appelle, Monsieur, en témoignage de ce fait. J'ai ouvert en votre présence tous les cadres d'une de mes ruches les plus peuplées, et vous avez été fort surpris de la tranquillité des abeilles. Je ne veux pas d'autre preuve de mon assertion. Mais j'ai dû répéter celle-là, parce qu'en dernière analyse, c'est de la facilité qu'ont ces ruches de se laisser ouvrir à volonté, que dépendent tous les avantages que j'en attends pour le perfectionnement de la science économique des abeilles.

Je n'ai pas besoin, j'espère, d'ajouter ici, qu'en disant que je peux rendre les abeilles *tractables*, je n'ai pas la sotte prétention de les *apprivoiser*; ce dernier mot réveille une idée vague de *charlatanisme*, et je ne veux point encourir un tel reproche: j'attribue la tranquillité de ces mouches lorsqu'on ouvre leur domicile à la manière dont les affecte l'introduction subite de la lumière; elles me paraissent éprouver dans ce cas plutôt de la crainte que de la colère; on en voit alors un grand nombre qui suivent, qui entrent dans les cellules la tête la première, qui, en un mot, ont l'air de se cacher, et ce qui confirmerait ma conjecture, c'est qu'en général, elles sont moins *tractables* pendant la nuit, ou après le coucher du soleil, qu'elles ne le sont pendant le jour.

Il faut donc choisir le moment où le soleil est encore sur l'horizon, pour ouvrir les ruches, et faire cette ouverture avec précaution. On doit éviter d'ouvrir trop brusquement : il faut en séparant les cadres agir avec lenteur, et prendre garde de blesser aucune abeille : quand elles sont trop accumulées sur les gâteaux qu'on veut emporter, il faut les chasser doucement avec les barbes d'une plume, et sur toute chose ne point souffler sur elles; l'air que nous expirons paraît les mettre en fureur: la nature de cet air a sans doute une qualité qui les irrite, car si on les évente avec un soufflet, elles se disposeront plutôt à fuir qu'à piquer.

Avantage à former des essaims artificiels

Je reviens au détail des avantages que présentent mes ruches en *feuillets*. J'observerai d'abord qu'elles sont très commodes pour former des essaims *artificiels*. En faisant l'histoire des essaims *naturels*, j'ai montré combien il fallait de circonstances heureuses pour qu'ils pussent réussir. Je savais par expérience que dans nos climats ils manquent très souvent; et lors même qu'une ruche est disposée à essaimer, il arrive bien des fois qu'on perd l'essaim, soit parce qu'on n'a pas prévu l'instant de son départ, soit parce qu'il s'est élevé à perte de vue, soit encore parce qu'il s'est fixé en des lieux inabordables. C'est donc rendre un véritable service aux cultivateurs que de leur apprendre à former des essaims artificiels, et la forme de mes ruches rend cette opération très-facile. Ceci demande quelques éclaircissements.

Puisque, suivant la découverte de M. Schirach, les abeilles qui ont perdu leur reine peuvent s'en procurer une autre, pourvu qu'il se trouve dans leurs gâteaux du couvain d'ouvrières, dont l'âge ne passe pas trois jours, il en résulte qu'on peut à volonté faire naître des reines dans une ruche, en enlevant la reine régnante. Si donc on divise en deux une ruche suffisamment peuplée, l'une de ces moitiés conservera la reine, l'autre moitié ne tardera pas à s'en procurer une. Mais pour le succès de l'opération, il faut choisir un moment propice, et ce choix n'est facile et sûr que dans les ruches en feuillets: ce sont les seules où l'on puisse voir si la population est suffisante pour permettre la division, si le couvain a l'âge requis, s'il y a des mâles nés ou prêts à naître, pour féconder la jeune reine à sa naissance, etc.

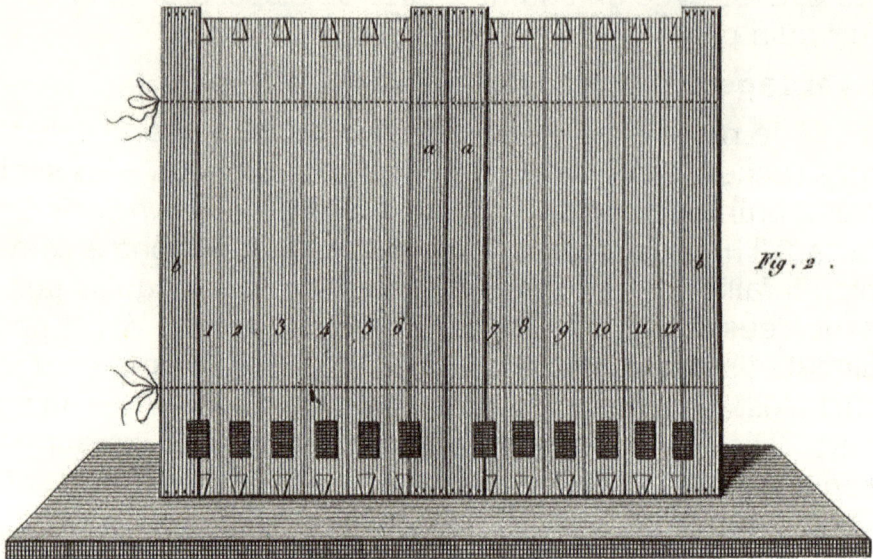

Tome 1 Planche I Fig. 2—Ruche en feuillets avec des séparations pour faire un essaim artificiel.

Je suppose maintenant que toutes ces conditions se trouvent réunies, voici le détail du procédé qu'il faut suivre. On séparera par le milieu la ruche en feuillets, sans ne lui donner aucune secousse. On glissera entre les deux demi-ruches deux cadres vides qui s'appliquent exactement contre les autres, et qui soient fermés, en fonds de boîtes, du côté par lequel ils seront adossés. On cherchera à savoir dans laquelle des deux moitiés se trouve la reine régnante, et on la marquera pour ne pas l'oublier. Si par hasard elle était restée dans celle des deux divisions où il y aurait le plus de couvain, on la ferait passer dans celle où il y en aurait le moins, afin de donner aux abeilles le plus de chances possibles pour se procurer une autre femelle. Il faudra ensuite rapprocher les deux demi-ruches, les unir l'une avec l'autre par le moyen d'une petite corde fortement serrée autour d'elles, et avoir soin qu'elles occupent sur la table du rucher la même place qu'avant l'opération. L'ouverture qui avait servi d'entrée aux abeilles dans leur ruche jusqu'à ce moment, devient inutile, on la fermera donc: mais comme il faut que chaque demi-ruche ait sa porte, et que ces deux ouvertures soient éloignées l'une de l'autre le plus qu'il est possible, il faudra en pratiquer une au bas de chacun des deux cadres extérieurs, c'est-à-dire, du premier et du douzième. Note : voyez la figure, planche première.

Cependant on ne doit point ouvrir ces deux entrées le même jour: les abeilles privées de leur reine doivent être tenues prisonnières dans leur demi-ruche pendant vingt-quatre heures, et leur porte ne doit être ouverte jusqu'à cette époque, qu'autant qu'il le faut pour donner accès à l'air. Sans cette précaution, elles sortiraient bientôt pour chercher leur reine au-dedans et au-dehors du rucher, elles ne manqueraient pas de la trouver dans la division où on l'aurait placée, elles y fileraient en grand nombre, s'y fixeraient, et il n'en resterait plus assez dans l'autre partie pour les divers travaux nécessaires: au lieu que cet accident n'arrivera point si on les emprisonne pendant vingt-quatre heures, attendu que cet espace de temps suffit pour leur faire oublier leur reine.

Lorsque toutes les circonstances sont favorables, les abeilles de la division privée de reine commencent le même jour leur travail pour s'en procurer une autre, et leur perte se trouve réparée dix ou quinze jours après l'opération. La jeune femelle qu'elles ont élevée sort bientôt après pour chercher les mâles, revient féconde, et au bout de deux jours commence à pondre des œufs d'ouvrières. Alors il ne manque plus rien aux abeilles de cette demi-ruche, et le succès de l'essaim *artificiel* est assuré.

C'est à M. Schirach qu'on doit la découverte de cette méthode ingénieuse de former des essaims. Dans la description qu'il en donne, il prétend qu'en faisant naître de jeunes reines dès les premiers jours du printemps, on pourrait se procurer des essaims natifs, ce qui serait certainement avantageux dans plusieurs circonstances : mais, par malheur , c'est impossible : cet observateur croyait que les reines abeilles étaient fécondes par elles-mêmes, et en conséquence il imaginait: que dès qu'on aurait fait naître des reines artificiellement, elles pondraient, et donneraient naissance à une postérité nombreuse. Or, c'est une erreur; les femelles ont besoin du concours des mâles pour devenir fécondes, et si elles n'en trouvent pas peu de jours après leur naissance, leur ponte est, comme je l'ai prouvé, absolument dérangée. Si donc on formait artificiellement un essaim avant le temps ordinaire où naissent les mâles, la Jeune Femelle découragerait les abeilles par sa stérilité; ou si elles lui restaient fidèles, en attendant l'époque de la fécondation comme cette jeune reine n'aurait reçu les approches du mâle que trois ou quatre semaines après sa naissance, elle ne pondrait plus que des œufs de faux-bourdons, et la ruche périrait également. Il ne faut donc point déranger l'ordre naturel; mais au contraire, on doit attendre, pour diviser les ruches, qu'il s'y trouve des mâles nés ou prêts à naître.

Au reste, si M. Schirach avait réussi à se procurer des essaims *artificiels*, malgré la grande incommodité des ruches qu'il employait, c'est qu'il y suppléait par beaucoup d'adresse et par une assiduité continuelle. Il avait bien à la vérité formé des élèves; ceux-ci, à leur tour, avaient communiqué à d'autres personnes la méthode de former des essaims: il y a actuellement en Saxe des gens qui courent les campagnes pour pratiquer cette opération; mais encore faut-il des hommes exercés pour oser l'entreprendre sur les ruches de forme ordinaire, au lieu qu'il n'est aucun cultivateur qui ne puisse opérer lui-même sur les ruches en *feuillets*.

Elles peuvent y être forcées à travailler en cire

Ils trouveront dans cette construction un autre avantage très précieux : ils forceront leurs abeilles à travailler en cire.

Ceci me conduit à une observation que je crois nouvelle: en nous faisant admirer le parallélisme que ces mouches suivent constamment dans la construction de leurs gâteaux, les naturalistes n'ont pas fait attention à un autre trait de leur industrie, à l'égale distance que les abeilles mettent toujours entre ces gâteaux. Mesurez l'intervalle qui les sépare, et vous le trouverez pour l'*ordinaire* de quatre lignes. On sent bien que s'ils eussent été trop éloignés les uns des autres, les abeilles auraient été fort dispersées, elles n'auraient pas pu se communiquer réciproquement leur chaleur, et le couvain n'aurait pas été suffisamment échauffé. Si, au contraire, les gâteaux eussent été trop rapprochés, les abeilles n'auraient pas pu cheminer librement entre eux, et le service de la ruche en eût souffert. Il fallait donc qu'ils fussent séparés par une certaine distance toujours la même, et qui convint également au service de la ruche, et aux soins qu'exigent les vers. La nature, qui a tant appris de choses aux abeilles, les a instruites encore à observer très régulièrement cette juste distance : il arrive bien quelquefois, à l'approche de l'hiver, que nos mouches allongent les cellules qui doivent contenir du miel, et qu'elles rétrécissent par cette opération l'intervalle entre leurs gâteaux; mais ce travail particulier est fait pour une saison où il importe d'avoir de grands magasins, et où d'ailleurs l'activité étant fort ralentie, il n'est plus nécessaire que les communications soient aussi spacieuses ou aussi libres. Au retour du printemps, les abeilles se hâtent de raccourcir ces cellules prolongées, afin qu'elles deviennent propres à recevoir les œufs que la reine doit y pondre, et elles rétablissent ainsi la juste distance dont la nature leur a fait une loi.

Distance uniforme entre les gâteaux

Cela posé, pour forcer les abeilles à travailler en cire, ou ce qui revient au même, pour les obliger à construire de nouveaux gâteaux, il suffit d'écarter assez les uns des autres ceux qu'elles ont déjà bâti, pour qu'elles puissent en établir d'autres dans l'intervalle. Supposons qu'un essaim artificiel soit logé dans une ruche en feuillets composée de six cadres, dont chacun contient un gâteau; si la jeune reine qui gouverne cet essaim est aussi féconde qu'elle doit l'être, ses abeilles seront très actives au travail, et disposées à faire de grandes récoltes en cire. Pour les y déterminer, il faudra placer un cadre vide entre deux autres qui contiennent chacun un gâteau: comme tous ces feuillets sont de même dimension, qu'ils ont tous l'épaisseur nécessaire pour loger un gâteau, il est clair que les abeilles trouveront dans ce cadre vide, que vous aurez introduit dans leur ruche , l'espace précisément nécessaire pour y construire un gâteau neuf, et elles ne manqueront point de le faire, parce qu'elles sont dans l'obligation de ne laisser jamais qu'un espace de quatre lignes entre eux. Remarquez encore, Monsieur, que sans qu'il soit besoin de leur tracer la direction qu'elles doivent suivre, il est sûr qu'elles travailleront ce gâteau neuf parallèlement à ceux qui l'entourent, pour observer la loi qui veut un intervalle égal entre eux, dans toute l'étendue de leur surface.

Si la ruche est forte, et la saison bonne, on entrelacera d'abord trois cadres vides entre les vieux gâteaux, un entre le premier et le second; un autre entre le troisième et le quatrième, et le dernier, enfin, entre le cinquième et le sixième. Il faudra aux abeilles un travail de sept ou huit jours pour les remplir, et la ruche contiendra alors neuf gâteaux. Si le temps se soutient à une température favorable, on pourra entrelacer encore trois nouveaux feuillets, et par conséquent, dans l'espace de quinze jours ou trois semaines, on aura obligé les abeilles, à construire six gâteaux neufs. On pourrait continuer plus loin cette opération dans les climats chauds, et où la campagne offre perpétuellement des fleurs, mais dans notre pays, j'ai lieu de croire qu'il ne faut pas forcer davantage le travail pour la première année.

D'après ces détails, vous voyez, Monsieur, combien les ruches en feuillets sont préférables aux ruches de toute autre forme, et même à ces hausses ingénieuses dont M. Palteau a donné la description ; car, d'abord, on ne peut pas à l'aide de ces hausses obliger les abeilles à travailler en cire plus qu'elles ne le feraient si elles étaient laissées à elles-mêmes, au lieu qu'on peut les y obliger par l'entrelacement des cadres vides. Secondement, lorsqu'elles ont construit des gâteaux dans ces hausses, on ne peut pas les emporter sans déranger beaucoup d'abeilles, sans détruire des portions de couvain considérables; en un mot, sans causer dans la ruche un désordre réel.

Les miennes ont encore cet avantage, que chaque jour on peut observer ce qui s'y passe, et juger du moment le plus convenable pour enlever aux abeilles une partie de leur récolte. Quand on a sous les yeux tous les gâteaux, on distingue aisément ceux qui ne contiennent que du couvain, et qu'il faut respecter. On voit jusqu'à quel point les provisions sont abondantes, et quelle part on en peut prendre.

J'allongerais trop cette lettre si je vous rendais compte de toutes mes observations sur le temps où il convient d'inspecter les ruches, sur les règles qu'il faut suivre dans les différentes saisons, et sur la proposition qu'on doit observer dans le partage qu'on fait avec ces mouches de leurs richesses. Il faudrait un ouvrage particulier pour développer ces divers détails : je m'en occuperai peut-être un jour. En attendant, je serai toujours disposé à communiquer aux cultivateurs qui voudront suivre ma méthode, les directions dont une longue pratique m'a fait sentir l'utilité.

J'ajouterai seulement ici, qu'on court le risque de ruiner absolument les ruches, quand on s'empare en trop grande mesure du miel et de la cire des abeilles. Suivant mon opinion, l'art de cultiver ces mouches consiste à user sobrement du droit de partager leurs récoltes, mais à se dédommager de cette modération par l'emploi de tous les moyens qui servent à multiplier les abeilles. Ainsi, par exemple, si l'on voulait se procurer chaque année une certaine quantité de miel et de cire, il vaudrait mieux la chercher dans un grand nombre de ruches qu'on exploiterait avec discrétion, que dans un petit nombre auxquelles on prendrait une trop grande partie de leurs trésors.

Il est certain qu'on nuit beaucoup à la multiplication de ces mouches industrieuses, quand on leur vole plusieurs gâteaux dans une saison peu favorable à la récolte de la cire, parce que le temps qu'elles emploient à les remplacer est pris sur celui qu'elles doivent consacrer aux soins des œufs et des vers, et le couvain en souffre. D'ailleurs, il faut toujours leur laisser une provision de miel suffisante pour l'hiver ; car quoiqu'elles consomment moins dans cette saison, elles consomment cependant ; elles ne sont point engourdies comme quelques auteurs l'ont prétendu. Si donc elles n'ont point assez de miel, il faut leur en donner, cela exige une mesure fort exact.

La chaleur naturelle des abeilles

Note: Elles sont si peu engourdies pendant l'hiver, que lorsque le thermomètre baisse en plein air de plusieurs degrés au-dessous de 0, il se soutient encore à + 24 ou 25 dans les ruches suffisamment peuplées. Les abeilles se serrent alors les unes contre les autres, et se donnent du mouvement pour conserver leur chaleur.

Swammerdam partageait cette opinion, et je vais le laisser parler. « La chaleur d'une ruche est si considérable, même au cœur de l'hiver, que le miel ne s'y cristallise point, c'est-à-dire qu'il ne prend point une consistance grenue, à moins que les abeilles n'y soient en trop petit nombre ; de plus, lorsque leurs reines sont bien fécondes elles nourrissent de *miel* leurs petits, même au milieu de l'hiver, les soignent, les échauffent et s'échauffent aussi les unes les autres. Je ne sache pas qu'il y ait d'autres insectes qui aient cela de commun avec les abeilles ; car les frelons eux-mêmes, les guêpes et les bourdons, aussi bien que les mouches et les papillons, restent engourdis pendant tout l'hiver, sans se remuer ni changer de place"

M. de Réaumur a trouvé du couvain de tout âge dans quelques ruches, au mois de Janvier. La même chose m'est arrivée, et lorsque j'ai trouvé du couvain dans mes ruches en hiver, le thermomètre s'y soutenait aux environs du 27° R (93° F ou 34° C).

Puisque je parle ici d'observations thermométriques, faites sur les ruches, je relèverai en passant M. *Dubost* de Bourg-en-Bresse, qui, dans un mémoire d'ailleurs estimable, prétend que les vers ne peuvent éclore qu'au 32° de Réaumur. — J'ai fait bien souvent cette expérience avec les thermomètres les plus exacts, j'ai eu un résultat fort différent. Le terme de 32° est si peu celui qui convient aux œufs, que lorsque le thermomètre l'indique dans les ruches, la chaleur devient intolérable aux abeilles et elles sortent. Je présume que ce qui a trompé M. *Dubost*, c'est qu'il aura plongé trop brusquement son thermomètre au milieu d'un groupe d'abeilles, et qu'en les agitant par cette opération, il aura fait monter le mercure plus haut qu'il ne devait naturellement aller. Si dans ce cas il eût attendu quelques moments, il aurait vu la liqueur redescendre entre le 28 et le 29° ; car c'est la température ordinaire des ruches pendant l'été. Nous avons vu cette année, au mois d'Août, le thermomètre en plein air à 27° ½ et à cet instant même, il ne se soutenait dans nos ruches les plus peuplées, qu'aux environs du 30ème °. Les abeilles ne se donnèrent presque pas de mouvement, et un très grand nombre d'entre elles se reposait sur les appuis du rucher.

Distance à laquelle elles volent

J'avoue que, pour déterminer jusqu'à quel point on peut multiplier les ruches dans un certain pays, il faudrait savoir d'abord combien ce pays peut en nourrir, et c'est un problème qui n'est pas encore résolu: il tient à un autre dont la solution n'est pas mieux connue, la détermination de la plus grande distance à laquelle les abeilles s'éloignent de leurs ruches pour faire leurs récoltes. Divers auteurs assurent qu'elles peuvent s'écarter à quelques lieues de leur domicile; mais d'après le petit nombre d'observations que j'ai faites, je crois cette, distance fort exagérée. Il m'a paru que le rayon du cercle qu'elles parcourent n'a pas plus de demi-lieue. Puisqu'elles reviennent à leur ruche avec la plus grande vitesse dès qu'un nuage passe devant le soleil, il est déjà vraisemblable qu'elles ne s'éloignent jamais beaucoup, la nature, qui leur a inspiré une si grande crainte de l'orage et même de la pluie, n'a pas dû, sans doute, leur permettre de s'écarter à des distances qui les exposeraient à recevoir trop longtemps les injures de l'air. J'ai cherché à m'en assurer plus positivement, en faisant transporter, à des distances différentes de leurs abeilles dont j'avais fait peindre le corselet pour les reconnaître à leur retour. Or il n'en est jamais revenu une seule de celles que j'avais éloignées de 25 ou 30 minutes de leur domicile, tandis que celles qui ont été transportées à une distance un peu moindre, ont fort bien retrouvé leur chemin et sont revenues. Je ne vous rapporte point cette expérience, Monsieur, comme étant décisive. Si, dans les cas ordinaires, les abeilles ne vont pas au-delà de demi-lieue, il serait très possible qu'elles allassent beaucoup plus loin lorsque le voisinage de leurs habitations ne leur offre pas des fleurs. Pour rendre concluante une expérience sur ce sujet, il faudrait la faire dans de vastes plaines arides ou sablonneuses, séparées par une distance connue de toute campagne fleurie.

Cette question ne me paraît donc point encore décidée. Mais sans rien préjuger sur le nombre des ruches qu'un même canton peut nourrir, je remarquerai qu'il y a certains genres de productions végétales beaucoup plus favorables que d'autres aux abeilles. On entretiendra par exemple plus de ruches dans un pays de prairies, et où l'on cultive des bleds noirs, que dans un pays de vignobles ou dans les terres à froment.

Je termine ici, Monsieur, le récit de mes observations sur les abeilles. Quoique j'aie eu le bonheur de faire quelques découvertes intéressantes, je suis loin de regarder mon travail comme fini; il reste encore sur l'histoire de ces mouches plusieurs problèmes à résoudre. Les expériences que je projette y répandront peut-être quelque lumière. J'aurais bien plus d'espérance d'y réussir, si vous continuez, Monsieur, à me donner vos conseils et vos directions.

Agréez l'hommage de mon respect et de ma reconnaissance,

FRANCOIS HUBER

Fin du premier tome.

Tome II

Vingt ans se sont écoulés depuis la publication du premier volume de cet ouvrage; cependant je ne suis point resté oisif. Mais avant de mettre au jour de nouvelles observations, je désirais que le temps eût consacré les vérités que je croyais avoir établies. J'avais espéré que des naturalistes plus exercés seraient curieux d'apprécier par eux-mêmes l'exactitude des résultats que j'avais obtenus, et je pensais qu'en répétant mes expériences, ils découvriraient peut-être des faits qui m'avoient échappés. Mais dès lors on n'a fait aucune tentative pour pénétrer plus avant dans l'histoire de ces mouches, et cependant elle était loin, d'être épuisée.

Si j'ai été déçu dans cet espoir, je crois néanmoins pouvoir me flatter d'avoir obtenu la confiance de mes lecteurs, mes observations ont paru rendre raison de plusieurs phénomènes qu'on n'avait point encore expliqué; les Auteurs de quelques ouvrages sur l'économie des Abeilles les ont commentées ; la plupart des cultivateurs ont entièrement adopté, pour base de leur pratique, les principes dont j'ai reconnu la certitude; et les Naturalistes eux-mêmes n'ont point vu, sans quelque intérêt, mes efforts pour percer le double voile qui enveloppe, à mon égard, les sciences naturelles. Leur suffrage m'eût enhardi à rédiger plus tôt les faits dont se compose ce second volume, si la perte de plusieurs personnes qui m'étaient chères n'eût troublé le calme que ces occupations exigent.

Le philosophe profond, indulgent, aimable, dont la bienveillance semblait m'autoriser à paraître sur la scène, malgré les désavantages de ma position, M. Charles Bonnet n'existait plus, et le découragement s'était emparé de moi. Les sciences ont perdu en lui un de ces génies envoyés par le ciel pour les faire aimer ; qui savent en les liant aux sentiments les plus naturels à l'homme, et en donnant à chacune d'elles le rang et le degré d'intérêt qui lui appartient, attacher le cœur autant que l'esprit, et charmer l'imagination sans l'égarer par des prestiges.

Je trouvai dans l'amitié et les lumières de M. Senebier quelques soulagements aux privations qui m'étaient imposées. Une correspondance soutenue avec ce grand physiologiste, en m'éclairant dans la route, que je devais suivre, ranima en quelque sorte mon existence; mais sa mort me livra bientôt à de nouveaux regrets. Enfin le dirai-je, je devais encore être privé de ces yeux qui avoient suppléé aux miens, de cette adresse et de ce dévouement que j'avais eu, à ma disposition pendant quinze ans. Burnens, ce fidèle observateur dont je me plairai toujours à retracer les services, rappelé au sein de sa famille par ses affaires domestiques, et bientôt apprécié, par ses concitoyens comme il méritait de l'être, est devenu l'un des premiers magistrats d'un district assez considérable.

Cette dernière séparation, qui n'était pas la moins cruelle, puisqu'elle m'ôtait le moyen de me distraire de celles que j'avais déjà éprouvée, fut cependant adoucie par la satisfaction que je trouvai à observer la nature par l'organe de l'être qui m'est le plus cher, et avec lequel je pouvais me livrer à des considérations plus élevées.

Mais ce qui contribua surtout à me rattacher à l'histoire naturelle, ce fut le goût que mon fils manifesta pour cette étude. Je lui communiquai mes observations : il regretta qu'un travail qui lui paraissait devoir intéresser les naturalistes, restât enfoui dans mon portefeuille: il s'était aperçu de la secrète répugnance que j'éprouvais à mettre en ordre les matériaux que j'avais recueillis, et m'offrit d'en soigner lui-même la rédaction. Je consentis à sa proposition; on ne s'étonnera donc point si la forme de cet ouvrage diffère dans les deux parties qui le composent. Le premier volume renferme ma correspondance avec M. Bonnet; le second offre une suite de Mémoires: dans l'un on s'était borné au simple exposé des faits ; dans l'autre il s'agissait de décrire des objets difficiles, et pour en diminuer la sécheresse, on s'est , quelquefois, laissé aller aux réflexions que le sujet inspirait, D'ailleurs; en livrant mes journaux à mon fils, je lui ai transmis mes idées; nous avons confondu nos pensées et nos opinions; je tenais à le mettre , pour ainsi dire, en possession d'un sujet dans lequel j'avais acquis quelque expérience.

Ce nouvel ouvrage traite des travaux, proprement dit, des abeilles, ou de leur architecture, de la respiration et des sens de ces insectes. Les Mémoires que j'avais insérés dans les recueils périodiques ont été rétablis dans leur véritable place, tel est celui de l'origine de la cire et celui du sphinx atropos ; ils ont l'un et l'autre subi quelques changements ; et le dernier a été enrichi de nouvelles expériences. Enfin je publie sur le sexe des ouvrières (question longtemps débattue) un Mémoire qui, j'espère, ne laissera plus aucun doute sur la découverte de Schirach.

J'aurais pu ajouter encore plusieurs observations à celles que je donne aujourd'hui au public; mais elles ne présentaient point un ensemble suffisamment lié, et j'ai préféré attendre qu'elles pussent être accompagnées des faits avec lesquels elles ont quelques rapports.

Les observations que je publie au nom de mon père avaient longtemps exercé sa patience et celle de Burnens. Il ne suffisait pas de suivre avec exactitude les manœuvres des Abeilles, il fallait encore saisir leur enchaînement, et comprendre le but auquel elles tendaient.

A ces difficultés s'en joignait une plus grande peut-être, celle de se représenter clairement des formes compliquées, et de se faire une idée nette de leur combinaison. Des modèles exécutés en terre grasse avec beaucoup d'adresse, suppléèrent à ce que le discours ne pouvait rendre.

Mon père put donc se former, d'après les récits de Burnens, une théorie assez complète de l'architecture des Abeilles.

Il ne conservait aucun doute sur la justesse de ses observations; mais dans le but d'obtenir de nouveaux éclaircissements, ou la confirmation des faits qu'il croyait avoir bien compris, il désira que je les révise par moi-même avant de les publier.

Je me procurai donc des ruches semblables à celles dont il avait fait usage, et ce ne fut pas sans une vive jouissance, que je devins témoin à mon tour de tous les traits de cette étonnante industrie, ce fut avec une égale satisfaction que je pus répondre à mon ère de l'exactitude scrupuleuse de l'observateur auquel il avait donné sa confiance, et je ne pus ajouter qu'un petit nombre de détails à ceux qu'il lui avait transmis.

—Pierre Huber, Fils de François Huber

Aucun peuple, aucun pays peut-être n'a eu autant d'historiens que ces républiques d'insectes laborieux, dont l'industrie semble nous être destinée. Il existe des ouvrages périodiques uniquement relatifs à la culture des Abeilles; on a fondé des sociétés dont l'objet est de discuter les avantages de telle ou telle méthode; les siècles ont accumulés leurs observations, et malgré les progrès des sciences, nous ignorons encore quelle est la matière première de la cire; il est vrai que la plupart des auteurs à qui nous devons de si nombreux écrits, simples cultivateurs, nous ont donné leurs pratiques incertaines pour des préceptes, quelquefois leurs rêveries pour une théorie fondée sur l'expérience ; et, accumulant les citations, se compilant les uns les autres, ils ont contribué à perpétuer les erreurs plutôt qu'à les dissiper. Mais il est heureusement un petit nombre d'auteurs respectables par leurs talents et leur véracité, qui, franchissant les barrières communes, ont cherché en vrais naturalistes les lois par lesquelles ces peuplades se régissent.

Les abeilles ont même attiré l'attention des géomètres; ceux de l'antiquité avoient déjà compris le but de ces prismes hexagones dont elles forment leurs rayons; mais il n'appartenait qu'aux théories modernes de pouvoir apprécier toute l'étendue du problème géométrique que ces insectes résolvent dans la construction des fonds de leurs cellules. Ces fonds terminés en pyramides, offraient aux spéculations un des sujets les plus philosophiques, pour ceux qui ne croient pas pouvoir tout expliquer par la supposition d'une aveugle nécessité. D'habiles mathématiciens ont pensé qu'entre toutes les formes que les abeilles pouvaient choisir dans une suite infinie de pyramides, elles ont préféré celle qui rassemble le plus d'avantages; car ce n'est pas à elles, dit M. de Réaumur (l'auteur qui a le mieux connu la nature),

"Ce n'est pas à elles que l'honneur en est dû, il a été fait par une intelligence qui voit l'immensité des suites infinies de tout genre, et toutes leurs combinaisons; plus lumineusement et plus distinctement que l'unité ne peut être vue par nos Archimèdes modernes."

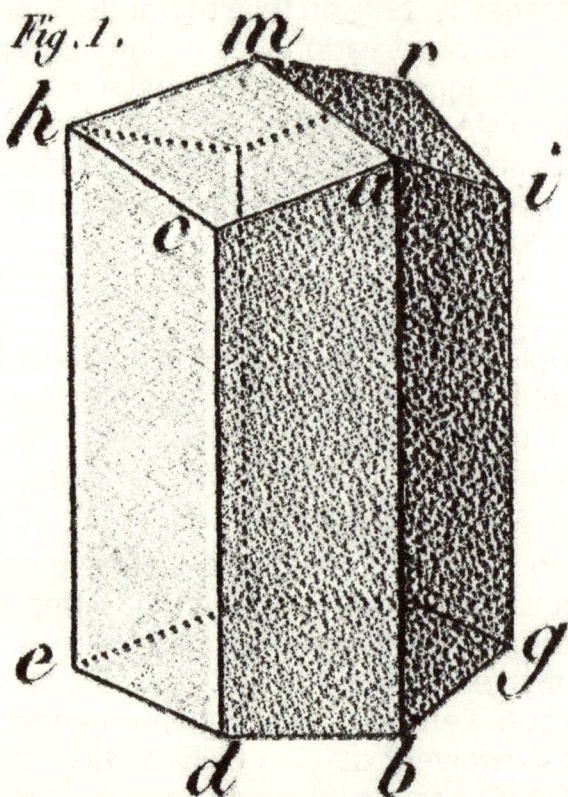

Tome 2 Planche I Fig. 1—Configuration d'une cellule vue debout sur son fond.

Mais sans attribuer à l'ouvrier la gloire de l'invention, on nous accordera du moins que l'exécution d'un plan aussi compliqué n'a pu être confiée à des créatures stupides; à de grossières machines animales; Si nous prouvons, par la suite, que les abeilles peuvent sortir dans certains cas de leur routine, que cette régularité dans leurs ouvrages souffre bien des exceptions, et qu'elles savent contrebalancer les erreurs par des additions ou des retranchements partiels, en sorte qu'il n'en résulte aucun inconvénient pour l'ensemble: si nous prouvons qu'il n'est aucune irrégularité dans leur ouvrage qui n'ait un but ,on sentira combien leur tâche est grande, et quelle doit être la finesse de leur organisation.

Pour donner une juste idée de l'ouvrage des abeilles, nous allons supposer une cellule isolée et placée, l'orifice en bas, sur un plan horizontal : elle représente alors une petite colonne prismatique à six faces, surmontée d'un chapiteau en forme de pyramide, très surbaissée et très obtuse Planche 1, Fig. 1.

Les six pans du tube hexagone, qui paraissent au premier coup d'œil autant de petites lames de cire, d'une forme rectangulaire, sont bien taillés à angles droits au bord de l'orifice; mais à l'extrémité opposée ils sont coupés obliquement; ainsi leurs grands côtés ne sont pas égaux. Chaque pan est uni à ceux qui l'avoisinent par les côtés semblables; le grand côté de l'un par le grand côté de l'autre, son petit côté par celui d'un troisième; il résulte de là que si on enlevait le chapiteau on verrait que le bord du tube hexagone forme tour à tour des saillies et des enfoncements c'est-à-dire, trois angles saillants (h, a, r) et trois angles rentrants (e, i, s) fig. 2.

Du sommet des trois angles saillants partent autant de petites arêtes qui se rencontrent vis-à-vis du milieu de la cellule (am, hm, rm, fig. 1); elles en divisent le fond en trois parties, et les espaces qu'elles laissent entre elles étant continués jusqu'au sommet des angles rentrants, prennent la forme de losanges ou rhombes (a c hm, fig. 1). De petites plaques de cire de cette figure remplissent ces espaces; ainsi chaque cellule est composée de six-pans en forme de trapèzes et de trois rhombes.

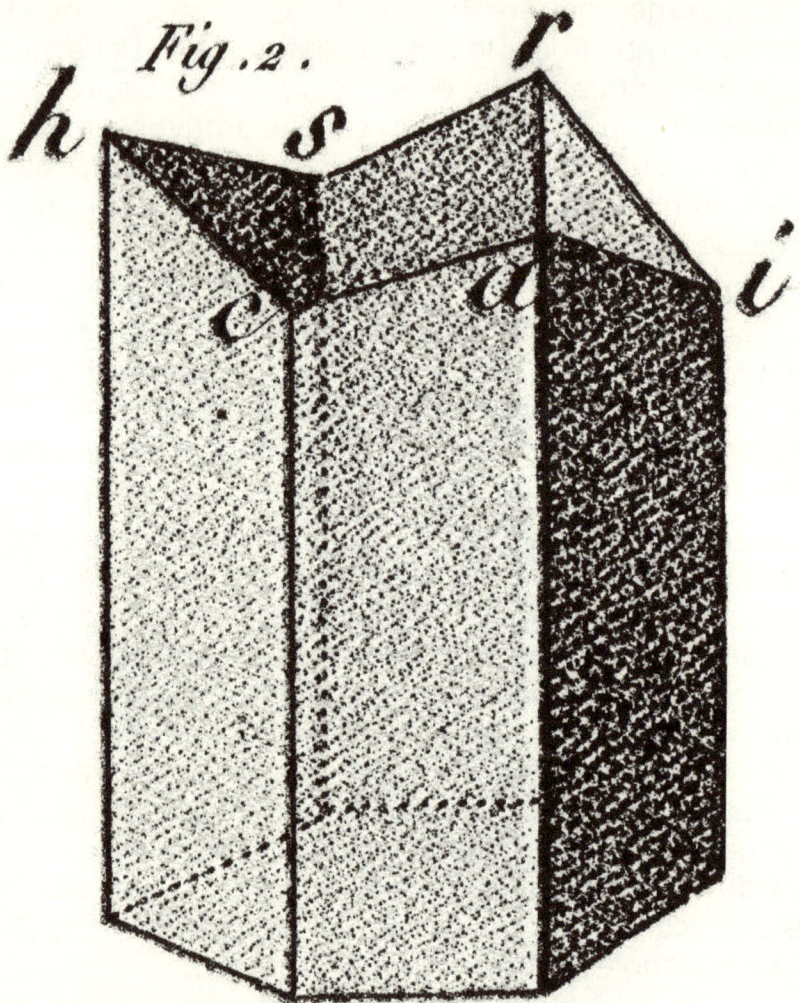

Tome 2 Planche I Fig. 2—similaire à la Fig. 1 mais avec une "capsule" (fond de la cellule) enlevée.

Les gâteaux des abeilles; comme on le sait, présentent deux rangs de cellules, et celles-ci sont adossées, non pas une à une, mais partiellement les unes aux autres

: chaque cellule répond à trois de celles de la face opposée (fig. 3 and 4).

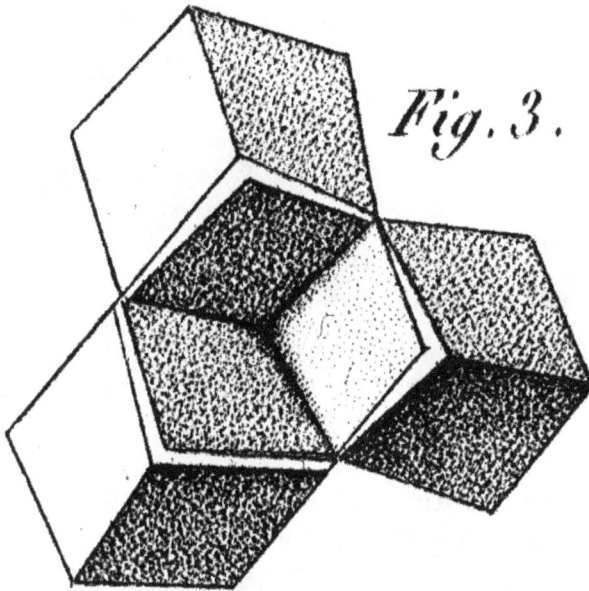

*Tome 2 Planche I Fig. 3—Montrant que le fond d'une
cellule est une partie des fonds de trois cellules opposées.*

Il suffisait, pour que les abeilles remplissent ces
conditions, qu'elles élevassent extérieurement, sur les
trois arêtes qui divisent le fond de chaque cellule, des
pans semblables à ceux de la cellule même, et qui, en se
rencontrant avec d'autres lames de la même forme, pro-
duisissent des prismes hexagones. C'est là ce qu'on observe presque toujours dans les gâteaux des abeilles : on
peut s'en convaincre en perçant avec une aiguille les trois
rhombes par lesquels une cellule est terminée. On voit, en
retournant le gâteau, qu'on a effectivement percé le fond
de trois cellules.

Outre l'économie de matière qui semble résulter de
cette disposition des alvéoles, on y découvre encore un

avantage plus certain, celui de contribuer à la solidité de l'ensemble.

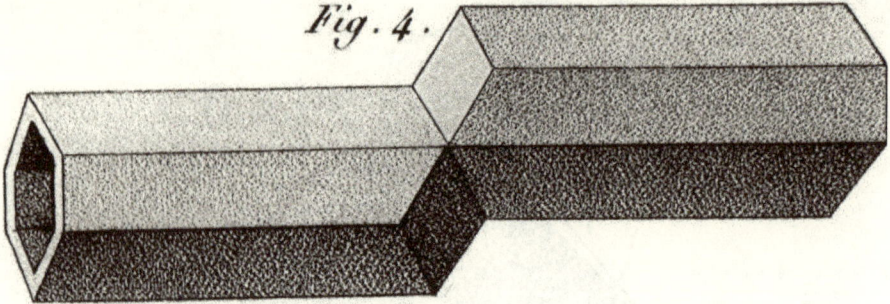

Tome 2 Planche I Fig. 4— Montrant que le fond d'une cellule est une partie des fonds de trois cellules opposées.

On se demande comment de petits insectes ont pu suivre un plan si régulier; comment leur multitude peut concourir à une telle ordonnance; quel moyen la nature emploie pour les diriger? Nous allons transcrire quelques fragments qui feront connaître les opinions de différents naturalistes sur cet objet.

Un auteur célèbre, peintre plutôt qu'observateur fidèle de la nature, n'a pas été embarrassé à expliquer ces merveilles:

" On conviendra donc, dit-il, qu'à prendre les mouches une à une, elles ont moins de génie que le chien, le singe et la plupart des animaux: on conviendra qu'elles ont moins de docilité , moins d'attachement, moins de sentiment, moins, en un mot, de qualités relatives aux nôtres; dès lors on doit convenir que leur intelligence apparente ne vient que de leur multitude réunie; cependant cette réunion même ne suppose aucune intelligence, car ce n'est point par des vues morales qu'elles se réunissent. c'est sans leur consentement qu'elles se trouvent ensemble: cette société n'est donc qu'un assemblage physique, ordonné par la nature, et indépendant de toute vue de toute connaissance, de tout raisonnement. La mère abeille produit dix-mille individus tout à la fois, et dans le même lieu; ces dix-mille individus, fussent-ils encore mille fois plus stupides que je ne le suppose, seront obligés pour continuer seulement d'exister, de s'arranger de quelque façon; comme ils agissent tous les uns comme les autres avec des forces égales, eussent ils commencé par se nuire, à force de se nuire ils arriveront bientôt à se nuire le moins qu'il sera possible; c'est à dire à s'aider, ils auront donc l'air de s'entendre et de concourir au même but; l'observateur leur prêtera bientôt des vues et tout l'esprit qui leur manque, il voudra rendre raison de chaque action; chaque mouvement aura bientôt son motif, et de là sortiront des merveilles ou, des monstres de raisonnements sans nombre; car ces dix-mille individus qui ont été tous produits à la fois, qui ont habité ensemble, qui se sont tous métamorphosés à peu près dans le même temps, ne peuvent manquer de faire tous la même chose, et pour peu qu'ils aient de sentiment de prendre les habitudes communes, de s'arranger, de se trouver bien ensemble, de s'occuper de leur demeure, d'y revenir après s'en être éloignés, etc. et de là l'architecture, la géométrie, l'ordre, la prévoyance ,l'amour de la patrie, la république en un mot, le tout fondé comme l'on voit sur l'admiration de l'observateur..

" La société dans les animaux qui semblent se réunir librement et par convenance, suppose l'expérience du sentiment, et la société des bêtes qui comme, les abeilles, se trouvent ensemble sans s'être cherchées ne suppose rien; quel qu'en puissent être les résultats , il est clair qu'ils n'ont été ni prévus, ni ordonnés, ni conçus par ceux qui les exécutent, et qu'ils ne dépendent que du mécanisme universel et des lois d'un mouvement, établies par le Créateur. Qu'on mette ensemble dans le même lieu dix mille automates animés d'une force vive, et tous déterminés par la ressemblance parfaite de leur extérieur et intérieur, et par la conformité de leurs mouvements à faire chacun la même chose dans le même lieu, il en résultera nécessairement un ouvrage régulier; les rapports d'égalité, de similitude, de situation, s'y trouveront, puisqu'ils dépendent de ceux du mouvement que nous supposons égaux et conformes: les rapports de juxtaposition, d'étendue; de figure s'y trouveront aussi, puisque nous supposons l'espace donné et circonscrit; et si nous accordons à ces automates le plus petit degré de sentiment, celui seulement qui est nécessaire pour sentir son existence, tendre à sa propre conservation , éviter les choses nuisibles, apprêter les choses convenables, etc. l'ouvrage sera non-seulement régulier; proportionné; situé, semblable, égal, mais il aura encore l'air de la symétrie, de la solidité, de la commodité au plus haut point de perfection , parce qu'en le formant chacun de ces dix mille individus a cherché à s'arranger de la manière la plus commode pour lui, et qu'il a en même temps été, forcé d'agir et de se placer de la manière la moins incommode aux autres.

"Dirai-je encore un mot; ces cellules des abeilles, ces hexagones tant vantés, tant admires, me fournissent une preuve de plus contre l'enthousiasme et l'admiration; cette figure, toute géométrique et toute régulière qu'elle nous paraît, et qu'elle est en effet dans la spéculation, n'est ici qu'un résultat mécanique et assez imparfaite qui se trouve souvent dans la nature, et que l'on remarque même dans ses productions les plus brutes ; les cristaux et plusieurs autres pierres, quelques sels, etc. prennent constamment cette figure dans leur formation. Qu'on observe les petites écailles de la peau d'une roussette, on verra qu'elles sont hexagones, parce que chaque écaille croissant en même temps se fait obstacle et tend à occuper le plus d'espace qu'il lui est possible, dans un espace donné. On voit ces mêmes hexagones dans le second estomac des animaux ruminants ; on les trouve dans les graines, dans leurs capsules, dans certaines fleurs, etc. Qu'on remplisse un vaisseau de pois ou de quelque autre graine cylindrique, et qu'on le ferme exactement, après y avoir versé autant d'eau que les intervalles, entre ces graines, peuvent en recevoir ; qu'on fasse bouillir cette eau, tous ces cylindres deviendront des colonnes à six pans. On en voit clairement la raison qui est purement mécanique ; chaque graine dont la figure est cylindrique, tend, par son renflement, à occuper le plus d'espace possible dans un espace donné ; elles deviennent donc toutes nécessairement hexagones par la compression réciproque, chaque abeille cherche à occuper de même le plus d'espace possible dans un espace donné ; il est donc nécessaire aussi, puisque le corps des abeilles est cylindrique, que leurs cellules soient hexagones par la même raison des obstacles réciproques.

"On donne plus d'esprit aux mouches dont les ouvrages sont réguliers: les abeilles sont, dit-on, plus ingénieuses que les guêpes, que les frelons, etc. qui savent aussi l'architecture ; mais dont les constructions sont plus grossières et plus irrégulières que celles des abeilles ; on ne veut pas voir, ou l'on ne se doute pas, que cette régularité plus ou moins grande dépend uniquement du nombre et de la figure, et nullement de l'intelligence de ces petites bêtes ; plus elles sont nombreuses, plus il y a de forces qui agissent également, et qui s'opposent de

même, plus il y a par conséquent de contrainte mécanique, de régularité forcée et de perfections apparentes
dans leurs productions."

A ces raisonnements, au style qui les embellit, on
reconnaît sans peine l'auteur de ce discours; nous laisse-
rons à une plume plus éloquente que la nôtre le soin de
réfuter M. de Buffon. Les deux fragments que nous allons
rapporter, tirée de la Contemplation de la Nature (Partie
XI, note 9 et 11 du chapitre XXVII, dernière édition) en
répondant d'une manière directe aux hypothèses de cet
auteur, peuvent donner une idée très juste des progrès de
l'histoire des abeilles sous les Maraldi et les Réaumur,
relativement à la formation des gâteaux ; elle servira en
même temps à faire connaître leur opinion sur l'origine de
la cire. Note: M. Bonnet n'ayant rien dit dans le texte de
la manière dont les abeilles recueillent le miel et la cire, ni
de l'art avec lequel elles emploient celle-ci dans la construction de leurs beaux ouvrages, il supplée à cette omission dans une note que je transcris ici.

"Les dents, la trompe et les six jambes, sont les
principaux instruments qui ont été accordés aux ouvrières pour exécuter leurs différents travaux. Les dents,
sont deux petites écailles tranchantes, qui jouent horizontalement, et non du bas en haut comme les nôtres, la
trompe que l'abeille déplie et allonge à son gré n'agit
point à la manière d'une pompe; je veux dire que l'abeille
ne s'en sert pas pour sucer, elle est une sorte de langue
très longue et garnie de poils, et c'est en léchant les
fleurs, qu'elle se charge d'une liqueur qu'elle fait passer
dans la bouche, pour descendre par l'œsophage dans un
premier estomac, qui en est le réservoir, On voit bien
que cette liqueur est le miel, les abeilles connaissent les
petites glandes nectarifères , situées au fond du calice des
fleurs et qui les contiennent ; quand elles ont rempli leur

réservoir, elles vont les dégorger dans les cellules ; elles les en remplissent, elles l'y mettent en réserve, en prenant la précaution de boucher les cellules avec un couvercle de cire, Mais, il est d'autres cellules à miel qu'elles ne bouchent point parce que ce sont des magasins qui doivent rester ouverts pour les besoins journaliers de la communauté.

"C'est encore sur les fleurs que les ouvrières vont recueillir la matière à cire ou la cire brute; les poussières des étamines sont cette matière. L'industrieuse abeille se plonge dans l'intérieur des fleurs qui abondent le plus en poussière; les petits poils branchus dont son corps est garni, se chargent de ces poussières; l'ouvrière les en détache ensuite à l'aide des brosses dont les jambes sont pourvues : elle les rassemble et en forme deux pelotes que les jambes de la seconde paire vont placer dans une cavité en manière de corbeille, qui se trouve à chaque jambe de la troisième paire. Chargée de ses deux pelotes de matière à cire, la diligente abeille retourne à la ruche, et va les déposer dans une cellule destinée à les recevoir. Cette cellule devient ainsi un magasin à cire qui demeure ouvert; mais, l'abeille ne se contente pas de se décharger ainsi de son fardeau : elle entre dans la cellule la tête la première, étend, les deux pelotes, les pétrit et y distille un peu de liqueur sucrée. Si la peine qu'elle a prise à faire sa récolte l'a trop fatiguée, une autre abeille survient qui se charge d'étendre et de pétrir les pelotes ; car tous les ilotes de la petite Sparte sont également instruits de tout ce qui se présente à faire dans chaque cas particulier, et s'en acquittent également bien. Mais il n'arrive pas toujours que l'abeille n'ait qu'à se plonger dans les fleurs pour en recueillir les poussières au moyen de sa toison; il est des circonstances où cette récolte n'est point aussi fa-

cile, et où elle exige, de la part de l'ouvrière d'autres manœuvres, Avant leur parfaite maturité, les poussières sont
renfermées dans ces sortes de capsules que les botanistes
ont nommées les sommets des étamines. L'ouvrière qui
veut s'emparer des poussières que les capsules n'ont
point encore laissé échapper, est donc obligé d'ouvrir ces
capsules, et elle le fait avec ses dents, puis elle saisit avec
ses premières jambes les grains qui se présentent à l'ouverture: les articulations qui terminent la jambe font ici
l'office de main; les grains qu'elles ont saisi, elles les donnent aux jambes de la seconde paire, qui après les avoir
déposés dans la petite corbeille des jambes de la troisième paire, les y assujettissent en frappant dessus à plusieurs reprises ; la légère humidité des grains aide encore
à les y retenir et à les lier les uns aux autres ; l'ouvrière
répète à plusieurs reprises ; la légère humidité des grains
aide encore à les y retenir et à les lier les uns aux autres ;
l'ouvrière répète les mêmes manœuvres, achève de remplir les deux corbeilles , et se hâte de regagner sa ruche
chargée de son butin.

   "Ces poussières que les abeilles recueillent sur les
fleurs ne sont pas cette même cire qu'elles mettent en
œuvre avec tant d'industrie, elles n'en sont que la matière
première, et cette matière demande à être préparée et di-
gérée dans un estomac particulier, dans un second estomac. C'est là qu'elle devient de la véritable cire; l'abeille la
rejette ensuite par la bouche, sous la forme d'une bouillie
ou d'une écume blanche, qui se fige promptement à l'air :
tandis que cette sorte de pâte est encore ductile, elle se
prête facilement à toutes les formes que l'abeille veut lui
donner elle est pour elle ce que l'argile est pour le potier.

Fig. 1.

Fig. 2.

Fig. 3.

Fig. 4.

Fig. 5.

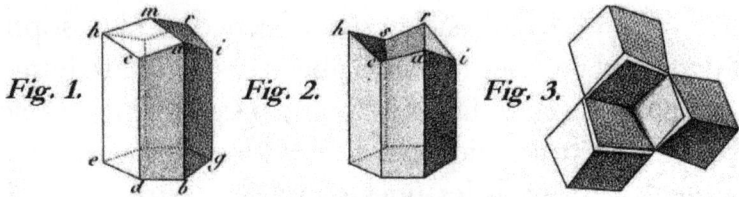

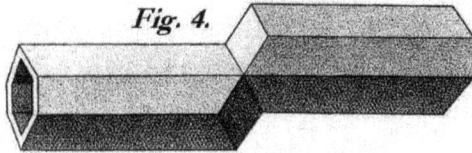

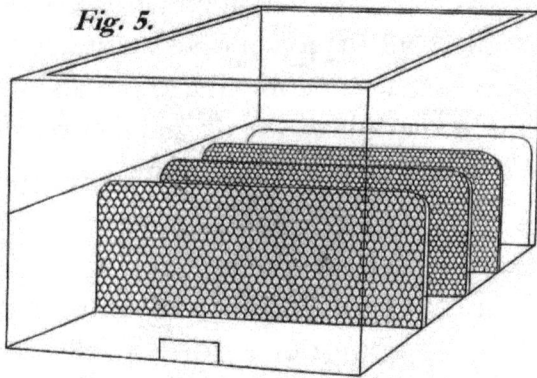

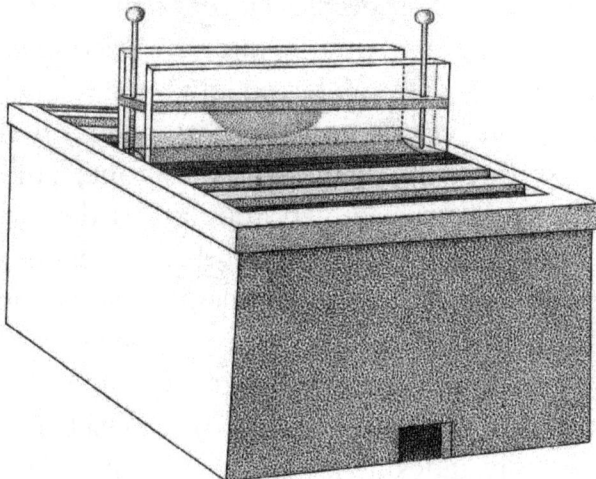

Tome 2 Planche I—Ruche permettant d'observer la construction des gâteaux.

"Un grand physicien qui a beaucoup philosophé sur le travail géométrique des abeilles, a cru le réduire à sa juste valeur en le faisant envisager comme le simple, résultat d'une mécanique assez grossière, il a pensé que les abeilles, pressées les unes contre les autres faisaient prendre naturellement à la cire une figure hexagone, et qu'il en était, à cet égard, des cellules des abeilles comme des boules d'une matière molle, qui, pressées les unes contre les autres, revêtent la figure de dés à jouer. Je sais gré à ce physicien de s'être tenu en garde contre les séductions du merveilleux; je voudrais avoir à le louer encore sur la justesse de sa comparaison, mais on va voir qu'il s'en faut bien que le travail des abeilles résulte d'une mécanique aussi simple que celle qui lui a plu d'imaginer.

"On n'a pas oublié que les cellules des abeilles ne sont pas simplement des tubes hexagones, ces tubes ont un fond pyramidal , formé de trois pièces en losanges ou de trois rhombes , et c'est de la sorte qu'elles jettent les premiers fondements de la cellule : sur deux des côtés extérieurs de ce rhombe elles élèvent deux des pans de la cellule, elles façonnent ensuite un second rhombe qu'elles lient avec le premier, en lui donnant l'inclinaison qu'il doit avoir , et sur ces deux côtés extérieurs elles élèvent deux nouveaux pans de l'hexagone; enfin, elles construisent le troisième rhombe et les deux derniers pans : tout cet ouvrage est d'abord assez massif et Il ne doit point demeurer tel. Les habiles ouvrières s'occupent ensuite à le perfectionner, à l'amincir, à le polir, à le dresser; leurs dents leur tiennent lieu de rabot et de lime. Une vraie langue charnue, placée à l'origine de la trompe, aide encore au travail des dents. Un bon nombre d'ouvrières se succèdent dans ce travail; ce que l'une n'a qu'ébauché; une autre le finit un peu plus, une troisième le perfectionne, etc. et quoiqu'il ait passé ainsi par tant de mains, on le dirait jeté au moule.

"On vient de voir (dans la note 9) que le fond de chaque cellule est pyramidal, et que la pyramide est formée de trois rhombes égaux et semblables; les angles de ces rhombes pouvaient varier à l'infini, c'est-à-dire que la pyramide pouvaient être plus ou moins élevée, plus ou moins écrasée: le savant Maraldi, qui avait mesuré les angles des rhombes avec une extrême précision, avait trouvé que les grands angles étaient en général de 109 degrés 28 minutes , et les petits de 70 degrés 32 minutes. M. de Réaumur, qui savait méditer sur les procédés des insectes, avait ingénieusement soupçonné que le choix de ces angles, entre tant d'autres qui auraient pu être également ment choisis, avait pour raison secrète l'épargne de la cire, et qu'entre les cellules de même capacité et à fond pyramidal, celles qui pouvaient être faites avec le moins de matière, étaient celles dont les angles avaient les dimensions que donnaient les mesures actuelles. Il proposa donc à un habile géomètre, M. Kœnig , qui ne savait rien de ces dimensions, de déterminer par le calcul, quels devaient être les angles d'une cellule hexagone à fond pyramidal, pour qu'il entrât le moins de matière possible dans sa construction; le géomètre eut recours, pour la solution de ce beau problème, à l'analyse des infiniment petits, et trouva que les grands angles des rhombes devaient avoir 109 degrés 26 minutes ; et les petits 70 degrés 34 minutes ; accord surprenant entre la solution et les mesures actuelles, M. Kœnig démontre encore qu'en préférant le fond pyramidal au fond plat, les abeilles ménagent en entier la quantité de cire qui serait nécessaire pour construire un fond aplati.

Note: M:, Koenig croyait que les abeilles doivent donner aux rhombes de leurs cellules 109°16 et 70°34 pour y employer le moins de cire possible (Réaumur, T. V, M. VIII).

M. Cramer, ancien professeur de Genève, auquel M. Koening avait proposé le même problème, a trouvé que ces angles devaient être 109°28 et 70°31 et demi (Voyez la note première). Ce résultat est le même que celui du père Boscovisch, qui remarque que Maraldi avait simplement observé les angles en gros 110° et 70° et que ceux qu'il donne 109°28 et 70°32 étaient ceux qu'il fallait pour que les angles des trapèzes, près de la base, fussent égaux, savoir de 120°, et il suppose que cette égalité d'inclinaison facilite beaucoup la construction de la cellule, ce qui pouvait être un motif de préférence aussi bien que l'économie. Il montre que les abeilles n'économisent pas, à beaucoup près, la cire nécessaire pour un fond plat dans la construction de chaque alvéole, comme l'avaient cru MM. Koening et de Réaumur.

Maclaurin dit que la différence d'une cellule à fond pyramidal ou d'une à fond plat, c'est-à-dire l'économie que font les abeilles, est égale au quart des six triangles qu'il faudrait ajouter aux trapèzes, faces de la cellule, pour qu'lis devinssent des rectangles.

M. Lhuillier, professeur de Genève , évalue l'économie que font les abeilles à 1/51 de la dépense totale, et il démontre qu'elle aurait pu être de 1/9 si les abeilles n'eussent eu d'autre condition à remplir ; mais il conclut, que si elle n'est pas très sensible pour chaque cellule, elle peut l'être pour la totalité du gâteau, à cause de l'emboitement mutuel des deux ordres opposés d'alvéoles (Mémoire de l'Académie Royale des Sciences de Berlin, 1781).

Enfin M. Le Sage démontre que quel que soit l'inclinaison des rhombes, la capacité de la cellule reste la même. Les gâteaux ou rayons ont, dit-il, deux cellules de profondeur, disposées de façon que tout ce qu'on pourrait donner ou ôter aux antérieurs, serait pris et rejeté sur les postérieurs, de sorte que 1) la totalité du rayon n'y gagnerait et n'y perdrait rien et que même 2) les antérieures resteraient toujours égales aux postérieures, vu la symétrie avec laquelle elles sont enchâssées réciproquement les unes dans les autres.

"En raisonnant d'après l'historien des insectes sur la forme géométrique des cellules des guêpes et des abeilles, l'illustre Mairan s'exprimait ainsi:

'« *Que* » *les bêtes pensent ou ne pensent pas, il est toujours certain qu'elles se conduisent en mille occasions comme si elles pensaient ; l'illusion en cela; si c'en est une, nous avait été bien préparée. Mais sans prétendre toucher à cette grande question, et quelle que soit la cause, livrons-nous un moment aux apparences et parlons le langage ordinaire.*

Des géomètres, et il faut compter parmi eux M. de Réaumur, se sont exercés à faire sentir tout l'art qu'il y avait dans les gâteaux de cire, et dans ces guêpiers de papier, si ingénieusement divisés par étages soutenus de colonnes, et ces étages, ou tranches, par une infinité de cellules sexangulaires. Ce n'est pas sans fondement qu'on a observé que cette figure était entre tous les polygones possibles, le plus convenable, ou même le seul convenable, aux intentions qu'on est en droit d'attribuer aux abeilles et aux guêpes qui savent les construire, Il est vrai que l'hexagone régulier suit nécessairement de l'apposition des corps ronds, mous et flexibles, lorsqu'ils sont pressés les uns contre les autres, et que c'est apparemment pour cette raison qu'on le rencontre si souvent dans la nature, comme dans les capsules des graines de certaines plantes, sur les écailles de divers animaux, et quelquefois dans les particules de neige à cause des petites gouttes ou bulles d'eau sphériques ou circulaires, qui se sont aplaties les unes contre les autres en se gelant; mais il y a tant d'autres conditions à remplir dans la construction des cellules hexagones des abeilles et des guêpes, et qui se trouvent si admirablement remplies, que quand on leur disputerait une partie de l'honneur qui leur revient de celle-ci, il n'est presque plus possible de leur refuser qu'elles n'y aient beaucoup ajouté par choix, et qu'elles n'aient habilement tourné à leur avantage cette espèce de nécessité que leur imposait la nature."

Les écrits des naturalistes en qui j'avais le plus de confiance n'étaient donc point favorables à l'hypothèse de M. de Buffon, qui attribue une des merveilles de la nature à des combinaisons toutes mécaniques. L'expérience avait déjà appris qu'on ne pouvait expliquer le travail des abeilles par des moyens aussi grossiers, et je ne tardai pas à me convaincre par mes propres observations de la justesse des opinions de M. Bonnet à cet égard.

Mes recherches apporteront sans doute de nombreuses modifications aux idées que l'on se faisait de son tems sur l'art avec lequel ces insectes construisent leurs rayons; mais elles contribueront j'espère à étayer une théorie bien différente de celle de l'éloquent historien des animaux.

N.B. Des mathématiciens modernes, fort habiles, se sont aussi exercés sur le problème du minimum de cire des alvéoles ; mais leurs conclusions sont bien différentes de celles de leurs devanciers.

La note suivante, tirée des papiers de Mr. G. L. Le Sage, de Genève, indique les progrès que l'on a faits dans cette recherche.

Depuis Réaumur et de Geer, dont les ouvrages ont développé assez généralement le goût de l'insectologie, les esprits devenus observateurs ont fait faire de grands pas à la science; toutes ses branches se sont étendues, et l'histoire des abeilles, plus qu'aucune autre, s'est enrichie dans cet intervalle.

Les Schirach, les Riem, lui ont ouvert une nouvelle route; nous avons peut-être nous-même contribué à la dégager des préjugés qui entravaient ses progrès, en établissant d'une manière plus rigoureuse les faits qu'ils avoient annoncés.

Dès lors, quelques observations ont été publiées en différents pays; mais avec si peu de développement et d'une manière si éloignée de l'exactitude qu'on exige actuellement dans les sciences naturelles, qu'elles se-raient ensevelies dans l'oubli si l'on ne cherchait à les étayer de tous les faits qui peuvent leur donner de la consistance.

C'est sur la cire que s'est portée principalement l'at-tention des naturalistes : quelques chimistes ont aussi essayé de donner l'analyse de cette matière ; mais le peu d'accord que présentent les résultats de ces divers tra-vaux, prouve que le sujet n'a point encore été assez discuté, et qu'il 'exige un nouvel examen.

Entre les opinions énoncées dans les fragments que nous avons tirés de la Contemplation de la Nature, il en est une qui paraissait bien établie, lorsque M. Bonnet écrivait, et qu'il avait adoptée, d'après les meilleurs au-teurs du temps. Cette opinion, généralement reçue, est la conversion de la poussière des étamines en cire. On a dû lire avec intérêt les détails dans lesquels il est entré sur la récolte de cette substance, sur la manière dont les abeilles s'en chargent, l'emmagasinent et la conservent ; tous ces faits avoient été observés scrupuleusement par Réaumur, Maraldi et plusieurs autres savants ; ce n'est donc point sur cela qu'on peut élever des doutes; il n'est pas moins évident que les poussières prises par les abeilles sur les fleurs sont pour elles d'une utilité réelle, puisque ces insectes, en rapportent une grande quantité; mais est-il bien vrai qu'elles soient la matière première de la cire?

Les apparences étaient en faveur de cette hypo-thèse; les abeilles offrant au cultivateur deux substances précieuses, le miel et la cire, et recueillant chaque jour sous ses yeux le nectar des fleurs et leurs poussières fécondantes, on pouvait croire que cette dernière subs-tance était la cire haute.

Il était survenu quelques doutes à Réaumur, non sur la réalité de cette conversion, mais sur la manière dont elle l'opérait; la cire était-elle formée des poussières mêmes en nature, ou celles-ci n'en étaient-elles qu'un des principaux ingrédients? Après avoir fait plusieurs expé-riences fort simples, mais peu concluantes, il adopta la dernière de ses opinions; mais il l'énonça toujours avec cette réserve particulière aux amis de la vérité; il croyait s'être assuré que les abeilles faisaient subir une élabora-tion particulière au pollen, qu'il était changé dans leur estomac en véritable cire, et que celle-ci sortait de leur bouche sous la forme d'une espèce de bouillie. Cependant il avait bien remarqué la différence très grande qui existe entre les poussières fécondantes et la cire même, et n'avait fait plusieurs observations qui auraient dû l'éloi-gner de cette opinion, s'il en avait tiré de justes consé-quences.

Découverte des lames de cire sous les anneaux de l'abdomen

La science en était restée là, lorsqu'un cultivateur de Lusace, dont le nom n'est pas parvenu jusqu'à nous, fit la découverte la plus importante. M. Willelmi, parent de Schirach, qui a fait faire un si grand pas à l'histoire des abeilles, écrivait à M. Bonnet le 22 Août 1768:

“Permettez- moi, Monsieur, d'ajouter ici un récit abrégé des nouvelles découvertes que la société de (Lusace) a faites. On a cru jusqu'à présent que les abeilles rendaient la cire par la bouche, mais on a observé qu'elles l'effluent par les anneaux dont la partie postérieure de leur corps est formée. Pour s'en convaincre, il faut avec la pointe d'une aiguille tirer l'abeille de l'alvéole où elle travaille en cire, et l'on s'apercevra, pour peu que l'on allonge son corps, que la cire dont elle est chargée se trouve sous ses anneaux en forme d'écailles, etc.”(*Histoire de la Mère Abeille*, par Blassière)

L'auteur de cette lettre ne nomme point le naturaliste à qui appartient cette belle observation; quel qu'il soit il aurait mérité d'être plus connu. Cependant elle ne parut pas à M. Bonnet établie sur des preuves assez solides pour le faire renoncer aux idées reçues, et entraînés par son ascendant, nous n'examinâmes point si son opinion était fondée.

Mais plusieurs années après, en 1793, nous fûmes très étonnés de trouver sous les anneaux des abeilles des lames qui paraissaient d'une matière analogue à la cire.

Cette découverte, était sous tous les rapports, du plus grand intérêt; nous montrâmes ces lames à quelques-uns de nos amis, et les ayant exposées devant eux à la flamme d'une bougie, elles présentèrent les caractères de la vraie cire.

Cependant un Anglais d'une grande réputation, John Hunter, qui observait les abeilles à l'époque où je m'en occupais, moi-même, conçut des doutes qui l'amenèrent au même résultat. Il découvrit, de son côté, le véritable réservoir de la cire sous le ventre de ces mouches, et donna le détail de ses observations dans un mémoire inséré dans les transactions philosophiques, en 1792.

En soulevant les segments inférieurs de l'abdomen des abeilles, il y trouva des lames d'une matière fusible, qu'il reconnut pour être de la cire. Il s'assura de la différence qui existe entre les poussières des étamines et la matière dont les gâteaux sont formés, et assigna une nouvelle propriété à ces pelotes, que les abeilles rapportent sur leurs jambes. C'étaient là des pas marquants; mais Hunter n'avait pu se rendre témoin de l'emploi des lames de cire qu'il supposait transsudées du corps même des abeilles, et il n'avait à offrir que des conjectures sur l'usage du pollen, Nous poussâmes plus loin nos observations, et nous pûmes non-seulement confirmer ses résultats, mais leur donner plus de développement; ainsi ces vérités importantes, signalées en Allemagne, en Angleterre et en France , ne pouvaient manquer d'obtenir enfin la confiance de tous les naturalistes.

Ce fut sous les anneaux inférieurs du ventre des abeilles, que nous trouvâmes les plaques de cire ; elles étaient rangées par paires, sous chaque segment, dans de petites poches d'une forme particulière, situées à droite et à gauche de l'arête angulaire de l'abdomen, on n'en trouva point sous les anneaux des mâles et des reines, la conformation de ces parties étant très différente dans ces deux classes; les ouvrières seules possédaient donc la faculté de sécréter la cire, pour nous servir de l'expression de John Hunter (note 2).

Tome 2 Planche II Fig. 1—Dessous du ventre d'une ouvrière, montrant les plaques.

La forme de ces poches, ou réservoirs, qui n'a point été remarquée par cet auteur, qui a échappée à Swammerdam et à tant d'autres anatomistes dont l'abeille avoir attiré les regards, mérite cependant la plus grande attention, puisqu'elle appartient à un organe nouveau. Le dessous du ventre de l'abeille (*Planche II, fig. 2*) ne présente rien à l'extérieur dans sa composition, qui ne lui soit commun avec l'abdomen des guêpes et de plusieurs autres hyménoptères ce sont des demi-anneaux qui se recouvrent en partie les uns les autres; mais ils ne sont pas planes comme ceux de la plupart des insectes de la même section ; ils sont voûtés; car l'abdomen de l'abeille est remarquable par une saillie anguleuse qui règne depuis son origine jusqu'au bout opposé (*ab, fig. 2*).

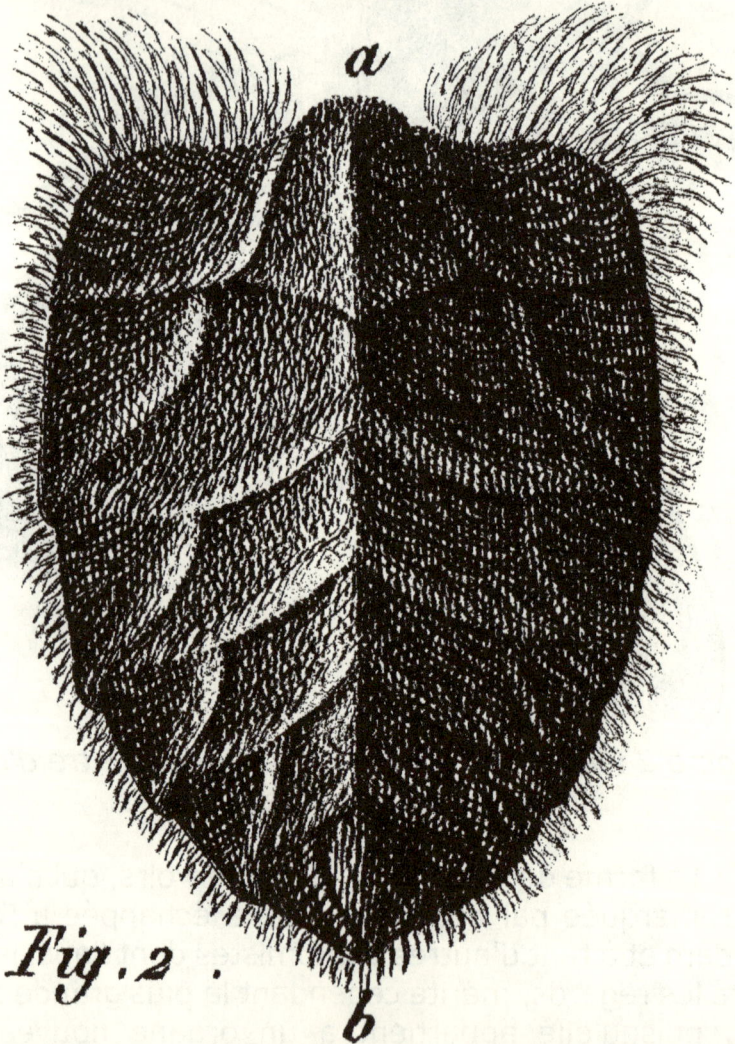

Tome 2 Planche II Fig. 2—Gros plan de l'abdomen d'une ouvrière.

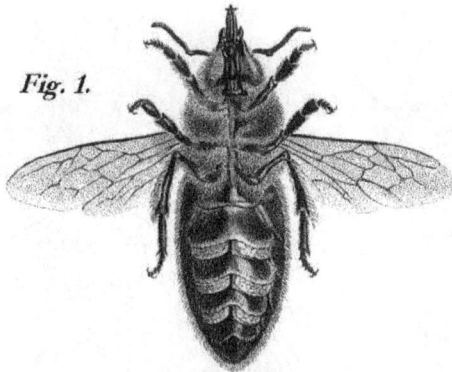

Fig. 1.

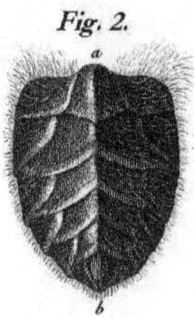

Fig. 2.

Fig. 4.

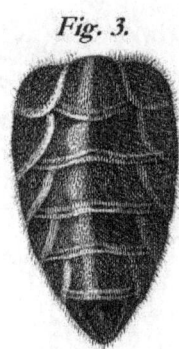

Fig. 3.

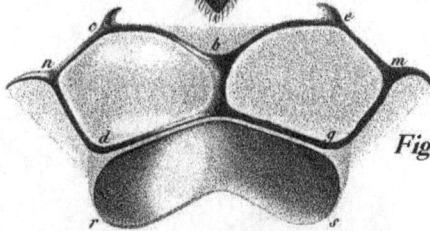

Fig. 5.

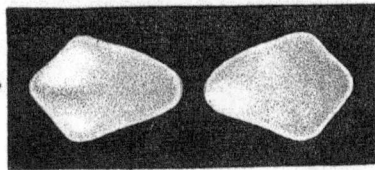

Fig. 7.

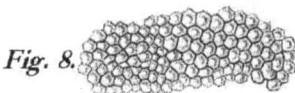

Fig. 8.

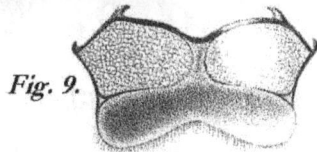

Fig. 9.

Tome 2 Planche II—Organes de sécrétion de la cire.

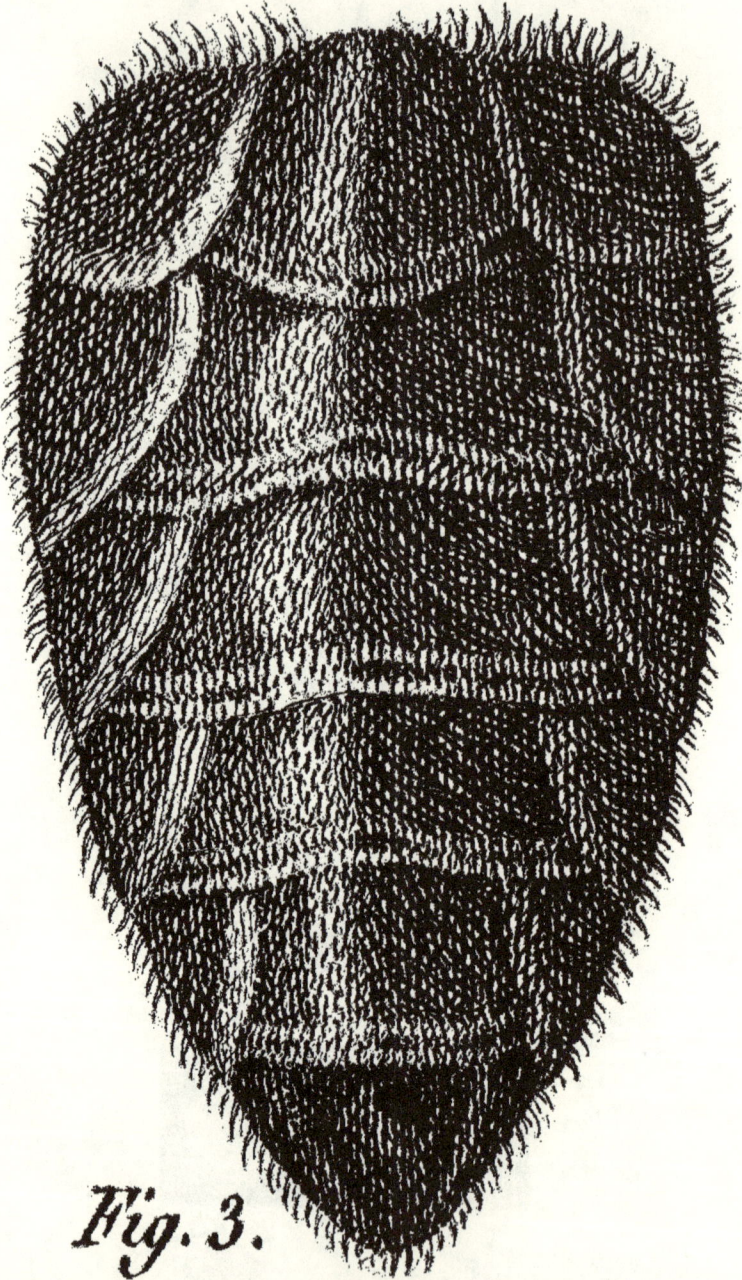

Fig. 3.

*Tome 2 Planche II Fig. 3—Abdomen partiellement dis-
tendu.*

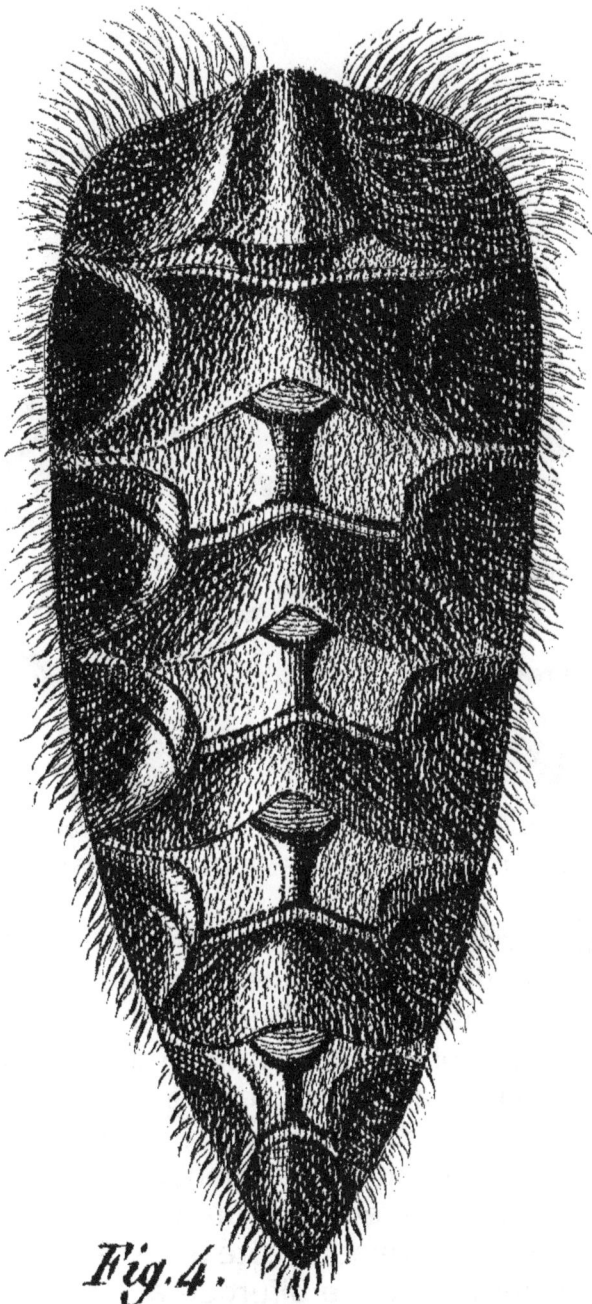

Fig. 4.

Tome 2 Planche II Fig. 4—Abdomen complètement distendu

Le bord de ces segments est écailleux, mais si on les soulève ou si l'on allonge le ventre de l'abeille en le tirant doucement par l'une de ses extrémités, on découvre la partie de ces pièces qui était masquée, dans l'état ordinaire, par le bord supérieur des autres segments (fig. 1 et 4).

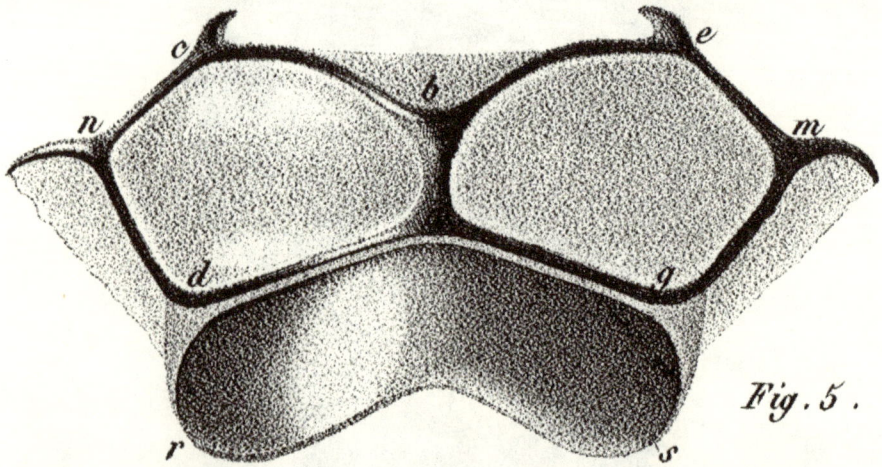

Tome 2 Planche II Fig. 5—Base de l'anneau abdominal.

Cette partie (cdeg, fig. 5) que l'on doit considérer comme la base de chaque anneau, puisqu'elle est adhérente au corps même de l'insecte, est d'une substance membraneuse, molle, transparente et d'un blanc jaunâtre; elle occupe au moins les deux tiers de chaque segment; elle est partagée en deux par une petite arête cornée (ab), qui répond précisément à la saillie angulaire de l'abdomen. Cette arête part du milieu du bord, écailleux (dgrs) en se dirigeant du côté de la tête, elle traverse la partie membraneuse, se bifurque à son extrémité, se contourne en arc à droite et à gauche, et fournit un bord solide à l'une et à l'autre portion de la membrane (n, c, b, e, m, g, fig. 5,): c'est sur les deux petites aires qui résultent de cette division, que les lames de cire se trouvent en nature (fig. 7). Leurs contours formés de lignes courbes et de lignes droites jointes ensemble, présentent au premier abord l'aspect de deux ovales; mais en analysant leur composition on reconnaît que ce sont des pentagones irréguliers. Les aires membraneuses sont inclinées comme les côtés du corps même; elles sont entièrement recouvertes par le bord du segment précédent, et forment avec lui de petites poches ouvertes seulement par le bas. Les segments ou les deux plans qui forment l'ensemble des cavités à cire, sont réunies par une espèce de membrane, ainsi que les deux pièces d'un portefeuille.

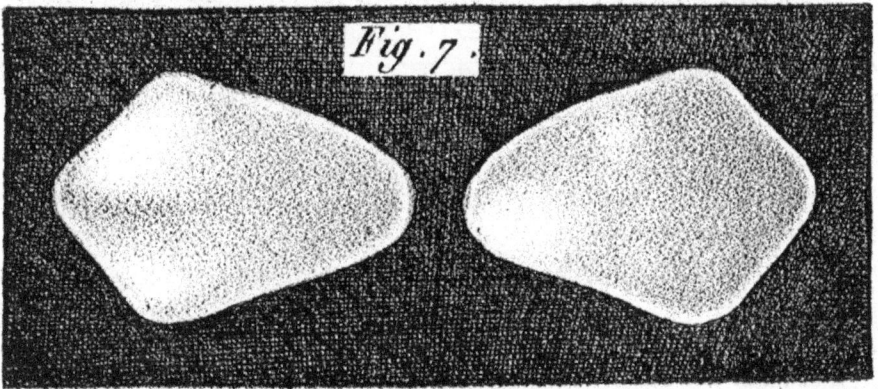

Tome 2 Planche II Fig. 7—Lames de cire sur du tissu noir pour le contraste.

Les lames de cire ont absolument la forme des aires membraneuses sur lesquelles elles sont placées. Il n'y en a que huit sur chaque individu ; car le premier et le dernier anneau, conformes différemment des autres, n'en fournissent point: La grandeur des lames va en décroissant comme le diamètre des anneaux qui leur servent de moule ; les plus grandes sont placées sous le troisième anneau, les plus petites sous le cinquième.

Nous remarquâmes que les lames ou plaques n'étaient pas dans le même état sur toutes les abeilles, elles présentaient quelque différence, dans leur forme, leur épaisseur et leur consistance.

Sur quelques abeilles elles étaient si minces et d'une transparence si parfaite, que la loupe seule pouvait les faire apercevoir ; sur d'autres on ne découvrait que des aiguilles semblables à celles qu'on voit dans l'eau au premier moment où elle se gèle.

Ces aiguilles, ainsi que ces plaques, n'étaient pas posées immédiatement sur la membrane; elles en étaient séparées par une légère couche d'une substance liquide, qui servait peut-être à lubrifier les jointures des anneaux, ou à rendre plus facile l'extraction des plaques qui auraient pu, sans cela, contracter une trop forte adhérence avec les parois des loges.

Il y avait enfin d'autres abeilles sur lesquelles elles étaient si grandes qu'elles débordaient les anneaux, la forme en était plus irrégulière que celle des précédentes ; leur épaisseur, en altérant la transparence de la cire, les faisait paraître d'un blanc jaunâtre ; on les voyait sans être obligé de soulever les écailles qui les recouvrent ordinairement en entier.

Nous fûmes encore confirmés dans cette opinion par un fait assez singulier. En perçant cette membrane, dont la surface inférieure paraissait appliquée sur les parties molles du ventre, nous vîmes jaillir une liqueur transparente qui se coagula par le refroidissement; dans cet état, elle ressemblait à de la cire : cette matière étant soumise à l'influence de la chaleur, se liquéfia de nouveau.

La même épreuve, tentée sur les plaques, eut un résultat semblable; elles se liquéfièrent et se figèrent en raison de la température comme la cire elle-même.

Nous poussâmes plus loin nos recherches sur les rapports de cette matière avec la cire travaillée; nous choisîmes pour cela les fragments de cire les plus blancs qu'on pût trouver; on les prenait sur des gâteaux neufs, dont on détachait quelques alvéoles pour les soumettre aux mêmes épreuves; car la cire des rayons anciens est toujours plus ou moins colorée.

1ère *Expérience: Comparaison des lames à la cire d'abeille.*

Nous jetâmes dans l'esprit de térébenthine quelques lames prises sous les anneaux des ouvrières; elles disparurent et furent dissoutes avant d'atteindre le fond du vase; elles ne troublèrent point la liqueur; mais une dose égale de la même essence ne put dissoudre ni aussi vite, ni aussi complètement les fragments de cire blanche travaillée, il resta beaucoup de particules suspendues dans la liqueur.

2nde *Expérience: Comparaison des lames à la cire d'abeille.*

Nous remplîmes d'éther sulfurique deux flacons égaux, le premier fut destiné aux lames des anneaux, le second à des fragments de cire équivalents en poids à la cire des lames, à peine les fragments de cire des gâteaux furent-ils mouillés par l'éther, que nous les vîmes se diviser et tomber en poudre au fond du vase; mais les plaques prises sur les abeilles même ne se divisèrent point, elles conservèrent leur forme en perdant seulement leur transparence, elles devinrent d'un blanc mat. Dans l'espace de plusieurs jours il ne se fit aucun changement dans les deux flacons. On fit évaporer séparément l'éther qu'ils contenaient, et l'on trouva sur le verre une légère couche de cire; nous répétâmes souvent cette épreuve, les fragments d'alvéoles furent toujours réduits en poudre; les lames, au contraire, ne furent jamais divisées par cette liqueur : au bout de plusieurs mois l'éther n'en avait dissout qu'une très petite partie.

D'après cette expérience il nous parut évident que la cire des anneaux était moins composée que celle qui était façonnée en alvéoles, puisque celle-ci se divisait dans l'éther, tandis que celle-là y demeurais entière ; puisque l'une n'était dissoute, qu'en partie dans l'huile de térébenthine, dans laquelle l'autre se dissolvait complètement.

S'il était vrai que la substance prise sous les anneaux fut la matière première de la cire, il fallait donc qu'elle eût reçu quelque préparation au sortir des loges, et que les abeilles eussent été instruites à l'imprégner d'une substance capable de lui donner la flexibilité et la blancheur de la vraie cire. Jusqu'ici nous ne lui en connaissions que la fusibilité; mais aussi c'était la qualité principale de la matière dont les rayons sont formés, et l'on ne pouvoir douter au moins que les lames n'entrassent dans leur composition.

A la recherche des loges à cire

L'espoir de parvenir jusqu'à la source première de la matière cireuse, nous fit recourir à la dissection des loges à cire; mais quoique exécutée par une main très habile, elle ne remplit pas entièrement notre attente (Note : Voyez pour les détails la lettre de Mlle Jurine, insérée dans les notes à la fin de ce volume.)

Nous ne découvrîmes aucune communication directe entre les loges et l'intérieur de l'abdomen; aucun vaisseau quelconque ne paraît y conduire, si ce n'est peut-être quelques trachées qui sont destinées, sans doute, à l'introduction de l'air dans ces parties. Mais la membrane des loges à cire est tapissée d'un réseau à mailles hexagones (Planche II, fig. 8 et 9) auquel on doit peut-être attribuer quelque fonction relative à la sécrétion de cette matière. Ce réseau ne se rencontre point chez les mâles des abeilles; mais il existe chez les reines avec des modifications qui en altèrent la contexture, et occupe chez elles les deux tiers de chaque segment.

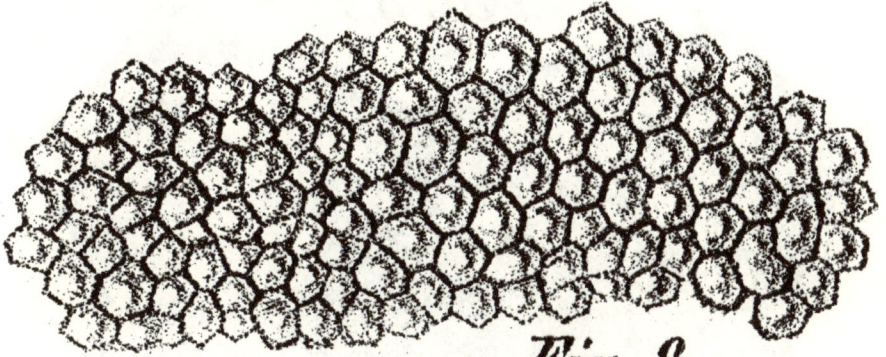

Tome 2 Planche II Fig. 8—Dissection de l'organe produisant la cire.

Chez les bourdons velus (*apis bombilius*) qui produisent de la cire, on retrouve ce réseau, dont la structure est absolument la même que chez l'abeille ouvrière, il n'en diffère que parce qu'il occupe toute la partie antérieure des segments; mais nous remarquerons ici que l'on n'aperçoit point de loges à cire chez ces insectes, leur abdomen est formé comme celui des hyménoptères de la même section.

Le réseau dont nous parlons est séparé de l'estomac et des autres parties internes par une membrane grisâtre qui tapisse toute la cavité abdominale: lorsque l'estomac est plein des sucs qu'il a élaborés, il peut les laisser transsuder au travers de son enveloppe, qui est très mince; et ces sucs, après avoir traversé la membrane grisâtre, dont le tissu n'est pas très épais, se trouveraient en contact avec le réseau à mailles hexagones. Il ne serait donc point impossible que ce ne fut par la résorption de ces sucs, et par une sorte de digestion opérée au moyen du réseau, que soit produite la sécrétion de la cire.

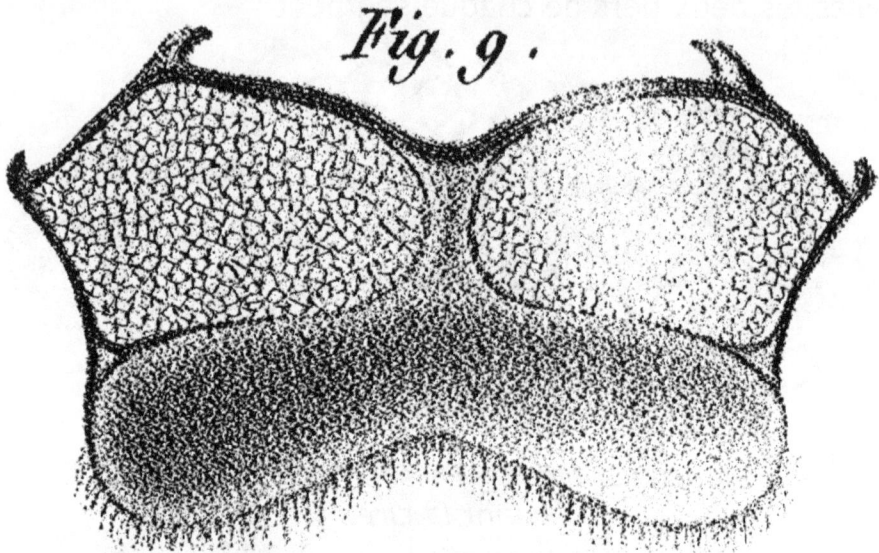

Tome 2 Planche II Fig. 9—Les organes produisant la cire en place dans le segment inférieur de l'abdomen.

Quoiqu'il soit encore impossible de rien décider sur ce point, il nous paraît qu'on peut admettre, sans blesser les lois de la physiologie, que cette matière est produite par un organe particulier, à la manière des autres secrétions. Note : la planche III est destinée à représenter les segments inférieurs de l'abdomen des trois sortes d'abeilles ; fig. 1ère, segment de l'ouvrière ; fig.2, segment de la reine ; fig.3, segment du mâle.

Les figures 4, 5 et 6 sont les mêmes, représentées en profil, afin de faire sentir l'inclinaison des pièces dont ces segments sont composés.

La découverte des plaques à cire, de leurs loges, de leur transsudation, en renversant une théorie ancienne, doit faire époque dans l'histoire des abeilles. Elle fait élever des doutes sur plusieurs points qui paraissaient résolus et qui maintenant ne peuvent plus s'expliquer sans l'acquisition de nouvelles connaissances. Elle fait naître une foule de questions et présente un champ plus étendu aux recherches des physiologistes comme des amateurs d'histoire naturelle; elle ouvre de nouvelles voies aux chimistes en leur offrant, comme sécrétion animale, une substance qui paraissait appartenir au règne végétal. En un mot, c'est la pierre angulaire d'un nouvel édifice.

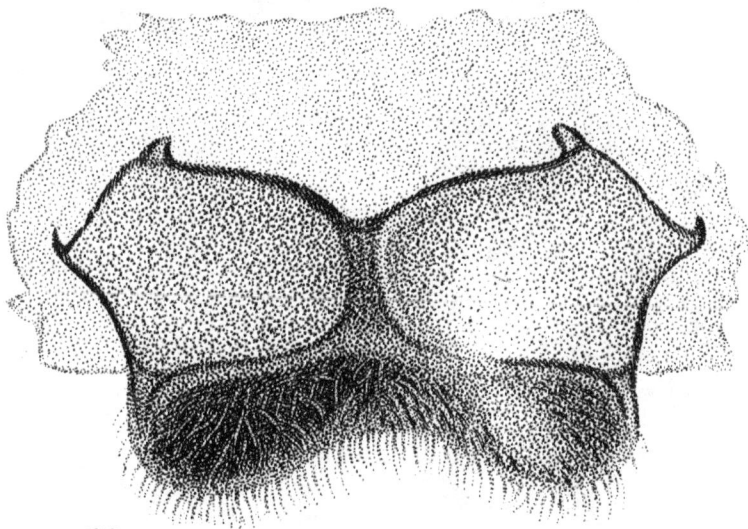

A. Fig. 1.

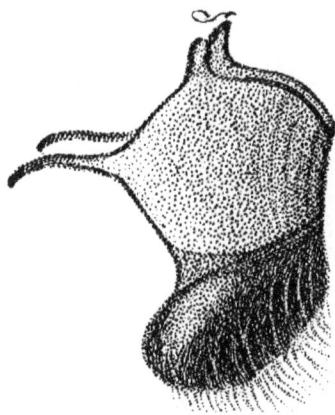

Fig. 4.

Tome 2 Planche III Fig. 1 et 4—Dissection du segment inférieur de l'abdomen (organes de sécrétion de la cire) d'une ouvrière, vue de face et de côté.

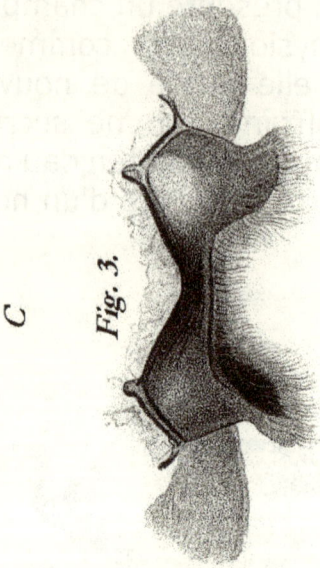

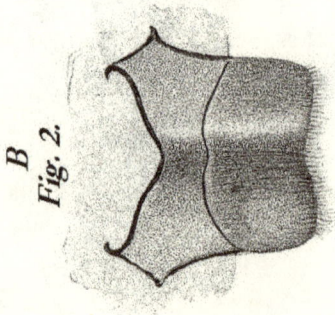

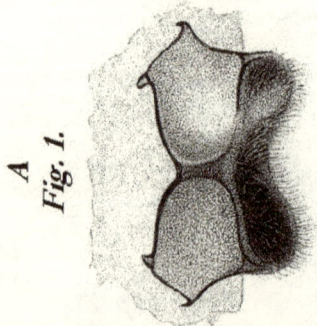

Tome 2 Planche III—segment inférieur de l'abdomen des trois sortes d'abeilles : ouvrière, reine et faux-bourdon

B. *Fig . 2 .*

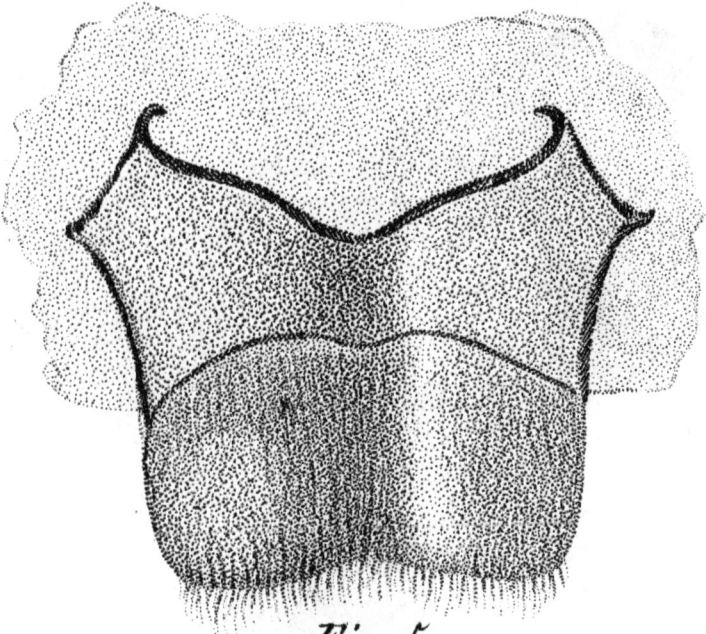

Fig . 5 .

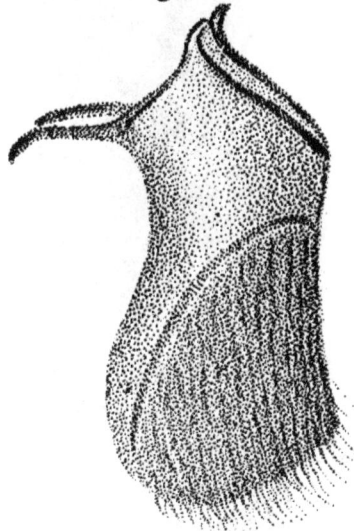

Tome 2 Planche III Fig. 2 et 5—Dissection du même segment inférieur de l'abdomen de la reine-abeille, vue de face et de côté.

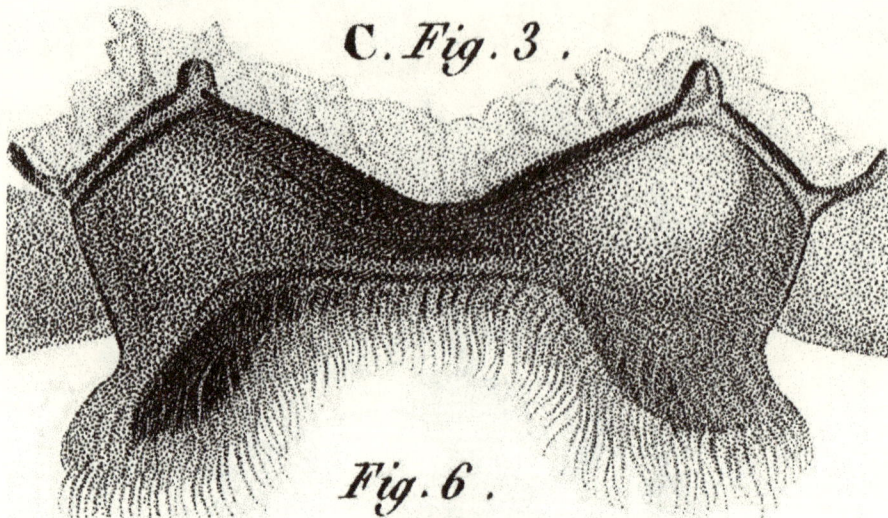

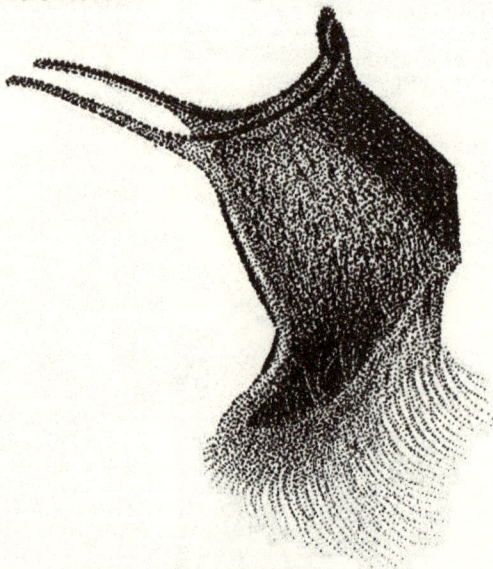

Tome 2 Planche III Fig. 3 et 6— Dissection du même segment inférieur de l'abdomen d'un faux-bourdon, vue de face et de côté.

Lettre sur l'analyse des loges à cire par Mademoiselle Jurine

Monsieur,

Vous avez désiré que je cherchasse dans les abeilles quels pouvaient être les organes destinés à la formation de la cire: pour pouvoir vous répondre j'ai dû examiner les parties qui reposent sur les segments de l'abdomen, où se trouvent les plaques à cire, les comparer avec celles des femelles bourdons (bremus) qui produisent aussi une matière cireuse, sans avoir, comme les abeilles, des loges où elle se moule ; établir la même comparaison avec les femelles de quelques autres hyménoptères qui ne secrètent point de cire, et m'assurer enfin s'il y avait de grandes différences entre les reines, les mâles et les abeilles ouvrière relativement à ces parties.

Lorsqu'on enlève avec quelque ménagement les quatre segments *ciriers* d'une abeille ouvrière, on met à découvert une membrane graisseuse entremêlée de trachées, et parfaitement semblable à celle que Swammerdam a reconnue sous les segments supérieurs de l'abdomen; cette membrane est bridée sous chaque anneau par six petits faisceaux de muscles. Puisque cette membrane se trouve sous tous les segments, et que la cire ne parait que dans les inférieurs, on peut déjà présumer qu'elle n'en est pas l'organe sécréteur. Pour m'en convaincre, j'examinai le ventre de l'abeille violette (*sylo-*

copa violacea) et celui de deux espèces de guêpes, et j'y reconnus cette membrane disposée de la même manière.

D'après cela j'observai de nouveau la face interne
des segments ciriers, et je découvris une membrane blanchâtre qui ne tapissait que la partie des loges à cire ; je
pus l'enlever facilement par la macération, et l'ayant placée sous le microscope, elle me parut composée d'un joli
réseau de mailles hexagonales, très petites, remplies d'une
liqueur de la consistance d'un sirop. Si ce réseau hexagonal était l'organe sécréteur de la cire, je devais le retrouver sous les mêmes segments de l'abdomen; des
bourdons, et le retrouvai en effet ; mais avec cette différence, qu'il occupait toute la moitié antérieure de ces
segments.

Pour distinguer aisément cette membrane, qui est
quelquefois peu apparente, il faut choisir des abeilles qui
travaillent à la formation de leurs gâteaux ; elle est alors
tellement remplie de matière blanchâtre, qu'on la prendrait pour des plaques de cire.

Afin de savoir si ce réseau contenait réellement de
la cire, ou seulement une préparation préliminaire à cette
substance, je le détachai de l'écaille et le mis dans un
vase, pour le juger comparativement avec des plaques de
cire mises dans un autre; après avoir vidé sur eux de l'eau
bouillante les plaques de cire se fondirent, tandis que le
réseau ne laissa échapper aucune molécule cireuse: peu
satisfait de cette expérience je la répétai deux fois; mais le
résultat fut le même, quoique j'eusse rompu les mailles
des réseaux en plusieurs endroits. Si l'existence de ce réseau pouvait être considérée comme un premier pas fait
vers la découverte des organes sécréteurs de la cire, il fallait encore reconnaître les vaisseaux qui l'alimentaient , et

comment la cire transsudait de l'abdomen; pour cet effet je disséquai un grand nombre d'abeilles et ne pus voir que de petites trachées qui communiquassent directement avec le réseau. Espérant de mieux réussir par un autre moyen, je nourris pendant quelques jours des abeilles avec du miel coloré de laque ; mais cette substance ne pénétra pas au-delà des organes de la digestion. J'essayai de faire des injections de mercure dans ces mêmes organes, qui n'eurent pas plus de succès; n'ayant pu découvrir aucun autre vaisseau, je soupçonnai alors que la matière destinée à la formation de la cire pouvait bien être fournie par une transsudation des sucs de l'estomac, d'autant mieux qu'il est ordinairement très gorgé quand l'abeille travaille en cire. Pour éclaircir mes doutes je le mis à découvert dans plusieurs abeilles cirières, et par des pressions répétées et assez douces pour ne pas la rompre, je parvins à faire suinter la moitié du liquide qu'il contenait, lequel se répandit dans sa cavité abdominale ; je le goûtai et lui trouvai une saveur douce et sucrée: ayant ensuite exposé ces abeilles à un feu modéré, ce liquide ne prit que la consistance d'un sirop desséché. Comme les abeilles ont plus d'un moyen d'exercer une semblable pression sur leur estomac, ne peut-on pas supposer que les effets en sont les mêmes, et que le liquide qui transsude de ce viscère arrive au réseau hexagonal où il reçoit une préparation propre à le convertir en cire?

Les recherches que j'ai faites pour savoir comment la cire ou la liqueur contenue dans le réseau hexagonal passait de l'intérieur à l'extérieur du corps n'ont pas été plus satisfaisantes; effectivement, je n'ai pu reconnaître aucune ouverture, ni dans la partie cornée du segment tapissée par ce réseau, ni dans la membrane qui unit les anneaux entre eux ; mais parce que je ne les avais pas

vues, devais-je en conclure qu'elles n'existassent pas ?
Dans ce doute je fis les expériences suivantes, je choisis
parmi des abeilles qu'on venait de faire périr par une fu-
migation de soufre, celles qui portaient des plaques de
cire; après les avoir axées à la renverse sur une planchette, j'allongeai leur abdomen pour en enlever plus facilement les plaques; puis en pressant plusieurs fois de
suite les segments ciriers avec la tête d'une aiguille, je vis
leur loge s'humecter insensiblement d'une liqueur de la
consistance d'un sirop qu'on ne voyait nulle part ailleurs :
dans cet état j'exposai ces abeilles à une chaleur modérée,
ce qui donna plus de consistance à la liqueur, sans cependant lui faire prendre une apparence cireuse.

Je répétai cette expérience sur des abeilles mortes
depuis quelques jours, et dont le corps était un peu desséché, lorsque je voulus enlever leurs plaques de cire,
elles se rompaient par petits fragments; je pressai alors à
plusieurs reprises les segments ciriers, et par ce simple
procédé je parvins à les obtenir entières, ce que je ne pus
attribuer qu'au suintement de la liqueur sirupeuse que je
vis dans les loges et que j'avais déjà remarqué dans la
précédente expérience.

La comparaison de l'abdomen des reines avec celui des abeilles ouvrières ne m'a offert que les modifications suivantes. La membrane à réseau hexagonal qui,
dans celles-ci, n'occupe que les loges à cire, est remplacée
chez les reines par une membrane qui s'étend sur les
deux tiers antérieurs de chaque segment, et dont la contexture est tellement fine et délicate, qu'on ne peut la découvrir à l'aide du microscope; après avoir enlevé cette
membrane, je remarquai que l'écaille présentait un tissu
hexagonal beaucoup mieux prononcé dans la moitié du
segment correspondant aux loges à cire de l'ouvrière que

dans la moitié postérieure. Ne doutant pas que ce ne fût une seconde membrane, je voulus la détacher ; mais je reconnus que c'était l'écaille elle-même qui était ainsi organisée; cette remarque m'engagea à examiner plus attentivement l'écaille des segments ciriers de l'ouvrière que je trouvai parfaitement lisse dans la partie des loges à cire et semblable à celle de la reine dans tout le reste du segment.

Il ne me reste plus qu'à décrire la différence qui se trouve entre les mâles, et les ouvrières : voici en quoi elle consiste. Les mâles sont entièrement privés de la membrane graisseuse et du réseau hexagonal; à leur place on ne voit qu'un plan très épais de fibres musculaires dans lequel pénètrent des trachées disposées de la même manière que chez les ouvrières ; l'écaille des segments des mâles présente le même tissu hexagonal que celui de la reine.

Note: Voyez la planche III. A est un segment d'ouvrières, B celui d'une reine, C celui d'un mâle, les fig. 4, 5 et 6 présentent les mêmes segments vus de profil.

Sur la cire, traduit de l'Anglais

En expliquant d'une manière nouvelle la formation de la cire, je montrerai qu'elle ne pouvait pas avoir l'origine qu'on lui supposait. D'abord je ferai observer que la matière dont les gâteaux sont composés est dans un état très différent (comme composition) de celui des poussières d'étamines d'aucun végétal quelconque.

La substance que les abeilles rapportent sur leurs jambes, et qui est la poussière fécondante des fleurs, a toujours été regardée comme la matière dont la cire est formé; il y a même des auteurs qui ont appelé cire ces petites pelotes que nos mouches rapportent de la campagne.

Réaumur était de cette opinion; j'ai tenté diverses expériences pour juger s'il y avait dans cette matière une quantité d'huile telle qu'elle pût rendre raison de la quantité de cire qui en serait formée, et pour apprendre si elle était bien réellement composée d'huile ; je l'ai tenue sur la flamme d'une bougie, elle a brûlé, mais sans répandre la même odeur que la cire: son odeur était exactement la même que celle que répandent les poussières d'étamines exposées au feu.

J'observai que cette substance était de différentes couleurs sur les jambes de différentes abeilles; mais toujours de la même couleur sur les deux jambes de la même mouche; au lieu qu'un gâteau nouvellement fait ne présente qu'une seule et même nuance. J'ai observé que les abeilles qui habitent des vieilles ruches où les gâteaux sont complets et achevés, recueillaient cette substance avec plus d'activité que celles qui habitent des ruches neuves où les travaux sont à peine commencés; ce qui serait difficile à concevoir si cette matière était la cire elle-même. Nous pouvons observer aussi que lorsqu'on place des abeilles dans une ruche neuve, elles passent bien deux ou trois jours sans rapporter aucune pelote sur leurs jambes, et ce n'est qu'après cet intervalle de temps qu'elles en vont chercher. Pourquoi? Parce que pendant ces trois premiers jours, elles ont eu le temps de bâtir quelques cellules où elles puissent déposer cette substance en magasin ; quelques œufs ont été pondus, et lorsqu'ils seront éclos les vers qui en sortiront auront besoin de cette nourriture qui se trouvera toute prête, et qui ne leur manquera point lors même que le tems serait humide, et que les abeilles ne pourraient en aller recueillir au dehors.

J'ai encore observé que quand le tems a été assez froid ou si humide en Juin, qu'un jeune essaim ne pouvait sortir, les abeilles avançaient néanmoins tout autant leurs gâteaux qu'elles auraient pu le faire dans le même temps, si elles avoient été butiner dans la campagne.

La cire est formée par les abeilles elles-mêmes ; on peut l'appeler une sécrétion d'huile à l'extérieur : j'ai trouvé qu'elle s'opérait entre chaque écaille de la partie inférieure de l'abdomen. La première fois qu'en examinant une abeille ouvrière j'observai cette substance, j'étais embarrassé à déterminer ce que je voyais; je me demandai à moi-même si c'étaient de nouvelles écailles qui se formaient, et si elles rejetaient les anciennes à la manière des écrevisses; mais ensuite je reconnus bien distinctement qu'on ne voyait cette substance qu'entre les écailles sur le ventre. En examinant les ouvrières dans les ruches vitrées pendant qu'elles grimpaient sur les parois intérieures du verre, je pouvais voir que la plupart d'entre elles avoient cette substance ; il me semblait que le bord inférieur et postérieur des écailles était double, ou qu'il y avait de doubles écailles; mais en même temps je constatai que cette substance ne tenait pas fixement, qu'elle était comme détachée.

Ayant trouvé que la matière rapportée sur les jambes des abeilles n'était que la poussière des étamines ayant jusqu'ici aperçu aucune chose qui put me donner l'idée de ce qu'est la cire même ; je conjecturai que ces écailles pouvaient en être. J'en plaçai plusieurs sur la pointe d'une aiguille, que j'approchai de la Flamme d'une bougie; elles se fondirent et formèrent un globule. Je ne doutai plus alors que ce ne fut de la cire, et je m'en assurai d'une manière plus positive encore en vérifiant qu'on ne trouve jamais de ces écailles que dans la saison où les abeilles construisent leurs gâteaux.

Dans le reste de ce paragraphe l'auteur raconte qu'il a fait de vains efforts pour surprendre les abeilles au moment où elles détachent ces écailles de cire de leurs anneaux, il n'a pu y réussir.

Il affirme ensuite que c'est avec cette matière transsudée au travers de leurs anneaux qu'elles bâtissent leurs gâteaux; mais il croit qu'elles y mettent un peu de poussière fécondante des étamines, lorsque la sécrétion de cire n'est pas en assez grande abondance pour suffire à leurs travaux.

Chapitre II: De l'origine de la cire

Lorsque la nature présente dans quelqu'une de ses productions une organisation toute particulière, on peut affirmer qu'elle se propose un but d'utilité, une fin dont l'observation nous instruira tôt ou tard.

L'existence des loges sous les anneaux des abeilles, la forme, la structure des membranes, sur lesquelles les plaques paraissent moulées; le réseau hexagonal, placé immédiatement au-dessous, son absence chez les insectes qui ne produisent point de cire, sa présence sous les anneaux des bourdons avec une modification marquée; enfin les gradations que nous avons observées dans les plaques à cire depuis qu'elles paraissent sous la forme d'aiguilles jusqu'à l'époque où elles débordent les anneaux, la fusibilité de cette matière, qui diffère pourtant, à quelques égards, de la cire même, tout annonçait des organes destinés à une fonction importante, et nous croyons reconnaître qu'ils étaient doués de la faculté de sécréter la cire.

Cependant nous n'avions pas découvert les canaux qui semblaient devoir apporter cette substance dans ses réservoirs; son élaboration pouvait être produite par l'action du réseau à mailles hexagones; mais nous n'avions aucun moyen de nous en assurer: l'art que supposent les sécrétions animales et végétales échappera peut-être toujours à notre analyse, car les métamorphoses que subissent les liqueurs des êtres organisés, au sortir des glandes, et des viscères où elles sont préparées, semblent être ce que la nature se plaît à nous dérober avec le plus de soin.

Les voies de l'observation simple étant donc fermées pour nous dans cette recherche, nous sentîmes qu'il fallait employer d'autres moyens pour parvenir à savoir si la cire était une véritable sécrétion, ou si elle provenait d'une récolte particulière.

En supposant qu'elle fut une sécrétion, nous devions d'abord vérifier l'opinion de Réaumur, qui conjecturait qu'elle était due à l'élaboration du pollen dans le corps des abeilles, quoique nous ne crussions pas comme cet auteur, qu'elle en sortit par leur bouche. Nous n'étions pas plus portés à lui attribuer l'origine qu'il lui prête; car nous avions été frappés, comme Hunter, de ce que les essaims placés nouvellement dans des ruches vides, n'apportaient point de pollen et construisaient néanmoins des gâteaux ; tandis que les abeilles des vieilles ruches, qui n'avaient pas à bâtir de nouvelles cellules, en faisaient une abondante récolte.

Il est fort singulier que Réaumur, à qui cette observation n'avait point échappé, n'ait pas senti combien elle était peu favorable à l'opinion commune ; cependant personne n'a su mieux que lui se mettre à l'abri des préventions les plus accréditées.

Nous nous décidâmes à faire des expériences en grand pour connaître définitivement si les abeilles privées du pollen, pendant une longue suite de jours, feraient également de la cire; cette dernière circonstance était fort importante; car nous nous rappelions fort bien que M. de Réaumur, pour expliquer les mêmes faits, avait supposé qu'il fallait au pollen un certain temps pour être élaboré dans le corps des abeilles. L'expérience était bien indiquée, il suffisait de retenir les abeilles dans leur ruche, et de les empêcher ainsi de recueillir ou de manger des poussières fécondantes. Ce fut le 24 Mai que nous fîmes cette épreuve sur un essaim nouvellement sorti de la ruche mère.

1ère Expérience: Pour voir si les abeilles peuvent faire de la cire sans pollen

Nous logeâmes cet essaim dans une ruche de paille vide avec ce qu'il fallait de miel et d'eau pour la consommation des abeilles ; et nous fermâmes les portes avec soin, afin de leur interdire toute possibilité d'en sortir. On laissa cependant un libre passage, à l'air, dont le renouvellement pouvait être nécessaire aux mouches captives.

Les abeilles furent d'abord fort agitées; nous parvînmes à les calmer en plaçant leur ruche dans un lieu frais et obscur : leur captivité dura cinq jours entiers; au bout de ce terme nous leur permîmes de prendre l'essor dans une chambre dont les fenêtres était soigneusement fermées : nous pûmes alors visiter leur ruche plus commodément; elles avaient consommé leur provision de miel; mais la ruche qui ne contenait pas un atome de cire lorsque nous y établîmes les abeilles, avait acquis, dans l'espace de cinq jours , cinq gâteaux de la plus belle cire; ils étaient suspendus à la voûte du panier: la matière en était d'un blanc parfait et d'une grande fragilité.

Ce résultat, dont nous ne tirerons pas encore les conséquences, était très remarquable; nous ne nous étions pas attendus à une solution du problème si prompte et si complète. Cependant, avant d'en conclure que le miel dont ces abeilles s'étaient nourries, les avait seul mises en état de produire de la cire, il fallait s'assurer par de nouvelles épreuves, qu'on ne pouvait en donner une autre explication.

Les ouvrières que nous tenions captives avaient pu recueillir les poussières fécondantes des fleurs, lorsqu'elles étaient en liberté; elles avaient pu faire des provisions la veille et le jour même de leur emprisonnement et en avoir assez dans leur estomac ou dans leur corbeille pour en extraire toute la cire que nous avions trouvée dans leur ruche.

Mais s'il était vrai qu'elle vint des poussières fécondantes récoltées précédemment, cette source n'était pas intarissable et les abeilles ne pouvant plus s'en procurer, elles cesseraient bientôt de construire des rayons, on les verrait tomber dans l'inaction la plus complète; il fallait donc prolonger encore la même épreuve pour la rendre décisive.

2ⁿᵈᵉ Expérience: Pour s'assurer qu'il n'y avait pas de pollen stocké dans l'estomac des abeilles et seulement du miel utilisable

Avant de tenter cette seconde expérience, nous eûmes soin d'enlever tous les gâteaux que les abeilles avaient construits pendant leur captivité. Burnens, avec son adresse ordinaire, fit rentrer les abeilles dans leur ruche, il les y renferma, comme la première fois, avec une nouvelle ration de miel. Cette épreuve ne fut pas longue, nous nous aperçûmes, dès le lendemain au soir, que les abeilles travaillaient en cire neuve; le troisième jour on visita la ruche, et l'on trouva effectivement cinq nouveaux gâteaux aussi réguliers que ceux qu'elles avaient fait pendant leur premier emprisonnement.

On enleva jusqu'à cinq reprises les gâteaux, en ayant toujours la précaution de ne point laisser échapper les abeilles au-dehors. Ce furent toujours les mêmes mouches, elles furent nourries uniquement avec du miel pendant cette longue réclusion, que nous aurions sans doute pu prolonger encore avec le même succès, si nous l'eussions jugée nécessaire. A chaque fois que nous leur donnâmes du miel elles produisirent de nouveaux gâteaux; il était donc hors de doute que cette nourriture n'excitât en elles la sécrétion de la cire sans le concours des poussières fécondantes.

Mais il n'était point impossible que le pollen eût la même propriété; nous ne tardâmes pas à éclaircir ce doute par une nouvelle expérience, qui n'était que l'inverse de la précédente.

Cette fois, au lieu de donner du miel aux abeilles on ne leur donna, pour toute nourriture, que des fruits et du pollen; on renferma ces abeilles sous une cloche de verre, où l'on plaça un gâteau dont les cellules ne contenaient que des poussières accumulées : leur captivité dura huit jours, pendant lesquels elles ne firent point de cire, on ne vit point de plaques sous leurs anneaux : pouvait-on élever encore quelques doutes sur la véritable origine de la cire? Nous n'en avions aucun.

3ème Expérience: Pour être sûr qu'il n'y avait pas de cire dans le miel

Dira-t-on encore qu'elle est contenue dans le miel même, et que ces mouches la mettent en réserve dans ce liquide, pour l'employer lorsqu'elles en ont besoin? Cette dernière objection n'était pas entièrement dénuée de vraisemblance; car le miel contient presque toujours quelques parcelles de cire, on la voit s'élever à sa surface quand on le délaye dans l'eau; mais le microscope, en nous montrant que ces particules avaient appartenu à des cellules toutes faites , qu'elles avaient la forme et l'épaisseur des rhombes, quelquefois celle des pans brisés des alvéoles, nous fit juger à quoi devait se réduire le scrupule qui nous avait arrêté un instant.

Pour répondre d'une manière formelle à cette objection, et pour nous éclairer sur une opinion qui nous était particulière, savoir que le principe sucré était la véritable cause de la sécrétion de la cire; nous prîmes une livre de sucre canarie réduit en sirop, et nous le donnâmes à un essaim que nous tînmes renfermé dans une ruche vitrée.

Nous rendîmes cette expérience encore plus instructive en établissant pour objet de comparaison deux autres ruches, dans lesquelles furent introduits deux essaims, qu'on nourrit l'un avec de la cassonade très noire, l'autre avec du miel. Le résultat de cette triple épreuve fut aussi satisfaisant qu'il était possible de l'espérer.

Les abeilles des trois ruches produisirent de la cire; celles qui avaient été nourries avec du sucre de différentes qualités, en donnèrent plus tôt et en plus grande abondance que l'essaim qui n'avait été alimenté qu'avec du miel.

Quantités de cire produits à partir de différents sucres

Une livre de sucre canarie (453 grammes) réduite en sirop, et clarifiée par le blanc d'œuf, produisit 10 gros 52 grains (1,5 onces ou 42 grammes) d'une cire moins blanche que celle que les abeilles extraient du miel. La cassonade, à poids égal, donna 22 gros (3 onces ou 84 grammes) de cire très blanche: le sucre d'érable produisit les mêmes effets.

Pour nous assurer de ces résultats, nous répétâmes cette expérience sept fois de suite avec les mêmes abeilles, et nous obtînmes toujours de la cire, et à peu près dans les proportions indiquées ci-dessus. Il nous paraît donc démontré que le sucre et la partie sucrée du miel mettent les abeilles qui s'en nourrissent en état de produire de la cire, propriété que les poussières fécondantes ne possèdent nullement.

Les vérités que ces expériences nous avaient apprises, reçurent bientôt une confirmation plus générale. Quoiqu'il ne restât aucune incertitude sur ces questions, il falloir s'assurer que les abeilles, en état de nature, se conduisaient comme celles que nous avions tenues en captivité: une longue suite d'observations dont nous ne donnerons ici qu'un aperçu, nous prouvèrent que lorsque la campagne offre aux abeilles une grande récolte de miel, les ouvrières des vieilles ruches l'emmagasinent avec empressement, tandis que celles des nouveaux essaims la convertissent en cire.

Je n'avais pas alors un grand nombre de ruches; mais celles de mes voisins villageois, pour la plupart me servirent d'objet de comparaison, quoiqu'elles fussent construites en paille, et n'offrissent pas les mêmes facilités que les miennes. Quelques remarques particulières que nous avions faites sur l'apparence des gâteaux et des abeilles elles-mêmes lorsqu'elles travaillent en cire, nous permirent de tirer parti de ces ruches si peu favorables à l'observation.

La cire est blanche dans l'origine, bientôt après les cellules deviennent jaunes; avec le temps cette couleur se rembrunit, et lorsque les ruches sont très vieilles leurs gâteaux ont une teinte noirâtre. Il est donc fort aisé de distinguer les cellules neuves de celles qui ont été fabriquées antérieurement, et par conséquent de connaître si les abeilles construisent actuellement des gâteaux, ou si ce travail est suspendu. Il suffit pour s'en assurer de soulever les ruches et de jeter un coup d'œil sur le bord inférieur des rayons.

Deux types d'ouvrières dans une ruche

Les observations suivantes pouvaient encore fournir quelques indices de la présence du miel sur les fleurs. Elles sont fondées sur un fait assez remarquable, qui n'a point été connu de mes devanciers; c'est qu'il existe deux espèces d'ouvrières dans une même ruche; les unes susceptibles d'acquérir un volume considérable lorsqu'elles ont pris tout le miel que leur estomac peut contenir, sont destinées en général à l'élaboration de la cire; les autres, dont l'abdomen ne change pas sensiblement de dimensions, ne prennent ou ne gardent que la quantité de miel qui leur est nécessaire pour vivre, et font part à l'instant à leurs compagnes de celui qu'elles ont récolté; elles ne sont pas chargées de l'approvisionnement de la ruche, leur fonction particulière est de soigner les petits: nous les appellerons abeilles nourrices, ou petites abeilles, par opposition à celles dont l'abdomen peut se dilater et qui méritent le nom de *cirières*.

Quoique les signes extérieurs auxquels on peut reconnaître les abeilles des deux sortes soient peu nombreux, cette distinction n'est point imaginaire. Des observations anatomiques nous ont appris qu'il existe une différence réelle dans la capacité de leur estomac. Nous nous sommes assurés, par des expériences positives, que les abeilles d'une même sorte ne sauraient remplir seules toutes les fonctions qui sont réparties entre les ouvrières d'une ruche. Dans une de ces épreuves nous peignîmes de couleurs différentes celles de l'une et de l'autre classe pour observer leur conduite, et nous ne les vîmes point changer de rôle. Dans un autre essai nous donnâmes aux abeilles d'une ruche privée de reine, du couvain et du pollen; nous vîmes aussitôt les petites abeilles s'occuper de la nourriture des larves, tandis que celles de la classe cirière n'en prirent aucun soin.

Lorsque ces ruches sont remplies de gâteaux, les abeilles cirières dégorgent leur miel dans les magasins ordinaires et ne font point de cire; mais si elles n'ont pas de réservoir pour le déposer, et si leur reine ne trouve pas de cellules toute faites pour pondre ses œufs, elles retiennent dans leur estomac le miel qu'elles ont amassé, et au bout de vingt-quatre heures la cire suinte entre les anneaux; alors commence le travail des rayons.

On croit peut être que lorsque la campagne ne fournit pas du miel les abeilles cirières peuvent entamer les provisions dont la ruche est pourvue; mais il ne leur est pas permis d'y toucher; une partie du miel est renfermée soigneusement; les cellules où il est déposé sont garnies d'un couvercle de cire qu'on n'enlève que dans les cas de besoins extrêmes, et lorsqu'il n'y a aucun moyen de s'en procurer ailleurs ; on ne les ouvre jamais pendant la belle saison; d'autres réservoirs toujours ouverts fournissent à l'usage journalier de la peuplade; mais chaque abeille n'y prend que ce qui lui est absolument nécessaire pour satisfaire au besoin présent.

On ne voit les abeilles cirières se montrer aux portes de leur ruche avec de gros ventres, que lorsque la campagne fournit une abondante récolte de miel; et elles ne produisent de la cire que lorsque leur ruche n'est pas remplie de gâteaux. On conçoit, d'après ce que nous venons de dire, que la production de la matière cireuse dépend d'un concours de circonstances qui ne se présentent pas toujours.

Les petites abeilles produisent aussi de la cire, mais toujours en quantité très inférieure à celle que les véritables cirières peuvent élaborer.

Un autre caractère auquel un observateur attentif ne pourra méconnaître le moment où les abeilles recueillent assez de miel sur les fleurs pour produire de la cire, c'est à l'odeur de miel et de cire qui s'exhale très fortement des ruches à cette époque, odeur qui n'existe pas avec cette intensité dans un autre temps.

D'après ces données il nous était facile de connaître si les abeilles travaillaient à leurs gâteaux dans nos ruches et dans celles des cultivateurs du même canton.

Observations sur les conditions quand le travail en cire a lieu

En 1793, l'intempérie de la saison avait retardé la, sortie des essaims; il n'y en eut point dans le pays avant le 24 mai; la plupart des ruches essaimèrent au milieu de Juin. La campagne était alors couverte de fleurs, les abeilles récoltèrent beaucoup de miel, et les nouveaux essaims travaillèrent en cire avec activité.

Le 18, Burnens visita soixante-cinq ruches, il vit des abeilles cirières devant toutes les portes; celles qui rentraient dans les vieilles ruches serraient aussitôt leur récolte, et ne construisaient pas des gâteaux; mais celles des essaims convertissaient leur miel en cire, et se hâtaient de préparer des logements pour les œufs de leur reine.

Le 19, il plut par intervalle, les abeilles sortirent; mais on ne vit point de cirières, elles n'apportaient que du pollen. Le temps fut froid et pluvieux jusqu'au 27 : nous voulûmes savoir ce qui serait résulté de cette disposition de l'atmosphère.

Le 28, on souleva tous les paniers. Burnens vit alors que le travail avait été interrompu; les gâteaux qu'il avait mesuré le 9 n'avoient pas reçu le moindre accroissement, ils étaient d'un jaune citron, il n'y avait plus de cellules blanches dans aucune de ces ruches.

Le 1er Juillet la température étant plus élevée, les châtaigniers et les tilleuls en fleurs, on vit reparaître les abeilles cirières; elles rapportèrent beaucoup de miel, les essaims prolongèrent leurs rayons, on voyait partout la plus grande activité: la récolte du miel et le travail en cire continuèrent jusqu'au milieu de ce mois.

Mais le 16 Juillet, la chaleur s'étant soutenue au-dessus de 20 degrés, la campagne se ressentit de la sécheresse ; les fleurs des prés et celles des arbres que nous venons de nommer, étaient entièrement fanées, elles n'avoient plus de miel, leur pollen seul attirait les abeilles; elles en récoltèrent abondamment, aussi n'y eut-il point de cire produite. Les gâteaux ne furent point allongés, ceux des essaims ne firent aucun progrès.

Depuis six semaines nous n'avions pas eu de pluie; la chaleur était très forte et aucune rosée ne la tempérait pendant la nuit : les blés noirs fleuris depuis quelques jours n'offraient point de miel aux abeilles, elles n'y trouvaient que du pollen; mais le 10 Août il plut pendant quelques heures: dès le lendemain les blés noirs prirent l'odeur du miel, on le voyait effective ment briller sur leurs fleurs épanouies. Les abeilles en trouvèrent assez pour se nourrir et trop peu pour être invitées à travailler en cire.

La sécheresse recommença le 14, elle dura jusqu'à la fin du mois; nous visitâmes alors les soixante-cinq ruches pour la dernière fois, et nous vîmes que les abeilles n'avaient pas travaillé en cire depuis le milieu de Juillet; qu'elles avoient emmagasiné beaucoup de pollen, que la provision de miel était considérablement diminuée dans les vieilles ruches, et qu'il n'y en avait presque point dans celles des nouveaux essaims.

L'année fut donc très peu favorable aux travaux; des abeilles; je l'attribue en partie à l'état de l'atmosphère, qui n'avait point été chargée d'électricité ; circonstance qui a une très grande influence sur la sécrétion du miel dans les nectaires des fleurs. J'ai remarqué que la récolte des abeilles n'est jamais plus abondante et le travail en cire plus actif que lorsque l'orage se prépare, que le vent est au sud, l'air humide et chaud; mais des chaleurs trop soutenues, la sécheresse qui en est la suite, les pluies froides et le vent du nord suspendent entièrement l'élaboration du miel dans les végétaux, et par conséquent les opérations des abeilles.

———————

Lorsque nous enfermâmes des abeilles, dans le but de connaître si le miel suffisait à la production de la cire, elles supportèrent patiemment leur captivité; elles montrèrent une persévérance étonnante à reconstruire de nouveaux gâteaux à mesure que nous enlevions ceux, qu'elles venaient d'établir: si nous leur avions laissé une partie de ces rayons, leur reine aurait pondu dans les cellules, nous aurions vu de quelle manière les ouvrières se seraient conduites à l'égard de leurs nourrissons, et quel effet aurait produit sur ces derniers la privation totale des poussières fécondantes; mais uniquement occupés dans ce moment-là de la question relative à l'origine de la cire, nous préférâmes traiter séparément celle qui regarde la nourriture des petits.

4ème Expérience: Prouvant que le pollen est nécessaire pour élever la couvée

L'expérience que nous devions tenter différait donc de la première par la présence des larves qu'il fallait admettre dans la ruche; il fallait que celle-ci fut pourvue de miel et d'eau, que les abeilles eussent des gâteaux avec du couvain, et qu'elles fussent soigneusement renfermées, afin qu'elles ne puissent pas aller dans les champs se munir de pollens; le hasard faisait que nous avions alors une ruche devenue inutile par la stérilité de sa reine; nous la sacrifiâmes à cette expérience; c'était une de mes ruches en feuillets, dont les deux extrémités étaient vitrées: on enleva la reine et l'on substitua aux rayons du premier et du dernier châssis, des gâteaux remplis de couvain, c'est à dire peuplés d'œufs et de jeunes larves, mais on n'y laissa aucune cellule qui contint des poussières fécondantes , on ôta jusqu'aux moindres parcelles de cette matière que John Hunter conjecturait être la base de nourriture des petits.

La conduite des abeilles, dans ces circonstances, mérite quelque attention.

Le premier et le second jour de l'expérience il ne se passa rien d'extraordinaire; les abeilles couvaient leurs petits et paraissaient en prendre soin.

Mais le troisième jour, après le coucher du soleil, on entendit un grand bruit dans cette ruche; impatiens de voir ce qui l'occasionnait, nous ouvrîmes un volet, et nous remarquâmes que tout y était en confusion; le couvain était abandonné, les ouvrières couraient en désordre sur les gâteaux; nous les vîmes se précipiter par milliers au bas de la ruche, celles qui se trouvaient vers la porte rongeaient avec acharnement la grille dont elle était garnie; leur intention n'était pas équivoque, elles voulaient sortir de leur prison.

Il fallait qu'un besoin impérieux les obligeât à chercher ailleurs ce qu'elles ne pouvaient trouver dans leur demeure : je craignis de les voir périr en les empêchant plus longtemps de céder à leur instinct; on les mit en liberté. Tout l'essaim s'échappa, mais l'heure n'était pas favorable à la récolte; les abeilles ne s'écartèrent pas de leur ruche, elles voltigeaient à l'entour. L'obscurité croissante et la fraicheur de l'air les obligèrent bientôt à y rentrer. Les mêmes causes calmèrent probablement leur agitation, car nous les vîmes remonter paisiblement sur leurs gâteaux ; l'ordre nous parut rétabli, on profita de ce moment pour refermer la ruche.

Le lendemain 19 Juillet, nous vîmes deux cellules royales que des abeilles avaient ébauchées sur l'un des gâteaux de couvain. Le soir, à la même heure que la veille, nous entendîmes encore un grand bourdonnement dans la ruche fermée, l'agitation et le désordre s'y manifestaient au plus haut degré; nous fûmes encore obligés de laisser échapper l'essaim ; il ne fut pas longtemps hors de son habitation les abeilles calmées rentrèrent comme le jour précédent.

Le 20, nous remarquâmes que les cellules royales n'avaient pas été continuées ; elles l'eussent été dans l'état ordinaire des choses. Le soir grand tumulte, les abeilles semblaient en délire; nous les mîmes en liberté et l'ordre se rétablit à leur retour.

La captivité de ses mouches durait depuis cinq jours, nous crûmes inutile de la prolonger; d'ailleurs nous voulions savoir si le couvain était en bon état, s'il avait fait les progrès ordinaires, et tâcher de découvrir quelle pouvait être la cause de l'agitation périodique des abeilles. Burnens exposa au grand jour les deux gâteaux de couvain qu'il leur avait livré. Il observa d'abord les cellules royales, mais il ne les trouva point augmentées; en effet, pourquoi l'eussent-elles été, elles ne contenaient ni œufs, ni vers, ni cette gelée particulière aux individus de leur classe; les autres cellules étaient aussi désertes, point de couvain, pas un atome de bouillie: les vers étaient donc morts de faim. En supprimant les poussières fécondantes avions nous ôté aux abeilles tout moyen de les nourrir? Pour décider cette question il fallait confier aux mêmes ouvrières d'autre couvain à soigner, en leur accordant du pollen en abondance. Elles n'avoient point eu la liberté de faire une récolte pendant que nous examinâmes leurs gâteaux; cette fois elles s'étaient échappées dans une chambre dont les croisées étaient fermées; quand nous eûmes substitué de jeunes vers à ceux qu'elles avaient laissé périr, nous les fîmes rentrer dans leur prison.

Continuation de l'expérience en fournissant du pollen

Le lendemain 22, nous remarquâmes qu'elles avaient repris courage; elles avaient solidifié les gâteaux que nous leur avions donnés et se tenaient sur le couvain. Nous leur livrâmes alors quelques fragments de rayons où d'autres ouvrières avaient emmagasiné des poussières fécondantes; mais afin de pouvoir observer ce qu'elles en feraient, nous prîmes du pollen dans quelques cellules et nous l'étendîmes sur la table de la ruche.

Les abeilles aperçurent aussitôt le pollen contenu dans les rayons, et celui que nous avions mis à découvert; elles s'attroupèrent en foule à l'entrée des magasins, elles descendirent aussi sur le fond de la ruche, prirent les poussières fécondantes grain à grain avec leurs dents et le firent entrer dans leur bouche : celles qui en avaient mangé le plus avidement remontèrent avant les autres sur les gâteaux, elles s'arrêtèrent sur les cellules des jeunes vers, y entrèrent la tête la première et s'y tinrent plus ou moins longtemps.

Burnens ouvrit doucement un des carreaux de la ruche et poudra les ouvrières qui mangeaient du pollen, afin de les reconnaître lorsqu'elles monteraient sur les gâteaux. Il les observa pendant plusieurs heures, et il put s'assurer par ce moyen que les abeilles ne prenaient tant de pollen que pour en faire part à leurs élèves.

Le 23 nous vîmes des cellules royales ébauchées; le 24, nous écartâmes les abeilles qui cachaient le couvain, et nous remarquâmes que les jeunes vers avaient tous de la gelée comme dans les ruches ordinaires, qu'ils avaient grossis, et s'étaient avancés dans leurs cellules; que d'autres avaient été renfermés nouvellement parce qu'ils approchaient de leur métamorphose; enfin nous ne doutâmes plus du rétablissement de l'ordre lorsque nous vîmes les cellules royales prolongées.

Nous retirâmes par curiosité les portions de gâteaux que nous avions posées sur la table de la ruche, et nous vîmes que la quantité de pollen était sensiblement diminuée; nous les rendîmes aux abeilles en augmentant encore leur provision afin de prolonger la scène qu'elles nous offraient. Nous ne tardâmes pas à voir les cellules royales fermées ainsi que plusieurs alvéoles communs: on ouvrit la ruche; partout les vers avaient prospéré, les uns avaient encore devant eux leur repas, les autres avaient filés; leur cellule était fermée d'un couvercle de cire.

Ce résultat était déjà très frappant; mais ce qui excita surtout notre étonnement, c'est que malgré leur captivité, si longtemps soutenue, les abeilles ne paraissaient plus empressées à sortir; on ne remarquait plus cette agitation, ce trouble croissant et périodique, cette impatience générale qu'elles avaient manifestées dans la première partie de l'expérience; quelques abeilles tentèrent bien de s'échapper dans le courant de la journée; mais quand elles en virent l'impossibilité elles retournèrent paisiblement vers leurs petits.

Ce trait, que nous avons revus plusieurs fois, et toujours avec le même intérêt, prouve si indubitablement l'affection des abeilles pour les larves dont l'éducation leur est confiée, que nous ne chercherons point ailleurs l'explication de leur conduite.

Les nourrir de sucre plutôt que de miel pendant un long moment a changé leurs instincts

Un autre fait qui n'est pas moins extraordinaire, et dont il est bien plus difficile de démêler la cause, est celui que nous présentèrent des abeilles contraintes à produire de la cire à plusieurs reprises consécutives, par l'effet du sirop de sucre qu'on leur donnait. Pendant les premières épreuves elles donnèrent à leurs petits les soins ordinaires; mais à la fin elles cessèrent de les nourrir: souvent même elles les tiraient de leurs cellules et les emportaient hors de la ruche.

Ne sachant à quoi attribuer cette disposition j'essayai de ranimer l'instinct de ces mouches en leur donnant d'autres couvains à soigner; mais cette tentative n'eut aucun succès, les ouvrières ne nourrirent point les nouvelles larves, quoiqu'elles eussent des poussières fécondantes dans leur magasin. Nous leur offrîmes du miel, espérant leur fournir par là un moyen plus naturel d'alimenter leurs petits; mais ce fut inutilement, tout le couvain périt; peut-être les abeilles ne pouvaient elles plus produire cette gelée, qui est la nourriture des larves; à cela près elles ne paraissaient avoir perdu aucune de leurs facultés, elles étaient également actives et laborieuses. Enfin, par des motifs qui nous sont inconnus, elles désertèrent toutes ensembles un jour et ne revinrent point à leur ruche.

Quelle que fut la cause de l'altération que nous remarquâmes dans l'instinct des abeilles nourries trop longtemps avec du sucre, on ne verra peut-être pas sans admiration que cette substance ait été mitigée dans les fleurs, de manière à pouvoir être sans inconvénient pour les abeilles ; mais tout dans la nature est préparé pour un long usage, et les éléments sont combinés avec tant de prévoyance, qu'ils n'agissent jamais isolément et avec toute l'énergie qui leur est propre.

Le grand problème que les abeilles nous présentent par leur étonnante industrie, n'est pas exclusivement du ressort des sciences exactes: la physique, la chimie, l'anatomie même y trouveraient des applications; mais leurs efforts seraient insuffisants sans le secours de l'histoire naturelle, qui observe les mœurs des animaux, et qui étudie toutes les circonstances de leur vie active. C'est l'histoire naturelle qui, soulevant le voile, doit découvrir la vérité sous ses divers déguisements; et mettre les autres sciences sur la voie des recherches auxquelles elles sont propres.

Ainsi en démontrant que la cire est une sécrétion animale, et qu'elle provient de la partie sucrée du miel, nous avons laissé aux chimistes à décider de quelle manière s'opère cette sécrétion, si le sucre, ou quelqu'une de ses parties constituantes, se convertissent en cire, ou s'il n'est que le stimulant d'une action particulière, et nous invitons encore les anatomistes à, chercher les organes qui nous ont échappés.

Il est temps de vor ces mouches mettre en œuvre la matière qui transsude de leurs anneaux, de découvrir quel apprêt elles lui donnent pour la convertir en véritable cire; car cette matière ne sort pas dans son état de perfection des loges, où elle se moule, elle diffère encore à plusieurs égards de ce qu'elle est après avoir été sculptée; elle n'a de la cire que sa fusibilité, elle est friable et cassante, elle n'a point cette flexibilité qu'elle doit acquérir par la suite; elle est encore transparente comme des lames de talc, tandis que celle qui compose les alvéoles est opaque et d'un blanc jaunâtre.

Il faut encore surprendre les abeilles occupées à extraire les plaques de dessous leurs anneaux, suivre leurs travaux subséquents, apprendre comment elles taillent les fonds de leurs cellules, leurs facettes en losanges, leurs prismes composés de trapèzes ; observer la manière dont elles s'y prennent pour faire coïncider le fond de chaque cellule avec celui des trois autres, et comment elles donnent à leurs plans l'inclinaison convenable, etc. etc.

Les brillantes conceptions sont insuffisantes sans observation

On pourrait bien former sur toutes ces merveilles d'ingénieuses conjectures, mais on ne devine point les procédés des insectes, il faut les observer. Les moyens les plus simples ne se présentent pas à notre esprit; nous voulons ordinairement expliquer la conduite des animaux d'après nos propres facultés, d'après nos lumières et nos moyens; mais l'être qui dirige leur instinct prend ses vues hors des limites qui nous sont assignées et dans une sphère d'idées où nos calculs les plus savants, nos raisonnements les plus spécieux se ressentiraient des bornes de notre nature.

On a pu juger, par les hypothèses d'un auteur célèbre, combien les connaissances les plus étendues, et l'imagination la plus brillante sont insuffisantes sans le secours de l'observation, pour expliquer d'une manière plausible, l'art avec lequel les abeilles construisent leurs cellules. Des naturalistes consommés avaient échoués lorsqu'ils s'étaient flattés de pénétrer ce mystère : Réaumur, qui avait le plus approché de la vérité, n'en avait jugé que sur un aperçu trop fugitif pour satisfaire notre curiosité et se contenter lui-même; aussi avoue-t-il avec candeur qu'il ne donne sur cet objet presqu'autre chose que des conjectures. Hunter, le plus éclairé des observateurs modernes, n'a pas réussi à suivre les abeilles dans l'emploi des plaques de cire qu'il avait découverte sous leurs anneaux , devais-je espérer d'être plus heureux que des savants pourvus d'organes aussi parfaits, et aussi exercés dans l'art d'étudier la nature?

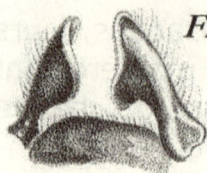

Fig. 1.

Fig. 2.

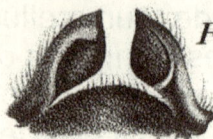

Fig. 3.

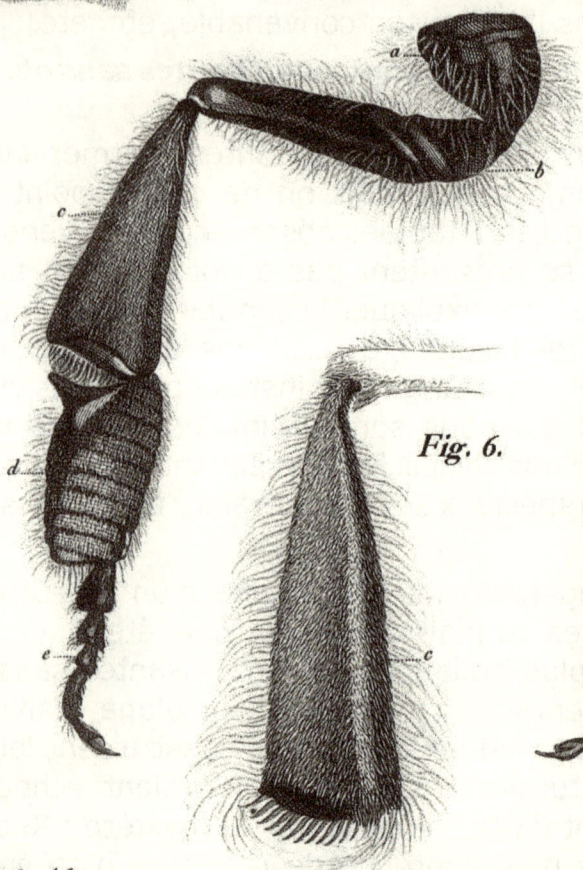

Fig. 4.

Fig. 6.

Fig. 5.

C. Jurine del.

Fig. 7.

Fig. 9.

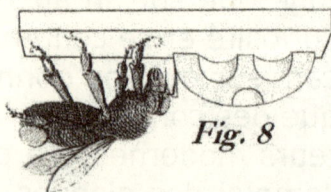

Fig. 8.

Tome 2 Planche IV—"Outils " de construction du gâteau.

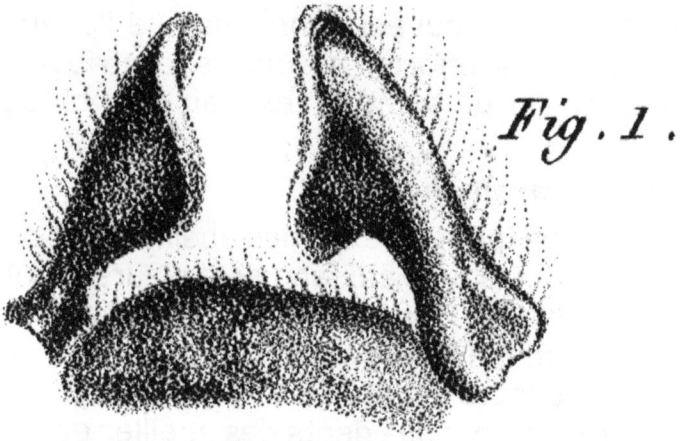

Tome 2 Planche IV Fig. 1—Dents.

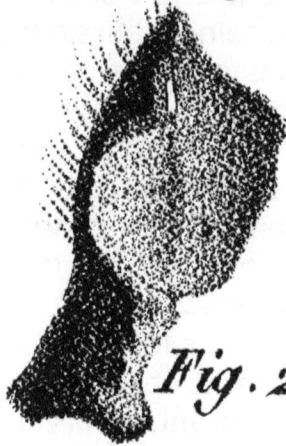

Tome 2 Planche IV Fig. 2—Une dent.

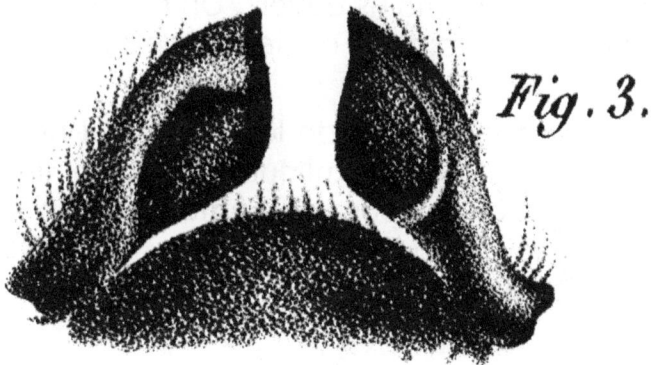

Tome 2 Planche IV Fig. 3—Dents (face).

Peut-être les nouveaux moyens que j'ai employés, en secondant nos efforts, auront-ils contribué à jeter quelque clarté sur un sujet qui excitait en moi le plus vif intérêt.

Les outils de travail de la cire

On suppose peut être que les abeilles sont pourvues d'instruments analogues aux angles de leurs cellules; car il faut bien expliquer leur géométrie de quelque manière; mais ces instruments ne peuvent être que leurs dents, leurs pattes et leurs antennes. Or il n'y a pas plus de l'apport entre la forme des dents des abeilles et les angles de leurs cellules, qu'entre le ciseau du sculpteur et l'ouvrage qui sort de ses mains. Leurs dents (Pl. IV, fig. 1,2,3) sont effectivement des espèces de ciseaux creux coupés obliquement en forme de gouge, portés sur un pédicule court et divisés en deux rainures longitudinales par une arête écailleuse ; leur tranchant se rencontre en dessus et s'applique immédiatement l'un contre l'autre (fig. 1); le dessous offre une espèce de gorge divisée par l'arête saillante et bordée de poils longs et forts, qui sont probablement destinés à retenir les molécules de cire dans le travail des gâteaux (fig. 2 et 5). Lorsque les dents sont réunies elles forment un angle curviligne aigu, et l'angle rentrant qu'elles présentent, lorsqu'elles s'écartent l'une de l'autre est encore moins ouvert. On ne reconnaît point-là les angles des rhombes et des trapèzes de leurs cellules.

La larme triangulaire de leur tête, qui ne présente que trois angles aigus, n'explique pas mieux le choix de ces figures; car en supposant même que l'un d'eux fut analogue à l'angle aigu des losanges, où serait la mesure de leurs angles obtus?

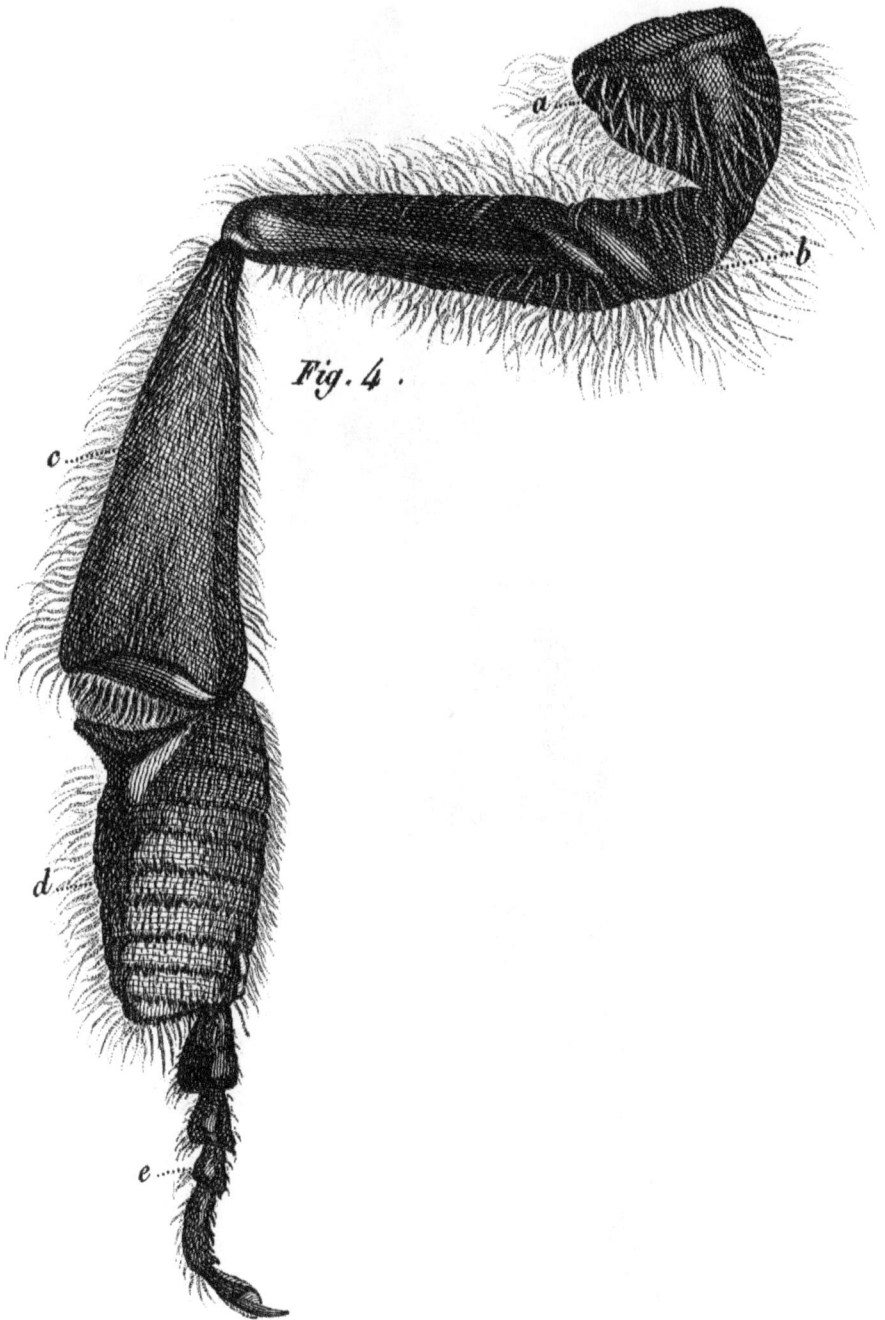

Tome 2 Planche IV Fig. 4—Patte avec corbeille et brosse.

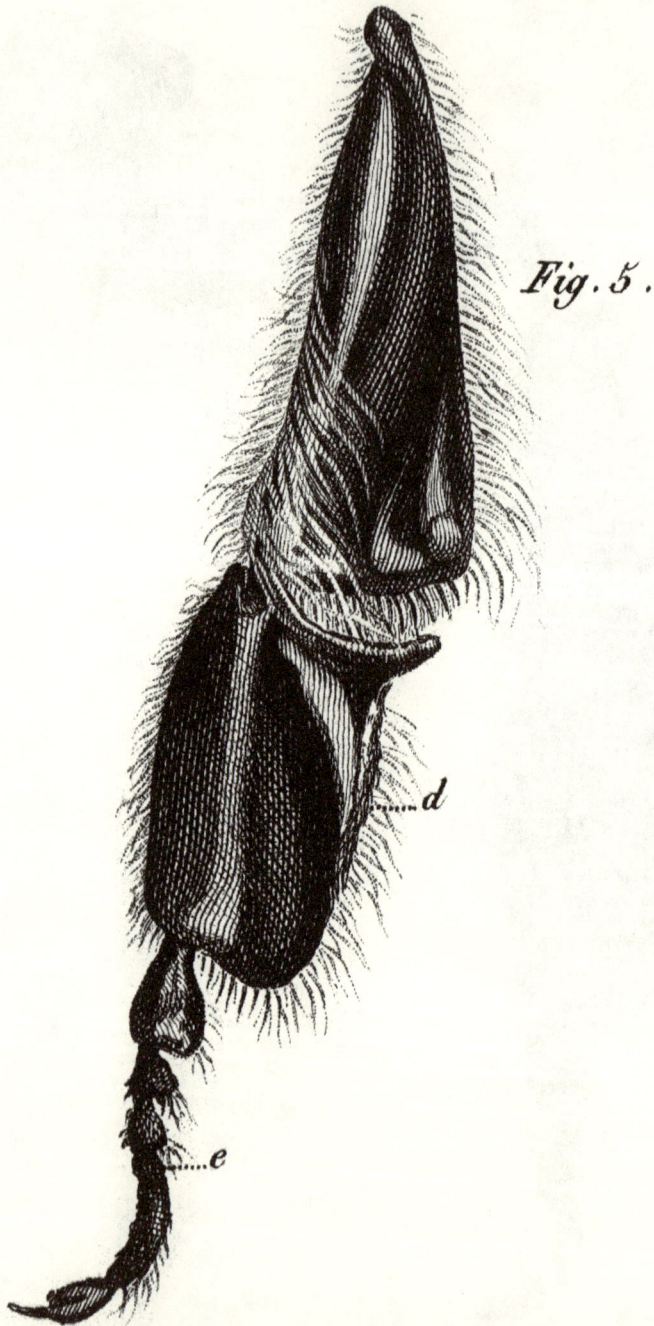

Tome 2 Planche IV Fig. 5—Face de la portion inférieure de la patte de la fig. 4 montrant la corbeille et la brosse

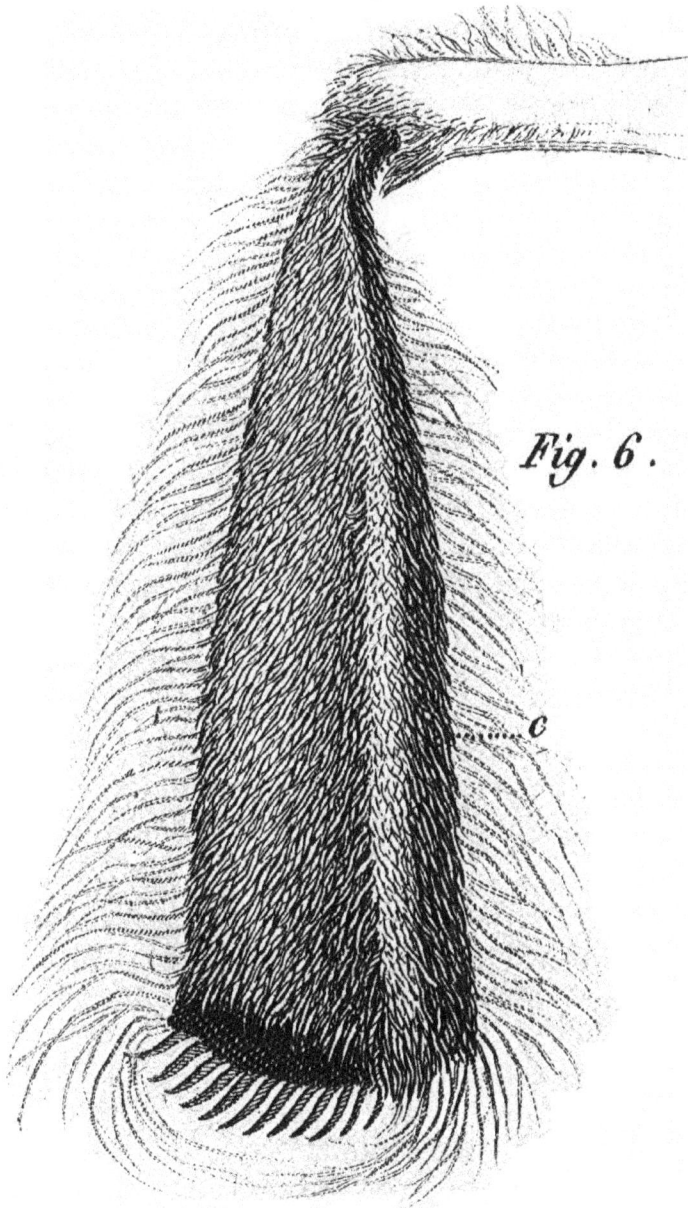

Tome 2 Planche IV Fig. 6—Portion supérieure de la patte de la fig.4 montrant la corbeille et la brosse.

Chercherons-nous aux pattes des abeilles des rap-ports avec les ouvrages réguliers que ces mouches savent exécuter ? Elles sont composées comme celles de la plupart des autres insectes; de la hanche (a), de la cuisse (b), de la jambe (c) et du pied ou tarse (Planche IV, Fig.4, de).

Les trois premières parties n'ont rien qui les distingue de celle des autres hyménoptères, à l'exception de la iambe proprement dite de la troisième paire; c'est cette, pièce en forme de corbeille, que Réaumur appelle la palette, et sur laquelle les abeilles déposent les poussières fécondantes (c , fig. 4 et. 5): elle est triangulaire, lisse et bordée dans sa longueur d'une rangée de poils qui s'élèvent au-dessus de la face extérieure, ceux de la base s'élèvent, dit-il, et se recourbent vers le haut de la jambe, de sorte que tous ses poils forment le bord d'une espèce de corbeille, dont la face extérieure de la palette représenterait le fond.

Après la palette triangulaire, ce que les pattes des abeilles ont de plus remarquable c'est le tarse dont le premier article est toujours infiniment plus gros que les suivants et conformé bien différemment dans les trois paires que chez les autres insectes du même genre (d, fig. 4 et 5).

Cette première pièce du tarse s'appelle la brosse, d'après l'usage connu de cette partie, qui est destinée à réunir les globules de pollen répandus sur le corps de l'abeille lorsqu'elle fait sa récolte. Dans les jambes de la première paire elle est allongée, arrondie et entièrement velue, tous ses poils sont tournés vers l'extrémité du tarse. Dans les jambes de la seconde paire la brosse est oblongue, d'une forme irrégulière, aplatie, lisse extérieurement, très garnie de poils du côté opposé, et ceux-ci dirigés en bas: elle a son insertion exactement au milieu de la pièce laquelle elle est ajustée.

La brosse de la troisième paire offre plusieurs particularités très remarquables et qui le deviendront encore plus lorsque nous ferons connaître leur usage : cette pièce est conformée bien différemment de celle des jambes de la seconde paire: le seul rapport qu'elles aient ensemble est d'être l'une et l'autre d'une figure aplatie, lisse sur leur face extérieure et très velue sur la face opposée; mais la brosse de la troisième paire (d, fig. 4 et 5) est plus grande que celle de la seconde et d'une forme particulière. Elle paraît au premier aspect présenter celle d'un parallélogramme rectangle: on l'a d'abord désignée sous le nom de pièce carrée pour la distinguer de la palette, dont les contours sont triangulaires; mais en la regardant avec attention, nous avons reconnu qu'elle s'éloignait de la figure qu'on lui avait prêtée. Les deux côtés ascendants cessent de paraître parallèles, dès qu'on s'aperçoit qu'ils ne sont pas exactement en ligne droite, et qu'ils tendent à se rapprocher par l'une de leurs extrémités; le côté inférieur est légèrement échancré, le côté supérieur l'est davantage, il se prolonge en-dehors sous la forme d'une dent très aiguë et très saillante, tandis que par l'autre extrémité il s'élève en arc, pour fournir, en se prolongeant, une articulation avec la jambe; mais cette pièce mobile n'est pas implantée au milieu de la base de celle-ci comme dans les autres paires; c'est à l'angle antérieur de la pièce triangulaire que se trouve la jointure qui les unit, el le côté inférieur de la palette étant une ligne à peu près droite, il compose, avec le côté supérieur de la brosse, une véritable pince.

Réaumur, qui donne la description de ces deux pièces, n'avait pas observé qu'elles pouvaient s'écarter l'une de l'autre et faire un angle dont le sommet est représenté par leur articulation commune: il n'avait pas remarqué que le côté (ab) de cet angle, fourni par l'extrémité de la palette, était parfaitement lisse sur son bord extérieur, et que les poils qui forment le bord de la corbeille en cet endroit, viennent des côtés mêmes de la palette; que ces poils étant fort longs se recourbent vers la base et font une espèce de cintre par leur rencontre mutuelle; mais si le bord extérieur de la palette est lisse en cet endroit, il n'en est pas de même sur la face opposée (*Planche IV, fig.5*) : on y trouve une rangée de dents écailleuses, semblables à celles d'un peigne, presque droites, parallèles entre elles; et au plan de la palette de longueur égale, très aiguës et légèrement inclinées vers l'ouverture de la pince : elles répondent à des faisceaux de poils très forts, dont la brosse est garnie dans toute la partie correspondante.

La saillie écailleuse que fournit la brosse à son extrémité, est un peu contournée au dehors, et lorsque les deux pièces de la pince se rapprochent l'une de l'autre, sa pointe ne correspond pas exactement avec le bord de la palette, elle peut donc se croiser avec elle, ce qui permet aux deux côtés de la pince de se rapprocher de son origine, et aux dents de l'une de s'engrainer avec les poils de l'autre.

Cette organisation était trop distincte pour n'avoir pas un but particulier; effectivement on n'observe rien de semblable sur les jambes des mâles et des reines: cette organisation ne se retrouve que chez les bourdons (*bremus*), genre très voisin de l'abeille, et dont les mœurs ont quelques rapports avec les siennes, On verra bientôt à quel usage elle était destinée chez les abeilles ; mais il est évident qu'elle ne pourrait en aucune manière servir de modèle aux angles sous lesquels se réunissent les différentes pièces des alvéoles.

Le tarse est encore composé de trois articles coniques, très petits et d'un article fort allongé, terminé par deux paires de crochets. M. de Réaumur compte peut-être avec raison ce dernier article pour deux, dont l'un est conique et fort allongé, et l'autre formé d'une petite masse charnue, et des crocs dont le pied est armé.

Les antennes des abeilles posséderont-elles ces rapports directs avec les formes géométriques des fonds pyramidaux dont nous n'avons point trouvé le modèle sur les autres parties du corps de ces mouches? Elles sont coudées et composées de douze articles; les deux premières font une section à part, qui se meut en tous sens sur sa base, et qui sert, pour ainsi dire, de support à la section suivante, formée par les dix derniers articles. Le premier article de l'antenne est globuleux, le second cylindrique et très allongé; le troisième, qui est le premier de la seconde section, est conique et très court, le second conique fort long, les suivants sont tous cylindriques, et le dernier est terminé en pointe mousse. Cette organisation permet aux antennes des mouvements de tous genres, elles peuvent, par leur flexibilité, suivre le contour des objets; par leur position embrasser un corps d'un petit diamètre, et se porter dans tous les sens.

Il n'y a pas de modèle pour la structure des gâteaux dans l'anatomie de l'abeille

Ainsi les antennes, les dents et les jambes des abeilles, ne peuvent en aucune manière servir de type à la structure des alvéoles; mais le double ciseau, la pince et le compas dont elles tiennent lieu, sont des instruments propres à divers usages, et qui peuvent se prêter à la construction de toutes les pièces d'une cellule; l'effet qu'ils produisent dépend donc entièrement de l'objet que l'insecte se propose.

Si l'ouvrier n'a pas un modèle d'après lequel il opère, si le patron sur lequel il taille chaque pièce n'est pas hors de lui-même et de nature à frapper ses sens, il faut admettre en lui quelque chose d'intellectuel qui dirige ses opérations.

On pourrait encore supposer, à la vérité, que les lames de cire sortent déjà de dessous les anneaux avec une forme analogue à l'usage auquel elles sont destinées ; or, nous savons que la figure des plaques, ou lames cireuses, est un pentagone irrégulier, ce qui ne s'accorde ni avec les trapèzes, ni avec les losanges dont les cellules sont composées.

Hunter ayant remarqué que l'épaisseur des fonds était à peu près celle d'une lame, crut que les abeilles devaient les employer en nature, et qu'elles les appliquaient les unes sur les autres pour former les pans dont l'épaisseur paraît plus considérable. Il aurait donc fallu supposer en même temps que ces mouches fussent dressées à tailler ces lames et à les disposer dans un ordre régulier; mais ce n'étaient là que des conjectures, et pour résoudre une question aussi compliquée il faut des faits.

Réaumur, avec des ruches vitrées n'avait point découvert le mystère de la construction des gâteaux ; il crut qu'on pouvait, sans être témoin du travail des abeilles, se faire une idée juste de leurs opérations; cette erreur le priva du plaisir de voir exécuter l'ouvrage le plus singulier de tous ceux que les insectes nous présentent. Je jugeai, au contraire, qu'il était indispensable de prendre les abeilles sur le fait pour concevoir leurs procédés dans l'art de bâtir, et je cherchai des moyens plus propres à remplir mes vues que ceux dont mes devanciers s'étaient servis.

On sera peut être tenté de croire qu'il suffit d'avoir des ruches vitrées des quatre côtés pour voir les abeilles construire leurs gâteaux, et qu'il ne faut, pour les suivre, que de l'assiduité et de l'attention; mais le travail de l'architecture est toujours caché à nos yeux par un groupe d'abeilles de plusieurs pouces d'épaisseur. C'est dans ce massif, et au milieu des ténèbres, que les gâteaux se construisent; ils sont fixés, dès leur origine, aux voûtes des ruches ; ils se prolongent plus ou moins vers la base de celle-ci, selon l'époque de leur formation, et leur diamètre augmente proportionnellement à leur longueur.

Une ruche pour observer la construction des gâteaux

Je sentis combien il était nécessaire d'assister aux premières ébauches des abeilles; mais comment porter ses regards au milieu d'un rassemblement d'insectes aussi nombreux; comment espérer de pénétrer jusqu'au centre du massif dans le sanctuaire défendu par un si grand nombre d'aiguillons, et par des gardiennes aussi courageuses. Il fallait pour cela trouver le moyen d'éclairer la partie supérieure de la ruche; car c'était là que se faisait le travail que je désirais de connaître. J'espérais atteindre ce but à l'aide de l'appareil suivant ; mais l'expérience m'apprit qu'il devait être modifié, c'était un grand récipient de verre, de la forme d'une cloche; je comptais le substituer dans ces essais aux ruches ordinaires ; il n'avait rien dans sa courbure qui s'éloignât beaucoup de la forme des paniers où l'on tient les abeilles; mais je n'avais pas prévu qu'il serait impossible à ces insectes de se suspendre en grappe contre la voûte glissante du récipient. Quelques abeilles parvinrent cependant à se cramponner au verre; mais elles ne purent jamais supporter le poids de celles qui essayèrent de s'accrocher à leurs jambes : je fus donc obligé de renoncer à cet artifice; mais je m'écartai le moins qu'il me fut possible de mon premier plan.

Je compris qu'il manquait aux abeilles des points d'appui pour commencer leur ouvrage, j'essayai donc de les satisfaire au moyen de quelques courbes de bois fort minces que je fis mastiquer de distance en distance à la voûte du récipient; je croyais qu'elles travailleraient dans l'intervalle des supports, et que rien ne m'empêcherait de suivre leurs manœuvres; mais elles ne consultèrent point mes convenances et bâtirent leurs cellules au-dessous des liteaux que je leur avis accordés; je pus, malgré cela, tirer quelque parti de cet expédient.

On introduisit dans cette ruche un essaim composé de quelques milliers d'ouvrières, de plusieurs centaines de mâles et pourvu d'une reine féconde. Les abeilles montèrent aussitôt dans la partie la plus élevée de leur domicile; les premières arrivées se suspendirent aux bandes ligneuses, dont la voûte était garnie, elles s'y cramponnèrent avec les ongles de leurs pattes antérieures, d'autres grimpant le long des parois verticales se réunirent à elles, en s'accrochant à leurs jambes de la troisième paire avec celles de la première. Elles composaient des espèces de chaînes fixées par les deux bouts aux parois supérieures du récipient, et servaient de pont ou d'échelles aux ouvrières qui venaient se joindre à leur rassemblement ; celui-ci formait une grappe dont les extrémités pendaient jusqu'au bas de la ruche : il représentait une pyramide ou un cône renversé, dont la base était fixée contre le haut de la cloche.

La campagne fournissait alors peu de miel; il nous importait cependant que l'objet de nos recherches ne se fit pas trop attendre, parce que nous ne pouvions quitter cette ruche un seul instant sans risquer de perdre l'occasion d'observer les gâteaux dans leur principe; et si nous eussions laissé les abeilles entièrement en état de nature, nous aurions été obligés de les surveiller pendant plusieurs jours avant de les voir occupées à bâtir; nous les nourrîmes donc avec du sirop de sucre, afin de hâter leur travail.

Elles vinrent en foule prendre leur repas sur le bord de la mangeoire où le sirop était préparé; puis elles retournèrent sur le massif pyramidal. Bientôt après nous fûmes frappés de l'aspect qu'offrait cette ruche, par le contraste de l'agitation ordinaire aux abeilles, avec l'immobilité qu'elles affectaient alors. Toutes les couches extérieures de la grappe composaient une espèce de rideau formé uniquement des abeilles cirières; celles-ci, cramponnées les unes aux autres représentaient par leur arrangement, une suite de guirlandes qui se croisaient dans tous les sens, et dans lesquelles la plupart des abeilles tournoient le dos à l'observateur: ce rideau n'avait d'autre mouvement que celui qu'il recevait des couches intérieures, dont la fluctuation se communiquait jusqu'à lui.

Cependant, les petites abeilles semblaient avoir conservé toute leur activité, elles seules allaient aux champs, rapportaient du pollen, faisaient la garde à la porte de la ruche, s'occupaient à la nettoyer et à mastiquer ses bords avec la résine odorante, connue sous le nom de propolis, les abeilles cirières demeurèrent immobiles pendant plus de quinze heures : le rideau était toujours composé des mêmes individus, et nous nous assurâmes qu'ils n'étaient point remplacés par d'autres. Quelques heures après nous observâmes que les abeilles cirières avaient presque toutes des lames sous leurs anneaux. Le lendemain ce phénomène était encore plus général; les abeilles qui composaient les couches extérieures du massif avaient un peu changé de position; on pouvait voir distinctement le dessous de leur abdomen. Les lames qui les débordaient faisaient paraître leurs anneaux galonnés de blanc; le rideau était déchiré en quelques endroits : il régnait un peu moins de tranquillité dans la ruche.

Nous portâmes alors toute notre attention sur la voûte du récipient, bien persuadés que les faits relatifs à la construction des gâteaux devaient avoir lieu au centre du massif, et qu'ils ne tarderaient pas à se faire remarquer. L'aire de la base était très éclairée; nous voyons distinctement les premiers chaînons de toutes les chaînes d'abeilles qui pendaient du sommet de la voûte. Les couches concentriques que ces mouches paraissaient former, pressées partout également, ne laissaient entre elles aucun intervalle; mais la scène devait changer et nous en fûmes témoins.

Observation de la construction des gâteaux

Nous vîmes une ouvrière se détacher d'une des guirlandes centrales de la grappe, fendre la presse en écartant ses compagnes, chasser à coups de tête les chefs de file qui étaient accrochés au milieu de la voûte, et former en tournant un espace vide, dans lequel elle pouvait se mouvoir librement. Elle se suspendit alors au centre du champ qu'elle avait déblayé, dont le diamètre était de douze à treize lignes (about one in. or about 27 mm).

Nous la vîmes aussitôt saisir une des plaques qui débordaient ses anneaux (Planche IV, fig.8); dans ce but elle approcha de son ventre une des jambes de la troisième paire, elle l'appliqua immédiatement contre son corps, ouvrit la pince que nous avons décrite, insinua adroite- ment la dent de sa brosse sous la lame qu'elle voulait enlever, referma l'instrument, fit sortir la plaque de cire de la loge où elle était engagée, et la prit enfin avec les ongles de ses jambes antérieures pour la porter à sa bouche (fig. 7 et 8).

Tome 2 Planche IV Fig. 7—Lame de cire portée à la bouche.

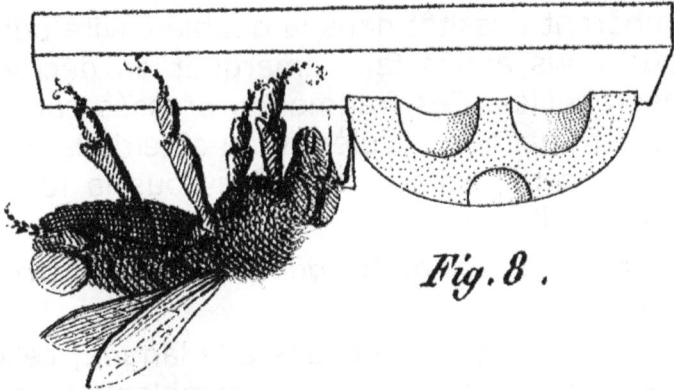

Tome 2 Planche IV Fig. 8—Lame de cire portée à la bouche par la patte antérieure.

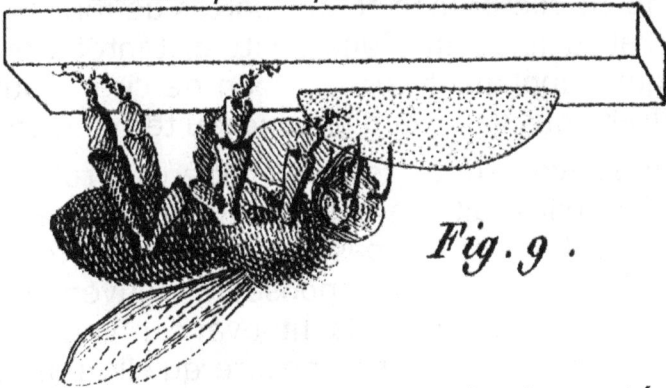

Tome 2 Planche IV Fig. 9—Lame de cire portée à la bouche.

La lame est brisée entre les parcelles

L'abeille tenait alors cette lame dans une position verticale : nous nous aperçûmes qu'elle la faisait tourner entre ses dents à l'aide des crochets de ses premières jambes, qui, étant fixées à son bord opposé, pouvaient lui imprimer une direction convenable. La trompe repliée sur elle-même lui servait de point d'appui; elle contribuait, en s'élevant et s'abaissant tour à tour, à faire passer toutes les portions de la circonférence sous le tranchant des mâchoires, et le bord de cette lame fut brisé et concassé en peu d'instants. Les parcelles de cire qui s'en détachèrent tombèrent aussitôt dans la double cavité bordée de poils, que nous avons fait remarquer en décrivant les dents des abeilles. Ces fragments, pressés par d'autres nouvellement hachés, reculèrent du côté de la bouche et sortirent de cette espèce de filière sous la forme d'un ruban fort étroit.

La cire est imprégnée de la liqueur écumeuse provenant de la bouche

Ils se présentèrent ensuite à la langue; celle-ci les imprégna d'une liqueur écumeuse semblable à une bouillie; elle faisait dans cette opération les manœuvres les plus variées; elle prenait toutes sortes de formes, tantôt elle s'aplatissait comme une spatule, tantôt c'était une truelle qui s'appliquait sur le ruban de cire, d'autre fois elle s'offrait sous l'aspect d'un pinceau terminé en pointe.

Après avoir enduit toute la matière du ruban avec la liqueur dont elle était chargée. La langue poussa en avant cette cire et la força à repasser une seconde fois dans la même filière, mais en sens opposé; le mouvement qu'elle communiquait à la, cire, la fit avancer vers la pointe acérée des mâchoires, et à mesure qu'elle passait sous leur tranchant elle était hachée de nouveau.

La liqueur rend la cire plus opaque, plus flexible et facilite l'adhésion

L'abeille appliqua enfin ces parcelles de cire contre la voûte de la ruche. Le gluten dont elle les avait imprégnées facilitait leur adhésion; elle les sépara alors d'un coup de dent de celles qui n'étaient pas encore mises en œuvre; puis, avec la pointe des mêmes instruments, elle les disposa dans la direction qu'elle voulait leur faire prendre.

La liqueur qu'elle mêlait à la cire lui communiquait une blancheur et une opacité qu'elle n'avait point au sortir des anneaux ; le but de ce mélange était sans doute de faire acquérir à la cire cette ductilité et cette ténacité qu'elle possède quand elle est parfaite.

L'abeille fondatrice (ce nom lui est bien acquis) continua cette manœuvre jusqu'à ce que tous les fragments qu'elle avait hachés et imprégnés de l'humeur blanchâtre, fussent attachés à la voûte; elle commença alors à faire tourner entre ses dents le reste de la lame qu'elle avoir tenue écartée pendant l'imprégnation du ruban. Toute la partie qui était demeurée intacte dans la première opération fut employée dans celle-ci, et de la même manière. L'ouvrière appliqua au-dessous du plafond les particules qu'elle venait de préparer, elle en plaça d'autres au-dessous et à côté des premières, et ne s'arrêta que lorsqu'elle eut épuisé la matière que cette plaque pouvait lui fournir.

Une seconde, une troisième plaque furent mises en œuvre par la même abeille, mais l'ouvrage n'était qu'ébauché; il ne présentait encore que des matériaux prêts à recevoir toute espèce de forme: l'ouvrière ne se donnait point la peine de comprimer les molécules de cire qu'elle rassemblait; il lui suffisait qu'elles adhérassent ensemble, et il ne fallait aucun effort pour cela.

Le travail est fait séquentiellement par plusieurs abeilles

Cependant l'abeille fondatrice quitta la place, elle se perdit au milieu de ses compagnes; une autre lui succéda, celle-ci avait de la cire sous les anneaux; elle se suspendit au même endroit où venait de travailler celle qui l'avait précédée; elle saisit une de ses plaques à l'aide de la pince de ses jambes postérieures, la fit passer entre ses dents et se mit en devoir de continuer l'ouvrage commencé.

Elle ne déposait point au hasard les fragments de cire qu'elle avait mâché; le petit tas qu'avait fait sa compagne la dirigeait, car elle fit le sien dans le même alignement et les unit l'un à l'autre par leurs extrémités. Une troisième ouvrière se détacha des couches intérieures de la grappe; elle se suspendit au plafond, réduisit en pâte molle quelques-unes de ses lames, et plaça les matériaux qu'elle avait à sa disposition auprès de ceux que ses compagnes venaient d'accumuler; mais ils n'étaient pas arrangé de la même manière, ils faisaient angle avec les premiers: une autre ouvrière parut s'en apercevoir, et sous nos yeux enleva cette cire mal placée pour la porter auprès du premier tas; elle la disposa dans le même ordre et suivit exactement la direction qui lui était indiquée. Il résultait de toutes ces opérations un bloc dont les surfaces étaient raboteuses ; et qui descendait perpendiculairement au-dessous de la voûte. On n'apercevait aucun angle, aucune trace de la figure des alvéoles dans ce premier travail des abeilles; c'était une simple cloison en ligne droite, et sans la moindre inflexion; sa longueur était de six à huit lignes; elle était élevée des deux tiers du diamètre d'une cellule, mais elle se rabaissait vers ses extrémités: nous avons vu d'autres blocs de douze et jusqu'à dix-huit lignes de longueur, la forme en était toujours la même , mais ils n'avaient pas plus d'élévation.

L'espace vide qui s'était formé au centre du massif nous avait permis de voir les premières manœuvres des abeilles, et de découvrir l'art avec lequel elles posent les fondements de leur édifice, mais ce vide se remplit trop promptement à notre gré, trop d'ouvrières s'accumulèrent sur les deux faces du bloc, et le voile s'épaissit au point qu'il ne fut plus possible de suivre leur travail.

Mais si nous ne pûmes découvrir, à l'aide de cet appareil, tout ce que nous eussions désiré connaître, nous nous trouvâmes fort heureux de pouvoir rendre justice à Réaumur, qui croyait avoir vu sortir la cire de la bouche des abeilles sous la forme d'une bouillie; c'était sans doute cette liqueur blanchâtre et mousseuse dont elles humectent la matière cireuse pour lui procurer les qualités qu'elle n'a pas dans son origine, qu'il avait prise pour la cire ; cette observation, en faisant connaître sur quel fondement reposait l'opinion de ce naturaliste, dénouait une des plus grandes difficultés du sujet que nous traitons; :car on ne saurait se dissimuler qu'avant de rejeter un fait avancé par un auteur aussi judicieux, on ne doive expliquer ce qui a pu l'induire en erreur.

Chapitre IV: Suite de l'architecture des abeilles

Première section : Description de la forme commune des cellules

L'histoire naturelle ne présente aucun phénomène dont on soit plus tenté de chercher les causes finales que celui de l'architecture des abeilles. L'ordre et la symétrie qui règnent dans leurs rayons semblent inviter d'eux-mêmes à ces recherches, qui satisfont à la fois et, le cœur et l'esprit.

Je n'examinerai pas actuellement s'il ne s'est point glissé quelque abus dans l'attribution de ces causes, et si l'on n'a point prêté des vues un peu étroites à la nature en supposant chez les abeilles une si stricte économie. Je ne déciderai pas si le beau problème résolu par les Kœnig, les Cramer, les Maraldi, est rigoureusement applicable aux travaux de ces insectes, ou si lorsqu'il s'agit des actions des animaux on ne devrait point admettre une certaine latitude qui n'est pas nécessaire en matière de physique pure; les calculs des géomètres modernes semblent s'accorder mieux avec les vues libérales de l'auteur de la nature, en admettant l'économie que comme un objet très secondaire dans le plan que suivent les abeilles.

Il était en effet une autre condition plus importante pour L'objet, que ces insectes doivent se proposer, qui n'aurait point été remplie, si l'art qu'ils ont reçu en partage eût été borné à celui dont on leur faisait un si grand mérite.

Quand j'entrepris les recherches dont je vais rendre compte, j'étais loin, de soupçonner qu'elles dussent me conduire à de nouveaux résultats sur la structure des gâteaux.

Des observateurs distingués en avaient fait le sujet de leurs méditations, et semblaient avoir entièrement développé la théorie des fonds pyramidaux ; leurs noms seuls, souvent répétés par tous ceux qui se sont occupés des abeilles, paraissaient avoir consacré les idées reçues à cet égard, et je ne prévoyais guère que la découverte de faits importants, et jusqu'alors ignorés, put être le résultat des directions que je donnais à un simple villageois.

Mais les découvertes les plus curieuses ne sont pas toujours celles qui exigent le plus de temps et d'efforts. Un coup d'œil jeté presque par hasard sur la base des rayons nouvellement formés, nous fit juger qu'on n'avait pas encore assez étudié les détails de leur construction. Les anomalies qu'ils nous présentèrent nous parurent de la plus grande conséquence; je vais donc rappeler en peu de mots la disposition ordinaire des cellules, afin de pouvoir décrire les traits qui m'ont paru devoir donner la clef de l'architecture des abeilles.

Les cellules que tout le monde peut avoir observées, sont composées de deux parties: le tube prismatique hexagone et le fond pyramidal qui le termine (Planche V, fig. 1).

Ce dernier (bcdg) que l'on doit considérer comme la partie la plus délicate et la plus essentielle de tout l'ouvrage est formé de l'assemblage de trois pièces rhomboïdales, ou losanges, égales et semblables, réunies en un centre commun et inclinées les unes aux autres sous un angle déterminé, de manière à présenter une légère concavité.

Tandis que ces trois pièces produisent un enfoncement sur une des faces du rayon, elles forment ensemble sur l'autre une protubérance (fig.2) : ici ces mêmes pièces paraissent associées, chacune en particulier, à deux autres pièces semblables, qui, par leur inclinaison, forment avec elles autant de fonds pyramidaux; c'est pour cela que chaque cellule est adossée partiellement à trois autres cellules par le fond qui leur est commun.

Sur le bord de chaque fond pyramidal (fig. 1) s'élève un tube prismatique, dont les six pans sont coupés à angle droit par celle de leurs extrémités, qui se rapporte à l'orifice de la cellule, et taillés par l'autre extrémité, de manière à s'adapter au contour anguleux qu'offre le fond pyramidal.

Ces cellules, par leur forme et leur combinaison, remplissaient peut être toutes les conditions que l'on se croit en droit d'exiger du travail des abeilles; mais, étaient-elles susceptibles de s'adapter avec toute la solidité nécessaire à la partie de la ruche qui sert de support aux rayons? C'est un point bien important et dont on ne s'était guère embarrassé.

Il suffit d'une simple figure (fig. 3) pour démontrer que des prismes hexagones, placés les uns à côté des autres, ne toucheraient le plafond que par une seule de leurs arêtes, et laisseraient entre eux des vides considérables. Cependant il fallait que les gâteaux fussent solidement attachés.

Cette condition était si nécessaire qu'elle est à deux époques marquées l'objet de la sollicitude de la nature, si l'on peut s'exprimer ainsi. Premièrement, lors de la formation des gâteaux; en second lieu, quand ces magasins sont devenus trop pesants pour être confiés à de faibles apports d'une matière fragile.

Mais par quelles précautions les abeilles pourvoient-elles donc à la stabilité, de leurs constructions; c'est ce que les observations suivantes nous apprirent.

Notre attention s'étant portée comme je l'ai dit, sur la base de rayons construits dans des ruches nouvellement peuplées, nous fûmes frappés de l'aspect qu'offrait le premier rang de cellules, celui par le moyen duquel le gâteau était attaché au plateau supérieur de la ruche. Il différait des rangs disposés au-dessous de lui par des particularités si remarquables que nous crûmes devoir visiter aussitôt un grand nombre de rayons pour les comparer. Nous trouvâmes effectivement que ceux dont la formation était la plus récente, présentaient toujours le même contraste entre les cellules fondamentales et celles dont le reste du gâteau est composé ; ainsi ce qui nous avait frappé d'abord comme une anomalie était, au contraire, une règle générale (fig.11).

Le haut des rayons étant toujours masqué en partie dans les ruches vitrées par le bord des châssis, je compris qu'elles ne seraient pas favorables aux observations que j'avais à faire; qu'il fallait s'emparer de l'ouvrage et se débarrasser des ouvrières dont la vigilance aurait pu nous être incommode : il importait de ne point altérer leur maçonnerie, et surtout de conserver dans leur entier les cellules du premier rang, qui intéressaient notre curiosité. Ce fut donc dans mes ruches en feuillets que je fis prendre les gâteaux que je voulais examiner ; nous les laissâmes, pour cet effet, dans le châssis sur lequel ils avaient été fondés, précaution sans laquelle nous aurions infailliblement manqué le but que nous nous étions proposé: ce fut alors seulement que nous pûmes juger de la forme et de la combinaison des cellules du premier rang.

Leur orifice au lieu d'un bord hexagonal, présentait l'aspect d'un pentagone irrégulier (fig.4*): une ligne horizontale, fournie par le plafond même de la ruche; deux lignes verticales et perpendiculaires à ce plan, et deux lignes obliques à l'horizon, unies par le bas sous un angle obtus, formaient tout le contour de la cellule ; le tube de cire n'était donc composé que de quatre pièces, deux verticales et deux obliques; la paroi tenait lieu d'un cinquième côté.

Ce n'étaient pas là les formes classiques auxquelles nous étions accoutumés. Nous voulûmes nous assurer si le fond des cellules répondait à la configuration de leurs bords, et pour l'observer plus distinctement nous coupâmes les tubes jusqu'auprès de leur origine; nous vîmes alors que leurs fonds étaient bien différents de ceux des cellules ordinaires.

Nous n'avions conservé que cette cloison qui sépare les cellules des deux faces (fig. 4 et 5). Elle présentait tour à tour des saillies et des enfoncements anguleux ; mais comme elle était partout d'une épaisseur à peu près égale, ce qui était en relief d'un côté de la cloison produisait de l'autre une cavité.

Cependant, sur l'une des faces le fond de chaque cellule du premier rang était composé de trois pièces, tandis que sur l'autre il n'en avait que deux, ce qui provenait de ce que ces cellules, alternativement opposées, n'étaient pas égales entre elles : ceci exige plus de développement.

Des trois pièces qui composent le fond des cellules du premier rang sur l'une des faces que nous appellerons antérieure, il n'y en avait qu'une dont la forme fut celle d'un rhombe ; les deux autres étaient des quadrilatères irréguliers des espèces de trapèzes. Ceux-ci (a,b, fig.6), fixes contre le faîte de la ruche par leur plus petit côté, descendaient perpendiculairement au-dessous ; leurs côtés verticaux étaient parallèles ; mais l'un était moins long que l'autre ; c'est par celui-là que les deux quadrilatères irréguliers étaient joints ensemble sous un angle assez obtus ; le quatrième côté, le côté inférieur de chacune de ces pièces était obliques des deux trapèzes qu'était en partie encadrée la pièce rhomboïdale c qui terminait le fond de cette cavité. Il est aisé de comprendre la cause de son inclinaison, puisque le sommet de l'un de ses angles aigus à l'extrémité inférieure des grands côtés de ces mêmes trapèzes, et par conséquent un peu plus bas. Il résulte de cet arrangement que le rhombe était penché ou incliné comme les côtés inférieurs des trapèzes (fig. 8).

Sur la face opposée du rayon, le fond des alvéoles du même rang n'était composé que de deux trapèzes (fig.9) semblables à ceux qui formaient en partie le fond des cellules qu'on vient de décrire ; seulement ils paraissaient tournés différemment, car ils étaient unis au fond de la cellule par leur plus grand côté : ils faisaient d'ailleurs l'un avec l'autre un angle parfaitement égal à celui sous lequel les trapèzes de la face antérieure étaient unis ; mais ces deux pièces n'appartenaient pas à une seule cellule de la face antérieure, elles étaient adossées à deux cellules voisines : ainsi les cellules de cette face ne pouvaient correspondre par leur fond qu'à deux cellules. Au contraire, celles de la première face, ou face antérieure, ayant une pièce de plus, devaient correspondre avec trois cellules (fig. 14 et 15) ; or le rhombe c qu'elles avaient, était adossé à l'intervalle de deux cellules de la face postérieure, c'est-à-dire à la première pièce des cellules du second rang, composées elles-mêmes de trois rhombes.

Par ces dispositions bien simples la stabilité du rayon était complètement assurée, car il touchait le plan supérieur de la ruche par le plus grand nombre de points possibles.

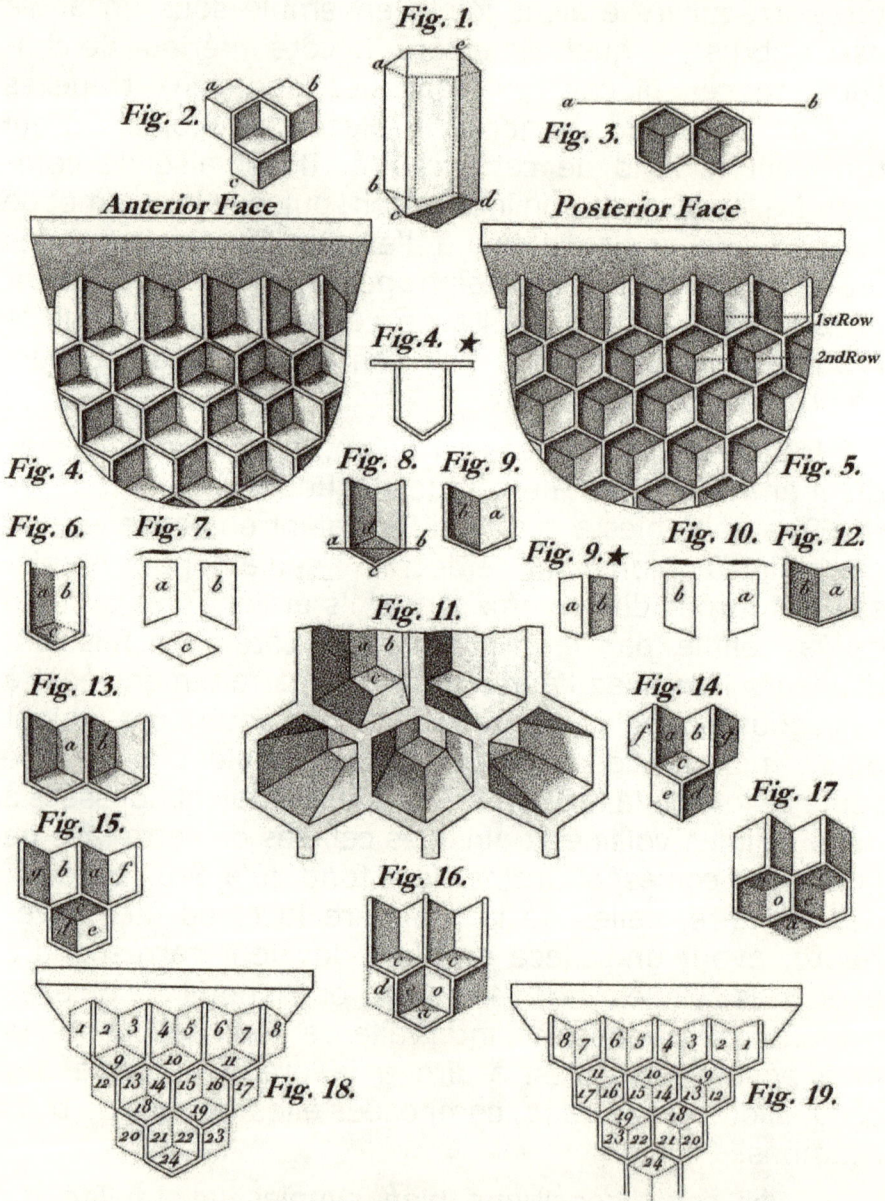

Tome 2 Planche V—Séquence de construction d'un gâteau.

On entrevoit un autre but de cet ordre de choses dans l'influence que le premier rang peut exercer par sa composition sur la formation des cellules à fonds pyramidaux; mais nous n'en dirons qu'un mot, renvoyant à la note qui termine ce chapitre ceux qui désireraient approfondir ce sujet.

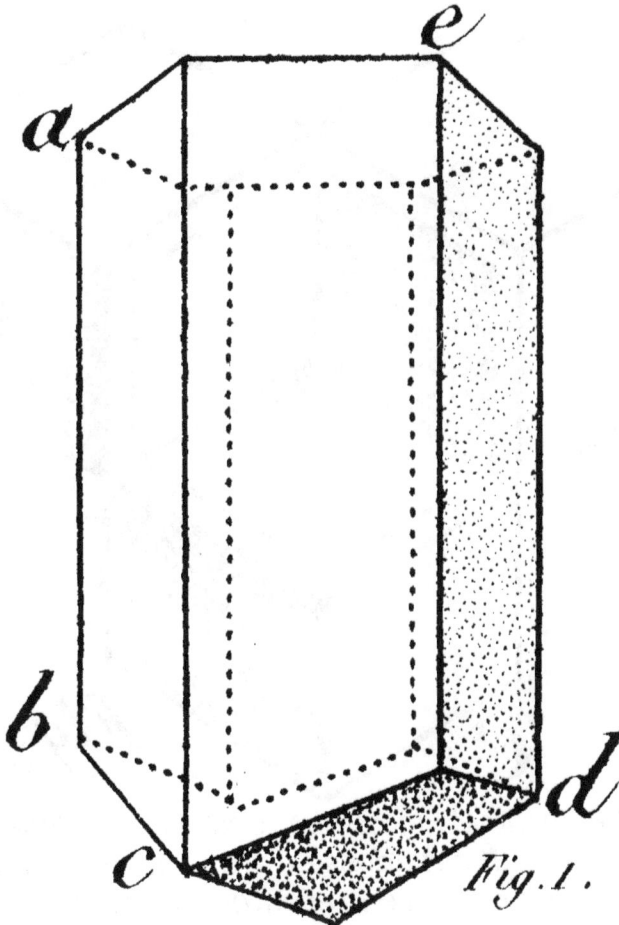

Tome 2 Planche V Fig. 1—Cellule reposant sur sa base.

Le rhombe situé au bas des cellules du premier rang, sur la face antérieure, ayant une inclinaison déterminée à cause de sa position au bas des trapèzes dont il suit l'obliquité, et ce rhombe appartenant sur l'autre face à un fond pyramidal, l'inclinaison de celui-ci est déjà trouvée en partie, car si l'on ajoute deux pièces semblables au-dessous du rhombe, ces pièces jointes ensemble auront toujours la même inclinaison et formeront sur la face postérieure un fond pyramidal.

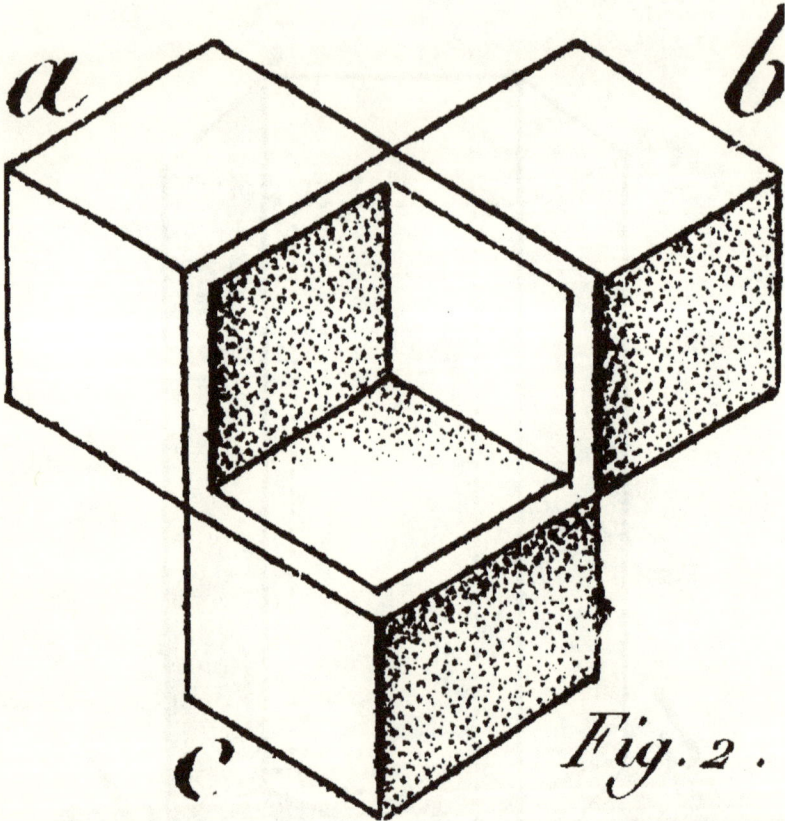

Tome 2 Planche V Fig. 2—Le fond d'une cellule représentée en face. Il est adossé à trois autres cellules a, b, c, dont les fonds se présentent ici par derrière.

Quant aux fonds pyramidaux de la face antérieure, ils auront leur, origine dans les pièces même de la face opposé, au revers desquelles ils sont formés; ainsi toutes les propriétés des fonds pyramidaux paraissent dériver de la structure des cellules du premier rang.

La figure 1ère est celle d'une cellule ordinaire, posée sur son fond et vue en perspective. Son tube (ae) surmonte le fond pyramidal *bcd* il faut observer ici combien les bords du fond sont anguleux, on sentira alors pourquoi le tube est composé de quadrilatères irréguliers.

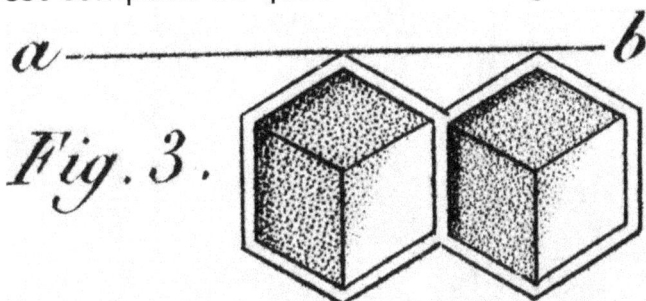

Tome 2 Planche V Fig. 3—Deux fonds pyramidaux; (ab) la tringle qu'ils ne touchent qu'en un seul point.

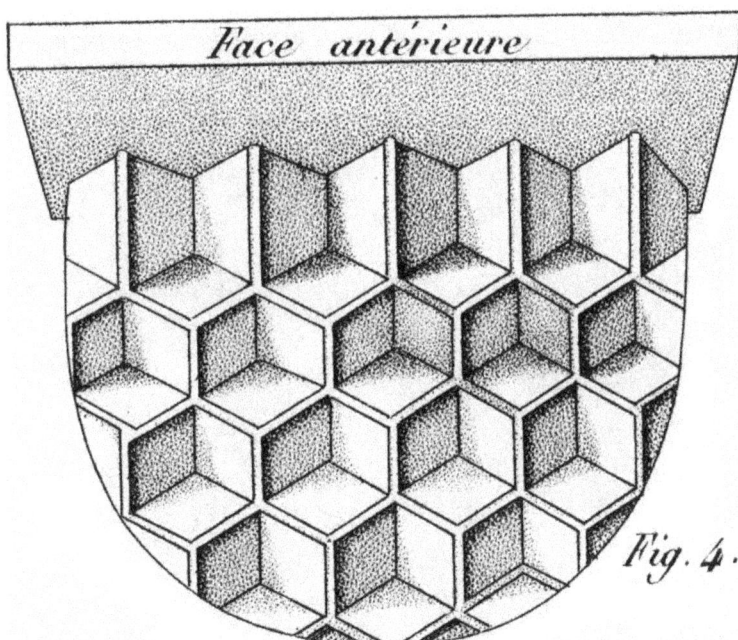

Tome 2 Planche V Fig. 4—portion de rayon neuf, fixée au plateau supérieur de la ruche.

Fig. 4.*

Tome 2 Planche V Fig. 4*—Représente le bord ou l'orifice d'une cellule du premier rang.

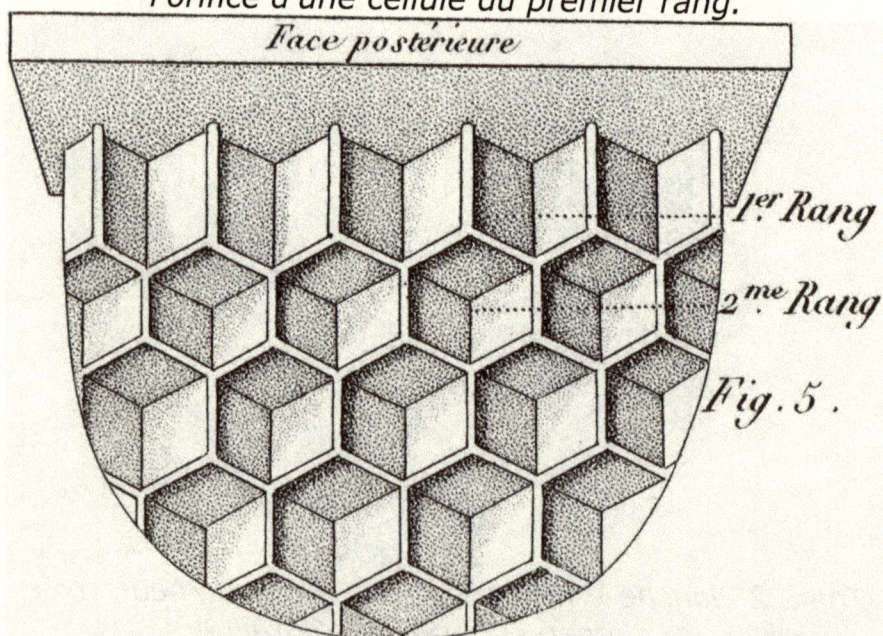

Face postérieure

1er Rang

2me Rang

Fig. 5.

Tome 2 Planche V Fig. 5—Côté opposé du rayon de la figure 4.

La fig. 5 représente le même rayon, vu de l'autre côté; dans l'une et l'autre les tubes des cellules ont été retranchés, il n'en reste qu'un petit rebord qui suffit pour faire distinguer le contour de chacune d'elles. Les fonds des premières cellules, immédiatement au-dessous du plateau, sont ceux que j'ai appelés fonds des cellules du premier rang.

Tome 2 Planche V Fig. 6—Fond d'une cellule antérieur du premier rang.

La figure 6 présente le fond d'une cellule antérieure du premier rang, détachée du gâteau ; (a, b) sont ses trapèzes, (c) est le rhombe qui la termine. On voit parallèlement dans la fig. 9 le fond d'une cellule postérieure du premier rang ; il n'est formé que de deux trapèzes. La fig. 9* est celle des mêmes pièces, mais vues au revers et dans la situation où elles paraissent dans la fig. 13.

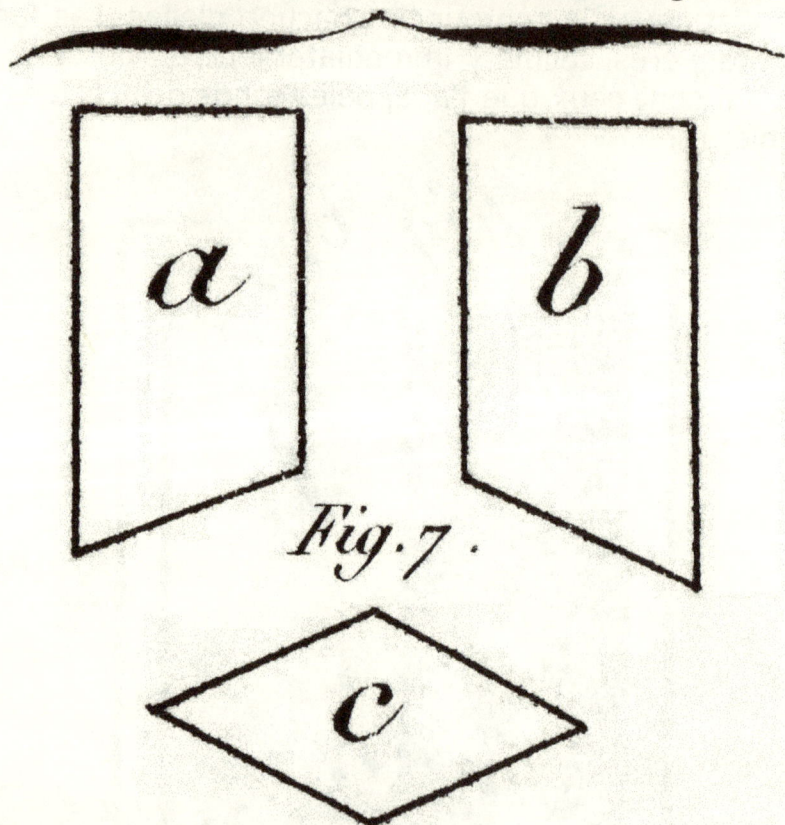

Tome 2 Planche V Fig. 7—Comme ces deux fonds sont dessinés en perspective, ce qui doit altérer jusqu'à un certain point la forme de chacune de leurs pièces, à cause de l'enfoncement des cellules, on les a représentées de plat et séparément dans les fig. 7 et 10, sous les accolades qui les réunissent : on voit ici leur forme géométrique.

Comme ces deux fonds sont dessinés en perspective, ce qui doit altérer jusqu'à un certain point la forme de chacune de leurs pièces, à cause de l'enfoncement des cellules, on les a représentées de plat et séparément dans les fig. 7 et 10, sous les accolades qui les réunissent : on voit ici leur forme géométrique.

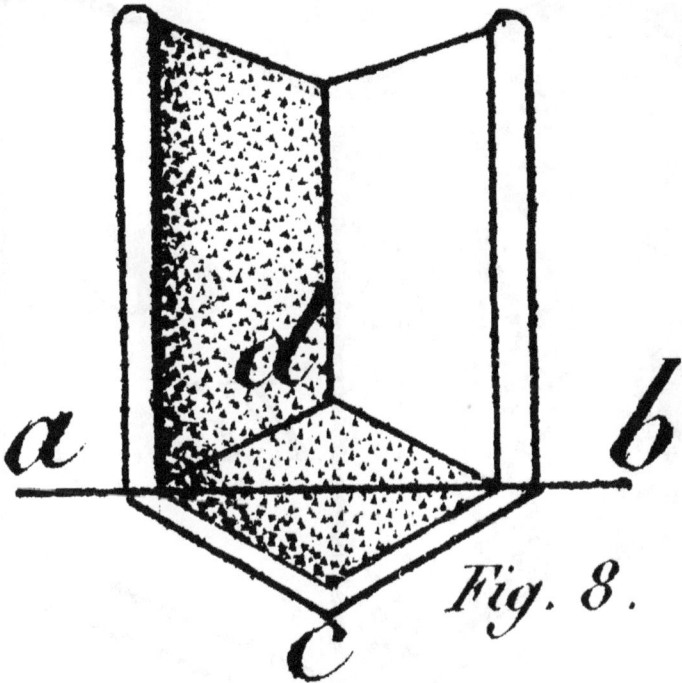

Fig. 8.

Tome 2 Planche V Fig. 8—La figure 8 est destiné à faire sentir la projection du rhombe; on en peut juger par la quantité dont il dépasse une ligne (a,b) tirée de l'un de ses angles aigus à l'autre, la portion (acb) déborde la cavité, tandis que la portion (adb) en fait partie : le rhombe s'avance donc exactement de la moitié de sa largeur; il est incliné dans le sens de sa petite diagonale, mais horizontal dans le sens de la grande.

Dans les figures 12 et 13 on a rapproché et mis au-dessous l'un de l'autre les fonds des trois cellules qui seraient naturellement adossées; la figure 13 représente ceux de deux cellules antérieures. La figure 12, une cellule postérieure intercalée entre les deux fonds de celles-là : elle est retournée en avant b et le revers de B, a le revers de a. Voyez la figure 9*.

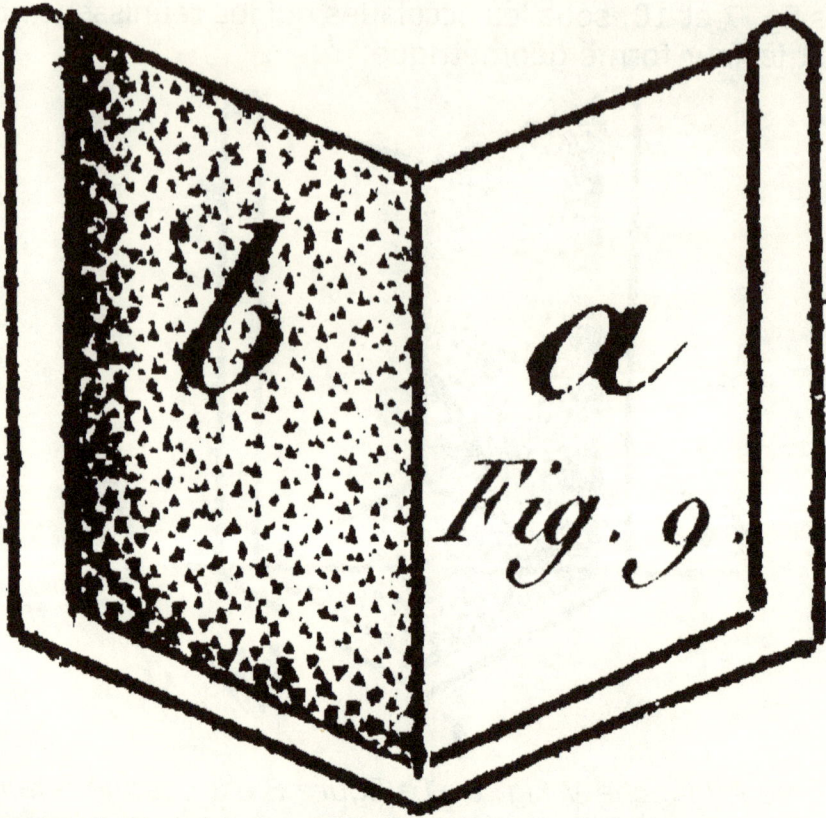

*Tome 2 Planche V Fig. 9—Le fond d'une cellule posté-
rieure du premier rang; il n'est formé que de deux
trapèzes.*

Les figures 14 et 15 sont le revers l'une de l'autre;
la première montre un fond du premier rang; on voit par
le dos les trois cellules qui lui sont associées sur le revers;
deux du premier rang (f,a et g,b) et une du second rang
(c,e,d), on peut s'en convaincre en regardant la figure 15,
ou les trois cellules postérieures (g,b) (f,a) et (c,d,e) vues
en face sont adossées au fond antérieur du premier rang
(b,a,c) que l'on voit ici par derrière, la pièce (c) qui est au
revers du rhombe (c) de la cellule antérieure, devient ici
la pièce supérieure du fond pyramidal (d,c,e) formé au-
dessous des cellules (g,b) et (a,f) fig.15.

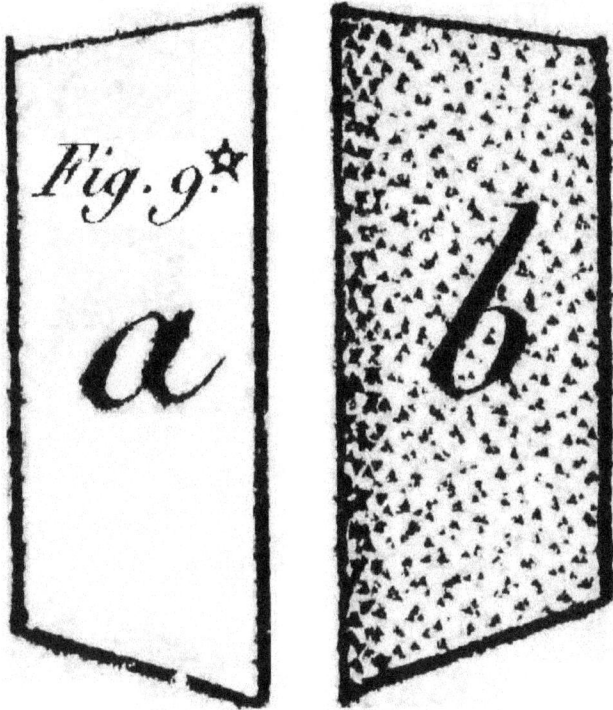

Tome 2 Planche V Fig. 9*—Nous voyons les mêmes pièces, mais vues au revers et dans la situation où elles paraissent dans la figure 13 (ab).

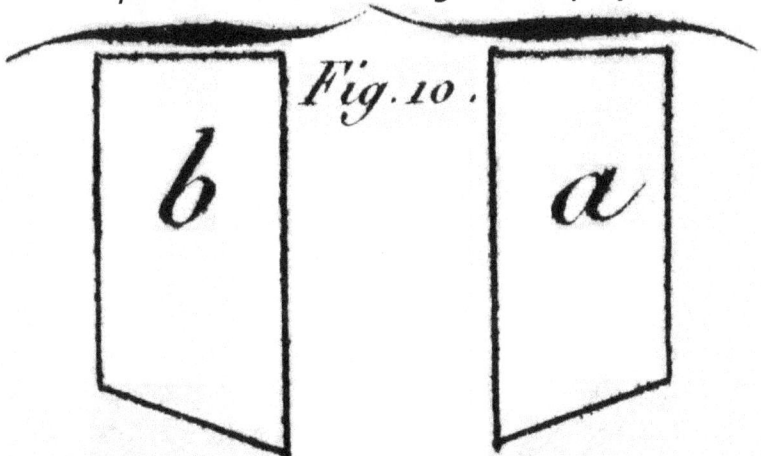

Tome 2 Planche V Fig. 10—Pièces du niveau supérieur séparées pour les montrer non déformées en perspective.

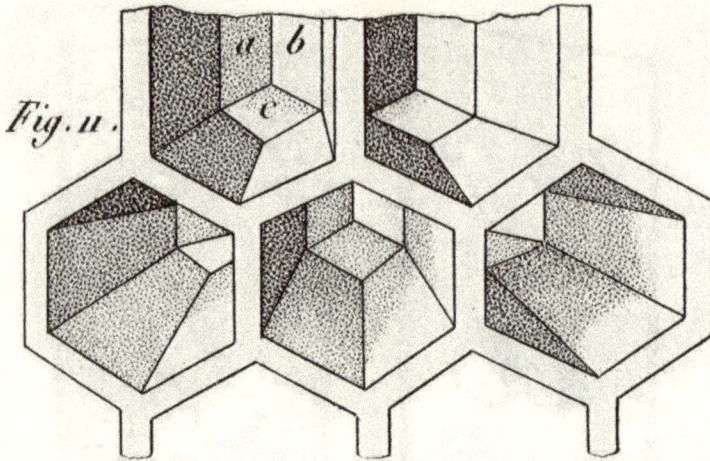

Tome 2 Planche V Fig. 11—Vue en face des cellules du premier rang avec leur tube grossi et en perspective, abc le fond.

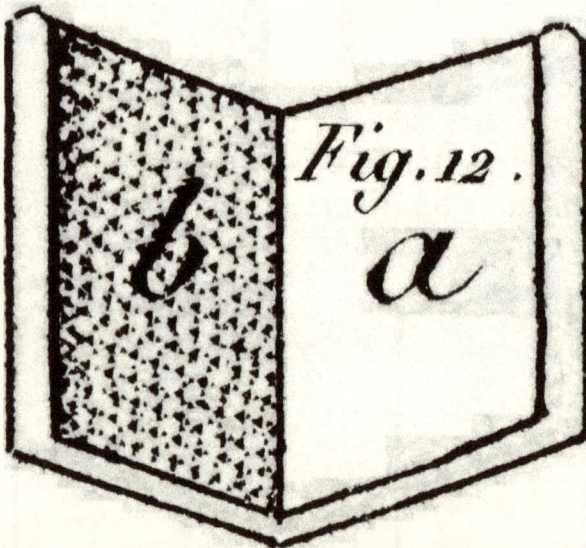

Tome 2 Planche V Fig. 12—Les figures 12 et 13 montrent les fonds de trois cellules qui seraient naturellement adossées; la figure 13 représente ceux de deux cellules antérieures. La figure 12, une cellule postérieure intercalée entre les deux fonds de celles-là : elle est retournée en avant b et le revers de B, a le revers de a. Voyez la figure 9*.

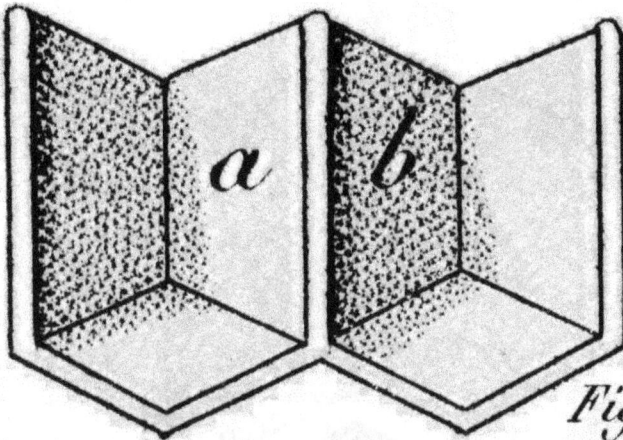

Fig. 13.

Tome 2 Planche V Fig. 13—Deux cellules antérieures.

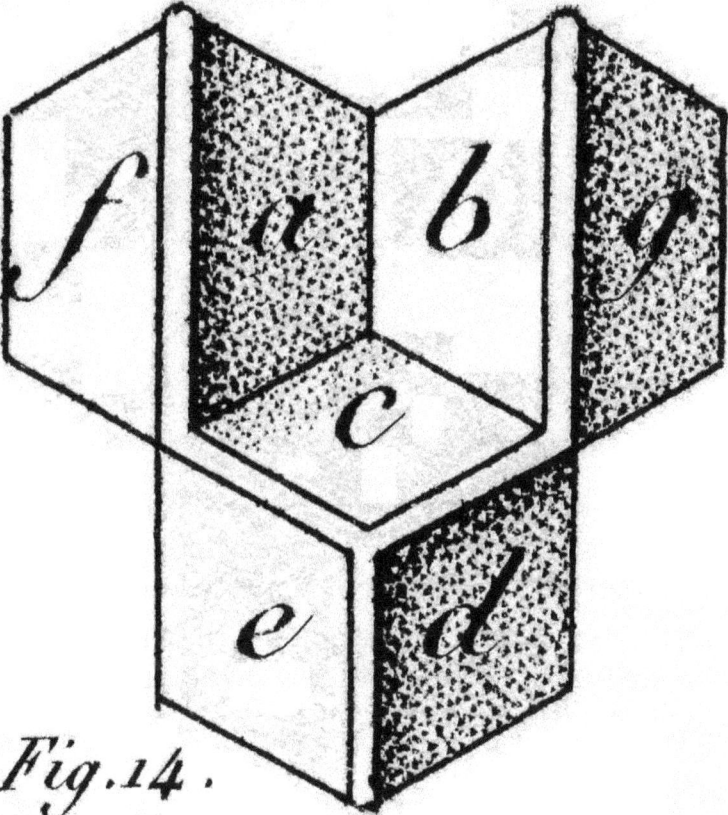

Fig. 14.

Tome 2 Planche V Fig. 14—Inverse de la figure 15, fond du premier rang.

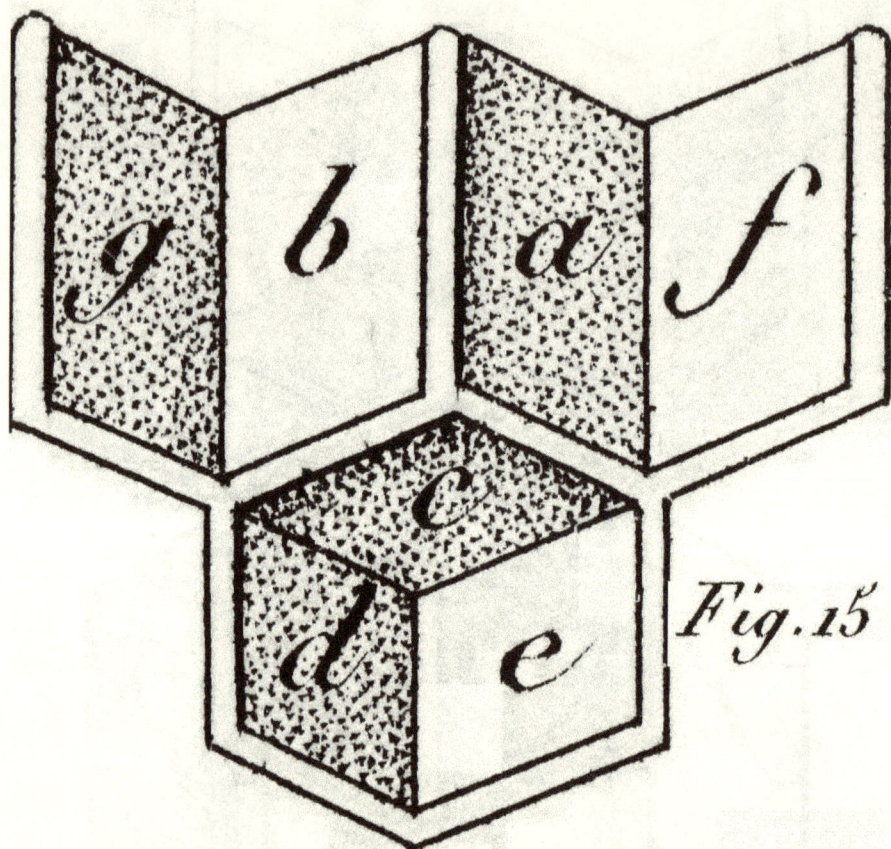

Tome 2 Planche V Fig. 15—Inverse de la figure 14, fond du premier rang.

Les figures 16 et 17 sont encore le revers l'une de l'autre, elles sont mises en regards pour qu'on saisisse bien la manière dont les pièces sont entrelacées.

La figure 16 représente une petite portion de gâteau compose de deux cellules antérieures du premier rang, et une cellule antérieure du second.

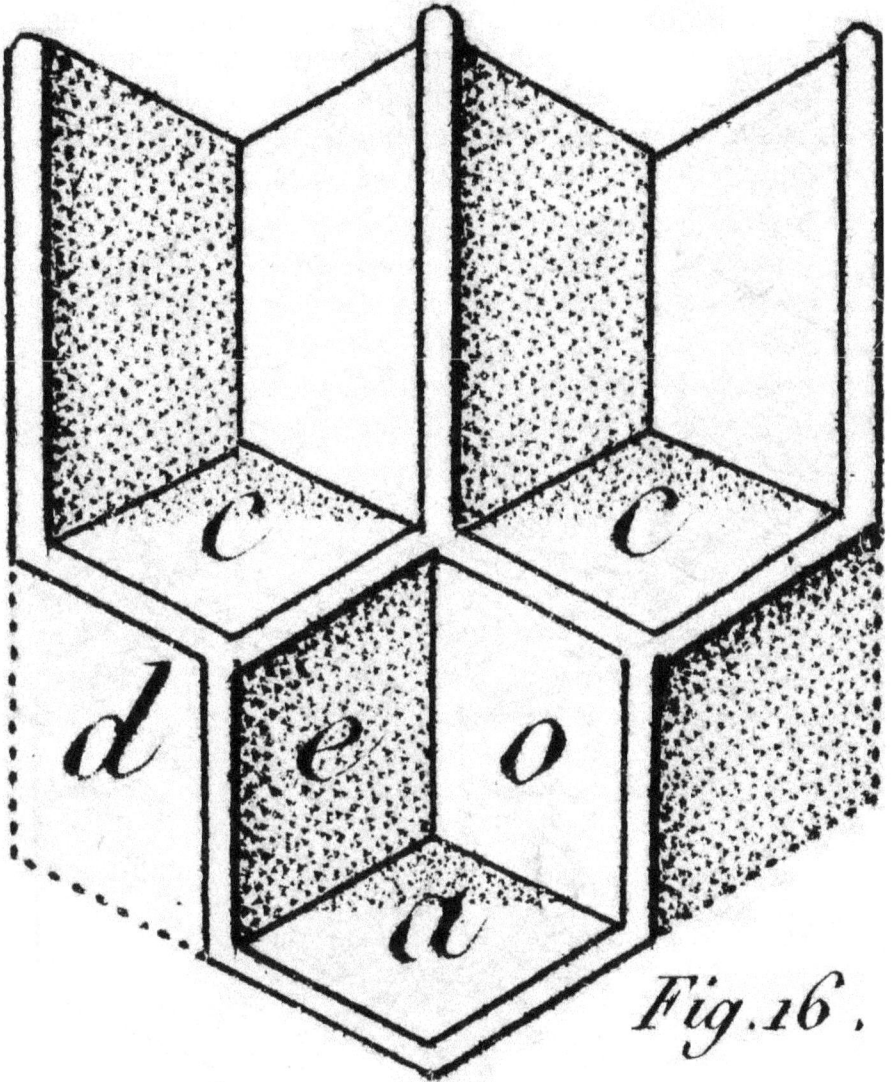

Tome 2 Planche V Fig. 16—Deux cellules antérieures du premier rang et une cellule antérieure du second rang (inverse de la figure 17).

On remarquera ici que le fond pyramidal de la face antérieure, figure 16, est compose dans le haut de deux rhombes qui sont situés dans l'intervalle des cellules du premier rang; mais les deux pièces (eo) sont les mêmes que (eo), figure 17, qui appartiennent à deux cellules de la face postérieure ; enfin le rhombe (a), complémentaire de la cellule figure 16, appartient sur le revers à l'intervalle (a) de deux cellules hexagones ; c'est-à-dire, à une cellule du troisième rang.

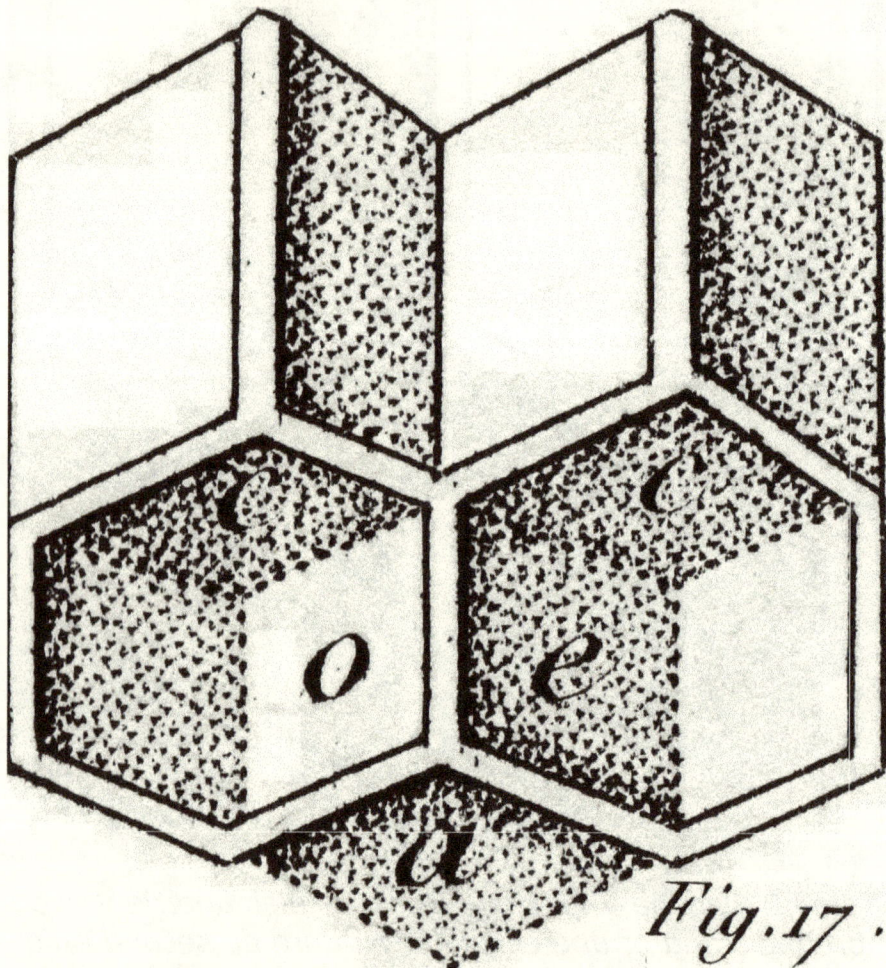

Tome 2 Planche V Fig. 17—une cellule postérieure du premier rang et deux cellules inférieures du second rang (inverse de la figure 16).

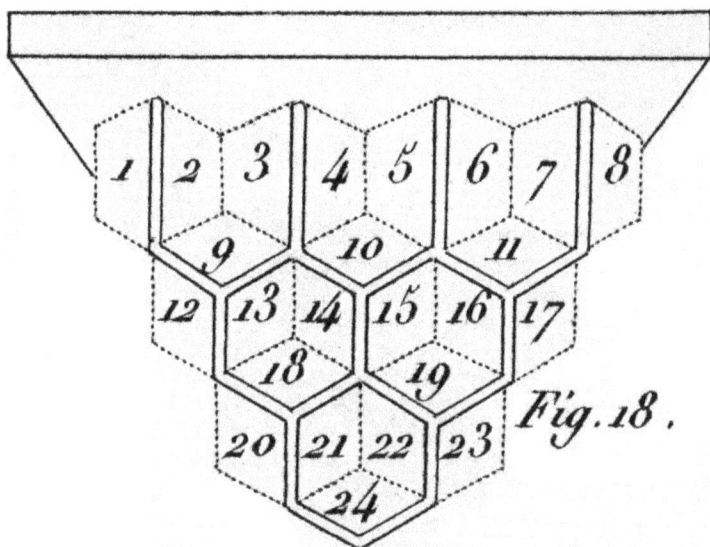

Tome 2 Planche V Fig. 18—Les figures 18 et 19, qui représentent deux petites portions du gâteau sans ombres, permettent de comparer pièce à pièce les fonds des cellules des deux faces.

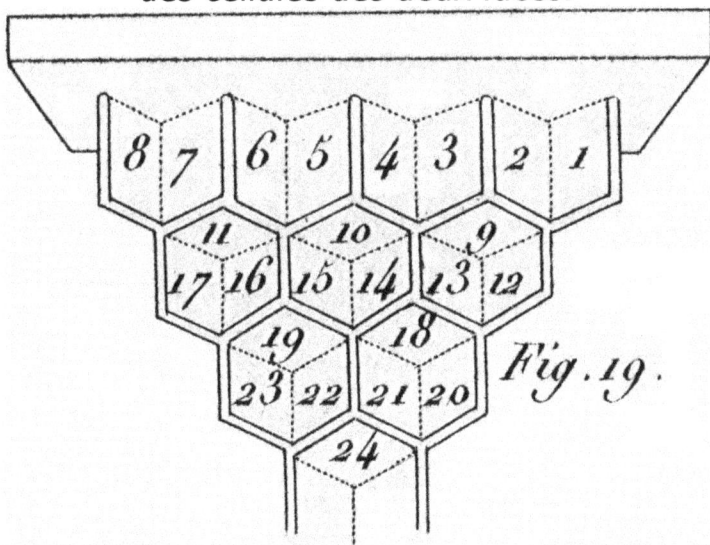

Tome 2 Planche V Fig. 19— Les figures 18 et 19, qui représentent deux petites portions du gâteau sans ombres, permettent de comparer pièce à pièce les fonds des cellules des deux faces.

Fig. 1.

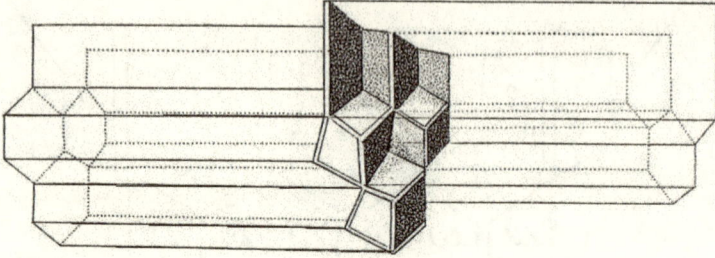

Fig. 2.

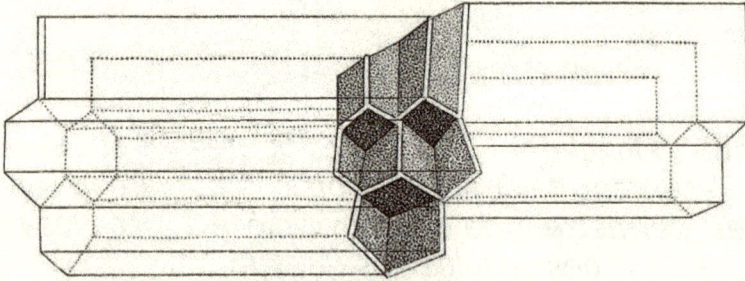

Fig. 3.

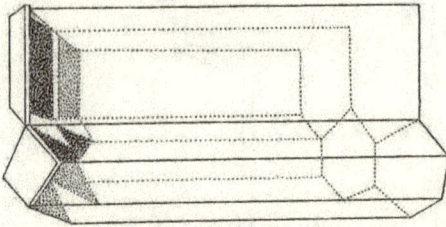

Fig. 4.

Fig. 5.

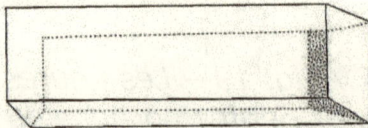

Tome 2 Planche VI—Plus grand détails de la manière dont les cellules s'emboîtent.

Explication des figures de la planche VI

Les figures de cette planche sont sur une échelle un peu plus grande que les précédentes.

La première représente une très petite portion de gâteau dont on a supposé que les prismes étaient transparents, afin de laisser voir la cloison intermédiaire, dans laquelle les fonds des deux faces sont creusés. Ces prismes ne sont désignés que par leurs arêtes et leur orifice. Comme ils se présentent ici dans toute leur longueur, la cloison intermédiaire des fonds est vue un peu en raccourci : l'œil est supposé placé de manière à voir d'une part les fonds et de l'autre les orifices.

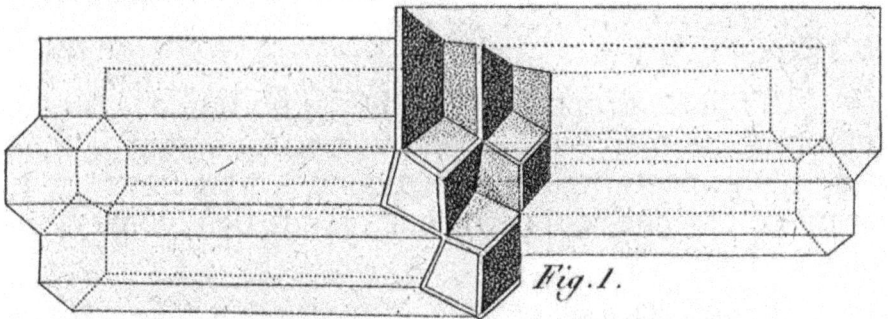

Tome 2 Planche VI Fig. 1—Vue en coupe de l'antérieur de trois premiers rangs de cellules.

On voit donc la figure première, deux fonds de cellules du premier rang, au-dessous desquels est situé un fond pyramidal. On a laissé les pièces adjacentes à cette cellule, afin que celles de la face postérieure fussent complètes, aussi voit-on comme en relief, dans cette figure, le dos de quatre cellules postérieures, une prise du premier rang, deux du second et une du troisième : cette figure répond à la figure 16 de la planche première où les fonds des mêmes cellules sont vues de face.

On a tiré horizontalement des lignes partant de tous les angles du contour de ces fonds; elles représentent par leur réunion les tubes prismatiques dont on voit l'orifice à l'autre extrémité; les lignes qui partent de la face postérieure, représentent ceux des cellules de cette face.

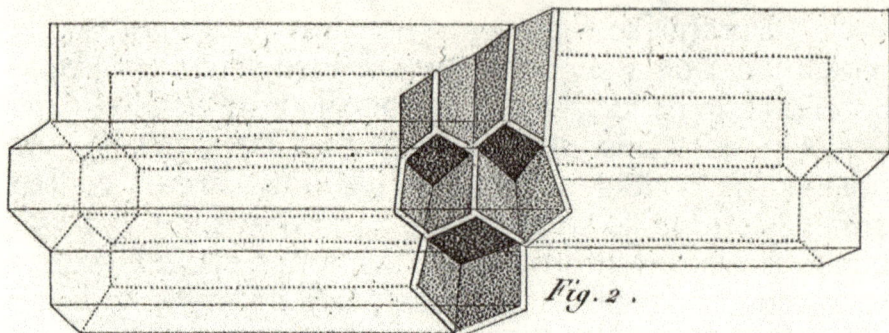

Tome 2 Planche VI Fig. 2—Vue en coupe du postérieur des trois premiers rangs de cellules.

La figure 2 représente la même portion de gâteau, retournée de manière que l'on voit obliquement le fond des cellules postérieures, elle répond à la figure 17 de la première planche, qui montre les fonds des mêmes cellules en face.

On voit ici, par devant, le fond des cellules qu'on voyait par derrière, figure première : les fonds des cellules, on sera frappé de la différence qui règne entre celles du premier rang et celles des rangs inférieurs : en suivant les lignes qui partent de l'orifice on aboutira aux angles des fonds qui appartiennent aux mêmes cellules.

La figure 3 représente plus en profil la cloison intermédiaire, elle est vue ici par sa face antérieure, on peut y remarquer la forme anguleuse des contours de tous les fonds dont elle est composée.

Les pans se prolongent jusqu'à l'orifice; on a représenté ici quatre cellules, deux du premier rang et deux du second, afin que l'on comprit mieux la position.

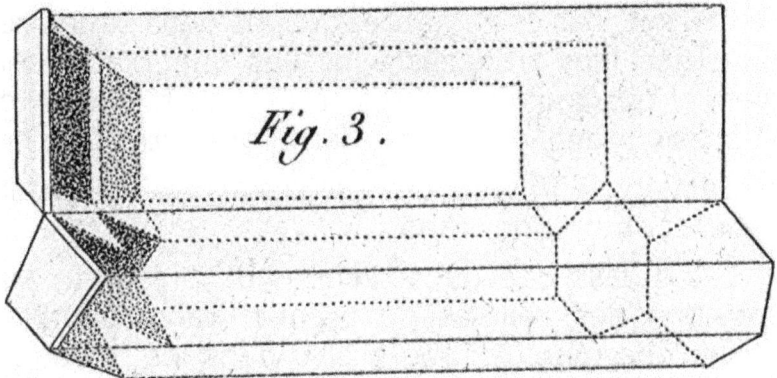

Tome 2 Planche VI Fig. 3—Face intérieure du mur intermédiaire.

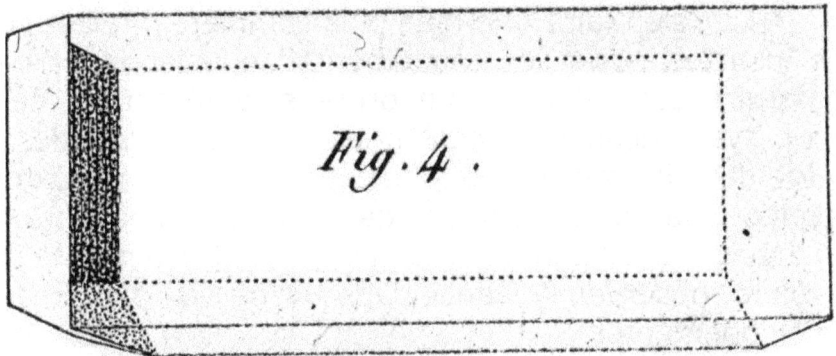

Tome 2 Planche VI Fig. 4—Une cellule antérieure du premier rang, détachée du groupe de la figure 3.

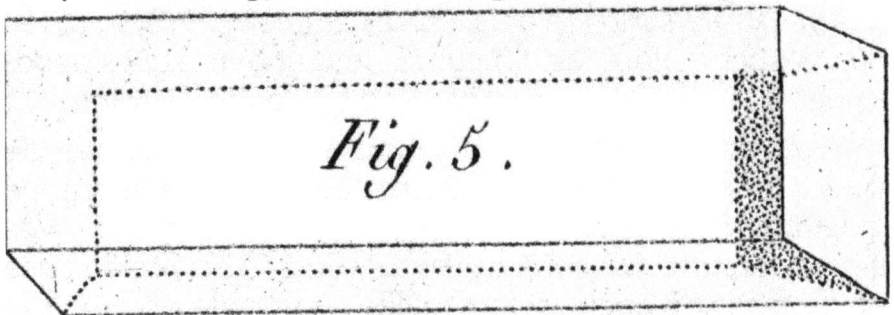

Tome 2 Planche VI Fig. 5—Une cellule postérieure isolée du même rang que la figure 4.

On voit, par cette figure, que les pans situés sur le bord vertical des trapèzes sont des quadrilatères rectangles, et que tous les autres côtés sont taillés obliquement près du fond, et à angle droit par l'autre extrémité.

Section II: Travaux des abeilles occupées à sculpter les cellules du premier rang.

Les détails que nous, venons de présenter sur la composition des cellules du premier rang, semblaient annoncer une marche progressive dans les travaux des abeilles; mais on ne pouvoir encore former que des conjectures sur leur manière d'agir.

Pour s'en faire une idée plus complète il fallait voir ces insectes poser les fondements de leurs rayons et construire ces cellules d'un ordre si différent de celui qu'on avait reconnu jusqu'à présent; il importait de les suivre dans le travail même de ces fonds pyramidaux qui décèlent à la fois et l'adresse de l'ouvrier et l'habileté de l'architecte. C'était là qu'on pouvait prendre la nature sur le fait et observer l'instinct dans un de ses plus beaux développements.

Depuis que de nouvelles vérités, capables d'éclairer la route que nous devions parcourir s'étaient présentées à nos yeux une curiosité plus active semblait s'être emparée de nous, et malgré les difficultés de tout genre qui s'opposaient à nos efforts, nous ne perdions point courage.

Il était impossible, comme je l'ai démontré, de suivre les travaux de ces insectes au milieu de la grappe qui entoure les ouvrières chargées des fonctions relatives à l'architecture. Vainement j'avais réussi à éclairer la base de ce massif d'abeilles accumulées contre le dôme de la ruche ; leur foule innombrable ne m'avait permis de voir que les préparatifs de leur maçonnerie. Je n'essayai pas d'en isoler une poignée, je savais qu'elles ne se mettent à l'ouvrage que lorsqu'elles sont réunies en grand nombre.

Les chasser de leurs rayons pendant le travail même n'eut pas seulement la gradation de leur travail que je voulais observer ; ce que je désirais, c'était de les voir opérer en ma présence.

Après avoir mûrement réfléchi sur les moyens que les habitudes des abeilles, pouvaient me fournir, et n'en ayant trouvé aucun qui répondit pleinement à mes intentions, et qui n'eût des inconvénients plus ou moins graves; j'essayai de contrarier, à certains égards, ces mêmes habitudes dans l'espoir que, forcées à suivre les inspirations de l'instinct au milieu de circonstances nouvelles, elles nous laisseraient apercevoir quelques traces de cet art qui leur a été enseigné. Mais le choix des moyens était délicat; il fallait éloigner toutes les ouvrières qui pouvaient être inutiles momentanément à la construction des gâteaux, sans rebuter celles dont nous espérions tirer quelques lumières; il fallait surtout éviter de les sortir de l'état de nature.

Comme les abeilles posent toujours les fondements de leurs gâteaux dans le haut des ruches, à l'endroit même où est suspendue la grappe formée par la réunion de tout l'essaim, il me parut que le seul moyen d'isoler les travailleuses était de les amener à changer la direction de leur maçonnerie ; mais je ne prévoyais pas de quelle manière je pourrais y contraindre des êtres qui ont aussi leurs volontés et ne la soumettent point à nos caprices.

Je me décidai enfin à hasarder une tentative qui ne devait rien forcer, puisqu'elle permettait aux abeilles de suivre leur routine ordinaire pour tout le reste, et de se dispenser même de bâtir des cellules si le travail auquel je voulais les astreindre était trop contraire à leurs usages.

Je me flattais de pouvoir obliger ces mouches à construire leurs gâteaux, en montant ; c'est à dire à faire l'inverse de ce qu'elles font tous les jours, ce qui au reste, n'est pas sans exemple chez elles: voici l'appareil que j'inventai pour cet effet:

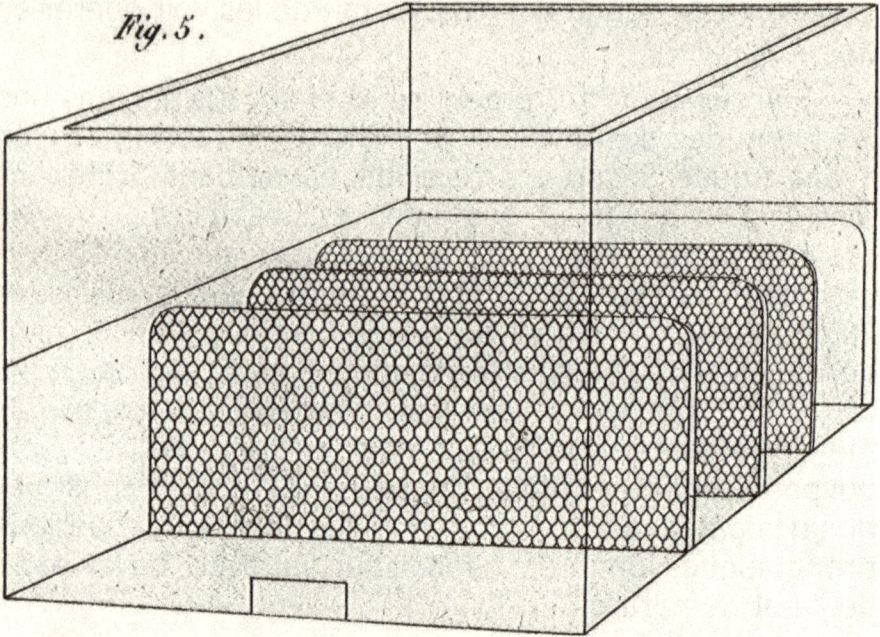

Tome 2 Planche I Fig. 5a—Ruche pour observer la construction du gâteau.

Je fis construire une boîte carrée de huit à neuf pouces de haut, sur douze de large au bas de laquelle on pratiqua une porte; le fond supérieur pouvait s'enlever à volonté; je le fis faire d'une seule glace, montée sur un châssis mobile. Je choisis dans une de mes ruches en feuillets des gâteaux remplis de couvain de miel et de pollen, afin qu'ils renfermassent tout ce qui pouvait intéresser les abeilles. Je les coupai en bandes d'un pied de long sur quatre pouces de haut; je les ajustai verticalement, dans le sens de leur longueur, au fond de la caisse, et j'eus soin de laisser autant d'intervalle entre chacun d'eux qu'il y en a à l'ordinaire entre ceux que ces insectes arrangent eux-mêmes. (Planche I, figure 5a).

Je recouvris enfin le bord supérieur de chacun des rayons d'une petite tringle ou baguette en bois, qui ne la débordait pas, et laissait une libre communication entre toutes les parties de la ruche. Ces baguettes reposant sur des rayons de quatre pouces de hauteur, il restait aux ouvrières la possibilité de bâtir au-dessus d'elles dans un espace de cinq pouces de haut sur douze de long: il n'était pas probable que ces mouches posassent les fondements de nouveaux gâteaux contre la glace horizontale qui servait de toit à la ruche puisqu'elles ne peuvent pas se tenir en grappe contre la surface glissante du verre; il falloir donc nécessairement, si elles étaient disposées à construire des gâteaux neufs, qu'elles les élevassent au-dessus des tringles, et je me flattai d'obtenir, par ce nouveau procédé, plus de succès que je n'en avais eu précédemment.

Mais c'était peu d'avoir inventé un appareil qui me paraissait adapté aux vues que je m'étais proposées; je le répète avec un sentiment de reconnaissance et avec cette satisfaction qu'on éprouve à rendre justice au mérite modeste; si j'ai fait quelques pas dans cette carrière, c'est à l'assiduité, au courage, au coup d'œil exercé de l'homme infatigable qui seconda mes efforts, c'est à Burnens que je le dois. Ces observations, très difficiles en elles-mêmes, exigeaient des précautions minutieuses ; un accident de lumière imprévu, une occasion négligée, l'attention suspendue un seul instant, pouvaient nous entraîner loin de la vérité et dans quelque système erroné.

Burnens s'étant aperçu que la glace horizontale interposée entre lui et les petits objets qu'il devait étudier, altérait à quelques égards leur apparence ou leur perspective, prit un parti qui exigeait une hardiesse peu commune; il se décida malgré moi, et au risque des suites les plus funestes, à écarter encore cette source d'erreur; cette glace qui lui servait de rempart contre les coups d'aiguillons, il observa à découvert tous les détails relatifs à l'architecture: la douceur de ses mouvements, son adresse particulière , l'habitude qu'il avait de retenir sa respiration en présence des abeilles ; purent seules le préserver de la colère de ces insectes redoutables, et je n'eus point le regret d'avoir payé trop cher son dévouement. Ce trait, digne des amateurs les plus passionnés de l'histoire naturelle, montre ce que peut l'amour de la vérité, et doit, à mon avis, augmenter la confiance de mes lecteurs, pour les observations qui en furent le résultat.

Lorsque Burnens eut peuplé cette ruche, l'essaim s'établit de lui-même et comme nous l'avions prévu, entre les gâteaux dont le fond de la caisse était garni, on vit alors les abeilles à petit ventre déployer leur activité naturelle; elles se répandirent dans toutes les parties de la ruche pour nourrir les jeunes larves, nettoyer leur logement et l'approprier à leurs convenances. Les gâteaux qu'on leur avoir donnés, équarris grossièrement pour être assujettis au fond de la caisse et endommagés en plusieurs endroits, leur parurent sans doute difformes et mal conditionnés; car elles s'occupèrent aussitôt à les réparer, on les vit hacher la vieille cire, la pétrir entre leurs dents et en former des liens pour consolider les rayons. Cette multitude d'ouvrières, employées à la fois à des travaux auxquels elles ne semblent pas devoir être appelées, cet accord, ce zèle, cette prudence dans de petits êtres qui n'ont pas le droit de penser, nous étonna au-delà de toute expression.

Mais ce qu'il y eut peut-être de plus surprenant encore, ce fut de voir environ une moitié de cette nombreuse population ne prendre aucune part aux travaux et rester immobile pendant que d'autres remplissaient toutes les fonctions que la prévoyance semblait exiger d'elles.

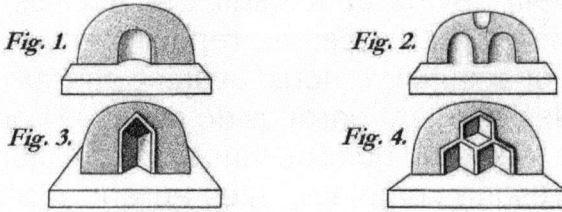

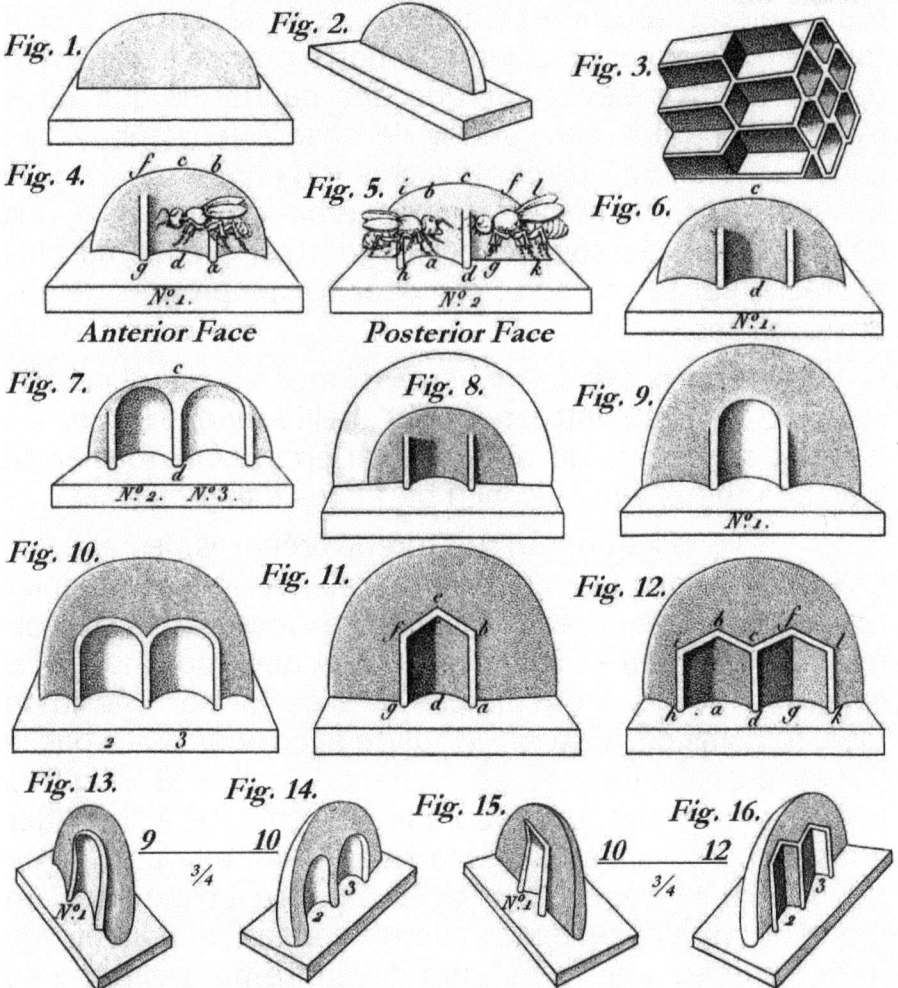

*Tome 2 Planche VII—Attachement d'un gâteau —
Construction de la fondation d'un gâteau.*

On a déjà deviné qu'il s'agit des abeilles cirières: celles-ci, entièrement livrées au repos, nous rappelaient les observations qu'elles nous avaient fournies précédemment. Elles s'étaient gorgées du miel que nous avions mis à leur portée, et au bout de vingt-quatre heures d'une immobilité presque complète, elles eurent secrété cette matière dont on a cru si longtemps qu'elles faisaient la récolte Sur les anthères des fleurs. La cire, formée de toutes pièces sous leurs anneaux, était déjà prête à être mise en œuvre, et nous vîmes à notre grande satisfaction un petit bloc s'élever sur une des baguettes que nous avions préparées pour servir de base à leurs nouvelles constructions. En cela ces insectes remplirent pleinement nos vues, et comme la grappe était établie entre les gâteaux et au-dessous de ces baguettes, elle ne mit plus obstacle, par sa masse et son opacité aux progrès de nos observations.

A cette occasion, nous passâmes en revue pour la seconde fois, et l'entreprise de l'abeille fondatrice, et les travaux successifs de plusieurs cirières, pour former ce bloc dont nous avions conçu de justes espérances.

Lorsque les matériaux furent préparés, les abeilles architectes nous présentèrent le tableau le plus complet de l'art qu'elles ont reçu de la nature. Je voudrais pouvoir faire partager à mes lecteurs l'intérêt que nous inspira ce spectacle ; mais il est difficile de s'en former une juste idée, à moins de consentir à suivre avec nous pas à pas le travail des abeilles, en comparant le texte aux figures avec le plus grand soin. Quoique j'aie cherché à simplifier autant que possible, cette partie de mon ouvrage, je ne me dissimule pas qu'elle peut paraître épineuse à un grand nombre de lecteurs; je crois cependant pouvoir me flatter que les vrais amateurs d'histoire naturelle, ne se laisseront pas décourager, par la difficulté du sujet, et trouveront dans la nouveauté des observations, quelques dédommagements à l'attention qu'elles requièrent. Mais afin d'éviter à ceux qui n'y mettraient pas le même intérêt, une contention d'esprit toujours fatigante; j'essayerai d'en donner auparavant une légère esquisse. (Voyez les figures de grandeur naturelle (Planche VII, A). Il ne faut pas perdre de vue que le bloc s'élève perpendiculairement au-dessus de la tablette, ou tringle, et qu'il est toujours dans la situation où la figure se présente, quand on tient le livre verticalement).

Ce fut dans ce bloc, d'abord très petit, mais agrandi successivement à mesure que la progression du travail des abeilles l'exigeait, que furent creusés les fonds des premières cellules.

Nous comprîmes dès l'origine pourquoi ils étaient entrelacés; les abeilles firent devant nous ce premier rang qui donne la clef de toute l'architecture.

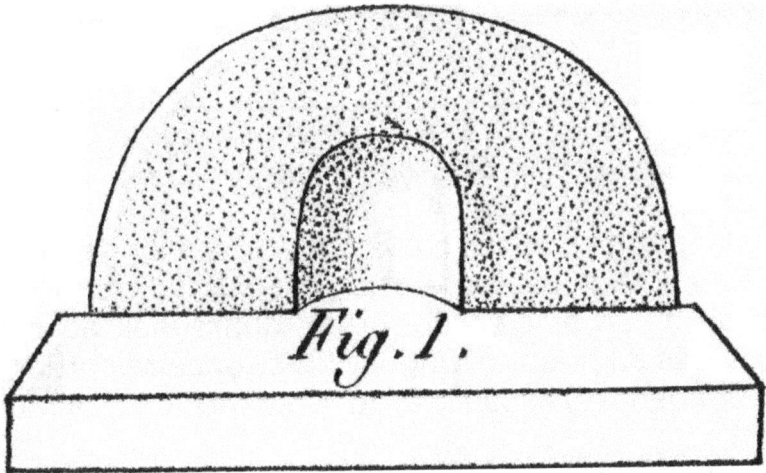

Tome 2 Planche VIIA Fig. 1—Petite cavité de la largeur d'une cellule ordinaire grossièrement creusée.

Elles creusèrent grossièrement d'un côté du bloc une petite cavité de la largeur d'une cellule ordinaire (Planche VII A, fig. 1) ; c'était une espèce de cannelure dont elles rendirent les bords saillants par l'accumulation de la cire. Au revers de cet enfoncement, sur la face opposé, elles en pratiquèrent deux autres égaux et contigus entre eux (fig. 2), à peu près semblables au premier, mais un peu moins allongés. Ces trois creux, de même diamètre, étaient adossés partiellement, parce que le milieu de celui qui était isolé répondait exactement au rebord qui séparait les deux autres.

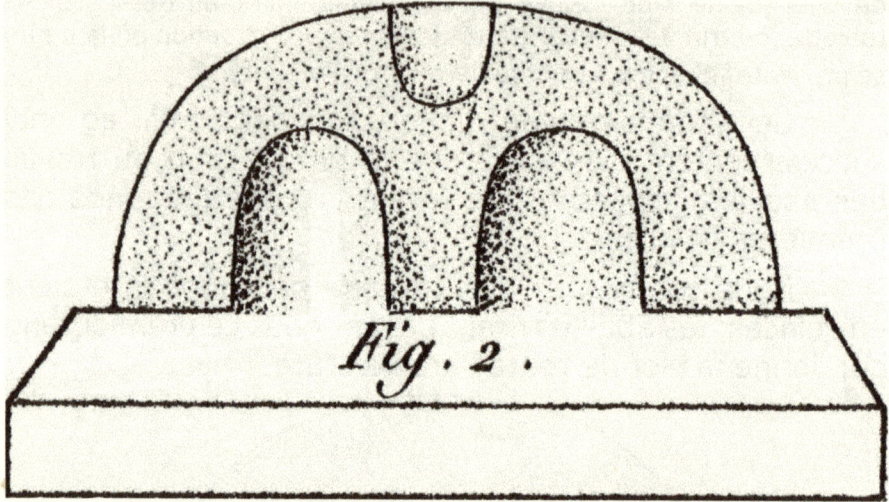

Tome 2 Planche VIIA Fig. 2—Petite cavité de la largeur d'une cellule ordinaire. Face de la fig. 1.

Le premier de ces creux étant plus allongé sa partie supérieure ne pouvait correspondre sur l'autre face qu'à une portion du bloc encore brute, qui régnait au-dessus des cavités du premier rang, et c'est sur cette portion que fut commencée l'ébauche du premier fond pyramidal (fig.2).

Ainsi, l'on voyait une seule cannelure située sur la face antérieure, répondre partiellement à trois cavités, dont deux appartenaient au premier rang, et une au second.

Le rebord arqué de ces cannelures ayant été converti par les abeilles en deux saillies rectilignes, qui faisaient ensemble un angle obtus, chacune des cavités du premier rang eut un contour pentagone, en comptant la tringle même pour un de ses côtés (fig. 3 et 4).

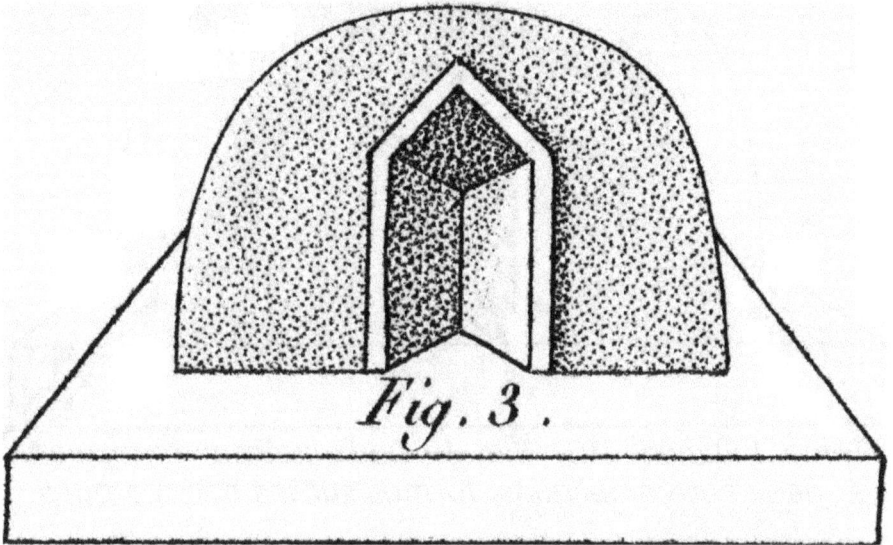

Tome 2 Planche VIIA Fig. 3— Rebord converti par les abeilles en deux saillies rectilignes.

Mais la cannelure du second rang, dont la base était située entre les côtés obliques des deux fonds du premier eut six côtés, deux pris de sa base, deux latéraux parallèles, et deux autres obliques, formés sur son bord arqué (fig.4).

Quant à la conformation intérieure que reçurent ces cavités, elle nous parut dériver aussi naturellement de la position respective de leurs ébauches. Il semblait que les abeilles, douées d'une délicatesse de tact admirable, dirigeassent leurs dents principalement là où la cire était la plus épaisse; c'est à dire, dans les parties où d'autres ouvrières, avaient accumulé cette matière en travaillant sur le revers, ce qui explique pourquoi les fonds des cellules sont creusés angulairement derrière les saillies sur lesquelles doivent être élevés les pans des cellules correspondantes.

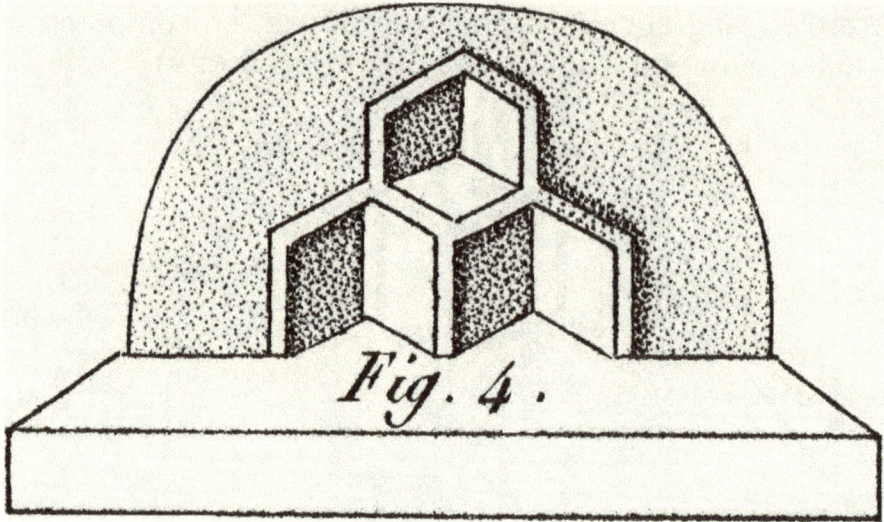

*Tome 2 Planche VIIA Fig. 4—Deux latéraux parallèles,
et deux autres obliques, formés sur les bords arqués.*

Les fonds des cavités étaient donc divisés en plusieurs pièces qui faisaient angle ensemble, et le nombre,
comme la forme de ces pièces, dépendait de la manière
dont les fonds ébauchés sur la face opposée du bloc,
partageaient l'espace qui leur était adossé; ainsi la plus
grande des cannelures qui était opposée à trois autres, fut
divisée en trois parties, tandis que sur l'autre face celles
du premier rang, qui n'étaient adossées qu'à celle-ci, ne
furent composées que de deux pièces seulement.

Par une conséquence de la manière dont les cannelures étaient opposes les unes aux autres, celles du second rang et toutes celles qui vinrent après, adossées
partiellement à trois cavités, furent composes de trois
pièces égales, dont la forme était celle de rhombes. Un
coup d'œil sur les figures peut rendre cela assez clair. Je
m'arrête ici pour faire une réflexion qui ne sera peut-être
pas déplacée ; c'est que chaque partie du travail des
abeilles paraissait une conséquence naturelle de celui qui

l'avait précédé ; ainsi le hasard n'avait aucune part aux résultats admirables dont nous étions témoins.

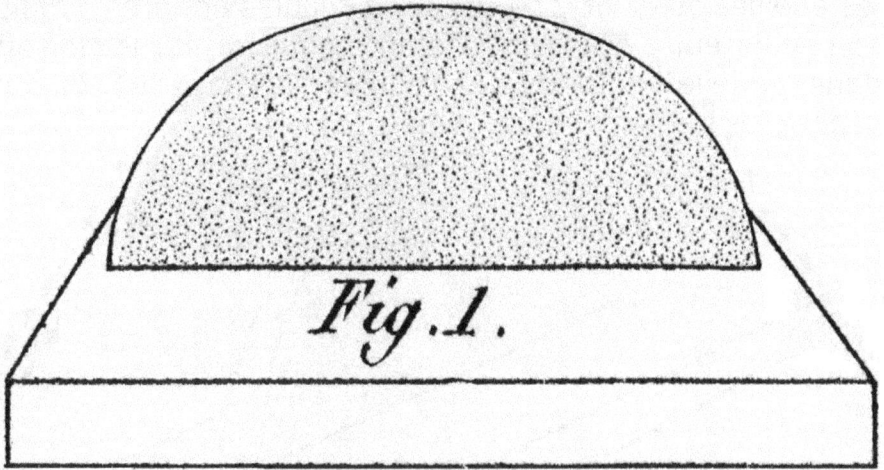

Tome 2 Planche VIIB Fig. 1—Bloc de cire.

Je vais maintenant reprendre le fil de ces opérations avec tous les détails qu'elles nous ont présenté.

Description détaillée du travail des abeilles

(Suivez les figures grossies, en commençant par le bas, Planche VII, B).

Nous étions arrivés au moment si désiré : enfin les abeilles se disposaient à sculpter sous nos yeux, et ce ne fut pas sans une sorte d'émotion que nous leur vîmes donner les premiers coups de ciseaux au bloc qui venait d'être construit sur la tringle.

Il s'élevait perpendiculairement au-dessus d'elle, et ne différait de ceux que nous avions vu jusqu'alors que par sa position ; c'était un petit mur parfaitement droit et vertical, dont la longueur était de cinq ou six lignes (environ ½ in. ou 1.3 cm), la hauteur de deux lignes (1/6 in. 4 mm) et l'épaisseur d'une demi-ligne seulement (1/24 in. ou 1 mm) (Planche VIIB, fig.1 et 2).

Son bord était arqué et sa surface raboteuse ; il était beaucoup trop mince pour qu'on put supposer que les abeilles dussent y creuser des cellules entières ; mais son épaisseur paraissait suffisante pour former la cloison dans laquelle les fonds des cellules sont creusés, et qui sépare les deux faces du gâteau (*).

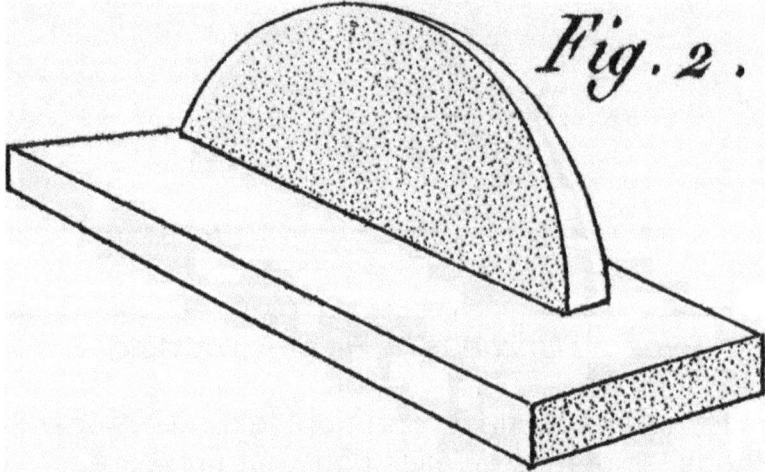

Tome 2 Planche VIIB Fig. 2—Vue d'angle d'un bloc.

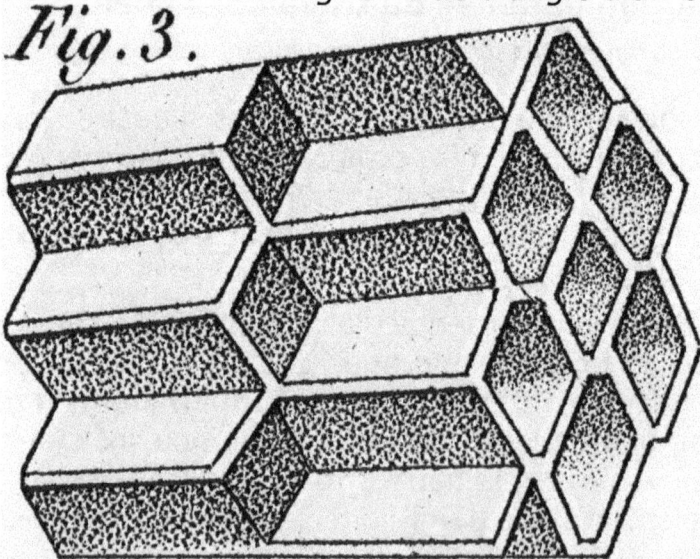

Tome 2 Planche VIIB Fig. 3—Montrant la relation des deux côtés.

(C'est cette cloison qui est désignée par la ligne en zig zag (*ab, fig.3*). Il faut bien remarquer que le travail des abeilles est précisément l'inverse de celui que M. de Buffon avait imaginé : il croyait que les abeilles établissaient un gros massif de cire, dans lequel elles creusaient ensuite des cavités par la pression de leur corps. Elles font bien un bloc, mais il est si mince qu'il suffirait à peine à la 24ème partie de l'épaisseur d'un gâteau : c'est dans ce bloc, d'abord extrêmement petit, qu'elles sculpteront les fonds des cellules comme dans un bas-relief, et c'est sur les bords de ces fonds qu'elles ajouteront des tubes de cinq ou six lignes de longueur. Nous avons conservé le nom de bloc à cette première ébauche, quoiqu'il présente l'idée d'un corps massif qui ne lui convient point ; mais comme les fonds des cellules sont sculptés dans ce petit mur de cire, on ne peut lui donner encore d'autre dénomination.)

Nous vîmes une petite abeille quitter la grappe qui pendait entre les rayons, monter sur la tringle où les cirières avaient posé les matériaux qu'elles avaient retirés de dessous leurs écailles, tourner autour du bloc, et après avoir visité ses deux faces, se fixer sur celle qui était de notre côté oppose, comme la face postérieure, de quelle manière qu'elle se présente par la suite.

L'ouvrière, fixée sur la face antérieure, se plaça horizontalement et de manière à ce que sa tête répondit au milieu du bloc (fig.4) ; elle la remuait avec vivacité ; ses dents agissaient contre la cire, mais n'enlevaient des fragments de cette manière que dans un espace très borné et à peu près égal au diamètre d'un alvéole commun (*abgf*). Il restait donc à droite et à gauche du creux qu'elle formait, un espace dans lequel le bloc était encore brut.

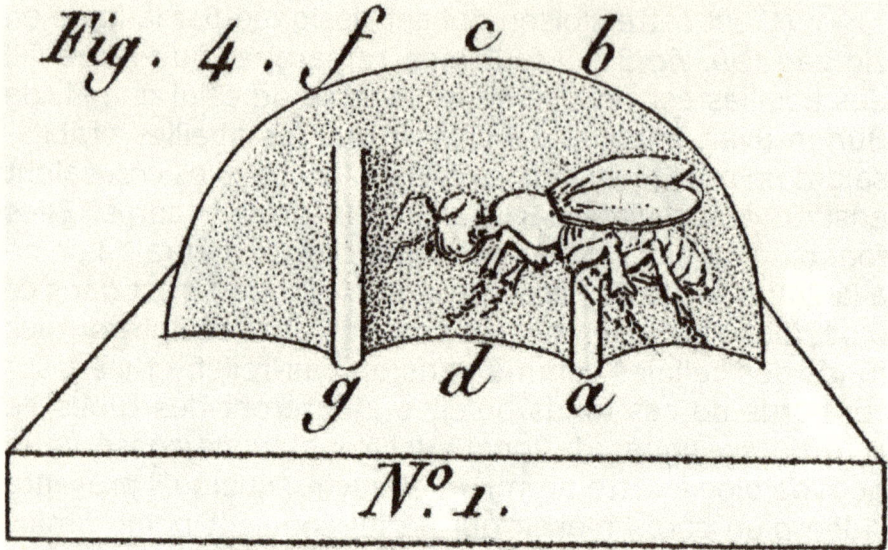

Fig. 4.

f   c   b

g   d   a

N.º 1.

Face antérieure.

Tome 2 Planche VIIB Fig. 4—Abeilles travaillant sur la face antérieure.

L'abeille, après avoir haché et humecté les particules de cire, les déposait sur le bord du creux : lorsqu'elle eut travaillé quelques instants elle s'éloigna du bloc; une autre abeille l'ayant aussitôt remplacée, s'établit dans la même position, avec la même attitude, et continua l'ouvrage qui venait d'être ébauché par l'une de ses compagnes: une troisième abeille prit bientôt la place de celle-ci, approfondit le creux, accumula la cire à droite et à gauche, rehaussa les bords latéraux déjà saillants de la cavité, et leur donna une forme plus droite (*ab,gf*). C'était à l'aide de ses dents et de ses pattes antérieures qu'elle comprimait et fixait les particules de cire dans l'endroit où elles étaient nécessaires.

Plus de vingt abeilles concoururent successivement au même travail: à cette époque la cavité avait plus de profondeur vers la base du bloc que vers son bord supérieur (j'appelle base cette partie par laquelle le bloc adhérait à la tringle) : (*adg, fig. 4*) : la profondeur du creux allait en diminuant depuis là jusqu'à la lettre c : il avait la forme d'une cannelure plus large que longue; son contour supérieur était moins marqué que ses bords verticaux. Le diamètre horizontal de cette cavité était égal à celui, d'une cellule ordinaire; mais sa longueur, dans le sens vertical, n'avait qu'une ligne trois cinquièmes; c'est-à-dire, environ les deux tiers du même diamètre. Je désignerai cette première cavité par le n°1.

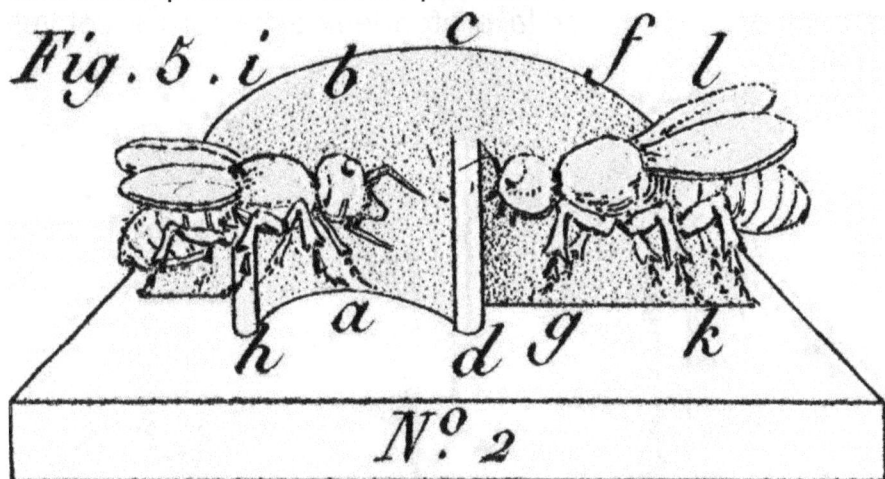

Tome 2 Planche VIIB Fig. 5—Abeilles travaillant sur la face postérieure.

Quand le travail fut arrivé à ce point, nous vîmes une abeille, sortie de la grappe formée par la réunion des ouvrières, faire le tour du bloc et choisir sa face encore brute pour l'objet de ses travaux; mais ce qu'il y eut de très remarquable, c'est qu'au lieu de se poster au centre du bloc comme les précédents, elle se plaça de manière que ses dents agissaient seulement dans une des moitiés de cette face (*cdih, fig.5*), de sorte que le milieu (*ab*) du creux qu'elle traçait, se trouvait à l'opposé de l'une des petites saillies qui bordaient la cavité n°1. A peu près en même temps, une autre ouvrière vint travailler à la droite de celle-ci, dans la partie du bloc qu'elle avait laissée intacte, et qui était la partie droite de cette même face postérieure (*cdkl, fig.5*). Ces abeilles creusèrent donc, l'une à côté de l'autre, deux cavités que nous désignerons par les n°2 et 3 ; lorsqu'elles eurent travaillé pendant quelque temps, elles furent remplacées par plusieurs ouvrières qui contribuèrent chacune tour à tour et séparément à leur donner la profondeur et la forme convenable ?

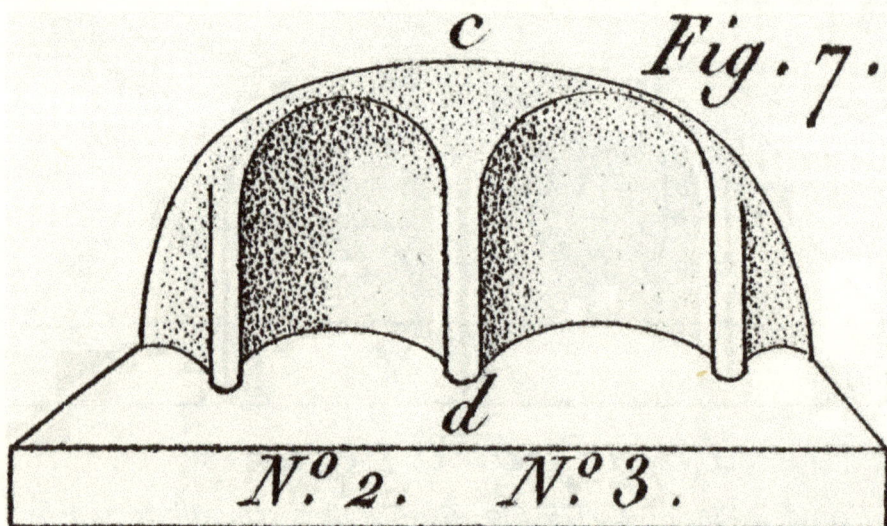

Tome 2 Planche VIIB Fig. 7—Amas des particules de cire tirées de l'intérieur (Postérieur).

Ces deux cavités adjacentes n'étaient séparées que par le rebord commun, formé de l'amas des particules décirées, tirées de leur intérieur, et ce rebord (dc, fig.7) se trouvait au milieu de cette face, il correspondait donc avec le milieu de la cavité qui avait été creusée au centre du bloc, sur la face opposée, par d'autres ouvrières (dc, fig.6).

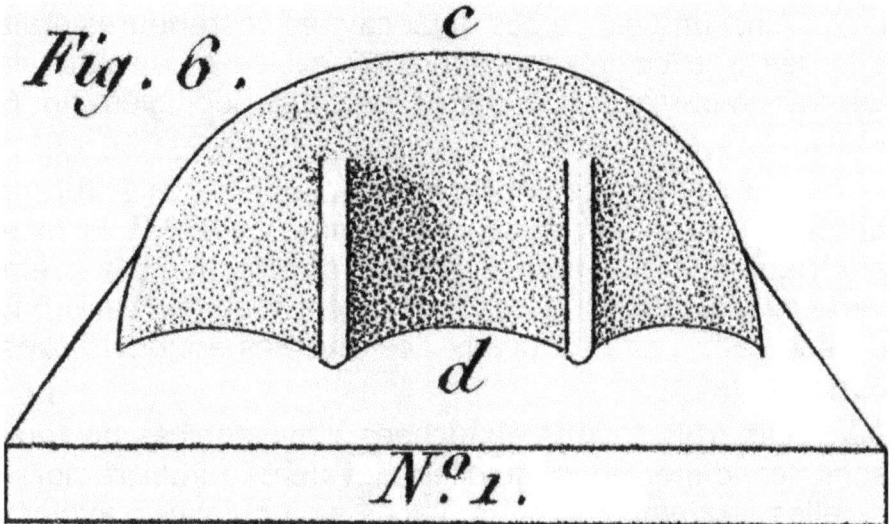

Tome 2 Planche VIIB Fig. 6— Amas des particules de cire tirées de l'intérieur (Antérieur).

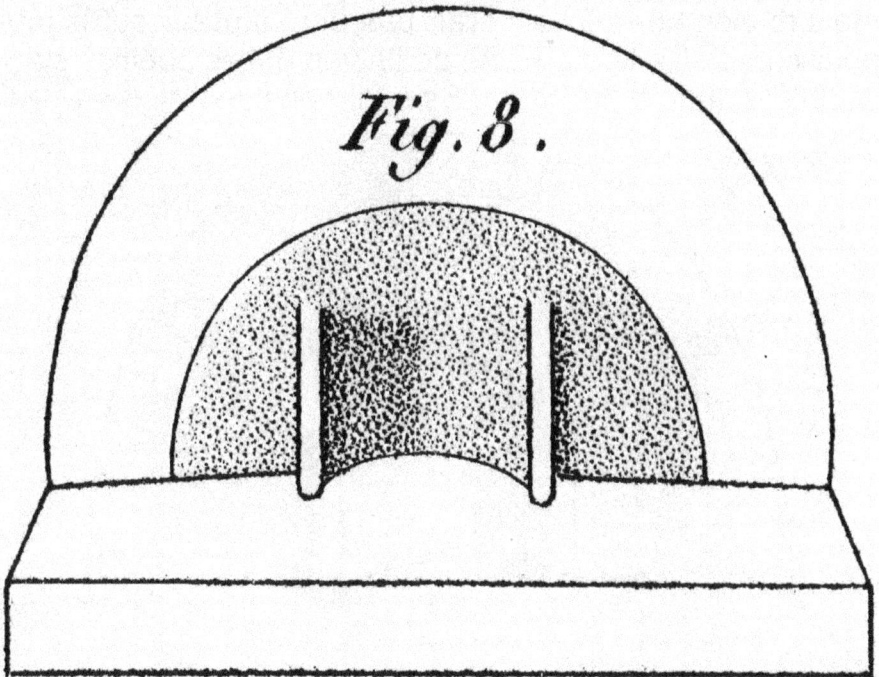

Tome 2 Planche VIIB Fig. 8—La cire ajoutée augmentant la taille.

Ainsi une partie des deux cavités postérieures était adossée à la cavité antérieure : c'est ce qu'on pouvait vérifier en perçant leurs parois avec deux épingles (fig. 6 et 7).

Ces cavités étaient de même diamètre; elles furent bordées à droite et à gauche comme celles de la face antérieure par de petites saillies que je nomme arête vertical et qui, lorsque les fonds seront sculptés, serviront de base aux pans verticaux des alvéoles auxquels elles appartiennent.

Les trois cavités ébauchées n'avoient pas en tous sens les dimensions qu'elles devaient admettre lors-qu'elles seraient terminées; j'ai déjà dit qu'elles n'avoient pas en longueur celles d'une cellule ordinaire; j'appelle ici longueur le diamètre vertical de ces cavités (cd, fig. 6); mais le bloc lui-même n'était pas une hauteur suffisante pour compléter le diamètre de l'alvéole. Les abeilles s'oc-cupèrent donc à augmenter ses dimensions.

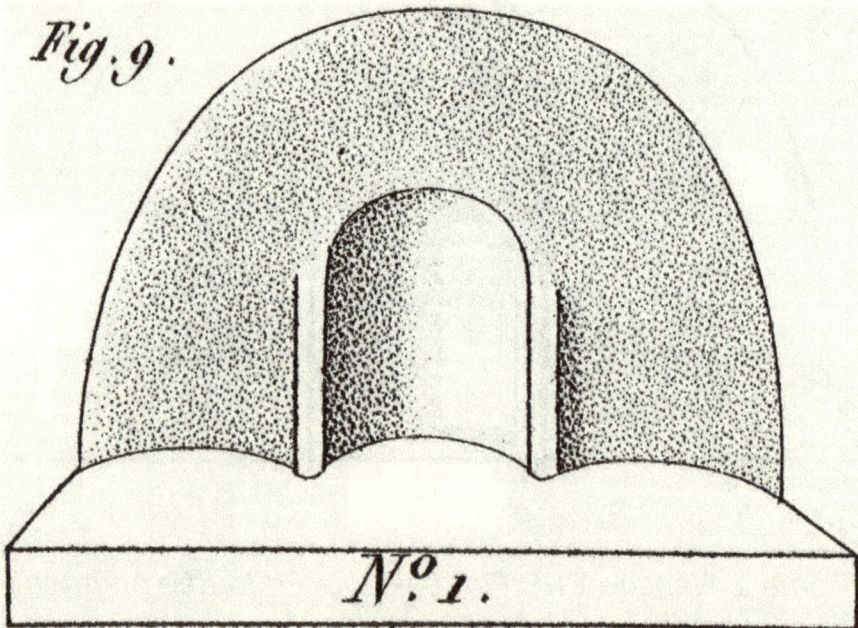

Tome 2 Planche VIIB Fig. 9—Prolongement des cavités.

Tandis qu'elles travaillaient encore à approfondir les excavations commencées par leurs compagnes, nous vîmes des cirières s'approcher du petit bloc, tirer de dessous leurs écailles des plaques de cire, et les appliquer sur son bord, de manière à le prolonger; elles en augmentèrent l'étendue de près de deux lignes (11/64ème in. ou 4mm) en tous sens (fig.8).

Alors les petites abeilles qui paraissent plus spécialement chargées du soin de sculpter les alvéoles, purent continuer leurs ébauches ; elles commencèrent par prolonger ces cavités sur la partie du bloc nouvellement ajoutée, et allongèrent aussi les saillies dont elles étaient bordées (fig. 9 et 10) ; mais ses bords élevés ne se prolongeaient qu'à la droite et à la gauche des cavités, et non à leur extrémité supérieure : ils étaient aussi moins élevés à mesure qu'ils s'éloignaient de la base du bloc, et nous remarquâmes que les abeilles prolongèrent beaucoup plus la cavité n°1, que les cavités n° 2 et 5, à cela près leur forme était la même ; elles étaient semi-elliptiques, un peu allongées, arrondies par le haut, cintrées intérieurement et n'avaient rien d'anguleux ; la première était un peu plus longue que le diamètre d'une cellule ordinaire ; mais les dernières étaient plus courtes que ce même diamètre, d'une quantité assez considérable.

Cette différence, dont nous prévoyons déjà le but d'après ce que nous avions observé sur la conformation des cellules du premier rang, n'était point une imperfection.

J'ai dit que chacune de ces cavités, offrait une sorte de rondeur à son extrémité supérieure; les abeilles ne tardèrent pas à les reborder dans cette partie comme elles l'avaient fait pour les côtés verticaux, mais il n'entrait pas dans leur plan de leur laisser un rebord arqué.

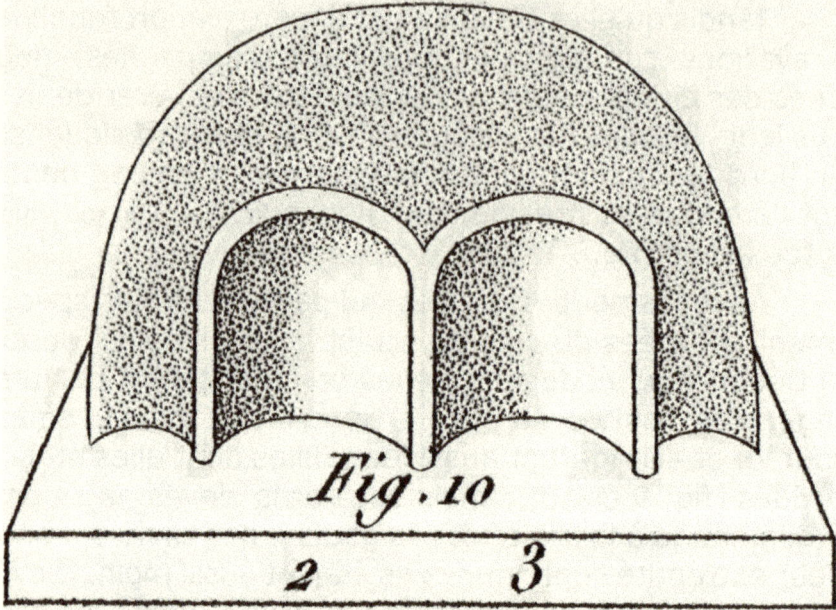

Tome 2 Planche VIIB Fig. 10—Prolongement des cavités. (Face de la Fig.9).

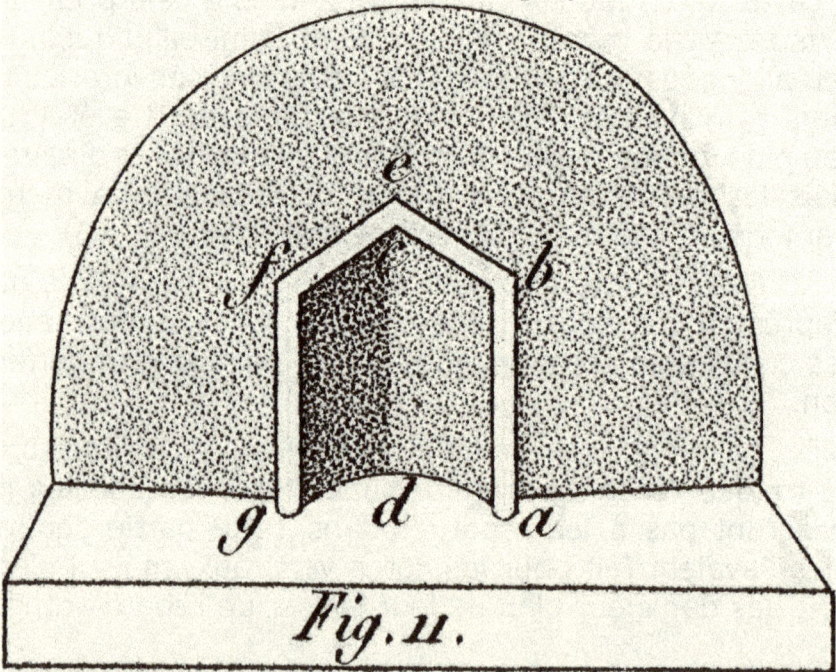

Tome 2 Planche VIIB Fig. 11—Projection des arêtes

L'arc que présentait le bord de chacune de ces cavités fut divisé comme en deux cordes égales, et ce fut dans leur direction que les abeilles élevèrent des arêtes ou rebords saillants (fig. 11 et 12), nous remarquâmes qu'ils faisaient ensemble un angle obtus, et celui-ci nous parut à peu près égal à ceux qui caractérisent les rhombes des cellules à fond pyramidaux ; on pouvait donc soupçonner déjà que cet angle appartiendrait à un rhombe.

Nous observâmes encore que les abeilles avaient accumulé beaucoup de cire sur le bord supérieur de la cavité n°1, et c'est au sommet du petit monticule formé par cette accumulation que se réunissaient les deux arêtes obliques qui la bordaient dans cette partie. Mais au contraire, les deux arêtes qui terminaient en haut le fond des cellules postérieures n'étaient point élevées sur une éminence, elles suivaient la concavité de la cannelure (*).

(Voyez ces mêmes fonds de cellules qui sont en face dans les figures 11 et 12, au trois quarts dans les figures 15 et 16: les figures 13 et 14 représentent les cavités avant que le bord supérieur fut converti en arêtes anguleuses ; elles répondent aux figures 9 et 10 : les figures 15 et 16 montrent le bloc à l'époque où le bord supérieur est converti en deux cordes et muni d'arêtes vives. Dans ces figures, la partie brute du bloc devrait être aussi étendue que dans les précédentes).

A cette époque chacune des cavités était bordée de quatre arêtes, deux latérales perpendiculaires à la tringle, et deux obliques plus courtes, assemblées avec les premières par l'une de leurs extrémités, et réunies l'une à l'autre par l'extrémité opposée ; la tringle elle-même bordait ces cavités vers leur base (fig. 11 et 12, 15 et 16).

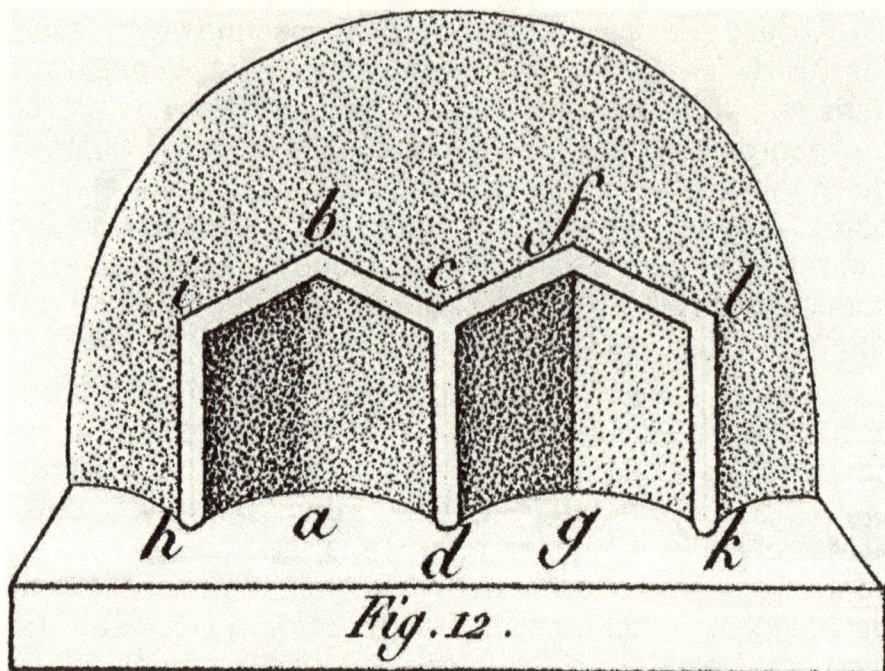

*Tome 2 Planche VIIB Fig. 12—Projection des arêtes
(Vue de face de la Fig.11).*

Cependant le travail des abeilles devenait plus diffi-cile à suivre, parce qu'elles interposaient fréquemment leur tête entre le fond des alvéoles ébauchés et l'œil de l'observateur; mais nous remarquâmes très à propos que la cloison contre laquelle leurs dents travaillaient était devenue assez transparente pour qu'on put distinguer au travers tout ce qui se passait sur l'autre face; on voyait, par exemple très distinctement d'un côté du bloc, la pointe des dents de l'abeille occupée à sculpter sur la face opposée, et l'on pouvait suivre tous leurs mouvements. Nous rendîmes cet effet encore plus saillant en disposant la ruche de manière que la lumière éclairât plus vivement les cavités que nous désirions voir ébaucher.

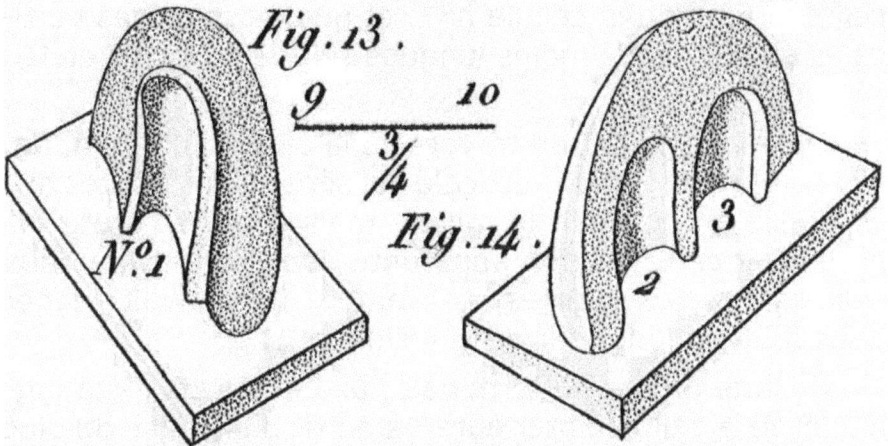

Tome 2 Planche VIIB Fig. 13 et 14—Cavités avant que leurs bords supérieurs fussent convertis en arêtes angulaires, Fig. 9 et 10 de côté.

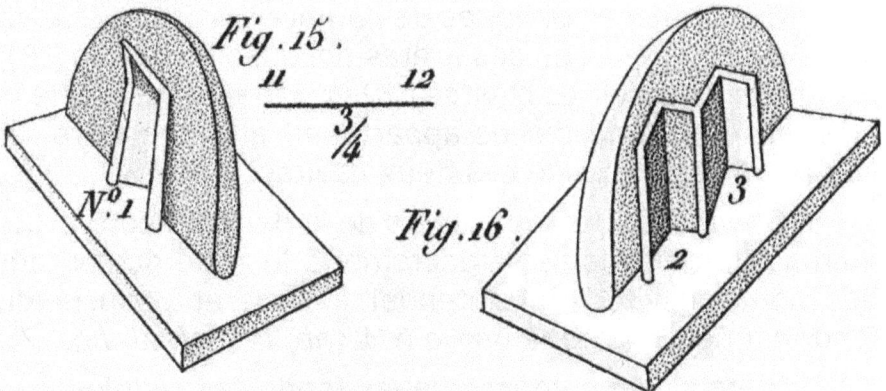

Tome 2 Planche VIIB Fig. 15 et 16—Cavités après que leurs bords supérieurs fussent convertis en arêtes angulaires, Fig. 11 et 12 de côté.

Nous voyons en ombre le contour de celles de la face opposée, dont les arêtes étant plus épaisses, ne laissaient pas un passage aussi facile aux rayons du jour, et nous reconnûmes alors bien clairement que la hauteur du fond des cellules, n°2 et 3, était moins grande que celle du fond de la cellule n°1, et que leurs arêtes verticales étaient aussi moins longues (Pl. VIII, fig. 17 et 18) (*).

On apercevait au travers de la cavité, n°1 (c d, fig. 17) l'ombre de l'arête verticale qui séparait les cavités n°2 et 3, elle en occupait le milieu, mais comme l'arête qui produisait cette section apparente appartenait aux deux cellules les plus courtes, son ombre ne pouvait régner dans toute la longueur de la cellule n°1.

Cette ombre se terminait aux deux tiers de la longueur de la cellule antérieure, à partir de la base du bloc c, fig.17 : là, elle paraissait se diviser en deux branches (cbcf) qui montaient obliquement l'une à droite, l'autre à gauche du point de départ, et semblaient se terminer immédiatement derrière l'extrémité supérieure des arêtes verticales (ab gf) de la cavité n°1.

Ces branches obliques de l'ombre vertical n'étaient autre chose que celles des arêtes obliques (cb, cf fig.18), destinées à border les cavités n°2 et 3, dans leur partie la plus élevée ; l'une d'elles appartenait à la première, et l'autre à la seconde de ces deux cavités.

On voyait aussi au travers de la partie encore brute du massif, mais moins distinctement, le reste du contour des mêmes cavités, qui s'étendait à droite et à gauche du fond antérieur, désigné par le n°1 (*ab, ih : gf, kl, fig.17*).

Il était bien évident que les fonds des cellules 2 et étaient en partie adossés à celui de la cellule n°1. Ils se terminaient en pointe obtuse vis-à-vis de l'extrémité supérieure des arêtes verticales de cette cavité isolée (b, f, fig.17); d'où il résultait que la cavité antérieure était plus longue que les deux autres, de la différence même qu'il y avait entre sa longueur totale et celle de ses propres arêtes verticales.

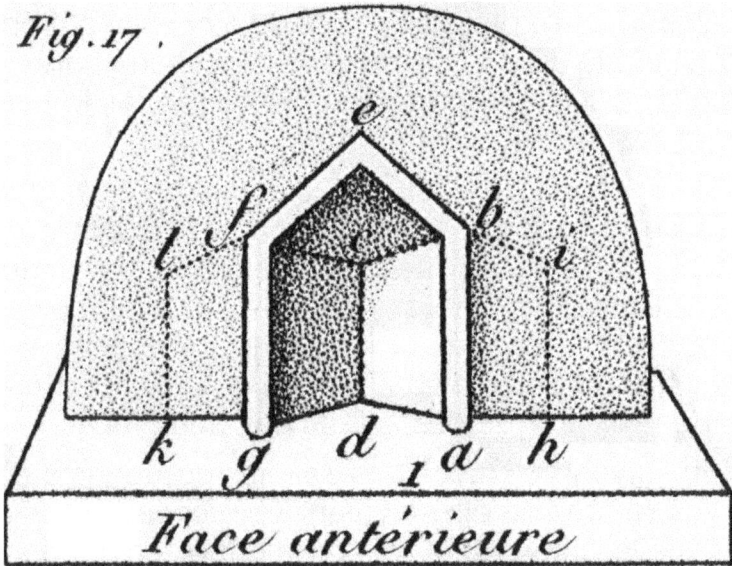

Tome 2 Planche VIII Fig. 17—Lignes pointillées montrant les arêtes sur la face opposée (Fig. 18).

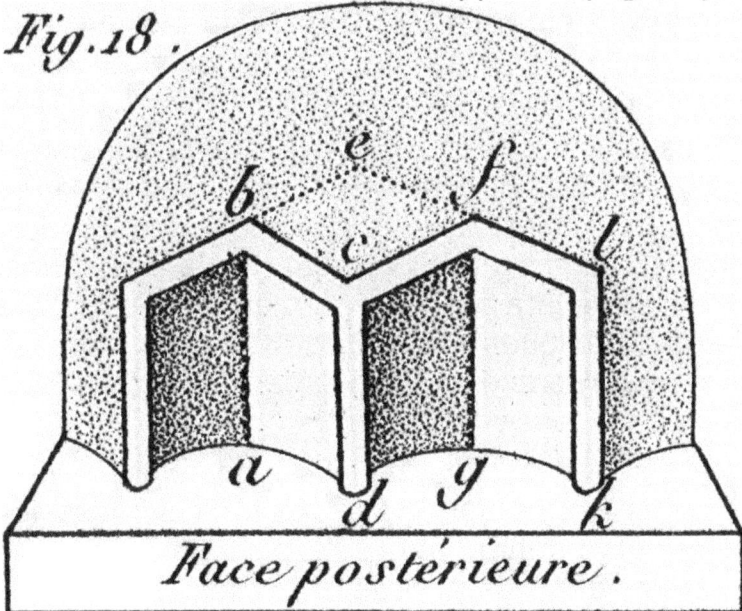

Tome 2 Planche VIII Fig. 18— Lignes pointillées montrant les arêtes sur la face opposée (Fig. 17).

Quand on se plaçait en face du bloc, du côté opposé (fig.18), on voyait au contraire en ombre les bords de la cavité n°1, et celle-ci paraissait déborder par le haut les contours des cavités, n°2 et 3.

On apercevait au fond de chacune de ces dernières l'ombre de l'une des arêtes verticales (ab, gf) qui bordaient la cavité de la face antérieure, ombres qui régnaient du haut en bas des cavités jumelles de la face postérieure, et semblaient les diviser en deux parties égales, Mais tout cela n'était encore qu'un effet causé par la position réciproque des arêtes des deux faces.

En suivant le travail des abeilles occupées à approfondir les cavités qu'elles avaient ébauchées, nous aperçûmes que les lignes sombres faisaient place par degrés à des cavités ou sillons angulaires, et que tous les efforts des ouvrières étaient dirigés à l'opposite de ces arêtes que l'on voyait en ombre au travers du bloc aminci ; les abeilles creusaient sur les deux faces, derrière les arêtes de la face opposée.

Ainsi celles qui étaient postées sur la face antérieure sculptaient dans la direction de l'ombre des arêtes postérieures qui offraient à peu près l'image d'un Y, dont les branches seraient dirigées en avant de la ligne principale (fig. 17) L'arête intermédiaire formait la tige de l'Y, et les deux arêtes obliques (bc, cf), appartenant aux cellules postérieures, représentaient les deux branches de cette lettre.

Non seulement les abeilles tendaient à évider par derrière ces arêtes saillantes, mais elles ratissaient et aplanissaient en même temps l'espace borné par l'ombre de ces arêtes d'une part, et de l'autre par les arêtes effectives des cavités qu'elles sculptaient.

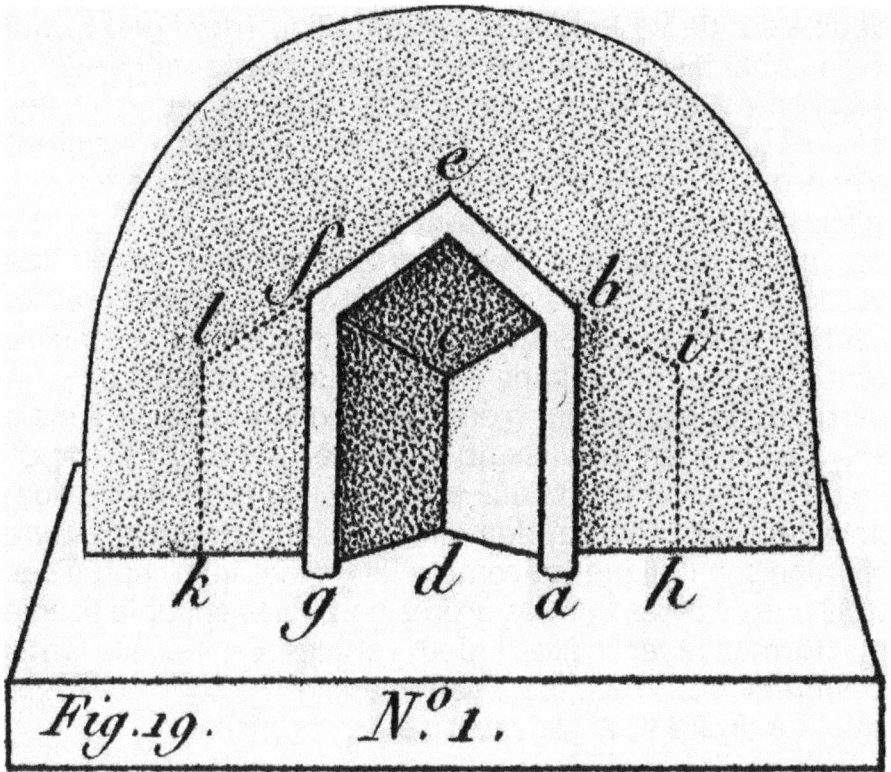

Tome 2 Planche VIII Fig. 19—Lignes pointillées montrant les arêtes sur la face opposée.

Leur premier travail fut dirigé le long de l'ombre de l'arête verticale (cd) ensuite dans la direction des ombres obliques (bc,cf) qu'offraient les arêtes obliques des cellules opposées; et lorsqu'elles eurent aplani chacun des espaces interceptés entre les véritables arêtes (ab, be ef, fg) et les ombres des arêtes de la face postérieure (cd,cb, cf), il résulta de leur travail sur la face antérieure, un fond de cellule tel que nous l'avons annoncé plus haut pour celle du premier rang; c'est-à dire qu'il était composé de deux trapèzes et un rhombe (fig. 19).

Car cette cavité qui s'était présentée d'abord sous une forme semi-elliptique (fig. 9) et qui fut ensuite bornée par quatre arêtes (fig. 11), ayant été partagée dans les deux tiers de sa longueur par un sillon (dc, fig. 17) qui régnait dans son milieu et les deux surfaces (abcd: cdfg) adjacentes au sillon, ayant été aplanies et amincies jusqu'à la profondeur du sillon même, elles fournirent d'abord deux plans inclinés l'un à l'autre: mais comme ce sillon ne régnait pas dans toute la longueur de la cavité, ces plans n'étaient encore bornés que par les arêtes verticales (ab, gf), de cette face et par la tringle même. Leur extrémité supérieure (cf:cb) n'était point encore terminée, du moins l'une et l'autre se perdaient dans la partie de la cellule qui n'était pas encore aplanie ; mais les abeilles, en travaillant à former les sillons (bc,cf, fig.19) correspondants aux arêtes obliques du même nom de la face postérieure, donnèrent à ces plans inclinés une terminaison oblique; et comme ils étaient interceptés des trois autres côtés par des arêtes parallèles et par la tringle qui formait avec celle-ci deux angles droits, ces pans devinrent des trapèzes égaux (ab,cd : cd,gf) et furent situés à droite et à gauche du sillon principal.

Mais l'espace qui restait entre les deux sillons obliques et l'extrémité supérieure (bef) de la cavité, étant compris d'une part entre les côtés de l'angle obtus (bcf); formé par ces sillons obliques, et de l'autre par les côtés de l'angle obtus (bef), formé par les bords supérieurs de la cavité; et ces côtés et ces angles étant égaux entre eux, il résultait de là une pièce rhomboïdale (bcef) semblable à celles dont les fonds pyramidaux sont composés.

Cette pièce, par son inclinaison, formait un angle plan avec chacun des trapèzes, et par conséquent aussi, avec les deux trapèzes réunis, un angle solide (fig. 19), dont le sommet était placé au point de rencontre des trois sillons, ou, ce qui est la même chose, derrière la bifurcation des arêtes opposées (c fig. 19 et 20¾); mais cet angle solide n'était point un fond pyramidal, c'était un fond composé de deux trapèzes et un rhombe.

19 ¾

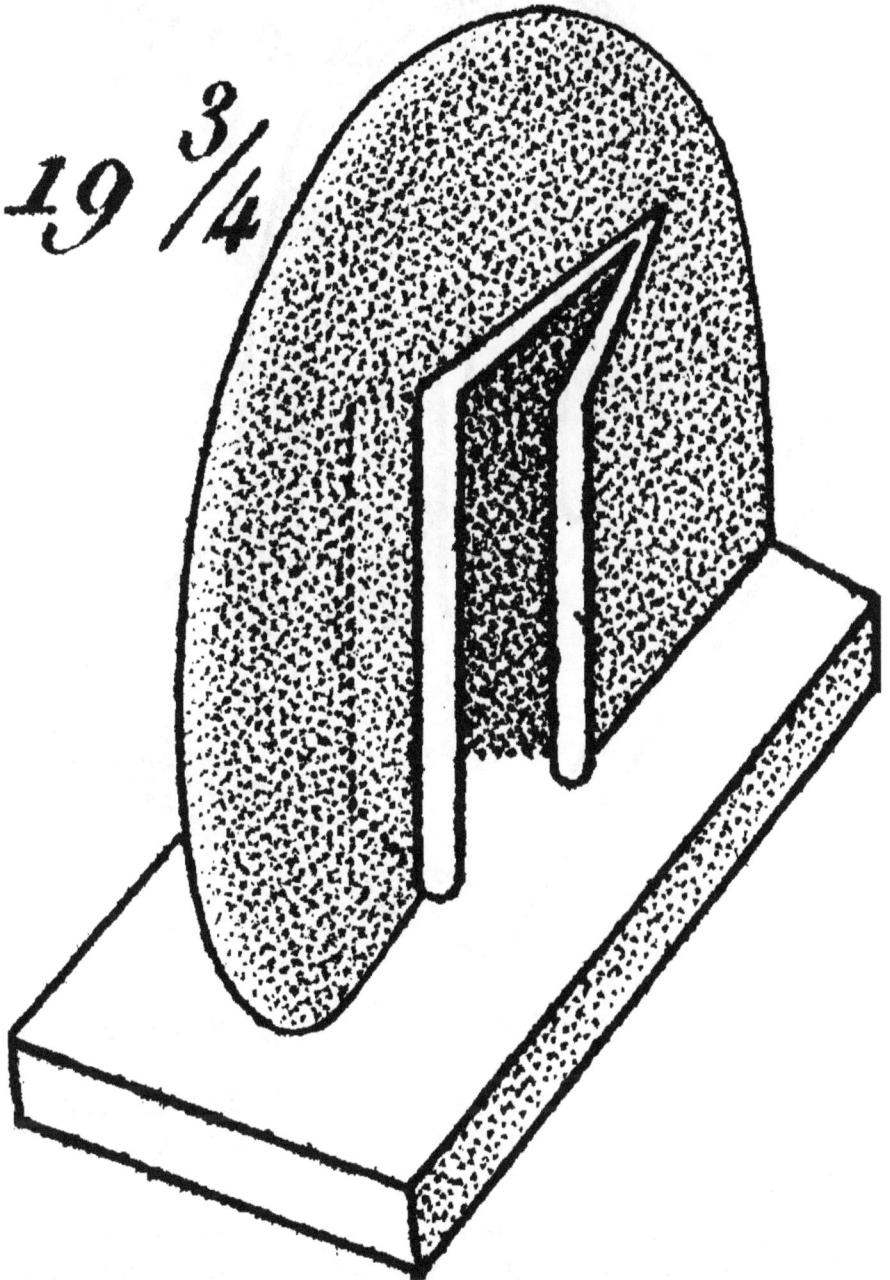

Tome 2 Planche VIII Fig. 19 3/4—Fig. 19 vue à ¾.

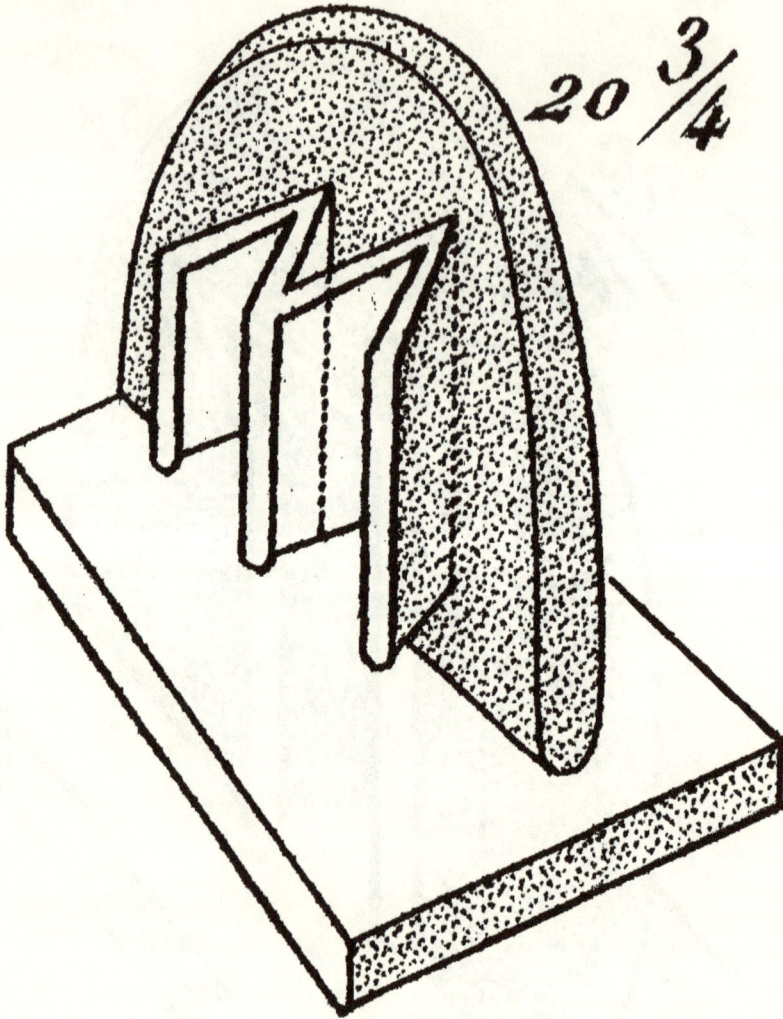

Tome 2 Planche VIII Fig. 20 3/4—Fig. 20 vue à ¾.

Voilà donc la manière dont les abeilles conduisent leur travail pour former le fond de la première cellule antérieure du premier rang.

Nous avons vu qu'elles avaient creusé derrière les arêtes saillantes de celles-ci, sur la face postérieure, deux cavités adjacentes l'une à l'autre, et séparées seulement par un rebord commun (fig. 10); qu'elles avaient déterminé la longueur et la forme de ces cavités en établissant deux arêtes obliques sur leur bord supérieur (fig. 12), et creusé un sillon qui régnait dans toute la longueur de ces cavités (fig. 18).

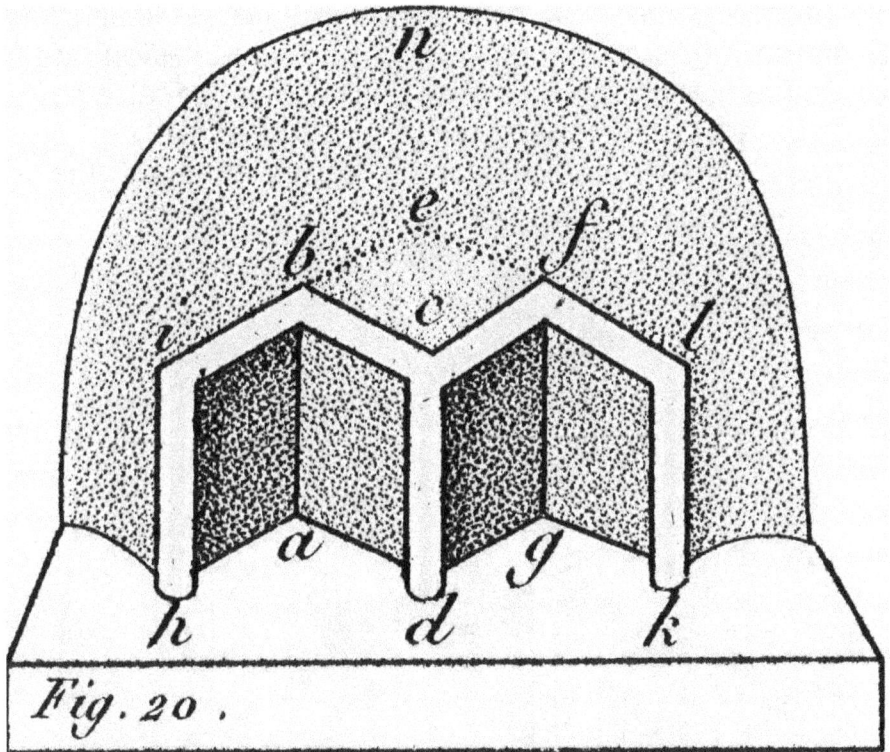

Fig. 20.

Tome 2 Planche VIII Fig. 20—Lignes pointillées montrant les arêtes sur la face opposée.

Elles les avaient donc divisées en deux parties égales, et lorsque les pièces qui se trouvaient à droite et à gauche du sillon furent aplanies par le travail de ces insectes, ces deux pièces firent ensemble un angle plan (fig. 20).

Elles étaient égales, et comme l'une d'elles était adossée à l'un des trapèzes de la cellule antérieure, comme elle était bornée par les mêmes arêtes, dont l'ombre aurait pu, pour ainsi dire servir de trace aux

abeilles qui travaillaient de l'autre côté, il résultait de tout
cela que ces deux pièces égales et semblables à celles de
la face antérieure, étaient-elles mêmes des trapèzes
égaux et semblables l'un à l'autre. Les fonds des cellules
du premier rang, sur la face postérieure, étaient donc
composé de deux trapèzes, ainsi que nous l'avions déjà
reconnu en analysant la forme des cellules, et cette composition était une conséquence toute naturelle des premières dispositions prises par les abeilles dans l'origine de
leur travail.

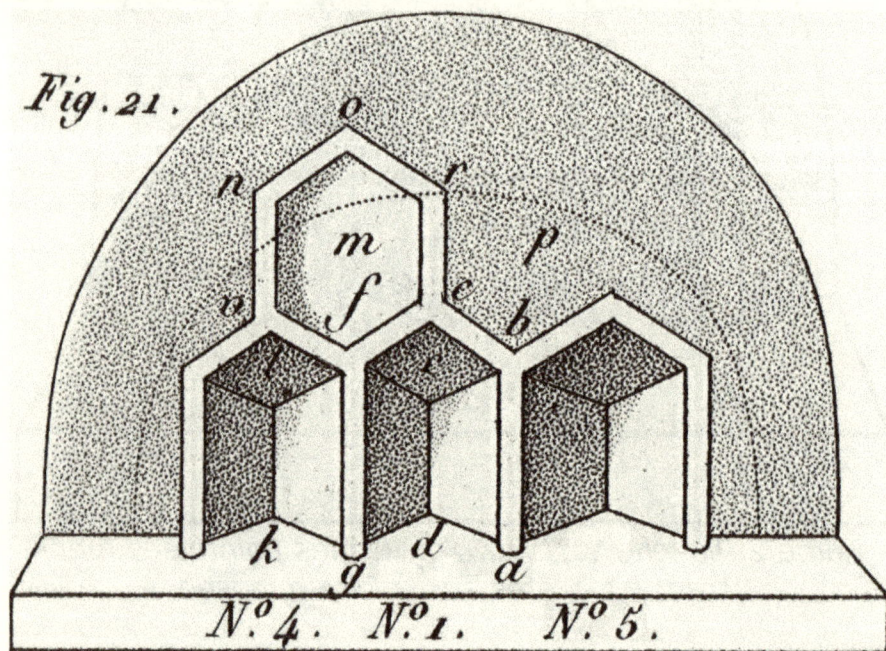

Tome 2 Planche VIII Fig. 21—Début du 2ⁿᵈ Rang.

Les trois fonds de cellules que je viens, de décrire
furent les premiers dont les abeilles s'occupèrent; mais
pendant qu'elles pratiquaient les sillons qui les divisaient,
quelques-unes d'entre elles ayant, comme on l'a déjà vu,
prolongé le bloc dans tous les sens, elles purent ébaucher
de nouvelles cavités. Elles commencèrent d'abord leurs
cannelures derrière les arêtes verticales des cellules n°2

et 3 et à côté de la cavité n°1, ensuite sur la face postérieure, derrière les arêtes opposées: ainsi les trapèzes
furent adossés à d'autres trapèzes de même forme et de
même grandeur (fig. 21, et 22). En général elles travaillaient en creux sur une face, dès que d'autres avaient
établi des arêtes sur le revers. Elles formèrent donc ces
cavités derrière le bord latéral des cellules, les dernières
ébauchées. Ainsi plusieurs fonds adossés alternativement
les uns aux autres, furent taillés sur les deux faces du
bloc, et présentèrent l'ensemble d'un premier rang de
cellules contigües dont les tubes n'étaient pas encore
prolongés.

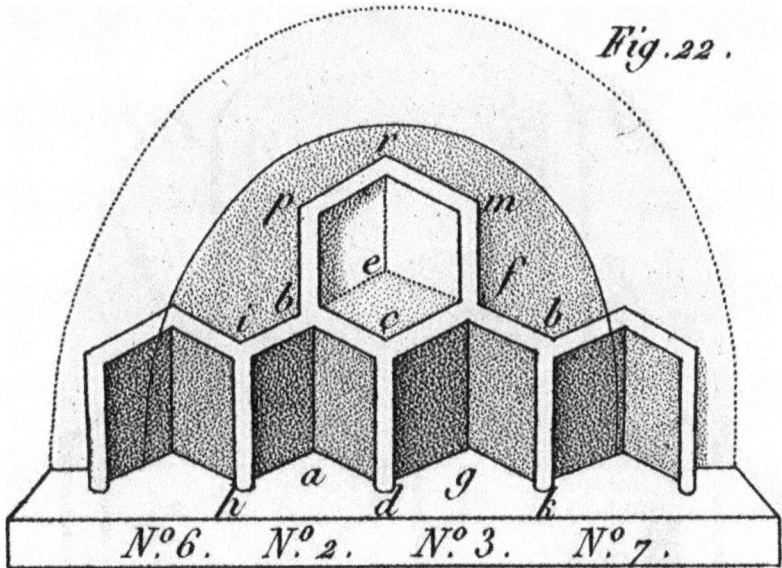

*Tome 2 Planche VIII Fig. 22—Commencement du 2nd
rang à partir du côté opposé de la Fig. 21.*

Mais tandis que ces abeilles s'occupaient à polir et à
perfectionner ces fonds, d'autres ouvrières commençaient
aussi l'ébauche d'un second rang de cellules au-dessus du
premier, et en partie derrière le rhombe des cellules antérieures; car en général leur travail suit une marche combinée. On ne peut point dire, lorsque les abeilles eurent

terminé cette cellule, elles en ébauchèrent de nouvelles; mais, tandis que certaines ouvrières avancent le perfectionnement d'une pièce, d'autres commencent à dégrossir celles des cellules adjacentes. Il y a plus encore, c'est que l'ouvrage fait sur une face est déjà un commencement de celui qui doit avoir lieu sur la face opposée: tout cela se tient par une relation réciproque, par un rapport mutuel des parties qui les rend toutes dépendantes les unes des autres. Ainsi l'on ne peut douter qu'une petite irrégularité qui aurait lieu dans le travail de ces insectes sur l'une des faces, n'altérât d'une manière analogue la forme des cellules situées sur le revers.

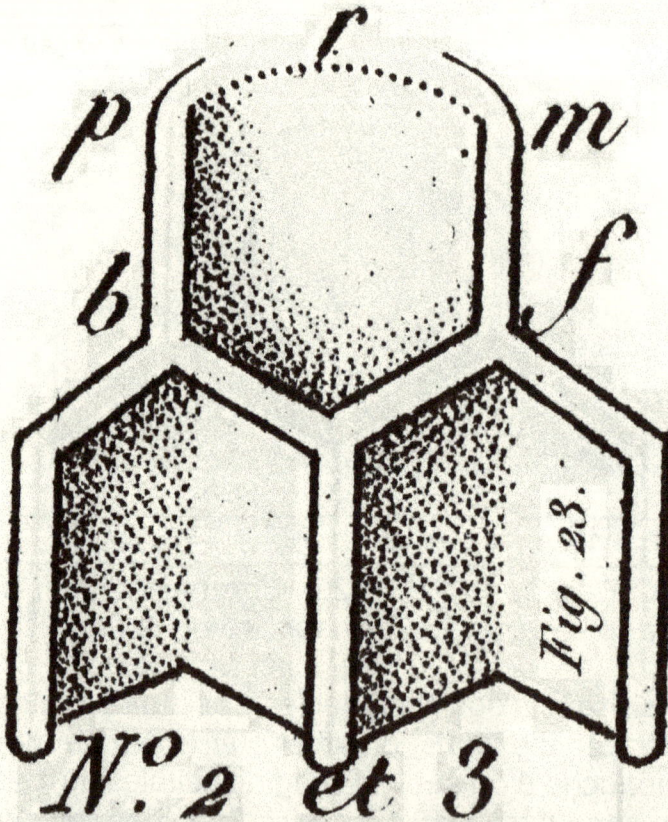

Tome 2 Planche VIII Fig. 23—Gros plan du commence-
ment du 2ⁿᵈ rang.

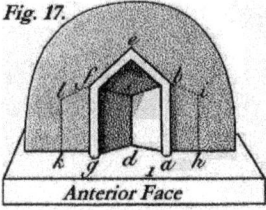

Fig. 17.

Anterior Face

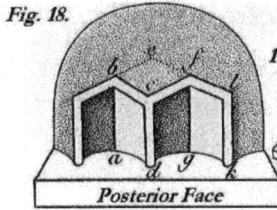

Fig. 18.

Posterior Face

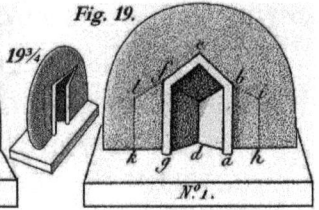

Fig. 19.

19¾

N.º 1.

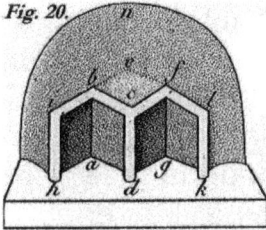

Fig. 20.

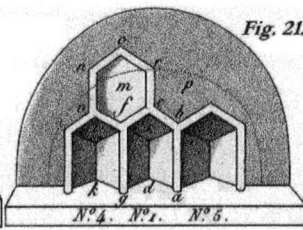

Fig. 21.

N.º 4.   N.º 1.   N.º 5.

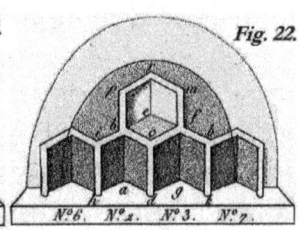

Fig. 22.

N.º 6.   N.º 2.   N.º 3.   N.º 7.

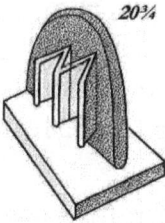

20¾

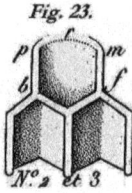

Fig. 23.

N.º 2 & 3.

Fig. 24.

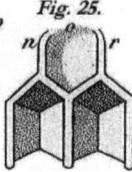

Fig. 25.

Fig. 26.

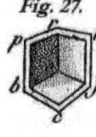

Fig. 27.

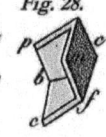

Fig. 28.

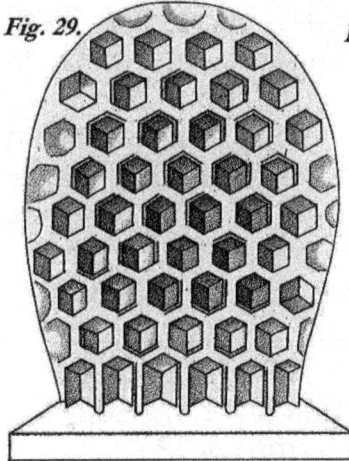

Fig. 29.

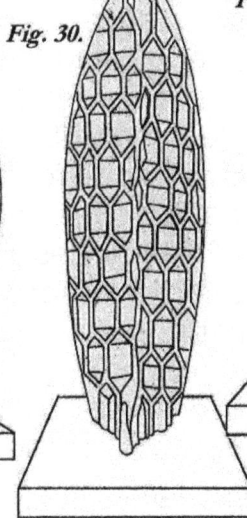

Fig. 30.

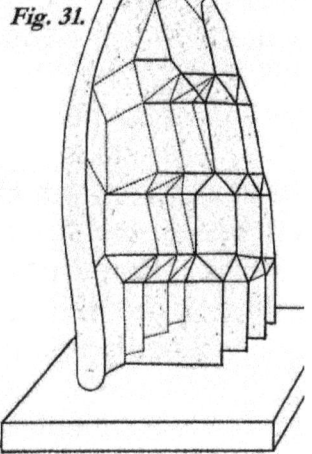

Fig. 31.

Tome 2 Planche VIII—Architecture des abeilles.

Section III: Construction des cellules du 2nd rang.

Les fonds des cellules antérieures du premier rang, composés de deux cellules et un rhombe, étaient plus grands que ceux des cellules qui leur étaient adossées, puisque ceux de ces dernières n'étaient formés que de deux trapèzes ; il restait donc plus d'espace entre le bord supérieur des cellules postérieures et celui du bloc, qu'il n'y en avait au-dessus des cavités antérieures : cet espace était assez grand pour y loger le fond d'un alvéole ordinaire (fig. 20 et 22) ; mais on n'aurait pas pu placer un fond complet au-dessus des cellules de la face antérieure (fig. 19). L'espace brut que les cavités postérieures laissaient entre elles et au-dessus d'elles dans l'ouverture de l'angle formé par la rencontre de leurs arêtes obliques, s'étendait sur le bloc beaucoup par-delà leur pointe et jusqu'au bord du bloc même(*). Ce fut là que plusieurs abeilles s'établirent successivement pour ébaucher le fond d'une nouvelle cellule.

La première d'entre elles creusa une cannelure verticale (*fmbp*) dans l'espace compris entre les arêtes obliques (*fc cb*) de deux cellules voisines, et donna des bords à cette nouvelle cavité, en accumulant à droite et à gauche la cire qu'elle extrayait du bloc (**). Les arêtes verticales (*fm, bp, fig.23*) que forma cette abeille, étaient situées au-dessus de la pointe même (f et b) des deux cellules inférieures n° 2 et 3. Ces arêtes partaient de cette pointe et montaient verticalement le long des bords de la cavité jusqu'à une petite distance de celui du bloc, qui ne s'étendait pas alors plus loin qu'il ne le fallait pour admettre le fond entier de la cellule : la cannelure se terminait encore par un contour arrondi (*rmp, fig.23*).

Mais quelques abeilles établirent deux arêtes rectilignes sur la ligne courbe qu'il décrivait, et celles-ci se réunissant comme deux cordes égales au milieu de cet arc, elles formèrent l'angle obtus (*mrp, fig.22*). Cette cavité était donc alors bordée de six arêtes ; les eux inférieures (*fc, cb*) appartenaient aux deux cellules du premier rang, n°2 et 3, entre lesquelles le fond de la nouvelle cellule était en partie intercalé ; les deux arêtes latérales (*fm, bp*) étaient parallèles l'une à l'autre et montaient verticalement au-dessus de la pointe des cellules inférieures ; enfin les deux arêtes supérieures (*rm pr* qui terminaient le contour du fond étaient inclinées l'une à l'autre, et se réunissaient aux précédentes par l'une de leurs extrémités. Ces six arêtes égales en longueur formaient le contour hexagonal de la cavité ; mais ce contour n'était pas d'une proéminence uniforme sur la surface du bloc ; il était saillant dans les points (*cpm*), et déprimé dans les points (*b.f.r*) (Note: Depuis bc (fig.22) jusqu'à r, le bloc n'avait pas alors plus d'étendue.)(Note: On a détaché dans les figures 23 et 27 la cellule dont il s'agit, afin que l'on put mieux suivre ses développements. Les lettres sont les mêmes que dans la figure 22. Le contour (fmbp, fig.23) fait voir l'ébauche moins avancée.)(Note: C'est ce qu'on peut voir dans la figure 28, qui présente le même fond de cellule vu en 3/4.)

La partie inférieure et encore brute (*fcbe fig. 23*) de l'espace contenu entre les six arrêtes, était adossée au rhombe de la cellule n°1, puisque les cellules 2 et 3, au-dessus desquelles l'hexagone était tracé, étaient-elles mêmes adossées partiellement à cette cellule, dont le rhombe faisait partie sur le revers. Ce rhombe, incliné à l'horizon, mais dont la grande diagonale était horizontale, vu du côté de la cellule n°1, (c, fig. 21) se présentait par sa face inférieure. Lorsque les abeilles eurent ébauché et donné des bords au fond de l'alvéole hexagonal, elles s'occupèrent à aplanir le revers de cette pièce rhomboïdale, et lui donnèrent pour limites les sillons (*fe et eb*) qu'elles avaient creusé derrière les arrêtes du même nom dont elle était bordée sur la face antérieure.

Ainsi cette pièce fut un rhombe, et ce rhombe incliné (*fcbe, fig. 22*) qu'on voyait de ce côté par-dessus, fut

la première pièce et la pièce supérieure d'un fond pyramidal.

Elle occupait le tiers de la surface de la cavité, car
l'angle obtus (feb) étant au centre, et ses côtés (fe-eb)
étant appuyés sur l'extrémité des deux arêtes (fc et cb),
qui formaient le tiers du contour, il est clair que l'espace
entier du fond de l'alvéole devait être le triple de celui que
le rhombe interceptait. Il restait donc encore au-dessus
de cette pièce rhomboïdale, et dans l'intérieur même de
l'hexagone, un espace creusé en cannelure et assez grand
pour qu'il put admettre exactement deux autres rhombes
semblables à celui-ci, mais tournés dans un autre sens.

Cette partie du fond de l'alvéole qui n'était encore
qu'ébauchée, demeura dans le même état jusqu'à ce que
les travaux sur la face opposée eussent permis aux
abeilles de placer une arrête montante sur le revers de la
même cellule et dans la direction de son diamètre vertical
(*er, fig.21*) : (ce qui ne pouvait avoir lieu que lorsqu'elles
auraient ébauché deux nouvelles cavités au revers de la
cellule hexagonale). Mais lorsque cette arrête fut établie
sur la face antérieure et derrière la pièce qui restait à
diviser, une abeille s'occupa à creuser le fond de la cavité
hexagonale dans cette direction, elle pratiqua au milieu de
l'espace encore brut un sillon (*er, fig.22*) qui régnait
depuis l'angle supérieur de l'hexagone, et lorsqu'elle eut
aplani les deux pièces qui résultaient de cette division, on
vit qu'elle avait fait deux rhombes (*ferm* et *erbp*) égaux
au rhombe (*fcbe*). Ainsi les six arêtes du contour hexagonal renfermaient exactement trois rhombes de même
grandeur ; c'est-à-dire un fond pyramidal complet : le
premier fond de cette espèce fut donc construit sur la face
postérieure du bloc : on concevra aisément que pendant
cette opération d'autres cellules furent ébauchées à droite
et à gauche de celle-ci, sous les cellules du premier rang,
adjacentes à celles qui lui servaient de base, et nous

n'aurons pas besoin d'expliquer la manière dont les abeilles s'y prirent pour cela, puis qu'elle fut le même à tous égards que pour la cellule que nous venons de décrire..

Le bloc avoir encore été agrandi par les abeilles cirières pendant les travaux qui s'exécutaient sur la face postérieure; il y avait maintenant assez d'espace au-dessus des alvéoles du premier rang, sur la face antérieure (*fig. 21*) pour la construction de nouvelles cellules (Note: L'espace qui règne entre la ligne ponctuée et la ligne tracée est celui dont le bloc fut agrandi. On voit dans la figure 22, que cet espace n'était pas encore rempli pendant le travail de la cellule postérieure du second rang ; mais il l'était lorsque les abeilles commencèrent la cellule hexagonale antérieure.)

Une abeille se plaça sur la face antérieure de manière à pouvoir travailler dans l'espace brut qui restait entre la pointe de deux fonds de cellules du premier rang, voisines l'une de l'autre et désignées par les n° 1 et 4, espace compris en partie au-dessus de chacune de ces cellules, et par conséquent entre leurs côtés obliques (*fe fv*). Cette abeille creusa immédiatement au-dessus de l'arête verticale qui les séparait, dans un espace égal au diamètre d'une cellule ordinaire; c'est-à-dire depuis les bords supérieurs (*fe fv*) des fonds inférieurs, n° 1 et 4, jusqu'au point 0; mais cet espace était déjà borné au-dessous par les côtés obliques des cellules du premier rang. L'abeille donna d'ailleurs à la cavité qu'elle creusait la forme d'une cannelure; ses côtés furent relevés par deux petites arêtes verticales (*er-vn*), et son bord supérieur, d'abord arrondi (*fig.25*), fut converti par d'autres ouvrières en deux arêtes rectilignes (*on : ov, fig. 21*), faisant ensemble un angle obtus; ainsi cette cavité eut un contour hexagonal comme celles du second rang sur la face opposée, dont le fond lui était en partie adossé.

Il fallait actuellement diviser cette cellule (*fig. 21 et 25*); cette nouvelle opération ne parut pas donner beaucoup de peine aux abeilles qui l'entreprirent: les pièces qui devaient la composer étaient déjà en partie taillées sur la face postérieure; là, deux cellules voisines laissaient ente elles une arrête montante (*fm, fig.22*) qui nous paraissait devoir servir de trace ou de guide aux ouvrières ; son ombre divisait en deux parties égales la portion inférieure de la cavité hexagone. On voyait aussi en ombre les arrêtes obliques des deux mêmes cellules postérieures, partir du centre m de l'alvéole pour aller se rendre l'une à droite l'autre à gauche, vers le haut des arrêtes verticales de celle-ci en *r* et en *n* (fig. 21).

Cette cavité paraissait donc divisée en trois parties égales par l'ombre des arrêtes postérieures. Ce que nous voyions en ombre fut bientôt réalisé par le travail des abeilles; les ombres furent converties en sillons au revers des arrêtes de l'autre face; et l'intervalle entre chacun des sillons, et le bord de la cellule fut aplani et limé jusqu'à ce qu'il présentât l'aspect de rhombes parfaitement distincts; mais les abeilles, en formant d'abord le sillon vertical, divisèrent de bas en haut la partie inférieure de la cavité, et ce fut à droite et à gauche de ce sillon, que furent situés les deux premiers rhombes du fond pyramidal; puis en se dirigeant ensuite selon les arrêtes obliques des cellules postérieures, elles donnèrent lieu à la formation d'un troisième rhombe, situé dans le haut de la cavité, et incliné comme celui de la cavité № 1.

Ce dernier rhombe (*onrm, fig.21*) ne répondait à aucune des cellules ébauchées sur la face postérieure; il était adossé à un espace encore brut, qui se trouvait compris entre les côtes supérieurs (*rmmn*) de deux cellules du second rang; ainsi cet espace devait, par la suite, appartenir sur la face postérieure à une cellule du troisième.

L'ouvrage qui résulta du travail des abeilles, au dedans de la cavité hexagonale, fut encore un fond pyramidal; il ne différait des fonds du même rang qui avaient été formés sur la face postérieure, et auxquels il était adossé, que par la situation des rhombes dont il était composé.

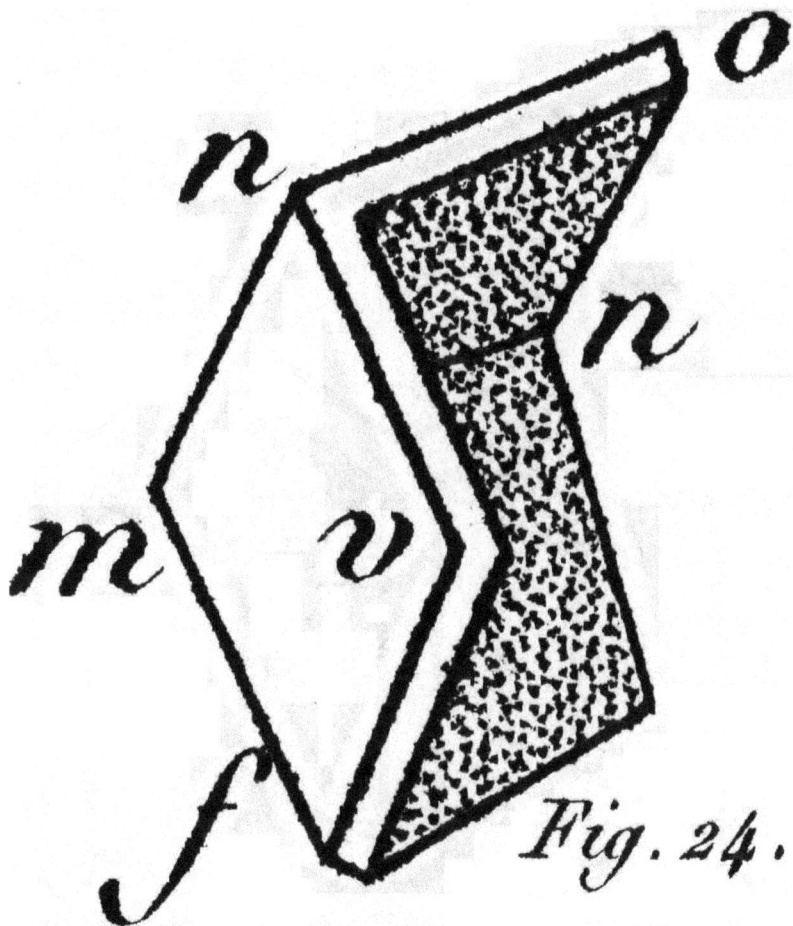

Tome 2 Planche VIII Fig. 24— Le sillon à la base est oblique.

D'après ce que nous venons de dire, il est facile de concevoir de quelle manière seront construits les fonds des cellules subséquentes; ils seront toujours pris entre les côtes obliques supérieurs de deux cellules voisines; au-dessus de leur pointe les abeilles formeront des ar- rêtes verticales, qui borderont à droite et à gauche la nouvelle cavité; puis elles en termineront le contour en élevant deux autres arrêtes obliques à l'horizon, sur le bord supérieur de la cannelure, ce qui produira un contour hexagonal.

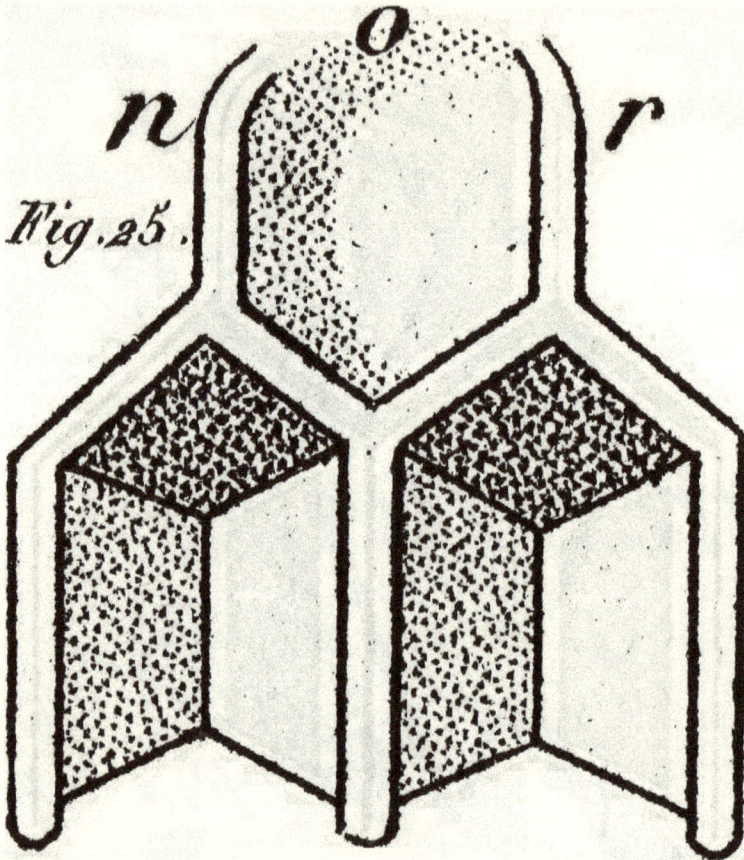

Tome 2 Planche VIII Fig. 25—Division de la cellule.

La pièce inférieure de ces cavités correspondra toujours avec les arrêtes intermédiaires des cellules opposées, c'est pourquoi toutes les cellules de cette face seront divisées dans le bas en deux rhombes, eu. ayant un seul dans le haut. (On ne doit point oublier que c'est l'inverse dans les gâteaux construits de haut en bas ; il faut donc retourner les figures pour suivre l'ordre naturel, en supposant qu'il doive être le même, lorsque les abeilles

travaillent en descendant, ce qui était déjà plus que probable, quoiqu'elles parvenaient au même résultat : *la
construction des fonds pyramidaux*).

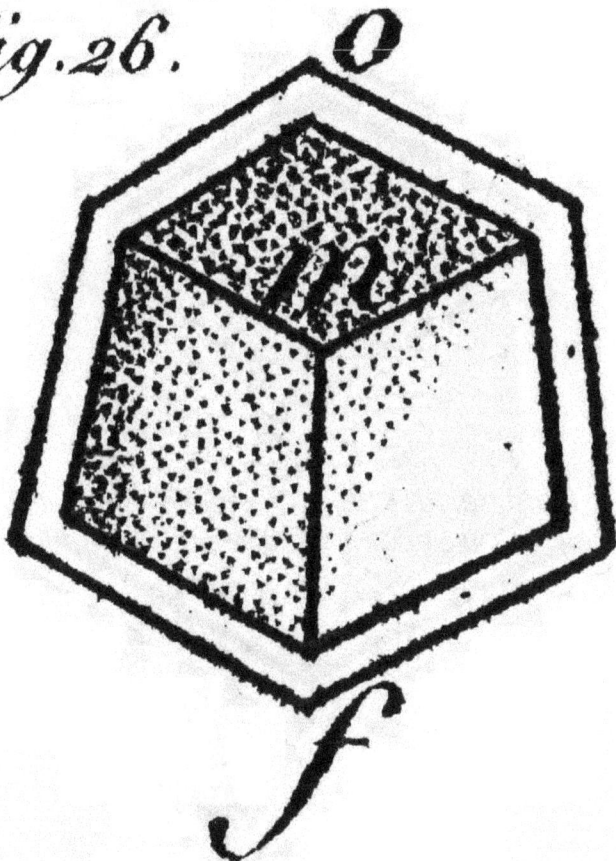

*Tome 2 Planche VIII Fig. 26—Gros plan de la première
cellule du 2ⁿᵈ rang.*

Les cellules postérieures seront toutes formées sur
le modèle de celle dont nous avons décrit la construction;
elles auront un seul rhombe dans le bas et deux rhombes
accolés dans le haut. Les cellules hexagones antérieures
seront toutes situées un peu plus haut que les cellules
postérieures, parce que leur partie la plus basse correspondra toujours aux rhombes supérieurs de deux cellules
voisines.

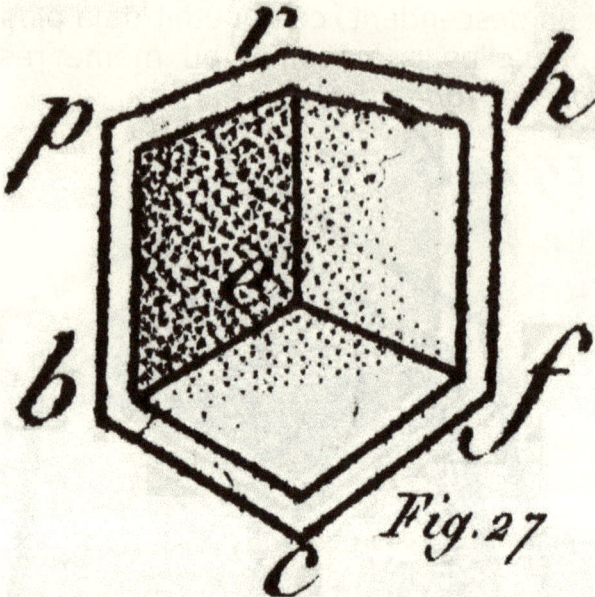

Tome 2 Planche VIII Fig. 27— Gros plan de la première cellule du second rang (face de la Fig. 26).

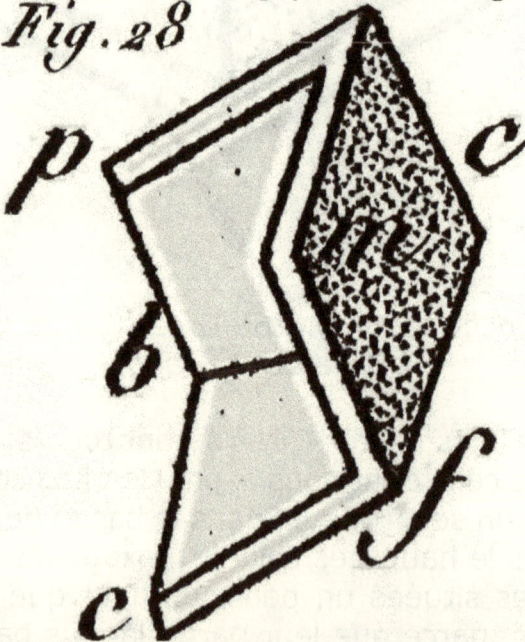

Tome 2 Planche VIII Fig. 28— Montrant la Fig. 27 retournée pour montrer 3 dimensions.

Il nous reste quelques remarques à faire sur la dif-férence que présentaient les fonds pyramidaux et ceux des cellules du premier rang: ces derniers étaient compo-sés, comme nous l'avons fait voir, de deux trapèzes et un rhombe, ou deux trapèzes seulement; les trapèzes mon-taient perpendiculairement à la tringle, position bien différente de celle des pièces qui composent les fonds pyramidaux: les trois pièces d'un fond pyramidal, devant toutes partir du sommet de la pyramide pour se rendre au bord qui dessine le contour, de sa base, il est évident qu'elles seront toutes les trois inclinées en avant d'une même quantité; ainsi c'était par manière de parler et pour plus de clarté que nous avons laissé supposer, dans plus d'un endroit, que le sillon du fond d'une cellule du second rang était vertical, qu'il répondait à l'arrête verticale, etc. C'était dans l'intention de faire sentir que ce sillon ou cette arête, vues en face de la cellule, paraissaient monter verticalement. Mais si l'on eût coupé le bloc verticalement en cet endroit, et qu'on eût regardé le sillon par la tranche, on aurait vu qu'il était oblique, puisqu'il partait du fond de la cavité pour arriver à son bord (voyez les fig. 24 et 28); l'une représente obliquement un fond pyrami-dal postérieur et l'autre un fond pyramidal antérieur ; aucune des arêtes qui les bornent, ou des sillons qui les divisent ne sont verticaux. Il n'en est pas de même des pièces en trapèzes des fonds du premier rang, elles sont vraiment verticales de quelque côté qu'on les considère.

Il en résulte que leur réunion avec le rhombe oblique qui termine les cellules de la face antérieure, doit se faire sous un angle un peu différent de celui que pré-sente la réunion des rhombes d'un fond pyramidal.

Chacune des six arrêtes que forment le bord d'un fond pyramidal est destinée à servir de base à l'un des six pans de la partie prismatique de l'alvéole. Les quatre pans de celles du premier rang (fig.31) sont aussi fixés de la même manière autour de leur fond.

Les prismes qui résultent de la réunion et de la rencontre des pans sont donc entés sur les bords des cavités creusées dans le bloc.

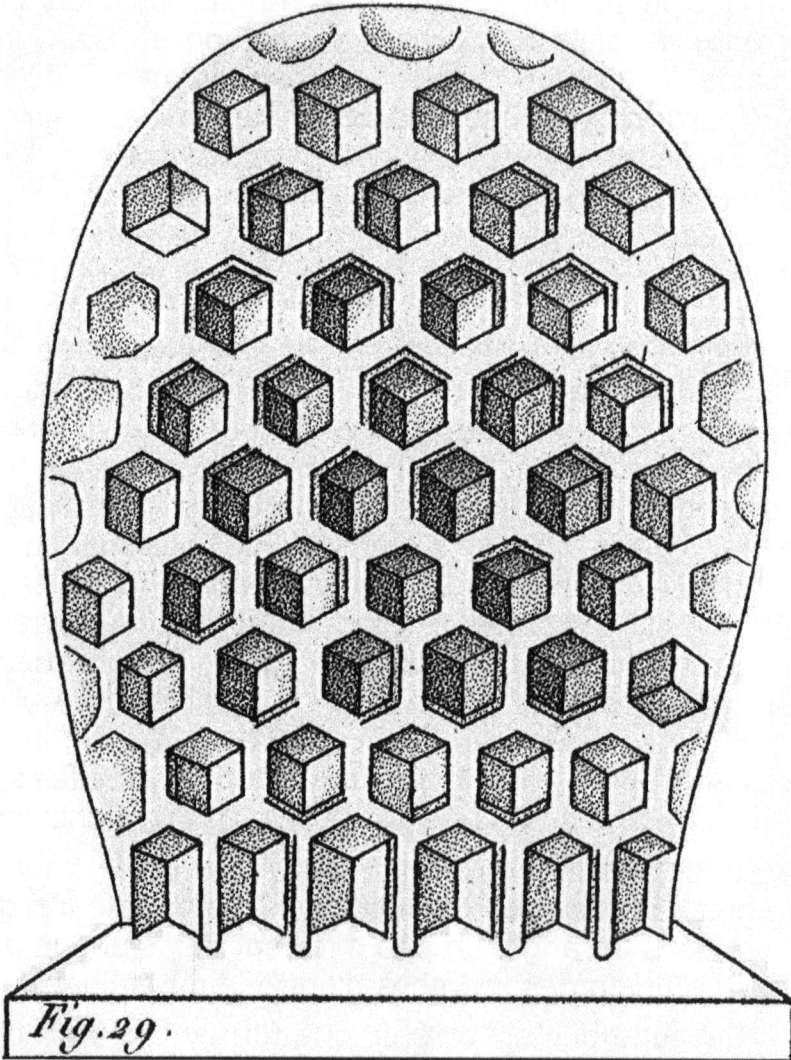

Tome 2 Planche VIII Fig. 29—Surface du nouveau gâteau.

Fig. 30.

Tome 2 Planche VIII Fig. 30—Surface du nouveau
gâteau, vue de côté.

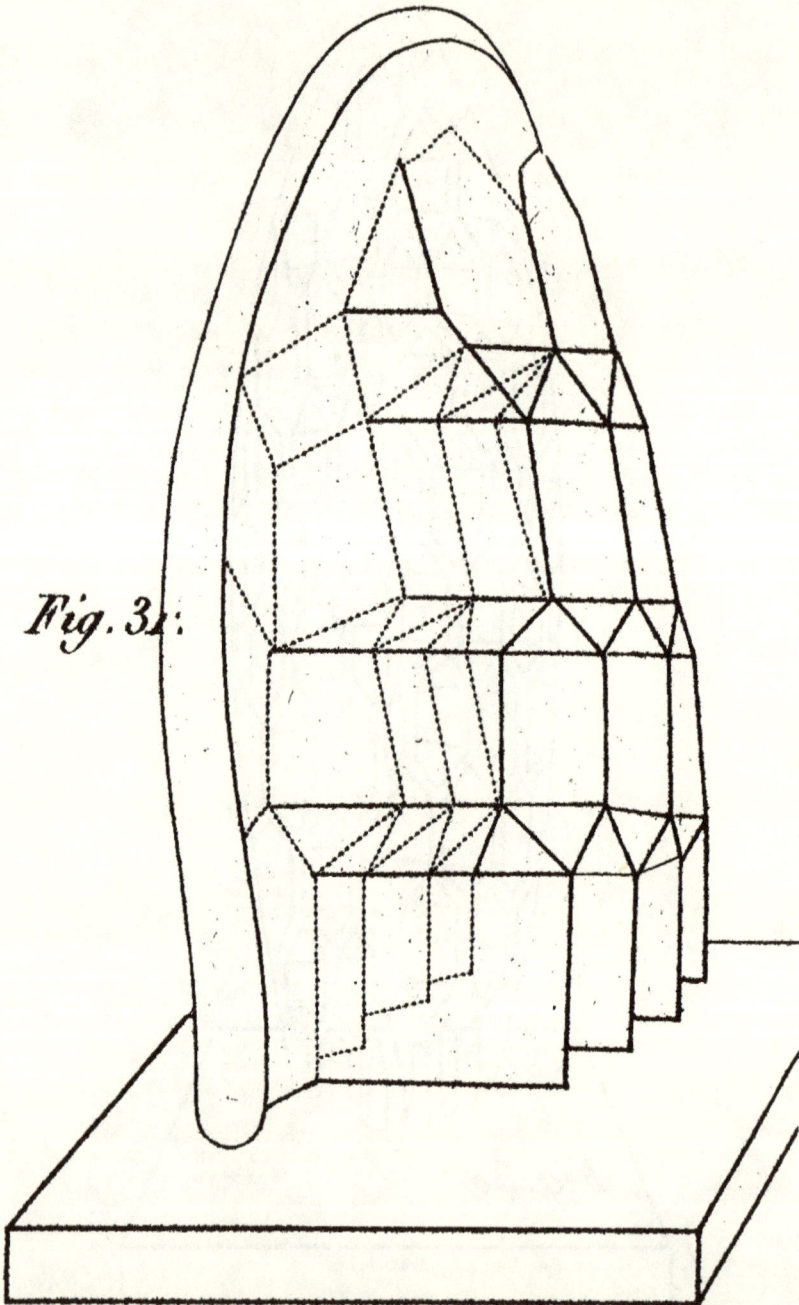

Fig. 31:

*Tome 2 Planche VIII Fig. 31—Surface du nouveau
gâteau, vue au travers.*

Il semble au premier abord qu'il n'y ait rien de plus simple que d'ajouter de la cire sur les arrêtes qui forment le contour du fond de l'alvéole; mais à cause de l'inégalité de ce bord, inégalité que nous avons bien fait remarquer, et qui produit trois saillies et trois enfoncements pour les fonds pyramidaux, une saillie pour le fond des cellules antérieures du premier rang, et un enfoncement pout les postérieures; à cause de cette inégalité, dis-je, il faut que les abeilles commencent par suppléer à ce qui manque au contour, en ajoutant plus de cire sur les arrêtes les moins élevées , qu'elles n'en mettent sur les plus saillantes; par ce moyen les bords de tous les alvéoles offrent une surface unie dès l'origine et avant que les cellules aient acquis leur longueur naturelle; mais la surface d'un rayon nouveau n'est pas entièrement plane, parce qu'il y a une dégradation progressive dans le travail des abeilles. Les pans sont prolongés dans un ordre analogue à celui que ces insectes suivent pour le perfectionnement des fonds auxquels les tubes appartiennent (fig.30), et la longueur de ces tubes est si parfaitement proportionnée qu'il n'y a point entre eux de saut ou d'irrégularité marquée. Il arrive de là que la forme d'un gâteau neuf est lenticulaire (fig.29, 30 et 31), l'épaisseur du gâteau va toujours en diminuant jusqu'aux bords, parce que les cellules les plus récemment ébauchées ont des tubes moins allongés que ceux des plus anciennes.

Cette gradation s'observe dans le gâteau pendant tout le temps qu'il s'agrandit en circonférence ; mais dès que les abeilles n'ont plus assez d'espace pour le prolonger, il commence à perdre cette forme lenticulaire et prend des surfaces parallèles. Les abeilles rendent à cette époque toutes les cellules égales en amenant leurs tubes à, la mesure de ceux des plus anciennes; alors le gâteau a reçu la forme qu'il doit toujours conserver; mais il n'est pas entièrement achevé: nous ferons connaître, lorsqu'il en sera temps, les travaux par lesquels les abeilles terminent leur ouvrage.

Tel est autant que nous en avons pu juger, l'ordre qu'elles suivent dans la construction de leurs cellules

Mais comment expliquer cette marche combinée dans leurs opérations; pourquoi le même instinct les oblige-t-il à donner une forme et des dimensions différentes aux fonds des cellules antérieures, et postérieures de ce premier rang, qui exerce une si grande influence sur le reste du gâteau : par quel moyen enfin les abeilles, postées sur l'une des faces du bloc, peuvent-elles déterminer l'espace dans lequel elles doivent creuser pour établir, d'une manière invariable, les rapports mutuels de ces fonds? Ce dernier point est peut-être celui qu'il faudrait éclaircir le premier, puisque tout le reste en dépend.

On ne voit point les abeilles visiter alternativement les deux faces du bloc, pour comparer la position respective des cavités qu'elles ébauchent; la nature ne les a pas instruites à prendre ces mesures qui nous sembleraient indispensables, pour la construction d'un ouvrage symétrique et régulier: ces insectes se bornent à tâter avec leurs antennes la face du bloc qu'ils doivent sculpter, et paraissent suffisamment éclairés par cette seule inspection, pour exécuter un ouvrage très compliqué et dans lequel tout semble combiné, avec une grande exactitude.

Ils n'enlèvent pas une parcelle de cire que leurs antennes n'aient palpé la surface qu'il s'agit de sculpter. Les abeilles ne se confient à leurs yeux seuls pour aucune de leurs opérations; mais au moyen de leurs antennes elles peuvent exécuter dans l'obscurité même ces gâteaux, que l'on regarde avec raison comme la plus admirable production des insectes. Cet organe est un instrument si flexible qu'il se prête à l'examen des parties les plus déliées et des pièces les plus contournées, il peut leur tenir lieu de compas quand il s'agit de mesurer de très petits objets, comme le bord d'une cellule par exemple.

Il nous semble donc que ces insectes doivent être déterminés dans leur travail par quelque circonstance locale; nous nous sommes bien aperçus quelquefois, qu'en ébauchant les fonds des premières cellules, avant qu'il y eût encore aucune arrête derrière, les abeilles occasionnaient une légère saillie sur la surface opposée, par la seule pression de leurs pattes contre la cire encore molle et flexible, ou par les efforts qu'elles font avec leurs dents pour creuser dans l'intérieur du bloc. Ces mêmes causes produisent quelquefois la rupture de la cloison: la brèche est bien- tôt réparée, mais il reste dans tous les cas, sur la surface extérieure, une légère protubérance qui peut servir de guide aux abeilles établies de ce côté-là. Elles se placent alors à droite et à gauche de cette saillie, pour commencer une nouvelle excavation, et entassent une partie des matériaux entre les deux cannelures qui résultent de leur travail.

Cette saillie convertie en une véritable arrête recti-ligne, devient à son tour un moyen pour les abeilles de reconnaître la direction qu'elles doivent faire prendre au sillon vertical de la cellule antérieure.

Nous avons souvent pensé, en voyant ces insectes se diriger si exactement au revers des arrêtes pour creuser les sillons correspondants, qu'ils s'apercevaient de l'épaisseur plus ou moins grande du bloc, par la flexibilité, l'élasticité ou quelque autre propriété physique de la cire: quoiqu'il en soit, il est certain qu'ils ne donnent aux fonds de leurs alvéoles qu'une épaisseur uniforme, sans avoir cependant aucun moyen mécanique de la mesurer; par la même raison, ils peuvent sentir très distinctement, s'il y a une arête derrière la cloison, et creuser celle-ci jusqu'à ce qu'ils aient atteint le point qu'ils ne doivent pas dépasser.

Je ne voudrais pas donner à ces explications plus de valeur qu'à de simples hypothèses. J'ai dû montrer l'enchaînement des opérations des abeilles; mais je ne me suis point engagé à dévoiler les mobiles secrets de leurs actions.

Je crois cependant qu'on pourrait les expliquer sans recourir à des moyens extraordinaires. La longueur des cavités, leur situation respective et l'épaisseur du bloc une fois déterminées, l'inclinaison des côtés obliques des trapèzes du premier rang, à laquelle est subordonnée celle des rhombes du second, se trouve établie d'elle même sans que les abeilles aient eu besoin pour cela d'employer des instruments propres à mesurer des angles, et sans qu'il leur en ait coûté aucun calcul.

Ce qu'il faudrait donc chercher à comprendre, c'est la manière dont elles établissent le rapport des cellules inégales du premier rang. Or, une des choses qui contribuent, peut-être, à leur procurer ces dimensions, desquelles dépendent tant de conditions importantes, c'est la manière donc le bloc est agrandi.

Sa première hauteur détermine à peu près le diamètre vertical des cavités postérieures, qui est égal aux deux tiers de celui d'une cellule commune; mais elles ne peuvent compléter le fond de la cellule antérieure que le bloc ne soit agrandi; elles le prolongent encore d'une ligne $\frac{3}{5}$; c'est-à-dire bien plus qu'il ne faudrait pour terminer

celle-ci, mais justement assez pour qu'il puisse fournir l'espace nécessaire au fond d'une cellule entière du second rang, sur la face postérieure; car le rhombe qui doit en faire partie est déjà compris dans l'intervalle des cellules en trapèzes. Les abeilles en ajoutant encore au bloc la hauteur de deux tiers de cellules, acquièrent la possibilité de former sur la face antérieure le fond des cellules du second rang, dont une partie est déjà interceptée entre les bords supérieurs des premières cellules; mais il n'y aura assez d'espace pour la construction de ceux du troisième rang, que lorsque le bloc aura été agrandi de nouveau.

Les abeilles ne peuvent s'écarter de la marche prescrite, à moins de circonstances particulières qui altèrent les bases de leur travail; car le bloc n'est jamais prolongé que d'une quantité uniforme, et ce qu'il y a d'admirable, c'est qu'il l'est par les abeilles cirières, qui sont les dépositaires de la matière première, et n'ont pas la faculté de sculpter les cellules.

En partageant ainsi les fonctions entre les abeilles cirières et les abeilles à petit ventre, l'auteur de la nature paraît s'être défié des seules lumières de l'instinct.

Quelle simplicité et quelle profondeur dans les moyens, quel enchaînement de causes et d'effets; c'est l'image en petit de cette harmonie dont on est frappé dans les grands ouvrages de la création.

De tels procédés ne pouvaient être soupçonnés. On ne devine point les voies de la nature; elle trace partout des routes qui confondent notre science, et ce n'est qu'en la suivant scrupuleusement que nous pouvons parvenir à dévoiler quelques-uns de ses mystères.

Ne tirera-t-on point cette conclusion des faits que nous avons décrits; que la géométrie, qui paraît briller dans les ouvrages des abeilles, est plutôt le résultat nécessaire de leurs opérations, qu'elle n'en est le principe?

Nos lecteurs participeront; sans doute, au plaisir que nous avons éprouvé en recevant la communication suivante, dans laquelle on entrevoit un rapport singulier entre la solution géométrique, donnée par un habile mathématicien, et le travail des abeilles, tel que nous l'avons présenté d'après nos observations.

Les fonds des alvéoles du premier rang, qui déterminent l'inclinaison des rhombes de tout le gâteau, représentent, à cause des trapèzes qui les composent, deux côtés d'un prisme coupé de manière à former trois angles égaux avec le plan rhomboïdal qu'ils interceptent. On pourrait donc croire que les abeilles parviennent à construire leurs alvéoles par la seule connaissance qu'elles ont de la section convenable du prisme, et la solution donnée par M. Le Sage fait voir combien cela était plus simple qu'on ne l'avait cru.

Nous éprouvons une vive satisfaction à pouvoir rappeler ici les travaux trop peu connus d'un savant cher à ses compatriotes, et nous sommes autorisés à annoncer que le projet de publier ses principaux ouvrages n'a point été perdu de vue par M. le professeur Prevost de Genève, qui en a manifesté l'intention dans la préface de la *Notice sur la vie et les écrits de Le Sage*, 1 vol. in-8, chez J. J. Paschoud, libraire à Paris et à Genève.

Article Communiqué par M. P. Prevost, Professeur à Genève.

En 1781, M. Lhuilier envoya M. de Castillon un mémoire *sur le minimum de cire des abeilles*, qui fut lu à l'académie de Berlin et inséré dans ses Mémoires pour cette même année. Ce savant mathématicien y donne en peu de mots l'histoire des recherches faites sur cet objet par Maraldi, Réaumur, Kœnig, etc. et traite ensuite le sujet par une méthode plus simple que l'on ne l'avait fait dans les ouvrages publiés avant le sien, puisqu'il réduit le problème à quelques propositions purement élémentaires.

Dans ce mémoire il nomme honorablement G. L. Le Sage. Il le nomme encore dans un ouvrage postérieur, et entre dans plus de détails sur le procédé mathématique par lequel ce philosophe avait résolu le problème relatif à la forme du fond des alvéoles construits par les abeilles. Il nous apprend, que Le Sage était, à sa connaissance, le premier qui eût traité ce sujet d'une manière élémentaire; qu'il l'avait traité algébriquement; qu'il s'était servi pour cela d'une méthode qui s'applique heureusement à tous les problèmes qui n'excèdent pas le second degré; méthode dont M. Lhuilier avait reçu l'obligeante communication dix ans avant l'époque où il avait lui-même publié la sienne (*).

Le mémoire de M. Lhuilier contient non seulement la solution du problème relatif à la construction des fonds rhomboïdaux, de manière à obtenir, pour un alvéole donné, la moindre dépense de cire, mais encore celle du problème relatif au *minimum minimorum*, ou à la forme de l'alvéole de même capacité qui occasionnerait la moindre dépense, et quelques autres remarques liées à ce sujet. Il est terminé par une note de M. de Castillon, relative à la dimension réelle des alvéoles d'abeilles.

Ce mémoire et l'ouvrage latin postérieur que je viens de citer, étant publiés dès longtemps et par conséquent à la portée de ceux qui s'occupent de ces matières, il suffit de les y renvoyer. Mais il pourra leur être agréable de trouver ici au moins quelque trace du premier travail élémentaire qui ait été entrepris pour résoudre le problème relatif aux fonds rhomboïdaux des alvéoles. Un papier, écrit de 1a main de G. L. Le Sage et d'une date fort ancienne, présente ce travail sous une forme fort simple. Il est tiré d'un de ses portefeuilles où il avait rassemblé les matériaux d'un opuscule projeté, que l'on trouve mentionné dans la notice de sa vie (*). Nous allons le transcrire ici sans aucun changement, jusqu'à la seconde note, que nous supprimerons, en la remplaçant par une explication analogue au plan de cet ouvrage.

Notice de G. Le Sage sur les fonds des alvéoles:

"Etant donné l'inclinaison mutuelle de deux plans, par exemple 120 degrés; les couper par un troisième plan, de façon que les trois angles qui en résultent soient égaux.

"C'est là un problème qu'un artisan très borne pourrait résoudre avec des instruments forts simples: car il suffit pour cela, qu'il sache trouver le milieu d'une ligne droite proposée ; ce que des insectes même peuvent aisément faire avec leurs pattes (a). Et c'est cependant à cela seul, que se réduit le fameux problème du minimum, dont on est si surpris de rencontrer la résolution dans le fond de l'alvéole d'une abeille ; lequel consiste à employer à ce fond le moins de cire possible, sans diminuer la capacité de l'alvéole ; et auquel on a employé, sans nécessité, tout l'appareil du calcul de l'infini (b)."

Pour les éclaircissements géométriques

"Problème. Etant donné (Planche XI, fig.2) la largeur AB des faces d'un prisme hexagonal régulier; ajouter à une de ses arêtes, ou en retrancher, une longueur,

AX, égale à $\sqrt{\dfrac{AB^2}{8}}$

"Solution. Coupez AB également en C. Faites AD = AC. Menez CD; coupez-la également en E. Portez AE d'A en X, sur AD ou son prolongement.

Démonstration $:(AE)^2 = \frac{1}{2}(AC)^2$
$= \frac{1}{2}\left(^{AB}/_2\right)^2 = \frac{1}{2} \times \dfrac{(AB)^2}{4} = \dfrac{(AB)^2}{8}$

(b) " pour les éclaircissements géométriques."

Tel est le titre de la seconde note que nous supprimons. Elle était destinée à montrer algébriquement, que le problème relatif aux fonds des alvéoles se réduit au problème géométrique résolu dans la première note. Plusieurs raisons nous déterminent à substituer à cette

note concise et purement algébrique quelques éclaircissements plus détaillés.

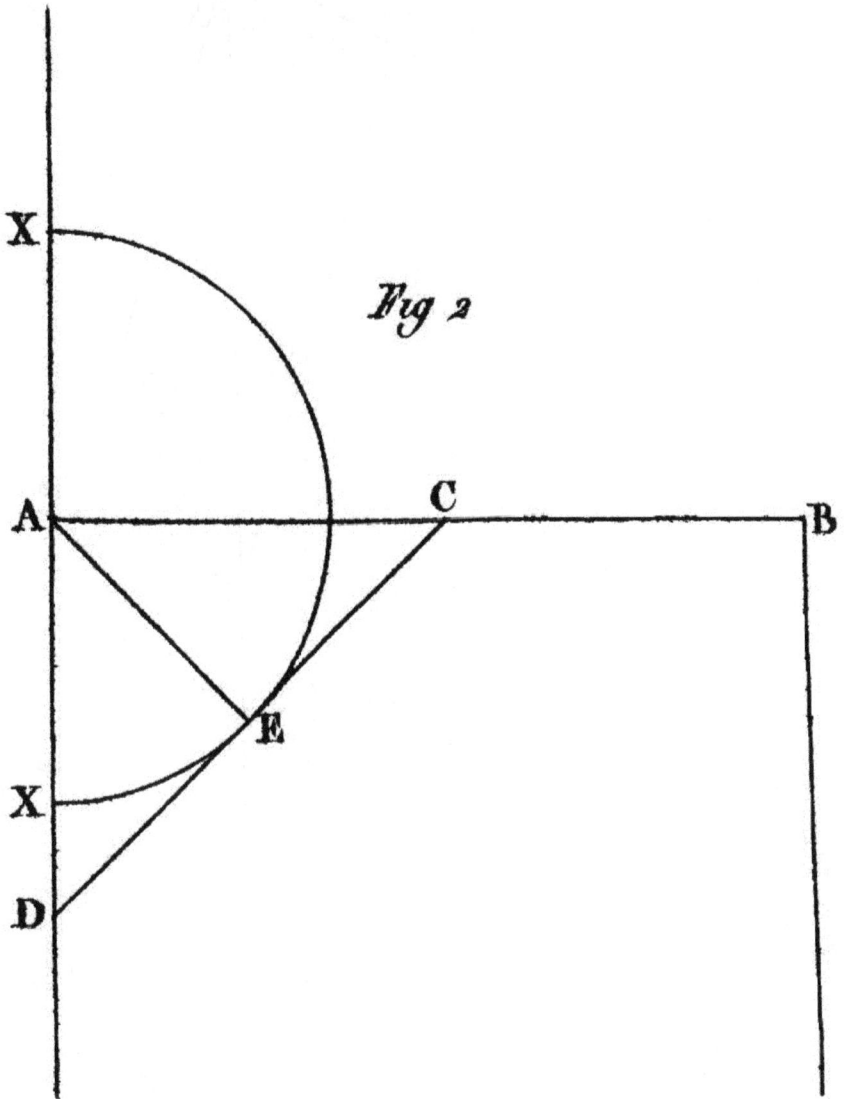

Tome 2 Planche XI Fig. 2—Géométrie de la cellule.

Tome 2 Planche XII—Géométrie des cellules.

On peut voir dans les ouvrages de M. Lhuilier, que nous avons cités ci-dessus (en particulier dans les Mémoires de Berlin pour 1781, au scholie de la page 284), la méthode suivie par Le Sage et par son savant disciple, pour déterminer, à l'aide de l'algèbre élémentaire, le minimum de dépense dans la construction des fonds.

Supposant l'alvéole hexagonale un prisme droit, il s'agit de couper l'arête convenablement au but que l'on se propose. Pour cela il faut que le fond rhomboïdal, diminué de la partie des faces dont ce fond amène la suppression, soit un minimum. Or, par la méthode dont nous parlons, une simple équation du second degré conduit à la formule suivante : *La distance du point de section à la base hexagonale est égale au demi-côté de cette base divisé par racine de deux; ou (ce qui revient au même) au côté divisé par racine de huit*.

Chapitre V: Modifications dans l'architecture des abeilles

Les recherches relatives à l'organisation et au développement des productions animales, malgré leur importance, ne sont peut-être pas les plus intéressantes aux yeux du naturaliste philosophe. Celles dont l'objet embrasse les degrés, les ressources et les bornes de cette faculté qui tient lieu de jugement à une classe d'êtres si nombreuse, offrent encore à ses méditations un champ plus vaste et plus fertile.

Le vulgaire suppose ordinairement que les sensations et les besoins physiques exercent un pouvoir absolu sur les animaux : l'influence de ces causes s'étend, sans doute, à un grand nombre de circonstances; mais il serait aussi difficile d'expliquer par le seul attrait des jouissances, ou par la crainte de la douleur, la conduite des êtres soumis à l'instinct, qu'il serait injuste d'attribuer à des vues purement personnelles les vertus de l'être doué de sentiment et de raison, quoiqu'on ait souvent prétendu que l'intérêt était le seul mobile de ses actions.

S'il existe entre l'organisation et les mœurs des êtres animés, des rapports aussi directs qu'on le suppose, ces rapports sont tracés en caractères tellement énigmatiques, qu'ils échappent le plus souvent à notre analyse. On pourra bien saisir dans leur physiologie, quelques traits saillants comme l'usage des longs becs et des pieds palmés de divers oiseaux, caractères d'après lesquels ou peut reconnaître, jusqu'à un certain point, les lieux qu'ils habitent et les, substances dont ils se nourrissent ; mais il y loin de là aux; différentes ruses des animaux, aux replis de leur instinct : lors même que l'on raisonnerait d'après la connaissance de leur conduite habituelle, on pourrait encore être induit en erreur; car plusieurs d'entre eux savent user de ressources ingénieuses dans les circonstances difficiles : ils sortent alors de leur routine accoutumée et semblent agir d'après la position dans laquelle ils se trouvent; c'est là sans doute l'un des phénomènes les plus curieux de l'histoire naturelle.

Des lois invariables, relativement à la conduite des animaux, sont à nos yeux un grand sujet d'admiration; car l'esprit s'accoutume facilement à des idées d'ordre et se repose volontiers sur un plan uniforme; mais il règne dans les desseins de l'auteur de la nature une sorte de flexibilité. Une liberté qui porte l'empreinte de la puissance suprême; là sont réunies les conditions les plus opposées sans choc et sans confusion: conçoit-on en effet que des êtres soumis à une loi commune, et doués d'une intelligence partielle, puissent s'écarter de la lettre et agir conséquemment? Qu'ils aient la faculté de changer de procédés au besoin et de modifier les règles qui semblaient leur avoir été prescrites? Comment se persuader qu'il existe dans le grand code de la nature des exceptions aux lois générales ; et que les animaux bornés à la faculté de sentir puissent agir dans quelques circonstances, comme s'ils interprétaient les intentions du législateur. Assurément ce sont là des phénomènes dont aucune théorie ne donne l'explication; mais ne nous faisons nous pas de fausses idées de la nature des animaux; nos préjugés ne nous aveuglent-ils point sur la distance où nous les plaçons de nos facultés? C'est ce qui mériterait les recherches les plus profondes ; et c'est là sans doute que devraient tendre, en dernière analyse les travaux des zoologistes. Pour nous acquitter en partie de notre dette à cet égard, nous allons faire connaître quelques anomalies que nous avons remarquées dans la conduite des abeilles.

Certaines anomalies dans le comportement des abeilles.

Je ne développerai point encore les conséquences qui me paraissent en résulter; ce ne sera qu'après avoir fait connaître l'ensemble de leurs opérations que je pourrai me permettre quelques réflexions sur la véritable place de ces insectes dans l'ordre des êtres.

Tout a été habilement combiné pour la fabrication de leurs gâteaux et pour l'usage auquel ils sont destinés; des cellules tournées en embas comme celles des guêpes n'auraient pu convenir aux abeilles qui devaient emmagasiner un liquide: chaque gâteau offre une infinité de petits pots à miel couchés horizontalement; ils sont répartis sur ses deux faces ; peut-être la forme de ces réservoirs, et l'affinité de la cire avec le miel , contribuent elles à empêcher celui-ci de s'écouler; les gâteaux sont situés dans des plans parallèles, et ne sont séparés les uns des autres que par des ruelles de quelques lignes de largeur. C'est d'après la mesure assez régulière de ces distances et de l'épaisseur ordinaire des gâteaux que j'avais conçu l'invention des ruches en livres, dont je me suis toujours servi avec succès.

Parallélisme des gâteaux

Le parallélisme des gâteaux n'est pas un des traits de l'architecture des abeilles les moins difficiles à expliquer; mais ce serait une chose impossible si l'on supposait que leurs fondations dussent être établies simultanément par diverses ouvrières. L'expérience nous apprend au contraire qu'on ne voit point les abeilles commencer çà et là différents blocs de cire en même temps. Une seule ouvrière place des matériaux dans une direction qui lui paraît convenable; elle part, une autre la remplace, le bloc s'élève, les abeilles sculptent alternativement ses deux faces; mais à peine quelques rangs de cellules sont-ils construits qu'on aperçoit deux autres blocs semblables au premier, établis à une égale distance et dans une direction parallèle à la sienne, l'un vis-à-vis de sa face antérieure, l'autre de la postérieure. Ces blocs deviennent bientôt de petits gâteaux, car les abeilles travaillent avec une rapidité étonnante: peu de temps après, on en découvre deux autres construits parallèlement aux précédents; ils s'élargissent et s'allongent toujours dans une progression relative à l'ancienneté de leur origine; celui du milieu étant le plus avancé dépasse de quelques rangs de cellules ceux qui sont parallèles à ses deux faces, et ces derniers débordent ceux qui les suivent d'une même quantité ; ainsi les deux faces d'un gâteau sont toujours masquées en grande partie par ceux qui les avoisinent.

Comment les abeilles prennent elles de si justes mesures, et connaissent-elles la direction parallèle à celle du premier de leurs rayons ? C'est ce que je n'essayerai point d'expliquer; mais l'on voit clairement, que s'il était permis à ces insectes de poser en même temps différents blocs de cire dans le haut de leur ruche, ces ébauches ne pourraient être ni espacées convenablement, ni dirigées parallèlement les unes aux autres.

Les abeilles n'ont pas de discipline et ne connaissent pas de subordination.

On voit encore un exemple de la même marche dans la manière dont s'opère l'ébauche des cellules : c'est toujours une abeille qui choisit et détermine la place de la première cavité; celle-ci une fois établie sert à diriger tous les travaux ultérieurs. Si dans l'origine plusieurs ouvrières ébauchaient en même temps autant de cavités dans bloc de de cire, la symétrie des cellules qui devraient résulter de leur travail serait livrée au hasard; car ces mouches ne sont soumises à aucune discipline et ne connaissent pas de subordination.

Cette impulsion pour la construction de gâteaux est successive.

Un grand nombre d'abeilles travaillent sans doute au même gâteau ; mais elles n'y sont pas poussées par une impulsion simultanée, comme on pourrait le croire si l'on n'observait pas leurs opérations dès le principe. Cette impulsion est successive ; une seule abeille commence chaque opération partielle, et plusieurs autres joignent successivement leurs efforts aux siens pour tendre vers le même but : chacune d'elles paraît agir individuellement dans une direction imprimée, ou par les ouvrières qui l'ont précédées, ou par l'état dans lequel elle trouve l'ouvrage qu'elle est appelée à continuer, et l'abeille qui commence une nouvelle opération y est elle-même acheminée par l'effet d'une certaine harmonie qui doit régner dans la progression de leurs travaux. Mais si cependant quelque chose dans la conduite des abeilles pouvait donner l'idée d'un consentement presqu'unanime (ce que nous ne présentons que comme une apparence très douteuse); c'est l'inaction dans laquelle reste, toute la peuplade, tandis qu'une seule ouvrière va décider de la position du gâteau. Aussitôt après d'autres la secondent, et ajoutent à la hauteur du bloc; ensuite elles cessent encore d'agir, mais un seul individu d'une autre profession, si l'on ose se servir d'un tel mot en parlant d'insectes, vient tracer la première esquisse d'un fond qui, par sa forme particulière, prépare à un travail bien différent; c'est une base ou un plan fondamental qui sert à établir les proportions de tout l'édifice. Un tact subtil fait apercevoir aux ouvrières, au travers, de la cloison dans laquelle elles doivent travailler et depuis la face opposée, la situation des bords de cette cavité, et c'est d'après cela qu'elles dirigent leurs efforts pour diviser le fond des nouvelles cellules: mais ce n'est pas seulement au moyen de ces anches qu'elles trouvent l'alignement qu'elles doivent suivre, nous nous sommes assurés qu'elles profitaient de différentes circonstances pour se guider dans ces excavations. L'abeille qui creuse la première cellule fait sans doute ici une exception très remarquable ; elle travaille dans un massif brut, et n'a par cette raison rien qui puisse la mettre sur la voie, c'est son instinct seul qui la conduit.

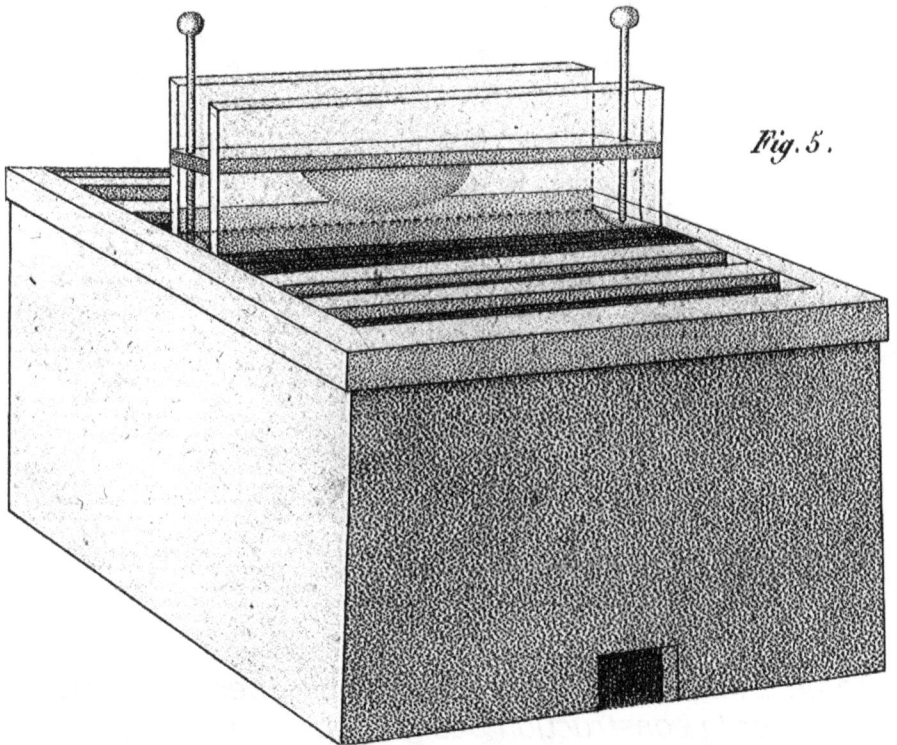

Fig. 5.

Tome 2 Planche I Fig. 5b—Ruche pour observer la construction des gâteaux.

Au contraire, les ouvrières qui sont appelées à ébaucher les cavités du second rang, peuvent tirer parti des rebords et des angles de celles qui ont été formées précédemment sur la même face, et s'en servir comme de base ou de point de départ pour les opérations subséquentes : je donnerai bientôt un exemple assez singulier de l'art avec lequel elles savent les mettre à profit lorsqu'elles n'ont pas d'autres ressources; mais je parlerai auparavant du travail ordinaire des ouvrières: je ne les avais encore vues sculpter qu'en montant; j'ai montré toute la suite des manœuvres qu'elles déploient quand elles travaillent dans ce sens ; cependant, ce qui m'avait paru expliquer leur conduite, et les résultats auxquels elles parviennent alors pouvaient appartenir à un cas particulier.

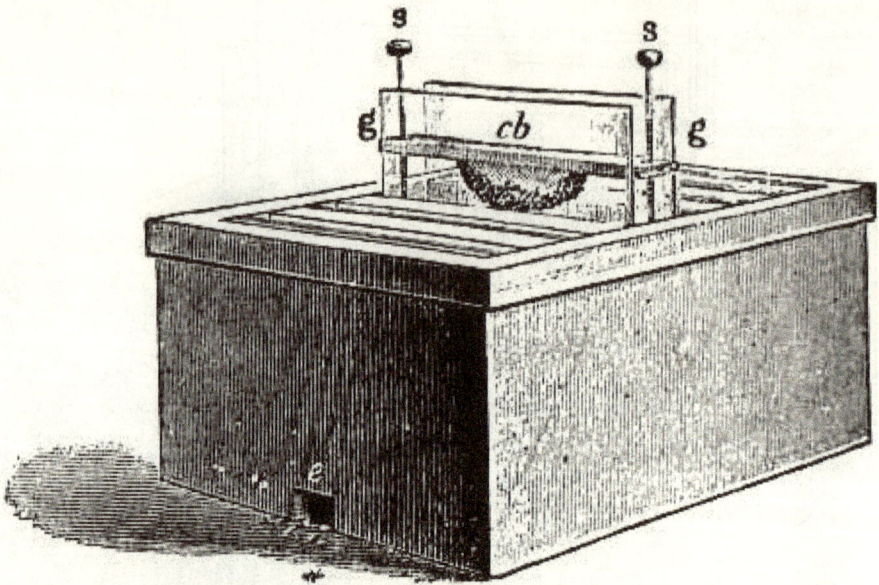

Tome 2 Planche I Fig. 5c— Ruche d'Huber pour obser-
ver la construction des gâteaux (Cheshire).

Il fallait donc savoir si elles agissaient toujours de la même manière et en passant par toutes les gradations que j'avais observées: elles sculptaient en montant avec bien moins de rapidité que lorsqu'elles construisent leurs rayons dans la direction opposée; mais cette circonstance avait été très favorable à l'observation des divers travaux qu'exige la formation de leurs cellules; car il aurait été impossible, sans cela, de suivre avec détail toutes leurs opérations ; cependant, la lenteur des abeilles, dans cette occasion, avait aussi ses inconvénients; quelquefois leur ouvrage était entièrement interrompu pendant quelques heures ; les unes n'apportaient pas de la cire lorsqu'il en fallait, d'autres ne la sculptaient pas aussitôt qu'elle était placée, ou elles formaient plusieurs blocs sur la même tringle. Il était évident que leur travail était ralenti et contrarié, et ce ne fut que par le nombre des petits gâteaux que nous leur vîmes construire, que nous pûmes faire abstraction des irrégularités de leurs opérations, et prendre une idée juste de leur architecture; il importait donc de savoir si les procédés que nous les avions vu suivre étaient les mêmes à tous égards dans les circonstances ordinaires; ce fut pour éclaircir ces doutes que je fis construire une ruche d'une nouvelle forme (Tome 2 Planche I, fig. 5b et 5c).

Expériences pour observer les abeilles construisant les gâteaux par en bas.

Il fallait, pour qu'elle remplit mes vues, que le fond supérieur fut composé de différentes pièces, et put se démonter malgré l'occupation de cette ruche par les abeilles, il fallait encore qu'on pût séparer et enlever ces divisions toutes les fois qu'on voudrait juger des progrès de leur travail. Un plafond, composé de lames de verre et de bandes de bois placées alternativement dans un plan horizontal, pouvait servir à cet usage; deux vis fixées aux deux bouts des baguettes nous permettaient d'élever assez les gâteaux au-dessus du faîte de la ruche pour les observer commodément et les remettre en place sans déranger les abeilles; on pouvait encore, par ce moyen, s'emparer de ceux qu'on voulait conserver, et obliger ces mouches à les remplacer par d'autres.

Lorsqu'elles furent établies, dans ce nouveau domicile ; elles bâtirent leurs rayons le long des tringles de bois, en prenant pour direction et pour point d'appui la ligne d'intersection des lames et des tringles.

Le premier bloc qu'elles établirent n'offrit rien de nouveau à nos observations; nous l'enlevâmes, et les abeilles en construisirent aussitôt un autre; elles le fondèrent également sur l'arête d'une des deux tringles; mais nous donnâmes cette fois aux ouvrières le temps de dégrossir leurs premières cellules : nous fîmes ensuite tourner les vis sur lesquelles reposait le support, et celui-ci, en s'élevant, nous permit d'observer la conformation des nouvelles ébauches: elles présentaient des cannelures semblables à celles que nous avions observées dans la ruche montante ; on fit redescendre le gâteau de la même manière qu'on l'avait élevé, et les abeilles continuèrent leur travail. A quelques minutes de là on observa encore leur gâteau; les ébauches étaient plus avancées, les cellules des deux faces étaient inégales, elles offraient des trapèzes verticaux ; les cellules antérieures avaient seules un rhombe à leur extrémité inférieure: nous vîmes ensuite les abeilles procéder au travail des cellules de la seconde rangée, et nous ne pûmes douter que la marche de leurs opérations ne fut à tous égards semblables à celle que nous leur avions déjà vu suivre dans des circonstances différentes.

Nous obligeâmes les abeilles à commencer un grand nombre de petits gâteaux, dont les ébauches, plus ou moins avancées, nous apprirent qu'ils étaient construits sur les mêmes principes et avec les mêmes gradations que ceux qui avaient été faits en montant.

Il est donc bien démontré, selon moi, que la configuration particulière des premières cellules, sur les deux faces, détermine d'une manière invariable la forme des fonds pyramidaux de toutes les cellules subséquentes.

On n'aurait pas prévu que les abeilles eussent l'art de prendre, en commençant leur maçonnerie, d'autres mesures et une méthode différente de celle qu'elles suivent pour le reste de leurs gâteaux. Ce seul trait prouve déjà que ces insectes n'agissent pas tout à fait machinalement; cependant, comme on pourrait supposer une sorte de nécessité dans cet ordre de chose, je citerai un exemple qui se présente fréquemment d'une marche toute différente.

Lorsque j'obligeais les abeilles à travailler de bas en haut, elles faisaient des blocs de cire et commençaient ordinairement des rayons à nouveaux frais, sur le plan horizontal de leurs tringles; mais elles n'étaient pas toujours aussi dociles. Je les ai vues souvent employer la cire qu'elles avaient sous leurs anneaux à étendre et à prolonger de vieux gâteaux dans l'espace où j'aurais désiré qu'elles en commençassent de neufs (*Planche XI, fig.2*).

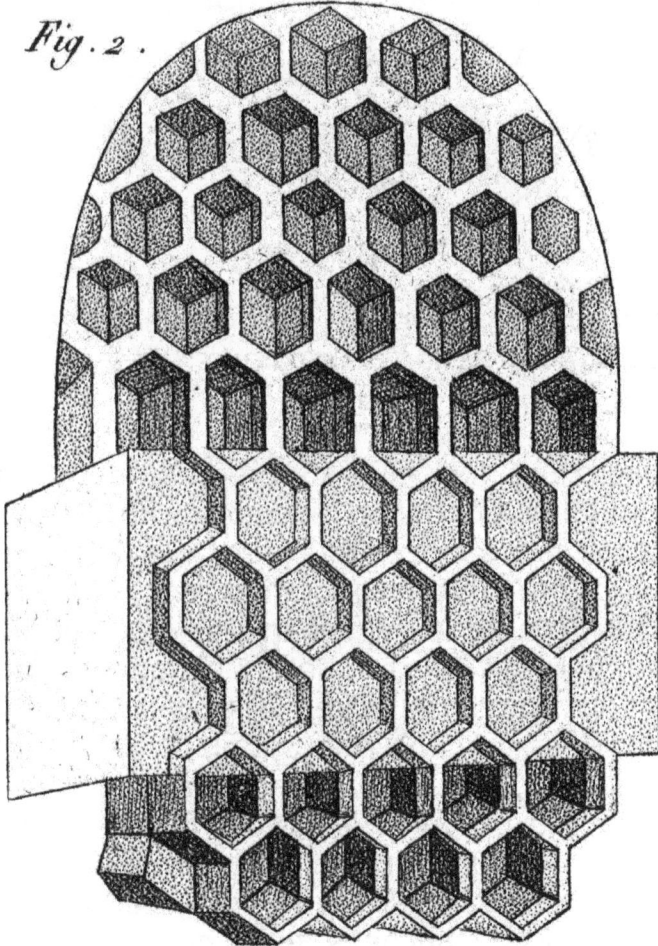

Tome 2 Planche IX Fig. 2— Tringle avec des gâteaux au-dessus et en-dessous, et des empreintes sur la tringle qu'elles construisent vers le haut.

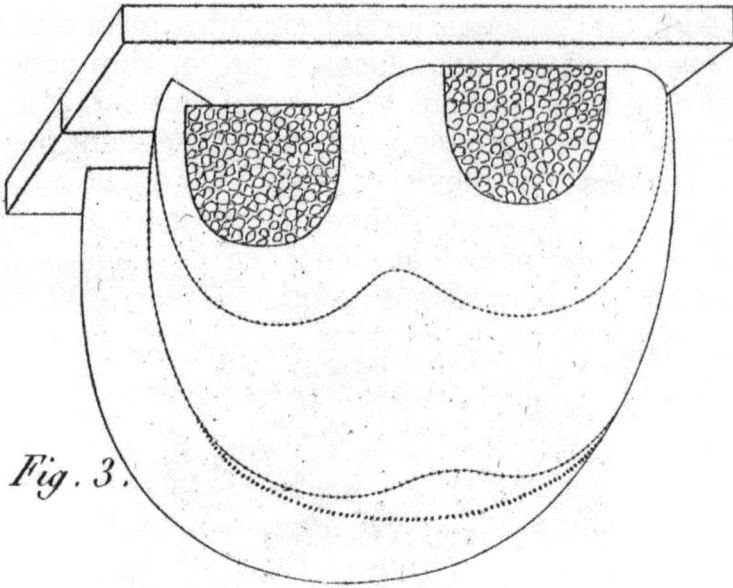

Fig. 3.

Tome 2 Planche IX Fig.3— Tringle avec des gâteaux montrant la progression de plusieurs gâteaux et de leur fusion.

La manière dont elles s'y prennent mérite quelque attention. Pour continuer un rayon placé au-dessous d'une tringle et l'étendre en hauteur dans l'espace qui règne au-dessus de celles-ci, elles commencent par prolonger en avant la partie supérieure des arrêtes des tubes du premier rang, perpendiculairement au plan du gâteau, et de manière à ce que leurs extrémités dépassent un peu le bord de la tringle ; quand elles ont placé ainsi leurs jalons et fixé les points du départ, elles arrangent de la cire sur le côté, vertical de la tringle; elles forment avec cette matière des courbes qui partent de deux arêtes voisines, et sont semblables à celles que présente la partie inférieure des cellules ébauchées : elles doivent de même les transformer en deux côtés d'un alvéole. Nous avons vu que les cellules du premier rang n'avaient que quatre pans, deux intérieurs obliques et deux latéraux perpendiculaires à la tringle; c'est sur l'extrémité supérieure de ces derniers que s'élèvent les courbes dont il est question, qui, lorsqu'elles seront divisées, donneront à la cellule un contour hexagonal.

En partant du point le plus élevé de ces courbes, les abeilles construisent, ensuite contre le bois même autant d'arêtes verticales, auxquelles elles donnent les mêmes dimensions qu'à celles des cellules ordinaires, et lorsque ces arrêtes ont acquis la longueur qui leur convient, ces mouches les couronnent avec des courbes semblables aux précédentes ; puis elles font prendre à ces contours une forme régulière en dressant leurs bords, en creusant leurs angles, en égalisant leur épaisseur, etc. Les figures qu'elles parviennent à tracer sur le plan vertical de la tringle, sont des hexagones réguliers. car chaque espace est environné de six arrêtes également inclinées les unes aux autres, qui serviront de base aux pans des tubes que les abeilles élèveront par la suite en cet endroit; ces cellules auront des fonds plats, puisqu'ils leur seront roumis par le plan de la tringle, et leur diamètre sera égal à celui qu'elles auraient eu si elles avaient été sculptées sur un bloc de cire; quand la tringle a plus de hauteur que n'en doit avoir le fond d'une cellule d'ouvrière, les abeilles élèvent de nouvelles arêtes dont elles appuient les extré-mités inférieures sur les points le plus élevés des hexa-gones qu'elles ont tracés précédemment, et ainsi de suite elles posent des courbes sur ces arrêtes, jusqu'à ce qu'elles aient atteint le bord supérieur de la tringle: lors-que l'espace le leur permet elles continuent à travailler sur bois, et fabriquent plusieurs rangs d'hexagones les uns au-dessus des autres; mais une fois parvenues à son bord supérieur elles quittent la direction verticale, prolongent sur la surface horizontale de la baguette les extrémités des dernières cellules qu'elles ont établies sur la face montante, et, parvenues au milieu de sa largeur, elles élèvent en cet endroit un bloc qu'elles sculptent d'après le prolongement des hexagones tracés sur le bois; elles donneront aux fonds des premières cellules la forme ordinaire aux cellules du premier rang, et trois rhombes à toutes les cellules subséquentes.

On voit donc que les abeilles peuvent former des cellules sur le bois et leur donner des contours hexagones sans avoir des fonds pyramidaux, et des arrêtes opposées pour leur servir de direction; qu'elles s'écartent alors de leur routine ordinaire, mais non de la mesure des cellules et de la forme de leurs côtés, qu'elles ont enfin une manière de tracer sur le bois des figures symétriques qui les dirigent dans leur travail ultérieur. Mais on observe alors qu'elles profitent des angles des cellules précédentes pour former de nouvelles arêtes et donner à leurs courbes une base convenable. Ces cellules à fond plat offrent moins de régularité que les cellules ordinaires; on y voit quelques orifices dont les contours ne sont pas anguleux, ou dont les dimensions ne sont pas exactes; mais on sent toujours dans celles qui s'éloignent le plus des formes symétriques, une division hexagonale plus ou moins marquée.

Nous avons vu les abeilles travailler en montant comme en descendant; il était naturel d'éprouver si l'on pouvait encore les obliger à construire leurs rayons dans quelque autre direction. Nous essayâmes de les dérouter en les plaçant dans une ruche dont les fonds supérieurs et inférieurs seraient entièrement vitrés, il ne leur restait plus de points d'appuis pour leurs rayons et pour elles-mêmes que sur les parois verticales de leur demeure.

Elles se formèrent en grappe dans un des angles de la ruche et travaillèrent au milieu d'un massif que nous ne pouvions pénétrer; nous fûmes donc obligés de les déplacer pour juger de leur travail, et nous trouvâmes qu'elles avaient construit leurs rayons perpendiculairement à l'un des plans verticaux de la ruche: ils étaient tout aussi réguliers que ceux qu'elles bâtissent à l'ordinaire au-dessous d'un plan horizontal. Ce résultat était très remarquable, car les abeilles, accoutumées à sculpter en descendant, étaient obligées de poser les fondements de leurs rayons sur un plan qui ne leur sert point de base naturellement. Cependant les cellules du premier rang étaient semblables à celles qu'elles construisent dans les ruches ordinaires, à cela près que les lignes en étaient situées, dans une direction différente: les autres cellules n'en étaient pas moins propres aux usages communs, elles étaient également réparties sur les deux faces du rayon, et leurs fonds se correspondaient avec la même symétrie.

Je mis ces abeilles à une épreuve bien plus forte encore: ayant observé qu'elles tendaient à conduire leurs gâteaux par le chemin le plus court vers la paroi opposée, j'imaginai de couvrir d'une glace la planche contre laquelle il paraissait qu'elles voulaient les souder, afin de savoir si elles se contenteraient d'un point d'appui auquel elles ne se confient ordinairement qu'autant que leur grappe peut être suspendue près de là à quelque substance moins lisse que le verre. Je savais aussi que lorsqu'elles peuvent opter elles préfèrent souder leurs gâteaux contre le bois, et qu'elles ne se résolvent à travailler sur le verre que lorsqu'elles ont épuisé toutes les autres manières de solidifier leur construction; mais je ne doutais pas qu'arrivées auprès de la glace elles n'essayassent de jeter quelques liens entre le gâteau et la surface du verre, sauf à lui donner par la suite des attaches plus stables; mais j'étais loin d'imaginer le parti qu'elles devaient prendre.

Aussitôt que la planche fut cachée par une surface unie et glissante, les abeilles quittèrent la ligne directe qu'elles avaient suivie jusqu'alors, elles continuèrent leur travail, mais en coudant leurs rayons à angle droit et de manière que leur extrémité antérieure put atteindre, en se

prolongeant, à l'une des parois que j'avais laissées à
découvert.

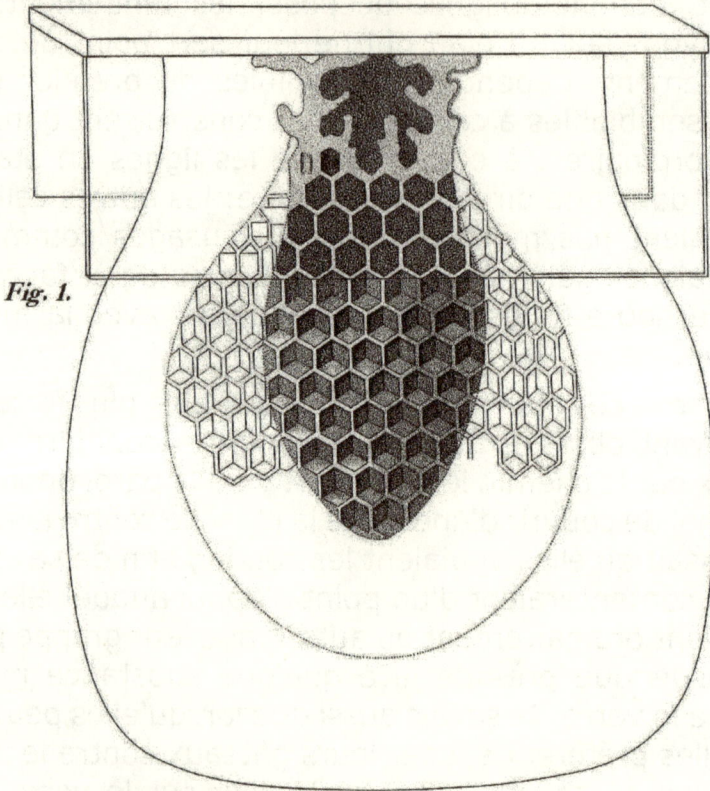

Fig. 1.

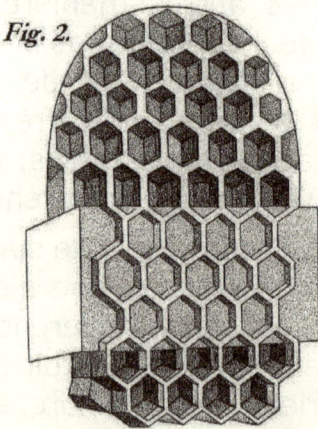

Fig. 2.

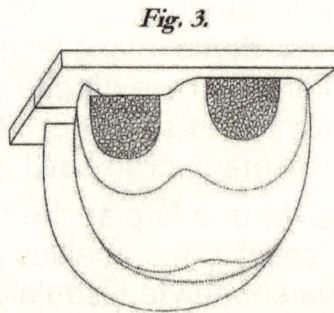

Fig. 3.

Tome 2 Planche IX—Certaines anomalies des gâteaux.

Je variai cette expérience de plusieurs manières, et je vis constamment les abeilles changer la direction de leurs gâteaux lorsque je leur présentais un plan trop uni pour qu'elles pussent se former en grappe dans le haut ou sur les côtés de la ruche; elles choisissaient toujours celle qui pouvait les amener vers la paroi ligneuse ; je les obligeais à recourber leurs rayons et à leur donner les formes les plus bizarres, en les poursuivant au moyen d'une glace que je plaçais à une certaine distance au-devant de leurs bords.

Ces résultats annoncent un instinct vraiment admirable; ils supposent même plus que de l'instinct; car le verre n'est point une substance contre laquelle la nature ait dû prémunir les abeilles : il n'est rien dans l'intérieur des arbres (leur demeure naturelle) qui ressemble à une glace et qui en ait le poli: ce qu'il y avait de plus singulier dans leur travail, c'est qu'elles n'attendaient pas d'être arrivées auprès de la surface du verre pour changer la direction de leurs rayons, elles choisissaient de loin celle qui leur convenait; avaient-elles donc pressenti les inconvénients qui pouvaient résulter d'une autre mode de construction ? La manière dont elles s'y prenaient pour couder leurs rayons n'était pas moins curieuse; il fallait nécessairement qu'elles changeassent l'ordre habituel de leur travail et les dimensions de leurs cellules: elles donnaient alors beaucoup plus de largeur à celles qui occupaient la face convexe du gâteau qu'à celles qui se trouvaient placées sur la face opposée; les unes avaient deux ou trois fois plus de diamètre que les autres. Comprend-on comment tant d'insectes occupés à la fois sur les bords des rayons pouvaient convenir de leur donner la même courbure d'une extrémité à l'autre; comment ils se décidaient à construire sur une face de si petites cellules, tandis que sur l'autre ils leur donnaient des dimensions si exagérées; et peut-on assez s'étonner qu'ils eussent l'art de faire correspondre ensemble des cellules de différentes grandeurs? Le fond de ces cellules étant commun à celles des deux faces, c'était seulement leurs tubes qui prenaient une forme plus ou moins évasée. Peut-être aucun insecte n'a-t-il encore fourni une preuve plus forte des ressources que l'instinct peut trouver, lorsqu'il est forcé de sortir de ses voies ordinaires.

Observons actuellement ces mouches dans des circonstances naturelles, car il n'est point nécessaire de mettre leur instinct à l'épreuve pour les voir modifier l'ordre de leur architecture : en comparant ce que la nature a exigé de ces insectes avec les moyens qu'ils déploient dans les cas imprévus, on jugera mieux de l'étendue de leurs facultés.

Les cellules des abeilles devant servir de berceau à des individus de différente taille, il fallait que le calibre de ces loges, fût proportionné à l'objet de leur destination. Les ouvrières chargées du soin de construire des cellules de mâles, devaient donc suivre des dimensions plus grandes que celles qu'elles observent lorsqu'elles bâtissent des cellules ordinaires; mais elles leur donnent la même forme; leurs fonds sont aussi composés de trois rhombes, leurs prismes de six pans, et leurs angles sont égaux à ceux des petites cellules. Le diamètre des cellules d'ouvrières est de 2 lignes 2/5, celui des cellules de mâles est toujours de 3 lignes 1/3; ces dimensions sont assez constantes pour que des auteurs aient cru qu'on pouvait les prendre pour étalon général et invariable des mesures usuelles.

Les cellules des mâles occupent rarement le haut des rayons; c'est ordinairement dans leur milieu ou dans leurs parties latérales qu'on les trouve; elles n'y sont point isolées, elles font corps ensemble et correspondent les unes avec les autres sur les deux faces du gâteau.

Cellules de transition.

On n'a point observé par quel art les abeilles parviennent à construire tour à tour des cellules d'un grand et d'un petit diamètre, sans que leur ouvrage présente de disparate trop saillant. La manière dont les cellules de mâles sont entourées pourrait seule expliquer le passage des unes aux autres : lorsqu'elles doivent sculpter des cellules de mâles au-dessous des cellules d'ouvrières, elles font plusieurs rangs d'alvéoles intermédiaires dont le diamètre augmente progressivement jusqu'à ce qu'ils aient atteint celui qui est dévolu aux cellules de mâles, et par la même raison quand les abeilles veulent revenir à faire des loges d'ouvrières elles passent par une gradation décroissante jusqu'au diamètre ordinaire aux cellules de cette classe.

On voit ordinairement trois ou quatre rangs de cellules intermédiaires; les premières cellules de mâles participent encore à l'irrégularité des arêtes d'après lesquelles elles sont formées ; là se retrouvent des fonds qui correspondent à quatre cellules au lieu de trois. Leurs sillons sont toujours dans l'alignement des arêtes; mais le pan d'une face, au lieu de se rencontrer directement au centre de l'alvéole opposé, le partagent inégalement, ce qui change la forme du fond de manière qu'il ne présente plus trois rhombes égaux; mais qu'il est composé de pièces plus ou moins irrégulières (Voyez l'appendice ci-après).

A mesure qu'on s'éloigne des cellules de transitions on trouve que celles des mâles deviennent plus régulières, on en voit souvent plusieurs rangs consécutifs sans aucun défaut; l'irrégularité recommence aux confins des cellules de mâles, et ne disparaît qu'après plusieurs rangs de cellules d'ouvrières de formes bizarres.

Dans le travail des cellules de mâles, les abeilles construisent au bord de leur gâteau un massif ou bloc de cire, plus épais que celui qu'elles font pour les cellules d'ouvrières: elles lui donnent aussi plus de hauteur, sans cela il leur serait impossible de conserver le même ordre et la même symétrie en travaillant sur une plus grande échelle.

On avait souvent observé des irrégularités dans les cellules des abeilles. Réaumur, Bonnet, plusieurs natura-listes en citent des exemples comme autant d'imperfec-tions : quel eût été leur étonnement s'ils avaient remarqué qu'une partie de ces anomalies était calculée; qu'il existe, pour ainsi dire, une harmonie mobile dans le mécanisme dont se composent les gâteaux : si par un effet de l'imperfection de leurs organes ou de leurs ins-truments, les abeilles faisaient quelques-unes de leurs cellules inégales ou de pièces mal dressées, il y aurait encore quelque talent à savoir les réparer, et à compenser cette faute par d'autres irrégularités; il est bien plus étonnant qu'elles sachent quitter la route ordinaire lors-qu'une circonstance exige qu'elles bâtissent des cellules de mâles et qu'elles soient instruites à varier les dimen-sions et les formes de chaque pièce, pour revenir à un ordre régulier; qu'après avoir construit trente ou qua-rante rangs de cellules de mâles , elles quittent de nou-veau l'ordre régulier afin d'arriver, par des diminutions successives, au point d'où elles étaient parties.

Comment ces insectes peuvent-ils se tirer d'un pas aussi difficile, d'une construction aussi compliquée; passer du petit au grand, du grand au petit, d'un plan régulier à des formes bizarres, de celles-ci retourner à des figures symétriques C'est ce qu'aucun système connu ne saurait encore expliquer.

Instinct capable de modification.

Les abeilles étant toutes les années obligées de construire des cellules de diverses mesures, on ne peut attribuer ce trait qu'à l'instinct, mais du moins est-ce un instinct susceptible de modifications. Quelle est cette circonstance qui décide les abeilles à changer le plan de leurs nouvelles cellules ? Est-ce quelque altération dans leurs sens, est-ce le degré de chaleur de l'atmosphère, serait-ce quelque nourriture plus abondante, plus recherchée que celle dont elles font usage le reste de l'année? Nullement, il parait que c'est la ponte de la reine qui décide de l'espèce d'alvéoles que les ouvrières doivent sculpter aussi longtemps que celle-ci ne pond que des œufs d'ouvrières vous ne voyez point les abeilles construire des cellules de mâles; mais si la reine ne trouve pas de place disponible pour recevoir les œufs de cette espèce, aussitôt les ouvrières paraissent en être instruites, vous les voyez tailler leurs alvéoles irrégulièrement, leur donner par gradations plus de diamètre; et préparer enfin un berceau convenable à toute la race masculine.

Les cellules de stockage de miel pendant une récolte sont plus larges.

Il y a une autre circonstance où les abeilles augmentent les dimensions de leurs cellules, c'est lorsqu'il se présente une récolte de miel très considérable, non seulement elles donnent à celles qu'elles construisent alors un diamètre beaucoup plus grand que celui des cellules ordinaires, mais elles prolongent leurs tubes partout où l'espace le leur permet. On voit dans les temps de grande abondance des gâteaux irréguliers dont les cellules ont douze, quinze et dix-huit lignes de profondeur (2.5 à 4 cm).

Il y a des moments où les abeilles raccourcissent une cellule.

Quelquefois, au contraire, les abeilles sont appelées à raccourcir leurs cellules. Lorsqu'elles veulent allonger un vieux gâteau dont les tubes ont acquis toutes leurs dimensions, elles diminuent graduelle- ment l'épaisseur de ses bords, en rongeant les pans des alvéoles jusqu'à ce qu'elles lui aient rendu la forme lenticulaire qu'il avait dans l'origine; elles entent ensuite un bloc de cire à l'entour , et construisent sur le tranchant du rayon des fonds pyramidaux composés de losanges, comme ceux que nous leur avons vu former en temps ordinaire: c'est un fait constant, jamais elles ne prolongent un gâteau en quelque sens que ce soit, sans avoir aminci les bords; elles diminuent son épaisseur dans une partie assez étendue pour qu'il n'offre nulle part de saillie anguleuse.

Le bord est supprimé lors d'un changement de profondeur.

Cette loi qui oblige les abeilles à démolir en partie les cellules situées sur le bord des gâteaux avant de donner une nouvelle extension à ces derniers, mériterait sans doute un examen plus approfondi que nous ne sommes en état de le faire; car si l'on peut, jusqu'à un certain point, concevoir l'instinct qui porte ces animaux à déployer une industrie particulière, comment expliquer celui qui les fait agir en sens inverse, et qui les détermine à défaire ce qu'ils ont fait avec le plus de soin? Avouons-le, de tels phénomènes, qui se présentent assez souvent chez les insectes, seront longtemps une pierre d'achoppement pour toutes les hypothèses au moyen desquelles on espère rendre raison de l'instinct. On voit assez bien dans le trait que nous venons d'exposer, la liaison des dispositions prises par les abeilles, avec le but auquel elles doivent tendre.

Lorsqu'elles construisent un gâteau neuf, il règne dans toute la partie qui avoisine les bords une gradation régulière à laquelle elles sont accoutumées; et qui peut être nécessaire à la formation de nouvelles cellules. Mais, par la suite, les cellules du bord sont prolongées comme celles du reste du gâteau, elles ne conservent plus cette gradation décroissante qu'on observe dans les rayons neufs. C'est donc évidemment pour ramener le rayon à la forme primitive qui le constitue en état d'être agrandi dans sa circonférence, que les abeilles diminuent la longueur des cellules dans une proportion relative à leur distance du bord.

Note: Ce bord renforcé auquel Huber fait référence est évident par son absence quand vous extrayez ou découpez le bord extérieur plus épais, les cellules sont très fragiles. Les abeilles renforcent de nouveau le bord. — Transcripteur.

Les anomalies apparaissent comme une partie du plan.

Toutes les anomalies qu'offrent les travaux des abeilles, sont si bien appropriées à l'objet que ces mouches doivent se proposer qu'elles paraissent faire partie du plan d'après lequel elles se dirigent et concourir à l'ordre général.

Telle est la grandeur des vues et des moyens de la sagesse ordonnatrice, que ce n'est point par une minutieuse exactitude qu'elle marche à son but, elle va d'irrégularités en irrégularités, et les compense les unes par les autres: les mesure, font prises d'en haut, les erreurs apparentes sont appréciées par une géométrie sublime, et l'ordre résulte souvent de la diversité des parties. Ce n'est pas le premier exemple que les sciences nous aient offert, d'irrégularités pré ordonnées qui étonnaient notre ignorance et font l'admiration de nos esprits plus éclairés ; tant il est vrai que plus on approfondit les lois générales comme les lois particulières, et plus ce vaste système présente de perfection.

Appendice de l'éditeur pour servir de suite aux chapitres sur l'architecture

Par P. Huber, Fils de F. Huber

Appelé à revoir les faits que je viens de décrire, j'ai pu acquérir quelques notions qui n'avaient pas été transmises à mon père par son fidèle secrétaire ; de ce nombre sont les nouvelles particularités que je vais présenter sur le mode d'agrandissement des rayons, sur le principe et la cause de leur irrégularité et sur les formes des cellules de transition dans les gâteaux de mâles.

Nous n'avons pu donner une idée complète de l'agrandissement des gâteaux dans la description du travail des abeilles, cellule par cellule. Lorsqu'on le considère dans son ensemble on y découvre quelques modifications qui n'étaient pas sensibles dans une très petite portion du gâteau et auxquelles, pour ne pas trop compliquer notre récit t nous ne nous étions pas encore arrêtés.

Nous avons dit que le travail des abeilles se faisait ordinairement en descendant: on pourrait donc croire qu'il marche toujours dans le même sens; mais cette vérité, qui est applicable à une partie des cellules, ne s'étend pas à toute la superficie du rayon, sa forme y met obstacle. Les circonstances permettent quelquefois de suivre les abeilles occupées à bâtir sans déranger l'ordre naturel de leur travail; ces circonstances sont rares et n'offrent plus tous les avantages de celles que nous avions fait naître en renversant le bloc; mais elles ont celui de donner une idée plus juste de l'ensemble.

Il faut pour cela que les abeilles établies en grappe à l'un des côtés de la ruche travaillent au bord, et pour ainsi dire au dehors de cette masse; après avoir fait un gâteau, elles en établissent un second, puis un troisième, rapproché de plus en plus de l'observateur qui suit leurs opérations au travers des parois transparentes de la ruche.

La première base sur laquelle les abeilles travaillent comporte trois ou quatre cellules, quelquefois plus; le gâteau se prolonge sur cette même largeur jusqu'à deux ou trois pouces, et ce n'est qu'alors qu'il commence à s'élargir vers les trois quarts de sa longueur.

Si les abeilles ne sculptaient qu'en descendant, leur gâteau prendrait la forme d'une bande d'un diamètre étroit et uniforme, et il n'y aurait qu'un petit nombre d'ouvriers qui pussent y travailler à la fois; mais il convenait que l'ouvrage avançât rapidement, et il fallait pour cela qu'elles pussent sculpter en même temps dans toutes les directions; c'est ce qui résulte du prolongement préliminaire de cette petite bande et de son renflement dans sa partie inférieure: un grand nombre d'ouvrières pourront s'établir sur les bords, et l'orbe entier du gâteau va s'étendre en tous sens sous le tranchant de leur ciseau.

Les abeilles établies au bas du rayon le prolongent par le bas, celles qui sont sur les côtés l'élargissent à droite et à gauche; celles qui travaillent au-dessus du principal renflement étendent ses dimensions en hauteur; plus le rayon est élargi par le bas, plus il faut qu'il s'élève directement ensuite pour atteindre la voûte de la ruche.

Il résulte de là une vérité que nous n'avions pas encore énoncée; c'est que les cellules du rang supérieur ou du premier rang ne sont pas les premières bâties sur toute la ligne. On ne peut donc considérer comme primitives que celles qui sont construites dans le haut avant que le rayon s'élargisse. Cette petite base suffit pour donner la direction de tous les fonds pyramidaux du rayon entier; mais quoique les autres cellules de la ligne supérieure soient sculptées en montant ou obliquement, elles ont à peu près la même forme que les cellules primitives; elles sont composées de lames verticales avec ou sans rhombe, selon le côté dont on les regarde, elles s'adaptent donc également à la forme des cellules à fonds pyramidaux, et à la voûte de la ruche: on y remarque plus d'irrégularité et de confusion que dans les cellules primitives, mais la solidité et l'ordre général n'y perdent rien.

Il en est de même lorsque les bords latéraux de leur rayon arrivent sur la paroi verticale, les abeilles dirigent perpendiculairement à cette surface les fonds des dernières cellules, en sorte qu'elles deviennent semblables à celles du premier rang, cela près qu'elles sont situées horizontalement au lieu d'être verticales, et si la paroi est un verre on voit la base de toutes ces cellules former un zig zag dans son milieu comme celle des premiers alvéoles.

Les abeilles travaillent dans toutes les directions simultanément.

Les abeilles travaillent donc en tous sens, leurs procédés sont les mêmes dans tous les cas; cependant on ne reconnaîtrait plus le petit bloc dont nous avons parlé, si nous n'avertissions qu'à cette époque il prend la forme d'un ruban aplati qui fait le tour entier du gâteau. C'est dans ce bord que les abeilles sculptent de nouvelles cellules, et qu'elles déposent leurs plaques de cire; sa largeur est de deux à trois lignes; il est d'une matière en apparence plus compacte que le reste du rayon. Les abeilles travaillent à la fois dans toutes les parties du cordon, lorsqu'elles ont beaucoup de cire.

Il faut cependant remarquer que si leur ouvrage avance de toute part, ce n'est pas dans une même proportion; les abeilles travaillent plus vite en descendant que dans le sens horizontal, et plus lentement en montant que de toute autre manière; de là l'ellipse ou l'espèce de lentille que représente leur gâteau dans la période de son agrandissement; de là vient aussi qu'il est plus long que large, plus pointu à son extrémité inférieure, plus étroit vers le haut que vers le milieu. La forme des rayons est donc assez régulière; leur contour n'offre ordinairement aucune aspérité, il y a même une harmonie singulière entre le prolongement des tubes de toutes les cellules. Nous avons admis ci-dessus que la longueur de ces prismes était proportionnée à leur ancienneté; mais en examinant avec plus de soin nous avons reconnu que dans un gâteau neuf elle était relative à leur distance des bords. Ainsi les premiers rangs ne sont pas ceux dont les cellules sont les plus profondes, elles le sont beaucoup moins que celles du milieu du gâteau; mais lorsque le rayon acquiert un certain poids, les abeilles se hâtent de prolonger ces prismes si essentiels à la solidité du tout; elles leurs donnent même quelquefois plus de longueur qu'à ceux des cellules subséquentes.

Les cellules sont inclinées.

Les prismes ne sont pas parfaitement horizontaux, ils sont presque toujours un peu plus haut vers leur orifice que vers leur fond; on peut donc, par ce moyen, reconnaître la position naturelle d'un rayon détaché. Il en résulte que l'axe de ces prismes n'est pas perpendiculaire la paroi qui sépare les deux faces du gâteau; c'est une règle qu'on n'avait pas admise encore et qui ôte toute espérance de pouvoir calculer géométriquement la forme des cellules; car ces prismes sont plus ou moins inclinés sur leur base, ils s'écartent quelquefois de l'horizontale de plus de vingt degrés, à l'ordinaire de quatre ou cinq.

Cependant, quelles que soient leurs irrégularités, elles sont bien moins saillantes que celles des fonds, et souvent là où les derniers sont irréguliers, les prismes conservent une forme hexagonale comme on le verra bientôt.

La symétrie est dans l'ensemble plutôt que dans les détails.

En général les abeilles tendent à la symétrie, moins peut-être dans les petits détails que dans l'ensemble de leurs opérations : il arrive cependant quelquefois que les rayons prennent une forme bizarre; mais si l'on suivait dans tous ses détails le travail de ces insectes, on pourrait presque toujours assigner la cause des anomalies qu'il présente: les abeilles sont obligées de se plier aux localités; une irrégularité en entraîne une autre, et ordinairement elles ont leur origine dans les dispositions que nous leur faisons adopter. L'inconstance de la température, en occasionnant de fréquentes interruptions dans les opérations, des abeilles architectes, nuit encore à la symétrie des gâteaux; car nous avons toujours remarqué qu'un travail repris offrait moins de perfection qu'un travail suivi.

Il nous est arrivé quelquefois de donner trop peu d'espace aux intervalles des supports destinés à l'emplacement des gâteaux, et de faire prendre ainsi une direction particulière au travail des abeilles. Elles ne paraissaient point s'apercevoir au premier abord de l'inexactitude des dimensions, et confiaient à ces tringles trop rapprochées les fondements de leurs rayons; mais bientôt elles paraissaient se douter de leur erreur, et changeant par degrés la direction de leur travail, elles reprenaient les distances usitées; cette opération donnait à leur gâteau une forme plus ou moins recourbée. De nouveaux rayons, commencés vis à vis du milieu du premier, devaient nécessairement admettre la même difformité, et elle se reportait successivement à tous les suivants. Cependant les abeilles cherchent le plus qu'elles peuvent à les ramener à la forme régulière: souvent un gâteau n'est bombé que dans le haut; ce défaut se corrige un peu plus bas, et les surfaces se redressent dans la partie inférieure.

Fig. 1.

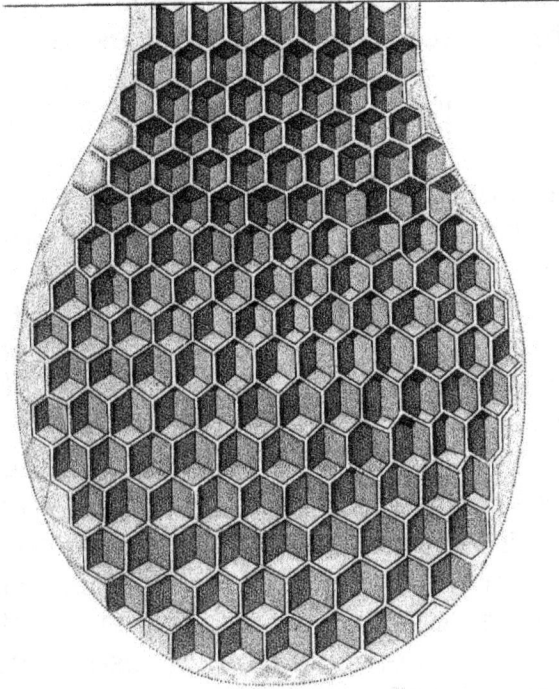

Fig. 2.   *Fig. 3.*   *Fig. 4.*   *Fig. 5.*   *Fig. 6.*

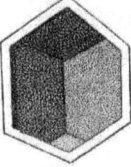 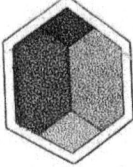 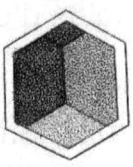 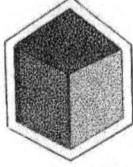 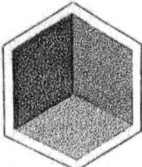

Fig. 7.   *Fig. 8.*   *Fig. 9.*

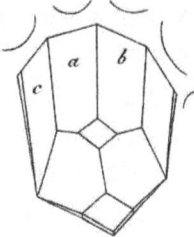 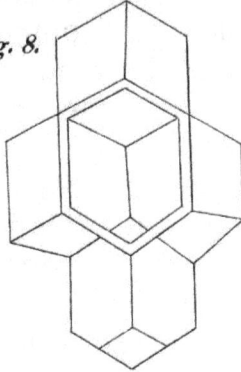 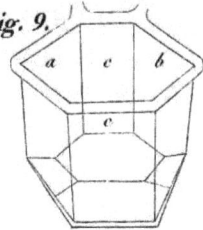

Tome 2 Planche X— Cellules de transition.

Nous avons vu d'autres circonstances où leur amour pour la symétrie était bien plus frappant. Par une suite d'irrégularités précédentes les abeilles d'une de nos ruches, au lieu d'élever un seul bloc au milieu de la tringle, comme à l'ordinaire, en établirent deux, l'un au-devant de la partie la plus avancée du rayon, et l'autre vis-à-vis de la partie qui l'était le moins; les deux petits rayons qui résultèrent de ces blocs établis sur la même tringle, étant plus avancé l'un que l'autre, en raison de la surface irrégulière du dernier gâteau, à laquelle ils correspondaient , ne pouvaient se rencontrer par leurs bords ni s'étendre sans se gêner mutuellement : les abeilles prirent un parti qui annonçait une intention bien prononcée : elles recourbèrent les bords de ces deux petits rayons et les amenèrent à se rencontrer, par leur tranchant, si parfaitement juste qu'elles purent les continuer conjointement. Cette position était très forcée dans le haut, mais à mesure que les deux rayons se prolongèrent leur plan se confondit de plus en plus et, ne présenta qu'une surface parfaitement uniforme.

Nous avons été témoins d'un autre ouvrage extrêmement régulier dans son ensemble, quoique d'une forme toute particulière. Les abeilles avaient commencé leur rayon au bord inférieur d'une lame de verre verticale; il s'allongea de plusieurs pouces sur une base de la largeur de quatre ou cinq cellules, sans autre support que la cire qui se trouvait sous le tranchant du verre; mais son poids devenant de plus en plus considérable, les abeilles firent en montant plusieurs rangs de cellules sur l'une des faces verticales de cette lame, et ces cellules qui adhéraient par tous les points à celles du gâteau, en assuraient la solidité: on les aurait prises pour la continuation du gâteau, tant leurs bords étaient réguliers; mais leurs pans étaient appliqués sur le verre même qui leur servait de fond ; les abeilles se contentèrent de ces cinq rangs de cellules sur verre, puis désirant peut être donner plus de solidité à leur ouvrage, elles cherchèrent à l'attacher à une tringle de bois placée au bord supérieur de la même lame; pour cet effet il fallait continuer leur ouvrage jusque-là. Mais elles construisirent seulement deux rameaux ascendants, l'un à droite l'autre à gauche des cellules à fonds plats (Voyez plutôt Planche IX fig. 1) et ceux-ci, arrivés à leur destination, se divisaient en jetant deux branches en Y le long de la jonction de la tringle avec le verre.

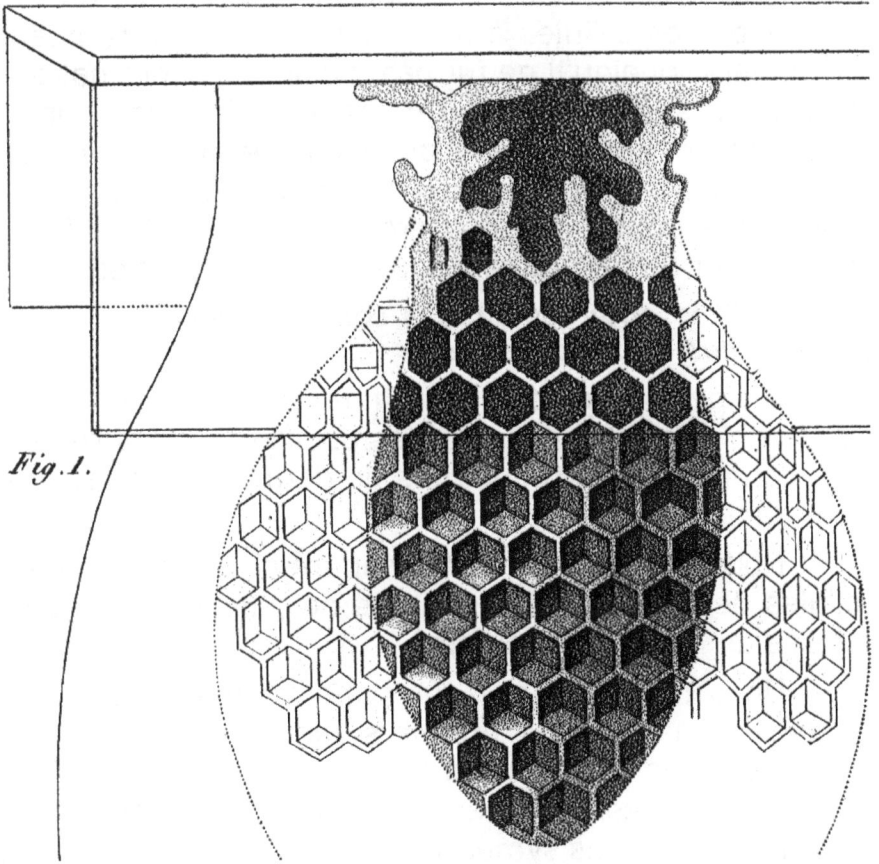

Tome 2 Planche IX Fig. 1— Deux branches ascendantes, à droite et à gauche des cellules à base plate sur verre.

Lorsque le gâteau eut acquis une certaine étendue dans sa partie inférieure, les abeilles voulurent le prolonger dans le haut jusqu'à la tringle; pour cela elles trouvèrent le moyen de changer la direction de son bord, et de le faire passer derrière la lame de verre qu'elles ne voulaient pas suivre; elles l'en écartèrent assez pour pouvoir donner à leurs cellules la profondeur convenable; et lorsqu'elles eurent atteint ce but, elles dirigèrent leur maçonnerie parallèlement à cette lame. Le gâteau fut prolongé jusqu'au faîte de la ruche et remplit enfin tout l'espace qu'il pouvait occuper à l'exception de l'intervalle qui régnait entre les cellules à fond plat et les deux rameaux ascendants; quoiqu'il ne fut pas d'une forme ordinaire, il était d'une symétrie parfaite; les liens formés pour sa solidité étaient également éloignés du centre et parfaitement semblables; il n'y avait pas une cellule de plus à gauche qu'à droite, et le renflement de ses bords latéraux augmentent uniformément dans toutes les parties.

Irrégularités trouvées dans la construction des gâteaux des faux-bourdons.

On peut juger par les différents traits, de l'esprit d'ensemble qui règnent chez les abeilles; il nous reste à faire connaître les irrégularités de détails qui se rencontrent dans les gâteaux de mâles.

Nous avons dit, dans le chapitre précédent, que les cellules de mâles sont entourées de plusieurs rangs de cellules de grandeur moyenne.

Un gâteau n'est presque jamais commencé par les alvéoles de mâles, les premiers rangs sont formés de petites cellules très régulières; mais bientôt les orifices cessent de correspondre entre eux aussi exactement, et les fonds sont moins symétriques; il serait impossible que les abeilles fissent coïncider des cellules inégales et parfaitement régulières, c'est pourquoi l'on voit souvent entre ces cellules de petites masses de cire qui en remplissent les intervalles. Les abeilles en donnant à leurs parois plus d'épaisseur, et à leurs contours une forme plus circulaire, parviennent aussi quelquefois à réunir des cellules d'un calibre tout à fait différent; car elles ont plus d'une manière de compenser les irrégularités de leurs alvéoles.

Fig.1.

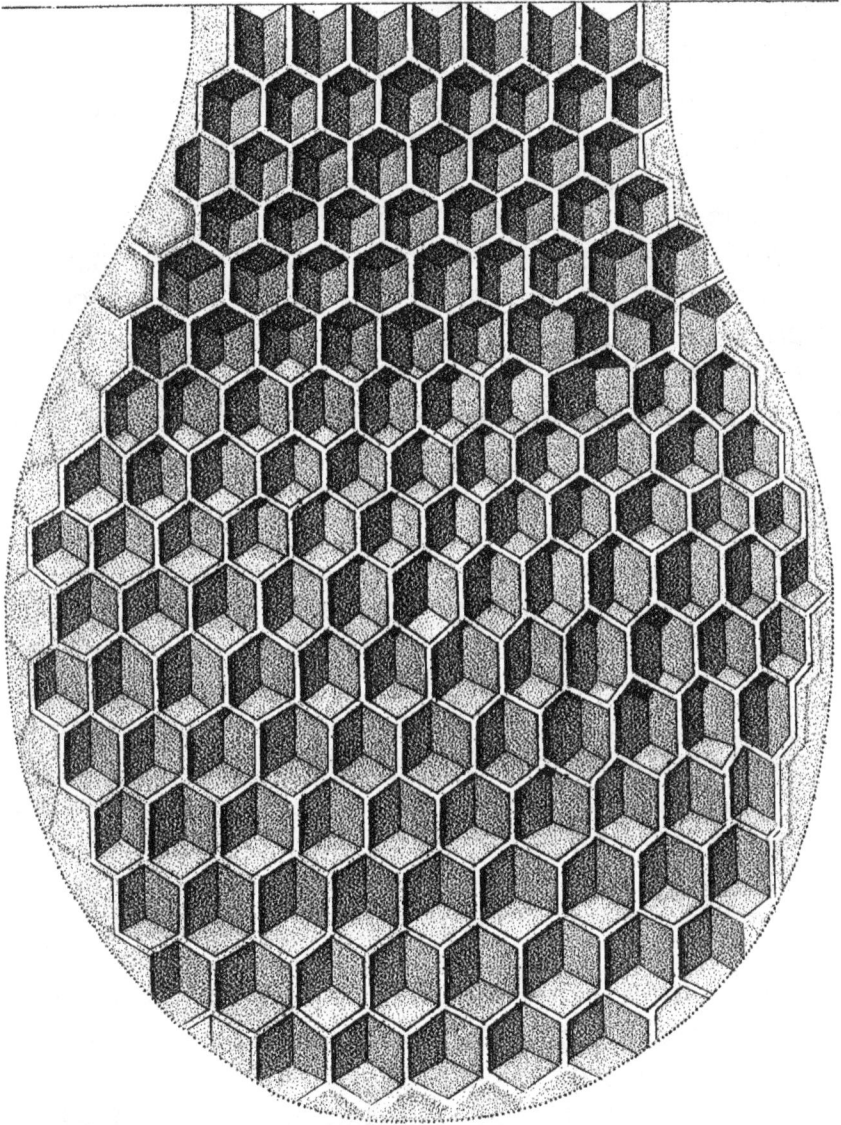

Tome 2 Planche X Fig. 1—Gâteau de transition.

Les bases offrent des irrégularités plus prononcées.

Mais si les orifices présentent presque partout des contours hexagones avec de légères modifications, les fonds offrent des anomalies bien plus prononcées qui, par leur constance, annoncent un plan déterminé, et expliquent l'agrandissement progressif des cellules.

Si l'on observe le rayon, en partant de son origine et en descendant verticalement, par la ligne du milieu, on verra que les cellules les plus voisines de cette verticale s'agrandissent avec peu d'altération dans leur forme, mais les fonds des alvéoles adjacents ne sont plus composés de trois rhombes égaux; chacun d'eux, au lieu de correspondre avec trois autres, correspond avec quatre cellules de la face opposée et cependant leurs orifices n'en sont pas moins hexagones; mais leur fond est composé de quatre pièces, dont deux sont hexagonales et deux rhomboïdales (Planche X, fig.1). La grandeur et la forme de ces pièces, varient ; ces cellules, Un peu plus grandes que le tiers des trois alvéoles opposées, embrassent dans leur contour une partie du fond d'une quatrième cellule, Au-dessous des derniers fonds pyramidaux réguliers se trouvent des cellules dont les fonds à quatre faces en ont trois très grandes et une très petite, et celle-ci est un rhombe. Les deux rhombes des cellules de transition sont séparés par un grand intervalle, les deux pièces hexagones sont adjacentes et parfaitement semblables (*voyez fig.2 et 4*). Une cellule plus bas on remarque que les deux rhombes du fond ne sont pas si inégaux; le contour de l'alvéole a embrassé une plus grande portion de la quatrième cellule opposée ; enfin on trouvera des cellules en assez grand nombre, dont le fond est composé de quatre pièces parfaitement régulières; savoir, deux hexagones allongés et deux rhombes égaux, mais plus petits que ceux des fonds pyramidaux (*fig. 3*). A mesure que l'on s'éloigne des cellules à fonds tétraèdres réguliers, soit en descendant,

soit à droite ou à gauche, on voit que les alvéoles subséquents se rapprochent de la forme ordinaire; c'est à- dire
que l'un de leurs rhombes se rapetisse; enfin il disparaît
complétement , et la forme pyramidale se remontre, mais
plus grande qu'elle n'était dans les cellules du haut du
rayon; elle se conserve avec une parfaite régularité dans
un grand nombre de rangs; ensuite les cellules se rapetis-
sent et l'on remarque de nouveau ces fonds tétraèdres
jusqu'à ce que les alvéoles aient repris le diamètre des
berceaux d'ouvrières.

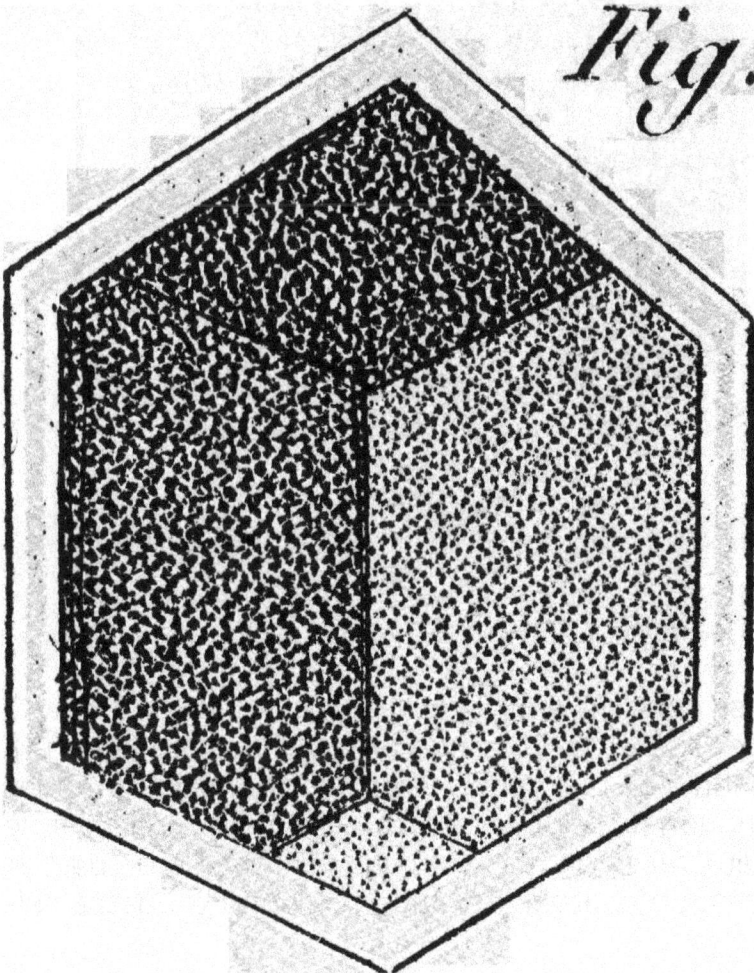

Tome 2 Planche X Fig. 2—Cellule avec deux rhombes.

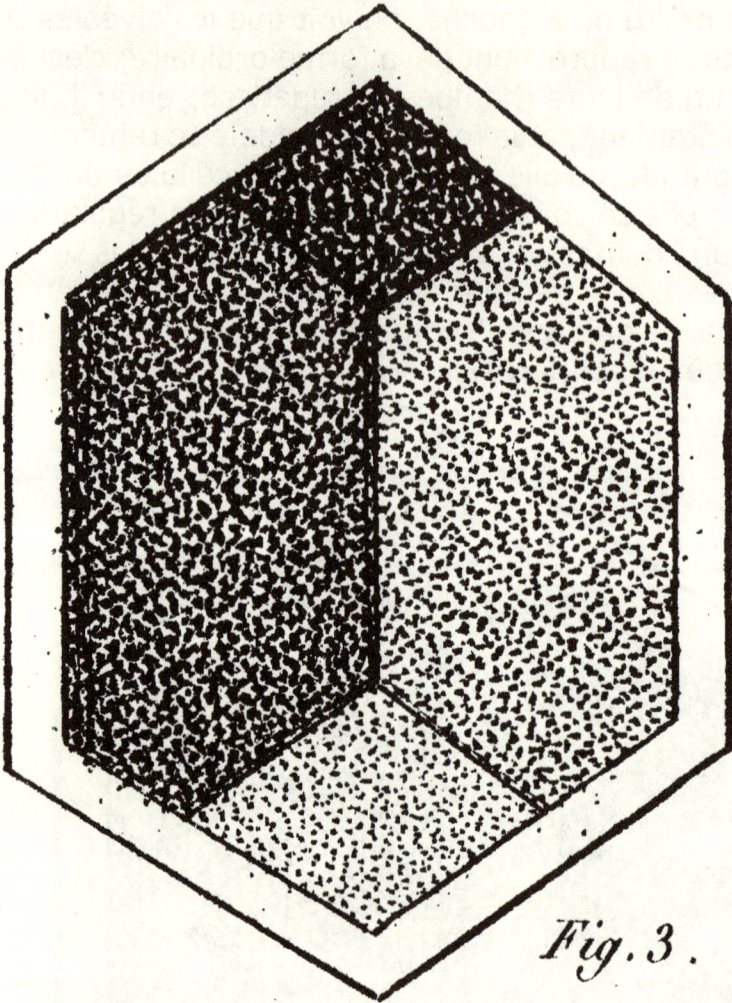

Tome 2 Planche X Fig. 3—Cellule avec deux rhombes.

C'est donc en empiétant sur les cellules de l'autre face d'une légère quantité que les abeilles parviennent à donner enfin à leurs alvéoles des dimensions plus grandes ; la graduation des cellules de transition étant réciproque sur les deux faces du gâteau, il en résulte que de part et d'autre chaque contour hexagonal répond à quatre cellules.

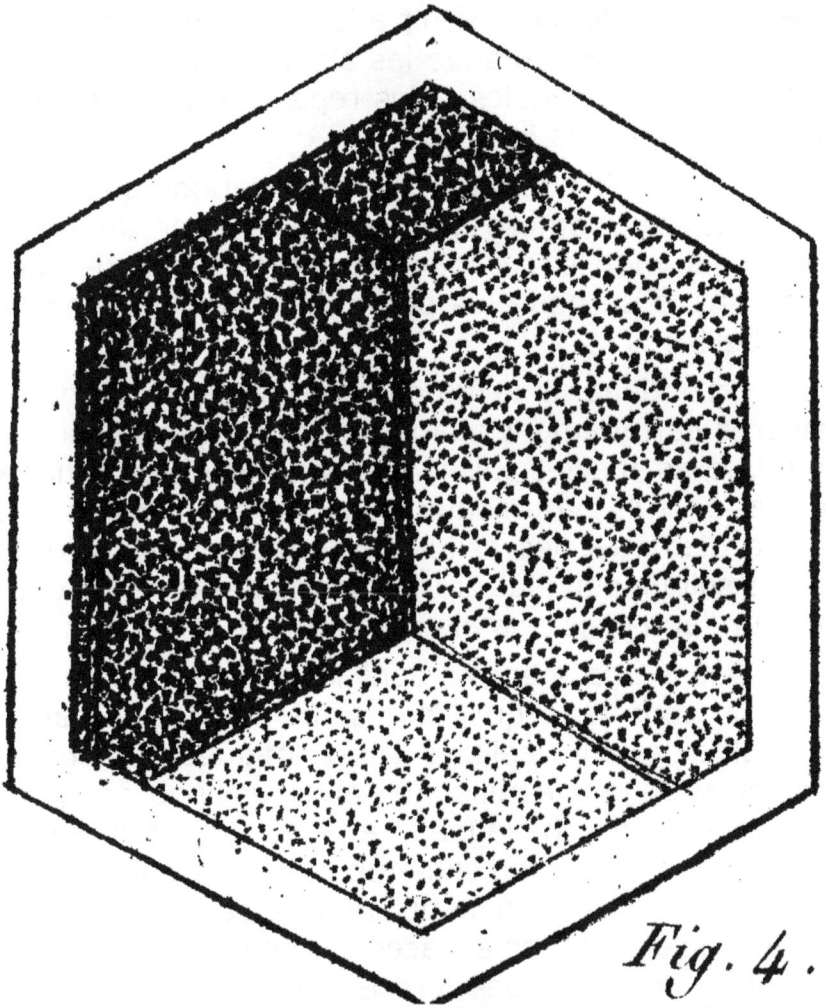

*Tome 2 Planche X Fig. 4—Cellule avec deux rhombes
face de la Fig. 2.*

Lorsque les abeilles sont parvenues à un degré quelconque de cette progression, elles peuvent s'y arrêter et le conserver dans plusieurs rangs consécutifs : c'est au degré mitoyen qu'elles paraissent se fixer le plus long-temps, et l'on trouve alors un grand nombre de cellules dont les fonds, à quatre faces sont parfaitement réguliers; elles pourraient donc construire tout le gâteau sur ce plan, si leur but n'était de revenir à la forme pyramidale dont elles sont parties. Lorsque les abeilles diminuent le diamètre de leurs alvéoles, elles repassent par les mêmes gradations en sens inverse.

Pour avoir une idée des modifications que les cellules peuvent admettre, il faut promener un contour hexagonal mobile sur d'autres contours de la même forme, mais un peu plus petits, et rangés comme ceux des abeilles.

On obtiendrait le même ordre avec des contours tétraèdres parfaitement égaux, en les plaçant ainsi; mais pour que les abeilles puissent en venir là et retourner aux cellules à fonds pyramidaux d'une autre dimension, il faut que le diamètre des cellules intermédiaires correspondantes soit un peu plus grand sur une des faces du gâteau que sur l'autre, et cela alternativement.

Quant à la manière dont les abeilles les construisent, on comprend qu'il leur suffit de faire les arrêtes verticales de leurs cellules assez longues pour qu'elles dépassent un peu le milieu des alvéoles opposés, qu'elles tracent ensuite l'hexagone, etc. Les arrêtes obliques inférieures croiseront d'elles-mêmes les arrêtes de l'autre face et produiront un petit rhombe surnuméraire. Les abeilles aplaniront les espaces compris entre les arrêtes des deux faces, et dès lors le fond de la cellule aura quatre pièces au lieu de trois. La forme de ces pièces variera selon que les points de rencontre des arrêtes opposées seront plus ou moins analogues à ceux que présentent les cellules ordinaires. Il serait très difficile de mesurer exactement l'inclinaison des fonds tétraèdres; mais ils me paraissent un peu moins profonds que les fonds pyramidaux. Cela doit être, car les deux rhombes étant plus petits, la ligne intermédiaire qui fait le fond de la cellule, et qui part de leurs extrémités, sera moins enfoncée, donc la cellule sera moins profonde.

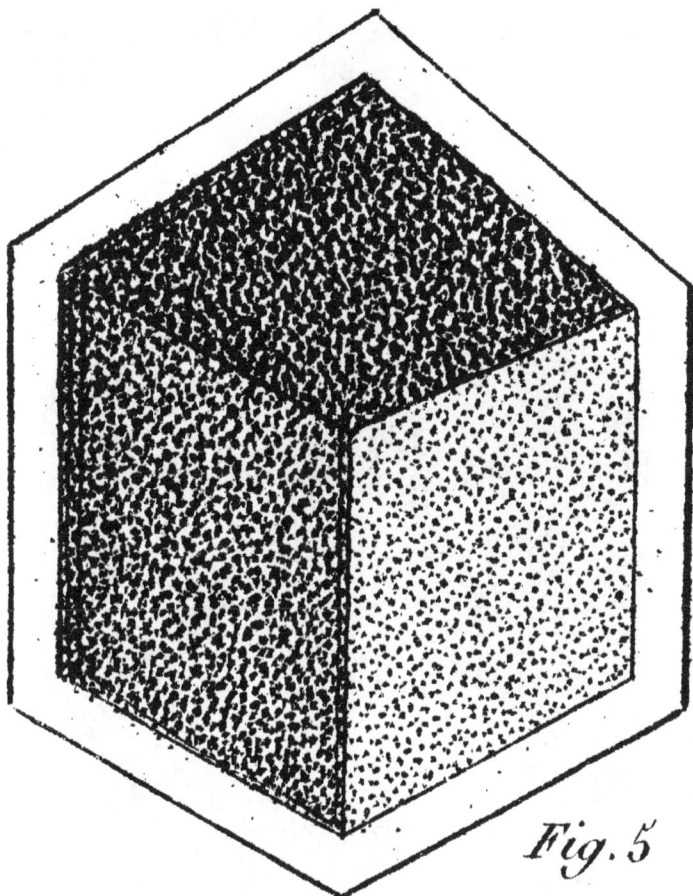

Fig. 5

Tome 2 Planche X Fig. 5— Bases pyramidales qui sont séparées les unes des autres par les cellules de base techniques.

Il me paraît en général que la forme des prismes des cellules est plus essentielle que celle de leurs fonds, car nous avons vu des alvéoles à fonds tétraèdres plus ou moins réguliers, dont les tubes étaient hexagones, et des cellules construites sur verre ou sur le bois qui n'avaient point de fonds de cire, mais dont les tubes étaient à six pans. Ces observations concourent avec les précédentes à faire voir que la forme des pièces qui composent le fond des cellules dépend de la manière dont celui-ci est coupé par les contours des alvéoles des deux faces; c'est à dire de la direction des arrêtes sur lesquelles les pans sont élevés.

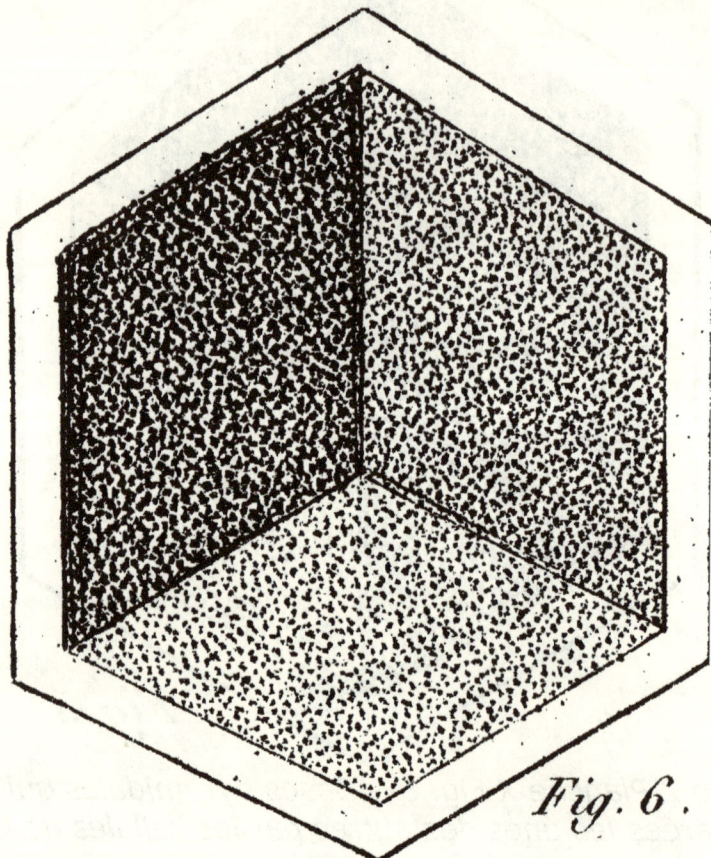

Fig. 6 .

Tome 2 Planche X Fig. 6— Bases pyramidales qui sont séparées les unes des autres par les cellules de base techniques.

La forme des pans des cellules tétraèdres diffère selon les facettes auxquelles ils appartiennent: ceux qui correspondent à l'un des côtés du rhombe, et à une partie de la facette hexagonale, sont taillés en biseau, pour s'adapter à l'une et à l'autre (*ab fig. 7 et 9*), tandis que les deux pans qui correspondent au grand côté de l'hexagone sont des parallélogrammes rectangles (*c fig. 9*).

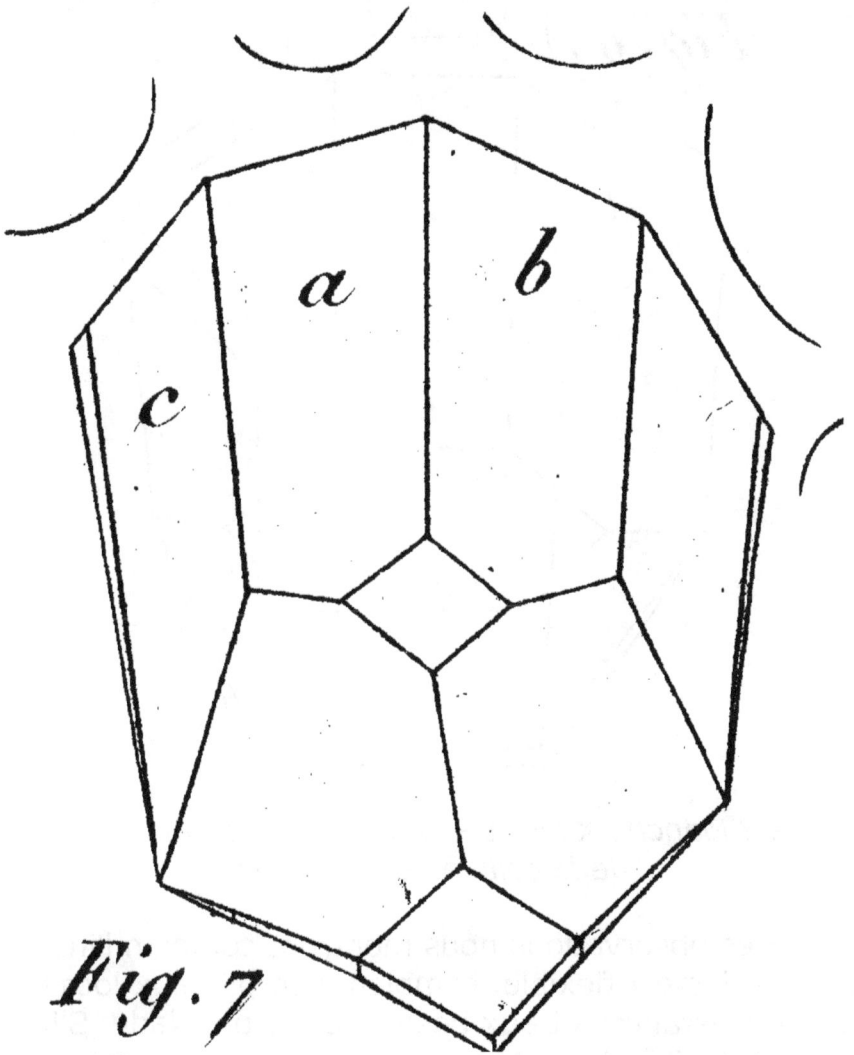

Tome 2 Planche X Fig. 7— En forme de biseau, les bases de manière à s'adapter l'une à l'autre.

NB: Les fonds pyramidaux qui se trouvent séparés les uns des autres par des cellules à fonds tétraèdres, n'ont pas leurs losanges situés de même, c'est une consé-quence de ce qui précède (Voyez fig. 5 et 6).

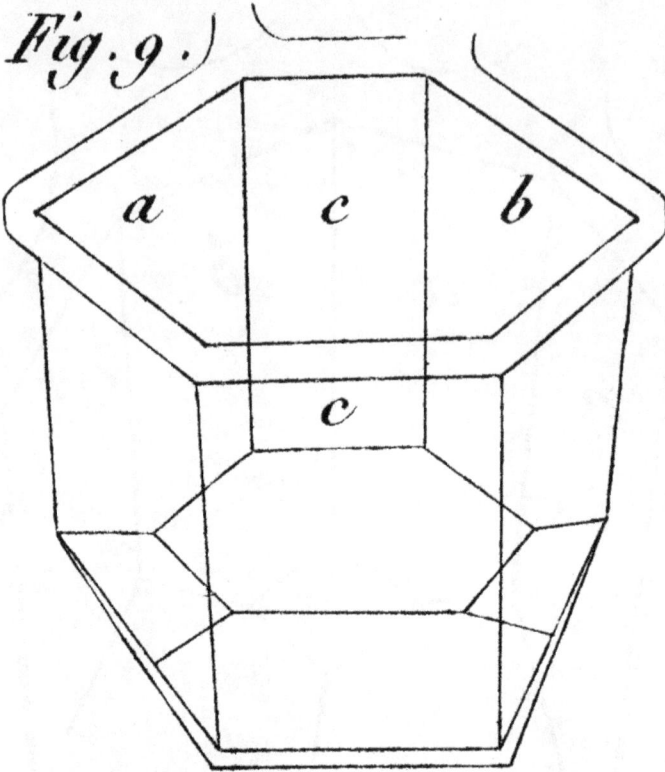

Tome 2 Planche X Fig. 9— Voir à travers la perspective de la cellule de transition.

Ces observations nous montrent combien l'instinct des abeilles est flexible, combien il se plie aux localités, aux circonstances et aux besoins de la peuplade. S'il y a une nécessité dans les opérations de ces mouches, comme dans tout ce qui tient aux mœurs proprement dites des animaux, ce qui est bien probable, puisque les mêmes phénomènes se présentent ou peuvent se présenter chez toutes les abeilles de la même espèce; il faut du moins que cette nécessité soit bornée à un petit nombre de points ou de bases essentielles, tous les autres étant subordonné, aux circonstances.

Le comportement des abeilles dépend du jugement.

Les limites de leur industrie sont assurément moins étroites qu'on ne l'avait encore supposé; et l'on admettra j'espère avec nous, que la conduite des abeilles dépend aussi en quelque sorte de ce que l'on pourrait appeler le jugement de l'insecte; jugement qui, sans doute, tient plus à une espèce de tact qu'à un raisonnement dans les formes, mais dont la subtilité ressemble à l'effet d'un choix bien plus qu'à celui de l'habitude ou d'un mécanisme indépendant de la volonté de l'animal.

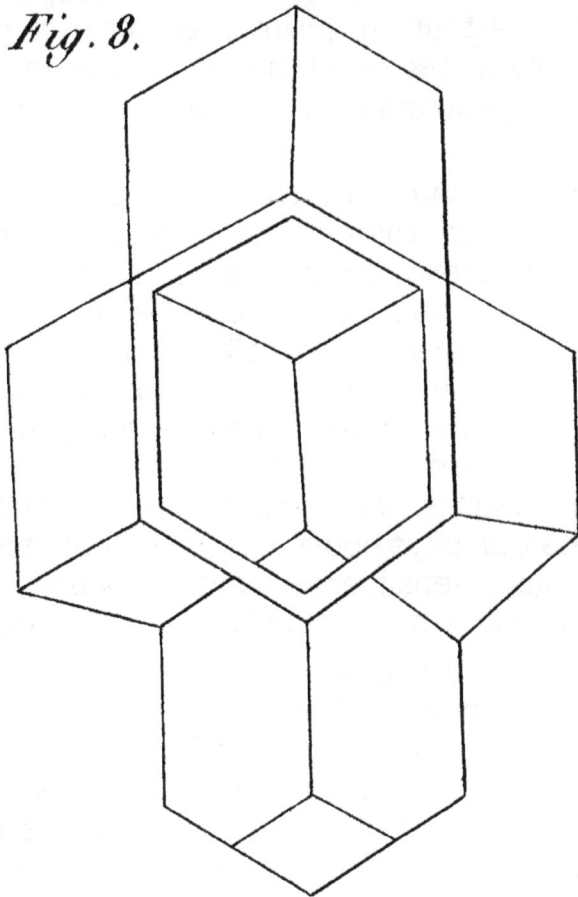

Fig. 8.

Tome 2 Planche X Fig. 8— Affichant la transition et l'autre côté.

Chapitre VI: Du perfectionnement des cellules

Il est de certains faits qui ne produisent plus sur nous l'impression de la nouveauté ; nous les voyons sans les observer, sans chercher à connaître les causes auxquelles ils appartiennent et le but qui peut leur être assigné; mais pouvons-nous pressentir ce qui intéressera notre curiosité? Est-il rien d'indifférent aux yeux du naturaliste? S'il se tient en garde contre cette espèce d'insouciance, qui est un des effets de l'habitude, et contre la persuasion que tout ce qui mérite d'être connu a déjà attiré l'attention des observateurs, il trouve bientôt de l'intérêt dans les sujets qui semblaient le moins en annoncer.

Il nous est souvent arrivé, dans le cours de ces recherches, de nous croire parvenus au terme de nos travaux; nous ne prévoyons plus de questions à résoudre, plus de doutes à éclaircir; mais enfin le bandeau dont nos yeux étaient couverts, tombait de lui-même. Un fait simple, revu chaque jour, sans réflexion, nous frappait alors, et nous nous demandions ce qui pouvoir l'avoir rendu moins propre à nous intéresser, que d'autres particularités auxquelles nous avions consacré beaucoup de temps. C'était un pays nouveau qui s'ouvrait devant nous, et nous étions insensiblement entraînés dans une route dont nous n'avions pas même soupçonné l'existence.

Lorsque divers appareils nous eurent permis d'étudier la formation des gâteaux et les modifications de l'architecture des abeilles, nous crûmes que de nouvelles recherches sur cette matière seraient inutiles; mais nous étions dans l'erreur: les rayons des abeilles ne sont point achevés. Lorsque les fonds et les pans des cellules sont construits.

Les gâteaux sont complétés quand la forme est terminée.

Dans l'origine la matière des alvéoles est d'un blanc mat, demi transparente, molle, unie, sans être lisse; mais elle perd en peu de jours la plupart de ces qualités, ou plutôt elle en acquiert de nouvelles; une teinte jaune plus ou moins prononcée se répand sur toute la surface intérieure des alvéoles, leurs bords bien plus épais qu'ils ne l'étaient dans le principe offrent des traits moins réguliers, et ces formes qui n'avaient pu résister à la pression la plus légère, acquièrent une consistance dont elles ne paraissaient pas susceptibles.

Nous avons remarqué que les gâteaux achevés pesaient plus, à volume égal que ceux qui ne l'étaient pas, ces derniers se brisaient au moindre attouchement; les gâteaux parfaits, au contraire pliaient plutôt qu'ils ne rompaient; leurs orifices avaient quelque chose de gluant, les cellules blanches se fondaient sur l'eau à une température moins élevée que celle qui était nécessaire pour liquéfier les cellules colorées. Toutes ces observations indiquaient une différence notable dans la composition des gâteaux, et il nous paraissait évident que ceux qui n'étaient pas neuf, contenaient une matière étrangère à la cire.

Les gâteaux sont revêtus de la propolis qui donne la résilience.

En examinant les orifices des cellules jaunes, nous nous aperçûmes que leurs contours étaient enduits d'un vernis rougeâtre, onctueux, odorant, et nous crûmes reconnaître à ces caractères la résine nommée propolis. Nous vîmes ensuite que les abeilles ne s'étaient pas bornées à appliquer une matière visqueuse et colorante sur les bords des alvéoles; qu'il y avait quelquefois des filets rougeâtres dans leur intérieur, et que ceux-ci étaient appliqués autour de tous leurs pans, rhombes ou trapèzes; cette soudure, placée aux points de contact de différentes pièces, et au sommet des angles formés par leur rencontre, semblait devoir concourir à la solidité des alvéoles: on voyait encore quelquefois une ou deux zones rougeâtres autour de l'axe des plus longues cellules lorsque les abeilles ne peuvent se procurer de la cire, elles sont obligées d'interrompre leur travail; elles le reprennent et prolongent les tubes des cellules quand une plus ample récolte leur permet d'élaborer la matière première des gâteaux, c'était probablement pendant cette interruption qu'elles vernissaient le bord de cellules, et lorsque les tubes étaient prolongés ils conservaient des traces de la matière dont ils avaient été enduits.

Ces particularités n'avaient apparemment frappé aucun des naturalistes, qui ont écrit sur les abeilles; on savait bien qu'elles employaient la propolis pour enduire les parois de leur ruche; mais on ignorait que cette résine entrât dans la composition des alvéoles mêmes, ce fait méritait d'être constaté , je voulus m'en assurer par des expériences comparatives; j'employai pour cela les réactifs ordinaires.

La propolis prise sur les parois de la ruche, et les fragments de cellules bordées de rouge, étant soumises à l'action de l'alcool, de l'éther et de l'huile de térébenthine, colorèrent en jaune d'or ces liqueurs. La matière brune des cellules y fut entièrement dissoute, même à froid. Les orifices plongés dans l'alcool et dans l'huile de térébenthine, conservèrent encore leur forme cellulaire et leur teinte jaune après qu'ils eurent perdu le vernis dont ils étaient enduits. Ceux qui furent placés dans l'éther abandonnèrent également leur vernis rouge; ils blanchirent peu de temps après, et disparurent quand la cire fut dissoute.

La matière colorante des orifices, exposée à la chaleur sur un feu doux, s'amollit, s'étendit et put se tirer en fils; la propolis des parois éprouva la même in- fluence. L'acide nitreux versé sur ces deux préparations à une douce chaleur, blanchit en peu de minutes la cire jaune, mais le vernis des orifices et la propolis en masse ne souffrirent aucune altération.

D'autres orifices mis dans l'eau bouillante offrirent une particularité assez curieuse; lorsque la cire fut fondue le vernis resta dans son entier sur la plaque qu'elle for- mait, sans perdre ses contours hexagones, dont le dia- mètre paraissait seulement augmenté.

L'alkali fixe caustique qui produit avec la cire une espèce de savon, n'a point de prise sur la propolis; nous exposâmes à son action de très vieilles cellules qui avaient déjà servi de berceau à plusieurs larves : les coques dont elles étaient tapissées intérieurement ca- chaient le vernis et la cire sur laquelle elles étaient mou- lées. Le premier effet de la lessive alcaline fut de détacher la cire en s'y combinant, et de la séparer des coques soyeuses; elle blanchit ensuite ces coques, naturellement très brunes, et leur donna l'apparence d'une gaze: celles- ci conservèrent la forme des cellules, les filets rougeâtres se manifestèrent alors, car ils ne furent point attaqués par le dissolvant, et restèrent placés sur les arrêtes exté- rieures des coques comme ils l'avaient été par les abeilles dans les sillons formés par la réunion des différentes pièces qui composent les alvéoles. Ces filets se séparèrent enfin des coques de soie, mais plusieurs mois de séjour dans la lessive, ne parurent nullement les altérer.

Le revêtement jaune n'est ni la propolis ni la cire.

Il résultait de ces expériences que la matière qui co- lore en brun rouge les bords des cellules et les lignes d'intersection de leurs pans, a les plus grands rapports avec la propolis; on pouvait en tirer encore une autre conséquence, savoir que la couleur jaune des alvéoles n'est point due à la même cause que le vernis qui recouvre les jointures de leurs différentes pièces.

Malgré la confiance que j'avais dans ces résultats, je sentis qu'ils ne seraient mis hors de doute que lorsque j'aurais pris les abeilles sur le fait. Il fallait pour cela les suivre dans leur récolte de propolis, et s'assurer de l'usage auquel elles la destinaient; mais ces recherches offraient de grandes difficultés.

La propolis a les propriétés des substances gomme résineuses, et l'on soupçonne depuis longtemps qu'elle appartient au règne végétal. Je cherchai donc pendant bien des années à surprendre ces mouches sur des arbres dont les bourgeons produisent une substance analogue à la propolis; mais toutes mes perquisitions ne me conduisirent point auprès de ceux sur lesquels les abeilles faisaient cette récolte: nous voyons cependant alors ces mouches revenir en foule chargées de propolis.

Expériences prouvant l'origine de la propolis.

Fatigué de l'inutilité de mes tentatives, j'imaginai un expédient bien simple, dont je crus pouvoir obtenir quelques lumières; il ne s'agissait que de se procurer les plantes qui devaient le plus probablement fournir la propolis aux abeilles, et de les mettre à leur portée; ce moyen me réussit ; les premières plantes que je plaçai auprès de mes ruches me montrèrent en un instant ce que j'aurais toujours ignoré sans cette précaution.

La résine provenant des bourgeons de peuplier est recueillie par les abeilles.

Au commencement de Juillet on m'apporta des branches de peuplier sauvage qui avaient été coupées dès le printemps, avant le développement de leurs feuilles: leurs boutons étaient très gros, enduits extérieurement et remplis d'un suc visqueux, rougeâtre et odorant; je plantai ces branches dans des vases, que je plaçai au-devant de mes ruches, sur le passage des abeilles qui allaient aux champs; elles devaient nécessairement en être aperçues. Il ne se passa pas un quart d'heure avant qu'une abeille ne profitât de cette circonstance; elle se posa sur une des branches, s'approcha de l'un des plus gros boutons, et nous la vîmes écarter ses enveloppes avec les dents, faire effort contre la partie qu'elle avait entrouverte, arracher des filets de la matière visqueuse dont ils étaient remplis, prendre ensuite avec l'une des jambes de la seconde paire, ce qu'elle tenait entre ses mâchoires; amener en avant une des jambes postérieures et mettre enfin dans la corbeille de cette jambe la petite boule de propolis qu'elle venait de recueillir; cela fait elle rouvrit le bouton dans un autre endroit, enleva de nouveaux fils de la même matière avec les dents, les prit avec les jambes de la seconde paire, et les plaça délicatement dans l'autre corbeille. Elle partit alors et rejoignit sa ruche; au bout de quelques minutes, une seconde abeille se posa sur ces mêmes branches et se chargea de propolis de la même manière.

Nous fîmes le même essai sur des branches de peupliers coupées récemment et dont les jeunes pousses étaient remplies de propolis; mais elles ne parurent point attirer les abeilles, il est vrai que leur suc n'était pas aussi épais et aussi rouge que celui que nous leur avions présenté d'abord et dont les boutons s'étaient conservés depuis le printemps.

Les abeilles prenaient donc une substance rougeâtre et visqueuse sur les bourgeons du peuplier vulgaire; il ne restait plus qu'à prouver l'identité de cette substance avec la propolis : une observation que nous fîmes à cette époque ne nous laissa plus de doute.

La propolis provient des bourgeons de peuplier.

On prit de la propolis sèche sur les parois d'une vieille ruche; on la brisa, et on la couvrit d'éther; cette, liqueur se teignit en jaune à neuf reprises consécutives;

mais à la dernière elle était très légèrement colorée; on la fit évaporer, et il resta au fond du vase un dépôt dont la couleur était d'un gris blanchâtre. Ce résidu vu au microscope, après avoir été macéré dans l'eau distillée, présenta manifestement les débris du végétal on reconnaissait l'épiderme, les vaisseaux propres étaient anatomisés très distinctement; on y découvrait encore des portions de membranes, les unes opaques, les autres transparentes, mais aucune trachée.

L'éther eut un effet analogue sur les boutons de peuplier, il se colora en jaune à plusieurs reprises; on fit macérer le résidu dans l'eau distillée, et l'on y découvrit avec le microscope les mêmes vaisseaux, mais moins bien disséqués que ceux qu'avait offert la propolis.

L'identité de ces deux substances n'était plus équivoque, il nous restait à découvrir la manière dont les abeilles travaillaient la propolis; nous désirions surtout assister au perfectionnement de leurs alvéoles; mais il était presque impossible de les voir opérer sans quelque heureux artifice. Nous espérâmes les suivre avec plus de facilité dans une ruche où elles auraient bâti leurs rayons en montant, parce qu'alors une partie des cellules sont appliquées contre verre et leur cavité n'est point masquée aux yeux de l'observateur.

Comment les abeilles distribuent la propolis.

On peupla donc une ruche préparée de manière à remplir nos vues. Les abeilles y travaillèrent en montant; elles atteignirent bientôt la glace, mais ne pouvant sortir de leur ruche à cause des pluies qui survinrent, elles furent trois semaines sans rapporter de propolis. Leurs gâteaux conservèrent une blancheur parfaite jusqu'au commencement de Juillet, époque à laquelle l'atmosphère se disposa plus favorablement pour nos observations. Un temps serein, une température élevée engagèrent enfin les abeilles à la récolte, on les voyait revenir de la campagne, chargées de cette gomme-résine, qui ressemble à une gelée transparente; cette substance avait alors la couleur et l'éclat du grenat: on la distinguait aisément des pelotes farineuses que les autres abeilles apportaient en même   temps. Les ouvrières chargées de propolis se joignirent aux grappes qui pendaient du haut de la ruche, on le voyait parcourir les couches extérieures du massif: quand elles étaient parvenues aux supports des gâteaux, elles s'y reposaient: elles s'arrêtaient quelquefois sur les parois verticales de leur domicile en attendant que les autres ouvrières vinssent les débarrasser de leur fardeau. Nous en vîmes effectivement deux ou trois s'approcher de chacune d'elles prendre avec leurs dents la propolis sur les jambes de leurs compagnes, et partir aussitôt avec ces provisions. Le haut de la ruche offrait le spectacle le plus animé, une foule d'abeilles s'y rendaient de toutes parts; la récolte, la distribution et les divers emplois de la propo-lis étaient alors leur occupation dominante : les unes portaient entre leurs dents la matière dont elles avaient déchargé les pourvoyeuses et la déposaient sur les mon-tants des châssis où sur les supports des gâteaux ; les autres se hâtaient de l'étendre comme un vernis avant qu'elle fut durcie, ou bien elles en formaient des cordons proportionnés aux interstices des parois qu'elles voulaient mastiquer. Bien de plus varié que leurs opérations; mais ce que nous étions le plus intéressés à connaître, c'était l'art avec lequel elles appliquaient la propolis dans l'inté-rieur des alvéoles. Nous fixâmes donc notre attention sur celles qui nous parurent disposées à s'en occuper, on les distinguait aisément de la multitude des travailleuses ; parce qu'elles avaient leurs têtes tournées vers la glace horizontale. Lorsqu'elles en eurent atteint la superficie, elles y déposèrent la propolis qui brillait entre leurs dents, et la placèrent à peu près au milieu de l'espace qui sépa-rait les gâteaux. Nous les vîmes alors s'occuper à conduire cette substance gomme résineuse au véritable lieu de sa destination; profitant des points d'appuis qu'elle pouvait leur fournir par sa viscosité, elles s'y suspendaient aussitôt à l'aide des crochets de leurs jambes postérieures, et semblaient se balancer au-dessous du plafond vitré; l'effet de ce mouvement était de porter leur corps en avant et de le ramener en arrière; à chaque impulsion nous voyons le tas de propolis s'approcher des alvéoles, les abeilles se servaient de leurs pattes antérieures qui étaient restées libres, pour balayer ce qui avait été détaché par leurs dents, et pour réunir ces fragments répandus sur la surface du verre; celui-ci reprit sa transparence lorsque toute la propolis fut amenée auprès de l'orifice des cellules. Quelques abeilles entrèrent dans celles qui étaient vitrées; c'était là que je les attendais, et que j'espérais les voir travailler tout à mon aise: celles-ci n'apportaient point de propolis, mais leurs dents appliquées contre la cire étaient employées à polir et à nettoyer les alvéoles, elles les faisaient agir dans les sillons angulaires formés par la rencontre de leurs pans, elles leur donnaient plus de profondeur, elles ratissaient les parties raboteuses de ces bords ; pendant ce travail les antennes sondaient le terrain; ces organes placés au-devant de leurs mâchoires leur indiquaient sans doute les molécules protubérantes qu'elles devaient enlever.

Lorsqu'une de ces ouvrières eut assez limé la cire dans l'espace anguleux que ses dents parcouraient, elle sortit de la cellule en reculant, s'approcha du tas de propolis qui se trouvait le plus à sa portée y plongea ses dents et tira un fil de cette matière résineuse; elle la rompit aussitôt en écartant sa tête brusquement, le prit avec les crochets de ses pattes antérieures, et rentra dans la cellule qu'elle venait de préparer. Elle n'hésita point à placer le filet entre les deux pièces qu'elle avait aplanies , et au fond de l'angle que celles-ci formaient ensemble; mais elle trouva, sans doute, ce cordon trop long pour l'espace qu'il devait recouvrir, car elle en retrancha une

partie; elle se servait tour, à tour de ses pattes antérieures pour l'ajuster et l'étendre entre deux pans, ou de
ses dents, pour l'enchâsser dans le sillon anguleux qu'elle
voulait garnir de cette matière. Après ces différentes
opérations, le cordon de propolis parut être encore trop
large et trop massif au gré de cette abeille, elle se remit
tout de suite à le ratisser avec les mêmes instruments, et
chaque coup tendait à en enlever quelque parcelle: lorsque ce travail fut achevé, nous admirâmes l'exactitude
avec laquelle le cordon était ajusté entre les deux pans de
l'alvéole. L'ouvrière ne s'en tint pas là, elle se retourna
vers une autre partie de la cellule, fit agir ses mâchoires
contre la cire sur les bords de deux autres trapèzes, et
nous comprimes qu'elle préparait encore la place que
devoir recouvrir un nouveau filet de propolis. Nous ne
doutions pas qu'elle ne s'approvisionnât de cette gomme
sur le tas qui lui en avait fourni précédemment; mais
contre notre attente elle tira parti de la portion qu'elle
avait retranchée du premier filet, l'arrangea dans l'espace
qui lui était destiné, et lui donna toute la solidité et le fini
dont il était susceptible. D'autres abeilles achevèrent
l'ouvrage que celle-ci venait de commencer; tous les pans
des alvéoles furent bientôt encadrés par des filets de
propolis, les abeilles en placèrent aussi sur leurs orifices;
nous ne pûmes saisir l'instant où elles étaient occupées à
les vernir, mais il est facile de concevoir actuellement de
quelle manière elles devaient s'y prendre.

Ces observations en nous faisant connaître l'art avec
lequel les abeilles gaudronnent les pans de leurs cellules,
ne nous expliquaient point la coloration en jaune de l'intérieur de leurs tubes. Dans quelques-unes des épreuves
chimiques, rapportées ci-dessus, la partie colorante des
cellules n'avait point suivi le sort de la propolis qui entoure chacun de leurs pans; il était probable qu'elle appartenait à quelque autre cause: il fallait donc constater
ces différences par de nouveaux essais.

Expériences montrant que la couleur jaune de la cire n'est pas de la propolis.

Première expérience : Montrant que la couleur jaune ne se dissout pas dans l'alcool mais que la propolis le fait.

Nous choisîmes dans un gâteau quelques cellules, dont les pans étaient d'un jaune jonquille; leurs bords étaient entourés de propolis, nous enlevâmes délicatement le cordon qui encadrait chaque pan, et nous plongeâmes la cire jaune dans l'esprit de vin: elle demeura à l'obscurité dans ce liquide pendant trois semaines. L'esprit de vin ne se colora point et les pans des alvéoles conservèrent leur teinte jaune. D'autres cellules jonquille auxquelles on avait laissé le cordon de propolis, mises à la même épreuve pendant un temps égal, colorèrent de plus en plus l'esprit de vin. La propolis fut bientôt entièrement dissoute.

Deuxième expérience: Montrant que la couleur jaune disparaît à la lumière du soleil et pas la propolis.

J'enfermai entre deux lames de verre des pans colorés en jaune jonquille, et je les exposai à la lumière du soleil: quelques jours suffirent pour les blanchir complétement; je plaçai de la même manière des pans colorés et entourés de propolis, et je les tins au soleil pendant deux mois d'été. La cire perdit bientôt sa couleur jaune: mais cette longue épreuve n'altéra nullement celle de la propolis.

Troisième expérience: Montrant que la couleur jaune se dissout dans l'acide nitreux et non la propolis.

Je pris des cellules jaunes, garnies de propolis sur leurs orifices et autour de leurs pans; je les soumis à l'action de l'acide nitreux, et je fis bouillir ce dissolvant pendant quelques minutes: quand le gaz nitreux commença à se dégager, je l'étirai la phiole et je la laissai refroidir: Je remarquai alors que la couleur jaune avait disparu, et que la cire avait blanchi, mais la propolis avait conservé sa couleur ; la même épreuve prolongée ne produisit aucun changement sur cette substance.

Quatrième expérience: Montrant que la couleur jaune va se dissoudre dans l'éther comme le fait la propolis.

Je plongeai des cellules de cire jaune sans propolis dans l'éther la liqueur prit d'abord une légère teinte de jaune, elle devint ensuite plus foncée et alors la cire se trouva entièrement décolorée. Je laissai l'éther s'évaporer, pensant que la matière colorante resterait au fond de la capsule, mais je ne trouvai, après l'évaporation, que la petite quantité de cire blanche qui avait été dissoute dans l'éther.

Des alvéoles de cire blanche, dont les orifices et les pans étaient garnis de propolis furent exposés dans ce dissolvant. L'éther prit une belle couleur jaune qui devint d'heure en heure plus intense, mais il n'y avait plus de propolis sur les différentes pièces des alvéoles. Je débouchai le flacon, et lorsque l'éther fut évaporé, je trouvai au fond de la capsule un vernis rougeâtre de propolis sur lequel on distinguait la cire blanche que l'éther avait abandonné.

La couleur jaune n'a aucune analogie avec la propolis.

Ces expériences démontrent que la matière qui colore la cire en jaune n'a aucun rapport avec la propolis. Mes observations m'ont appris que cette teinte n'est pas naturelle à la cire, les cellules neuves sont formées de cire blanche; cette couleur s'altère en peu de temps, et fait place à une nuance de jaune qui devient plus foncée par la suite; il suffit quelquefois de deux ou trois jours pour que les gâteaux neufs deviennent entièrement jaunes. La cause de ce changement m'était inconnue, et je pensais, comme les autres naturalistes, que cette altération pouvait être l'effet de la chaleur des ruches ou des vapeurs répandues dans leur atmosphère, des émanations du miel ou de la cire même, et du séjour de ces substances dans les alvéoles. Cependant ces opinions ne soutenaient pas un examen rigoureux; j'avais vu très souvent des gâteaux neufs demeurer sans altération pendant plusieurs mois, quoiqu'ils fussent employés par les abeilles aux usages ordinaires: en comparant ceux de plusieurs peuplades nouvellement établies, on en trouvait dont une des faces était blanche et l'autre jonquille : on voyait quelquefois sur le même côté d'un gâteau, un espace dans lequel toutes les cellules étaient d'un jaune très vif, tandis que celles qui en étaient voisines n'avaient rien perdu de leur blancheur. L'on pouvait découvrir les bornes précises de la coloration; telle cellule avait plusieurs panneaux jaunes et les autres blancs , ou même quelque fois une portion de pan était bigarrée de blanc et de jaune. Cette distribution de couleurs ne s'expliquait point par les causes auxquelles j'avais attribué quelque influence. Le miel et le pollen auraient teint uniformément tous les pans d'une même cellule jusqu'à la hauteur du liquide ou de la substance colorante, les vapeurs répandues dans la ruche ne pouvaient influer que d'une manière générale sur la couleur des gâteaux, cependant, je voulus m'assurer plus directement que cette cause n'était pour rien dans l'effet observé.

Expériences montrant les abeilles ajoutant de la couleur jaune à la cire.

Il fallait d'abord éprouver si les cellules, dont les abeilles n'auraient point approché , conserveraient leur blancheur pour cet effet, j'employai une ruche, au milieu de laquelle était un retranchement, que les abeilles ne pouvaient outrepasser. Ce fut là que j'enfermai une portion de gâteau complétement blanche, elle fut exposée pendant un mois à la chaleur, à l'humidité et à toutes les vapeurs de leur atmosphère, sans que sa couleur ne fût altérée par aucune de ces causes. Pendant le même temps les gâteaux livrés au contact des abeilles jaunissaient de plus en plus, mais cette coloration était partielle, elle était distribuée irrégulièrement et d'une manière tranchée; tout annonçait donc qu'elle ne dépendait point de l'exposition de la cire dans l'intérieur des ruches pendant un espace de temps plus ou moins long, mais d'une action directe de la part des abeilles.

Observations des abeilles polissant le gâteau avec un liquide de leur trompe.

Quant à la manière dont elles font prendre cette teinte à leurs gâteaux, nous ne nous flattons point de la connaître encore. Nous avons attribué cet effet successivement à deux, manœuvres très différentes. Dans l'une, les abeilles qui paraissent se reposer soit , sur les gâteaux, soit sur le verre ou le bois de leur ruche, frottent l'extrémité de leurs mandibules contre l'objet qu'elles sont censées vernir, en faisant mouvoir leur tête en avant et en arrière; leurs dents s'écartent et se rapprochent successivement après chaque mouvement de tête, les pattes antérieures frottent à plusieurs reprises avec assez de vitesse la surface sur laquelle elles sont posées; l'abeille occupée de la sorte, chemine à droite et à gauche et continue pendant fort longtemps ce même manège: la paroi, ou la surface des gâteaux contre laquelle elles agissent, semble changer de teinte, cependant nous n'avons pu nous assurer que ce fut une conséquence de ce travail. Nous avons remarqué qu'il y avait toujours un peu de matière jaune dans la cavité des dents de ces abeilles: mais était-ce une matière qu'elles enlevaient ou qu'elles devaient appliquer sur la cire. Il nous a paru plus probable qu'elle était destinée à y être déposée, puisque ces mouches frottaient de même le verre et le bois; le verre ne se colorait point, mais le bois prenait une teinte très prononcée.

Le second procédé dont nous avons été témoins, était exécuté au moyen de la trompe; cet instrument semblait faire l'office d'un pinceau souple et délié ; il balayait à droite et à gauche la surface du verre et paraissait y laisser quelques gouttelettes d'une liqueur transparente.

On voyait à chaque changement de direction, partir du milieu de la trompe et des deux palpes les plus longs qui l'accompagnent, une liqueur qui s'échappait de là et paraissait comme un trait brillant et argenté : cette liqueur arrivait promptement jusqu'à l'extrémité de la trompe; celle-ci la distribuait aux parties des cellules auxquelles elle était destinée; elle la déposait aussi sur le verre, mais sans le ternir; car ce n'est point à cette cause qu'est due l'opacité qu'il acquiert quelquefois; cette opacité n'a lieu que lorsque les abeilles étendent avec leurs dents les particules de cire qu'elles ont déposées à sa surface.

Nous ne déciderons point à laquelle des opérations précédentes est due la coloration de la cire en jaune ; mais nous penchons pour la première parce que nous avons cru voir quelquefois un changement sensible dans la couleur de certaines cellules, lorsque les abeilles les avaient frottées avec leurs dents et leurs jambes antérieures.

Observation des abeilles renforçant le gâteau avec de la propolis mélangée à de la cire.

Les abeilles ne se contentent pas de vernir et de peindre leurs cellules; elles s'occupent encore à donner plus de solidité à l'édifice même, au moyen d'un mortier qu'elles savent composer pour cet usage.

Les anciens qui s'étaient beaucoup occupés de ces insectes, connaissaient quelques-unes des propriétés de la propolis; ils nous ont appris que les abeilles la mélangent avec la cire dans plusieurs circonstances. Ils appelaient alors cette matière *métis* ou *pissocéron*, noms qui portaient l'empreinte de son amalgame avec la cire.

Un essai que je fis sur la propolis; dont les ruches sont induites, me démontra qu'ils avaient bien étudié ce sujet, et que si l'on peut souvent rejeter leurs assertions, il serait injuste de le faire sans examen.

J'avais appris par les expériences que j'ai rapportées, que l'éther dissolvait la propolis , mais qu'il n'enlevait qu'une très petite partie de la cire qu'on soumettait à son action: je pris donc quelques fragments de ce mastic sur les parois d'une vieille ruche et je les couvris d'éther; je décantai la liqueur à plusieurs reprises, et lorsqu'elle ne se colora plus, je jugeai que toute la propolis était dissoute et je ne trouvai plus dans le flacon que la cire blanche qui avait été mêlée par les abeilles avec la gomme résine.

Pline croyait que ces mouches se servaient d'un mélange de cire et de propolis pour construire les attaches ou le pied des gâteaux. Réaumur pensait au contraire, qu'elles n'employaient que la cire pure dans cet ouvrage. Les faits que je vais décrire et dont nous avons été témoins au travers d'une ruche destinée à ces observations nous permettront peut-être de concilier les opinions de ces deux grands naturalistes.

Les abeilles démolissent les fondements du nouveau gâteau et les renforcent avec un mélange de propolis et de cire.

Peu de temps après que les abeilles eurent achevé les nouveaux rayons qu'elles venaient d'établir, un désordre apparent, une grande agitation se fit observer dans la ruche; les dispositions des abeilles annonçaient une sorte de fureur qui se dirigeait contre leurs propres gâteaux; les cellules du premier rang, dont nous avons admiré la structure, étaient vraiment méconnaissables ; des murs épais et massifs, de lourds et informes piliers avaient été substitués aux cloisons légères que les abeilles avaient construites avec tant de régularité dans l'origine ; la matière en était changée comme la forme, elle paraissait composée de cire et de propolis. La persévérance des ouvrières dans leurs dévastations, nous fit soupçonner qu'elles se proposaient quelque changement utile dans leur architecture.

Nous fixâmes notre attention sur les alvéoles les moins endommagés ; quelques-unes étaient encore intacts, bientôt plusieurs abeilles s'y jetèrent avec précipitation, nous les vîmes démolir les parois verticales de leurs tubes, hacher la cire et en rejeter les débris; mais nous remarquâmes qu'elles ne touchaient point aux trapèzes qui occupaient le fond des alvéoles du premier rang; elles ne démolissaient pas en même temps les parties correspondantes des deux faces du gâteau, elles travaillaient alternativement sur une face et sur l'autre, en laissant au rayon une partie de ses points d'appuis naturels; sans ces précautions les rayons seraient tombés, et ce n'était pas l'intention des abeilles; elles voulaient, au contraire, les lier plus intimement à la voûte de leur ruche, leur donner des bases plus solides et prévenir leur chute, en composant ces liens d'une matière dont la ténacité surpasse infiniment celle de la cire.

La propolis qu'elles employèrent dans cette occasion, avait été placée en masse sur une fente de la ruche, elle s'était durcie en se desséchant, et qui la rendait peut être plus propre à l'objet auquel les abeilles la destinaient que ne l'eut été de la propolis toute fraîche.

Les abeilles ajoutent des sécrétions à la propolis.

Ces insectes avaient quelque peine à la reprendre sur la cloison, à cause de sa dureté; nous crûmes nous apercevoir qu'ils l'imprégnaient avec leur langue de cette humeur mousseuse, dont ils font usage pour rendre la cire plus ductile, et que ce procédé contribuait à ramollir, et à détacher la propolis. M. de Réaumur avait vu quelque chose de semblable en pareille occasion.

Observant les abeilles mélangeant de la cire à de propolis.

Nous vîmes très distinctement ces mouches mêler des fragments de vieille cire avec la propolis, et pétrir ces deux substances pour en faire un amalgame. Elles s'en servirent à rebâtir les alvéoles qu'elles venaient de détruire; mais elles ne suivirent point les règles ordinaires de leur architecture, l'économie fut entièrement oubliée; la solidité seule de leurs édifices les occupait ; la nuit qui survint, ne nous permit pas de suivre toutes leurs manœuvres, mais le lendemain nous pûmes juger du résultat qui fut en tout conforme à ce que nous venons de raconter.

Ces observations nous apprennent qu'il est une époque du travail des abeilles où les attaches supérieures de leurs gâteaux sont simplement construites avec de la cire, comme Réaumur le croyait, et que lorsqu'ils ont acquis toutes les conditions requises, leur bas est composée d'un mélange de cire et de propolis, ainsi que Pline l'a publié tant de siècles avant nous. (Le changement opéré dans la structure des tubes des alvéoles du premier rang n'a pas lieu à une époque marquée et régulière. Il dépend peut être de plusieurs circonstances qui ne sont pas toujours réunies. On voit quelquefois les abeilles se contenter de borner les pans des cellules supérieures avec de la propolis, sans altérer leur forme et sans leur donner plus d'épaisseur.)

Les abeilles renforcent les gâteaux après qu'elles les aient construits.

Ce trait de la conduite des abeilles pouvait seul expliquer la contradiction apparente qui se trouve à cet égard dans les écrits de ces naturalistes. Ainsi le premier rang de cellules établi dans l'origine pour servir de base et de direction aux fonds pyramidaux des cellules subséquentes, n'était que pour un temps, il pouvait suffire à supporter l'édifice, tant que les magasins n'étaient pas entièrement remplis, mais ces lames de cire si minces eussent été peut-être insuffisantes pour soutenir un poids de plusieurs livres. Les abeilles semblent pressentir les inconvénients qui pourraient en résulter: bientôt elles détruisent les pans trop délicats des cellules du premier rang, en laissant intactes les trapèzes de leurs fonds, et substituent aux frêles parois de cire qu'elles démolissent de forts piliers, des murs épais formés d'une matière visqueuse et compacte.

Mais ce n'est pas encore là que se borne leur prévoyance. Lorsqu'elles ont assez de cire elles donnent à leurs rayons la largeur nécessaire pour qu'ils atteignent par les bords les parois verticales de la ruche. Elles savent les souder contre le bois ou contre le verre au moyen de constructions qui se rapprochent plus ou moins de la forme des cellules, selon quelles circonstances le permettent. Mais quand la cire vient à leur manquer avant qu'elles aient pu donner un diamètre suffisant à leurs rayons dont les contours sont encore arrondis, ces rayons n'étant fixés à la ruche que par le haut, laissent de grands vides entre leurs bords obliques et ses parois verticales : ils pourraient donc être entraînés par le poids du miel, si les abeilles ne pourvoyaient à leur solidité, en établissant pour cela de gros massifs de cire, mêlée de propolis, entre leurs bords et les parois des ruches; la forme en est irrégulière, ils sont creusés d'une manière bizarre, et les cavités qu'ils présentent ne sont point symétriques. Le trait suivant, où l'instinct des abeilles se montre encore plus à découvert, n'est qu'un développement de cet art particulier de solidifier leurs magasins.

Instinct des abeilles dans la consolidation de leurs magasins.

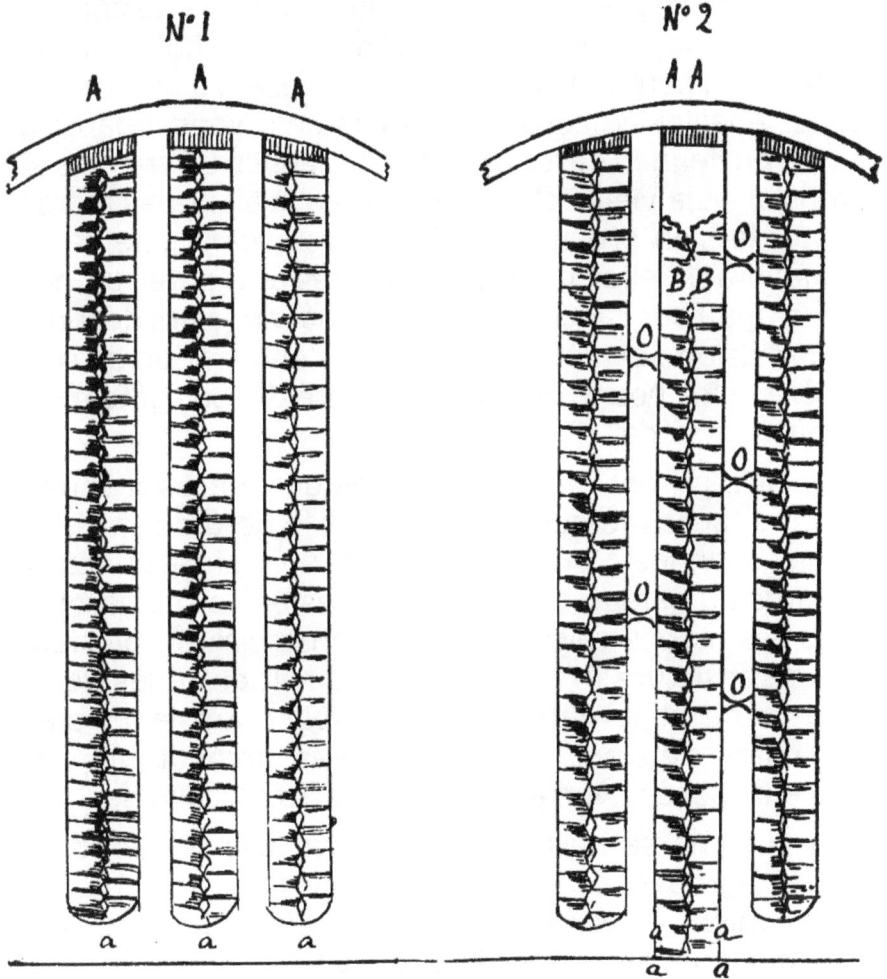

Un rayon de ma ruche de verre, en forme de cloche, n'ayant pas été assez bien assujetti dans l'origine, tomba pendant l'hiver entre les autres gâteaux, et conserva néanmoins une direction parallèle avec eux: les abeilles ne pouvaient remplir le vide qui s'était fait entre son bord supérieur et le haut du récipient. Note: Huber s'est trompé en affirmant que les abeilles ne construisent pas des rayons de vieille cire; ils ne font généralement pas, mais lorsque les circonstances de la chaleur sont favorables, ils peuvent construire une assez grande quantité de peigne à partir de la vieille cire. Dans ce cas, il est probable que les conditions soient défavorables. La phrase qui suit montre que les abeilles ne construisent pas de rayons à partir de la cire ancienne. Parce qu'elles ne construisent pas de rayons avec la vieille cire et qu'elles n'avaient pas alors la faculté de s'en procurer de la neuve : dans une saison plus favorable elles n'eussent pas hésité à enter un nouveau gâteau sur l'ancien.; mais ne pouvant alors dépenser leur provision de miel pour fournir à l'élaboration de cette matière, elles pourvurent à la stabilité de leur gâteau par un autre procédé.

Elles prirent de la cire au bas des autres rayons et sur leurs faces mêmes, en rongeant le bord des alvéoles les plus allongées; puis se portèrent en foule les unes sur les bords du gâteau tombé, les autres entre ses parois et celles des rayons voisins; là elles construisirent plusieurs liens de structure irrégulière, situés soit entre les verres de la ruche et le gâteau tombé, soit entre leurs plans respectifs; c'étaient des piliers, des arcboutants, des solives disposés avec art et adaptés aux localités.

Elles ne se bornèrent pas à réparer les accidents qu'avait éprouvé leur maçonnerie, elles songèrent à ceux qui pouvaient survenir et parurent profiter de l'avertissement que leur avait donné la chute de l'un des gâteaux, pour consolider les autres et prévenir un second événement du même genre.

Ces derniers n'avaient point été déplacés, ils paraissaient solides sur leur base; aussi fûmes nous très surpris de voir les abeilles fortifier leurs attaches principales avec de la vieille cire, en les rendant bien plus épaisses qu'elles ne l'étaient auparavant, elles fabriquèrent une foule de nouveaux liens pour les unir plus étroitement entre eux et les souder plus fortement aux parois de leur habitation. Tout cela se passait au milieu de Janvier à une époque où les abeilles se tiennent ordinairement dans le haut de leur ruche, et où les travaux ne sont plus de saison pour elles.

Gâteau qui a chuté (à partir d'une lettre de Huber à la Revue Internationale d'Apiculture, mai 1830)

Je pus m'interdire les réflexions et les commentaires; mais je l'avouerai, je ne sus me défendre d'un sentiment d'admiration pour un trait où semblait briller la prudence la plus consommée.

ENTRE les travaux des insectes, ceux qui concernent la défense de leurs foyers ne sont peut-être pas les moins dignes d'occuper l'homme appelé si souvent lui- même à se prémunir contre les entreprises de ses ennemis. Si l'on compare entre elles les mesures de sureté que prennent ces petits animaux en cas d'agression, si on les rapproche de notre tactique, si l'on établit un parallèle entre leur police et la nôtre , on pourra mieux juger de la hauteur relative de leur horizon. Aucune autre branche de leur industrie ne pourrait être employée avec plus de succès pour indiquer cette gradation que la défense naturelle, impulsion commune à toutes les espèces. D'ailleurs la nature développe dans ces circonstances les ressources les plus imprévues: c'est là qu'elle laisse le plus de liberté aux êtres qu'elle régit; car les chances de la guerre sont l'objet d'une de ces lois générales qui concourent au maintien de l'ordre universel; sans ces alternatives de succès et de revers, comment l'équilibre pourrait-il se conserver entre les espèces? L'une d'elles anéantirait toutes celles qui lui sont inférieures en force; cependant les plus timides subsistent depuis l'origine des choses; leur tactique, leur industrie, leur fécondité, ou d'autres circonstances particulières à chaque espèce, les font échapper à l'extinction dont elles semblent être menacées.

Chez les abeilles comme chez la plupart des hyménoptères, les moyens ordinaires de résistance sont ces dards empoisonnés dont elles blessent leurs ennemis; le sort des armes leur serait donc favorable à cause de l'avantage du nombre, si quelques-uns de leurs antagonistes n'étaient encore mieux armés qu'elles, si d'autres n'avaient l'art d'échapper à leur vigilance en s'enveloppant d'un tissu qui les met à l'abri de leur piqûre , et s'il n'en était encore qui profitassent de la faiblesse de quelque ruche mal peuplée pour s'y introduire furtivement.

Les ennemis traditionnels des abeilles.

Les guêpes, les frelons, les teignes et les souris ont été connus de tout temps par les ravages qu'ils font dans les ruches; et je n'ai rien à ajouter à ce que tout le monde sait sur cet article, je me bornerai seulement à signaler un nouvel ennemi des abeilles dont j'ai déjà décrit les ravages dans un mémoire particulier (Bibliothèque Britannique. Nº 213 et 214).

Un nouvel ennemi.

Vers la fin de l'été, lorsque les abeilles ont emmagasiné une partie de leur récolte, on entend quelquefois auprès de leur habitation un bruit étonnant; une multitude d'ouvrières sortent pendant la nuit et s'échappent dans les airs; le tumulte dure souvent plusieurs heures, et le lendemain, lorsqu'on observe l'effet de cette grande agitation, on voit beaucoup d'abeilles mortes au-devant de la ruche: le plus souvent celle-ci ne renferme plus de miel, et quelquefois elle est entièrement déserte.

En 1804, mes voisins cultivateurs, pour la plupart, vinrent me consulter sur un événement de cette nature; mais je n'avais encore rien à leur répondre: malgré ma longue pratique de ce qui concerne les abeilles, je n'avais jamais rien aperçu de semblable.

Je me transportai sur le lieu de la scène; le phénomène se présenta encore, et je trouvai qu'on me l'avait dépeint très exactement; mais les paysans l'attribuaient à l'introduction des chauves-souris dans les ruches, et j'avais de la peine à me rendre à cette supposition. Ces mammifères volants se contentent de saisir au vol, des insectes nocturnes; il n'en manque pas; dans l'été. Les chauves-souris ne se nourrissent point de miel : pourquoi iraient-elles donc attaquer les abeilles renfermées dans leur ruche et piller leurs magasins?

Les papillons tête de mort.

Si ce n'était pas les chauves-souris qui attaquaient les abeilles , ce pouvait être quelque autre animal. Je mis donc mes gens en embuscade, et bientôt ils m'apportèrent non des chauves-souris mais des sphinx atropos, grands papillons de nuit, plus connus sous le nom de tête de mort. Ces sphinx voltigeaient en grand nombre autour des ruches ; on en saisit un au moment où il allait entrer dans l'une des moins peuplées. Son intention était évidemment de pénétrer dans la demeure des abeilles et d'y vivre à leurs dépens. De toutes parts on m'apprenait que de semblables dégâts avaient été commis par les prétendues chauves-souris. Les cultivateurs qui s'attendaient à une récolte abondante trouvaient leurs ruches aussi légères qu'elles le sont aux premiers jours du printemps; elles étaient réduites aux poids de la cire, quoiqu'on eût observé peu de temps auparavant qu'elles fussent très bien approvisionnées; on surprit enfin dans plusieurs ruches le gigantesque sphinx, qui avait causé la désertion des abeilles.

Il fallait ces preuves multipliées pour me persuader qu'un lépidoptère, insecte dépourvu d'aiguillon, sans cuirasse, et privé de tout autre moyen de défense, put lutter victorieusement contre des milliers d'abeilles; mais ces papillons étaient si communs cette année-là, qu'il était facile de se convaincre de la réalité du fait.

La porte rétrécie les empêchait d'entrer.

Comme les entreprises des sphinx devenaient de jours en jours plus funestes aux abeilles, on imagina de rétrécir les portes de leur ruche, afin que l'ennemi ne puisse pas s'y introduire. On fit avec du fer blanc une espèce de grillage, dont les ouvertures ne laissaient de place que pour le passage des abeilles, et on l'établit à l'entrée de leur habitation: ce procédé eut un succès complet; le calme se rétablit et les dégâts cessèrent.

Les abeilles, étant donné le temps utilisent la même solution.

Les mêmes précautions n'avaient pas été prises en tous lieux; mais nous nous aperçûmes que les abeilles, livrées à elles-mêmes avaient pourvu à leur propre sûreté: elles s'étaient barricadées sans le secours de personne, au moyen d'un mélange de cire et de propolis dont elles avaient fabriqué un mur épais à l'entrée de leur ruche; ce mur s'élevait immédiatement derrière la porte, et quelquefois dans la porte même qu'il obstruait entièrement; mais il était percé lui-même de quelques ouvertures suffisantes pour le passage d'une ou deux ouvrières.

Ici l'homme et l'abeille s'étaient parfaitement rencontrés; les ouvrages qu'elles avaient établis à la porte de leur habitation étaient d'une forme assez variée; là, comme je viens de le dire, on voyait un seul mur, dont les ouvertures étaient en arcades et disposées dans le haut de la maçonnerie; ailleurs, plusieurs cloisons les unes derrières les autres, rappelaient les bastions de nos citadelles; des portes masquées par les murs ,antérieurs, s'ouvraient sur les faces de ceux du second rang et ne correspondaient point avec les ouvertures du premier; quelquefois c'était une suite d'arcades croisées qui laissaient une libre issue aux abeilles, sans permettre l'introduction de leurs ennemis; car ces fortifications étaient massives, la matière en était compacte et solide.

Mais seulement comme une réponse à l'attaque.

Les abeilles ne construisent point ces portes casematées sans une nécessité urgente, ce ne sont donc pas un de ces traits de prudence générale qui semblent préparés de loin pour obvier à des inconvénients que l'insecte ne peut ni connaître ni prévoir, c'est lorsque le danger est là, lorsqu'il est pressant, immédiat, que l'abeille forcée de chercher un préservatif assuré, use de cette dernière ressource: il est curieux de voir cet insecte si bien armé, secondé par l'avantage du nombre, sentir son impuissance et se prémunir par une combinaison admirable contre l'insuffisance de ses armes et de son courage. Ainsi l'art de la guerre chez les abeilles ne se borne pas à savoir attaquer leurs ennemis, elles savent établir des remparts pour se mettre à l'abri de leurs entreprises : du rôle de simples soldats elles passent à celui d'ingénieurs; mais ce n'est pas contre le sphinx: seulement qu'elles doivent se tenir en garde; les ruches faibles sont quelquefois attaquées par les abeilles étrangères qu'attirent l'odeur du miel et l'espoir d'un pillage facile.

La même solution pour les abeilles volantes.

Les abeilles assiégées étant dans l'impossibilité de se défendre contre cette invasion, ont quelquefois recours à un procédé analogue à celui qu'elles emploient contre le sphinx atropos ; elles pratiquent aussi des murs, mais elles n'y laissent que d'étroites ouvertures où une seule abeille peut passer à la fois; il leur est donc bien facile de les garder.

Les abeilles vont l'agrandir à nouveau lors d'une production de nectar.

Mais il vient une époque où ces passages étroits ne peuvent plus leur suffire à elles-mêmes. Lorsque la récolte est très abondante, leur ruche excessivement peuplée, et qu'il est temps de former de nouvelles colonies, les abeilles démolissent ces portes qu'elles avaient élevées à l'heure du danger, et qui gênent maintenant leur impétuosité ; ces précautions sont devenues incommodes, elles les écartent jusqu'à ce que de nouvelles alarmes les leur inspirent de nouveau.

Les Sphinx ne viennent que certaines années.

Les portes pratiquées en 1804 furent détruites au printemps 1805; les sphinx ne parurent point cette année-là, on n'en vit pas même la suivante; mais dans l'automne de 1807 ils se montrèrent en grand nombre. Aussitôt les abeilles se barricadèrent, et prévinrent ainsi le désastre dont elles étaient menacées. Au mois de Mai 1808, avant la sortie des essaims, elles démolirent les fortifications, dont les portes étroites ne laissaient pas un assez libre passage à leur multitude.

Il est à remarquer que lorsque la porte de leur ruche est naturellement étroite, ou lorsqu'on a soin de la rétrécir assez tôt pour prévenir les dévastations de leurs ennemis, elles se dispensent de la murer.

L'instinct des abeilles s'ajuste en fonction des circonstances.

Cet à propos dans leur conduite ne peut s'expliquer qu'en admettant que leur instinct se développe à mesure que les circonstances l'exigent.

Mais comment un sphinx peut-il alarmer des peuplades aussi belliqueuses? Ce papillon nocturne, effroi des peuples superstitieux, aurait-il aussi sur les abeilles une influence secrète, et serait-il doué du pouvoir de paralyser leur courage; répandrait-il peut être quelque émanation pernicieuse à ces insectes?

Le son du Sphinx est-il effroyable pour les abeilles?

Les autres sphinx se nourrissent uniquement du nectar des fleurs; ils possèdent une trompe allongée, mince, flexible, roulée en spirale, ils cherchent leur nourriture dès que le soleil est couché; mais l'atropos se réveille plus tard, il ne voltige auprès des ruches que lorsque la nuit est plus avancée; il est armé d'une trompe très courte, très grosse et douée d'une grande force; un organe inconnu lui sert à produire un son aigu, un cri stridulant lorsqu'on le saisit. Ce son auquel le vulgaire attachait des idées sinistres, ne serait-il point aussi pour les abeilles un objet de terreur ? Ses rapports avec celui que produisent les reines abeilles dans leur captivité, et qui a la faculté de suspendre la vigilance des ouvrières, n'expliquerait-il point le désordre qu'on observe dans leur ruche à l'approche du sphinx? Ce n'est là qu'une conjecture fondée sur l'analogie des sons, et à laquelle je n'attache aucune importance. Si cependant on observait dans un assaut donné par le sphinx, qu'il poussât des cris aigus, et que les abeilles lui cédassent la victoire sans résistance, cette conjecture acquerrait quelque poids.

M. de Réaumur attribuait le son que produit le sphinx tête de mort, au frottement de la trompe contre ses étuis; mais nous avons reconnu que cet effet a lieu sans le concours de la trompe. Plusieurs naturalistes en ont cherché la cause, cependant l'on a encore rien de satisfaisant à cet égard. Il nous paraît certain que le sphinx produit ce bruit à volonté, et particulièrement lorsqu'il est affecté par la crainte de quelque danger.

L'introduction d'un lépidoptère aussi grand et aussi palpable que le sphinx atropos dans une ruche bien peuplée, et les effets extraordinaires qui en résultent sont des phénomènes d'autant plus difficiles à expliquer, que l'organisation de cet insecte ne paraît offrir aucune circonstance qui permette de le croire à l'abri de la piqûre des abeilles.

Nous aurions désiré pouvoir observer cette lutte singulière au travers de nos ruches vitrées, mais l'occasion ne s'en est point encore présentée. Cependant, afin d'éclaircir quelques-uns de mes doutes, j'ai fait plusieurs essais sur la manière dont le sphinx serait reçu dans les nids des bourdons velus.

Je me procurai des atropos de la plus grande taille, et je les introduisis à nuit tombante dans une boîte vitrée, ou j'avais établi une peuplade de petits bourdons des mousses (muscorum).

Expérience introduisant un Sphinx dans une ruche.

Le premier que je leur livrai, ne parut en aucune manière affecté par l'odeur du miel, dont leurs magasins étaient remplis; il resta d'abord assez tranquille, dans un coin de la boîte, mais s'étant mis à marcher du côté où le nid et ses habitants étaient fixés, il fut bientôt l'objet, non de la terreur, mais de la colère des ouvrières; celles-ci l'assaillirent successivement avec fureur, et lui donnèrent un grand nombre de coups d'aiguillons; il cherchait à fuir, il courait avec vitesse ; enfin par un mouvement violent, il écarta la glace, dont l'appareil était recouvert, et réussit à s'échapper; il paraissait souffrir très peu de ses blessures, il fut tranquille toute la nuit, et plusieurs jours après il se portait encore à merveille.

Un autre sphinx, très vigoureux, très animé, qui faisait entendre fréquemment le bruit particulier à cette espèce fut renfermé avec les bourdons; son activité ne servit qu'à le rendre plus tôt victime de leur fureur : toutes les fois qu'il s'approchait du nid dans lequel il ne paraissait cependant point vouloir entrer, les ouvrières s'élançaient toutes à la fois sur lui, le piquaient, le harcelaient sans relâche , jusqu'à ce qu'elles eussent réussi à l'éloigner; le sphinx ne se défendait qu'avec ses ailes qu'il agitait avec violence, mais il ne pouvait empêcher que les bourdons ne l'attaquassent sous le ventre, c'était là qu'il paraissait le plus sensible à leurs coups; enfin il succomba à tant de blessures après une heure de souffrances.

Je ne voulus pas répéter davantage cette cruelle expérience, il était évident que la captivité ou quelque autre circonstance donnait à cet insecte un trop grand désavantage sur les hourdons. Cependant après cet essai ,il me parut encore plus difficile de concevoir comment il pouvait s'introduire impunément dans les ruches des abeilles, dont les coups sont bien plus dangereux, et le nombre incomparablement plus grand. La clarté d'un flambeau aurait-elle été un obstacle au développement des moyens d'attaque du sphinx? Il ne serait pas impossible qu'il dût le succès de ses entre- prises sur les ruches à la faculté de voir pendant la nuit comme les autres lépidoptères du même genre.

Expérience offrant le miel aux sphinx.

Un autre essai également infructueux que je tentai fut celui d'offrir du miel à ces insectes: je laissai deux sphinx auprès d'un rayon pendant une semaine entière, sans qu'ils y touchassent: vainement nous dé- roulâmes leur trompe, nous la trempâmes dans le miel; cette tenta-tive qui réussit parfaitement avec les papillons diurnes n'eut aucun succès avec les sphinx atropos.

J'aurais pu concevoir des doutes sur leur attrait pour cette nourriture, si je n'avais eu de fortes preuves de leur avidité lorsqu'ils sont en état de nature; une observation récente vint encore à l'appui des faits que nous avons rapportés. En disséquant un grand sphinx pris en plein air, nous trouvâmes son abdomen entièrement rempli de miel; la cavité antérieure qui occupe les trois quarts du ventre était pleine comme un baril, elle pouvait en conte-nir une grande cuiller à soupe; ce miel, d'une pureté parfaite, avait la même consistance et le même goût que celui des abeilles. Ce qui me parut fort singulier, c'est que cette substance n'était point renfermée dans un conduit particulier: elle occupait l'espace qui est ordinairement réservé à l'air dans l'intérieur du corps de ces insectes. On sait que leur ventre est divisé intérieurement en un cer-tain nombre de loges, dont les cloisons extrêmement minces ont des membranes verticales: toutes ces mem-branes avaient disparu; avaient-elles été rompues par la quantité de miel dont le sphinx s'était gorgé ou par l'ou-verture qu'on avait faite de ses anneaux supérieurs? C'est ce que je ne saurais assurer; ce qu'il y a de certain, c'est qu'en ouvrant d'autres sphinx atropos de la même manière, nous avons toujours vu les loges parfaitement conservées, mais entièrement vides.

Ces faits appartiennent à l'histoire du sphinx et non à celle des abeilles: revenons donc à ces dernières qu'il s'agit de préserver d'un de leurs plus dangereux; ennemis.

Conception de l'entrée réduite d'Huber

J'ai déjà proposé d'employer pour cet effet trois portes différentes selon la saison. Une planchette horizontale percée successivement dans sa longueur de trois ordres d'ouvertures, et placée en manière de glissoir entre deux petites baguettes de bois, devait remplir cet objet. Il fallait proportionner ces ouvertures aux besoins des abeilles et observer dans leur agrandissement les gradations, qu'elles établissent elles-mêmes lorsqu'elles cherchent à se préserver de leurs ennemis par de moyens analogues.

Puisqu'elles détruisent leurs fortifications au printemps, avant la sortie des essaims, on devait les imiter en laissant l'entrée de leur ruche libre: elles ont alors peu d'ennemis à craindre, leur ruche bien peuplée peut se défendre par elle-même, Après le départ des essaims on rétrécira leurs portes, parce que leur ruche étant affaiblie les abeilles étrangères et les papillons de teignes pourraient s'y introduire. Cette précaution nous est indiquée par le travail même des abeilles menacées du pillage. Chacune des ouvertures qu'elles hissent au mur de cire qui doit les prémunir contre les dangers extérieurs, ne peut donner passage qu'à une seule ouvrière à la fois. Elles sont donc proportionnées à la taille des insectes que les abeilles ont à craindre.

Au milieu de Juillet ces portes sont agrandies par les abeilles autant qu'il le faut pour que deux ou trois ouvrières puissent passer en même temps, et pour la libre sortie des mâles qui sont plus gros que les ouvrières. Il faudra donc à cette époque faire avancer la planchette au-devant de la porte jusqu'à l'endroit où elle offrira des ouvertures plus agrandies; celles-ci doivent être pratiquées dans le haut et avoir leur convexité en bas.

Enfin au mois d'Août et de Septembre la récolte étant dans toute sa force, il ne faut pas que les abeilles soient trop gênées; celles dont nous suivons l'exemple ouvrirent une troisième porte dans la partie inférieure du mur de cire, elle avait la forme d'une voûte très surbaissée; on imitera cette construction dans la troisième rangée de trous; par ce moyen le sphinx ne pourra point s'introduire dans la ruche, et les abeilles en sortiront librement. Si au lieu de faire la planchette en bois on établissait un glissoir en fer; blanc, on éviterait encore l'introduction des souris, l'un des plus dangereux ennemis des abeilles.

Quand l'homme s'empare des animaux, il détruit à quelques égards cet équilibre que les circonstances naturelles établissent entre les espèces rivales, et diminue plus ou moins leur énergie ou leur vigilance ; ce n'est qu'en étudiant toutes les particularités de leur instinct qu'il peut retrouver certains traits que la servitude rend plus rares, que leur nouvelle position rend moins usuels, et il doit leur procurer à son tour une partie des avantages dont il les a privés: il doit faire plus, s'il veut augmenter ses produits, puisqu'il a à lutter avec la nature, qui met des bornes à la multiplication des individus; mais cet art exige une connaissance très approfondie des besoins qu'éprouvent les êtres soumis à sa domination, et des ressources que la providence a mise à leur portée; car c'est d'eux seuls que nous apprendrons l'art de les gouverner.

Chapitre VIII: Sur la respiration des abeilles

Article I: Introduction.

Les abeilles ont-elles besoin d'air?

L'air qui détruit tout à l'aide du temps, exerce cependant une influence salutaire sur les êtres organisés; les végétaux même le modifient à leur manière et lui doivent, ainsi que les animaux, le ressort de leur existence : tout ce qui a vie jouit de l'air comme d'un élément indispensable: une mouche ferait-elle exception à la loi universelle?

On sait que tous les animaux, depuis le quadrupède jusqu'au ver mollusque, décomposent ce fluide, combinent sa partie respirable avec le carbone surabondant, et l'exhalent sous la nouvelle forme qu'il a reçue en sortant de leurs poumons ou de leurs branchies, que la chaleur nécessaire à leur existence se dégage de l'air au moment de sa décomposition, etc.

Ces phénomènes bien connus sont d'une telle généralité qu'on ne supposerait pas qu'ils puissent admettre d'exception; cependant un fait auquel on n'a point encore réfléchi présente des circonstances qui ne semblent pas pouvoir se concilier avec les idées reçues à cet égard.

S'il existait effectivement des insectes qui habitassent en très grand nombre et sans aucun inconvénient pour leur bien être dans un espace renfermé, et où l'on ne peut se renouveler qu'avec beaucoup de difficulté, la respiration de tels insectes deviendrait pour le physicien le sujet d'un nouveau problème.

Or, c'est précisément là la singulière condition des abeilles; leur ruche, dont les dimensions ne dépassent pas un ou deux pieds cubes, contient une multitude d'individus, tous animés, actifs et laborieux.

L'air ne circule pas naturellement avec une seule petite ouverture.

La porte de cette habitation, toujours fort petite et souvent obstruée par la foule des abeilles qui vont et viennent pendant les ardeurs de l'été, est la seule ouverture par laquelle l'air puisse s'y introduire cependant elle suffit à leurs besoins; d'ailleurs leur ruche, enduite intérieurement de cire et de propolis par les abeilles mêmes, et garnie de chaux au dehors par les soins du cultivateur, ne fournit aucune des conditions nécessaires à l'établissement d'un courant d'air naturel.

Toute proportion gardée les salles de spectacles et les hôpitaux offrent bien moins d'obstacles à la pureté de l'air qu'une ruche d'abeilles; car l'air ne peut se renouveler de lui-même dans un lieu qui ne lui présente qu'une seule issue, dont la situation n'est pas même favorable à l'échange de celui de l'intérieur contre celui du dehors: on peut s'assurer par l'expérience suivante, que cette issue fut elle beaucoup plus large, l'air extérieur n'y pénétrerait pas sans une impulsion étrangère.

Expérience montrant que même une entrée plus importante ne fournit pas assez d'air.

On prend une caisse ou un vase de verre de la capacité d'une ruche, on le pose, l'orifice en bas, sur un plateau dans lequel est creusée une ouverture plus grande que celle qui sert ordinairement de passage aux abeilles et l'on introduit sous ce vase une bougie allumée.

En peu de minutes la flamme pâlit, devient bleuâtre et s'étend; l'air ne rentre point assez promptement dans le vase pour entretenir la combustion, parce qu'il n'y a pas d'ouvertures opposées qui permettent au courant de s'y établir.

La position de tous les animaux que l'on renfermerait en grand nombre dans un pareil vase, offrirait sans doute la plus parfaite analogie avec celle de la bougie allumée. Pourquoi donc le même accident n'a-t-il pas lieu dans la ruche habitée par les abeilles? Pourquoi ces mouches ne périssent elles pas là où la flamme ne saurait conserver sa splendeur et son existence? Auraient-elles une organisation si différente de la nature entière, respireraient-elles autrement que le reste des animaux, ou ne respireraient-elles point du tout? Je ne pouvais admettre une conséquence aussi opposée à l'ordre général; cependant, animé par les considérations que je viens d'exposer, je voulus savoir si elles paraîtraient dénuées d'intérêt à des personnes plus éclairées.

J'avouai d'abord mes doutes à M. Ch. Bonnet qui, étonné de la singularité de ce problème, me recommanda vivement de m'en occuper; mais sa mort m'ayant malheureusement privé de la satisfaction que je trouvais à lui communiquer mes recherches, je m'adressai à un physicien célèbre, dont l'approbation seule eût suffi pour m'exciter à de nouveaux efforts. M. de Saussure écouta avec intérêt les détails de mes expériences, et je puisai dans ses entretiens plus de confiance et d'ardeur pour continuer les travaux que j'avais entrepris.

Huber reçoit l'aide de M. Senebier.

Mais peu exercé dans l'art d'analyser les gaz, j'aurais difficilement atteint le but que je me proposais si je n'eusse été secondé, comme je l'ai dit ailleurs, par M. Senebier, qui voulut bien prendre une part active à mes expériences, et consacrer une partie de son temps aux épreuves eudiométriques que mes recherches exigeaient. Confident discret de Spallanzani, qui s'occupait de la respiration des insectes, Note: "Les mémoires sur la respiration par Spallanzani, 4 vol. in-8, se trouvent chez J. J. Paschoud, imprimeur-libraire à Genève et à Paris.

il jouissait à mon insu de l'accord que présentaient ses observations et les miennes.

Le professeur de Pavie mettait à l'épreuve, avec ce génie actif qui le distingue la respiration de tous les insectes et celle des reptiles, comparait ses résultats entre eux, examinait l'influence que la vie et la mort même de ces animaux pouvaient avoir sur la composition de l'air, les observait dans l'état de léthargie comme dans leur réveil, etc. etc. Tous ses travaux lui donnèrent la preuve que les insectes respirent, qu'ils corrompent l'air, qu'ils en consomment, proportion gardée, plus que d'autres animaux, et que leur corps même, après la mort, rend encore du gaz acide carbonique.

Les expériences que je faisais de mon côté sur les abeilles avaient l'avantage de pouvoir s'exécuter plus en grand, par la facilité de réunir dans le même vase un nombre considérable de ces mouches. Ces épreuves offraient des circonstances qui leur donnaient le piquant d'un problème à résoudre, et me conduisirent à des résultats aussi satisfaisants pour l'esprit que les vues générales de l'auteur italien.

Article II: Preuves de la respiration des abeilles.

Pour procéder avec ordre dans ces recherches nous commençâmes par observer l'influence des différents gaz et de leur absence totale sur les abeilles adultes, nous répétâmes ensuite les mêmes essais sur leurs larves et leurs nymphes, et nous crûmes qu'il était nécessaire d'examiner avec plus de soin qu'on ne l'avait fait encore les organes extérieurs de la respiration.

Ces premières tentatives devaient nous apprendre si les abeilles étaient organisées à cet égard différemment de tous les autres animaux. Si elles n'étaient pas soumises à la nécessité de respirer, elles devaient résister à l'effet de la pompe pneumatique; elles devaient jouir de la vie dans des vases clos hermétiquement comme dans l'air commun; en un mot, leurs rapports avec la nature du fluide ambiant devaient être à peu près indifférents à leur existence.

Première expérience montrant que l'air est indispensable aux abeilles.

On exposa d'abord des abeilles dans le vide de la machine pneumatique. Les premiers coups de piston ne parurent pas les affecter d'une manière sensible; elles marchèrent et volèrent pendant quelque temps, mais lorsque le mercure ne se tint plus dans l'éprouvette qu'à trois lignes au-dessus du niveau, elles tombèrent sur le côté et restèrent sans mouvement: elles n'étaient cependant qu'en défaillance; on les exposa à l'air et bientôt elles furent complétement rétablies. Les expériences suivantes vinrent à l'appui de celles que nous avions faites dans le vide, et leur concours prouva indubitablement qu'une certaine quantité d'air était indispensable à ces mouches.

Deuxième expérience: Montrant que les abeilles consomment de l'oxygène.

Je voulus connaître l'effet qu'aurait sur les abeilles une atmosphère qui ne pourrait se renouveler, et juger en même temps des changements qu'éprouverait l'air au contact duquel elles seraient exposées. Je choisis trois flacons de la contenance de seize onces d'eau; ces vases ne renfermaient que de l'air commun, on introduisit deux cent cinquante ouvrières dans le premier, le même nombre dans le second, et cent cinquante mâles dans le troisième. Le premier et le dernier furent fermés très exactement; le second seul, destiné à servir de terme de comparaison, ne le fut qu'en partie et de manière seulement à empêcher la sortie des abeilles qu'il contenait.

L'expérience commença à midi. On n'aperçut d'abord aucune différence entre les abeilles renfermées et celles dont l'atmosphère communiquait avec l'air extérieur, Les unes et les autres paraissaient supporter leur captivité impatiemment, mais sans donner aucun signe de malaise; à midi et un quart celles dont l'atmosphère ne pouvait se renouveler commencèrent à manifester quelque souffrance; leurs anneaux se contractaient et se dilataient avec plus de rapidité, elles transpiraient abondamment et paraissaient éprouver une forte altération, car elles léchaient les parois humides du vase.

A midi et demi leur grappe réunie d'abord autour d'un brin de paille enduit de miel se divisa tout à coup, et chacune des mouches qui la composaient tomba au fond du flacon sans pouvoir se relever; à une heure moins un quart elles furent toutes asphyxiées. On les tira alors de leur prison, on les exposa à l'air libre, et quelques moments après elles reprirent l'usage de leurs forces. Les mâles éprouvèrent de plus funestes effets de la clôture à laquelle nous les avions condamnés; car aucun d'eux ne revint à la vie. Les abeilles renfermées dans le flacon n°2, où l'air atmosphérique pouvait entrer librement, n'avaient point souffert de leur réclusion.

Nous examinâmes l'état de l'air qui avait été renfermé hermétiquement avec les abeilles, et dans lequel elles étaient tombées en léthargie : nous le trouvâmes fort altéré. D'autres ouvrières introduites dans cet air y furent subitement asphyxiées; une bougie allumée s'y éteignit aussitôt, une portion de cet air agitée dans l'eau se trouva diminuée de $\frac{14}{100}$, il précipita la craie dans l'eau de chaux, des graines de laitue refusèrent d'y germer, enfin les épreuves eudiométriques avec le gaz nitreux annoncèrent la consommation presque totale du gaz oxygène.

Note: Epreuves eudiométriques:
Air commun une mesure, gaz nitreux une mesure, résidu 0,99.
Air respire par les abeilles une mesure, gaz nitreux une mesure, résidu 1,93.
Air respire par les males une mesure, gaz nitreux une mesure, résidu 1,85.

Troisième expérience: Prouver en outre la nécessité pour l'oxygène.

Afin de savoir si l'absence de ce dernier gaz avait été la cause de la léthargie des abeilles, et si je devais attribuer à sa présence leur retour à la vie, lorsque je les avais remises en liberté, je fis l'expérience suivante. Je pris un tube de la contenance de dix onces, j'y versai neuf onces d'eau; la dernière division fut réservée pour les abeilles; une plaque de liège les séparait du liquide : ces mouches étaient donc dans l'air commun; on ne fit que fermer exactement l'orifice du tube.

Dans cette expérience, comme dans la précédente, l'air se corrompit et les abeilles ne tardèrent pas à s'asphyxier. Alors j'ouvris la partie inférieure du tube sous la cuve hydropneumatique, et j'y fis entrer une mesure de gaz oxygène.

Note: La méthode employée pour mesurer la consommation d'oxygène était celle utilisé par Priestley par l'absorption de l'oxygène restant avec de l'oxyde vitreux et en mesurant la perte de volume.

Le résultat de cette épreuve fut très satisfaisant; à peine le gaz eût-il atteint la division occupée par les abeilles, qu'on vit de légers mouvements dans leur trompe et dans leurs antennes; les anneaux de l'abdomen reprirent aussi leurs jeux, et une nouvelle dose d'air vital rendit à ces insectes l'entier usage de leurs forces.

Quatrième expérience: Montrant que l'oxygène prolonge leur vie.

On en plaça d'autres dans une atmosphère de gaz oxygène pur, elles y vécurent huit fois plus longtemps que dans l'air commun; résultat bien frappant, mais elles finirent par s'asphyxier après avoir converti tout le gaz oxygène en acide carbonique (CO_2).

Note: Expériences eudiométriques:
Air commun une mesure, gaz nitreux une mesure résidu 0,99.
Air vital une mesure, gaz nitreux trois mesures résidu 1,98.
Air vital respire par les abeilles 1,58.
Dans une autre épreuve 1,61.

La production du gaz acide dû à la respiration de cinquante abeilles dans le gaz oxygène pendant cinq heures, put être évaluée à deux pouces cubes ; la chaux précipitée de l'eau de chaux étant à peu près de deux grains et un quart.

A ces diverses épreuves on en joignit quelques-unes sur les effets que les gaz délétères pouvaient produire sur les abeilles.

Cinquième expérience: Le CO_2 ne les nourrit pas.

Dans le gaz acide carbonique, retiré de la craie, elles perdirent à l'instant l'usage de leurs sens; mais elles se rétablirent promptement à l'air libre.

Sixième expérience: Le nitrogène seul ne les nourrit pas.

Les abeilles périrent à l'instant et sans ressource dans le gaz azote obtenu par le mélange du soufre et de la limaille de fer humectée.

Septième expérience: L'hydrogène seul ne les nourrit pas.

Elles eurent le même sort dans le gaz hydrogène retiré au moyen du zinc.

Huitième et neuvième expérience: Hydrogène et oxygène 3:1, les nourrit pendant un certain temps, nitrogène and oxygène 3:1, ne les nourrit pas.

On fit entrer des abeilles dans une atmosphère arti-ficielle, composée de trois parties de gaz hydrogène et d'une d'air vital; le volume de ces gaz réunis égalait six onces d'eau. Pendant les quinze premières minutes il n'y eut aucun changement dans l'état des abeilles; mais ensuite leurs forces défaillirent; et au bout d'une heure elles furent sans mouvement et sans vie. Enfin dans une atmosphère composée de trois parties de gaz azote (retiré du soufre et de la limaille de fer humectée) avec une partie d'air vital les abeilles périrent à l'instant même.

Il était sans doute superflu de chercher de nouvelles preuves de la respiration des abeilles; mais avant de quitter ce sujet nous voulûmes nous assurer des effets qui auraient sur elles les mêmes agents dans l'état d'engour-dissement.

Dixième expérience: Les abeilles engourdies ne respirent pas.

On renferma des abeilles dans un récipient de verre entouré de glace pilée, un thermomètre placé dans le même vase y descendit de 14°, terme de la température de l'air ambiant, jusqu'à 6° au-dessus de glace, ce fut alors que l'engourdissement de ces mouches commença. On les enleva du récipient pour les renfermer dans des tubes pleins des gaz qui avaient été si funestes aux pré-cédentes. On les y laissa pendant trois heures, et lors-qu'on les en eut retirés, elles se ranimèrent sur la main qui leur communiquait sa chaleur; elles paraissaient jouir de toutes leurs facultés.

Cette expérience était très concluante; ce n'était pas le contact des gaz méphitiques qui avait causé leur mort dans les épreuves précédentes, puisqu'il ne leur fit aucun mal dans celle-ci, mais l'introduction de ces gaz dans les canaux de la respiration; ce lui était prouvé par la conservation de leur vie au milieu de ces mêmes fluides, lorsque l'engourdissement avait arrêté le jeu de leurs organes.

Onzième expérience: Montrant la consommation d'oxygène et la formation de CO2 par les œufs et les larves nymphes.

Nous répétâmes sur les œufs, les larves et les nymphes des abeilles les mêmes épreuves que sur les insectes adultes. Les résultats en furent parfaitement analogues; ils prouvèrent la consommation de l'air vital et la formation de l'acide carbonique. Les larves consommèrent plus de gaz oxygène que les œufs, et les nymphes plus que les larves; mais les nymphes seules furent victimes de cette expérience.

Douzième expérience: Les larves respirent.

Deux larves placées dans le gaz azote et l'acide carbonique, résistèrent mieux pendant quelques moments à leur influence pernicieuse, que n'auraient fait des abeilles adultes.

Treizième expérience: Les nymphes respirent.

Des nymphes soumises aux mêmes gaz ne survécurent que peu d'instants à cette épreuve.

Note: Epreuves eudiométriques:
Air atmosphérique une mesure, gaz nitreux une mesure 1,08.
Air renfermé avec les œufs une mesure, gaz nitreux une mesure résidu 1,08.
Avec les larves une mesure, gaz nitreux une mesure résidu 1,31.
Avec les nymphes une mesure, gaz nitreux une mesure résidu 1,90.
Avec les cellules vides une mesure, gaz nitreux une mesure résidu 1,04.
Avec la gelée dont les abeilles nourrissent leurs petits 1,09.

Quatorzième expérience: La respiration des abeilles dans toutes ses étapes, est soumise aux mêmes lois.

Des œufs placés dans l'air qui avait été altéré par la respiration des abeilles perdirent la faculté de se développer; mais des larves et des nymphes engourdies par le froid, supportèrent sans aucun inconvénient un séjour de quelques heures dans les gaz délétères.

Ces expériences prouvaient la respiration des abeilles en bas âge, elle était soumise aux mêmes lois que celle des abeilles adultes; on devait s'y attendre puisque Swammerdam avait déjà reconnu trois paires de stigmates sur le corselet et sept sur l'abdomen des nymphes.

Je trouvai quelque importance à m'assurer si les mêmes organes étaient conservés sur l'insecte adulte; mes expériences m'offrirent à cet égard les résultats que je vais donner. J'employai ici le procédé si connu de l'immersion dans l'eau; mais pour éviter la complication que pouvait amener l'engourdissement on y employa de l'eau légèrement réchauffée.

Quinzième expérience: La tête de l'abeille ne participe pas à la respiration.

Je ne donnerai ici que les principaux résultats de mes expériences, lorsqu'on plonge la tête seule d'une abeille dans l'eau ou dans le mercure pendant une demi-heure, elle ne paraît point en souffrance.

Seizième expérience: Le thorax de l'abeille est impliqué dans la respiration.

Si au contraire on laisse la tête seule hors du liquide, l'insecte déploie sa trompe et s'asphyxie subitement.

Dix-septième expérience: L'abdomen n'est pas suffisant pour respirer.

Si l'on plonge la tête et le corselet, en laissant l'abdomen à l'air, l'abeille se débat quelques instants, et cesse bientôt de donner des signes d'existence.

Dix-huitième expérience: L'appareil respiratoire se trouve dans le thorax.

La tête et l'abdomen paraissant être insuffisants pour procurer aux abeilles la faculté de respirer, les organes destinés à l'air devaient avoir leur orifice sur le corselet ; c'est ce qui nous fut en effet démontré par une expérience où l'on fit à la fois l'immersion de la tête et de l'abdomen, en laissant seulement le corselet à l'air. L'abeille supporta assez patiemment cette attitude, d'ailleurs gênante pour elle, et lorsqu'on la remit en liberté elle prit le vol.

Dix-neuvième expérience: Les abeilles immergées étouffent rapidement

Si l'on plonge entièrement une abeille dans l'eau elle ne tarde pas à s'asphyxier; mais c'est alors qu'on peut le mieux observer le jeu des stigmates qui sont en fonction dans ce cas, quatre bulles d'air se font remarquer, deux entre la naissance du cou et la racine des ailes, la troisième sur le cou à l'origine de la trompe, et la quatrième à l'extrémité opposée du corselet et tout auprès du pédicule qui l'unit à l'abdomen. Elles ne montent pas tout de suite à la superficie de l'eau, l'abeille semble vouloir les retenir; on voit ces bulles rentrer dans le stigmate à plusieurs reprises. Elles ne s'échappent enfin que lorsqu'elles ont acquis assez de volume pour vaincre la résistance causée par l'aspiration de ces organes, ou par l'adhérence de l'air avec les parois de ces cavités. Les deux dernières bulles dont nous avons parlé annonçaient l'existence de stigmates qui avaient échappé à Swammer-dam.

Vingtième expérience: L'un des multiples orifices est suffisant pour maintenir la respiration.

Dans, d'autres expériences nous submergeâmes successivement chacun de ces stigmates, en laissant les autres hors du liquide; elles nous apprirent que lorsqu'un seul de ces organes extérieurs est ouvert il suffit à l'entretien de la respiration, et nous remarquâmes que les autres bouches à air ne lâchaient point alors de bulles, ce qui démontre selon moi l'existence d'une communication intérieure entre elles.

Vingt-unième expérience: Les abeilles produisent du CO_2

La même épreuve répétée avec de l'eau de chaux nous donna la certitude que la formation de l'acide carbonique dans les précédentes était due en grande partie à la respiration des abeilles; car les bulles en sortant du corps de ces mouches, troublaient le liquide et précipitaient la craie.

Article III: Expérience sur l'air des ruches.

Nous avions cru pouvoir expliquer l'existence problématique des abeilles dans leur ruche, en les supposant organisées de manière à n'avoir pas besoin de respirer ; mais dès lors nous nous étions convaincus de la fausseté de cette hypothèse, la difficulté restait donc dans son entier; car on ne pouvait croire que l'atmosphère dont elles sont entourées dans un espace aussi renfermé, et où leur nombre monte quelquefois jusqu'à 25, 30,000 et plus, conservât un degré de pureté suffisant pour entretenir leur respiration.

Cependant comme l'expérience seule pouvait nous donner le droit d'affirmer que l'air des ruches fut ou ne fut pas altéré, nous jugeâmes nécessaire d'en faire l'analyse; dans ce but nous fîmes les dispositions suivantes.

Première expérience: L'air presque pure comme celle de l'atmosphère

On prépara un grand récipient tubulé de manière à ce qu'il pût servir de ruche: on y logea un essaim auquel on laissa le temps de s'établir et de construire quelques gâteaux, afin que tout s'y passât comme dans les ruches ordinaires.

On fixa alors sur la tubulure du récipient un flacon garni d'un robinet, et destiné à recevoir l'air de l'intérieur; celui-ci, déplacé par la chute de l'eau ou du mercure contenu dans le flacon montait dans ce vase, lorsqu'on ouvrait les robinets de communication, et on le refermait aussitôt avec toutes les précautions requises. Le mercure ou l'eau qui servaient à cette expérience étaient reçus dans un entonnoir qui les conduisait dans une cuvette située au fond de la ruche de manière que les abeilles n'en étaient point incommodées.

L'air de la ruche pris aux différentes heures de la journée, fut analysé par M. Senebier à l'aide de l'eudio-mètre à air nitreux; le résultat qu'il nous offrit fut bien différent de celui que nous avions supposé, car il se trou-va à quelques centièmes près aussi pur que l'air atmos-phérique. Le soir il subit une légère altération; mais cette différence n'allait pas au-delà de quelques centièmes, et plusieurs causes pouvaient l'expliquer.

Note: Epreuves eudiométriques:
Air commun une mesure, gaz nitreux une mesure résidu 1,05.
L'air de la ruche pris à 9 heures du matin, fut réduit à 1,10.
Air de la ruche pris à 10h 1,12
A 11h 1, 13
A 12h 1, 16
A 1h   1, 13
A 2h   1, 13
A 3h   1, 13

A 4h   1, 13
A 5h   1, 13
A 6h   1, 16

Dans une autre expérience un flacon fut mis en contact avec l'air de la ruche pendant six heures, et lorsqu'on eut analysé celui qu'il renfermait à cette époque, on le trouva aussi pur que l'air atmosphérique.

Note: Epreuves eudiométriques:
Air commun une mesure, gaz nitreux une mesure 1,02.
Air de la ruche, 1,05
Idem, 1,06.

Les abeilles avaient elles donc en elles-mêmes ou dans leur ruche une source d'air vital ? Une de nos expériences nous apprenait que la cire et les poussières fécondantes ne favorisaient point la production du gaz oxygène.

Des cellules neuves du poids de quatre-vingt-deux grains, et le même nombre d'alvéoles, remplis de poussière ou pollen, renfermé douze heures dans un récipient de la contenance de six onces et exposés à la température des ruches, n'améliorèrent point l'atmosphère qu'on leur avait donné: l'air s'y gâta plutôt de quelques centième.

Non content de ces résultats qui ne satisfaisaient point encore aux questions que j'avais à résoudre, je me décidai à tenter une expérience qui semblait devoir enfin éclaircir tous mes doutes. Je pensai que si les abeilles avaient dans leur ruche une source quelconque d'air vital capable de fournir à leurs besoins, il devait leur être indifférent que la porte de leur habitation fut ouverte ou fermée; que l'on pourrait donc essayer de leur ôter toute communication avec l'air extérieur, et juger du véritable état de leur atmosphère. Cette épreuve répondait à toutes les objections que l'on aurait pu opposer aux expériences précédentes qui, en éloignant les abeilles de leurs compagnes, de leurs petits et de leur ruche, devaient exercer sur leur manière d'être une influence indirecte.

Seconde expérience: Les abeilles n'ont pas dans leur ruche tous les moyens de fournir de l'oxygène

Il ne s'agissait que de renfermer exactement ces mouches dans une ruche dont les parois transparentes permettraient d'observer ce qui se passait à l'intérieur; j'y consacrai l'essaim logé dans le récipient tubulé.

L'activité et l'abondance régnaient dans cette peuplade; lorsqu'on en approchait à dix pas on entendait un bourdonnement très fort. Nous choisîmes pour l'exécution de notre projet un jour de pluie, afin que toutes les abeilles fussent réunies dans leur habitation. L'expérience commença à trois heures, nous fermâmes la porte avec exactitude et nous observâmes, non sans une sorte d'angoisse, les effets de cette clôture rigoureuse. Ce ne fut qu'au bout d'un quart d'heure que les abeilles commencèrent à manifester quelque malaise; jusque-là elles avoient paru ignorer leur emprisonnement; mais alors tous leurs travaux furent suspendus, et la ruche changea entièrement d'aspect. On entendit bientôt un bruit extraordinaire dans son intérieur; toutes les abeilles, celles qui couvraient la face des gâteaux, comme celles qui étaient réunies en grappes, quittant leurs occupations, frappèrent l'air de leurs ailes avec une agitation extraordinaire. Cette effervescence dura environ dix minutes. Le mouvement des ailes devint par degrés moins continu et moins rapide. A trois heures trente-sept minutes les ouvrières avaient entièrement perdu leurs forces: elles ne pouvaient plus se cramponner avec leurs jambes, et leur chute suivit de près cet état de langueur.

Le nombre des abeilles défaillantes allait en croissant, la table en était jonchée; des milliers d'ouvrières et de mâles tombaient au fond de la ruche; il n'en resta pas une seule sur les gâteaux, trois minutes plus tard toute la peuplade fut asphyxiée. La ruche se refroidit tout d'un coup, et du terme du vingt-huit degrés la température descendit au niveau de celle de l'air extérieur.

Nous espérâmes rendre la vie et la chaleur aux abeilles asphyxiées, en leur donnant un air plus pur on ouvrit la porte de la ruche ainsi que le robinet fixé sur la tubulure du récipient. L'effet du courant qui s'établit alors ne fut pas équivoque, en peu de minutes les abeilles furent en état de respirer; les anneaux de leur abdomen reprirent leur jeu, elles se mirent simultanément à battre des ailes; circonstance bien remarquable, et qui avait déjà eu lieu, comme nous l'avons dit au moment où la privation de l'air extérieur avait commencé à se faire sentir dans la ruche. Bientôt les abeilles remontèrent sur leurs gâteaux, la température s'éleva au degré où ces insectes savent l'entretenir habituellement, et à quatre heures l'ordre fut rétabli dans leur demeure. Cette expérience prouvait indubitablement que les abeilles n'avaient dans leur ruche aucun moyen de suppléer à l'air qui venait du dehors.

Article IV: Recherches sur le mode de renouvellement de l'air dans les ruches.

Le renouvellement de l'air dans l'intérieur des ruches était absolument nécessaire à l'existence des abeilles, et il avait certainement lieu; ce fluide venait du dehors, puisqu'elles périssaient lorsque leur porte était hermétiquement fermée; mais comment s'opérait ce renouvellement?

Nous soupçonnâmes d'abord que la chaleur propre aux abeilles pouvait avoir assez d'influence pour ramener de l'air pur dans la ruche, en rompant l'équilibre et en établissant un courant entre l'intérieur et l'extérieur; mais nous renonçâmes bientôt à cette opinion, en nous rappelant l'expérience dans laquelle nous avions placé une bougie allumée sous un vase qui avait une porte plus grande que celle des abeilles, et où cette bougie s'éteignit faute d'air, quoique la température du récipient se fut élevée à 50° de Réaumur (144° F ou 63° C).

Il ne nous restait plus qu'une seule hypothèse pour expliquer l'état de pureté de l'air contenu dans les ruches, c'était d'admettre que les abeilles possédassent l'étonnante faculté d'attirer l'air extérieur, et de se débarrasser en même temps de celui qui avait été corrompu par leur respiration.

Il fallait donc examiner si l'industrie de ces insectes n'offrait aucune particularité qui put rendre raison de ce phénomène ; après avoir passé en revue toutes celles qui nous semblèrent de nature à pouvoir remplir cet objet et nous être assurés de leur insuffisance, nous fûmes frappés des rapports que pouvait avoir avec la circulation de l'air ce battement des ailes que récemment encore nous avions observé, et qui produit un bourdonnement continuel dans l'intérieur de leur habitation. Nous soupçonnâmes que le jeu de ces membranes qui chassent l'air avec assez de force pour lui faire produire un son très prononcé pouvait être destiné à déplacer celui qui avait été gâté par la respiration.

Mais une cause aussi légère en apparence pouvait-elle parer à l'inconvénient qui résulte de la respiration des abeilles et du lieu qu'elles habitent. Au premier abord l'imagination se refuse à admettre cette hypothèse; mais si l'on réfléchit à la constance de ces mouvements et à leur énergie, on y verra peut-être une explication simple et heureuse du phénomène dont nous nous occupons; lorsqu'on approche la main d'une abeille ventilante, on s'aperçoit qu'elle met l'air en mouvement d'une manière très sensible, ses ailes se meuvent avec une telle rapidité qu'on peut à peine les distinguer. Réunies par leur bord, au moyen de petits crochets, les deux ailes de chaque côté offrent une surface plus large à l'air qu'elles doivent frapper, elles forment une légère concavité et doivent encore, par ce moyen, agir avec plus d'énergie, elles parcourent un arc de 90°; ce dont on peut s'assurer, parce qu'on aperçoit en même temps les ailes dans les deux extrêmes de leurs vibrations.

Ces mouches tiennent alors leurs pattes cramponnées à la table avec force ; celles de la première paire sont étendues en avant celles de la seconde sont écartées et fixées à droite et à gauche du corps, tandis que celles de la troisième, très rapprochées l'une de l'autre et dans une situation perpendiculaire à l'abdomen, tendent à relever et à rehausser l'abeille par derrière.

On voit toujours pendant la belle saison, un certain nombre d'abeilles agiter leurs ailes au-devant de la porte de leur ruche ; mais on peut s'assurer par l'observation qu'il y en a plus encore qui s'éventent dans l'intérieur même de leur habitation; la place ordinaire des abeilles ventilantes, est sur le plancher inférieur de la ruche ; toutes celles qui sont occupées de cette, manière au dehors ont la tête tournée vers la porte; mais celles qui sont au dedans lui tournent le dos.

On dirait que ces mouches le placent symétriquement pour s'éventer plus l'aise; elles forment alors des files qui aboutissent à l'entrée de la ruche, et sont quelquefois disposées comme autant de rayons divergents; mais cet ordre n'est point régulier, il est dû probablement à la nécessité où les abeilles qui s'éventent sont de faire place à celles qui vont et viennent, et dont la course rapide les force à se ranger à la file pour n'être pas heurtées et culbutées à chaque instant.

Quelquefois plus de vingt abeilles s'éventent au bas d'une ruche; dans d'autres moments leur nombre est plus circonscrit; chacune d'elles fait jouer ses ailes plus ou moins longtemps : nous en avons vu éventer pendant vingt-cinq minutes; dans cet intervalle elles ne se posaient point, mais elles semblaient quelquefois reprendre haleine en suspendant la vibration de leurs ailes pour un instant indivisible: aussitôt qu'elles cessent de s'éventer d'autres les remplacent , en sorte qu'il n'y a jamais d'interruption dans le bourdonnement d'une ruche bien peuplée.

Si dans l'hiver elles sont obligées de s'éventer près du centre de la masse qui est alors réunie dans le haut, de la ruche elles exécutent sans doute cette importante en fonction entre les gâteaux irréguliers, dont les surfaces laissent entre elles des vides assez précieux: pour permettre l'entier déploiement de leurs ailes; car il faut qu'elles aient au moins un espace de six lignes pour les faire jouer avec liberté.

La ventilation était-elle aussi nécessaire aux abeilles en nature, qu'à celles que nous avons réduites en l'état de domesticité? Leurs habitations dans les arbres creux et dans les cavités des rochers offrent de plus grandes dimensions ; des circonstances différentes pouvaient faire naître quelques variations dans leur mode de renouvellement de l'air; en conséquence nous avons cherché à imiter ces dispositions de la nature, en plaçant des abeilles dans une ruche de cinq pieds de haut; elle était vitrée dans toute sa longueur de manière qu'il nous était facile d'observer de tous côtés la masse pyramidale qui pendait au-dessous des rayons situés dans le haut du bâtiment; la porte était placée au bas de la caisse vitrée comme dans les ruches ordinaires.

Nous avons reconnu qu'il n'y avait que très peu d'abeilles qui s'éventassent près de l'entrée; c'était toujours sur la paroi verticale du même côté que s'amarrait le plus grand nombre; elles se tenaient à peu de distance les unes des autres et sur le chemin de celles qui revenaient des champs

La ventilation des abeilles ou le bourdonnement qui en est le signe se manifeste non seulement dans les ardeurs de l'été, mais en tout temps; il semble même quelquefois qu'il prend plus de force au cœur de l'hiver que lorsque la température est modérée. Une cause si permanente et qui occupe toujours un certain nombre d'abeilles, pouvait avoir un effet réel sur l'atmosphère, la colonne d'air une fois ébranlée devait céder la place à celui de l'extérieur, le courant devait être établi et l'air renouvelé.

Expérience prouvant l'existence des courants d'air établis à la porte de la ruche.

Mais un effet aussi remarquable ne pouvait avoir lieu sans se manifester de quelque manière, et rien n'était plus facile que de s'en assurer, Nous imaginâmes pour cet effet d'établir devant la porte d'une ruche de petits ané-momètres fort légers, tels que du papier, des plumes ou du coton: Ces anémomètres suspendus par un fil à une potence devaient nous apprendre s'il y avait un courant d'air sensible à la porte des ruches, et quelle en était la force.

On choisit pour cette expérience un temps calme, on l'exécuta à l'heure où les abeilles étaient rentrées dans leur habitation en prenant la précaution d'établir un écran à quelque distance de la porte, afin de n'être pas trompé par quelque agitation instantanée du fluide ambiant.

A peine les anémomètres furent-ils entrés dans l'atmosphère des abeilles qu'ils se mirent en mouvement; tantôt ils semblaient se précipiter contre la porte et s'y arrêter un instant, tantôt rétrogradant avec la même rapidité ils se tenaient en l'air à un ou deux pouces de la perpendiculaire. Ces attractions et ces répulsions nous parurent proportionnées au nombre des abeilles qui s'éventaient; quelquefois elles étaient moins sensibles, mais jamais elles ne furent entièrement suspendues.

Cette expérience prouvait donc l'existence des courants établis à la porte des ruches; il nous était démontré que l'air corrompu par la respiration des abeilles était à chaque instant remplacé par celui de l'atmosphère, ce qui expliquait l'état de pureté dans lequel nous l'avions trouvé précédemment.

Nous objecterait-on, peut-être, l'usage de quelques cultivateurs qui closent avec succès les portes de leurs ruches pendant l'hiver: assurément si toute entrée était interdite à l'air par cette opération, il serait prouvé que les abeilles peuvent s'en passer pendant cette saison. Mais cette pratique n'a lieu que pour les ruches en paille, qu'il est bien difficile de fermer entièrement, et qui laissent passer l'air entre leurs joints.

Au reste nous n'affirmons rien pour l'hiver, n'ayant fait qu'une seule expérience qui nous parut, il est vrai suffisante pour lever tous les doutes à cet égard. Ce fut encore à Burnens que nous en confiâmes le soin; il était déjà éloigné de nous, et voici textuellement la lettre que nous reçûmes de lui.

MONSIEUR,

Je viens de faire l'expérience que nous avions exécutée en été, et que M. Senebier a désiré que je répétasse dans cette saison.

J'ai choisi pour cela un panier qui était très peuplé et dont les habitants me paraissaient avoir bien de la vie, et assez d'activité dans l'intérieur de leur habitation. Après avoir luté le bord du panier avec sa table, je plantai dans le haut un bout de fil de fer assez fort qui se terminait par un crochet, auquel je suspendis une boucle faite à l'extrémité d'un cheveu, qui portait un petit carré du plus fin papier qui fut, à ma disposition, et qui se trouvait suspendu vis à vis et à un pouce de la porte de la ruche. Dès que l'appareil fut placé de cette manière, je vis le cheveu avec son papier faire des oscillations plus ou moins grandes: j'avais placé pour les mesurer une petite règle horizontale qui était graduée en lignes du pied de Paris, et qui correspondait au bas du cheveu et tout auprès de la partie supérieure du papier. A la distance d'un pouce de l'ouverture le papier fut attiré sur elle et repoussé à la même distance; ce qui se fit plusieurs fois. Les plus grandes oscillations étaient donc d'un pouce depuis la perpendiculaire jusqu'à l'un des extrêmes. J'essayai d'éloigner le papier à une plus grande distance ; alors les vibrations n'eurent plus lieu, et l'appareil resta tranquille.

D'après votre conseil, Monsieur, je pratiquai une ouverture dans le haut du panier et je fis couler du miel liquide dans la ruche: bientôt après les abeilles commencèrent à bourdonner ; le mouvement devint plus grand dans l'intérieur et quelques abeilles sortirent. Je fus attentif à observer l'appareil, et je vis que les oscillations du papier étaient plus fréquentes qu'avant l'introduction du miel et qu'elles avaient plus d'intensité; car ayant fixé la perpendiculaire à quinze lignes de l'entrée de la ruche, le papier fut attiré et repoussé plusieurs fois, et cela n'était pas équivoque. Je voulus voir si à une plus grande distance les vibrations auraient encore lieu, mais le papier resta tranquille.

Il me reste à vous dire, Monsieur, la température de ce jour; j'avais un thermomètre à esprit de vin, qui indiquait à l'ombre 5 degrés au-dessus de la congélation; il faisait un beau soleil, et l'expérience se fit à trois heures après midi.

Si vous désirez quelque chose de plus, veuillez me le dire, et je m'acquitterai avec le plus grand plaisir de tout ce que vous m'ordonnerez.

J'ai l'honneur d'être,

Votre très humble et très obéissant serviteur,

F. BURNENS.

Oulens, le 3 Février 1797

Article V: Preuves tirées des effets d'un ventilateur artificiel.

Les expériences précédentes ne me laissaient aucun doute sur le but de la ventilation. On ne pouvait plus alléguer l'influence chimique des matières contenues dans les ruches, et j'avais éprouvé que la pesanteur spécifique de l'air ne produisait point l'échange si essentiel à ces mouches entre l'air respirable et celui qu'elles avaient altéré. Cependant n'osant pas m'en fier à mes seules lumières , je voulus consulter de nouveau M. de Saussure avant d'établir une hypothèse qui à quelques égards, intéresse la physique même. Ce Savant, étonné du résultat de mes expériences et frappé de l'originalité du moyen employé par la nature pour préserver les abeilles d'une mort certaine, me proposa un essai qui lui paraissait de nature à dissiper tous les doutes.

Il ne voyait qu'un seul moyen de décider si l'on pouvait attribuer à la ventilation naturelle le renouvellement de l'air des ruches, c'était d'imiter les mouvements des abeilles par une action mécanique dans un lieu qui présentât les mêmes données qu'une ruche ordinaire, et dont on eût écarté toute autre cause de courant d'air. Il me conseille l'emploi d'un ventilateur artificiel, dont les ailes mues avec vitesse pussent produire un effet analogue à celui des mouches ventilantes. Un de mes amis, aussi adroit mécanicien (M. Schwepp, inventeur de la machine avec laquelle on produit les eaux gazeuses artificielles.) que physicien ingénieux, m'aida dans l'exécution de Cette machine, et fit avec moi toutes les expériences auxquelles elle était destinée

Au lieu d'un certain nombre de petits ventilateurs nous construisîmes un moulinet ayant dix-huit ailes de fer blanc; nous l'adaptâmes à un grand vase cylindrique dont la capacité était encore agrandie par celle d'une hausse sur laquelle il était solidement assujetti.

Une ouverture pratiquée dans cette hausse, et qui pouvoir se refermer exactement, servait à l'introduction d'une bougie dans la cloche; le ventilateur était placé au-dessous de la hausse, et luté aux points de contact. Sur l'un des côtés de cette boîte on avait aménagé une assez grande ouverture.

Cette partie de l'appareil communiquait avec le vase supérieur, mais elle était arrangée de manière à mettre obstacle au grand mouvement de l'air, afin que le ventila-teur n'éteignit pas lui-même la bougie.

On suspendit des corps légers devant la porte de la caisse, afin de connaître la direction des courants, et l'on commença par l'expérience suivante, dans laquelle on ne fit point jouer le moulinet.

Première expérience: Porte ouverte, pas de venti-lation, une bougie.

On introduisit une bougie dans la cloche, en laissant ouvert le trou qui représentait la porte des abeilles. La flamme ne se soutint pas longtemps dans son premier éclat, elle diminua bientôt et s'éteignit au bout de huit minutes, quoique la capacité du vaisseau fut d'environ 3228 pouces cubes (12 gallons ou 53 litres), le haut de la cloche s'était considérablement réchauffé, les anémo-mètres ne donnèrent aucun signe de courant d'air.

Deuxième expérience: Répétition de la première expérience.

On répéta la même épreuve en fermant la porte de l'appareil, après en avoir chassé l'air qui avait été altéré par la combustion. La bougie resta allumée le même nombre de minutes, ce qui prouve qu'une couverture seule ne favorise point le renouvellement de l'air, lorsque ce fluide n'est mis en jeu par aucune cause étrangère.

Troisième expérience: Porte ouverte, simple ventilation, une bougie.

Après avoir renouvelé l'air du vase on y plaça une bougie, et l'on suspendit plusieurs anémomètres devant la porte. Ces préparatifs terminés, on fit jouer le ventilateur, aussitôt deux courants d'air s'établirent; les anémomètres rendirent cet effet très sensible en s'éloignant et se rapprochant de la porte; la vivacité de la lumière ne diminua point pendant tout le cours de l'expérience qu'on pût prolonger indéfiniment. Un thermomètre placé au bas de l'appareil indiqua 40 degrés (122°F ou 50° C); la température était évidemment plus élevée dans le haut du récipient

Quatrième expérience: La même que la troisième, mais deux bougies.

Je voulus éprouver si mon ventilateur pourrait vaincre l'effet de deux bougies allumées ; elles brûlèrent quinze minutes et s'éteignirent en même temps. Dans une autre épreuve où le moulinet n'avait point été mis en jeu, la flamme ne se soutint que trois minutes.

Cinquième expérience: Ouverture augmentée, ventilation diminuée.

Nous essayâmes de pratiquer sut les côtés de la caisse plusieurs ouvertures correspondantes aux ailes des ventilateurs, l'effet ne répondit pas à notre attente, l'une des deux bougies s'éteignit au bout de huit minutes, l'autre brûla sans interruption aussi longtemps que le ventilateur fut en mouvement ; je n'avais donc pas obtenu un courant d'air plus fort en multipliant ces ouvertures.

Ces expériences, en montrant que l'air peut se renouveler dans un lieu qui n'a d'ouvertures que d'un seul côté, lorsqu'une cause mécanique tend à le déplacer, nous paraissent confirmer nos conjectures sur l'effet que la ventilation des abeilles peut exercer dans leur ruche.

Article VI: Causes immédiates de la ventilation.

On méconnaîtrait le génie de la nature si l'on supposait que le but réel qu'elle le propose dans telle ou telle action des animaux soit toujours celui qu'elle leur présente. Ce grand trait, qui serait susceptible de beaux développements, est un de ceux où l'on reconnaît le mieux la main invisible qui gouverne l'univers.

Les abeilles, en frappant l'air de leurs ailes, se doutent peu du véritable but qu'elles remplissent; peut-être quelque désir ou quelque besoin fort simple se fait-il sentir à elles, et leur instinct les invite-t-il à faire jouer ces membranes qui semblent ne leur être données que pour voler. C'est sans doute pour repousser quelque sensation immédiate qu'elles les agitent, car on ne peut leur accorder les connaissances qui nous porteraient à agir d'une manière analogue. Néanmoins il est curieux de connaître ces appas que la nature leur présente quelques grossiers qu'ils soient, puisqu'elle parvient au but qu'elle se propose.

La chaleur excessive est une cause.

L'idée la plus simple qui s'offrit à nous fut que les abeilles ne s'éventaient qu'afin de se procurer une sensation de fraîcheur, et une expérience nous convainquit effectivement que ce motif pouvait être l'une des causes immédiates de la ventilation.

On ouvrit le volet d'une ruche vitrée, les rayons du soleil dardaient sur les gâteaux couverts d'abeilles; bientôt celles qui ressentirent trop vivement l'influence de sa chaleur commencèrent à bourdonner, tandis que celles qui se trouvaient encore à l'ombre demeurèrent tranquilles.

Une observation qu'on peut faire tous les jours confirme le résultat de cette expérience: les abeilles qui composent ces grappes qu'on voit au-devant des ruches pendant l'été, incommodées par l'ardeur du soleil, s'éventent alors avec beaucoup d'énergie; mais si un corps quelconque porte son ombre sur une partie de la grappe, la ventilation cesse dans la région obscure tandis qu'elle continue dans celle qui est éclairée et l'échauffée par le soleil,

Le même fait peut se remarquer chez des insectes d'un genre voisin de celui des abeilles, des bourdons velus que nous tenions avec leur nid sur une fenêtre, insectes paisibles à l'ordinaire, devenaient très bruyants lorsque le soleil dardait sur la botte qui les renfermait, alors tous battaient des ailes et faisaient entendre un bourdonnement très fort.

L'on entend aussi quelquefois le même bruit auprès des nids de guêpes et de frelons; ainsi il parait constant que la chaleur engage les abeilles et quelques autres insectes à s'éventer.

La chaleur n'est pas la seule cause.

Mais il y a cette circonstance remarquable chez les abeilles, qu'elles s'éventent encore au fort de l'hiver, et que ce bourdonnement est souvent le signe d'après lequel on reconnaît si leur peuplade existe dans cette saison.

La chaleur n'est donc ici qu'une cause secondaire ou surnuméraire qui augmente en été cette disposition des abeilles; il fallait donc encore chercher si d'autres impressions provoqueraient chez elles l'acte de la ventilation.

Nous essayâmes de les entourer d'émanations réputées leur être contraires, et nous reconnûmes en effet que plusieurs odeurs pénétrantes les engageaient à s'éventer.

On séparait quelques abeilles de leur ruche en les attirant avec du miel, puis on approchait d'elles du coton trempé dans l'esprit de vin pendant qu'elles mangeaient, il fallait le mettre près de leur tête, pour qu'il les incommodât; mais alors l'effet n'en était pas douteux, les abeilles s'écartaient en agitant leurs ailes, elles se rapprochaient ensuite pour prendre leur nourriture. Lorsqu'elles étaient bien établies on recommençait l'expérience, elles s'écartaient de nouveau, mais sans retirer tout à fait leur trompe; elles se contentaient de battre des ailes en mangeant.

Il arrivait cependant quelquefois que ces insectes trop vivement frappés par ces sensations désagréables, s'éloignent avec précipitation et prenaient le vol; souvent une abeille tournait le dos au pot à miel et faisait jouer ses ailes jusqu'à ce que la sensation ou sa cause fût diminuée par l'effet de ce mouvement, puis elle revenait prendre part au repas qui lui était offert. Ces expériences ne réussissent jamais mieux qu'à la porte même de la ruche, parce que les abeilles retenues alors par le double attrait du miel et de leur demeure sont moins disposées à se soustraire par la fuite aux impressions qu'on veut leur faire éprouver. Les bourdons velus dont nous avons parlé plus haut usent du même procédé pour écarter les odeurs pernicieuses. Mais ce qu'il y a de très remarquable, et ce qui peut, jusqu'à un certain point, montrer l'importance du battement des ailes, c'est que leurs mâles, ainsi que ceux des abeilles domestiques, quoique très sensibles aux émanations du même genre, ne savent point s'en préserver comme les ouvrières.

La ventilation est donc au nombre des procédés industriels qui appartiennent aux seules ouvrières. L'auteur de la nature, en assignant à ces insectes un logement dans lequel l'air ne devait pénétrer qu'avec difficulté, leur a donné le moyen de parer aux funestes effets qui pouvaient résulter de l'altération de leur atmosphère. De tous les animaux c'est peut-être le seul auquel le soin d'une fonction aussi importante ait été confié, ce qui indique, pour le dire en passant, la finesse de leur organisation. Une conséquence indirecte de la ventilation, c'est la température élevée que ces mouches entretiennent sans aucun effort dans leur ruche; elle résulte de leur respiration même comme la chaleur naturelle de tous les animaux. Cette chaleur, qu'un auteur a attribuée gratuitement à la fermentation du miel, dérive certainement de la réunion d'un grand nombre d'abeilles dans un même lieu; elle est si essentielle à ces mouches et à leurs élèves qu'elle devait être indépendante de la température de l'atmosphère.

L'existence des abeilles dépend de la continuité de leur ventilation.

L'existence des abeilles tient donc sous plus d'un rapport à la continuité de la ventilation; cependant, appelée à tant de travaux divers, chacune de ces mouches ne peut s'occuper constamment pour elle-même du soin d'entretenir l'air au degré de pureté nécessaire: cette fonction, exercée tour à tour par un petit nombre d'individus, n'enlève point aux autres branches d'industrie des membres dont elles ne peuvent se passer.

Ainsi l'état de société chez les insectes, en leur permettant de remplir alternativement les différentes fonctions imposées à la peuplade entière, répond aux vues bienfaisantes du créateur, et remplace leur égard les institutions que nous avons établies pour notre propre avantage.

Chapitre IX: Des sens des abeilles et en particulier de l'odorat

CETTE variété infinie de mœurs que présentent les différentes races d'insectes et d'animaux fait naître cette idée bien naturelle, que les objets physiques ne leur procurent pas les mêmes sensations qu'à l'homme; leurs facultés n'étant pas les mêmes, et leur nature n'admettant pas les lumières de la raison, ils doivent être conduits par d'autres mobiles. Peut-être l'idée que nous nous formons de leurs sens, d'après ceux qui nous ont été donnés à nous-mêmes, n'est-elle point exacte; des sens plus subtils ou modifiés différemment des nôtres, pourraient présenter les objets sous un aspect qui nous est inconnu, et causer des impressions qui nous sont étrangères; fussent-ils seulement plus développés, ils ouvriraient un champ nouveau à nos observations.

Ainsi, ce que l'homme découvre avec le secours des verres est encore du ressort de la vue, quoique les anciens n'eussent aucune idée des objets que nous apercevons depuis que l'optique a été perfectionnée.

Ne peut-on pas admettre dans l'intelligence qui dispense à chaque animal l'organisation qui convenait à ses goûts et à ses mœurs, le pouvoir de modifier ces mêmes sens au-delà de tout ce que l'art nous enseigne?

Le même ordonnateur qui créa pour nous et en raison de nos besoins ces cinq grandes avenues par lesquelles abordent à notre esprit toutes les notions du monde physique, ne pouvait-il pas à volonté ouvrir pour d'autres êtres moins favorisés du côté du jugement, des routes ou plus directes, ou plus sûres, ou plus nombreuses, et dont les rameaux s'étendissent dans tout le domaine qui leur serait départi?

La nature a-t-elle créé d'autres sensations pour les êtres qui différent de nous?

L'art nous enseigne à juger des objets par des moyens qui ne sont plus immédiatement du ressort des sens, et où le jugement opère plus particulièrement: la physique et la chimie en fournissent mille exemples ; ces thermomètres, ces menstrues, ces réactifs l'aide desquels on connaît la nature plus intime des objets qui échappent à nos sens, sont autant de nouveaux organes. Il peut donc y avoir de nouvelles manières de considérer les choses matérielles ; celles dont l'invention nous appartient ne parlent qu'à, l'esprit ; mais lorsque la nature veut établir des communications entre le physique et le moral, c'est par la voie du sentiment ou des sensations qu'elle y parvient, et rien ne répugne à l'idée qu'elle ait pu créer d'autres sensations pour des êtres qui diffèrent de nous sous tant d'autres rapports.

Les insectes qui vivent en république, au nombre desquels les abeilles occupent assurément le premier rang, nous présentent souvent des traits qui ne peuvent être expliqués, même en supposant ces petits êtres pourvus des mêmes sens que nous, c'est ce qui rend les secrets mobiles de leurs actions si difficiles à pénétrer. Cependant il est chez eux des sensations d'une nature moins subtile, et comme il convient d'approcher le plus qu'on le peut de la connaissance de leurs facultés; on aurait tort de négliger l'étude de ces dehors qui sont plus à notre portée, et d'après lesquels on peut juger du moins de leurs appétits et de leurs aversions.

Les sens des abeilles.

La vue; le toucher, l'odorat et le goût sont les sens qu'on accorde le plus généralement aux abeilles, jusqu'ici nous n'avons aucune preuve qu'elles jouissent du sens de l'ouïe; quoiqu'un usage assez commun parmi les gens de la campagne semble annoncer l'opinion contraire; je veux parler de l'habitude qu'ils ont de frapper sur un instrument sonore au moment de la sortie de l'essaim pour prévenir la fuite, mais en revanche, de quelle perfection est chez elles l'organe de la vue. Comme cette mouche reconnaît de loin son habitation au milieu d'un rucher qui contient un grand nombre de cases toutes semblables à la sienne! Elle y arrive en droite ligne avec une extrême vitesse; ce qui suppose qu'elle la distingue des autres de très loin et à des signes qui nous échapperaient. L'abeille part et va droit au champ le plus fleuri; dès qu'elle a trouvé sa direction vous la voyez suivre un chemin aussi direct qu'une balle qui s'échappe du canon d'un fusil ; lorsqu'elle a fait sa récolte, elle s'élève pour voir sa ruche et repart avec la rapidité de l'éclair.

Note: Depuis qu'Huber a écrit ce qui précède, il a été constaté que la ligne droite dite est plus ou moins ondulées, probablement en raison des courants d'air et la brise.

Le travail dans la ruche est fait dans le noir.

Leur toucher est peut-être plus admirable encore, car substitué à la vue dans l'intérieur de la ruche, il supplée complétement à ce sens: l'abeille construit ses rayons dans l'obscurité, elle verse le miel dans les magasins, nourrit les petits, juge de leur âge et de leurs besoins, reconnaît sa reine, et tout cela à l'aide de ses antennes, dont la forme est cependant bien moins susceptible de connaître que celle de nos mains; ne faut-il donc pas accorder à ce sens des modifications et des perfections inconnues au tact de l'homme ? Si nous n'avions que deux doigts pour mesurer et comparer tant d'objets divers, de quelle subtilité ne les faudrait-il pas pour qu'ils nous rendissent les mêmes services?

Note: Les trois ocelles sur la tête de l'abeille sont généralement considérés maintenant comme leur servant dans l'obscurité de la ruche, à très courte portée.

Le goût.

Le goût est peut-être le moins parfait de tous les sens de l'abeille; car ce sens semble admettre en général du choix dans son objet, et contre l'opinion reçue il est certain que l'abeille en met peu dans celui du miel qu'elle récolte, Les plantes dont l'odeur et la saveur nous paraissent la plus désagréable, ne les rebutent point, Les fleurs vénéneuses ne sont pas même exclues de leur choix, et l'on dit que le miel récolté dans certaines provinces d'Amérique est un poison assez violent; outre cela les abeilles ne dédaignent point le suc rejeté par les pucerons sous la forme de miellée, malgré l'impureté ,de son origine; on les voit même peu difficiles sur la qualité de l'eau qu'elles boivent; celle des mares et des courtines les plus infectes leur paraît préférable à l'eau de source la plus limpide et à celle de la rosée même.

Ainsi rien de plus variable que la qualité du miel : celui d'un canton n'a point la même saveur que celui d'un autre; celui du printemps n'est point le même que celui de l'automne, le miel d'une ruche ne ressemble pas toujours à celui de la ruche voisine.

Il est donc vrai que l'abeille choisît peu sa nourriture; mais si elle n'est pas délicate sur la qualité du miel, elle n'est pas indifférente sur la quantité que les fleurs en contiennent. Ces mouches vont toujours là où il y en a le plus, elles sortent de leur ruche bien moins en raison de la température ou de la beauté du temps, que lorsqu'elles ont l'espérance d'une récolte plus ou moins abondante.

Quand les tilleuls ou les blés noirs sont en fleurs elles bravent la pluie; elles sortent avant le lever du soleil, elles se retirent plus tard qu'à l'ordinaire; mais cette effervescence diminue dès que les fleurs sont fanées, et quand la faux a abattu de toutes parts celles dont les prairies étaient émaillées, les abeilles restent dans leur habitation, quelque éclatant que puisse être le soleil. A quoi attribuer cette connaissance que toute la peuplade paraît avoir sans sortir de chez elle, de l'état plus ou moins abondant en miel des fleurs de la campagne? Un sens plus subtil que les autres, celui de l'odorat, les en avertirait-il?

Il y a des odeurs qui répugnent aux abeilles, d'autres qui les attirent; la fumée de tabac et toutes les fumées quelconques leur déplaisent. L'industrie humaine sait tourner à son profit leur aversion comme leur penchant; mais satisfaite lorsqu'elle est parvenue au but utile qu'elle se propose, elle n'empiète pas sur le domaine d'une curiosité philosophique.

Animés par d'autres motifs, nous chercherons comment différentes odeurs affectent ces insectes, à quel degré ils sont attirés par les unes et repoussés par d'autres, voilà ce qui est à notre portée; peut- être un jour, le progrès des lumières permettra-t-il d'aller au-delà ?

De toutes les substances odorantes le miel est celle qui attire le plus puissamment les abeilles, les autres odeurs n'ont peut-être la même faculté qu'autant qu'elles leur annoncent la présence d'une liqueur qui est d'un si grand prix leurs yeux.

Expériences montrant que les abeilles trouvent le miel par l'odorat

Pour savoir si c'était l'odeur du miel qui les avertissait de sa présence et non la vue seule des fleurs, il fallait cacher cette substance dans un lieu où la vue n'eût aucun accès ; et pour cela nous essayâmes d'abord de mettre du miel près d'un rucher, sur une fenêtre dont les contre-vents, presque fermés, permettaient cependant aux abeilles de s'y rendre si elles en avaient envie; en moins d'un quart d'heure quatre abeilles, un papillon et quelques mouches d'appartements s'y introduisirent entre le con-trevent et la fenêtre, et on les trouva occupés à manger le miel qu'on y avait déposé. Cette observation était assez concluante en faveur de l'opinion énoncée ci-dessus; cependant je voulus en avoir une plus forte confirmation : on prit des boites de grandeur, de couleur et de forme différente, on y ajusta de petites soupapes de cartes qui répondaient à quelques trous percés dans leurs cou-vercles; on mit du miel au fond de ces boîtes et on les déposa à deux cents pas de mon rucher.

Au bout d'une demi-heure on vit arriver des abeilles près de ces bottes, elles les parcoururent soigneusement, et eurent bientôt découvert l'endroit par où elles pou-vaient s'y introduire; nous les vîmes pousser les soupapes et pénétrer jusqu'au miel.

On peut juger, d'après cette épreuve, de l'extrême finesse de l'odorat de ces insectes ; non seulement le miel était bien caché à leur vue, mais il ne pouvait répandre beaucoup d'émanations, puisqu'il était recouvert et mas-qué dans cette expérience.

Les fleurs offrent souvent une organisation assez semblable à celle de nos soupapes: dans plusieurs classes le nectaire est placé au fond d'un tube en partie renfermé ou caché par les pétales, l'abeille le trouve cependant; mais son instinct, moins raffiné que celui du bourdon velu (*Bremus*), lui offre moins de ressource; celui-ci, lorsqu'il ne peut pénétrer dans les fleurs par leur ouverture natu-relle sait faire un trou à la base de la corolle, ou même du calice, pour insérer sa trompe à l'endroit où la nature a placé ce réservoir du miel, grâce à ce stratagème et à la longueur de sa trompe, le bourdon peut se procurer du

miel lorsque l'abeille domestique n'en trouve que difficilement. On pourrait soupçonner d'après la différence du
miel produit par les abeilles et par ces insectes, qu'ils ne
le récoltent pas sur les mêmes fleurs.

Cependant l'abeille est attirée par le miel des bourdons comme elle le serait par le sien propre. Nous avons
vu dans un temps de disette les abeilles venir piller un nid
de bourdons placé dans une boîte entrouverte assez près
d'un rucher, elles s'en étaient presque emparées :
quelques individus restés malgré le désastre de leur nid,
allaient encore aux champs et rapportaient le surplus de
leur nécessaire dans leur ancien asile : les abeilles les
suivaient à la piste et rentraient avec eux dans le nid,
elles ne les quittaient point qu'elles n'eussent obtenu le
fruit de leur récolte; elles les léchaient, leur présentaient
leur trompe les enveloppaient et ne les relâchaient que
lorsqu'ils avaient vidé le liquide sucré dont ils étaient
dépositaires: elles ne cherchaient point à faire périr
l'insecte auquel elles devaient leur repas; l'aiguillon n'était
jamais tiré, le bourdon lui-même s'était accoutumé aux
exactions dont il était l'objet; il cédait son miel et repre-
nait le vol : ce ménage d'un nouveau genre dura plus de
trois semaines ; des guêpes, attirées par la même cause,
ne s'étaient point familiarisées de cette manière avec les
anciens propriétaires du nid; les bourdons seuls restaient
le soir au logis; ils disparurent enfin et les insectes para-
sites ne revinrent plus.

On nous a assuré que la même scène se passe entre
les abeilles pillardes et celles des ruches faibles, cela
paraît moins étonnant.

Les abeilles ont la mémoire longue.

Non seulement les abeilles ont un, odorat très fin,
mais elles joignent à cet avantage la mémoire des sensations: en voici un exemple. On avait posé en automne du
miel sur une fenêtre ; les abeilles y vinrent en foule: on

enleva le miel, et le contrevent fut fermé pendant tout l'hiver; au printemps suivant, lorsqu'on le rouvrit, les abeilles y revinrent, quoiqu'il n'y eût point alors de miel sur la fenêtre, elles se rappelèrent sans doute qu'il y en avait eu précédemment: ainsi un intervalle de plusieurs mois n'avait point effacé l'impression reçue.

Cherchons actuellement quel est le siège ou l'organe de ce sens, dont l'existence est si bien prouvée.

On n'a point encore reconnu de narines chez les insectes, on ne sait dans quelle partie du corps réside cet organe ou celui qui lui correspond dans cette classe d'animaux. Il était probable que la sensation des odeurs parvenait au sensorium commun par un mécanisme semblable à celui qui nous est donné; c'est à dire que l'air devoir s'introduire dans quelque ouverture où les nerfs olfactifs venaient s'épanouir; il fallait donc savoir si les stigmates ne faisaient point cette fonction, si l'organe que nous cherchions était situé dans la tête ou dans quelque autre partie du corps.

Première expérience: L'odorat n'est pas dans l'abdomen, le thorax, la tête ou les stigmates du thorax.

On présenta successivement à tous les points du corps d'une abeille un pinceau imbibé d'huile de térébenthine, l'une des substances que ces insectes redoutent le plus; mais soit qu'on l'approchât de l'abdomen, du corselet ou de la tête, soit qu'on le présentât aux stigmates du corselet, l'abeille qui était occupée à manger ne parut en être affectée d'aucune manière.

Seconde expérience: L'organe de l'odorat, chez ces insectes, réside dans la bouche ou dans les régions qui en dépendent.

Voyant l'inutilité de cette épreuve, nous pensâmes qu'il fallait présenter le pinceau successivement à toutes les parties de la tête : nous primes pour cet effet un pinceau extrêmement fin pour éviter l'incertitude que pourrait causer celui qui donnerait prise à la fois à plusieurs parties. L'abeille, occupée de son repas, tenait sa trompe étendue en avant, on approcha le pinceau des yeux, des antennes, de la trompe impunément; mais il n'en fut pas de même quand on le mit près de la cavité de la bouche, au-dessus de l'insertion de la trompe.

L'abeille recula à l'instant, quitta le miel, battit des ailes en marchant avec agitation, et eût pris le vol si l'on n'eût retiré le pinceau; elle se remit à manger, on lui présenta de nouveau l'essence de térébenthine, en la mettant toujours près de sa bouche ; l'abeille tourna le dos au pot à miel, se cramponna à la table et s'éventa pendant quelques minutes. La même épreuve faite avec de l'huile d'origan produisit le même effet; mais d'une manière encore plus prompte et plus constante.

Cette expérience paraît indiquer que l'organe de l'odorat réside chez ces insectes dans la bouche même ou dans les parties qui en dépendent.

Les abeilles qui ne mangeaient pas paraissaient plus sensibles à l'impression de cette odeur, elles apercevaient de plus loin le pinceau qui en était imprégné et prenaient aussitôt la fuite, tandis que l'on pouvait toucher en plusieurs endroits du corps celles qui avaient la trompe plongée dans le miel sans les détourner de cette occupation.

Etaient-elles absorbées par leur goût pour le miel et distraites par son odeur ou leurs organes étaient-ils moins à découvert? Il y avait deux manières de le savoir ; l'une était de masquer toutes les parties du corps en les vernissant et en laissant à nu la seule partie sensible, ou de mastiquer la partie dans laquelle nous croyons que résidait le siège de ce sens, en lais- liant les autres complètement libres.

Ce dernier parti nous parut le plus sûr et le plus praticable; on saisit donc plusieurs abeilles, on les força à tenir leur trompe déployée, et on remplit alors leur bouche avec de la colle de farine; quand cet enduit fut assez sec pour que les abeilles ne pussent s'en débarrasser, on leur rendit la liberté; ce procédé ne parut point les incommoder; elles respiraient et se mouvaient aussi aisément que leurs compagnes.

On leur présenta du miel, mais elles ne parurent point attirées par sa présence; elles n'en approchèrent pas; elles ne parurent point affectées par les odeurs qui leur sont les plus contraires. On trempa des pinceaux dans l'huile de térébenthine et de girofle, dans l'éther, dans les alkalis fixes et volatils; et dans l'acide nitreux; On en insinua la pointe tout près de leur bouche; mais ces odeurs qui leur auraient causé une si prompte aversion dans leur état ordinaire, ne produisirent d'effet sensible sur aucune d'elles. Il y en eut plusieurs au contraire qui montèrent sur les pinceaux empoisonnés, et s'y promenèrent comme s'ils n'eussent été imprégnés d'aucune de ces substances.

Ces abeilles avaient donc perdu momentanément le sens de l'odorat, et il nous parut suffisamment démontré qu'il avait son siège dans la cavité de leur bouche.

Nous voulûmes encore éprouver de quelle manière les abeilles seraient affectées par des odeurs de différents genres;

Les acides minéraux et l'alkali volatil, présentés sur un pinceau à l'entrée de leur bouche, produisirent sur ces insectes la même impression que l'esprit de térébenthine, mais avec plus d'énergie; d'autres substances n'eurent pas un effet aussi prononcé. On présenta du musc à des abeilles qui mangeaient devant la porte de leur ruche, elles s'interrompirent, s'écartèrent un peu. Mais sans précipitation et sans battement d'ailes; on répandit du musc pulvérisé sur une goutte de miel, elles y plongèrent leur trompe, mais comme à la dérobée, et en se tenant le plus loin du miel qui leur était possible ; enfin cette goutte de miel qui aurait disparu en peu de minutes, si elle n'eut été couverte de musc ne fut pas sensiblement diminuée un quart d'heure après, quoique les abeilles y eussent plongé bien des fois leur trompe.

M. Senebier m'ayant fait remarquer que certaines odeurs pouvaient affecter les abeilles, parce qu'elles gâtaient l'air, et non par une action directe sur les nerfs, je pensai à répéter les mêmes épreuves avec des substances qui ne l'altèrent pas sensiblement comme le camphre, l'assa fœtida, etc.

Troisième expérience: Les abeilles ne sont pas repoussées par l'assa fœtida.

On mélangea de l'assa fœtida (Une résine de plante utilisée en cuisine avec une odeur désagréable et piquante à l'état brut —Transcripteur) pulvérisé avec du miel, et on le mit à la porte d'une ruche; mais cette substance, dont l'odeur est insupportable, ne parut point déplaire aux abeilles, elles prirent avec avidité tout le miel qui était en contact avec les molécules étrangères; elles ne cherchèrent point à s'éloigner, ne battirent point des ailes et ne laissèrent du mélange que les particules de l'assa fœtida.

Quatrième expérience: Bien que le camphre déplaise aux abeilles, leur attirance pour le miel détruit cette répugnance

Je mis du camphre à la porte d'une ruche, et j'observai que les abeilles qui rentraient et celles qui, allaient à la campagne se détournaient en l'air pour ne pas passer directement au-dessus de cette matière. J'en attirai quelques-unes avec du miel sur une carte; lorsque toutes leurs trompes furent plongées dans le miel, j'approchai le camphre de leurs bouches et toutes prirent la fuite. Elles volèrent quelque temps dans mon cabinet et s'abattirent enfin auprès du miel; pendant qu'elles le prenaient avec leur trompe, j'y jetai de petits morceaux de camphre, les abeilles s'éloignèrent un peu; mais elles laissèrent le bout de leur trompe plongé dans le miel, et nous observâmes qu'elles ne prenaient d'abord que celui qui n'était pas couvert de camphre. Une de ces mouches faisait le moulinet avec ses ailes pendant qu'elle mangeait; d'autres ne les agitaient que rarement et quelques-unes point du tout. Je voulus voir ce que produirait une plus grande quantité de camphre, j'en couvris le miel entièrement, et à l'instant toutes les abeilles prirent la fuite. Je portai la carte auprès de mes ruches pour savoir si d'autres abeilles seraient moins attirées par l'odeur du miel que repoussées par celle du camphre, et je mis aussi du miel pur à leur portée sur une autre carte, celle-ci fut bientôt aperçue par les abeilles, et en peu de minutes le miel fut enlevé. Il se passa, au contraire, plus d'une heure avant qu'aucune ouvrière s'approchât de la carte camphrée; mais enfin une ou deux abeilles se posèrent sur cette carte, et plongèrent leur trompe dans les bords de la goutte de miel. Leur nombre s'accrut peu à peu, et deux heures après le miel camphré fut couvert, tout le miel fut bientôt enlevé et le camphre resta seul sur la carte.

Ces expériences prouvent que si le camphre déplaît aux abeilles, leur attrait pour le miel peut détruire l'effet de cette répugnance, et qu'il y a des odeurs qui, sans gâter l'air, éloignent ces mouches jusqu'à un certain point.

Un grand nombre d'expériences me convainquit aussi que l'influence des odeurs sur le système nerveux des abeilles est incomparablement plus active dans un vase fermé qu'en plein air: je n'en citerai qu'un exemple.

Je savais déjà que l'odeur de l'esprit de vin leur était désagréable, et qu'elles faisaient le moulinet avec leurs ailes pout s'en débarrasser; mais je n'avais pas encore fait cette épreuve dans un espace renfermé.

Cinquième expérience: L'alcool était répugnante et mortelle.

Je mis de l'esprit de vin dans un petit verre sous un récipient, je laissai le verre découvert pour que cette liqueur put s'évaporer; mais je fis en sorte que les abeilles ne pussent se mouiller, dans le cas où elles tomberaient sur le verre; cette précaution prise, je fis manger du miel à une abeille, et lorsqu'elle n'en voulut plus je l'enfermai sous le récipient; elle le parcourut en tous sens et tenta de s'échapper; pendant une heure elle ne fit que battre des ailes et chercher une issue ; au bout de ce temps j'observai: un tremblement continuel dans ses jambes, sa trompe et ses ailes; bientôt elle perdit la faculté de marcher et de se tenir sur ses jambes; elle se coucha sur le dos et nous la vîmes se mouvoir d'une manière assez singulière ; elle cheminait sur la table dans cette situation renversée, se servant de ses quatre ailes en guise de rames ou de pieds ; nous remarquâmes encore qu'elle rendit par la bouche, et à plusieurs reprises, tout le miel qu'elle avait mangé avant d'être exposée à la vapeur de l'esprit de vin. L'eau en se combinant avec l'esprit de vin pouvait détruire son effet et procurer le rétablissement de cette abeille : je la baignai deux fois dans l'eau froide ; le bain lui donna un peu de souplesse sans lui rendre ses forces ; le vinaigre parut la ranimer ; mais cet effet ne se soutint point, et malgré tous nos soins, elle périt.

Des mouches d'appartement et des punaises de bois perdirent aussi la vie lorsque nous les exposâmes à la vapeur de l'esprit de vin; mais une grosse araignée supporta cette épreuve sans en paraître affectée.

Sixième expérience: L'odeur du venin d'abeille agite les abeilles.

Le venin de l'abeille exhalant une odeur pénétrante, il me sembla qu'il pourrait être curieux de connaître l'effet de ses émanations sur les abeilles mêmes; cette expérience nous offrit un résultat assez piquant.

Nous prîmes avec une pince l'aiguillon d'une abeille et ses appendices imprégnés de venins; nous, présentâmes cet instrument à des ouvrières qui étaient posées et tranquilles au-devant de leur porte; à l'instant la petite troupe s'émeut, aucune abeille ne prit la fuite; mais deux ou trois s'élancèrent sur l'instrument empoisonné, une autre se jeta sur nous avec colère. Ce n'était point cependant l'appareil menaçant de cette expérience qui les avaient irritées; car lorsque le venin fut coagulé sur la pointe de l'aiguillon, et sur ses appendices nous pûmes leur présenter cette arme impunément; elles n'eurent pas l'air de s'en apercevoir. L'expérience suivante prouva mieux encore que l'odeur seule de leur venin suffisait pour les mettre en colère.

Nous mîmes quelques abeilles dans un tube de verre fermé seulement à l'une de ses extrémités, nous les fîmes engourdir à demi pour qu'elles ne puissent pas sortir par le bout qui était resté ouvert. On les ranima ensuite par degrés, en les exposant au soleil. On introduisit après cela dans le tube un épi de blé, et l'on irrita les abeilles en les touchant avec les barbes; toutes tirèrent leur aiguillon et des gouttes de venin parurent à l'extrémité de ces dards.

Leurs premiers signes de vie furent donc des démonstrations de colère, et je ne doute pas qu'elles ne se fussent enferrées les unes les autres, ou jetées sur l'observateur, si elles eussent été en liberté; mais elles ne pouvaient ni se mouvoir, ni sortir malgré moi du tube dans lequel je les avais placées.

Je les pris une à une avec des pinces et je les enfermai dans un récipient pour qu'elles ne troublassent pas mon expérience. Elles avaient laissé dans le tube, une odeur désagréable, et c'était celle du venin qu'elles avaient dardé contre ses parois intérieures. Je présentai son extrémité ouverte à des abeilles qui étaient groupées au-devant de leur ruche. Ces mouches s'agitèrent dès qu'elles sentirent l'odeur du venin; mais cette émotion ne fut pas celle de la crainte ; elles nous prouvèrent leur colère de la même manière que dans la première épreuve.

Il y a donc des odeurs qui n'agissent pas seulement sur le physique de ces insectes, mais qui produisent jusqu'à un certain point sur eux une impression morale.

C'est ici sans doute que commence une série de sensations d'une classe particulière, qui échappent à nos recherches, et dont nous ne pouvons-nous former qu'une idée confuse; les animaux ont à cet égard, une sorte de supériorité sur nous. Quelle variété d'impressions l'odorat ne procure-t-il pas au chien de chasse; un sens développé à un si haut degré, en réveillant dans l'imagination les idées de crainte, de colère et d'amour, éclaire l'animal sur tout ce qui peut intéresser sa sûreté, ses penchants et son industrie.

Pour rendre raison de la conduite des insectes dans plusieurs circonstances, il faudrait pouvoir balancer l'influence de différentes sensations qui, sans les sortir de leur sphère naturelle, se combinent avec leurs habitudes et les modifient momentanément.

Certaines odeurs, ou une température trop élevée excitent les abeilles à la fuite ; si cependant une autre cause, telle que l'attrait du miel, agit en sens contraire et les invite à rester, elles savent conserver la jouissance présente et se mettre à l'abri de la sensation qui leur était désagréable, en faisant jouer l'air autour d'elles. Les abeilles retenues dans leur ruche par tous les attraits que la nature a réuni pour elles en ce lieu, et ne pouvant se soustraire alors au méphitisme du gaz sans quitter leurs petits et les provisions qu'elles ont amassées, ont recours au moyen ingénieux de la ventilation et l'air est renouvelé.

Mais pourquoi toutes les abeilles affectées de la même manière ne font-elles pas jouer leurs ailes dans le même temps? A quoi attribuer la tranquillité de toute la peuplade, tandis qu'un petit nombre d'individus s'agitent pour lui procurer un air salubre? Y aurait-il des sensations d'une nature assez subtile pour avertir ces insectes que leur tour est venu de battre des ailes ?

On ne saurait croire qu'une partie d'entre eux fut affectée par une cause qui n'agirait point sur le plus grand nombre; mais peut-être cela dépend-il d'une disposition momentanée plus ou moins favorable.

Nous avons vu toutes les abeilles d'une peuplade s'agiter à la fois, lorsque l'air de leur ruche, trop bien renfermé, ne se renouvelait pas à leur gré; mais ce cas urgent ne se rencontre point en état de nature, et l'on ne voit qu'un petit nombre d'abeilles ventiler à l'ordinaire.

Les insectes de même espèce, quoique excités par une même cause, n'éprouvent pas si également son influence que l'on ne voie souvent quelque différence dans les résultats des expériences dont ils sont l'objet.

Les uns en sont affectés plus promptement que les autres; telle circonstance, telle occupation les rend momentanément plus ou moins sensibles, et ce n'est quelquefois que lorsque la cause est à un degré extrême qu'elle agit sur eux avec toute son énergie.

Il se pourrait donc, que dès qu'un certain nombre de ventilatrices sont parvenues à rendre l'air d'une pureté suffisante; les autres, n'éprouvant plus au même point la sensation qui les porterait à mettre leurs ailes en mouvement s'exemptent de cette fonction pour se livrer à des occupations plus pressantes. Si le nombre des abeilles ventilantes diminuait momentanément, les premières ouvrières qui s'apercevraient de l'altération de l'air se mettraient en devoir de s'éventer, et leur nombre s'accroîtrait jusqu'à ce que leurs efforts réunis devinssent capables de rendre à ce fluide le degré de pureté essentiel à la respiration de tant de milliers d'individus.

Telle est la manière dont nous concevons que doive s'établir cette chaine perpétuelle entre les abeilles ventilantes ; car on ne peut apercevoir, dans ce cas aucune communication entre ces insectes. Cette hypothèse suppose une organisation très délicate chez les abeilles ; il est évident que la continuation de leur existence, dépendant du soin qu'elles ont de renouveler l'air, elles doivent être pourvues de sens assez subtils pour être averties de la moindre altération dans le fluide qu'elles respirent.

L'air peut perdre bien des degrés de pureté avant que nous nous en apercevions, quoiqu'il devienne très nuisible à notre santé par son altération, mais la nature ne nous a pas placés dans les mêmes circonstances que les abeilles, et nous n'aurions jamais besoin de parer aux inconvénients d'un air trop renfermé, si nous nous éloignons moins de l'état de choses qui était adapté à notre constitution physique.

... dans quelques opérations compliquées des abeilles

Nous avons examiné les sens des abeilles dans leurs rapports généraux avec les objets d'une utilité directe; mais il est très probable que leur sphère d'activité ne se borne pas à la distinction des odeurs et des substances dont elles doivent faire la récolte: l'art de recueillir et de mettre en œuvre ces matériaux n'est qu'une branche de l'histoire des abeilles; la conduite de ces mouches, considérée comme formant ensemble une grande société dont la prospérité dépend d'éléments plus ou moins variables, doit offrir, pour ainsi dire, des relations civiles entre tous les individus de la peuplade.

L'on ne peut douter que leurs sens n'aient une grande part dans les opérations qui résultent de cet état de choses. Il était donc essentiel de déterminer par l'expérience le degré d'influence qu'on peut leur attribuer dans ces développements où l'instinct paraît s'élever au niveau des circonstances les plus compliquées.

La formation d'une reine, lorsqu'un accident vient à faire périr celle d'une ruche, nous parut un de ces faits dignes d'occulter nos méditations et d'exercer nos recherches. Si l'on se donne le temps de considérer ce que c'est, pour des insectes, que l'opération dont il s'agit , que la pro- motion d'un de leurs élèves à une destinée différente de celle à laquelle il semblait préparé, on est déjà étonné de la hardiesse du dessin, soit que l'ouvrière se doute ou ne se doute pas du but auquel elle doit parvenir en changeant la nourriture et la forme du logement destiné au ver royal, il est certain qu'il y a dans sa conduite un raffinement d'instinct dont on ne croirait pas qu'un insecte fut capable.

Dans une circonstance donnée, mais très rare, la peuplade court le danger d'une destruction prochaine par la perte de sa reine : la nature instruit l'abeille à prévenir un sort aussi funeste en prodiguant à différentes larves d'ouvrières les soins qui sont réservés à l'ordinaire aux vers royaux. Ces soins produisent l'effet désiré ; mais qu'est ce qui invite l'abeille à prendre ces mesures; comment l'absence de sa reine lui indique-t-elle cet acte si compliqué, si remarquable; ce choix de l'âge des sujets propres à remplir le but auquel elle doit parvenir?

La reine d'abord ne semble pas manquer aux abeilles.

Si la seule absence de la reine devait produire chez ces mouches l'effet que nous avons observé, on les verraient construire de nouvelles cellules aussitôt après sa disparition ; mais au contraire lorsqu'on enlève une reine à sa ruche natale les abeilles ne paraissent pas d'abord s'en apercevoir; les travaux de tout genre se soutiennent, l'ordre et la tranquillité ne sont point troublés: ce n'est qu'une heure après le départ de la reine que l'inquiétude commence à se manifester parmi les ouvrières, le soin des petits ne semble plus les occuper, elles vont et viennent avec vivacité; mais ces premiers symptômes d'agitation ne se font pas sentir à la fois dans toutes les parties de la ruche. Ce n'est d'abord que sur une seule portion d'un gâteau que l'on commence à les apercevoir ; les abeilles agitées sortent bientôt du petit cercle qu'elles parcouraient, et lorsqu'elles rencontrent leurs compagnes elles croisent mutuellement leurs antennes et les frappent légèrement. Les abeilles qui reçoivent l'impression de ces coups d'antennes s'agitent à leur tour et portent ailleurs le trouble et la confusion, le désordre s'accroît dans une progression rapide, il gagne la face opposée du rayon, et enfin toute la peuplade; on voit alors les ouvrières courir sur les gâteaux, s'entrechoquer, se précipiter vers la porte et sortir de leur ruche avec impétuosité; delà elles se répandent tout à l'entour, elles rentrent et sortent à plusieurs reprises, le bourdonnement est très grand dans la ruche, il augmente avec l'agitation des abeilles; ce désordre dure environ deux ou trois heures, rarement quatre ou cinq, mais jamais davantage.

Quelle impression peut causer et arrêter cette effervescence; pourquoi les abeilles reviennent-elles par degrés à leur état naturel, et reprennent-elles de l'intérêt pour tout ce qui semblait leur être devenu indifférent? Pourquoi un mouvement spontané les ramène-t-il vers leurs petits qu'elles avaient abandonnés pendant quelques heures? Qu'est ce qui leur inspire ensuite l'idée de visiter ces larves de différents âges et de faire choix parmi elles des sujets qu'elles doivent élever à la dignité de reines?

En 24 heures, les abeilles vont commencer à remplacer une reine perdue.

Si on visite cette ruche vingt-quatre heures après le départ de la mère commune, on verra que les abeilles ont travaillé à réparer leur perte; ou distinguera aisément ceux de leurs élèves qu'elles ont destiné à devenir reines ; cependant à cette époque la forme des cellules qu'ils occupent n'a point encore été altérée; mais ces alvéoles qui sont toujours au nombre de ceux du plus petit diamètre se font déjà remarquer par la quantité de bouillie qu'ils renferment: ils en contiennent alors infiniment plus que les berceaux des larves ouvrières. Il résulte de cette abondance de matière alimentaire que les larves choisies par les abeilles pour remplacer un jour leur reine, au lieu d'être logées au fond de l'alvéole dans lequel elles sont nées, sont placées tout auprès de son orifice.

Les larves destinées à devenir reines sont transportées à l'embouchure de la cellule avec de la bouillie.

C'est probablement pour les amener là que les abeilles accumulent la bouillie ou pâtée derrière elles, et qu'elles leur font un lit si élevé; ce qui le prouve c'est que ce tas de bouillie ne sert point à leur nourriture; car on le retrouve encore tout entier dans les cellules quand le ver est descendu dans le prolongement pyramidal par lequel les ouvrières terminent leur logement.

On peut donc connaître les larves destinées à donner des reines par l'aspect des cellules qu'elles habitent avant même que celles-ci aient été élargies et qu'elles aient acquis une forme pyramidale. D'après cette observation il était facile de s'assurer au bout de vingt-quatre heures si les abeilles avaient pris le parti de remplacer leur reine. Dans le nombre des mystères dont ce grand trait de leur instinct est enveloppé, il en est un que j'espérai de pouvoir dévoiler et qui me paraissait de nature à éclaircir d'autres points d'une égale obscurité.

Comment les abeilles s'assurent-t-elles de l'absence de leur reine?

Il avait toujours paru difficile d'expliquer comment les abeilles peuvent s'assurer de l'absence de la reine qu'on leur a enlevée, car celles de ces mouches qui se trouvent dans les parties reculées ou seulement du côté opposé du rayon sur lequel la reine était placée ne devaient point s'apercevoir de sa disparition, et cependant il était évident, d'après les observations précédentes, qu'au bout d'une heure en avaient connaissance ; que cette situation leur devenait pénible, qu'elles manifestaient alors une grande agitation et paraissaient chercher l'objet de leur sollicitude.

Comment s'assuraient-elles donc de l'absence de leur reine? Etait-ce par le moyen de l'odorat ou du toucher ; devait-on attribuer à quelques sens inconnus la vertu de les instruire de l'état critique de leur peuplade, ou fallait-il enfin recourir à la supposition que ces insectes pouvaient se communiquer par des signes représentatifs, une nouvelle aussi importante: je ne voulus point livrer aux conjectures une question que l'expérience et l'observation pouvaient décider.

Lorsque j'avais été appelé à faire l'enlèvement d'une reine, je m'étais aperçu que l'on ne pouvait l'exécuter sans causer quelque agitation chez les abeilles; dans cette opération on est toujours obligé d'ouvrir la ruche et par conséquent d'y introduire la clarté du jour et l'air extérieur, dont la température est bien différente de celle de leur habitation. On n'éprouve point de résistance de la part des ouvrières lorsqu'on avance la main pour saisir la mère abeille, mais il se pouvait que celles dont elle est environnée fussent frappées, de cet enlèvement: pour écarter tous les doutes et toutes les circonstances qui pouvaient agiter ces mouches, j'employai un procédé moins susceptible d'équivoque.

Expérience sur les abeilles reconnaissant l'absence de la reine.

Je divisai la ruche en deux parties égales au moyen d'une cloison grillée; cette opération se fit avec tant de célérité et de délicatesse que l'on n'aperçut pas le moindre trouble au moment de l'opération, et que l'on ne blessa aucune abeille. Les barreaux de la grille étaient trop rapprochés pour permettre aux abeilles des deux demi-ruches de passer de l'une dans l'autre; mais ils laissaient assez d'ouverture entre eux, pour que l'air et les vapeurs pussent circuler librement dans toutes les parties de la ruche. Je ne savais point où était la reine de cette peuplade, mais le tumulte que j'observai et le bourdonnement que j'entendis dans la demi ruche m'apprirent bientôt qu'elle était sans reine, et que celle-ci était restée dans la portion N°2, où tout était tranquille.

Je fermai alors les portes de ces deux ruches afin que les abeilles qui cherchaient leur reine ne la trouvassent pas dans le retranchement ou je l'avais confinée, mais j'eus soin que l'air extérieur put circuler dans leurs habitations.

Les abeilles se calmèrent au bout de deux heures et tout rentra dans l'ordre accoutumé,

Le 14 nous visitâmes la ruche N°1 et nous y trouvâmes trois cellules royales commencées. Le 15 nous ouvrîmes les portes de ces deux ruches, les abeilles allèrent sur les fleurs, et nous vîmes à leur retour qu'elles ne se mêlaient pas et que celles de l'une ne rentraient point dans l'autre. Le 24 nous trouvâmes deux reines mortes à la porte de la ruche N°1, et nous aperçûmes, en examinant ses gâteaux, celle qui les avait tués en sortant de sa cellule. Le 30 la reine sortit de sa ruche, elle fut fécondée, et dès lors le succès de l'essaim fut assuré.

Les ouvertures que j'avais ménagées dans la cloison, permettaient aux abeilles de la ruche N°1 de communiquer avec leur reine au moyen de l'odorat, de l'ouïe, ou d'un sens inconnu; elles n'en étaient séparées que par un intervalle de 3 ou 4 lignes qu'elles ne pouvaient franchir, et cependant ces mêmes abeilles s'étaient agitées, elles avaient construit des cellules royales et élevé de jeunes reines , elles s'étaient donc conduites comme si la leur eût été réellement éloignée d'elles et perdue pour toujours; cette observation prouvait que ce n'était pas par le moyen de la vue, de l'ouïe ou l'odorat, que les abeilles s'apercevaient de la présence de leur reine; que le secours d'un autre sens leur était nécessaire; mais, puisque la cloison dont je m'étais servi dans cette expérience ne leur avait ôté que le contact de leur femelle, n'était-il pas assez probable qu'il fallait qu'elles la touchassent avec leurs antennes pour être instruites de son séjour au milieu d'elles, et que c'était par le moyen du tact placé dans cet organe que les idées sensibles de leurs gâteaux, de leurs petits, de leurs compagnes et de leur reine, leur étaient communiquées.

Cependant pour obtenir une satisfaction complète à cet égard il fallait encore savoir si les abeilles s'agiteraient dans le cas où les mailles du grillage et son épaisseur leur permettraient de faire passer leurs antennes dans la division où la reine était renfermée.

Pour cet effet on enleva un carreau d'une de mes ruches vitrées, on lui substitua une boite de la même dimension, fermée du côté de la ruche par un grillage assez serré pour que les abeilles ne pussent y passer leur tête; mais qui leur permettaient d'y introduire leurs antennes ; un châssis mobile et vitré fermait l'autre face de la boîte.

Comme on ne voulait point agiter les abeilles, au lieu d'ouvrir leur ruche pour s'emparer de la reine, l'on préféra d'attendre qu'elle vint se poser sur ta face antérieure d'un des gâteaux apparents; on ouvrit alors le châssis vitré qui la renfermait de ce côté-là et on la prit au milieu; de ses compagnes sans alarmer celles qui formaient son cortège.

On la plaça immédiatement dans la boîte vitrée destinée à lui servir de prison; mais pour qu'elle ne souffrit pas trop d'une condition si différente de celle à laquelle elle était accoutumée, on renferma avec elle quelques-unes des abeilles de la même ruche, et celles-ci lui rendirent les soins ordinaires.

On observa d'abord que le trouble qui suit ordinairement le départ ou la perte de la reine n'eut pas lieu dans cette occasion; tout resta dans l'ordre, les abeilles n'abandonnèrent pas un seul instant leur couvain, les travaux ne furent point suspendus, et quarante-huit heures après ayant ouvert la ruche nous n'y trouvâmes aucune cellule royale commencée, les abeilles n'avaient fait aucune disposition pour se procurer une autre reine ; on ne voyait pas un seul alvéole commun garni de cet amas de gelée destinée à exhausser le ver royal. Toutes les abeilles savaient donc qu'elles n'avaient pas besoin de remplacer leur reine et que celle-ci n'était point perdue, aussi quand nous la leur rendîmes ne la traitèrent-elles pas en étrangère, elles parurent la reconnaître à l'instant, et nous la vîmes pondre au milieu du cercle que les ouvrières formaient autour d'elle.

Ce qu'il y eût de très remarquable pendant la réclusion de cette reine, c'est le moyen que les abeilles employèrent pour communiquer avec elle: un nombre infini d'antennes passées au travers de la grille et jouant en tous sens ne permettaient pas de douter que les ouvrières ne fussent occupées de leur mère commune; celle-ci répondait à leur empressement de la manière la plus marquée, car elle était presque toujours cramponnée contre la grille, croisant ses antennes avec celles qui la cherchaient si évidemment; les abeilles s'efforcèrent de l'attirer au milieu d'elles, leurs jambes passées au travers du grillage, saisissaient celles de la reine, et les tenaient avec force; on vit même plusieurs fois leur trompe traverser les mailles du fil de fer et notre captive nourrie par ses sujettes depuis l'intérieur de la ruche.

Comment douter après cela que la communication entre les ouvrières et leur reine n'eût été entretenue par le mutuel attouchement des antennes, et que la sachant si près d'elles les abeilles n'eussent point senti la nécessité de s'en donner une autre.

Il me semble qu'on ne pouvait plus; m'objecter que l'odorat avait indiqué aux ouvrières la présence de leur reine; cependant pour en acquérir une nouvelle preuve je répétai la même expérience en renfermant leur mère commune, de manière que ses émanations, seules puissent pénétrer dans la ruche.

Je fis saisir la reine d'une de mes ruches en feuillets, on l'introduisit dans une boîte composée d'un double grillage dont les mailles étaient trop distantes les unes des autres pour que les antennes pussent jouer leur rôle; le résultat de ses dispositions fut tel que nous l'avions prévu; les abeilles, après une heure de calme, s'agitèrent abandonnèrent leurs travaux et leurs petits, sortirent de la ruche, y rentrèrent ensuite, et le calme se rétablit au bout de deux ou trois heures: le lendemain nous visitâmes les gâteaux et nous y reconnûmes huit ou dix cellules royales commencées depuis la veille, ce qui nous prouva démonstrativement que les abeilles avaient cru leur reine perdue, quoiqu'elle fût au milieu d'elles. Ses émanations n'avaient donc pas suffit pour les détromper, il fallait qu'elles la touchassent pour s'assurer de sa présence,

Mais comme chaque abeille ne peut pas être à la fois dans toutes les parties de la ruche, il faut admettre aussi qu'elles se communiquent entre elles leur inquiétude et qu'elles travaillent en commun à réparer leur perte.

Expériences sur la privation d'antennes des reines, des ouvrières et des drones.

Si l'on pouvait encore douter de la part que le toucher a dans les travaux et dans les communications de ces insectes, il suffirait pour s'en convaincre de lire les expériences suivantes. On se rappelle peut être celles que nous avons tentées sur les antennes des reines. L'amputation d'un seul de ses organes n'apportait aucun changement dans leur conduite; mais si l'on coupait les deux antennes, près de leurs racines, ces êtres si privilégiés, ces mères si considérées dans leur peuplade perdaient toute influence, l'instinct même de la maternité disparaissait ; au lieu de déposer leurs œufs dans des cellules, elles les laissaient tomber çà et là, elles oubliaient jusqu'à leur haine mutuelle de rivalité entre les reines désantennées, elles passent les unes près des autres sans se reconnaître et les ouvrières mêmes semblent participer à leur indifférence comme si elles n'étaient averties du danger dont la peuplade est menacée, que par l'agitation de leur reine.

Il n'était pas moins curieux de connaître l'effet moral de l'amputation des antennes sur les mâles et les ouvrières : on mutila pour cette expérience deux cents ouvrières, et trois cents mâles, on rendit la liberté aux premières; elles rentrèrent dans leur ruche aussitôt; mais nous observâmes qu'elles ne remontaient point sur leurs gâteaux et ne partageaient plus aucun des soins du ménage, elles s'obstinaient à rester dans la partie inférieure de leur habitation qui recevait quelque lueur de la porte même, la lumière seule avait de l'attrait pour elles; bientôt après elles ressortirent de la ruche et la quittèrent pour toujours.

Les mâles éprouvèrent les mêmes effets de l'amputation que nous leur avions fait subir, ils rentrèrent aussi dans leur demeure; mais ils ne savaient en retrouver les routes intérieures, ils se précipitaient du côté où le volet entrouvert laissait pénétrer de la clarté et cherchaient une issue dans cette partie. Nous en vîmes quelques-uns demander du miel aux ouvrières; mais c'était vainement, ils ne savaient plus diriger leur trompe, ils la portaient maladroitement sur leur tête ou sur leur corselet, aussi n'en obtinrent-ils aucun secours; on ferma les volets, et dès qu'ils ne virent plus le jour, ils se précipitèrent hors de leur habitation, quoiqu'il fut alors six heures du soir et qu'il ne sortit aucun mâle des autres ruches. Leur départ devait donc être attribué à la perte du sens au moyen duquel ils se dirigent dans l'obscurité.

Nous avons dit que la privation d'une seule antenne ne produisit aucun effet sensible sur l'instinct des reines ; celui des mâles et des ouvrières, ne parut pas non plus en être altéré. L'amputation d'une petite partie de cet organe ne leur ôta pas la faculté de reconnaître les objets, nous nous en assurâmes en les voyant rester dans leur ruche et se livrer à leurs travaux ordinaires. On ne peut donc pas attribuer   la douleur de l'opération à la conduite des abeilles privées de leurs antennes, il faut qu'elle tienne à l'impossibilité de se diriger dans l'obscurité et de communiquer avec les autres individus de la peuplade.

Ce qui donne encore du poids à ces conjectures, c'est que c'est surtout pendant la nuit que les abeilles font usage de leurs antennes; pour s'en assurer il suffit de suivre leurs mouvements, au clair de la lune lorsqu'elles font la garde à la porte de leur ruche afin de prévenir l'entrée des papillons, de teignes qui voltigent à l'entour; il est curieux d'observer avec quel art la teigne qui sait profiter du désavantage des abeilles, à qui une grande clarté est nécessaire pour voir les objets, et la tactique que ces dernières employant pour reconnaître et écarter ce dangereux ennemi; sentinelles vigilantes, les abeilles rodent autour de leur habitation, leurs antennes toujours étendues en avant se dirigent alternativement à droite et à gauche; malheur à la teigne si elle ne parvient à échapper à leur contact: elle cherche à se glisser entre les gardiennes en évitant soigneusement la rencontre de cet organe mobile comme si elle savait que sa sûreté dépend de cette précaution. Nous n'avons point voulu affirmer que les insectes jouissent de l'ouïe, cependant nous avouerons que nous avons souvent été tentés de le croire.

Sur l'audition.

Les abeilles qui veillent à la porte de leur ruche pendant la nuit, font fréquemment entendre un petit frémissement très court; mais si un insecte étranger, ou un ennemi quelconque, vient là toucher leurs antennes, les garde s'émeut, le bruit prend un caractère différent de celui que les abeilles produisent, lorsqu'elles volent.

Confirmation de la découverte de Schirach.

On sera peut être étonné de nous voir revenir sur des faits dont nous avons déjà occupé nos lecteurs dans le premier volume; et qui paraissaient confirmés par nos propres observations. Ceux qui font l'objet de la quatrième lettre sont d'une si grande importance pour l'histoire des abeilles, et pour la physiologie animale, qu'on ne nous saura point mauvais gré de les traiter ici avec plus de profondeur que nous ne l'avions fait d'abord, d'ailleurs, outre l'intérêt de la vérité; nous devons prendre la défense d'un observateur fidèle, à qui la science des abeilles doit ses plus grands progrès, et dont la réputation vient d'être attaquée d'une manière outrageante par un auteur italien.

Sur le sexe des ouvrières.

Pendant longtemps, il été établi, comme une vérité hors de doute, que les abeilles ouvrières n'avaient point de sexe.

Les observations de Swammerdam les réduisaient non seulement au rang de mouches stériles, mais à celui de véritables neutres. Réaumur et Maraldi partageaient cette opinion; à leur exemple la plupart des auteurs en avaient fait un ordre distinct ; mais les découvertes de Schirach commencèrent à saper cette opinion dans ses fondements.

Il démontra par des expériences multipliées que les abeilles pouvaient en tout temps se procurer une reine lorsqu'on leur enlevait la leur, si elles possédaient des gâteaux de cellules communes dans lesquels se trouvassent des larves de trois jours. Il conclut de ce fait que les abeilles ouvrières étaient du sexe féminin, et qu'il ne fallait, pour qu'elles devinssent de véritables reines, que certaines conditions matérielles, comme une nourriture particulière et un logement plus vaste.

Des vues contraires aux notions généralement reçues, furent accueillies avec enthousiasme d'une part, avec défiance de l'autre ; on ne niait point que les abeilles ne pussent se procurer une reine lorsqu'elles avaient du couvain de tout âge, puisque M. Schirach avait obtenu ce résultat dans un grand nombre d'expériences faites avec scrupule, en présence de témoins éclairés et dignes de foi ; mais on ne pouvait croire à la conversion d'un ver d'ouvrière en un ver royal. On voulait qu'il se trouvât des œufs royaux dans les cellules d'ouvrières, et que ce fussent justement ceux-là que les abeilles renfermées par M. Schirach avaient promus au rang de reines ; vainement il répétait les expériences, vainement il opposait l'improbabilité de cette supposition, l'objection restait dans toute sa force ; cependant il fit usage des meilleurs microscopes, et ne put apercevoir aucune différence entre les larves qui devaient produire à son choix une reine et une ouvrière.

M. Schirach, désirant s'étayer de l'opinion d'un grand philosophe, adressa à M. Bonnet plusieurs lettres dans lesquelles il lui faisait part de sa découverte, avec tous les détails qui devaient entraîner son suffrage; mais il trouva en lui un zélé partisan des idées de Réaumur, et ce ne fut qu'après avoir multiplié les preuves de ce qu'il avançait que M. Schirach réussit à ébranler l'opinion de ce savant; cependant il n'eut pas la satisfaction de l'avoir pleinement convaincu.

Invité par M. Bonnet à répéter les expériences de l'observateur de Lusace, je reconnus la vérité de ses assertions, j'ajoutai même de nouveaux développements aux siens, et je donnai des preuves assez fortes de la transformation dont on disputait la réalité; mais je sentais, comme lui, que cette vérité importante ne pouvait être constatée entièrement que lorsqu'on aurait des preuves matérielles du sexe des ouvrières; cependant je conservais l'espoir de résoudre un jour cette grande question.

La découverte des abeilles fécondes annoncée par M. Riem, et confirmée par mes propres observations, me faisait présager que toute la caste des ouvrières appartenait au sexe féminin. La nature ne fait rien par saut; les ouvrières fécondes semblables en cela aux reines dont la fécondation est retardée, ne pondent que des œufs de mâles: un degré de plus, elles pouvaient être tout à fait stériles sans être moins femelles originairement. Je n'admettais point que les abeilles ouvrières fussent des monstres ou des individus imparfaits : trop de dons précieux, trop d'industrie, trop d'activité, leur ont été accordés ; trop de merveilles résultent de leur instinct et de leur organisation pour que je puisse les considérer comme le rebut de l'espèce ou comme des êtres imparfaits relativement aux reines; il me semblait qu'une philosophie éclairée pouvait concilier toutes les difficultés.

Rien ne répugne plus à la raison que l'hypothèse d'une transformation réelle; toutes celles qui jadis furent admises par la crédulité, ont été réduites par les observations des grands anatomistes du 16me et 17me siècles à de simples développements plus admirables encore. Au premier abord la question suivante semble faire renaître l'idée d'une transformation. Le ver qui va éclore de cet œuf sera-t-il une reine susceptible d'une prodigieuse fécondité, mais inhabile aux travaux de tous genres que l'on observe chez les abeilles; ou une ouvrière stérile, mais capable de l'industrie la plus étonnante: ces deux modes d'existence s'excluent mutuellement. L'abeille a des organes appropriés. Il sa destination et que ne possède point la reine qui lui a donné le jour; de fortes mâchoires, une palette et une pince d'une forme particulière dont nous avons fait sentir l'usage; des loges à cire; une trompe plus longue, des ailes proportionnellement plus grandes, etc. Si la reine a les mêmes parties, elles sont modifiées chez elle de manière à ne pouvoir remplir aucune des fonctions communes aux ouvrières. Tant que l'on voudra supposer que pour convertir une larve d'ouvrières en celle d'une reine, il faut admettre un échange de ces parties, on croira cette conversion impossible, et l'on aura raison: si, comme je le présume, ces deux êtres n'en étaient qu'un originairement et avaient la même indivi-dualité, on aurait autant de droit à penser qu'ils pouvaient donner une reine qu'une abeille commune. Les uns vou-dront que la reine soit dans l'œuf et qu'une circonstance particulière en ait fait une ouvrière; d'autres pourront également affirmer que l'abeille ouvrière était l'insecte original dont la reine a été tirée par quelques modifica-tions; car on ne peut s'empêcher, de croire que les facul-tés de l'abeille ouvrière et les organes qui lui sont propres ne préexistassent à leur développement. On sera donc conduit à cette réflexion, que cet être qui n'est encore ni reine ni ouvrière, que le ver avant trois jours possède les germes de l'insecte industrieux et de l'insecte susceptible de fécondité; le germe des organes des deux animaux, l'instinct de l'abeille ouvrière et celui de l'abeille mère non développés, mais susceptibles de l'être, suivant la direc-tion donnée par les circonstances de l'éducation. Dans l'un des cas, les facultés génératrices seront étouffées ou resteront sans développements; dans l'autre, ce seront les facultés industrielles.

Entre ces deux extrêmes la nature présentera peut-être des êtres mixtes qui participeront à l'essence des reines et aux qualités des ouvrières, de là les ouvrières fécondes et les petites reines observées par Needham. On conçoit mieux l'anéantissement de certaines facultés et des organes correspondants que leur création spontanée; c'est sur cela qu'est fondée l'explication que je viens de donner.

Je veux cependant prévenir une objection qu'on pourrait faire à cette théorie: comment expliquer (dira-ton) l'instinct opposé des ouvrières et de la reine d'une ruche relativement aux autres reines; car les ouvrières ont pour leur mère une sorte d'amour et leur rendent les soins les plus assidus, tandis que les reines éprouvent les unes à l'égard des autres une haine implacable.

Mais savons-nous à quel degré les circonstances peuvent développer tel ou tel sentiment chez les insectes? Je n'en citerai qu'un exemple, imprimé dans les transactions de la société Linnéenne de Londres (6me vol.). On sait qu'il y a chez les bourdons velus, comme chez les abeilles domestiques, des individus de trois sortes. Dans l'une de ces républiques que nous observions il se passa des faits très remarquables; plusieurs ouvrières qui, jusqu'à une certaine époque, avaient vécu dans la meilleure intelligence avec la mère commune de la peuplade, étant devenues fécondes donnèrent des signes de la jalousie la plus violente; quelques-unes d'entre elles furent victimes de la colère des autres, et l'on vit la femelle principale périr par l'aiguillon des ouvrières auxquelles elle avait donné le jour; si donc une telle rivalité peut naître entre les ouvrières dès qu'elles participent à la fécondité, si leur affection pour leurs compagne; et pour leur mère peut en un instant se changer en haine, l'objection que l'on pourrait tirer de l'instinct différent des reines et des ouvrières, cette objection, la plus forte que nous puissions imaginer contre l'hypothèse de leur identité primitive, est donc réduite à sa juste valeur: ce trait nous fait voir que le germe des passions n'attendait pour se développer que les circonstances qui sont en harmonie avec elles, après cela que ne peut-on pas accorder à la mobilité de l'instinct ?

Mes conjectures sur le sexe des ouvrières reçurent enfin la confirmation la plus inattendue; un fait singulier et qui est un exemple frappant des modifications que l'espèce abeille et susceptible de recevoir, me conduisit à des recherches dont les résultats nous ont paru de la plus grande importance.

Histoire des Abeilles noires.

En 1809 nous remarquâmes quelque chose de particulier dans la manière dont certaines abeilles étaient traitées par leurs compagnes à la porte de leur demeure. Le 20 Juin un peloton d'ouvrières réunies attira notre attention, les abeilles qui le composaient étaient si irritées qu'on n'osa point les séparer; la nuit qui survint nous empêcha de découvrir la cause de cet attroupement, mais les jours suivants nous aperçûmes à plusieurs reprises des abeilles occupées à défendre l'entrée de cette ruche à quelques individus, dont l'extérieur n'était pas absolument le même que celui des ouvrières ordinaires, on en saisit quelques-uns : ils ne différaient des ouvrières que par la couleur, ils avaient moins de duvet sur le corselet et l'abdomen, ce qui les faisait paraître plus noirs, à cela près la forme des jambes, des antennes, des dents, l'habitude du corps, la grandeur, tout à l'extérieur présentait une parfaite similitude avec les abeilles communes.

Chaque jour on vit des mouches noires à la porte du rucher, il était évident que les ouvrières les en expulsaient; ces deux sortes d'abeilles se livraient des combats dans lesquels l'ouvrière commune avait toujours le dessus; elle tuait bientôt son adversaire, on le réduisait à un tel état de faiblesse qu'il ne pouvait lui résister: elle le prenait alors entre ses dents et l'emportait fort loin de la ruche. Nous enlevâmes plusieurs mouches noires et nous les introduisîmes dans un vase particulier; mais aussitôt elles s'élancèrent les unes sur les autres et s'entretuèrent, nous en renfermâmes dans un poudrier avec des ouvrières de la même ruche ; celles-ci ne les eurent pas plutôt aperçues qu'elles les attaquèrent et leur donnèrent la mort.

Chaque jour nous voyons un plus grand nombre de ces mouches proscrites; une fois éloignées de leur ruche natale elles n'y revenaient point; elles périssaient donc par la faim quand l'aiguillon des ouvrières les épargnait.

Cette singulière scène dura pendant tout le reste de la belle saison, quelquefois il semblait que les ouvrières traitaient les mouches noires avec moins de rigueur, celles-ci paraissaient alors modifiées un peu différemment des premières, elles se haïssaient moins et ne s'attaquaient plus mutuellement; mais bientôt la rigueur des abeilles communes redoublait à leur égard et les mouches noires étaient de nouveau expulsées.

Nous ne pouvions savoir si tout le couvain de cette ruche n'était pas atteint de la maladie, ou de l'état particulier qui rendait ces mouches odieuses à leurs compagnes, et comme nous vîmes leur nombre augmenter infiniment pendant quelques semaines nous eûmes lieu de craindre que toute la ponte de la reine ne fut altérée. Mais à la fin de Septembre on cessa de voir des mouches noires: la ruche paraissait avoir souffert de l'exil de tant d'individus, elle était moins forte qu'auparavant; cependant nous nous rassurâmes sur l'état de cette peuplade, lorsque nous nous convainquîmes que la reine n'avait pas perdu la faculté de pondre des œufs d'où sortissent des ouvrières bien constituées.

Dès le mois d'Avril de l'année suivante nous observâmes cette ruche et nous ne Vîmes reparaitre aucune mouche noire, le nombra des ouvrières augmenta tellement que nous espérâmes qu'elle nous donnerait un essaim: mais il n'eut pas lieu cette année (1810), nous fûmes donc pleinement confirmés dans l'opinion, que la cause de cette anomalie quelle qu'elle fut, n'avait affectés qu'une partie des œufs de cette reine.

Plusieurs autres questions se présentaient encore ici: la reine était-elle entièrement guérie de cette disposition à produire des individus monstrueux ? Ce vice devait-il être héréditaire? Quelles en seraient les conséquences à l'égard des reines, qui proviendraient de celle-ci?

L'observation nous apprit que la reine de cette ruche n'était pas guérie sans retour ; car en 1811, c'est-à-dire deux ans après la naissance des mouches noires que nous avions observées, nous en vîmes reparaître d'autres en très grand nombre, avec les mêmes circonstances et les mêmes caractères ; enfin l'année dernière 1812 la ruche jeta un très bel essaim : comme la vielle reine suit toujours la colonie nouvelle on ne tarda pas à voir des abeilles défectueuses à la porte de son habitation.

Mais ce qui était plus curieux encore ce fut d'observer à la fois le même phénomène dans les deux ruches; l'ancienne avait jeté le 3 de Juin, et ce fut le deux de Juillet que nous aperçûmes des abeilles défectueuses à sa porte; il est évident qu'elles ne pouvaient appartenir au couvain produit par la reine qui était passée dans la nouvelle ruche et ce fait nous convainquit que le vice de la reine mère était héréditaire dans celles de sa race.

Note: Ces abeilles pourraient facilement être de cette reine. Cette année (1813), nous avons encore vu des abeilles noires maltraitées à l'entrée de ces deux ruches, mais en petit nombre.

On voit cependant que ce trait n'est encore qu'esquissé; notre but, en le publiant, est d'éveiller l'attention des observateurs afin d'obtenir plutôt la réunion de faits nécessaires pour compléter l'histoire des mouches défectueuses.

Le désir de découvrir la cause de l'extermination des abeilles noires m'engagea à examiner si ces mouches n'avaient rien à l'extérieur ou dans leurs parties internes qui annonçât un développement d'organes sexuels; je pensais que si c'était de véritables femelles, elles pouvaient donner de l'inquiétude aux abeilles relativement à leur reine, et que c'était peut-être pour mettre celle-ci à l'abri de ses rivales qu'elles les expulsaient de leur habitation.

Mademoiselle Jurine

Il n'y avait qu'un seul moyen de découvrir si mes soupçons étaient fondés, il fallait disséquer ces mouches avec un soin tout particulier. Je n'avais auprès de moi et dans ma famille personne d'assez exercé dans l'art difficile de la dissection pour remplir mes vues; ces recherches exigeaient des connaissances très étendues et une dextérité particulière; mais je me rappelais avec gratitude tout ce que je devais déjà à l'amitié et à la complaisance d'une jeune personne également distinguée par la réunion des qualités les plus rares, des vertus les plus touchantes et par des talons supérieurs, qui donnant à ses facultés la direction la plus analogue aux goûts d'un père chéri auquel plus d'une science sont redevables, avait consacré à l'histoire naturelle son temps et tous les dons qu'elle avait reçu de la nature ; aussi habile à peindre les insectes et leurs parties les plus délicates, qu'à découvrir le secret de leur organisation, rivale à la fois des Lyonnet et des Mérian : telle était celle que l'histoire naturelle devait regretter à tant de titres, et qui peu de temps avant cette fatale époque signala ses talents par des découvertes qui avaient échappé aux Swammerdam et aux Réaumur. Ce fut à Mademoiselle Jurine que je confiai la recherche importante dans laquelle tant de célèbres anatomistes avaient échoué, celle des organes qui devaient constater une vérité inconnue jusqu'à présent.

Il s'agissait d'abord de découvrir si les abeilles défectueuses offraient dans leur organisation quelque différence avec les ouvrières communes; mademoiselle Jurine procéda à cette recherche avec la sagacité qui lui était propre.

Fig. 1.

Fig. 2.

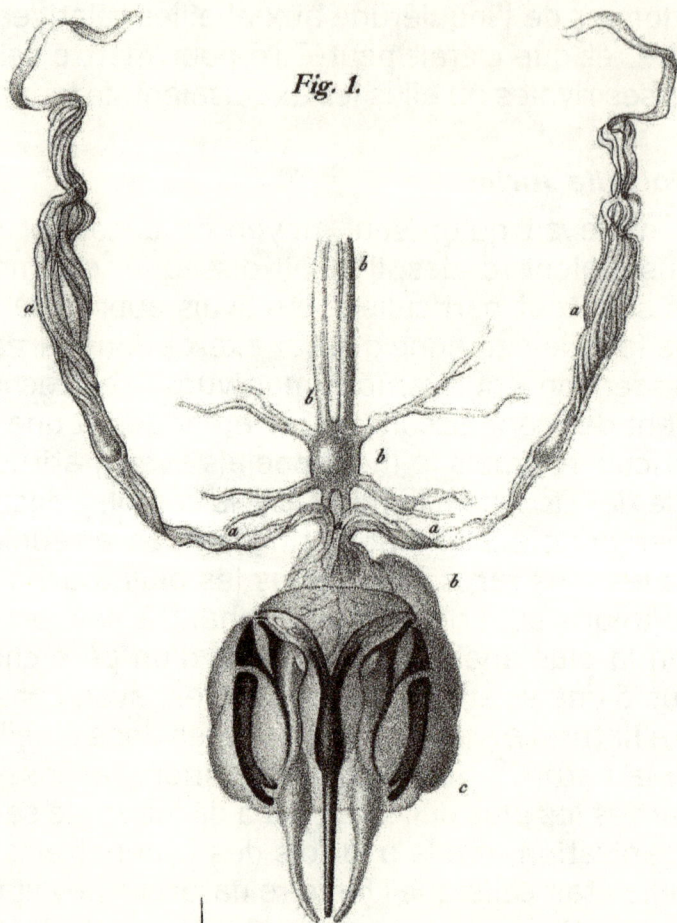

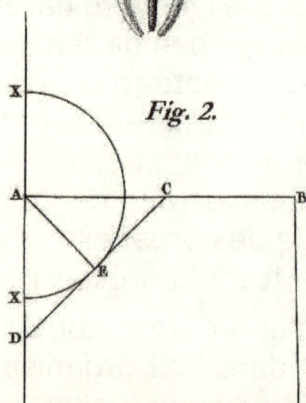

Tome 2 Planche XI— Ovaires des ouvrières et géométrie d'une cellule.

L'aspect extérieur de ces mouches ne lui offrit rien à la vérité que nous n'eussions observé nous-mêmes, c'est à dire qu'à l'exception d'une moindre quantité de duvet sur le corselet elle ne trouva aucune différence entre ces mouches et les abeilles ordinaires: même forme de corselet, de tête et d'abdomen ; les pattes, les dents conformées de la même manière, même longueur dans toutes les parties; identité complète à l'extérieur.

Mais lorsque cette habile naturaliste, poussant plus loin ses recherches, eût enlevé les téguments extérieurs des mouches noires, lorsqu'elle eût écarté les chairs et préparé convenablement les parties internes du corps de ces abeilles, elle y découvrit deux ovaires parfaitement distincts, dans lesquels, à la vérité, on n'apercevait aucun œuf, mais dont la matière et la forme étaient analogues à celle des ovaires des reines, quoi qu'ils fussent moins faciles à distinguer; on en voit (Pl. XI) la figure gravée d'après le dessin original que nous tenons de la même main qui avait disséqué ces abeilles, il représente aussi l'aiguillon (c) avec toutes ses dépendances; la vessie à venin (d) et une portion de la moelle épinière (b).

Nous crûmes d'abord avoir trouvé le nœud de la difficulté; nous ne prévoyons pas alors que cette découverte nous mènerait à une plus importante qui détruirait la conjecture que nous venions de former sur la cause de la persécution de ces mouches; mais qui devait nous dévoiler un mystère longtemps cherché par les naturalistes.

Toutes les ouvrières sont des femelles

Mademoiselle Jurine voulant pousser plus loin la comparaison des abeilles défectueuses avec les ouvrières communes disséqua de la même manière et avec le même soin l'abdomen des abeilles ordinaires, et ce travail la conduisit à reconnaître dans toutes les ouvrières les ovaires qui avaient échappés au scalpel et au microscope de Swammerdam : elle dût principalement cette découverte à une petite précaution que, sans doute l'anatomiste hollandais n'avait point prise et qui était très importante, celle de tenir pendant deux jours le corps de l'abeille ouvert dans l'eau de vie: l'avantage qu'on retire de ce procédé, est de faire prendre plus d'opacité aux membranes transparentes qui sans cette précaution, se confondent avec les fluides. Mademoiselle Jurine disséqua un grand nombre d'abeilles ouvrières prises au hasard à la porte d'une ruche et trouva dans tous les ovaires conformés comme ceux des mouches noires: elle les fit observer à monsieur son père, qui nous a assuré qu'on pouvait même les distinguer à l'œil nu.

L'existence des mouches noires nous conduisit donc à une découverte dont l'importance sera sentie par tous ceux qui ont suivi les progrès et les vicissitudes de l'histoire des abeilles, par tous ceux qui ont lu les objections que les antagonistes de Schirach ont opposées à sa théorie; objections toujours tirées de l'absence des ovaires chez les ouvrières.

Ainsi s'évanouit cette ancienne théorie qui présentait des neutres chez les abeilles; et l'organisation de ces mouches qui ont tant excité notre admiration, en se rattachant aux lois universelles, présente un des phénomènes physiologiques le plus remarquable.

Note: M. Curier dit que l'oviductus des abeilles (reines) reçoit une vessie et un long vaisseau : leurs chapelets sont nombreux de chaque côté; "Il m'a paru," ajoute-t-il, «en avoir vu de très petits dans les abeilles neutres ; ce qui confirmerait l'idée que ce sont des femelles non développées. (Leçons d'anatomie comparée, Tome V. page 198).

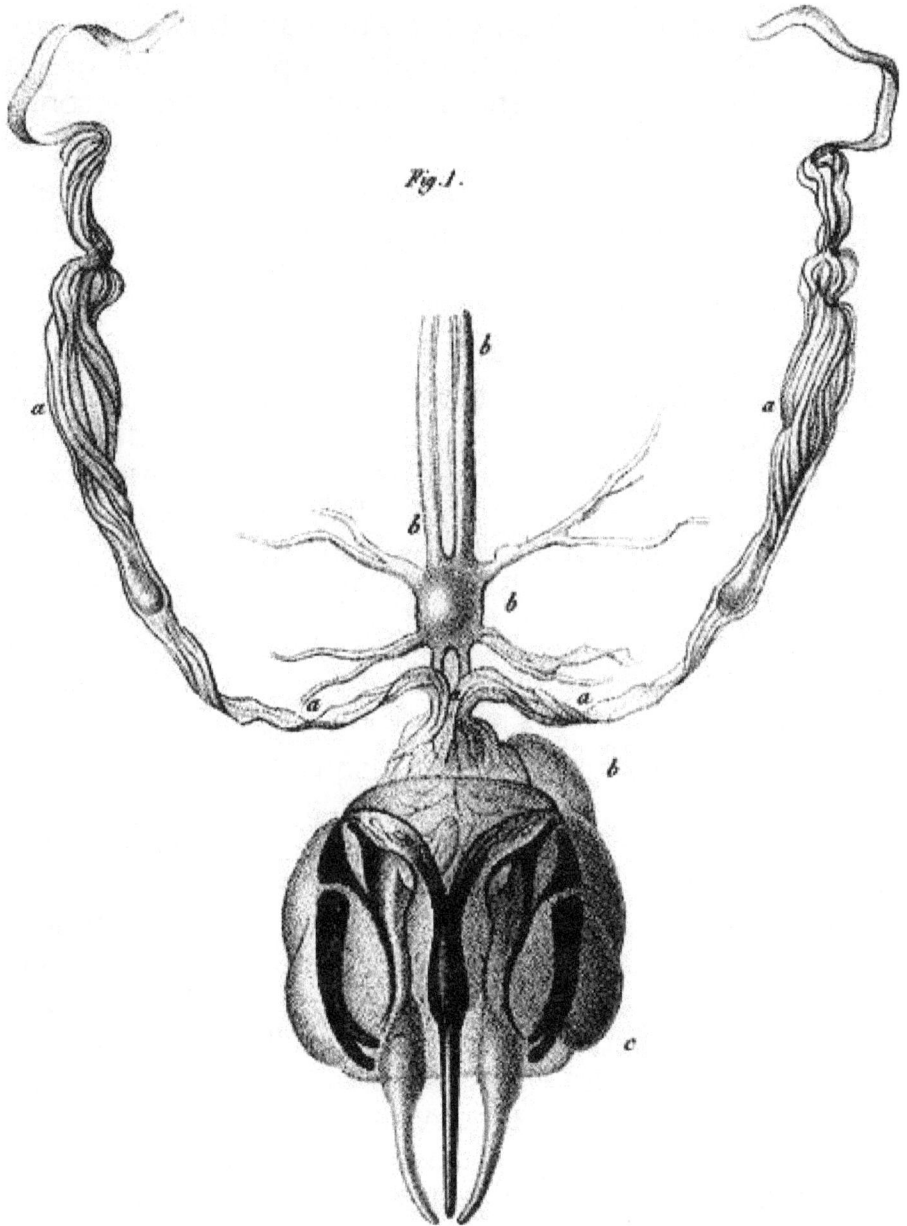

Tome 2 Planche XI Fig. 1—Ovaires des ouvrières.

Le système que nous venons d'établir sur des bases solides devait s'étendre à tous ces insectes, chez lesquels on a observé des mulets; c'est à dire aux bourdons, aux guêpes et aux fourmis; car selon l'opinion d'un grand naturaliste, plus un organe a d'importance dans l'économie animale, plus son existence doit être générale.

Nous allons examiner si cette règle souffre des exceptions dans le cas dont il s'agit, ou si l'on retrouve ici l'uniformité de plan qu'on observe ailleurs dans les ouvrages de la création.

Jusqu'à ce qu'on eût découvert les ovaires des abeilles ouvrières, on ne pouvait pas conclure de la fécondité de quelques-unes d'entre elles au sexe de toute l'espèce; mais une fois que ces deux phénomènes coexistent chez les abeilles, partout où l'un des deux se manifestera avec les mêmes circonstances, on pourra ce me semble admettre par analogie l'existence de l'autre.

Selon les observations de Riem il y'a quelquefois des ouvrières fécondés dans les ruches, et ces individus ne pondent jamais que des œufs de mâles.

Je crois avoir porté ce fait jusqu'à l'évidence dans la première partie de cet ouvrage, et j'ai montré de plus la cause à laquelle on devait attribuer l'apparition des ouvrières fécondes: une nourriture plus analogue à celle que reçoivent les reines, produit le changement remarquable que présente leur constitution. Il serait du plus grand intérêt de pouvoir observer en détail la conduite de ces abeilles à demi fécondes, de ces femelles dont tous les caractères extérieurs sont les mêmes que ceux des ouvrières; mais leur petit nombre rend cette recherche presque impossible; peut-être que si l'on en faisait naître plusieurs dans une caisse semblable à celle dont Schirach se servait pour produire des reines, et si l'on enlevait à temps les cellules royales, on pourrait observer leurs démarches au milieu d'un très petit nombre d'ouvrières : nous n'avons point encore fait cette tentative, mais elle est au nombre de celles que nous nous proposons d'exécuter aussitôt la saison sera favorable; on pourra en même temps observer si la fécondation de ces ouvrières est accompagnée des mêmes circonstances que celle des reines: toutes ces recherches importent à l'histoire des abeilles, à celle de la génération et du développement des facultés et des organes chez les insectes. Il nous importe actuellement de montrer que ce phénomène se représente chez toute cette classe d'insectes qui vivent en société. Dans le mémoire que nous avons déjà cité, nous avons fait voir qu'il y a des ouvrières fécondes chez les bourdons velus; nous avons dépeints la jalousie que le sentiment de maternité développe chez ces individus ; nous avons décrits leur rivalité, leurs fureurs et tous les détails de leur ponte. En comparant ces petites mères et les femelles véritables, nous n'avons trouvé de différence entre elles que dans la taille; mais n'ayant pu découvrir alors si les ouvrières fécondes produisaient des individus de tout sexe, nous nous sommes occupés en dernier lieu d'une recherche qui acquiert de l'importance par ses rapports avec ce qui se passe chez les ouvrières fécondes des abeilles domestiques.

Pour cet effet nous établîmes d'abord un nid de bourdons rouges et noirs (hemoroïdalis Lin.) sur une fenêtre et dans une boîte ordinaire; nous nous aperçûmes bientôt que la mère de la peuplade n'était pas la seule féconde; le mouvement, l'agitation de ces mouches tous les après-midis, leur rivalité, leur ponte enfin, nous en donnèrent la démonstration; il semble qu'il était bien facile de s'assurer du résultat de leur fécondité; mais une circonstance pouvait nous induire en erreur et il fallait la prévenir.

La mère commune pondait souvent dans les mêmes cases où les ouvrières fécondes déposaient leurs œufs: on ne pouvait donc être parfaitement sûr de distinguer les individus qui provenaient de l'une ou de l'autre ponte, sans les séparer complétement : voici le procédé que nous employâmes pour cela, et qui eut un plein succès.

Les bourdons ont des ouvrières pondeuses

On détacha du nid un fragment qui ne contenait point de couvain ; on mit ce fragment dans une boîte ouverte qu'on laissa à la place même où les bourdons étaient accoutumés à retrouver leur nid : la mère et une partie des individus furent transportées avec l'autre portion sur une fenêtre éloignée. Je comptais sur les ouvrières qui étaient allées butiner dans la campagne pour peupler celle qui était restée sans habitants. Effectivement ces bourdons s'établirent à leur retour sur le fragment isolé par: lequel on avait remplacé leurs gâteaux et leur couvain, quoiqu'ils parussent s'apercevoir du changement qu'ils avaient subi; J'espérais que dans le nombre de ces ouvrières il y en aurait de fécondes, et je ne fus point trompé dans mon attente; car dans l'après-midi du jour même où se fit cette séparation, ou cet essaim artificiel, les ouvrières préparèrent une loge pour y déposer leurs œufs, et je vis pondre plusieurs d'entre elles. Chaque jour le nombre de ces pontes s'accrut ; des larves ne tardèrent pas à éclore, elles se métamorphosèrent en nymphes, et au bout d'un mois en véritables bourdons velus. J'observai avec le plus grand soin tous les individus qui sortirent de leur coque, et tous étaient des mâles.

Ces mâles étaient à tous égards semblables à ceux qui proviennent de la ponte des femelles, ils étaient tout aussi gros et colorés de la même manière. J'avais choisi pour cette expérience les bourdons rouges et noirs, parce que leurs mâles sont plus faciles à distinguer que ceux d'aucune autre espèce, ayant des bandes de poils verts sur le corselet et un mouchet de la même couleur sur le front; je ne pouvais donc me tromper sur ce fait, et je puis affirmer qu'il ne naquit aucune ouvrière et aucune femelle dans ce nid, tandis que dans l'ancien il naissait autant de femelles que de mâles. Voilà donc chez les bourdons velus une grande conformité avec les abeilles domestiques; ajoutez à cela que presque toutes les ouvrières de ce nid étaient fécondes, seulement quelques-unes, très petites ne l'étaient pas, du moins ne les ai-je pas prises sur le fait; mais la plupart des autres ont pondu sous mes yeux.

Voici encore un exemple bien frappant de la généralité de cette loi et qui prouve que la nature ne fait point de véritables neutres. M. Perrot qui nous a déjà fourni ailleurs des faits intéressants, nous a permis de faire usage d'une observation qui vient à l'appui de la nôtre.

Il étudiait un nid de guêpes aériennes avec cette attention scrupuleuse, et ce coup d'œil observateur qui dénote le véritable naturaliste, et il vit une des ouvrières pondre à plusieurs reprises; il attendait avec impatience ce qui résulterait des œufs de cette guêpe, mais un accident survenu au guêpier ne lui permit pas de voir l'entier développement des nymphes; cependant les ayant soigneusement examinées il se convainquit qu'elles étaient toutes du genre masculin: nous ne nous permettrons pas de publier les faits intéressants qui accompagnaient la découverte du sexe des ouvrières guêpes et de leur progéniture masculine; mais ils sont tous de nature à confirmer les rapports qui existent entre les abeilles, les bourdons et les guêpes.

Les ouvrières s'accouplent

Les fourmis nous ont encore offert à cet égard une analogie très frappante; à la vérité, nous n'avons jamais vu pondre les ouvrières, mais nous avons été témoins de leur accouplement. Ce fait pourrait être attesté par plusieurs membres de la société d'histoire naturelle de Genève à qui nous l'avons fait voir; l'approche du mâle était toujours suivie de la mort de l'ouvrière; leur conformation ne permet donc pas qu'elles deviennent mères, mais

l'instinct du mâle prouve du moins que ce sont des femelles.

Tous ces faits concourent à démontrer qu'il n'existe
point de véritables neutres dans cette classe d'insectes,
qui par-là formaient avec le reste de la nature une solution de continuité, car je ne sache pas qu'il en existe
(Note: y en aurait-il chez les termites belliqueux ?) dans aucun
autre genre: on voit quelquefois ailleurs les deux sexes
réunis sur chaque individu, mais des neutres, seraient-ce
me semble des productions monstrueuses et contre nature.

Qui pourra expliquer cette singulière particularité
qui fait que les ouvrières d'insectes qui vivent en république ne peuvent jamais pondre que des œufs de mâles
lorsqu'elles sont fécondes? Qui pourra rendre compte de
la cause d'un tel fait? Ces mouches ont des ovaires semblables à ceux des reines ou des mères qui leur ont donné
le jour et cependant elles ne jouissent que d'une demi
fécondité; on ne conçoit pas mieux pourquoi les reines
fécondées plus de trois semaines après leur naissance ne
donnent plus que des œufs de mâles. Ces deux faits ont
sans doute quelque connexion dans leur cause.

Note: Huber a presque pointé la parthénogenèse dans les
mots ci-dessus. L'élève sait que la parthénogenèse a été découverte
par Dzierzon quelques années après la mort.

En suivant le sentiment d'un grand physiologiste, la
liqueur séminale n'est qu'un stimulant particulier qui agit
sur les germes comme une nourriture très substantielle et
très propre à leur développement; M. Bonnet, en voulant
expliquer la théorie de Schirach a fait usage de cette
hypothèse: il dit quelque part:

"j'ai établi sur des preuves qui m'ont paru solides,
que la liqueur séminale est un vrai fluide nourricier et un
stimulant, j'ai montré comment elle peut produire les
plus grands changements dans les parties intérieures des

embryons; il ne me parait donc pas impossible qu'une certaine nourriture et une nourriture plus abondante puisse faire développer dans les vers des abeilles , des organes qui ne se seraient jamais développés sans elle, il me semble qu'il est assez indifférent en soi que cette nouvelle nourriture arrive à ces organes par la route du canal intestinal ou par toute autre route, il suffit qu'elle possède la propriété de les étendre en tous sens: ce sera pour ces organes une manière de fécondation appropriée à l'espèce et tout aussi efficace que celle qui donne naissance à l'animal lui-même."

Serait-il impossible que cette nourriture si substantielle et si différente de celle que reçoivent ordinairement les larves communes, n'étant donné que trop tard ou trop imparfaitement aux larves qui naissent près des cellules royales n'eût un effet analogue à celui d'une fécondation trop tardive chez les reines; les fibres des ovaires, ne prennent elles point trop de roideur pour permettre le développement de certains œufs, lorsque la liqueur prolifique du mâle, ou la bouillie royale ne donne pas assez d'énergie à ces derniers pour agir en sens contraire et rompre l'équilibre? En donnant ces conjectures je ne prétends point tout expliquer, et je sens qu'elles sont susceptibles d'être attaquées aussi bien que défendues, mais je n'ai pas cru devoir les omettre par ce qu'elles me semblent ouvrir une nouvelle voie aux méditations et aux expériences des physiologistes.

Reproches adressées à M. Schirach par M. Monticelli

Le sexe des abeilles ouvrières étant démontré autant qu'il était humainement possible de l'espérer, nous allons passer à l'examen des reproches qui ont été faits à M. Schirach par M. Monticelli professeur de Naples, et auteur d'un ouvrage intitulé: *Du traitement des abeilles à Favignana*. Cet auteur accuse le philosophe allemand de se donner pour l'inventeur de la méthode des essaims artificiels et d'en avoir puisé l'idée dans les usages d'un petit peuple qui habite sur un rocher situé dans la Méditerranée, à peu de distance de la côte de Sicile ; on verra combien M. Schirach était loin de se donner pour l'inventeur d'une méthode en usage longtemps avant lui dans la contrée qu'il habitait. De tous temps la pratique a précédé la théorie; c'est le succès qui fait découvrir les vérités sur lesquelles il est fondé , et la connaissance de ces vérités assure à son tour la marche d'abord chancelante des cultivateurs: assurément personne ne revendiquera la découverte de cette théorie que l'observateur de Lusace a eu tant de peine à faire adopter qui paraissait contraire à toutes les notions reçues, et pour laquelle M. Bonnet lui-même, si sage dans ses conclusions, avertissait les membres de la société des abeilles établie en Lusace de ne pas soutenir la conversion des vers abeilles en reines, au risque de se discréditer complétement aux yeux des vrais naturalistes.

La méthode de l'essaimage artificiel de Schirach

Il n'y avait, qu'un amour passionné de la vérité qui put engager M. Schirach et ses partisans à embrasser une cause qui s'annonçait sous de tels auspices: voici de quelle manière il raconte sa découverte:

"En coupant le 12 de Mai du couvain dans une ruche j'avais été obligé de me servir d'une grande quantité de fumée, pour faire monter les abeilles au haut de leurs demeures. Elles en furent incommodées au-delà de mes désirs, plusieurs s'échappèrent de la ruche et avec elles leur reine, sans que je m'en fusse aperçu; mais ma fille cadette qui m'assistait dans cette opération m'en avertit, et ses soupçons se trouvèrent fondés.

"Aux sons plaintifs des abeilles qui étaient demeurées dans la ruche, on aurait pu juger que les sujettes de cette république, déploraient d'une commune voix le malheur et la perte d'une reine chérie, je fis toutes les recherches possibles, je parcourus le jardin, le potager, les prés même du voisinage sans avoir le bonheur de trouver les abeilles fugitives; supposant donc que l'essaim de cette ruche était perdu sans ressource, faute de reine, je résolus de leur en susciter une nouvelle en y introduisant un gâteau de trois espèces, tel que celui dont je venais de les dépouiller.

"Le 13, vers le matin, je voulus aller nettoyer les ruches que j'avais taillées la veille et qui ne manquaient jamais de jeter leurs ordures la nuit suivante. Je m'approchai de celle dont la reine avait pris la fuite, et je découvris vers son pied un monceau d'abeilles de la grosseur d'une pomme. Étonné de ce spectacle je m'avisai de les séparer pour voir si par hasard la reine perdue se trouverait dans cette petite troupe: il y en avait une en effet je la mis à la porte de la ruche qui avait perdu la sienne, et sur le champ elle fut entourée d'abeilles: le concours extraordinaire, l'activité, le bourdonnement agréable qu'elles firent succéder à leurs son lugubres m'annoncèrent que sûrement ce devait être leur reine ; pour m'en convaincre encore mieux, je m'avisai de la mettre dans la ruche même qu'on souleva; mais quel fut mon étonnement lorsque, voulant l'introduire entre le gâteau je vis que les abeilles qui y étaient demeurées avaient déjà formé et presque achevé trois différentes cellules royales; frappé de l'activité et de la sagacité de ces mouches pour se préserver du dépérissement dont elles étaient menacées, j'adorai, plein d'admiration, la bonté infinie de Dieu dans le soin qu'il daigne prendre pour perpétuer l'ouvrage de ses mains. Voulant ensuite voir si les abeilles continueraient leur ouvrage j'arrachai deux des cellules dont je viens de parler etc."

La découverte de cette espèce de transformation rendit bientôt la, pratique des essaims artificiels plus facile et moins coûteuse : on se croyait obligé précédemment de donner aux abeilles de grands gâteaux munis de couvain des trois espèces, M. Schirach fit voir qu'il suffisait d'une seule cellule habitée par un ver de trois jours pour être sûr du succès de cette opération, et proposa divers perfectionnements dans le procédé de la formation des essaims ; mais il ne songea jamais à se prévaloir de l'invention de cette méthode : il suffit pour s'en convaincre de lire un fragment d'une lettre de son beau-frère, M. Willelmi qui était peu disposé à lui céder sur aucun point:

"Depuis longtemps, dit-il, dans une lettre à M. Bonnet, dans ces quartiers on forme artificiellement des essaims aussitôt qu'au mois de Mai on découvre qu'il y a du couvain dans une ruche ; cette méthode par les recherches de M. Schirach dont les actes de notre société des années 1766 et 67 font foi"

Le lettres dont j'ai tiré ces fragments sont insérées dans l'ouvrage de M. Schirach intitulé *histoire naturelle de la reine abeille* traduite par M. Blassière. Est-il probable qu'il eût laissé dans un livre; dont la traduction a paru sous son nom, des preuves authentiques de l'ancienneté du procédé des essaims artificiels s'il avait voulu s'en approprier la découverte.

L'auteur Italien voulant faire honneur à son pays de la découverte des essaims artificiels, et oubliant que la grande communauté des sciences cherche moins à se disputer les inventions, qu'à constater leur utilité et à les perfectionner, accuse ouvertement M. Schirach d'avoir puisé l'idée des essaims artificiels à Favignana, île reculée où les voyageurs abordent rarement. Un rapport entre le nom que Columelle donnait au couvain des abeilles (pullus) et celui que les habitants de cette île lui conservent (pullo) l'induit à croire que les Romains et peut être, les Grecs même connaissaient la méthode de Favignana; un autre rapport entre le nombre des pas auquel M. Schirach et les habitants de cette île portent les anciennes ruches dans l'opération des essaims, lui paraître une démonstration suffisante pour prouver le plagiat du secrétaire de la société de Lusace; il faut l'entendre lorsqu'il expose le sujet de son ouvrage:

"Poussé par le désir d'être utile à mes semblables et surtout aux Italiens; je me suis décidé à décrire dans ces mémoires la méthode par laquelle les naturels de Favignana dirigent l'industrie des abeilles; méthode bien différente sous plusieurs rapports de celle qui est pratiquée dans le royaume de Naples et dans le reste de l'Italie, et qui, pour cette raison, mérite d'être connue, d'autant plus qu'elle réunit à l'utilité de la transmigration des abeilles l'art de produire des essaims artificiels connus en Europe comme production et invention de M. Schirach, tandis que les Favignanais l'exercent communément et avec une pratique si ancienne qu'ils conservent dans leurs procédés les noms latins; nous aurons par là une nouvelle occasion de venger l'honneur Italien rabaissé sur cet article comme sur beaucoup d'autres, par d'adroits étrangers, qui en voyageant dans notre pays en visitant nos bibliothèques, en consultant nos auteurs. prennent dans nos livres les plus belles inventions pour s'en parer eux-mêmes.

"Certainement quiconque lira ces mémoires et voudra comparer la méthode des essaims artificiels de Favignana, avec celle de M. Schirach, ne pourra manquer de reconnaître l'origine de celle-ci, dans celle-là, comme nous le prouverons en son lieu : je dois pourtant avouer que les Grecs et les Turcs des îles de la Mer Ionienne emploient les essaims artificiels ; ce dont M. Schirach a pu avoir connaissance : mais comme la méthode de Favignana est parfaite, accomplie et d'un succès assuré il est juste d'accorder à ses habitants l'honneur d'avoir conservé une pratique si utile, qui suppose autant de perspicacité et de réflexion chez nos ancêtres, qu'il a manqué d'exactitude à tous ceux qui ont observé les abeilles et nous ont transmis leurs observations.

"M. Schirach passe auprès des ultra-montains pour l'inventeur des essaims artificiels qui font encore tant de bruit en Allemagne et dans le Nord; les Favignanais en connaissaient l'invention avant M. Schirach et avant l'invasion des barbares, et ils en ont conservé l'usage de deux manières, l'une desquelles, plus grandiose, plus générale et plus parfaite, est ignorée de M. Schirach qui imite la seconde méthode des Favignanais, etc."

Nous ne répéterons pas toutes les assertions de ce genre dont cet ouvrage est rempli, et qui montrent que l'auteur n'a point lu M. Schirach; nous ne relèverons pas même les traits qui nous sont personnellement adressés par M. Monticelli, il est trop évident qu'aveuglé par des préventions nationales il ne pouvait nous pardonner d'avoir rendu justice au savant qu'il veut faire passer pour un plagiaire.

Si l'amour de la vérité eût engagé cet auteur à vérifier par lui-même les faits qu'il dénie, s'il eût trouvé par ses observations des erreurs dans celles de Burnens, on ne pourrait le blâmer que de la légèreté avec laquelle il s'exprime. Mais son incrédulité repose sur l'autorité d'un certain père Tanoya, qui peut être un homme très respectable, mais avec lequel nous n'admettons pas, comme le professeur de Naples, qu'il y ait dans chaque ruche trois genres d'abeilles indépendantes les unes des autres : savoir, *des faux bourdons mâles et femelles, des reines, et des ouvrières des deux sexes, que chaque sorte construise ses cellules particulières , la reine, les cellules royales, les mâles celles de leur espèce* , ainsi de suite ; tant pis pour les Réaumur, les de Gers, les Geoffroi , les Linné, les Buffon, les Swammerdam, les Latreille, etc. s'ils n'ont point connu les hypothèses du savant père Tanoya, M. Monticelli récuse leur autorité: nous ne nous plaindrons point de partager le sort de tous ces observateurs : et nous devons au contraire rendre grâce au professeur Napolitain d'avoir bien voulu nous admettre dans une proscription aussi honorable.

On ne saurait s'empêcher de regretter que ces taches se trouvent dans l'ouvrage de M. Monticelli, car il renferme d'ailleurs une assez bonne pratique de l'art de soigner les abeilles et de produire des essaims artificiels; il est écrit avec intérêt et pureté, il contient une heureuse confirmation des principes de M. Schirach et l'on est surpris qu'un auteur dont les notions en histoire naturelle semblaient d'abord puisées aux meilleures sources ait admis dans les notes le système le plus absurde.

Les industrieux Favignanais construisent leurs ruches en bois: ce sont des caisses carrées longues dont les fonds antérieurs et postérieurs sont mobiles; la caisse elle-même étant ouverte par le bas repose sur son tablier: c'est avec ces ruches qu'ils pratiquent leurs essaims de la manière suivante. Le printemps étant beaucoup plus précoce chez eux que chez nous, ils peuvent procéder dès le mois de Mars à la multiplication des ruches: dès que les abeilles rapportent des pelotes ils jugent le temps favorable à cette opération; ils transportent alors la ruche à une certaine distance du rucher, ils l'ouvrent par le fond postérieur et chassent les abeilles avec de la fumée dans la partie antérieure, ils y coupent quelques gâteaux qui contiennent ordinairement du miel ; chassant ensuite les abeilles dans la partie postérieure, ils prennent un certain nombre des rayons dont les uns sont vides, les autres remplis de couvain de tout âge (couvain d'ouvrières qu'ils appellent rayons latins) ils transportent aussitôt ces rayons dans la nouvelle ruche qu'ils tiennent pour cela renversée et ouverte par-dessus, ils les établissent dans le même ordre où ils les ont trouvés dans la ruche mère et les font tenir au moyen de chevilles qui traversent depuis le dehors; cela fait, ils portent cette nouvelle ruche à la place de l'ancienne, et éloignent celle-ci à cinquante pas du rucher ; les abeilles qui reviennent de la campagne trouvant une ruche analogue à celle dont elles étaient sorties, s'y logent, élèvent le couvain , et prospèrent.

Le succès de ce procédé qui ressemble fort à celui de M. Schirach, confirme pleinement la théorie qu'il a présentée.

Ceci nous donne occasion de parler d'une méthode un peu différente et très ingénieuse; inventée par M. Lombard, grand cultivateur d'abeilles et auteur d'un excellent ouvrage sur l'économie pratique de ces mouches.

Le procédé de M. Lombard est l'inverse de celui de Favignana: au lieu de faire un essaim artificiel il ne forme pour ainsi dire qu'un essaim naturel précoce.

Il porte pour cela la ruche qu'il destine à cet objet dans un lieu obscur, où se trouve déjà celle qui doit recevoir le nouvel essaim ; la forme cylindrique de ses ruches de paille, contribue à faciliter, l'exécution qui consiste à faire passer au moyen de la fumée une partie des abeilles et leur reine dans le nouveau logement, il reporte l'ancienne ruche à sa place afin qu'elle se repeuple de toutes les abeilles lui reviennent des champs, il établit ensuite le rejeton à une distance convenable du rucher ; ce rejeton possède une reine, il peut donc prospérer sans autre secours et jouir d'un avantage que les premiers essaims naturels n'ont pas toujours, celui de profiter de la floraison des arbres fruitiers, je me réfère pour les détails de l'opération au livre même de M. Lombard, ouvrage essentiel à tout homme qui veut cultiver des abeilles.

Cette méthode fondée comme on le voit sur la formation d'une reine dans une ruche qui ne renferme que du couvain, confirme encore la doctrine de M: Schirach puisque dans une longue pratique, elle a toujours été couronnée par le succès.

Ainsi l'expérience, concourt avec la théorie, à démontrer que la destinée d'une larve d'abeilles peut, selon les circonstances, en faire une reine ou une ouvrière, parce que dans ces deux modifications c'est toujours une femelle possédant, ou les qualités physiques de la maternité, qui sont dans la fécondité des reines ; ou les facultés conservatrices telles que l'amour des petits, la sollicitude et les soins que les ouvrières leur prodiguent. Ce partage de l'industrie, du courage d'une part, et de l'autre cette prodigieuse fécondité, ce partage qui tient au mystère de l'éducation des larves, fournit un des plus beaux sujets de méditation que l'histoire naturelle ait jamais offert ; ainsi nous devons à M. Schirach, à sa persévérance, à sa perspicacité une des plus curieuses découvertes qui ait honoré la science, et cette vérité dont nous avons fourni les preuves matérielles, en jetant un grand jour sur le phénomène du développement des organes dans tous les êtres créés, se rattache à tout ce qu'il y a de plus grand dans les recherches du physiologiste.

Photos d'une reproduction de la ruche en feuillets d'Huber

Les sept photos suivantes ont été prises par Don Semple d'une reproduction de la ruche en livre ou ruche en feuillets d'Huber, construite par lui pour ce livre Trois figures originales sont incluses pour la comparaison.

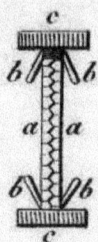

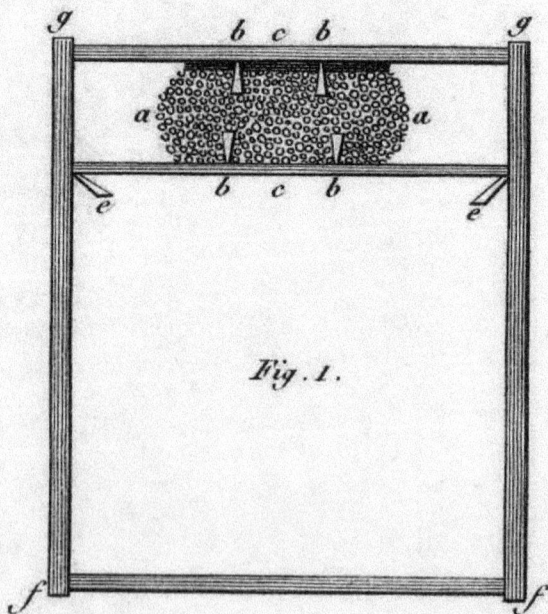

Fig. 4.

Fig. 1.

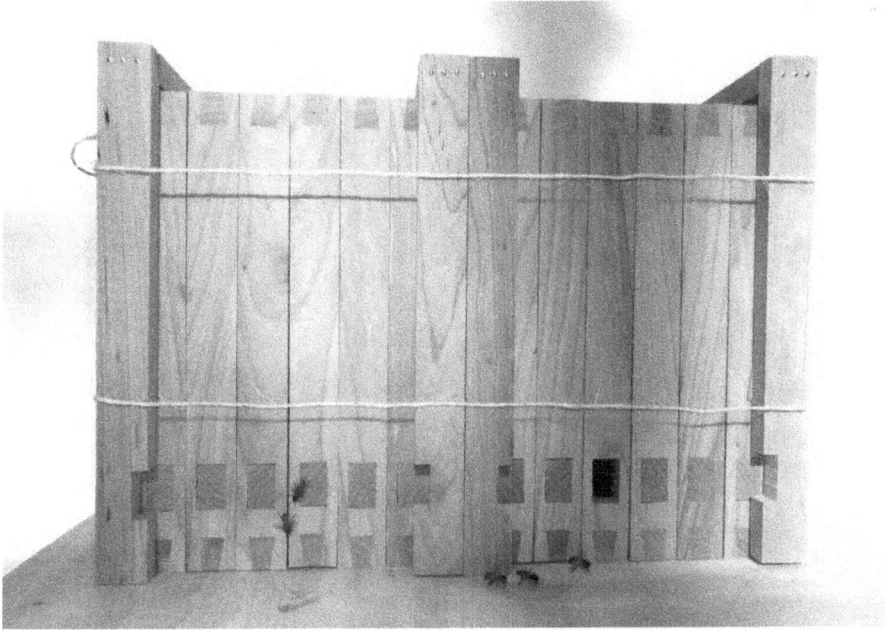

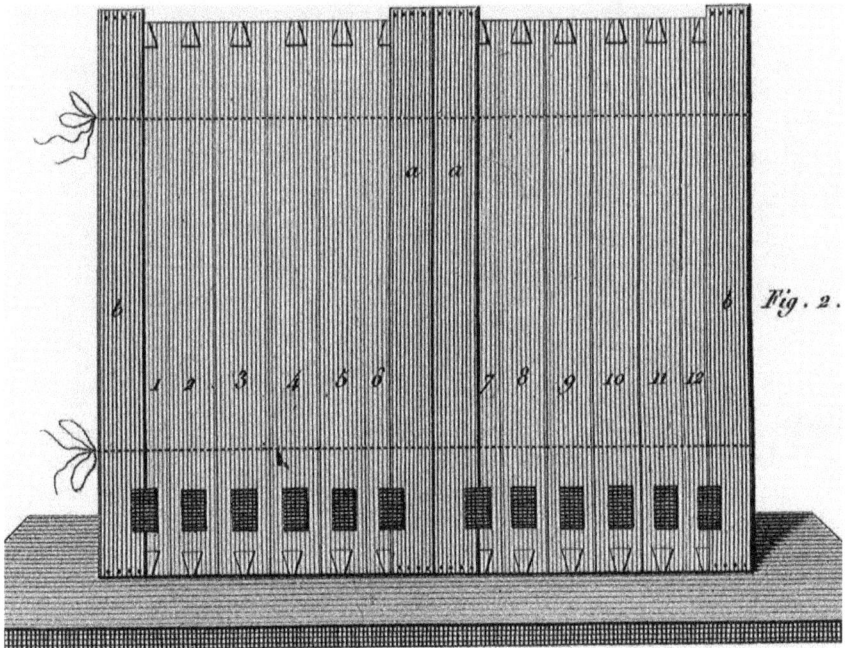

Fig. 2.

Photos de la reproduction de la ruche en feuillets d'Huber

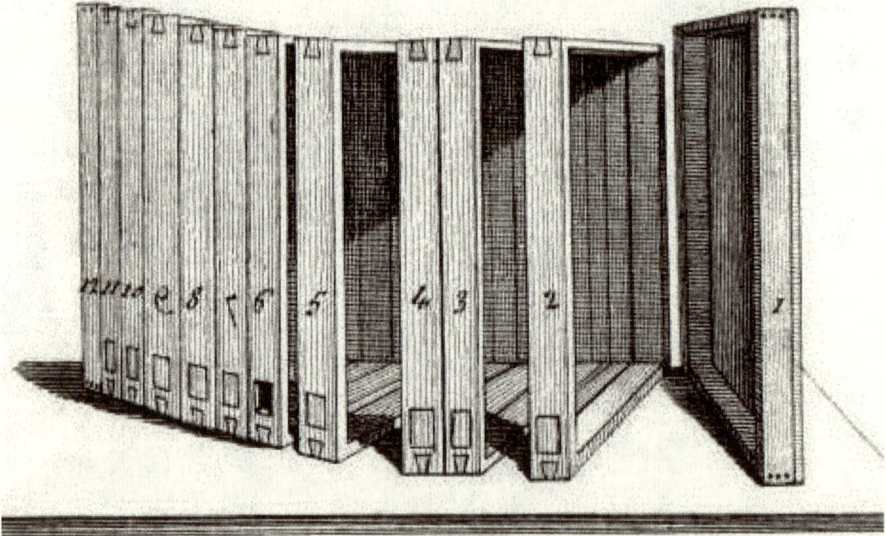

Photos des planches originales tirées de l'édition de 1814 des *Nouvelles Observations Sur Les Abeilles*

Note du transcripteur: J'ai recherché et acheté une version française originale de 1814 avec toutes les planches. Heureusement dans cette version, les pages n'étaient pas jaunies et les planches étaient en bon état. Pour remplir le but pour lequel Huber les a fait – Communiquer ses observations, J'ai essayé de rendre les planches dans les textes aussi lisibles que possible. J'ai placé les figures sur une planche par ordre numérique et mis un nouveau type de numérotation des figures de manière à ce qu'ils soient plus lisibles sur les planches quand les petits nombres engravés ne le sont pas. J'ai séparé les figures, nettoyé les arrière-plans et élargi les images en pleine page ou à la taille maximale nécessaire, et laissé les nombres engravés originaux sur les figures tant qu'ils sont assez larges pour être déchiffrés facilement. Pour finir, je les ai placées dans le texte au niveau des parties où elles sont décrites. Même s'il reste des espaces blancs, je me suis focalisé beaucoup plus sur la clarté que sur l'apparence. Avec tout cela, je crois avoir ajouté de la lisibilité et de la clarté au texte. Cependant pour des raisons historiques et artistiques, je pense que les planches originales sont quelque chose qu'un élève d'Huber pourrait avoir envie de voir. Je les ai réajustées sur une ligne horizontale sur le côté (certaines semblent faussées, cela parce qu'elles ne sont pas vraiment carrées. Alors les voici toutes, imparfaites, tâchées d'encre. Par 14 planches originales de la version française de 1814:

LA RUCHE EN FEUILLETS.

Fig. 3.

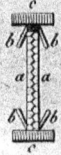

Fig. 4.

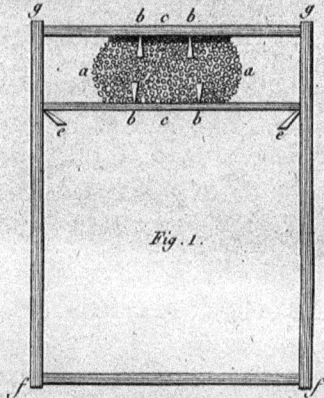

Fig. 1.

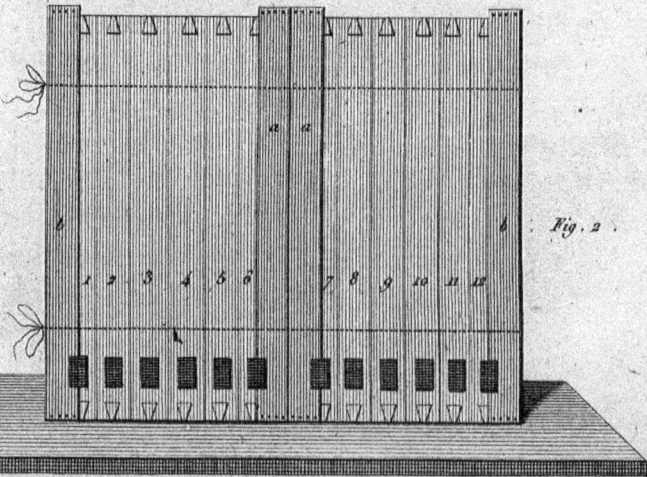

Fig. 2.

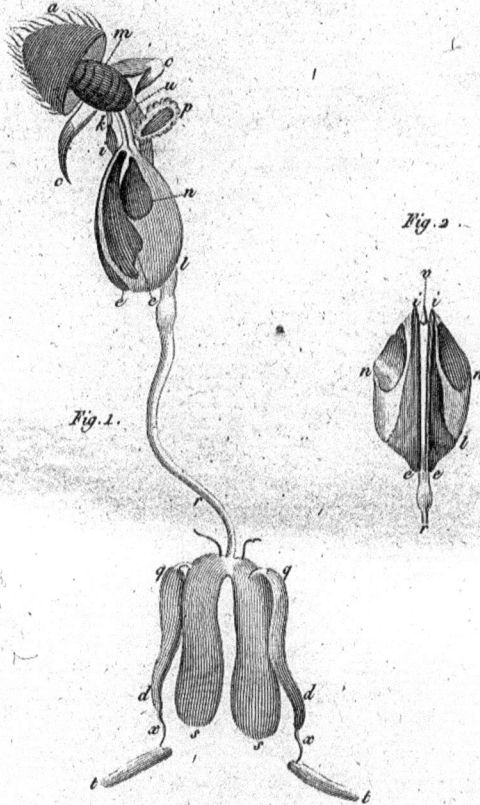

Fig. 2.

Fig. 1.

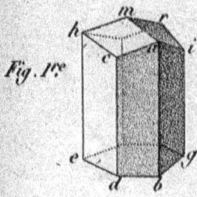

Fig. 1re.

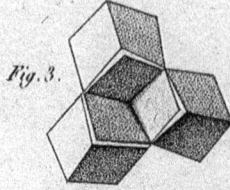

Fig. 3.

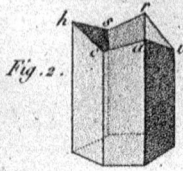

Fig. 2.

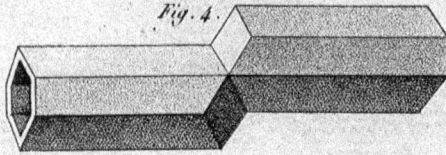

Fig. 4.

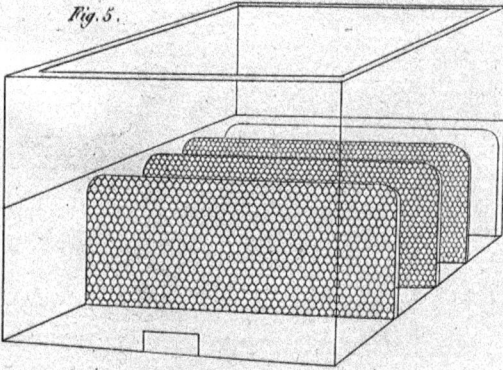

Fig. 5.

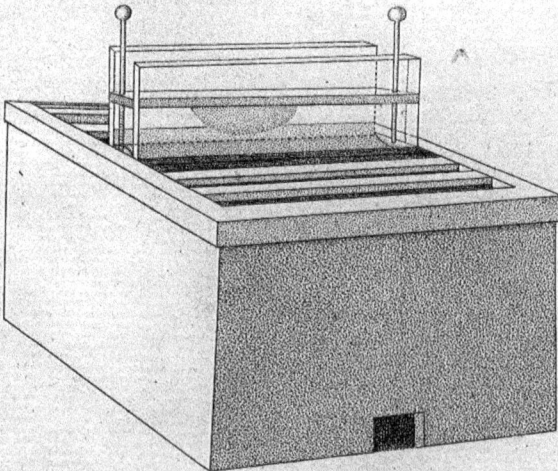

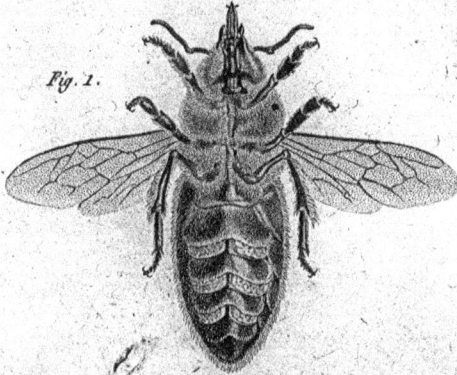

Fig. 1.

Fig. 2.

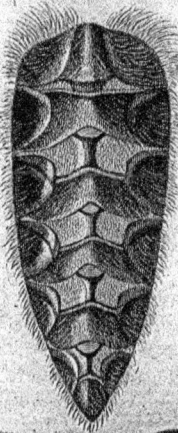

Fig. 4.

Fig. 3.

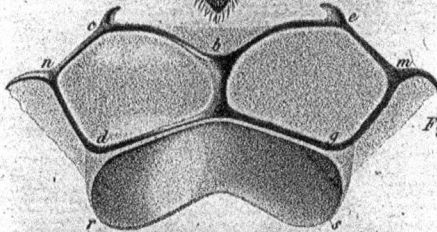

Fig. 5.

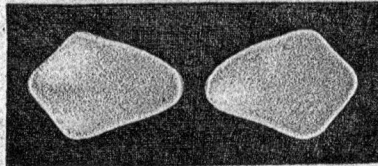

Fig. 7.

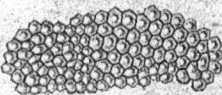

Fig. 8.

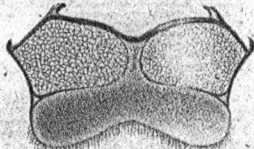

Fig. 9.

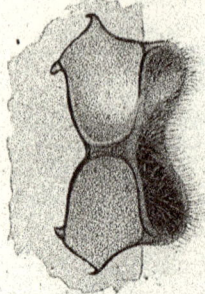

A
Fig. 1.

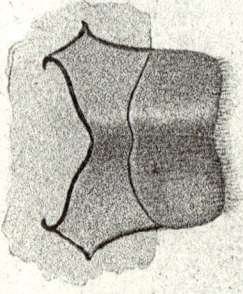

B
Fig. 2.

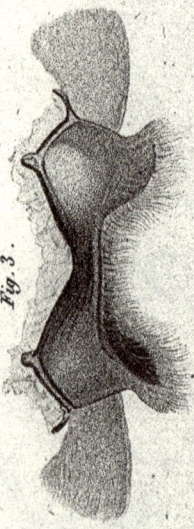

C
Fig. 3.

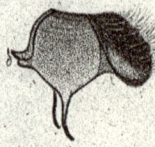

Fig. 4.

A

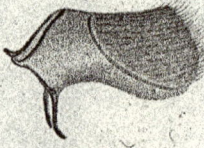

Fig. 5.

B

Fig. 6.

C

C. Jurine del.

Adam Sculp.

Fig. 3.

Fig. 2.

Fig. 1.

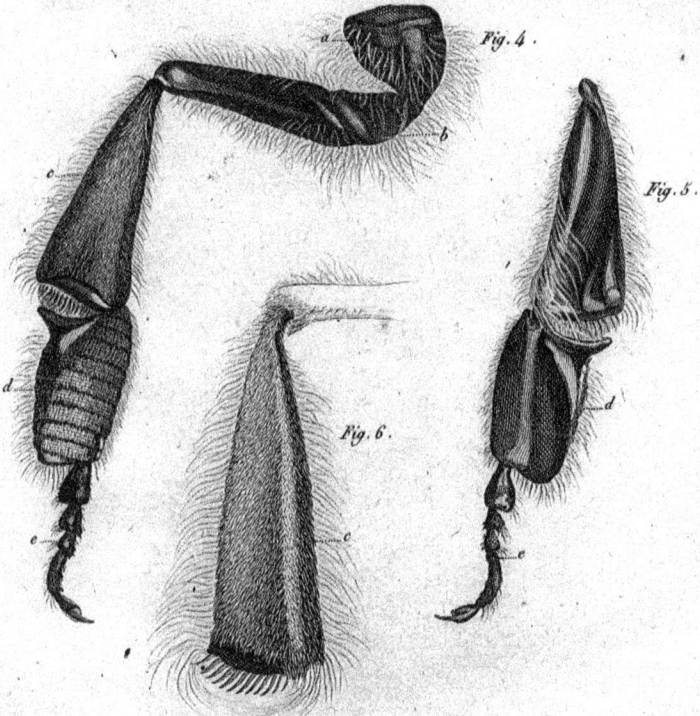

Fig. 4.

Fig. 5.

Fig. 6.

C. Jurine del.

Fig. 9.

Fig. 7.

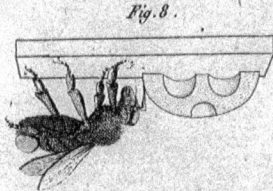

Fig. 8.

J. Huber del.   *Adam Sculp.*

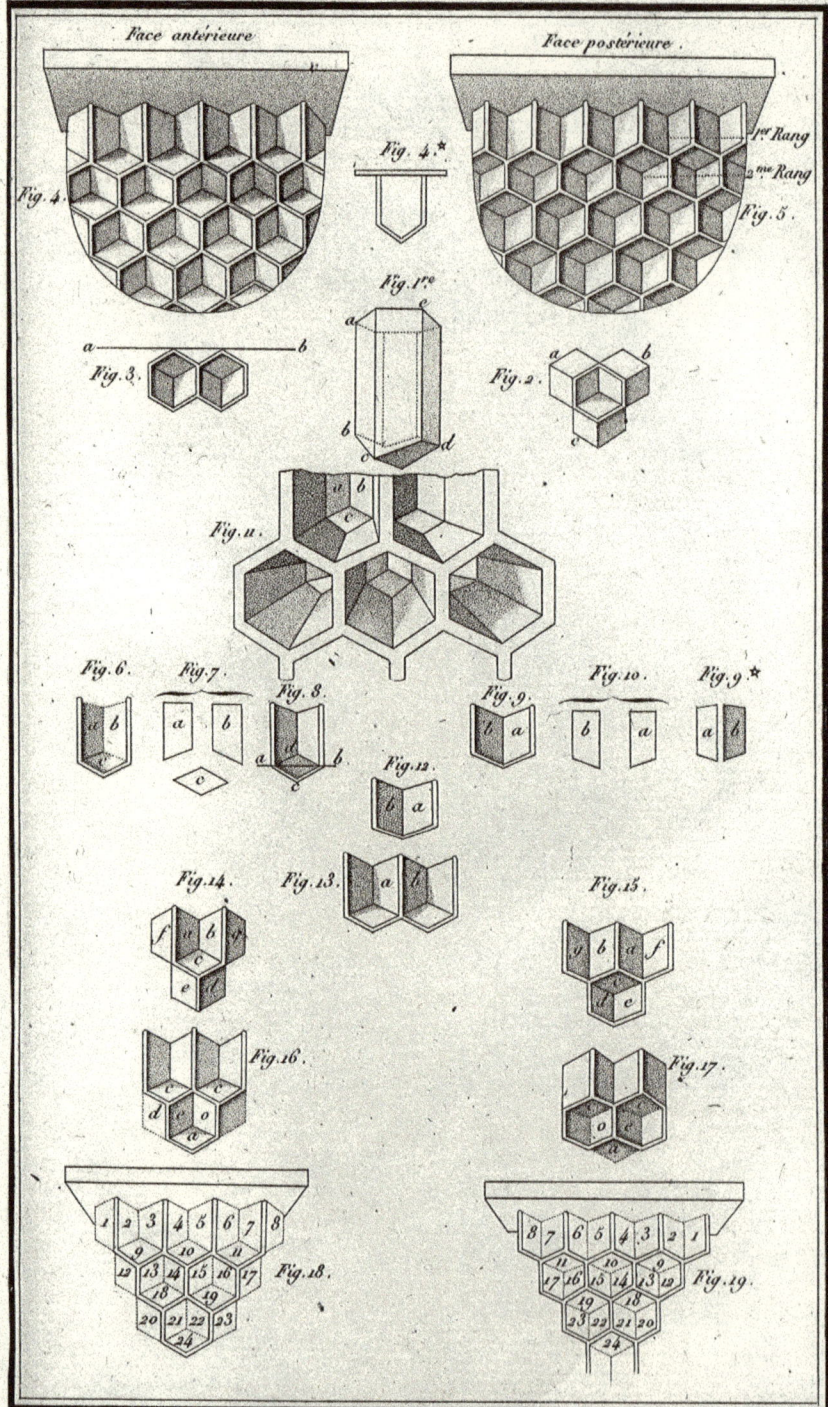

Face antérieure.

Face postérieure.

Fig. 4.

Fig. 4.*

1er Rang

2me Rang

Fig. 5.

Fig. 1re.

a ——————— b

Fig. 3.

Fig. 2.

Fig. u.

Fig. 6. Fig. 7. Fig. 8. Fig. 9. Fig. 10. Fig. 9.*

Fig. 12.

Fig. 14. Fig. 13. Fig. 15.

Fig. 16. Fig. 17.

Fig. 18. Fig. 19.

Fig. 1re.

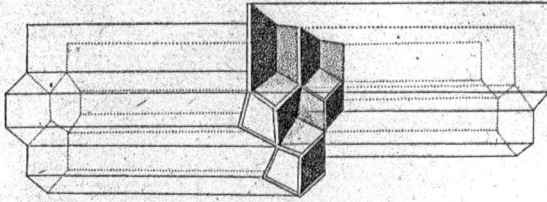

Fig. 2.

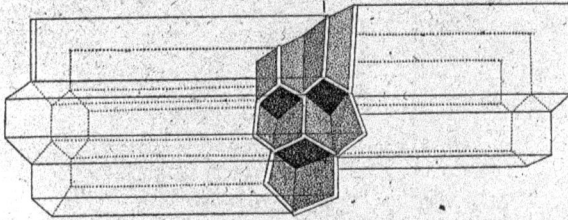

Fig. 5.

Fig. 3.

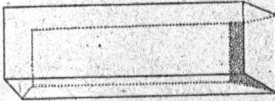

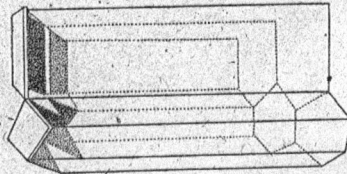

Fig. 4.

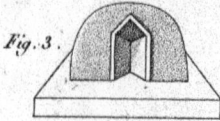

Fig. 3.

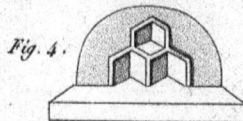

Fig. 4.

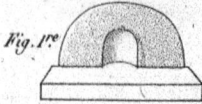

Fig. 1re.

Fig. 2.

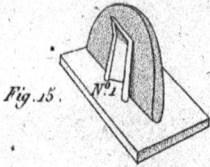

Fig. 15. No 1.

$\dfrac{3}{4}$ 11 12

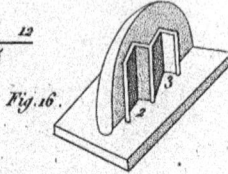

Fig. 16.

Fig. 13. No 1.

9 $\dfrac{3}{4}$ 10 Fig. 14.

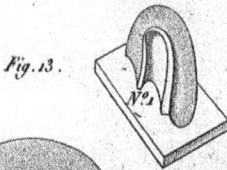

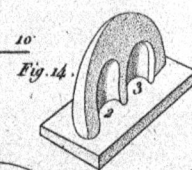

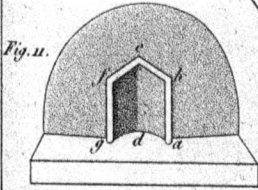

Fig. 11.

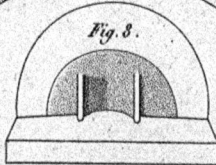

Fig. 8.

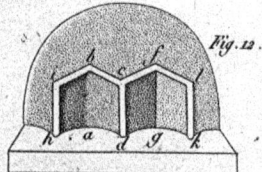

Fig. 12.

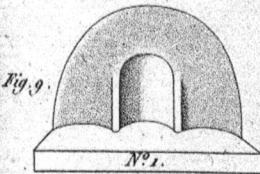

Fig. 9. No 1.

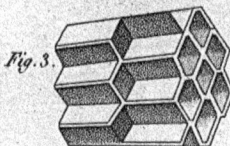

Fig. 3.

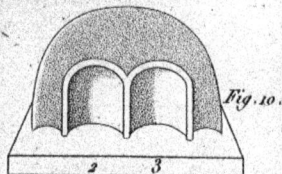

Fig. 10.

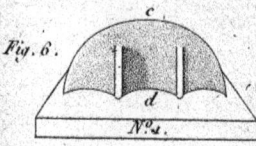

Fig. 6. No 1.

Fig. 2.

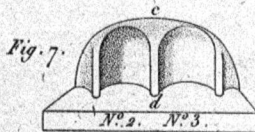

Fig. 7. No 2. No 3.

Fig. 4. No 1.

Face antérieure.

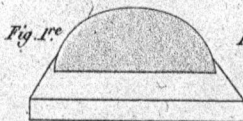

Fig. 1re.

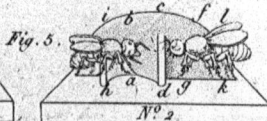

Fig. 5. No 2.

Face postérieure.

P. Huber del.

Adam Sculp.

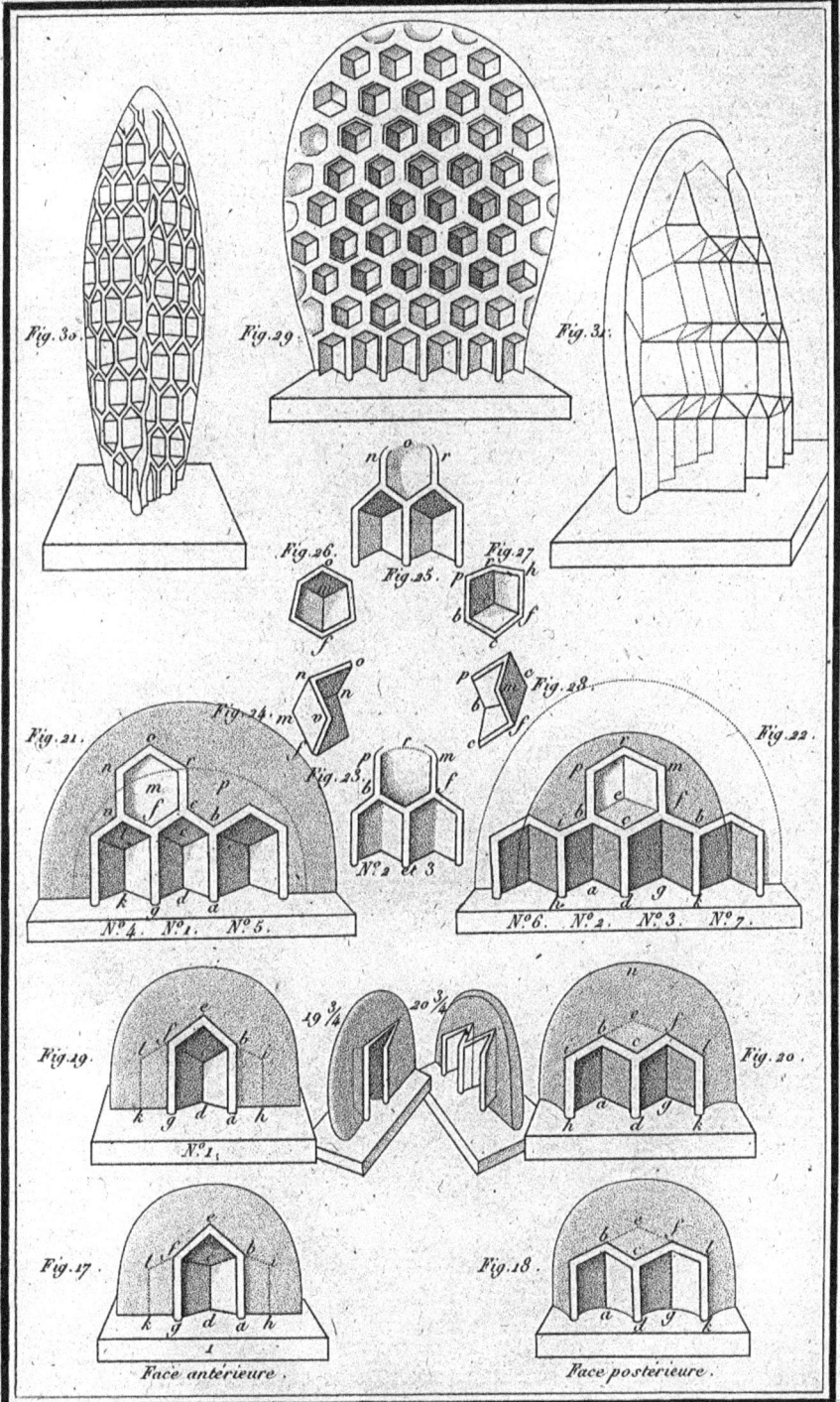

Fig. 30. Fig. 29. Fig. 31.

Fig. 26. Fig. 27. Fig. 25.

Fig. 24. Fig. 28.

Fig. 21. Fig. 23. Fig. 22.

N° 4. N° 1. N° 5. N°s 2 et 3. N° 6. N° 2. N° 3. N° 7.

Fig. 19. 19 ¾. 20 ¾. Fig. 20.

N° 1.

Fig. 17. Fig. 18.

Face antérieure. Face postérieure.

P. Huber del. Adam Sculp.

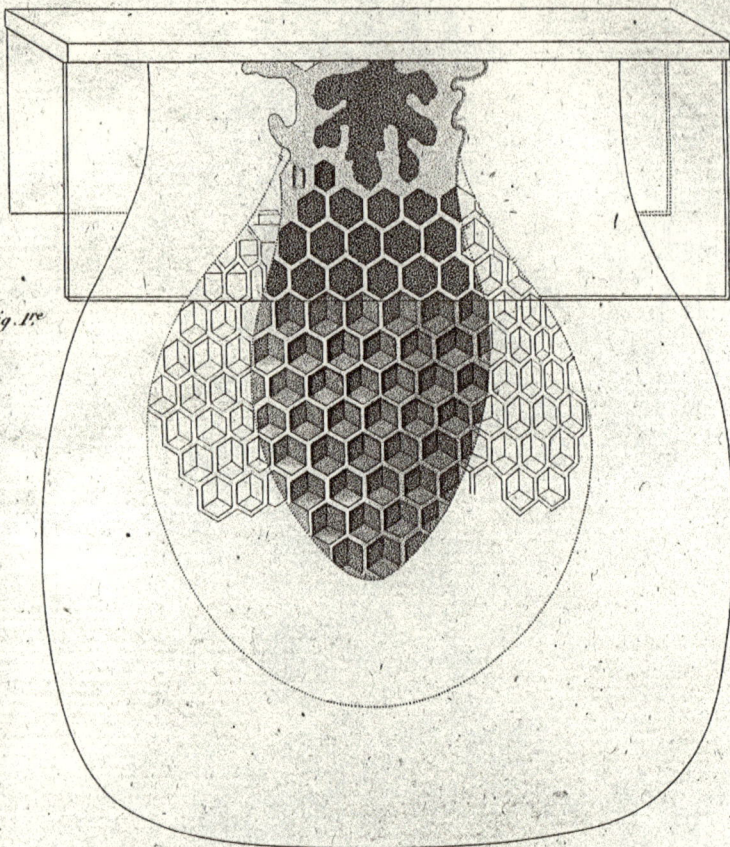

Fig. Ire

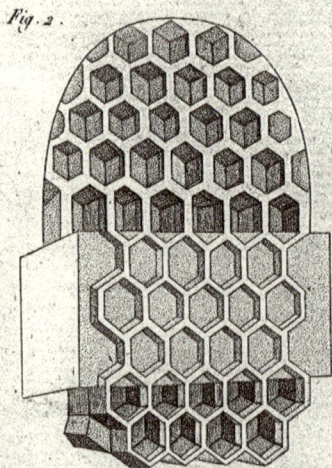

Fig. 2

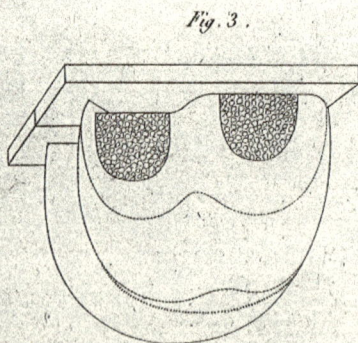

Fig. 3 .

Fig. 1re.

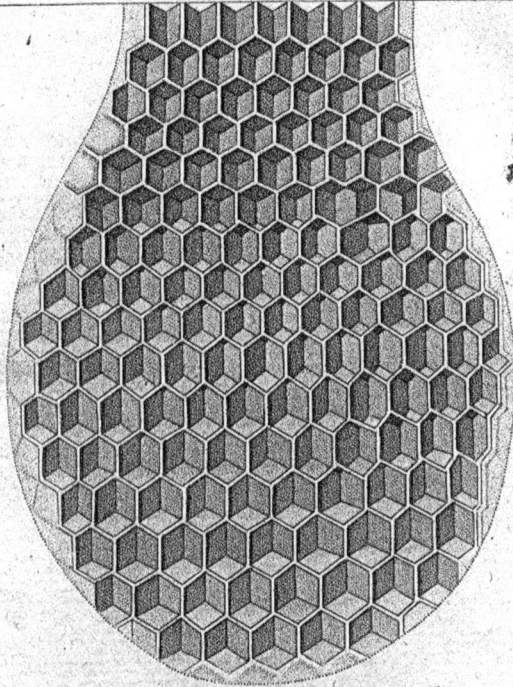

Fig. 4.   Fig. 3.   Fig. 2.   Fig. 5.   Fig. 6.

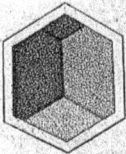 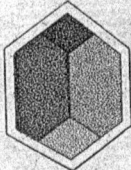  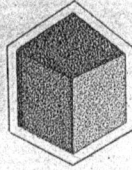 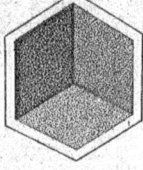

Fig. 7.   Fig. 8.   Fig. 9.

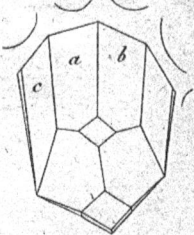 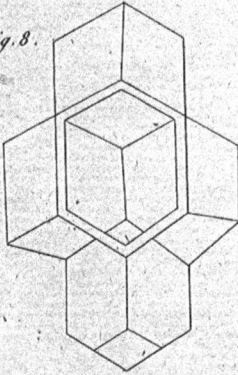 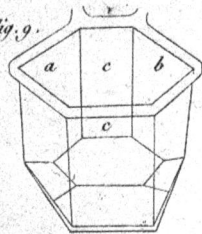

P. Huber del.   Adam Sculp.

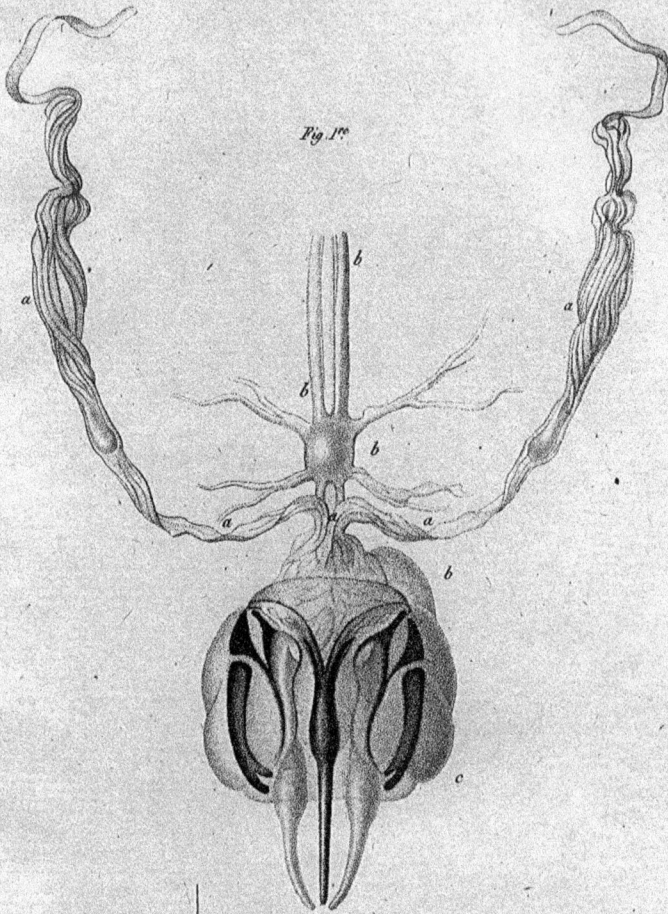

Fig.1ère

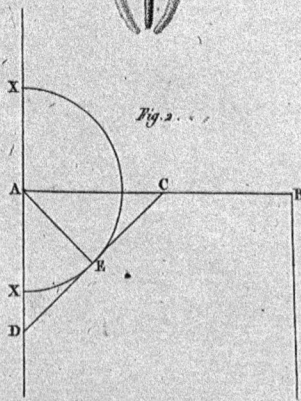

Fig.2

C. Jurine del.

Adam Sculp.

P. Huber del. Adam Sculp.

Pour faire suite aux
Nouvelles observations

Avec une introduction De Edouard Bertrand

Lettres inédites de François Huber
pour faire suite aux Nouvelles ...

François Huber, Edouard Bertrand

Introduction

C'est une lecture bien attachante que celle des Nouvelles Observations sur les Abeilles de François Huber. Lorsque je résolus de les parcourir, j'avais cependant un préjugé à leur égard; je ne m'attendais pas au plaisir intense que cela me procura.

En effet, s'il se lit encore quelques productions littéraires de la fin du siècle dernier, on sait dans quelle proportion. C'est à peine si un livre sur dix mille a résisté à l'épreuve du temps. Quelle leçon de philosophie et quelle menace pour l'avenir de nos œuvres contemporaines! Eh bien, en ce qui concerne les ouvrages de science, cette proportion est incomparablement plus désastreuse. Tout a changé, tout s'est perfectionné d'une façon si rapide que l'exposé de connaissances datant d'un siècle n'offre généralement aucun intérêt pour nous. De l'énorme amoncellement des livres scientifiques d'alors, il reste à peine quelques unités capables de nous instruire encore; et ce sont presque tous des livres sur l'histoire naturelle. Parmi cette élite, les Nouvelles Observations de Huber brillent d'un éclat particulier, avec un ensemble de qualités tellement harmonieuses et originales qu'on les rechercherait vainement ailleurs. L'agrément d'un style toujours pur s'allie à un exposé très simple et à la fois très habile; l'ingéniosité des observations est si extraordinaire qu'on s'abandonne bientôt aux sentiments d'une admiration émue pour cet homme aveugle dont le génie est toujours à la hauteur des difficultés les plus insurmontables.

I

François Huber, né à Genève en 1750, est mort en 1831 (1). Lorsqu'il devint aveugle, il était fiancé à une demoiselle Aimée Lullin et cette jeune fille lui resta fidèle malgré les conseils qui lui étaient donnés. Elle devait en être récompensée par le bonheur de toute sa vie.

Note (1) : Son père, Jean Huber, a eu la réputation d'être l'un des bommes les plus spirituels de son temps et se trouve souvent cité à ce titre par Voltaire, qui appréciait sa conversation originale; Il était agréable musicien, faisait des vers qu'on vantait même dans le salon de Ferney, se distinguait par des réparties vives et piquantes, peignait avec facilité et avec talent, excellait tellement dans l'art des découpures de paysage qu'il semble avoir créé ce genre, sculptait même mieux qu'il n'est donné aux simples amateurs de le faire, et à ces talents variés, il joignait le goût et l'art de l'observation des mœurs des animaux. Son ouvrage sur le vol des oiseaux de proie est encore aujourd'hui consulté avec Intérêt par les naturalistes. Jean Huber transmit presque tous ses gouts à son fils. (Notice de A.-P. de Candolle sur François Huber.)

Huber raconte lui-même (1) comment il s'occupa des abeilles. Il aimait les sciences et n'en perdit pas le goût en perdant l'organe de la vue, il se fit lire par son domestique, François Burnens, les meilleurs ouvrages sur la physique et l'histoire naturelle. Celui-ci s'intéressait beaucoup à ces lectures et Huber remarqua bien vite ses étonnantes qualités d'observateur. Il résolut de cultiver son talent et lui fit répéter d'abord quelques-unes des expériences les plus simples de la physique. Il les exécuta avec beaucoup d'adresse, perfectionnant les rares instruments qui lui étaient confiés, les appliquant à de nouveaux usages et faisant souvent lui-même les machines dont il avait besoin.

Note (1) : Nouvelles observations, p. 1.

« La suite de nos lectures m'ayant conduit, ajoute Fr. Huber, aux beaux mémoires de M. de Réaumur sur les abeilles, je trouvai dans cet ouvrage un si beau plan d'expériences, des observations faites avec tant d'art, une logique si sage, que je résolus d'étudier particulièrement ce célèbre auteur, pour nous former mon lecteur et moi à son école, dans l'art si difficile d'observer la nature. Nous commençâmes à suivre les abeilles dans les ruches vitrées, nous répétâmes toutes les expériences de M. de Réaumur, et nous obtînmes exactement les mêmes résultats lorsque nous employâmes les mêmes procédés. Cet accord de nos observations avec les siennes me fit un extrême plaisir, parce qu'il me donnait la preuve que je pouvais m'en rapporter absolument aux yeux de mon élève. Enhardis par ce premier essai, nous tentâmes de faire sur les abeilles des expériences entièrement neuves; nous imaginâmes diverses constructions de ruches auxquelles on n'avait point encore pensé, et qui présentaient de grands avantages, et nous eûmes le bonheur de découvrir des faits remarquables qui avaient échappé aux Swammerdam, aux Réaumur et aux Bonnet. Ce sont ces faits que je publie dans cet écrit: il n'en est aucun que nous n'ayons vu et revu plusieurs fois, pendant le cours de huit années que nous nous sommes occupés de recherches sur les abeilles. » (2)

Note (2) : Nouvelles observations, p. 3.

Ce modeste exposé réserve quelques surprises au lecteur, car il ne laisse pas suffisamment pressentir l'importance ni les difficultés des recherches qui suivirent.

François Burnens n'était pas seulement un homme intelligent, il était doué d'une grande ténacité. Il lui est arrivé souvent de suivre pendant vingt-quatre heures, sans prendre ni repos ni nourriture, quelques abeilles ouvrières qu'il avait lieu de croire fécondes, afin de les surprendre au moment où elles pondraient. Une fois même il passa onze jours à examiner les abeilles de plusieurs ruches, les unes après les autres .....

Huber dirigeait les expériences et les imaginait de façon à en assurer le contrôle. Rien n'est plus intéressant que cette association, qui dura trop peu au gré de Huber, car Burnens le quitta vers 1795 pour s'établir à Oulens, dans le canton de Vaud, où ses compatriotes, frappés de son intelligence, en firent un magistrat.

Du reste, il ne cessa pas de s'occuper des abeilles et de temps en temps il répondait par des expériences aux sollicitations de Huber. J'ai été heureux, grâce à une communication de mon ami M. Edmond Pictet, de publier une de ces lettres de Burnens, encore inédite, en réponse à une demande de renseignements sur le sphinx atropos (1). Une apostille de Huber, communiquant cette lettre à M.-A. Pictet, le successeur de de Saussure à l'Académie de Genève, montre quels sentiments Huber avait conservés pour Burnens : « Vous verrez d'abord que l'auteur avait ce qu'il fallait pour devenir un excellent observateur: de bons yeux et une bonne logique. Vous conviendrez qu'il est dommage que l'instrument que j'avais pris quelque peine à aiguiser ne soit plus entre mes mains. Burnens est juge de paix à présent (2) ; il ne perd pas son temps, sa vie entière est employée à empêcher ses compatriotes de se manger le blanc des yeux et de se ruiner en procès; je n'avais pas deviné que mes leçons le mèneraient là. Son observation est très importante; elle prouve que les Abeilles qui rétrécissent les entrées de leurs ruches quand elles sont menacées d'invasion, ne le font point quand cela n'est pas nécessaire; ce sont donc les circonstances qui les décident, elles ne s'y trompent jamais. »

La première édition des *Observations* sur les Abeilles avait paru en 1792 à Genève (3). Elle contenait une série d'articles sous forme de lettres à M. Bonnet, qui avait excité Huber à publier son journal.

Une seconde édition parut en 1814, en deux volumes. Pour le second, Huber, à défaut de Burnens, prit d'abord sa femme, puis son fils comme collaborateurs (4).

C'est cette œuvre curieuse et belle qui fit la réputation de Huber et lui valut de faire partie de la plupart des académies d'Europe, notamment de l'Académie des

Sciences de Paris. Elle lui vaut aujourd'hui d'être unanimement appelé le fondateur de l'apiculture moderne.

Voici comment l'éminent A.-P., de Candolle résumait les découvertes de François Huber (5).

« L'origine de la cire était alors un point de l'histoire des abeilles débattu par les naturalistes : quelques-uns avaient dit, mais sans en donner des preuves suffisantes, qu'elles la fabriquaient avec le miel;

Note (1) : *Revue Internationale d'Apiculture*, année 1885, p. 85.

(2) Voir Nouvelles Observations, préface, p. 1.

(3) Il y en a eu une réimpression faite à Paris en 1796, en un volume In-12, dans lequel on a joint aux recherches de Huber un petit traité pratique sur l'éducation des abeilles, par un anonyme.

(4) Pierre Huber était lui-même un naturaliste de mérite déjà connu par ses Recherche sur les Mœurs des Fourmis indigènes, publiées à Genève et Paris en 1810 et réimprimées en 1864. Voici la liste de quelques-uns des mémoires qu'il a fait paraître dans des recueils périodiques: « *Mémoire sur divers instruments de physique et de météorologie* (Mémoires de la Société de physique et d'histoire naturelle de Genève, tome 1). - Histoire du Trachuse doré ibid., tome II). - *Notice sur une migration de papillons* (ibid., tome III).- Mémoire pour servir à l'histoire de la Chenille du hamac (ibid., tome VII, part. 1). - *Relations des fourmis avec les pucerons et les galle-insectes* (Biblioth. Brit., Sciences et Arts, tome 28). - Observations on several species of bees (Inséré dans le tome VI des Transactions de la Linnean Society de Londres). Un extrait en parut dans les tomes 25 et 26 de la Bibliothèque Britannique sous le titre suivant: observations sur diverses espèces du genre des abeilles connues sous le nom de bourdons. - Lettres sur un nouveau sys-

tème de météorographie (Biblioth. Universelle, 1828). - Lettres sur les araignées aéronautes, article posthume dans la Bibliothèque Universelle, novembre 1866. "

Né à Genève en 1777, il est mort à Yverdon en 1840.

(5) A.-P. de Candolle était un peu parent de Huber et professait pour lui une grande admiration. Il lui a consacré un article des plus intéressants dans la Bibliothèque Universelle de février 1832, sous le titre de *Notice sur la vie et les écrits de François Huber*, dont nous extrayons les lignes qui suivent.

Huber, qui avait déjà heureusement débrouillé l'origine de la *propolis*, confirma cette opinion sur celle de la cire par de nombreuses observations, et montra en particulier, avec l'aide de Burnens, comment elle s'échappe sous forme de lames entre les anneaux de leur abdomen (1). Il se livra à des recherches laborieuses, pour reconnaitre comment les abeilles la préparent pour leurs édifices; il suivit pas à pas toute la construction de ces merveilleuses ruches qui semblent résoudre par leur perfection les problèmes les plus délicats de la géométrie; il assigna le rôle que joue dans cette construction chaque classe d'abeilles, et suivit leurs travaux depuis le rudiment de la première cellule jusqu'au perfectionnement complet du gâteau. Il fit connaitre les ravages que le Sphinx Atropos exerce dans les ruches où il s'introduit (2); il tenta même de débrouiller l'histoire des sens des abeilles, et en particulier de rechercher le siège de ce sens de l'odorat dont toute l'histoire des insectes démontre l'existence, tandis que leur structure n'en laisse pas encore fixer l'organe avec certitude. Enfin, il se livra à des recherches curieuses sur la respiration des abeilles; il prouva d'abord par plusieurs expériences que ces insectes consomment du gaz oxygène comme les autres animaux. Mais comment l'air peut-il se renouveler et conserver toute sa pureté dans une ruche enduite de mastic et close de toutes parts, sauf l'étroit orifice qui lui sert de porte? Ce problème exerça toute la sagacité de notre observateur et il vint à reconnaître que les abeilles, par un mouvement particulier de leurs ailes, agitent l'air de manière à déterminer son renouvellement; après s'en être assuré par l'observation directe, il prouva encore son opinion en imitant cet effet un moyen d'une ventilation artificielle.

« Ces expériences sur la respiration exigeaient quelques analyses de l'air des ruches, et cette circonstance mit Huber en rapport avec Senebier qui s'occupait beaucoup de recherches analogues sur les végétaux. Parmi les moyens que Huber avait d'abord imaginés pour reconnaître la nature de l'air des ruches, était celui d'y faire germer certaines graines, se fondant sur une opinion vague que les graines ne germent pas dans un air trop dépouillé d'oxygène. Cette expérience, imparfaite pour le but direct qu'il se proposait, fit naître chez les deux amis l'idée de s'occuper de recherches sur la germination; et ce qu'il y eut de curieux dans cette association d'un clairvoyant et d'un aveugle, c'est que le plus souvent c'était Senebier qui indiquait les expériences, et Huber qui, privé de la vue, les exécutait ».

II

Voilà jusqu'ici ce qu'on savait des travaux de Huber. Il était mort le 22 décembre 1831 et l'on ignorait sa vie depuis 1814. Il n'était cependant pas admissible qu'il eût brusquement arrêté ses observations alors que ce sujet l'avait si vivement intéressé pendant près de vingt-cinq ans. Du reste la fin de la préface du second volume de son édition de 1814 semblait indiquer nettement le contraire.

Note (1) : les travaux de Huber sur ce sujet parurent en 1804 dans la Bibliothèque Britannique, sous le titre de *Premier mémoire sur l'Origine de la Cire*, Sc. et

Arts, t. XXV, p. 59; mais ils ont été repris et développés dans la seconde édition de ses recherches.

(2) cette partie de ses recherches avait déjà paru dans la Bibliothèque Britannique en 1804, t. XXVII, pp. 275 et 358, sous le titre de Lettre à M. Pictet.

« J'aurais pu, dit-il (1), ajouter encore plusieurs observations à celles que je donne aujourd'hui au public; mais elles ne présentaient pas un ensemble suffisamment lié, et j'ai préféré attendre qu'elles pussent être accompagnées des faits avec lesquels elles ont quelques rapports ».

Un heureux concours de circonstances me permet aujourd'hui de combler en partie cette lacune.

En 1890, lors d'une tournée de ruchers que je fis en Savoie en compagnie de MM. de Layens et Cowan, j'appris de M. E. Mermey, d'Aix-les-Bains, jeune apiculteur qui avait suivi mon cours à Nyon, que le père de son voisin et collègue en apiculture, M. Ch. de Loche, possédait dans ses papiers de famille un certain nombre de lettres inédites de François Huber adressées à son aïeul, le Comte de Mouxy de Loche. Nous nous empressâmes de nous rendre au Château de Loche pour solliciter la permission de prendre connaissance de ces lettres. Le Comte était momentanément absent, mais nous reçûmes le meilleur accueil de ses fils, qui nous promirent de transmettre notre requête à leur père. Celui-ci eut l'amabilité de nous rendre visite le soir à Aix et me fit la grande faveur de me conter les lettres en question, en m'autorisant à les publier.

Son grand-père, François de Mouxy, Comte de Loche, né à Grésy-sur-Aix en 1756 et mort en 1837, était un observateur et un savant de mérite. Après avoir servi dans les armées de la maison de Savoie et atteint le grade de major général, il s'était retiré à Turin, puis à Loche, pour s'y livrer plus complètement à son goût pour l'histoire naturelle et les recherches archéologiques. Il a publié un grand nombre de travaux sur l'histoire naturelle, l'histoire et l'archéologie, l'agriculture, etc.

Mais là ne s'arrêta pas ma bonne fortune. Lorsque je fis paraître en 1894 une nouvelle édition de la remarquable notice de A.-P. de Candolle sur l'auteur des Nouvelles Observations, j'en adressai un exemplaire à M. Georges de Molin, ingénieur à Lausanne, petit-fils de François Huber. Cet aimable vieillard s'empressa de me répondre qu'il était précisément occupé à trier des papiers qui furent adressés à sa mère par les héritiers de son oncle Pierre Huber après la mort de ce dernier, et qu'il s'y trouvait un assez grand nombre de lettres de son grand-père, presque toutes relatives aux abeilles. Bien qu'ayant lieu de croire que son oncle avait extrait de ces lettres et probablement inséré dans les Annales de la Société de Physique de Genève tout ce qui pouvait intéresser la science, il les mettait à ma disposition pour le cas où il me serait agréable de les compulser. Recherches faites dans les Annales, je n'ai rien trouvé qui s'y rapporte.

Dans le dossier que M. de Molin a eu l'obligeance de me confier se trouvaient un certain nombre de brouillons de lettres à l'adresse de Mlle Elisa de Portes, à Bois d'Ely, près Crassier, Ayant eu l'occasion de prendre des renseignements auprès d'un allié de la famille de ce nom, j'ai appris que la jeune correspondante de Huber est devenue Mme de Watteville et qu'elle réside à Berne (2). Cette vénérable dame, aujourd'hui plus qu'octogénaire, a bien voulu me confier la collection complète des lettres, réunies en un volume manuscrit, et a accompagné l'envoi de quelque mots touchants que je prends la liberté de reproduire: « Ma nièce, qui retourne à Bois d'Ely, veut bien se charger des lettres de mon ami et maitre vénéré M. Huber, dont j'avais fait copier la plus grande partie pour en faciliter la lecture. Vous les garderez aussi longtemps que cela vous sera agréable et en ferez librement usage pour votre journal. Je serai heureuse si elles inspirent le goût de l'histoire naturelle joint à une piété simple et fervente ».

Note : (1) Nouvelles observations, tome II, p. 6.

(2) C'est la mère de M. Jean de Watteville-Elfenau, le philanthrope distingué et l'agronome bien connu de Berne, qui a fondé les syndicats pour l'élevage du bétail.

Enfin, je publie quatre lettres à H.-B. de Saussure, A.-P. de Candolle et M.-A. Pictet, tirées de leurs correspondances inédites et qui m'ont été obligeamment communiquées par M. Edmond Pictet, le petit-fils et le biographe de Pictet de Rochemont; plus deux lettres à M. de Végobre, tirées du dossier de Molin et dans lesquelles Huber parle de ses remarquables Observations avec une modestie qui m'a paru mériter d'être connue.

Dans toutes ces lettres, ce qui frappe c'est le profond sentiment religieux de F. Huber, son esprit consciencieux, son désir constant de rendre justice à ses devanciers, son habileté à diriger et à interpréter les observations de ses aides. « Je suis bien plus sûr, disait-il en riant à A.-P. de Candolle, de ce que je vous raconte, que vous ne l'êtes vous-même, car vous publiez ce qu'ont vu vos yeux seuls, et moi je prends la moyenne entre plusieurs témoignages ».

Il serait difficile de se montrer plus aimable philosophe et plus résigné en face de son infirmité.

On peut admirer aussi la correction et la clarté de son style, dans les Nouvelles Observations surtout, car il ne faut pas oublier qu'il était octogénaire quand il écrivait à Mlle de Portes et que sa dictée a subi l'épreuve d'au moins deux intermédiaires pas très lettrés: la personne à laquelle il dictait et celles qui ont recopié les lettres dans le volume manuscrit.

On était étonné de tout ce que Huber avait découvert; on le sera bien plus encore après la lecture de ces correspondances, dans lesquelles abondent les vues nouvelles et les meilleures indications pratiques. Après lui on n'a guère trouvé que la parthénogénèse; ses observations étaient si précises et si sûres que tous les travaux modernes, pourtant considérables, n'ont été que la suite ou l'amplification des siens, sans jamais les corriger. Aussi je pense que la publication de la correspondance inédite de François Huber sera accueillie avec le plus vif intérêt par les apiculteurs de tous les pays et je renouvelle ici l'expression de ma vive reconnaissance à Mme de Watteville, au Comte de Loche, à M. de Molin et à M. Edmond Pictet pour l'obligeance qu'ils ont mise à me confier, pour les publier, les écrits inédits du grand observateur des abeilles.

Edouard BERTRAND.

A Mademoiselle Elisa de Portes
PREMIÈRE LETTRE
Douceur des abeilles

Lausanne, le 15 mai 1828.

Votre maman, ma chère Elisa, ne désapprouve pas que je vous occupe du sujet de mes études favorites, de ces bonnes abeilles qui m'ont distrait des peines inséparables de l'humanité et fait tant de bien essentiel qu'elles vous en feront comme à moi si vous en aviez besoin et sûrement ne vous feront point de mal. Que nos vœux soient accomplis.

J'aimerais bien voir des abeilles autour de vous et penser qu'elles vous rappelleront quelquefois l'ami qui s'en est tant occupé. Le premier et le seul mot que je veux vous en dire aujourd'hui, c'est de ne les pas croire aussi redoutables qu'on le pense assez généralement; c'est une vérité confirmée pour moi par un demi-siècle d'observations et que le plus simple raisonnement aurait pu nous apprendre.

Si les abeilles, les guêpes, les bourdons et tous les êtres pourvus d'aiguillons avaient reçu de la nature un instinct offensif ou des dispositions hostiles, vu leur nombre prodigieux, les ailes qui leur ont été accordées et l'extrême rapidité de leur vol, la terre serait inhabitable pour nous et pour tous les animaux.

Si le hasard avait présidé à cette partie de la création, cela aurait bien pu arriver; mais c'est à un Père, à un véritable Père que nous devons tous l'existence. Il a aussi pensé au bonheur de ses enfants, sans cela les abeilles au lieu d'être un bienfait ne seraient pour nous qu'un fléau et ç'aurait été en pure perte qu'elles eussent eu des trésors à nous prodiguer: leur cire et leur miel nous eussent coûté trop cher.

Si des armes vraiment redoutables ont été données aux abeilles et aux mouches de leur classe, c'est uniquement pour leur défense, pour préserver ce qu'elles ont de plus cher, leur reine, ses petits, leurs compagnes ou leurs sœurs et leur trésor contre les attaques de leurs nombreux ennemis. Quand vous y aurez réfléchi, bonne Elisa, et que vous aurez cru un ami qui n'a pas la moindre envie de vous voir aux prises avec le dard empoisonné des abeilles, je vous conseillerai et maman vous permettra d'observer mes favorites dans une ruche vitrée.

On trouve de belles leçons dans l'étude de l'histoire naturelle et surtout dans celle des êtres que j'ai le mieux étudiés.

L'obéissance constante aux lois qui leur ont été imposées et le bonheur qui en est le résultat sont un spectacle du plus haut intérêt pour nous. Si la sagesse est sans mérite quand elle est obligée, ç'en est un grand chez les abeilles que la nécessité où nous sommes de remonter au Législateur et de ne voir que Lui dans ses ouvrages.

Mille tendresses autour de vous et pour vous, mon Elisa bien aimée.

DEUXIÈME LETTRE

L'aiguillon des abeilles leur a été donné pour leur défense.

Lézard tué dans une ruche.

L'odeur du venin irrite les abeilles.

Lausanne, le 17 mai 1828.

Vous ne croyez pas, ma chère Elisa, que ces abeilles que je veux vous faire aimer aient inventé les lois qui les régissent. Je terminai ma dernière lettre en vous disant ce que vous pensiez bien comme moi; que c'était au Législateur suprême qu'était due notre admiration, comme notre amour et notre reconnaissance; oui, notre reconnaissance, car Il a sans doute pensé à l'existence et au bien-être des créatures, qui, comme nous, n'ont aucun moyen de se défendre des attaques de celles qui sont pourvues d'aiguillons acérés et toujours accompagnés d'un poison mortel. Quel serait notre sort si nous ne pouvions prendre l'air dans nos jardins sans risquer d'être attaqués et poursuivis par tant de milliers d'êtres ailés et malfaisants ?

Voyons ce qu'a fait le meilleur des Pères pour ces abeilles, qui sont aussi ses enfants. Si l'attaque leur a été interdite, il leur a été ordonné de se défendre; ont-elles donc des ennemis? Un très grand nombre d'insectes et de reptiles en veulent à leur trésor et tâchent, en vue du pillage, de s'introduire dans leurs habitations. D'autres essayent d'y pénétrer pour y déposer des œufs dans leur cire, où ils doivent trouver le seul aliment qui leur convient. Comme c'est tous les jours et à toute heure dans la belle saison que les abeilles ont à craindre l'invasion de tant d'ennemis, la Providence conservatrice exige d'elles une attention soutenue et bien étonnante pour la tête d'une mouche, ainsi qu'une surveillance de tous les instants qui n'est pas moins digne d'admiration.

Je vous dis cela pour l'avoir vu, non de mes propres yeux, mais par le secours de ceux qui me les ont accordés et à qui j'ai pu et dû me confier; cette observation a été la première de celles dont je me suis occupé. Je connaissais par d'autres et surtout par l'excellent Réaumur le bel ordre qui règne dans les ruches des abeilles, mais j'ignorais absolument quand et comment il pouvait être troublé; le hasard me l'apprit.

Un jour où nous attendions un essaim, je m'étais mis en sentinelle auprès de la ruche qui devait essaimer.

C'était une grande cloche de verre, garantie de la lumière, qui dérange les abeilles, par un voile que l'on pouvait écarter comme les vôtres, pour voir ce qui se passait au dedans sans occasionner ni bruit, ni secousses dont les abeilles auraient pu s'alarmer. Il faisait chaud ce jour-là, le sommeil me gagna et je m'endormis, la tête posée sur la ruche même que je m'étais chargé de surveiller. Tout à coup je fus réveillé par un bruit qui partait de la ruche et qui me parut beaucoup plus fort que ce bourdonnement qu'on entend toujours dans les habitations des abeilles et qui est ordinairement très doux. Je sonnai Burnens pour chercher à en connaître la cause. Quelle ne fut pas notre surprise quand le voile entrouvert nous permit de voir, sur la table même de la ruche, un bel et grand lézard vert, couché sur son dos et mort de mort violente comme vous allez le voir. Tout auprès de son cadavre gisaient une trentaine d'abeilles ouvrières. Le lézard en se défendant les avait-il tuées? Ce fut notre première opinion; mais nous en revînmes bientôt, quand nous vîmes plantés dans le ventre du lézard tous les aiguillons des abeilles qui l'avaient mis à mort en sacrifiant leur propre vie au salut de la peuplade.

Paley dit, dans sa Théologie physique, que l'on trouve chez les insectes les modèles d'utiles instruments. On y trouve aussi, chère Elisa, vous le voyez, de beaux exemples à imiter. Mourir en défendant sa patrie n'est-il pas le premier et le plus honorable de tous nos devoirs ? Les anciens qui ne l'ont point méconnu, avaient dit dans leur belle langue romaine:

Dulce et decorum est pro patriâ mori.

Il est aussi doux que beau de mourir pour sa patrie.

Ma léthargie ne m'avait pas permis de voir le premier acte de cette tragédie; d'autres exemples du même fait aperçus dans des circonstances semblables me mettent à même de vous dire sans hésitation ce qui avait dû se passer.

La beauté du temps et celle des récoltes à faire avait sans doute attiré le tiers ou peut-être la moitié des ouvrières sur les fleurs; celles que d'autres soins retenaient chez elles songeaient à fonder ailleurs un nouvel établissement, et ne s'occupaient probablement pas, comme elles font à l'ordinaire, de défendre l'entrée de la ruche à leurs ennemis et d'entretenir à leur porte une garde suffisante.

Le lézard put donc la forcer sans éprouver d'abord une grande résistance, peut-être même croqua-t-il en passant quelqu'une des sentinelles, mais ce ne put être impunément. Dans le cas d'attaque générale ou individuelle, le frémissement des ouvrières, occasionné par le croisement rapide de leurs ailes, produit un son ou plutôt un bruit que l'on peut appeler un cri d'alarme.

Ce cri, que je connais et distingue de tout autre, est, vous pouvez m'en croire, encore mieux aperçu par les abeilles, ce frémissement a des échos dans toutes les parties de la ruche: lorsqu'elles sont vitrées, il est aussi facile à voir qu'à entendre. C'est donc ainsi que se transmet l'avis du danger qui menace les abeilles et celui de se mettre sur leurs gardes dans toutes les parties de leur habitation. Si le signal qui annonce aux abeilles l'imminence de leur danger n'a que la durée de l'éclair, ses effets sont vraiment ceux de la foudre.

Des ouvrières, en nombre suffisant et sans doute proportionné à celui de leurs ennemis, s'élancent ou plutôt se précipitent sur eux à l'instant même et les mettent hors de combat. Nous savons par nous-mêmes que leur mort doit être aussi douloureuse que prompte.

La morsure de la vipère, si dangereuse, ne l'est pas du tout quand son venin est épuisé par des blessures successives. Ce qui rend celle de l'abeille si douloureuse pour nous et toujours mortelle pour leurs ennemis naturels est aussi la présence d'un venin dont sont imprégnés les deux dards qui composent l'aiguillon et qui paraît sous la forme d'une gouttelette brillante sur sa pointe antérieure.

A l'ordre de l'abeille irritée, le venin est porté ou plutôt lancé dans le corps de l'ennemi et cause sa mort presque instantanée, car de la vessie à venin, placée à l'origine même de l'aiguillon, le poison n'a qu'un espace bien court à parcourir jusqu'à son extrémité pour arriver au fond de la plaie que les dards ont préparé.

Vous savez à présent ce qu'éprouva le lézard dont je vous parlais tout à l'heure et comment les abeilles se défont des usurpateurs; voulez-vous, ma bonne fille, faire quelques pas de plus avec votre ami? Veuillez suivre le fil qu'il a mis entre vos mains et qui peut vous aider à sortir du labyrinthe dans lequel il s'est engagé avec vous.

Les ruches gouvernées par une reine jeune et féconde et remplies d'un peuple nombreux sont peu sujettes aux invasions de l'étranger; j'en ai vu dont les
ouvrières n'ont pas eu d'attaques à repousser ou
d'insultes à venger, pendant toute l'année qui a été accordée à leur existence; je dis d'insultes à venger, car je dois
convenir que mes abeilles si chéries sont décidément
vindicatives; c'est leur défaut, je ne dois pas vous le
cacher.

Un jour je risquai d'en faire l'épreuve par moi-
même; ayant fait soulever une ruche de dessus sa table
pour la nettoyer, la personne qui me rendait ce service
toucha et blessa probablement quelques ouvrières. J'entendis le cri d'alarme: quelques centaines d'ouvrières y
répondirent, se ruèrent hors de la ruche et se précipitèrent sur moi; mes vêtements, la promptitude de ma fuite
me permirent d'arriver au logis et cela sans être piqué.
Rappelez-vous ma privation et ce que j'aurais pu faire
pour ma défense dans un moment si critique ... Certes, je
dus être reconnaissant, je le fus et le suis encore.

Le plus grand nombre des ouvrières qui m'avaient
poursuivi rentrèrent chez elles, mais il en resta trois ou
quatre qui firent tout ce qu'elles purent pour pénétrer
dans le salon où je m'étais réfugié en se jetant contre ses
fenêtres et le firent pendant plus d'une demi-heure avec
un acharnement très marqué. Lorsque je les crus retirées
et pensai pouvoir sortir impunément de mon asile, une
des ouvrières plus furieuse que les autres se jeta sur la
personne qui me donnait son bras, la piqua misérablement au-dessous de l'œil et périt elle-même, en laissant
dans la blessure son dard et ses entrailles. J'ai vu bien des
fois le ressentiment se prolonger encore plus longtemps.

Lorsque mon jardinier râtelait trop près des ruches,
les ouvrières qui se reposaient à terre avant de regagner
leur habitation, blessées ou tuées par le râteau, étaient

bientôt vengées: le cri d'alarme avait été entendu dans les ruches; le jardinier était souvent puni de sa maladresse.

Pendant les deux ou trois jours suivants, personne ne pouvait s'approcher du rucher sans éprouver les effets de la rancune des ouvrières offensées. Celles qui m'avaient poursuivi moi-même avec l'acharnement dont je vous parlais tout à l'heure, s'arrêtaient quelquefois assez longtemps sur les vitres de la fenêtre pour que l'on pût voir distinctement le bout de leur ventre et connaître aux gouttelettes que l'on y voyait briller que leurs aiguillons avaient été dardés et empoisonnés à mon intention.

Si la cause première de leur grande irritation devait toujours nous échapper, il n'était peut-être pas aussi difficile de pénétrer celle de leurs ressentiments prolongés. Elle pouvait être toute physique.

Ma première idée fut que la présence du venin extravasé, son odeur peut-être sensible pour les abeilles pouvait avoir une action irritante sur quelqu'un de leurs organes. L'expérience devait nous l'apprendre : voici celle que j'imaginai:

On introduisit quelques abeilles dans un tube de cinq à six lignes de diamètre et dont la longueur n'excédait pas un demi-pied; son orifice inférieur était fermé hermétiquement et l'autre pouvait l'être avec le doigt ou de toute autre manière.

Pour que les ouvrières imprégnassent le tube de l'odeur du venin, on les chicana légèrement avec une paille ou la tige de quelque fleur; l'orifice du tube fut présenté découvert à la porte d'une de mes ruches. L'effet fut bien prompt, quelques ouvrières sortirent à l'instant de la ruche, se jetèrent sur nous et nous auraient piqué infailliblement si un masque, des gants et un bon camail ne nous eussent pas mis à l'abri de leur colère.

TROISIÈME LETTRE

Des causes de l'essaimage. Cellules royales. Jalousie de la reine.

Provisions de voyage des essaims

Lausanne, 30 juin 1828.

Vous êtes musicienne, ma chère fille; si j'eusse su que vous aviez des abeilles à Bois d'Ely et des essaims à espérer, c'est à votre sensibilité, à celle surtout de votre oreille musicale que j'aurais recommandé une jolie observation que j'ai faite bien souvent et qui vous aurait peut-être intéressée comme moi; espérons qu'il n'est pas trop tard.

Supposons que vous venez d'entendre le charivari qui indique presque partout la sortie des essaims; vous accourez pour en être le témoin; en voilà un au-dessus de votre tête. Je vous vois au milieu de tant de milliers d'abeilles jouir de ce beau spectacle, sans vous effrayer des mouvements tumultueux de tant d'êtres armés d'aiguillons qu'on nous dit si dangereux mais ne le croyez pas.

Il est reconnu et ceux qui savent les soigner vous diront que jamais les abeilles ne sont plus douces que les jours qu'elles essaiment. On les traite cependant, pour s'emparer de leurs essaims, d'une manière qui pourrait les irriter. Ces abeilles si irascibles et si vindicatives ne le sont jamais dans cette occasion et lorsqu'il est question de jet, le redoutable aiguillon ne se fait ni sentir, ni apercevoir.

Remarquez je vous prie une odeur vraiment balsamique qui se répand autour de vous; celle du miel, qu'elle rappelle, calme souvent leur colère. J'ai fait cesser bien des combats en jetant quelques gouttes d'eau miellée sur des abeilles qui paraissaient en fureur. Le miel serait-il pour elles, quand il est répandu dans leur atmosphère, un talisman qui les rend à leur douceur naturelle et les empêche de se fâcher!

Entendez-vous quelques dissonances dans ce nombreux concert!

Ce bourdonnement si doux n'est, à mon sens, composé que de tons justes. Cette musique aérienne va droit au cœur, il faut en convenir, je ne l'entendis jamais froidement; ce que j'y trouve d'expressif, de touchant, de mélancolique, je dirai même de solennel, ne viendrait-il que de moi ou de mon imagination. Je ne désavouerai point l'exaltation bien naturelle où me montent cette intéressante scène et cet accord de volonté et de sentiment chez des êtres placés (par nous à la vérité) presque au bas de l'échelle.

Quoique je ne vous en aie pas dit un mot, je suis sûr que vous devinerez au moins une des raisons qui déterminent le départ périodique des essaims; ce qui est vrai, sage, utile peut bien souvent se prévoir. Pour vous aider cependant un peu, permettez-moi une comparaison à la portée de l'écolière et du maître et commode pour tous les deux.

Si vous n'eussiez été qu'une simple bergère, votre bonté et vos lumières naturelles vous auraient-elles permis de condamner vos moutons, vos chèvres à vivre dans un espace qui n'aurait pu en nourrir que la moitié ? Non, sans doute, vous ne les condamneriez pas aux horreurs de la famine. C'est pour en garantir les abeilles que la nature les a instruites à chercher comme les peuples nomades leur salut dans des émigrations périodiques.

La reine, que vous ne connaissez que de réputation, est le mobile qui dirige tout chez le peuple dont elle est la mère. On dit qu'elle peut faire par an soixante à huitante mille petits. C'en est assez pour composer les essaims qui doivent, l'année suivante, et peut-être plus tôt, aller chercher au loin la subsistance nécessaire à l'entretien de la nouvelle population.

Comme les subsistances qui conviennent aux abeilles ne peuvent s'accroître indéfiniment dans un espace limité, elles ont été instruites à chercher au loin les aliments qu'exige une population toujours croissante; c'est pour cela qu'il leur a été donné des ailes et ordonné de s'en servir. Voyons à présent ce qui a encore été fait pour déterminer leurs émigrations.

Croyez-moi sur parole, ma chère fille, jusqu'à ce que vous voyiez tout par vos propres yeux. Je vous assure que je ne me suis rendu moi-même qu'à la dernière extrémité. Les soins dont Burnens n'a pas laissé manquer son maître et son ami lui ont été d'un grand secours dans cette occasion.

Mais il faut encore ici que je vous demande beaucoup de confiance et presque de docilité; croirez-vous aisément qu'un insecte, qu'une simple mouche soit susceptible de jalousie ? Il faut en prendre votre parti, rien n'est plus vrai; il ne me reste qu'à vous en donner la preuve. Pour cela quelques détails sont indispensables.

Vous savez qu'un rayon de cire est composé d'un nombre plus ou moins grand de petites cavités contiguës qui ont reçu le nom de cellules ou d'alvéoles; c'est dans ces petites loges que les abeilles déposent leurs récoltes de miel ou de pollen et que la reine pond ses œufs quand elles peuvent les recevoir.

Auriez-vous remarqué certains trous bien plus grands que les alvéoles et qui n'ont rien de régulier? Ils ne sont point l'effet du hasard; les ouvrières ont laissé ces espaces vides dans l'épaisseur du rayon. Par cette disposition, lorsqu'elles sont pressées de parcourir ses deux faces, elles le font bien plus vite que si elles devaient en faire le tour. Ce sont, si vous voulez, des places publiques ou des carrefours - dans nos villes les espaces analogues ont la même utilité. Chez les abeilles elles en ont bien une autre; c'est là qu'elles posent les fondements des cellules royales, dont vous aurez probablement entendu parler. Dans leur première forme ces cellules ont à peu près celle du calice d'un gland; dans la suite elles deviendront, par le progrès du travail, des pyramides renversées et d'abord plus ou moins tronquées. C'est quand la cellule royale n'est encore que sous la forme d'un calice et qu'elle n'a pas plus de deux à trois lignes de profondeur qu'elle peut recevoir les œufs que la reine y dépose, peut-être en passant, quand elle se rend d'une face à l'autre du rayon . Je croirais assez que c'est un piège tendu par les abeilles architectes; ce qui paraît confirmer cette conjecture c'est que les abeilles, ne pouvant construire les cellules royales horizontalement dans le plan du gâteau et donner la même direction à la partie pyramidale sans la prolonger entre les rayons parallèles dans l'espace réservé aux passages des ouvrières, ne pouvaient rien faire de mieux que d'attacher le calice de la cellule royale verticalement, au-dessous du bord de l'espace désigné par le nom de carrefour; alors la partie pyramidale pouvait être entée au calice et continuée verticalement au-dessous d'elle dans l'espace vide inférieur.

Il est une autre raison qui explique assez bien pourquoi les cellules royales ne doivent pas être construites dans l'intérieur ou l'épaisseur du rayon. Les reines, plus grandes et plus grosses que les ouvrières, à qui les petits alvéoles sont destinés, n'y trouveraient pas l'espace nécessaire à leur développement ultérieur.

Les reines, pressées de pondre et trouvant les petits alvéoles occupés, veulent passer sur l'autre face du rayon et pour cela traverser un des carrefours, mais, apercevant l'orifice des cellules ébauchées, elles y introduisent le bout de leur ventre et y déposent leurs œufs après s'être assurées seulement qu'elles ne sont pas occupées ; elles tombent ainsi dans le piège qui semble leur avoir été tendu.

A mesure que les petits alvéoles se vident par la naissance des abeilles communes, la reine y pond, ainsi que dans les divers carrefours qui se présentent sur son passage et où, elle trouve d'autres cellules ébauchées encore ouvertes et vides. Ses œufs produiront successivement des larves ou des nymphes royales plus ou moins avancées. Ce n'est pas seulement en leur donnant un logement plus vaste et différemment disposé que les abeilles amènent à l'état de reines celles qui étaient destinées à n'être que de simples ouvrières. Une nourriture plus exquise, peut-être plus stimulante et plus abondante, procure l'extension des organes des reines au berceau et surtout le développement des organes sexuels. M. Bonnet, dans la visite qu'il me fit à Pregny, vit dans une de mes ruches en feuillets, dont j'avais enlevé la reine, plus de vingt cellules royales commencées.

Une chose très singulière et bien importante qui n'a pas été assez remarquée et dont je ne comprends qu'à l'heure qu'elle est la très grande utilité, c'est la coïncidence parfaite de la ponte des œufs de mâles, toujours observée dans la saison des essaims, avec la construction des alvéoles royaux. Un lien secret existe assurément entre ces deux grandes dispositions.

Ici nous voilà encore réduits à l'admiration, n'est-ce pas assez?

Sans cette disposition les jeunes reines risqueraient ou de ne devenir jamais mères, ou de n'obtenir qu'une fécondation imparfaite dans le cas où elles seraient trop retardées (1); mais comme on l'a dit: tout s'harmonise dans l'histoire des abeilles.

Note (1) : Voir la lettre suivante. Note du rédacteur.

Suivez-moi encore un moment, vous en verrez un nouveau trait. *Observation inédite.* - Pour avoir osé vous dire que les reines étaient susceptibles de jalousie il faut avoir des preuves bien évidentes à vous donner d'une chose si singulière.

Par quel moyen peuvent-elles être amenées là et comment leur est inspiré un sentiment de jalousie et d'irritation auquel tient l'accomplissement des vues que s'est proposé la Nature?

Revenons aux cellules royales, c'est de là que part le fil qui doit nous aider à sortir de ce labyrinthe. Leur construction ne saurait être instantanée; plusieurs jours d'un travail dans lequel se succèdent bien des ouvrières sont employés à faire une pyramide de ce qui n'avait dans l'origine que la forme du calice d'un gland.

La reine, après avoir déposé son œuf au fond du calice, continua à pondre ailleurs très tranquillement et sans donner le moindre signe d'alarme; ce ne fut que lorsque la pyramide fut achevée que nous remarquâmes dans sa démarche moins majestueuse un commencement d'agitation. La larve royale remplissait alors la pyramide jusqu'à son extrémité, elle allait passer à l'état de nymphe, dans lequel elle n'a plus besoin d'aliment. La clôture de la cellule à cette époque le prouve incontestablement.

L'agitation de la reine croissait à mesure que la jeune larve avançait vers son terme; d'un mécontentement très marqué, la reine passa fort vite à la colère et l'on ne saurait douter que sa rivale n'en fût l'objet.

Lorsqu'on la voit s'acharner à sa destruction et la tuer dans son berceau quand les abeilles ne mettent pas d'obstacle à cette fureur, ne reconnaissez-vous pas que la plus cruelle des jalousies en a été le seul mobile? Le vœu de la nature ne serait pas rempli si celui de la reine avait toujours son accomplissement; si elle pouvait tuer ses rivales en bas âge il n'y aurait plus d'essaims à espérer et la ruche périrait; les ouvrières, instruites par la bonne Nature à s'y opposer, le font efficacement, en entourant les alvéoles royaux d'une garde assez forte pour prévenir l'effet de la rage de leur reine; elles y parviennent toujours en s'opposant à ses approches sans employer jamais l'aiguillon contre cette tête si chère; elles réussissent à l'éloigner ou à la chasser, en lui montant sur le dos, en la frappant de leurs antennes, ce qui est comme on le sait aujourd'hui un langage fort expressif (1).

Note (1) : Les abeilles, les fourmis, comme tous les êtres qui vivent en société et dont toutes les opérations supposent ou exigent une sorte de concert, doivent s'entendre entre eux et avoir quelque moyen de se communiquer leurs pensées, c'est-à-dire leurs besoins, leurs désirs, leurs craintes et surtout leurs dangers. Chez les insectes que nous avons observés les attouchements répétés et variés des antennes les avertissent ou les instruisent de tout ce qu'ils doivent savoir.

Un autre moyen d'instruction avertit les abeilles de ce qui intéresse leur reine; je m'en suis assuré surtout dans le cas de sa mort ou de sa disparition. Pour s'en convaincre Il suffit d'enlever la reine à ses abeilles: on ne verra rien dans les premiers moments qui prouve que sa perte a été aperçue, mais au bout d'une demi-heure on ne saurait en douter. La confusion qui règne dans la ruelle, l'abandon des petits, les courses des ouvrières, leur sortie, leur départ précipité à des heures indues, leurs recherches au dehors de leur habitation, puis le rétablissement de l'ordre et surtout les préparatifs qu'elles font pour se donner une autre reine prouvent qu'elles se sont aperçues de leur perte et ne nous disent point comment.

C'est toujours la vieille reine qui conduit le premier essaim; elle l'emmène après avoir montré par son agitation toujours croissante qu'elle cède à la terreur inspirée par la présence de ses jeunes rivales au berceau, mais comme elle n'attend point qu'elles aient atteint leur dernier terme et puissent sortir de l'alvéole royal, elle part avec son essaim sans avoir fait aucun mal à ses jeunes rivales; le meurtre n'a lieu qu'après le départ de la vieille reine. Celle qui succède immédiatement trouve aussi des rivales à sa naissance, elles sont bien dangereuses pour elle; leur âge, à peu près égal au sien, ne lui permet pas d'attendre qu'elles l'aient atteint pour se jeter sur l'alvéole royal encore fermé, pour le percer et tuer à coup d'aiguillon la nymphe royale dont elle aperçoit l'existence par quelque sens inconnu.

L'apparition de cellules royales et la jalousie qu'elles inspirent aux reines régnantes sont donc bien ce qui procure l'accomplissement des vues que s'est proposé la Nature et le moyen qu'elle a employé pour déterminer les abeilles à fuir leur ruche natale et à chercher leur conservation dans des émigrations périodiques.

Je croyais avoir vu et fidèlement décrit tout ce qui a rapport à l'histoire des essaims; ce qui vient de m'arriver prouve qu'on ne saurait jamais être trop circonspect et trop modeste. Je trouve dans un de mes journaux oubliés le détail d'une observation qui m'avait frappé dans le temps et dont je n'avais conservé presque aucun souvenir; elle date de l'année 1816.

Deuxième observation inédite. - Cette année, qui à juste titre fut appelée l'année de disette, ne s'annonça pas à Genève pour devoir être si fatale aux abeilles qu'elle le fut à nos récoltes de tout genre.

La belle floraison du premier printemps, la température chaude et humide qui régna à cette époque firent regorger le miel et le pollen dans les fleurs. Les mâles, qui parurent de bonne heure dans toutes nos ruches, nous annoncèrent que nous aurions des essaims précoces; cet espoir se réalisa; jamais je n'en ai autant vu: dix ou douze ruches que j'avais à la sortie de l'hiver se trouvèrent à la fin de juin multipliées jusqu'au nombre de soixante.

Je ne me servais alors que de ruches en feuillets, vitrées seulement à leur extrémité postérieure. C'est là que se porta toute notre attention quand nous vîmes paraître les signes bien connus du départ des essaims; ce moment est celui où toutes les abeilles, émues par l'agitation de leur reine, ne songent qu'à la suivre en quittant leur ruche natale et en allant chercher ailleurs une nouvelle patrie. C'est là ce que tout le monde savait ou avait pu savoir d'après les excellents mémoires de Réaumur.

Voyons ce qui devait arriver à ces fugitives: les voilà qu'elles quittent bien follement en apparence des habitations pourvues de tout ce dont elles peuvent avoir besoin, pour leur préférer celles qu'elles rencontreront fortuitement peut-être et qui sûrement seront dépourvues de ce qui peut leur convenir.

Que leur arrivera-t-il si le temps vient à changer au moment de leur entrée dans quelque tronc d'arbre ou dans la cavité d'un rocher et surtout si ce mauvais temps se prolonge cinq à six jours seulement? Cela n'est pas difficile à deviner; elles mourront infailliblement de faim; leur plus grand supplice sera le découragement dans lequel on les verra tomber quand elles s'apercevront que leur reine ne trouvant point d'alvéoles pour y déposer ses œufs sera forcée de les pondre en l'air et par conséquent de voir s'évanouir tout espoir de postérité. (Ce découragement en pareil cas a été observé par d'autres).

Non, non, ce n'est pas dans le moment où ces êtres qui nous intéressent sous tant de rapports ont le plus grand besoin d'une direction supérieure qu'elle leur aura été refusée.

Lorsque les abeilles vont quitter leur ruche pour toujours, quand tout paraît en confusion autour d'elles, on les voit se précipiter sur les faces des rayons où le miel a été emmagasiné et qui occupent toujours le fond de la ruche le plus éloigné de leur porte. Nous les avons vues en dépouiller entièrement de très grands gâteaux en quelques minutes. Le temps pressait, il fallait suivre la reine et les abeilles le savaient.

Nous avons fait cette observation sur un tel nombre d'essaims en 1816 et depuis, que je ne conserve aucun doute à cet égard.

QUATRIÈME LETTRE (1)

Ce qui se passe dans une colonie dont on a supprimé la mère et comment les abeilles s'y prennent pour élever de nouvelles reines.

Note (1) : Cette lettre ne figure pas dans la collection de Mme de Watteville; nous en avons trouvé le brouillon non daté dans le dossier de Mr. de Molin.

Ne m'étant pas mal trouvé de la marche que j'ai suivie, je suis obligé, ma chère fille, de vous parler un moment de moi et de ce que j'ai dû faire. Il fallait préalablement, puisque c'était des abeilles que je voulais m'occuper, étudier leur histoire dans les écrits des meilleurs naturalistes anciens et modernes; chercher ensuite un aide fidèle et qui voulut me prêter le secours de ses yeux.

Après avoir beaucoup lu, ce fut à M. de Réaumur que je m'attachai et à qui j'ai donné toute ma confiance. Mon secrétaire François Burnens, jeune cultivateur vaudois, me donna tant de preuves de sa fidélité et de son zèle, qu'après avoir reconnu la bonté de ses yeux je le choisis pour répéter les observations et les expériences délicates que je pourrais avoir à faire; ce fut lui qui construisit mes ruches vitrées et me suggéra les formes comme les dispositions qui pouvaient le mieux remplir

mes vues et rendre mes essais plus sûrs et moins dangereux.

(J'ai dit dans la préface de mon livre ce que j'ai dû
aux soins de cet excellent jeune homme).

Il me fit braver et presque oublier l'obstacle qu'opposait ma cécité à des recherches si difficiles.

1 ° Je voulus d'abord connaître par moi-même cette
reine dont Réaumur m'avait presque appris l'existence;
ces bourdons qui, selon lui, étaient des milles de l'espèce
et surtout les abeilles proprement dites à qui nous devions
le miel et la cire.

2° Après m'être assuré par les yeux de Burnens, je
vis, d'après Réaumur, qu'il n'y avait ordinairement qu'une
reine dans une ruche, mais j'y trouvai plusieurs centaines
de milles et bien des milliers d'ouvrières ou d'abeilles
communes.

3° Il ne me fut pas très difficile de connaître les
fonctions des mouches des trois sortes. Celle de la reine
lui aurait mérité le plus beau de tous les noms, celui de
mère de son peuple, comme le mâle avait droit au nom de
père. Les abeilles communes, chargées des soins qu'exigeaient les petits et de la construction de tout l'édifice,
pouvaient porter les noms d'architectes ou de nourrices.

4° Mes propres recherches sur la durée de la vie des
mères furent infructueuses, c'est à M. le pasteur de Gélieu
que j'ai l'obligation de savoir qu'elle est de quatre à cinq
ans.

M. de Réaumur dit que les mâles ne vivent pas plus
de quelques semaines; je me suis assuré qu'ils peuvent
vivre un à deux mois et qu'il est des circonstances où leur
vie peut être prolongée; celle des ouvrières n'est que d'un
an et ce terme est de rigueur.

Pour rendre aux ouvrières abeilles toute la justice
qui leur est due, je dois ajouter qu'elles doivent, par les

soins de tous les moments, conserver la plus grande propreté autour d'elles, veiller surtout à ce que la pureté de l'air altéré par leurs émanations soit toujours instantanément rétabli au degré de salubrité nécessaire, d'entretenir constamment aux portes de leurs ruches une garde chargée du soin bien important d'en écarter leurs ennemis. Le courage avec lequel elles repoussent leurs attaques, au péril même de leur vie, et surtout leur apparent attachement pour leur reine sont des lois pour elles auxquelles on ne les voit point contrevenir. Les soins qu'elles rendent aux mâles avaient aussi été aperçus par M. de Réaumur; j'y reviendrai peut-être ailleurs.

On m'a reproché de n'avoir pas dit un mot de tout cela dans mes lettres sur les abeilles à M. Bonnet; c'est, je crois, précisément parce qu'elles lui étaient adressées que je crus n'avoir point à lui rappeler ce qu'il connaissait si bien; j'eus tort de ne pas penser que le public pouvait les ignorer et n'être pas du tout au courant des connaissances acquises. C'est pour ne pas mériter le même reproche de vous que je vous ai condamnée, ma chère fille, à l'ennui de lire ces détails avant de connaître leur importance.

5° Si vous êtes curieuse de savoir quelle est la durée même de la ruche ou de l'essaim, il suffit de vous rappeler que la vie des reines, suivant M. de Gélieu, est de quatre ou cinq ans.

M. de Réaumur parle d'une ruche qui, à sa connaissance, a existé plus de trente ans. A Tepic, dans le Mexique, on en connaît aujourd'hui qui existent depuis un siècle (1).

Note (1) : L'abeille du Mexique à laquelle il est fait allusion n'est pas notre Apis mellifica, mais une abeille sans aiguillon, une mélipone, sans doute la mélipone domestique décrite en 1839 par Pierre Huber (Société de

Physique et d'Histoire Naturelle de Genève, t. VIII, p.4) - Note du rédacteur.

Dans le cas de quatre ans de vie accordée aux reines, il n'en faut que vingt-cinq qui se succèdent immédiatement dans la même ruche pour atteindre ce terme. Vingt seulement suffiront dans le second cas. Les deux exemples que j'ai cités prouvent que cela doit être ainsi chez nous, comme en Amérique, et cela arriverait probablement si les reines-abeilles faisaient exception à la loi commune, si elles ne pouvaient être enlevées à leur peuple par quelque maladie ou par quelque accident et périr avant le terme que la nature leur a accordé.

Ce danger prévu, comme ceux auxquels sont exposés tous les êtres connus, est évité d'une manière si étrange qu'elle parut incroyable à M. Bonnet; ce qui s'y rapporte fera le sujet de ma première lettre. (Voir Nouvelles observations, Lettre 4me sur la découverte de M. le pasteur Schirach.)

La reine peut donc mourir ou de mort violente ou accidentelle, ou par l'effet de quelque maladie à nous inconnue, ou de vieillesse quand le terme de sa vie est arrivé.

Si elle meurt en laissant dans sa ruche ou dans les cellules du plus petit diamètre des œufs ou des larves d'où devaient provenir des abeilles communes, la perte de la reine sera bientôt réparée, voilà ce qu'a découvert le pasteur Schirach et ce que ne pouvait croire M. Bonnet.

Dès que je connus l'histoire de la reine-abeille par Blassière et l'assertion du pasteur allemand, je vins à Genthod pour causer avec M. Bonnet de ses doutes et des raisons qu'il avait de douter; je pris la liberté de demander à mon oracle s'il avait répété l'épreuve dont Schirach tirait de si merveilleuses conséquences. Sa réponse négative m'enhardit .jusqu'â lui proposer de faire moi-même l'épreuve qu'il n'avait pas voulu tenter. Sa grande bonté me permit de croire que ma témérité ne lui déplaisait pas et qu'il accorderait sa confiance aux résultats que je pourrais obtenir; il fit plus, il voulut bien me dire tout ce que j'avais à faire et m'indiquer toutes les précautions que je devais prendre pour ne tromper ni moi ni personne; la suite me prouva que cet excellent homme tenait bien plus à la vérité qu'à ses propres opinions.

Il fallait pour vérifier la découverte du pasteur allemand enlever la reine d'une ruche et voir ce qui arriverait; son peuple privé de sa mère tomberait-il dans le découragement? Abandonnerait-il son habitation, ses trésors péniblement acquis et surtout les petits auxquels, jusqu'à présent, tant de soins avaient été donnés. C'est bien ce qu'on aurait cru; les meilleurs naturalistes, Réaumur lui-même, pouvaient-ils deviner que la perte de la reine n'était pas irréparable. Schirach n'ayant point donné tous les détails qui l'avaient amené à cette grande découverte, je résolus de les chercher et d'ouvrir pour cela le livre de la nature elle-même.

EXPÉRIENCE. - Burnens choisit donc pour cette observation une de mes plus belles ruches vitrées, celle dont le peuple nombreux montrait le plus d'activité et dans laquelle les travaux des ouvrières avaient maintenu le plus bel ordre. Ce fut dans une belle soirée de printemps et lorsque toutes les ouvrières étaient rentrées chez elles qu'il chercha la reine et l'eut bientôt trouvée. Il l'enleva de dessus le rayon et le fit avec tant de douceur qu'aucune ouvrière ne parut s'en apercevoir; elles continuèrent pendant une demi-heure à s'occuper de tous les soins qui leur ont été confiés. Je m'aperçus alors que le bourdonnement devenait plus fort de moment en moment. Burnens vit quelques abeilles courir sur les rayons sans s'arrêter sur le couvain et en se passant sur le corps les unes aux autres. Le nombre des abeilles courantes augmenta comme le bourdonnement. Quelques instants plus tard tout était en confusion dans cette ruche: les ouvrières abandonnèrent les rayons et leurs petits, se précipitèrent aux portes de la ruche et en sortirent avec l'empressement le plus marqué. Nous crûmes d'abord que, s'étant enfin aperçues de la disparition de leur mère et peut-être de sa perte, elles étaient décidées à fuir; nous vîmes bientôt qu'il n'en était rien, que l'abandon momentané de la ruche n'avait pour cause que l'ardent désir de retrouver la reine perdue, car aucune de ces mouches ne prit le vol. Ce n'était que pour la chercher qu'elles étaient sorties de leur habitation pour parcourir en tous sens les dehors de la place, dont on ne les vit point s'écarter. Leurs courses durèrent plus d'une demi-heure; quand elles rentrèrent chez elles, leur bourdonnement, bien moins fort qu'avant leur départ, ne me donna que l'idée de leur empressement à rejoindre les petits que nous avions cru abandonnés. Le calme se rétablit par degrés et le plus bel ordre régna bientôt dans toutes les parties de la ruche.

Ceci nous apprenait seulement que les abeilles s'étaient aperçues de la perte de leur reine, mais ne nous disait point comment. Était-ce bien pour la réparer que nous venions de les voir rentrer chez elles, n'était-ce point aux approches de la nuit qu'on devait l'attribuer ? La suite pouvait nous le dire.

Première observation. - Si ma supposition était vraie, si l'essaim privé de sa reine était sans aucun espoir de la retrouver ou sans moyen de s'en procurer une autre, je l'aurais vu déserter le lendemain. Nous nous condamnâmes donc à ne pas le perdre de vue. Nous vîmes au point du jour suivant que l'ordre régnait dans la ruche, que les abeilles couvraient les rayons remplis de couvain, ou plutôt qu'elles couvaient bien réellement les petits, logés dans leurs alvéoles, ce que la température plus élevée dans cet endroit prouvait incontestablement. Dans cette partie du rayon, le plus grand nombre des alvéoles étaient ou allaient être fermés; les petits en état de larves étaient bien près de passer à celui de nymphes; une douzaine de cellules au plus étaient encore ouvertes; lorsque les couveuses s'éloignaient pour quelques ins-tants, nous pouvions apercevoir les jeunes larves au fond des alvéoles qui leur servaient de berceaux. A midi du même jour, trois des cellules ouvertes nous laissèrent voir une particularité remarquable: leurs larves, en apparence de même âge, n'étaient plus couchées au fond même des alvéoles, elles étaient arrivées au milieu du tube hexago-nal; nous ne comprimes point alors comment elles avaient été amenées là; pour des vers apodes cela devait paraître fort singulier. En éclairant mieux ce rayon, nous vîmes que la partie de l'alvéole en arrière des larves était remplie d'une matière à demi transparente et ressemblant à la gelée qui sert d'aliment aux petits des abeilles. Le tube gélatineux était-il résultat de la digestion de ces mêmes larves ? La bouillie qui leur sert d'aliment avait-elle été entassée derrière elles par leurs nourrices, comme on place un coussin derrière les reins d'un malade ou d'un enfant pour qu'il puisse s'y mettre sur son séant dans son lit ou s'y soutenir? Quoique minutieux en apparence, je ne dois pas supprimer un trait neuf et si utile de l'industrie des abeilles (il sera mieux établi par la suite).

L'extrême délicatesse des jeunes larves et surtout de celles dont il est ici question ne permettant pas aux nourrices de les amener violemment à l'orifice du tube, elles peuvent les conduire, en les y poussant à l'aide du coussin qu'elles passent derrière elle.

Deuxième observation. - Les trois cellules observées ne se touchaient pas immédiatement; celles qui les entou-raient étaient fermées et contenaient ou des nymphes ou des larves prêtes à le devenir.

Dès la veille nous avions vu ces cellules couvertes d'ouvrières s'occupant avec activité de quelque travail important sans doute, mais dont nous ne pénétrâmes point l'intention; quelques heures plus tard elle devint manifeste. Ces abeilles avaient voulu détruire les alvéoles sur lesquels elles paraissaient s'acharner, ainsi que les larves ou les nymphes qui les habitaient, agrandir ainsi les trois cellules dans le sens de leur diamètre, effacer pour ça les pans des tubes hexagonaux et changer leur forme en les faisant devenir cylindriques.

Il nous parut que les abeilles se disposaient à enter presque à angle droit une autre cellule sur le tube horizontal.

A cette époque de leur travail on ne voyait presque plus les larves, mais elles étaient si près de l'orifice de l'ancien tube et de sa jonction angulaire avec le nouveau que nous ne doutâmes presque pas qu'elles n'eussent été amenées ou poussées jusque-là pour les faire descendre dans la partie ajoutée au tube horizontal. Le nouvel alvéole, continué en descendant et presque verticalement, prenait la forme d'une pyramide renversée; le sommet tronqué permettait encore à une ouvrière d'entrer dans la pyramide pour soigner la jeune larve; lorsqu'elle en sortait, elle était immédiatement remplacée et cela dura jusqu'au moment où la cellule, fermée en pointe, devint une vraie pyramide, ressemblant à tous égards aux cellules royales qu'a si bien décrites Réaumur. Dès lors la découverte de Schirach nous parut presque démontrée.

Troisième et dernière observation. - Elle le fut entièrement pour nous quand nous vîmes sortir des trois alvéoles de véritables reines, semblables à tous égards à celle que nous avions enlevée quinze jours auparavant.

Schirach avait donc pu dire avec vérité que les abeilles peuvent réparer la perte de leur reine.

CINQUIÈME LETTRE

Les reines dont l'accouplement a été empêché jusqu'au 22ème ou 23ème jour ne pondent que des œufs mâles

Lausanne, 13 septembre 1828.

J'ai dit dans une des lettres que M. Bonnet m'a permis de lui adresser(1) que le pasteur Schirach, devenu célèbre en Allemagne par son goût pour les abeilles et par sa grande découverte sur la possibilité de la conversion d'une larve commune en reine, avait trouvé dans une de ses ruches un essaim presque entièrement composé d'abeilles mâles, fait très étonnant et dont personne n'avait parlé. L'auteur de cette découverte comprit que c'était à quelque imperfection de la reine qu'on devait attribuer l'impossibilité où elle était de donner naissance à de simples ouvrières et conclut avec raison qu'il fallait bien vite en donner une autre à cette malheureuse peuplade si on voulait la sauver. Il enleva donc la reine imparfaite ou malade; se prévalant ensuite de sa grande découverte, il substitua une nouvelle mère dans sa ruche et joignit aux mâles qui s'y trouvaient ce qu'il fallait d'abeilles pour les soigner; car, privés des instruments et des armes nécessaires, ils ne pourraient ni loger, ni nourrir, ni concourir à la défense de la ruche. Sous d'autres rapports c'est à eux qu'est confiée la conservation de l'espèce.

Note (1) : Nouvelles Observations, Troisième lettre. p. 119. – Note du rédacteur.

Cet expédient réussit à merveille à M. Schirach; sa nouvelle reine, bien conformée à tous égards, remplit sa ruche d'un peuple nombreux et composé comme à l'ordinaire d'abeilles ouvrières et de faux bourdons; heureux d'un succès mérité, son auteur ne chercha point la cause du malheur qu'il venait d'éprouver, il se contenta d'en avoir découvert le remède.

Curieux d'approfondir un sujet qui me parut aussi neuf qu'important, je fis pour y parvenir tout ce qui me vint à l'esprit. Je vous ferai grâce de mes recherches et vous dirai seulement que les reines soumises à mes nouvelles épreuves ne produisirent plus que des mâles quand je les mariai trop tard, c'est-à-dire quand leurs noces ou leur union ne purent avoir lieu que le 21me ou 23me jour à dater de celui de leur sortie en état de mouches parfaites hors de l'alvéole qui leur devait servir de berceau; elles pondaient au contraire des œufs des deux sortes quand elles s'étaient mariées plus tôt ou plus jeunes de quelques jours seulement. Mais pourquoi le retard de la fécondation met les reines-abeilles hors d'état de pondre des œufs d'ouvrières? C'est un problème sur lequel l'analogie ne fournit aucune lumière; je puis dire aujourd'hui, comme lorsque j'écrivais ceci à M. Bonnet, que dans toute l'histoire physiologique des animaux je ne connais point d'observation qui y ait le moindre rapport. Contentez-vous donc encore d'un aveu de l'ignorance de votre prétendu maître, qui préfère se taire, ma chère Elisa, que de vous donner des conseils d'amateur (1).

Note (1) : On sait qu'une quinzaine d'années plus tard Dzierzon a donné la solution du problème. C'est en 1845 qu'il a, pour la première fois dans la Bienenzeilung d'Eichstadt (p. 113), fait connaître ses vues sur la reproduction des abeilles et exprimé la conviction que les œufs mâles ne demandaient pas à être fécondés, tandis que la coopération du mâle était absolument nécessaire pour la production des ouvrières. Quatre ans après, en 1849, dans son ouvrage « Theorie und Praxis », il faisait un exposé complet de sa théorie de la parthénogénèse, à laquelle les travaux de Siebold et d'autres savants ont apporté la consécration scientifique. Voir Wahre Parthenogenesis bei Schmetterlingen u. Bienen, von C. T. E. von Siebold, Leipzig, 1856. – Note du rédacteur.

Mes propres recherches me prouvaient donc la possibilité de l'accident signalé par le professeur allemand. Le silence gardé par tous les naturalistes et surtout par ceux qui avaient le mieux observé les abeilles me prouva qu'un accident si fatal pour elles, et qui était pour l'espèce une véritable catastrophe, devait être infiniment rare; pouvais-je douter qu'il n'eût été prévu et qu'il n'y eût été paré. Je n'en devinai assurément pas le moyen. Il fallut le voir pour le croire et le revoir bien des fois. Les précédents auraient dû me mettre sur la voie: c'était au défaut des mâles en temps utile que la véritable stérilité des reines devait être attribuée; pour qu'elle n'eût jamais lieu, ne fallait-il pas que la naissance des mères coïncidât avec celle des mâles. Leur apparition trop précoce ou trop tardive pouvait nuire également au sort de la population; le parallélisme des naissances chez les deux sexes était donc d'une absolue nécessité pour obtenir la coïncidence des naissances: il fallait que celle des reines eût toujours lieu au même instant que celle de leurs époux et c'est ce qui a lieu effectivement.

Réaumur a vu le premier qu'il a été accordé aux femelles des abeilles un droit dont ont été privées toutes les autres mères, celui de pressentir le sexe de l'enfant qu'elles ont à mettre au jour, ce qui est prouvé par le choix des alvéoles différents dans lesquels elles déposent les œufs des deux sortes; ceux des mâles doivent l'être dans les plus grandes cellules; c'est dans les petites que doivent être élevées les ouvrières dont la taille leur est mieux proportionnée.

Quelque faculté analogue aurait-elle aussi été donnée à ces mêmes ouvrières pour que ce qui se passe au dehors d'elles leur fût connu *intuitivement*? Au moment où la reine entre dans sa nouvelle habitation, c'est d'ouvrières qu'elle a besoin et c'est toujours par des œufs communs que sa ponte va commencer; ceux des mâles viennent ensuite, c'est lorsqu'ils descendent dans ses ovaires que les abeilles se mettent en devoir de préparer les alvéoles royaux.

L'éducation des mâles en bas âge est un peu plus longue que celle des ouvrières et des reines; 17 à 18 jours suffisent à celles-ci, 20 jours sont nécessaires à l'abeille commune, mais il en faut au moins 24 aux mâles, à dater du moment où ont été pondus les œufs dont les uns et les autres sont provenus, jusqu'à celui où, devenus adultes, ils peuvent sortir de la cellule qui leur aura servi de berceau et de prison.

Les jeunes reines sont donc assurées par cette disposition que leur mariage pourra avoir lieu, c'est-à-dire qu'elles pourront s'unir à leur mâle dès les premiers jours de leur vie et qu'elles auront la force d'aller à leur rencontre dans le haut des airs; il reste encore un malheur à prévoir, c'est le cas où la jeune épouse périrait en route et serait la proie d'une hirondelle, d'un lézard ou de quelque autre ennemi. Ce n'est donc pas uniquement pour fournir des mères aux essaims que les abeilles ont été instruites à se donner plus de reines qu'elles n'en ont besoin et c'est sans doute dans ce but qu'elles construisent, tant que dure la ponte des œufs de mâles, un nombre d'alvéoles royaux qui dépasse de beaucoup celui qui serait nécessaire; cinq ou six seraient plus que suffisants: il n'est pas rare de trouver dans cette saison huit ou dix cellules royales qui pourraient donner successivement naissance à autant de reines. Je ne doute pas que la prodigalité de la bienfaisante Nature n'ait pour but dans cette occasion de suppléer aux accidents qui pourraient arriver aux reines dans leurs courses aériennes et sans doute aventureuses.

M. Bonnet compta 25 alvéoles royaux dans la ruche que j'ouvris devant lui à Pregny. Ce fut, je crois, en lui rappelant sa propre observation que je lui disais dans une de mes premières lettres que l'apparition simultanée des œufs de mâles et celle des alvéoles royaux, toujours observés dans les mêmes circonstances et seulement à l'époque de la grande ponte masculine, indiquait quelque liaison secrète entre des opérations exécutées simultanément entre des êtres de la même famille et différant à tant d'égards essentiels.

SIXIÈME LETTRE

La fausse-teigne ennemie des abeilles. Renouvellement des rayons

Lausanne, novembre 1828.

Ma chère Elisa,

Lorsque je commençai à m'occuper des abeilles, la première chose qui me frappa fut le peu d'intérêt que l'on mettait chez nous à la culture de cet insecte, d'une utilité d'ailleurs si reconnue. Les plus éclairés d'entre nos cultivateurs s'accordèrent à en accuser notre climat, la nature de nos récoltes, la proximité du lac et surtout les ravages que faisait dans les ruches un petit papillon, que Réaumur appelle, je ne sais pourquoi, le plus dangereux des ennemis des abeilles, en désignant la chenille dont il provient sous le nom de la fausse teigne de la cire. Il donne dans ses mémoires l'histoire de ce papillon et sait la rendre intéressante; c'est là qu'il faut la lire et que j'ai appris ce qu'elle avait de curieux. Les paysans et les naturalistes que je consultai me parurent également persuadés de l'impossibilité de s'opposer aux ravages de ce dangereux ennemi des abeilles, sa petitesse selon eux lui permettant de les suivre partout où elles pouvaient entrer elles-mêmes. Ils avaient raison, mais je vis bientôt que les abeilles avaient été instruites à leur donner la chasse; elles réussissaient souvent à les éloigner de leurs habitations et ce n'était que par ruse que le papillon si fatal y pénétrait quelquefois. Que faisaient alors les abeilles? Ne voulant pas m'en rapporter à de simples conjectures, je

plaçai mes essaims dans des ruches vitrées et je recommandai cette observation importante aux soins de
Burnens. Il m'avertit un jour qu'il voyait des rassemblements nombreux d'ouvrières sur des parties de rayons où
rien ne semblait devoir les attirer. Je m'aperçus qu'elles y
excitaient plus de chaleur qu'elles ne font sur les rayons
sans couvain; l'accumulation des abeilles dans cet endroit
devait avoir une cause qu'il s'agissait de pénétrer. La présence des ouvrières et leur apparent acharnement rendait
toute observation difficile. Il fallait donc écarter les
abeilles et Burnens y réussit sans être piqué. Après nous
en être débarrassés, nous remarquâmes:

1° qu'une grande brèche s'était ouverte dans la partie du rayon dont nous venions d'écarter les ouvrières.

2° Que cette brèche était l'effet de l'entière destruction des alvéoles communs dont le rayon était composé.

3° Que la disparition complète des alvéoles s'étendait sur les deux faces opposées du même rayon et qu'il
était percé à jour dans cet endroit.

4° Examinant de plus près l'état des alvéoles qui
avaient entouré l'espace vide que nous venions d'apercevoir et qui devait former un nouveau bord au rayon, nous
vîmes que toutes les cellules voisines de la brèche
n'étaient plus égales entre elles, que celles des derniers
rangs venaient de subir une grande altération. (Les
abeilles s'occupent toujours de plusieurs travaux à la
fois.) Pendant que celles dont je viens de parler détrui-
saient leur propre ouvrage, d'autres firent ce que nous ne
leur avions jamais vu faire: elles s'occupèrent à raccourcir
tous les alvéoles des quatre ou cinq derniers rangs, tous
précédemment égaux et semblables. Ce raccourcissement
graduel et opéré en même temps sur les deux faces du
même rayon donna à la nouvelle bordure la forme d'un
talus.

5° Les abeilles travaillaient avec une telle activité que ce trait de leur industrie nous eût échappé si nous eussions attendu au lendemain à les suivre dans leurs opérations; alors tout eût été réparé, les cellules également allongées ne laissaient entre elles aucun vide et il n'était pas facile de distinguer les points de suture ou de rencontre du nouveau bord.

6° Ce fut seulement alors que nous vîmes ce qui avait nécessité ce grand travail des ouvrières; le papillon de la fausse-teigne avait pénétré dans cette ruche à l'insu des gardiennes et pondu sur ces rayons. La douceur de la température du lieu avait suffi aux œufs pour éclore. Les jeunes larves mises à portée de leur aliment naturel s'étaient nourries de cire, avaient pénétré dans l'épaisseur du rayon, mais ne s'y étaient point engagées sans prendre quelques soins pour éviter d'être aperçues par les abeilles. La coque soyeuse qu'elles savent filer en naissant atteignait ce but et, comme elles avaient été instruites à lui donner les proportions convenables, elles pouvaient marcher et grossir dans cette galerie sans être aperçues par les ouvrières; c'est à ces galeries que Réaumur donne le nom de chemin couvert.

7° Si les observations précédentes avaient mis sous nos yeux et les invasions des fausses-teignes et le danger dont elles étaient pour les abeilles, elles réalisèrent cependant un pressentiment que je ne pouvais abandonner, et en lequel tout ce que je savais en histoire naturelle avait de plus en plus augmenté ma confiance.

Ce peuple si évidemment favorisé ne devait pas, selon moi, être resté sans ressources au moment même où quelques secours indépendants de nos soins lui devenaient absolument nécessaires.

8° Cette idée ou plutôt ce vœu fut exaucé en démolissant leurs alvéoles et formant au milieu de ces beaux rayons la grande brèche dont je vous parlai tout à l'heure;

avec un acharnement remarquable mes abeilles ne tardèrent pas à me dire qu'elles s'étaient aperçues de la présence de leurs ennemies au milieu d'elles, que leur ruse était découverte et que toutes leurs forces s'employaient à l'instant même à la déjouer; quelques lambeaux de leurs chemins couverts, que je leur vis arracher et jeter hors de la ruche, mirent ce fait au plus grand jour.

Les larves des teignes, de huit à dix lignes de longueur, que recelaient leurs galeries souterraines, nous apprirent que le mal n'était pas récent, et nous fûmes surpris que les gardiennes de la ruche n'eussent pas essayé plus tôt de s'opposer à leurs ravages.

L'odeur que peuvent exhaler ces teignes ne leur devient-elle insupportable ou sensible qu'au bout de quinze ou vingt jours de leur séjour dans la ruche?

9° Les abeilles, en conservant leur instinct et toutes leurs forces, peuvent toujours se garantir des ravages de leurs plus dangereux ennemis et opposer à leurs ruses les moyens les plus efficaces et les plus naturels.

N.B. Il est cependant vrai que beaucoup de ruches périssent lorsque les abeilles, réduites à un trop petit nombre ou découragées par quelque imperfection de leur reine, semblent avoir perdu leur instinct en tout ou en partie; alors elles négligent d'entretenir la température de leur ruche au degré qui convient à leurs petits et à elles-mêmes.

La propreté de leurs habitations ne parait plus les intéresser, la garde des portes abandonnée permet à leurs ennemis d'entrer dans leurs demeures. La suite ne prouve que trop qu'elles ne songent plus à s'en défendre. Je partage donc là-dessus les craintes de mes guides et celles non moins respectables des simples cultivateurs. Je crois pouvoir leur annoncer qu'ils trouveront comme moi dans le Conservateur des Abeilles de M. le pasteur de

Gélieu un moyen sûr de préserver leurs ruches des invasions des teignes et de leurs redoutables suites.

Ce moyen, que d'autres auteurs ont proposé, n'est autre chose que le doublement ou le triplement de la population, ou, si l'on veut, le mariage des essaims.

Des observations subséquentes, dont je crois pouvoir supprimer les détails, m'apprirent que les ravages des teignes n'étaient pas les seules altérations des gâteaux que les industrieuses abeilles eussent été instruites à réparer. L'humidité des ruches qui se concentre dans l'arrière-saison sur les rayons trop éloignés de la partie dont les abeilles élèvent la température, s'y couvre de moisissure, dont l'odeur déplaît probablement aux ouvrières, car, dans les ruches fortes et bien constituées, ces moisissures ne tardent pas à disparaître, et c'est par l'emploi du même moyen dont elles se servent pour se débarrasser des teignes: je veux dire la destruction des alvéoles qui sont infectés et bien vite remplacés.

Un mal plus grand, s'il se peut, que celui dont les teignes menacent les ruches des abeilles, m'inquiéta sur leur sort du moment où je le connus. Les abeilles, instruites à conserver la salubrité dans l'intérieur de leurs habitations, en ôtent soigneusement tout ce qui peut y nuire, l'air même qu'elles ont à respirer chez elles, est l'objet d'une vigilance qui ne se relâche jamais et qui exige de simples mouches les efforts les plus soutenus et dont nous ne connaissons nous-mêmes l'absolue nécessité que depuis bien peu de temps.

L'accumulation des dépouilles que doivent laisser tant de milliers de larves dans les alvéoles qui servent de berceaux à tout le couvain infecterait bien vite son atmosphère si les ouvrières ne faisaient pas leur devoir dans cette occasion: aussi s'en acquittent-elles de manière à ne laisser rien à craindre à cet égard.

Quelle fut donc ma surprise quand je vis dans la Bible de la Nature, de Swammerdam, que les ouvrières n'enlevaient pas les dépouilles de leurs nymphes comme celles de leurs larves; ce dernier maillot de l'insecte adulte, si mince et si desséché, échappait-il donc aux effets de la fermentation, ne pouvait-il plus gâter l'air des ruches, Je l'ignore, mais Swammerdam lui reconnaît un autre danger.

Il compta dix-sept dépouilles de nymphes dans l'alvéole unique où s'étaient transformées autant de larves en peu d'années et conclut de cette observation que le diamètre des alvéoles ou leur capacité devait éprouver à la longue une telle diminution qu'elles les rendaient bientôt impropres à servir à l'usage auquel ils étaient destinés. Inconvénient majeur et qui compromettrait les ruches mêmes dans le point le plus important, en opposant un tel obstacle à la propagation de l'espèce. Je n'ai point été témoin d'une pareille catastrophe, cependant l'accumulation des dépouilles des nymphes dans des alvéoles qui ont servi de berceaux aux abeilles en bas âge est un fait avéré.

Une telle observation, que je trouve dans les mémoires de Réaumur, ne permet pas de douter que les ouvrières n'aient été instruites à rendre à leurs alvéoles leur capacité première et les dimensions qui favorisent le développement nécessaire de leurs petits, car cet auteur, qui a mérité notre confiance à tant d'égards, parle de ruches qui ont subsisté au moins pendant trente ans sous ses yeux. Il est donc certain que les dépouilles des nymphes auraient été enlevées à temps et leurs cellules appropriées.

Dans le cas où les alvéoles auraient besoin d'être réparés, en les traitant comme ceux qui ont été exposés aux ravages des teignes, les abeilles les auraient bientôt remis dans leur premier état. De nouvelle cire remplaçant celle que le temps, les moisissures, les vapeurs de la ruche, etc., auraient trop altéré, les ruches les plus vieilles paraitraient réellement rajeunir. Cette faculté de renouvellement, dont nous savons nous prévaloir, a-t-elle été accordée à d'autres êtres des ordres inférieurs, aux castors, par exemple? Je l'ignore et nous ne le saurons que lorsque cette famille si intéressante sera visitée et observée dans un but plus philosophique que celui dont on s'occupe à présent.

Mes correspondants du Mexique me parlent aussi de ruches qui existent aujourd'hui à Tampico et qui n'ont pas moins de cent ans. Les mouches dont elles sont peuplées appartiennent à la famille des abeilles, elles récoltent beaucoup de miel, meilleur, dit-on, et plus aromatisé que celui de nos abeilles. La cire abonde aussi dans les ruches du Mexique. Les mouches d'Amérique en font des pots à miel comme nos bourdons et des coques pour loger leurs petits; si le but de leurs travaux est le même que celui de nos abeilles, les moyens de l'atteindre sont assurément différents. C'est dans la relation du voyage du capitaine Basile Hall que l'on trouvera tout ce qui regarde l'histoire des mouches de Tampico. Je n'ai rien vu dans la ruche que j'ai reçue de ces contrées qui n'ait pleinement confirmé les récits de l'observateur anglais: sa conjecture sur le défaut d'aiguillon a été vérifiée par nos propres observateurs et confirmée par celles de M. La Treille, qui n'a trouvé armée d'aiguillon aucune des mouches du Mexique que nous avons soumises à l'examen de cet excellent observateur.

SEPTIÈME LETTRE
La fausse-teigne (suite)

Lausanne, 1er décembre 1828,

Ne m'avez-vous pas dit, Sophie (1), que vous aviez à Bois-d'Ely. et probablement au grenier, une vieille ruche dont il ne vous reste que les gâteaux? Si je ne l'ai pas rêvé, regardez-la bien vite pour savoir son état intérieur; l'important est de vous assurer qu'elle est ou n'est pas infectée de teigne; si elle reste, vous le connaîtrez en l'exposant au grand jour (les toiles filées par ce redoutable ennemi des abeilles ne vous permettront pas d'en douter); dans ce cas-là, la ruche doit être détruite et voici pourquoi: la cire qui est en même temps le logement et la nourriture de la fausse teigne en état de larve, recèle leurs nymphes quand elles sont parvenues à ce degré de développement, et de ces nymphes sortira une légion de petites phalènes dont le premier soin sera de se répandre au premier printemps dans vos ruches ou dans celles de vos voisins; c'est là que les femelles de l'espèce doivent déposer leurs œufs.

Note (1) : de Portes, mère d'Elisa. – Note du rédacteur.

Vous me demanderez comment ces abeilles, si vigilantes selon moi, ont laissé pénétrer chez elles des ennemis aussi dangereux et pourquoi, le sachant, ni votre ami, ni personne n'a jusqu'à présent eu aucun moyen de les en garantir. Justifions d'abord les abeilles, nous essaierons ensuite de nous disculper nous-même.

Vous avez sûrement remarqué, en soignant les plantes que vous aimez et toutes celles qui vous entourent et qui peuplent nos jardins, nos prairies et nos bois, l'énorme quantité de graines qui servent à leur reproduction annuelle et, en même temps, à l'entretien de la vie des animaux sans nombre qui s'en nourrissent. Pour perpétuer l'existence d'une plante quelconque, d'un chêne, par exemple, un ou deux glands suffiraient; c'est par milliers qu'on les compte. Vous savez qu'une reine peut mettre au monde bien des milliers d'êtres de son espèce. La grande multiplication des pigeons, des canaris, etc., vous est connue. Vous ne croyez pas sans doute que notre petite planète pût nourrir tous les êtres qui naissent journellement dans ses différents climats; sont-ils perdus pour cela? Non, rien n'est perdu sous le ciel. Nous ne manquons ni d'oiseaux de proie pour nous débarrasser des pigeons, ni de loups pour détruire nos moutons et réduire leur nombre à celui auquel nos prairies peuvent fournir des aliments; l'équilibre résultant de cette sage et admirable disposition est une des lois qui conservent cet univers. Pour avoir assez il fallait donc semer trop. Avant de savoir tout cela, je me rappelle un temps où je haïssais cordialement les ennemis des pigeons, des moutons, des abeilles, etc. Je vois à présent que ce que j'appelais alors leurs ennemis naturels ne méritait point ce nom; leur existence à mes yeux est au contraire un bienfait du créateur!

Malgré les loups, les vautours, etc., créés au commencement des choses, n'avons-nous pas encore aujourd'hui autant de colombes inoffensives, d'agneaux, de chevreaux et d'abeilles qu'il nous en faut? Le nombre des animaux de proie est très petit, tandis que celui des animaux qui leur servent de nourriture est vraiment innombrable. La Nature les aurait-elle abandonnés sans défense à la voracité de leurs prétendus ennemis? C'est encore une des choses que vous ne croirez pas et vous aurez bien raison; la force seule ne suffit point à l'oiseau de proie pour se rendre maître du gibier que la nature lui a destiné, la ruse lui est encore nécessaire. Leurs victimes dévouées ont aussi leurs moyens de résistance; les chasseurs connaissent les moyens de défense qui ont été accordés au gibier qu'ils poursuivent le plus ordinairement.

Depuis qu'un observateur genevois (1) a étudié l'histoire naturelle des oiseaux de proie et les a poursuivis de ses regards dans le haut des airs, on connait leurs divers moyens d'attaque et ceux qu'emploient pour leur échapper les êtres innocents et désarmés destinés à leur servir d'aliment.

Note (1) : Jean Huber, père de François et peintre de talent. - Note du rédacteur.

HUITIÈME LETTRE
La fausse-teigne (suite)

Du 3 décembre 1828.

Je vous disais tout à l'heure que la fausse-teigne de la cire était l'un des plus redoutables ennemis des abeilles; toutes nos ruches sont exposées à leurs attaques, cependant toutes ne périssent pas sous leurs coups; les plus fortes échappent à leurs ravages, les faibles seules sont sacrifiées.

Si vous êtes aussi curieuse que moi d'apprendre ce qui a été prescrit aux abeilles pour se mettre, elles, leurs petits et leur trésor, à l'abri de la redoutable invasion de leurs ennemis naturels, vos propres observations vous le diront mieux que je ne pourrais le faire et pourront vous amuser, tout en vous instruisant dans une partie de leur histoire qui n'est pas sans intérêt.

Pendant toute la belle saison les ruches sont exposées aux ravages de la fausse-teigne; tranquilles pendant le jour, c'est le soir que les phalènes essaient d'y pénétrer (vous vous rappelez que c'est le nom que les naturalistes donnent aux papillons nocturnes, pour les distinguer des papillons de jour).

Pour bien voir leurs manœuvres, le clair de la lune vous sera nécessaire; choisissez les soirées d'été et placez-vous vis-à-vis et tout auprès d'une de vos meilleures ruches. Voyez ce qui se passe à leur porte, sur la table qui leur sert d'appui. Les gardiennes plus ou moins nombreuses attireront d'abord votre attention; remarquez surtout celles qui se promènent au-devant de leur porte;

toutes auront leurs antennes déployées et dirigées au-devant de leur tête, ce qui vous disposera à penser que c'est sur le secours du tact qu'elles se reposent pour connaître pendant la nuit ce qui leur arrive ou pourrait leur arriver. Vous ne tarderez pas longtemps à voir paraître quelques phalènes et à reconnaître leur intention très marquée de pénétrer dans la ruche malgré les gardiennes et la peur qu'elles leur fassent. La phalène sait assurément qu'elle a quelque chose à craindre en s'approchant de trop près des gardiennes; la timidité, l'hésitation dans sa démarche et tous ses mouvements ne permettent pas d'en douter; c'est surtout la rencontre des antennes qu'elles redoutent; s'il arrive à la phalène de toucher celles de l'abeille, on voit la phalène fuir à l'instant; l'abeille, avertie par ce même attouchement de la présence de l'ennemi, se précipite sur lui, le saisit avec ses dents et s'en défait bien vite quand il n'a pas le temps de lui échapper.

Si la phalène de la cire se conduit dans cette occasion comme si elle connaissait le danger qu'elle court en obéissant à l'instinct qui la conduit aux portes des ruches et qui n'est autre chose que le besoin, urgent dans ce cas, de pondre et de déposer ses œufs dans le seul lieu qui lui convienne et qui lui a été assigné par la Nature, ses petits semblent aussi instruits par la Nature du péril dont les menace l'introduction furtive de leur mère dans les possessions des abeilles. Ce qui peut nous faire faire quelques progrès dans la connaissance des mœurs ou des habitudes des animaux, depuis l'éléphant jusqu'au ciron et au moindre vermisseau, est, à mon sens ou à mon goût, ce que les recherches dont je m'occupe ont de plus intéressant. Souffrez donc que j'entre ici dans quelques détails.

L'œuf de la phalène de la cire est très petit, l'être qui en provient ne l'est pas moins ou l'est peut-être plus encore; il serait difficile et imprudent d'assurer qu'il est ou n'est pas saisi de quelques terreurs dès le moment: de sa naissance, sa conduite ne permet guère d'en douter.

M. de Réaumur nous apprend que le premier soin des larves naissantes est de se cacher dans l'épaisseur même des gâteaux sur lesquels ont été déposés les œufs dont ils viennent de sortir. Pour échapper à la surveillance des abeilles et aux suites qu'elle aurait infailliblement, il ne suffit pas aux petites larves de percer la cire, en mangeant celle qui se trouve à leur portée, et d'y pratiquer une logette qui puisse les contenir; il faut encore que les abeilles ne puissent les apercevoir, leur odorat les eût bientôt fait découvrir et exterminer. Le don de filer une soie très forte leur a été accordé; cette soie leur sert à construire des galeries ou chemins couverts dans lesquelles elles peuvent se trainer sans êtres aperçues et dont elles augmentent les dimensions à mesure qu'elles grandissent et s'accroissent elles-mêmes. Ce qu'il y a encore de très singulier, c'est que leurs galeries ne sont point pratiquées dans les tubes hexagonaux des alvéoles, où elles seraient trop exposées aux visites des ouvrières. C'est toujours dans les fonds pyramidaux des cellules qu'elles pratiquent ou conduisent les galeries, où elles peuvent être plus à couvert et cheminer en sûreté. Cet engin serait bien fatal aux abeilles si elles n'avaient aucun moyen de s'en garantir, mais, averties de la multiplication de cet ennemi mortel par le tact, l'odorat ou quelque sens inconnu, on les voit se précipiter sur les lieux infectés, briser leurs alvéoles et, jusqu'au milieu du rayon, hacher la cire des tubes; puis, arrivées à leurs parties rhomboïdales, arracher à belles dents les galeries soyeuses des teignes et les larves qu'elles contiennent. Cet expédient réussit à merveille quand c'est à des ruches fortes que les phalènes ont osé s'attaquer; dans celles, au contraire, où la population des abeilles est trop diminuée, ce sont les phalènes qui prospèrent, les ruches périssent. Si vous les visitez dans ces circonstances malheureuses, vous n'y trouverez plus que la cire réduite en une poussière noire et infecte et les corps des phalènes ou de leurs nymphes, qui sont mortes de faim ou de misère dans leurs coques avant d'avoir pu subir leur dernière transformation, c'est-à-dire arriver à ce degré de développement dans lequel, devenus insectes parfaits, ces petits êtres n'ont plus rien à acquérir. Les ailes dont ils sont pourvus à cette époque leur permettent de sortir de leur prison, de vivre d'un autre mode de vie et de la donner à d'autres.

Voyons à présent s'il nous aurait été possible de nous opposer à leurs ravages; il eût fallu pour cela trouver le moyen de les empêcher de s'introduire dans les ruches des abeilles. Si l'on a essayé de les en exclure, on a bientôt dû voir que cela était impossible; ces redoutables phalènes, étant plus petites que les abeilles, ne sauraient être arrêtées par les dimensions des portes qui leur servent d'entrée. Vous venez de voir que la Nature emploie un moyen bien plus énergique d'empêcher les phalènes de la cire de pénétrer dans les ruches, c'est d'en laisser le soin à leurs gardiennes naturelles.

La chenille de la pomme de terre ou la tête-de-mort est la plus grande de celles qui habitent nos climats; dans son état parfait elle porte le nom de sphinx et celui d'atropos, qui la distingue des autres et présage clairement les ravages qu'elle peut exercer dans les ruches des abeilles. Je les ai décrits dans un mémoire de la Bibliothèque Britannique; si je puis me le procurer, j'en extrairai ce qui devra vous intéresser. Vous y verrez comme partout que les ressources de la nature et les moyens de conservation sont infinis, comme la bonté et la puissance de son divin Auteur.

Votre ami, mes chères filles, se recommande à votre intérêt et à votre indulgence qui lui est aussi chère que nécessaire.

NEUVIÈME LETTRE

Influence de l'harmonie dans l'histoire des abeilles

Février 1829.

Les gens à imagination sont-ils plus ou moins heureux que les autres ? Si les tableaux qu'ils se peignent eux-mêmes se réalisent toujours, leur sort serait digne assurément d'être envié, car maîtres de leur palette, pouvant toujours choisir leurs couleurs et bien les assortir, c'est le plus souvent d'agréables perspectives que se compose leur horizon. On leur reproche bien quelquefois de se faire des images trop flatteuses et d'accueillir avec trop de prédilection des projets en l'air ou des idées auxquelles des esprits sages ou plus froids ne se seraient pas seulement arrêtés.

Vous voyez, ma chère Elisa, que c'est de votre instituteur en histoire naturelle et d'un défaut dont il se reconnaît atteint et convaincu qu'il est ici question. Mais n'allez pas le croire un ingrat dans ce qui serait vraiment une grande imperfection de nature. Ce prétendu instituteur ne voit (et cela tous les jours de sa vie) que mille raisons de plus de bénir la Providence réparatrice, qui sait et veut suppléer par de consolantes chimères ceux à qui des décrets, justes sans doute autant qu'inexplicables, ont refusé des réalités dont tant d'autres à qui elles ont été prodiguées ne croiraient pouvoir se passer.

Ce matin, en pensant à vous et en me redisant une de mes lettres où je vous parle de musique à propos de celle des essaims que j'aime tant, il m'est venu dans la pensée que l'effet qu'elle produit toujours sur moi ne l'est point immédiatement par la voix des abeilles ou de leurs mâles, qui dans certaines occasions se font entendre dans les airs fort au-dessus de nos têtes et à une distance telle que leurs essaims ne sauraient être aperçus et entendus que par de bons yeux et de bonnes oreilles.

Mais d'où vient-elle donc cette musique et l'impression qu'elle fait sur moi ? Mon imagination va essayer de vous le dire. Ne rejetez pas trop tôt cette idée, une loi de la physique vient à l'appui de ce faible aperçu et semble l'autoriser.

Un corps sonore, c'est-à-dire une cloche, une corde de basse ou de violon, une flûte, un clavecin, une simple planche, un rocher, étant frappés, produisent des sons bien différents du son principal, qui n'est que le produit de la percussion de l'air qui entoure le corps sonore et qui nous est apporté par les ondulations de l'air ambiant.

Ces sons qui nous arrivent sont ce que l'on appelle les harmoniques du ton principal ou du corps sonore quelconque.

Ces harmoniques sont bien éloignés du corps qui les a produits car ils sont toujours la 1/12 et la 1/17 majeure; ces deux notes, jointes à celles dont elles proviennent, constituent l'accord parfait, accord donné par la nature même, qui ne donne rien que de beau et par conséquent que de juste.

Si votre clavecin est d'accord ou à peu près, touchez *ut* ou toute autre note de la basse; si c'est *ut* que vous choisissez pour corps sonore, frappez en même temps de la main droite le sol, qui en est la douzième et le *mi* plus haut qui en est la dix-septième. Ces notes, si écartées l'une de l'autre, formeront donc l'accord parfait et selon moi le plus ravissant de tous quand c'est celui de quinze à vingt mille abeilles ouvrières ou masculines...

DIXIÈME LETTRE
Suite du même sujet

Lausanne, le 8 février 1829.

Pour moi plutôt que pour vous, ma chère fille, je crois devoir ajouter quelques mots à la fin de ma dernière lettre; pressé par le départ de la poste ou par quelque autre circonstance, je ne terminai point le sujet dont je m'occupais avec vous comme j'aurais dû le faire et vous pourriez fort bien me demander si j'ai réellement entendu les harmoniques auxquels j'attribue le charme que j'éprouve toujours dans les moments qui suivent le départ des essaims. Non sans doute, ces harmoniques bien plus faibles que le ton dont ils proviennent ne sont jamais assez distincts pour que notre oreille puisse les entendre et les séparer du ton principal, c'est-à-dire de celui du corps sonore lui-même. Mais puisque tout corps sonore a ses harmoniques, leur son parvient certainement à notre oreille lors même que nous ne l'entendons pas.

Les trois notes qui le composent et qui par leur réunion forment le plus beau de tous les accords peuvent et doivent produire sur nos nerfs, sur notre cœur et sur tout notre être physiquement ou moralement un effet que tout le monde doit avoir senti et apprécié à sa manière; effet qui ne saurait être produit et ne l'est point par le son isolé du corps sonore. Pour produire l'effet qui m'a toujours charmé, il faut que le son principal soit réuni comme il l'est par la nature à celui de ses deux harmoniques.

Après avoir touché l'une des grosses cordes de votre piano, laissez le doigt sur cette touche, écoutez le son jusqu'à ce que vous ne puissiez plus l'entendre, votre bonne oreille distinguera sûrement ces harmoniques. Vous reconnaîtrez aisément non la quinte de votre *ut*, mais son octave et plus haut la double octave de la tierce majeure du ton principal, soit de *ut* qui est encore sous votre doigt. De tous les mouvements de l'accord parfait celui que la nature nous offre est incontestablement le plus beau.

Qui sait et surtout qui peut dire ce qu'éprouve l'essaim au milieu de l'atmosphère si harmonieuse dont il est entouré. Me conseilleriez-vous de croire et de dire que cette masse d'êtres sensibles éprouve sûrement quelque modification semblable à celle que cette douce harmonie fait éprouver à ceux qui en ressentent l'impression comme cela m'arrive à moi-même? Si j'étais obligé de dire ce que je pense à cet égard, vous ne doutez sûrement pas du parti que je prendrais, ce ne serait pas celui de la négative.

Quand vous aurez respiré comme moi l'air dont se compose l'atmosphère des essaims, l'idée du bonheur de tous ces êtres vous saisira sûrement, vous aimerez qu'il leur en ait été accordé. Pénétrée comme vous êtes de reconnaissance pour tous les biens qui nous sont prodigués, vous remercierez la grande Dispensatrice de n'avoir rien oublié de ce qui peut rendre heureux ses moindres enfants.

Les abeilles, très irritables de leur nature, ne le paraissent pas du tout quand il est question pour elles d'essaimer et ne se permettent pas même alors la moindre mutinerie ni représailles des mauvais traitements qu'on leur fait trop souvent éprouver. Leur douceur à cette époque nous permet de les asservir et d'en faire notre propriété. Il n'y a pas doute que le bienfait ne soit pour nous, tâchons de nous en rendre dignes. Traitons ces bonnes abeilles, non en esclaves, mais en membres de notre famille et comme de bonnes ouvrières dont les services bien reconnus doivent être rétribués.

ONZIÈME LETTRE
Suite du même sujet

Lausanne, 13 février 1829.

N'en accusez point votre oreille, ma chère Elisa, si vous n'avez pas entendu les harmoniques que je vous ai annoncés; c'est sur la viole, le violoncelle et de gros violons que l'expérience réussit, elle manque souvent sur le clavecin. Je transcris ici ce qu'en dit Rousseau, c'est l'exacte vérité:

« Si l'on fait résonner avec quelque force une des grosses cordes d'une viole ou d'un violoncelle, en passant l'archet un peu plus près du chevalet qu'à l'ordinaire, on entendra distinctement, pour peu qu'on ait l'oreille exercée et attentive, outre le son de la corde entière, au moins celui de son octave, celui de l'octave de sa quinte et celui de la double octave de sa tierce; on verra même frémir et l'on entendra résonner toutes les cordes montées à l'unisson de ces sons-là. Ces sons accessoires accompagnent toujours un son principal quelconque, mais quand ce son principal est aigu les autres y sont moins sensibles. »

La suite est extraite du dictionnaire de musique au mot Consonance: « Si je touche la corde *ut*, les cordes montées à son octave, à la tierce *mi* de la double octave, même aux octaves de tout cela, frémiront toutes et résonneront toutes à la fois; et quand même la première corde serait seule, on distinguerait encore tous ces sons dans sa résonnance; ceci suppose un bon clavecin bien d'accord.

« Les consonances naissent toutes de l'accord parfait, produit par un son unique, et réciproquement l'accord parfait se forme des consonances. Il est donc naturel que l'harmonie de cet accord se communique à ses parties, que chacune d'elles y participe, et que tout autre intervalle qui ne fait pas partie de cet accord n'y participe pas.

« Or la nature, qui a doué les objets de chaque sens de qualités propres à le flatter, a voulu qu'un son quelconque fût toujours accompagné de quelques sons agréables, comme elle a voulu qu'un rayon de lumière fût toujours formé des plus belles couleurs. Que si l'on presse la question et qu'on demande alors d'où naît le plaisir que cause l'accord parfait à l'oreille, tandis qu'elle est choquée du concours de tout autre son, que pourrait-on répondre à tout cela sinon de demander à son tour pourquoi le vert plutôt que le gris réjouit la vue et pourquoi le parfum de la rose enchante, tandis que l'odeur du pavot déplaît ? »

Mon idée que les abeilles peuvent jouir de leur propre musique et que le plaisir qu'elles y trouvent peut, en adoucissant momentanément leur humeur, les rendre plus heureuses, plus douces et plus traitables n'est peut-être qu'un rêve de mon imagination, plus près de l'âge où il est permis de se flatter de voir tout en couleur de rose, ou bleu de ciel si vous voulez. J'aime à penser que vous entendez avec plus d'indulgence ce qui pourrait bien être écouté par d'autres plus sévèrement.

Mes observations de toute la vie m'ont pénétré du sentiment que tout ce qui nous vient de notre divin Auteur nous est prodigué, comme aux moindres créatures, avec une bonté sans terme et qui ne peut être que par sa toute puissance, qui est infinie. Je suis donc bien éloigné de refuser à des êtres que j'estime presque autant que je les aime des jouissances qui ont été mises à leur portée et dont le résultat est encore heureux pour nous; aucun commerce ne serait possible entre notre espèce et celle des abeilles si leurs essaims conservaient au moment de leur départ le désir de nous résister comme ils en ont le pouvoir. Ne voyez-là qu'un bienfait de plus; j'ai trouvé qu'il valait bien la peine de le signaler à votre reconnais-sance et à celle de mes autres enfants chéris.

DOUZIÈME LETTRE

Précautions à prendre pour observer les abeilles

17 mai 1829.

Il était, je crois, question dans la lettre égarée des précautions à prendre en commençant à observer les abeilles;

1° la première est de les regarder en profil, en face on risquerait qu'à leur retour de la campagne il ne s'en prit quelqu'une dans vos cheveux et qu'elles ne vous piquassent dans leur irritation, ne pouvant pas s'échapper de ce filet à leur gré.

2° Il ne faut pas en observant avoir le soleil devant vos yeux, la lumière directe éblouit, au lieu que lorsqu'elle est réfléchie on peut observer mieux et plus tranquillement.

3° Ne pas faire de grands mouvements auprès des ruches, ni permettre que d'autres en fassent, ce qui pourrait aussi les irriter.

4° La ruche que vous observez doit avoir des volets qui puissent s'ouvrir et se fermer sans secousse et sans aucun bruit et qui ne doivent s'ouvrir et se fermer que pendant l'observation; un éclairement continuel déplairait aux abeilles et pourrait les déterminer à étendre des rideaux de cire intérieurement sur les vitres, ce qui, en leur ôtant la transparence, rendrait toute observation impossible.

Les fleurs doubles n'ont pas d'étamines et, par conséquent, de pollen; si vous voulez faire plaisir à vos abeilles, composez-leur un parterre de fleurs simples qui ont tout ce qu'il leur faut; semez-y du blé noir, par exemple, du colza, de la gaude (1) et du trèfle incarnat, etc., cela sera bon pour les jours où vous ne leur conseilleriez pas de s'éloigner beaucoup de chez elles. Dans les beaux jours elles ne s'arrêteront guère sur les fleurs quelconques mises à leur portée, attirées plus puissamment par les émanations odorantes des fleurs en masse; c'est sur nos prairies et partout où il y en a que vous les verrez s'élancer et se répandre pour vous rapporter de leur meilleure récolte.

Note (1) : Réséda sauvage, R. luteola. – Note du rédacteur.

Il faut que votre ruche vitrée ait un toit qui en éloigne toute humidité.

TREIZIÈME LETTRE

Camail pour la visite des ruches. Essaim dans une cheminée.

Inutilité du bruit pour arrêter les essaims

Ma chère Madame,

Je reçois dans ce moment une lettre de mademoiselle votre sœur qui me tire d'une très grande peine; imaginez que j'avais écrit six lettres de suite au Bois-d'Ely sans recevoir aucune réponse et que j'en avais conclu que vous étiez toutes malades et que ma jeune correspondante, victime de sa curiosité ou de quelque imprudence, avait été trop maltraitée par les abeilles pour en écrire à son malheureux ami; il n'en est rien, grâces à Dieu.

Je me suis reproché de ne lui pas avoir dit tous les accidents qui pouvaient arriver d'une communication trop intime avec ces très intéressantes et, il faut en convenir, très redoutables personnes; le mot de camail, par exemple, n'a été proféré dans aucune de mes lettres, il aurait dû l'être dans toutes. C'est une grande voile dont on se couvre de la tête aux pieds quand on visite des pestiférés ou que l'on fait quelques petits chagrins aux abeilles. Il doit être cousu autour d'un grand chapeau rond qui éloigne suffisamment les abeilles du visage et du cou, et fait d'une toile bien transparente, avec des manches larges qui s'attachent aux poignets et se terminent par des gants de laine très épais, qui aient au moins trois bonnes lignes d'épaisseur, pour que l'aiguillon, qui n'en a que deux et demi, ne puisse atteindre la peau; le tissu très lâche de ces gants permet à l'abeille de se retirer et lui sauve ainsi la vie. Le bas du camail doit descendre jusqu'à la ceinture et y être fixé solidement, pour que les abeilles ne puissent s'introduire dans le haut du corps de la personne; pour préserver le bas, des bottines ne sont pas inutiles. Je ne vous demande pas pardon de ces détails.

Pour ne pas avoir suivi ces conseils à la rigueur, Burnens, mon très fidèle Burnens, fut une fois piqué au visage, au cou et sur la poitrine par un si grand nombre d'abeilles qu'une grosse fièvre survint, devint une fièvre quarte qu'il garda près d'un an, ce qui n'empêcha pas ce brave homme de continuer à s'occuper des abeilles; il leur donnait tout son intérêt et ses soins dans l'intervalle des accès. Vous direz tout cela à votre bonne Elisa.

Veuillez aussi lui dire que j'ai souhaité plusieurs fois de m'emparer d'un essaim qui avait bien malencontreusement choisi son domicile dans le canal d'une cheminée; que, considérant le grand danger de cette opération pour le jardinier ou le ramoneur le plus habile et le plus hardi, je m'étais toujours défendu de poursuivre les abeilles dans ce singulier retranchement et que je crois encore aujourd'hui la chose impossible et trop dangereuse. Laissez donc, ma chère Madame, les abeilles à leur malheureux sort; si l'on fait du feu dans la cheminée qu'un essaim aura choisi, la fumée l'aura bientôt étouffé; si l'on n'en fait pas et qu'on le laisse bien tranquille, il jettera l'année prochaine, ou celle-ci peut-être; il faudra seulement surveiller la sortie de l'essaim.

L'usage de frapper sur des chaudrons s'est pratiqué de tout temps et je crois en tous lieux, et je ne comprends pas mieux que vous l'influence que cela pourrait avoir (1).

Note (1) : Aristote, qui vivait il y a plus de 2200 ans, dit dans son Histoire des Animaux, Livre IX: « Les abeilles semblent aimer le bruit et d'après cette observation on prétend qu'en faisant du bruit et en frappant des vases de terre, on rassemble l'essaim dans la ruche. Au reste, il est peu certain si elles entendent ou non; on ne sait si c'est le plaisir ou la peur qui les porte à se réunir au bruit. » Note du rédacteur.

Les abeilles observées dans les ruches vitrées ne paraissent pas s'apercevoir du bruit du tonnerre. J'ai fait battre la caisse auprès de mes ruchers et, quoique j'aie employé pour faire ce tintamarre les chaudrons, les arrosoirs et les cloches, cela n'a jamais chez moi arrêté un essaim au vol; on y réussit beaucoup mieux en leur jetant de la terre ou de l'eau. Ce préjugé s'est peut-être établi en faveur des propriétaires d'abeilles qui, connaissant par ce charivari qu'il y a un essaim en campagne, voient bientôt s'il sort ou non de leur rucher et peuvent le réclamer; j'ai vu cette raison donnée dans Olivier de Serres ou quelque autre Maison Rustique.

QUATORZIÈME LETTRE
Construction des ruches à hausses

Le 21 mai 1829.

... Il y aurait quelque danger à renfermer un bel essaim dans une ruche trop petite; les abeilles, mal à leur aise, pourraient non seulement prendre de l'humeur, au moins de mauvaises habitudes; l'obligation où elles seraient de se tenir au dehors de leur habitation la nuit comme le jour pourrait rendre leur inaction fâcheuse pour ceux qui ont à les visiter. Je n'ai jamais rien vu de semblable, mais on assure l'avoir vu; il n'est jamais inutile d'être prudent et de parer même aux maux imaginaires. Veuillez donc bien examiner votre ruche, comparez-la sous le l'apport de sa capacité avec les ruches de nos paysans, voyez si elle a l'air de pouvoir contenir plus ou moins d'ouvrage et d'ouvriers; si vous trouvez, après avoir pris ces mesures, que sa capacité est inférieure à celle des ruches communes, il faut lui ôter ce très grand défaut-là et voici ce qu'on devra faire: ce qui m'entraîne à vous parler d'une découverte utile et déjà ancienne dont je n'ai pas eu l'occasion de vous entretenir, découverte qui fut faite presque en même temps par deux abeillistes estimables, MM. de Gélieu et Palteau, et qui leur fut probablement suggérée par le besoin de pouvoir agrandir à volonté les demeures de leurs abeilles. J'ignore s'ils devinèrent toutes les heureuses conséquences qui devaient suivre cette invention. Pour peu que vous vous en occupiez, vous verriez bien vite que les boîtes fermées par le haut, comme sont toutes nos ruches, ne sauraient s'agrandir de ce côté-là et que c'est par le bas qu'on peut le tenter et réussir; c'est là qu'il faut ajouter ce qui manque à votre ruche. Les inventeurs que j'ai nommés appellent hausses des demi-bottes fermées seulement par leurs quatre côtés et ouvertes en dessus et en dessous; leurs dimensions (la hauteur exceptée) doivent être les mêmes que celles du corps de la ruche. Elles pourront alors s'adapter à ce corps convenablement, en n'y laissant aucun vide entre ces deux parties qu'on ne puisse fermer aisément pour prévenir les invasions étrangères et nuisibles. En mettant successivement plusieurs de ces hausses les unes au-dessus des autres, la capacité de la ruche peut être indéfiniment augmentée.

Deux ou trois de ces hausses suffiront probablement pour augmenter la capacité de la vôtre et elles doivent être liées ensemble et avec le corps de ruche pour en faire un tout solide; il y a bien des manières d'y parvenir, les meilleures sont les plus simples et celles qui nous viendront les premières à l'esprit; des bandes de papier collées sur les jointures m'ont toujours bien réussi, elles sont faciles à enlever quand on doit les séparer.

Votre ruche aura pour inconvénient cette année de n'être vitrée que dans sa partie supérieure, mais comme c'est là que vos abeilles s'établiront et commenceront à travailler, vous aurez assez à voir cet été pour vous instruire en vous amusant; vous aurez le temps de préparer des hausses vitrées pour les substituer au printemps prochain à celles qui par leur opacité gêneront d'abord vos observations.

La ruche ne doit point rester ouverte par dessous, elle doit poser sur une table faite d'une planche épaisse en bois de chêne. Je vous enverrai incessamment le petit modèle que vous m'avez demandé, qui doit vous montrer tout ce que je viens de vous dire.

Le charpentier de Crassier est bastant pour cette réparation; comme elle presse, je vous parlerai de ses avantages dans ma première lettre et ne joindrai à celle-ci que mes plus tendres et mes plus affectueux compliments.

Dites-moi de votre côté, ma chère Elisa, que vous n'êtes pas trop en colère contre votre ami.

QUINZIÈME LETTRE

Avantages qu'offrent les ruches à hausses pour le prélèvement du miel et la formation des essaims artificiels

22 mai 1829.

Vous savez aussi bien que moi que l'essaim n'en est véritablement un que lorsqu'il est composé de la mère ou reine, de quelques milliers d'ouvrières et de plusieurs centaines de mâles. Si on excepte le moment de la formation de l'essaim, où il y a pluralité de reines, on n'en trouve jamais qu'une dans les ruches de nos abeilles. J'ai essayé bien souvent d'introduire une ou plusieurs reines dans un essaim qui avait la sienne, cela ne m'a jamais réussi; les reines se battent entre elles, c'est-à-dire que les ouvrières ne s'en mêlent point; une seule survit au combat, c'est le même résultat qu'a eu M. de Réaumur et tous ceux qui depuis ont essayé d'introduire des reines surnuméraires dans leurs ruches.

Voilà votre ruche suffisamment agrandie, ma chère fille; vous voudrez bien me donner ses dimensions; la hauteur se prend de A en C, la largeur de C en B et l'épaisseur de B en D.

L'invention des hausses procure l'avantage de ne priver les abeilles que d'une quantité de leur miel et de leur cire proportionnée à leur état et à leurs besoins présumés, ce qui s'obtient plus complétement dans les ruches entièrement divisibles.

La ruche en *livre* ou en *feuillets* qui porte mon nom a cet avantage au plus haut degré. Je vous en parlerai ailleurs.

La vôtre vous procurera l'avantage de faciliter la formation des essaims artificiels; rappelez-vous donc qu'il ne peut y avoir qu'une reine dans une ruche, quelle que soit sa grandeur et sa capacité. Si vous voulez d'une ruche en former deux ou davantage, il suffira, l'année suivante, à dater du moment où elle aura été peuplée, de séparer les unes des autres ses différentes parties et d'unir, à chacune de celles qui doivent être remplies à cette époque de miel, de cire et d'habitants quelconques, plus ou moins de hausses neuves et parfaitement vides. Le nombre des hausses à ajouter est indifférent; il faut qu'elles soient toutes égales, qu'elles s'appliquent bien les unes contre les autres et qu'elles puissent se lier solidement. La manière la plus simple sera de planter des chevilles aux extrémités de chaque hausse et de les unir deux à deux, par le moyen d'une ficelle ou d'un fil de fer; les abeilles se chargeront du soin de rendre cette liaison plus intime en enduisant de leur *propolis* les hausses au point de contact.

Chaque ruche sera placée dans le rucher ou dans ses environs à distance des autres et surtout du corps des ruches dont elles ont été tirées; sans cette précaution elles seraient tentées d'y revenir et les essaims seraient manqués. S'il s'est trouvé de jeunes couvains dans toutes les hausses au moment de la division, vous pourrez être sûre que celle où manquait la reine s'en sera procuré une, attention bien admirable dont la Nature n'offre aucun autre exemple et qui concourt avec toutes celles dont les abeilles ont été l'objet à prouver le grand intérêt qui leur a été accordé et doit nous convaincre de celui que les autres enfants de la même Providence doivent en espérer; qu'ils tâchent donc d'en être dignes et surtout reconnaissants.

SEIZIEME LETTRE

Métamorphoses des abeilles jusqu'à leur état parfait

Ponte des œufs

Juin 1829.

Venons à vos questions, cette forme de conversation me convient comme à vous, je ne changerai pas même l'ordre dans lequel elles se sont présentées à votre esprit.

Vous voulez voir des œufs et notre chère Madeline partageait votre désir. Ce que vous vîtes dans votre première observation n'était pas des œufs, mais bien les jeunes larves qui venaient d'en sortir, si la reine de votre ruche avait commencé sa ponte trois jours avant leur apparition sous la forme de ver, car le ver ou la larve de l'abeille passe trois jours sous celle d'œuf, Pour m'en assurer j'ai enlevé des œufs à mes jeunes reines au moment où elles venaient de les déposer dans les alvéoles convenables; ces cellules, retranchées des rayons, furent mises dans de petites boîtes grillées au milieu de leur propre ruche dans le but de savoir:

1° si les larves de l'abeille avaient besoin dans leur premier état de quelque soin des ouvrières;

2° s'il leur suffisait pour éclore d'être exposées à la chaleur qu'elles excitent autour d'elles et qui élève la température de leur ruche au degré 27,28 et presque 29 du thermomètre de Réaumur. Un coup d'œil jeté tous les jours sur cette boite nous les montra d'abord comme de petits corps blancs, oblongs, plus gros à un bout qu'à l'autre et à peu près d'une ligne de longueur; le fluide en apparence laiteux qui les remplissait paraissait homogène et n'avait rien d'organisé.

Le second jour, l'apparence fut différente. En exposant la boite à une vive lumière, nous vîmes, au travers de la membrane transparente qui servait de coquille à l'œuf, des filets très minces et bien distincts qui nous rappelèrent d'abord les trachées, qui sont les organes respiratoires des vers, ou des muscles, qui sont ceux du mouvement; la membrane enveloppante était encore entière à cette époque. Le lendemain, soit le troisième jour, les douze anneaux qui forment le corps des larves étaient visibles et toujours au travers de la membrane environnante. Continuant à observer, nous vîmes des mouvements très marqués dans ces œufs: ils se courbaient et se redressaient alternativement, assez lentement d'abord, plus vivement ensuite. Au bout de quelques minutes, la membrane de l'œuf fut déchirée du côté de son gros bout; la tête du ver parut alors. La continuation des mêmes mouvements eut bientôt mis la dite membrane en pièces du dos jusqu'à la queue; sa chute nous laissa voir le ver à nu, qui, fatigué peut-être de ses propres efforts, se coucha et parut sous la forme légèrement arquée que vous avez aperçue.

Nous pûmes conclure de tout cela:

1° que la reine-abeille est ovipare comme nos poules, c'est-à-dire que ses petits ne sont pas tout à fait vivants quand elle les met au jour ;

2° que la reine ni les ouvrières ne leur rendent aucun soin tant qu'ils sont sous la forme d'œuf. La membrane qui les renferme ne permettrait pas plus aux ouvrières de les atteindre pour les nourrir ou leur donner d'autres soins que la coquille des œufs de poule ne le permettrait à la mère de l'espèce; c'est donc à couver les uns et les autres que se réduisent tous les soins nécessaires aux petits durant la première époque de leur existence.

Je vous disais tout à l'heure que la reine pondante avait à placer ses œufs convenablement dans les alvéoles préparés par les ouvrières; vous verrez bientôt qu'elles en construisent de plusieurs sortes, de grands et de plus petits. Les grands doivent servir de berceaux aux mâles, les petits aux ouvrières. Les uns et les autres ont deux parties principales, le tube et le fond; les tubes sont composés de six pans et les fonds de trois seulement; les pans sont des trapèzes, c'est à-dire des figures géométriques qui ont deux côtés parallèles et deux autres qui ne le sont pas. L'ensemble de ces pièces constitue des hexagones. Les fonds sont faits de trois pièces en losanges ou rhombes, qui, rassemblés, leur donnent la forme d'un sommet pyramidal fort surbaissé.

Je vous parlerai des cellules royales en son temps; revenons à la reine pressée de pondre. On la voit parcourir les rayons, soit des alvéoles de mâles qui les composent en entier, soit qu'ils ne contiennent que des alvéoles communs. Elle regarde en passant leurs orifices, c'est-àdire qu'elle plonge ses antennes dans leurs tubes respectifs et qu'elle y fait même entrer sa tête, qu'elle ne retire de la cellule qu'après l'avoir examinée ou, si vous voulez, palpée à l'intérieur, comme pour s'assurer qu'elle est libre et propre à recevoir l'œuf qu'elle doit y déposer. Elle se retourne alors bout par bout et introduit son abdomen dans l'orifice de l'alvéole qu'elle vient de visiter. Croyez-moi sur ma parole et mieux encore sur celle du grand Réaumur, quelque incroyable que vous paraisse ce que je vais ajouter. De quelque diamètre que soit l'alvéole qu'elle a visité sous vos yeux, vous verrez toujours sortir ou paraître un grand mille d'un grand alvéole et une simple abeille ouvrière des plus petites cellules. La reine-abeille est-elle donc douée d'une faculté qui n'a point été accordée à d'autres femelles, celle de connaître le sexe de l'être qu'elle va mettre au jour et de ne s'y tromper jamais, car ce n'est point par erreur qu'elle se comporte différemment dans de certaines circonstances ?

... Si à cette première époque les jeunes larves n'ont reçu aucun soin, ni de la mère ni de cette légion de nourrices dont elles ont été entourées, tout change au moment de leur vraie naissance; les larves deviennent dès lors l'objet de la constante sollicitude des ouvrières. Il importait de s'en assurer: Burnens vous dirait qu'il n'a jamais saisi un instant où une larve fut abandonnée. Le corps des ouvrières, ou plutôt leur corselet, remplit si bien le tube des alvéoles qu'il empêche absolument de voir ce qu'y font les ouvrières, qui y tiennent leur tête et une grande partie d'elles-mêmes enfoncées et qui, à l'instant où d'autres soins les appellent, seront aussitôt remplacées par leurs compagnes. Pour voir ce qu'elles faisaient, voyez ce qu'elles ont fait, dérangez-les en les poussant bien délicatement avec la barbe d'une plume, ou soufflez-leur dessus. Vous verrez, après leur départ, les petites larves couchées sur le fond de la cellule; leurs corps légèrement arqués auront leurs concavités tournées du même côté; cela devait être, mais sans vous je l'ignorerais encore. Ce que j'avais deviné, c'est que vous verriez aussi bien toute seule que par le secours d'un autre guide que votre bon sens, votre défaut de prévention et de système; ceci n'est point un compliment. Courage donc, ma chère Elisa, mais soyez bien prudente, vous me le promettez, n'est-ce pas ? Quand on sait se faire aimer de ses amis comme vous, on ne s'appartient pas exclusivement, on est aussi un de leurs biens qu'il n'est pas permis de négliger. Pardonnez-moi mes digressions.

Si la cellule dont nous parlions est bien éclairée, vous verrez briller vers son fond quelque chose qui ressemble à une gelée, plutôt à de la bouillie; je lui laisserai ce nom, qu'elle mérite comme premier aliment de l'enfance chez les abeilles et chez nous, Vous voudriez bien la goûter ; un pinceau vous servira à en prendre quelque brin. Si c'est à de très jeunes larves que vous dérobez leur déjeuner, vous trouverez leur bouillie assez maussade et sans aucune saveur distincte. En répétant cette épreuve les jours suivants, comme Réaumur l'a fait avant nous, vous verrez qu'elle devient toujours meilleure et que c'est au cinquième jour qu'elle a acquis toute la perfection dont elle est susceptible. C'est précisément alors que les ouvrières ferment les cellules d'un couvercle de cire et que les larves commencent à filer la coque de soie dont elles doivent la tapisser. En y regardant de plus près encore, il vous semblera que cette bouillie a été placée justement au-devant de la bouche de la jeune larve; vous devinerez que c'est pour l'avertir de s'en approcher. Comme elle n'a ni pieds, ni jambes, ce ne peut être qu'en se traînant sur ses anneaux; le plus voisin de la tête, attiré par l'odeur de l'appât, s'avance le premier, le second entraîné par ce premier mouvement, etc. etc.

La larve de l'ouvrière a donc passé les trois premiers jours de sa vie dans l'état d'œuf et échappé à nos regards; j'ai dit ce que nous devions au secours de la loupe.

Les cinq jours suivants, sa cellule étant ouverte, nous aurions pu la voir distinctement, sans l'interposition du corps de la gardienne qui surveillait ses premiers mouvements et pourvoyait à tous ses besoins, ce dont nous n'avons pu nous assurer qu'en écartant cet obstacle.

Voilà les huit premiers jours de sa vie, que vous connaissez à peu près. Tout va changer au neuvième; elle n'a plus besoin de manger, c'est le moment de la sevrer; la nourrice peut la quitter et même l'enfermer dans sa cellule. Y restera-t-elle inactive ? Vous ne le croyez pas; une autre idée l'a saisie, passez-moi ce mot faute d'autre, c'est le besoin de garantir son corps des frottements qui pourraient lui nuire, de l'accès même de l'air libre qui pourrait trop hâter l'évaporation dont l'effet doit être presque insensible. Mais comment y parviendra-t-elle'? A-t-elle une filière comme la larve du ver-à-soie ?

Sait-elle filer? J'avais bien souvent trouvé des coques de soie dans les cellules que des mouches avaient habitées: pour m'assurer que la larve des abeilles avait recours au même expédient que tant d'autres insectes, je me procurai des tubes de verre auxquels je fis donner la forme très imparfaite d'un alvéole commun, mais dont les dimensions étaient à peu près les mêmes. Burnens enleva dans leurs alvéoles des larves de neuf à dix jours et les renferma dans ces cellules de verre. Cette épreuve réussit; les larves se filèrent des coques, nous pûmes voir toutes leurs petites manœuvres jusqu'à l'instant où, complètement entourées d'une tapisserie soyeuse, elles disparurent à nos yeux. (Il paraît que ce travail les occupe pendant trente-six heures au moins.) Trois heures après elles se métamorphosèrent en nymphes et passèrent sept jours et demi sous cette forme.

Les larves d'ouvrières n'arrivent à leur dernier état, celui de mouche parfaite, que le vingtième jour de leur vie, à dater de l'instant où les œufs dont elles sortent ont été pondus.

DIX-SEPTIÈME LETTRE
Ventilation

Lausanne, 14 juin 1829.

Quand le Roi-prophète nous disait: « Regarde à la fourmi ou à l'abeille », il nous donna un conseil d'une haute sagesse.

La mère ne peut pas être toujours là. Chez l'abeille, comme vous venez de voir, sa présence, si nécessaire à cette première époque, est merveilleusement suppléée par celle de l'ouvrière, qui surveille la jeune larve jusqu'au moment où elle peut marcher et se soigner elle-même. Lorsque la bonne gardienne est obligée d'aller ailleurs, elle est toujours remplacée et il est vrai de dire que le berceau de la jeune larve n'est jamais abandonné. La propreté des ruches est encore un soin qui est fortement recommandé à la surveillance des abeilles. J'ai soupçonné que le but que se proposait la Nature dans cette occasion était d'entretenir la pureté et par conséquent la salubrité de l'air dans les ruches.

A présent que vous avez une ruche à observer et que vous pouvez voir par vous-même, au lieu de vous dire ce que j'ai vu je vous indiquerai ce que vous avez à voir et qui peut vous intéresser en vous instruisant.

Connaissez-vous l'utile invention des ventilateurs ? On parvient aisément à faire circuler l'air dans toutes les parties d'un espace quelconque. Une porte ou une fenêtre ouverte ne suffiraient point à opérer son renouvellement; pour cela deux ouvertures opposées sont absolument nécessaires. Le ventilateur, appliqué à une fenêtre ou à un trou de la muraille, en laissant l'air entrer et sortir alter-nativement, produit par ce double jeu l'effet qu'auraient deux ouvertures opposées. L'air agité à la porte d'une ruche y pénètre nécessairement; un coup d'éventail n'amène pas mieux l'air frais sur votre joue que le mouvement du ventilateur n'amène l'air extérieur au dedans de la ruche et n'en remplace un volume égal de celui du dedans, et voilà le renouvellement opéré.

Vous me demanderez sûrement où est ce ventilateur quand il s'agit de ruches et d'abeilles ? Cherchez-le vous-même, s'il vous plaît, et vous le trouverez. Ce n'est pas au dedans de la ruche qu'il doit être placé; ce n'est pas non plus dans sa porte, dont le vide nécessaire au passage des ouvrières ne doit point être obstrué; ce sera donc au dehors de la ruche et vis-à-vis de l'ouverture qui lui sert d'entrée qu'il devra être établi et que vous devez le chercher.

Qu'y voyez-vous, bonne Elisa? Des ouvrières qui vont à leurs affaires et qui y vont sans s'arrêter; vous ne voyez rien là qui vous rappelle l'action d'un ventilateur, mais regardons-y de plus près. Dans ce nombre d'abeilles en mouvement, n'en remarquez-vous pas quelques-unes d'arrêtées et qui ne paraissent en faire aucun? C'est sur la table, dans la partie dont la ruche est débordée, que sont placées les abeilles en question. Une figure bien simple vous donnera l'idée juste de la manière dont elles s'y rangent, soit: *c*, supposé le centre de la ruche, *a, b* sa porte; c'est sur les lignes idéales qui forment les côtés de cet angle que se tiennent les abeilles ventilantes.

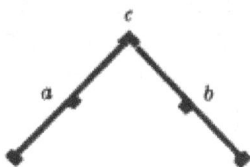

Cherchez à présent à voir leurs ailes; qu'en font-elles, s'il vous plaît? Dites-moi, si vous le pouvez, leur nombre, leur direction, leur forme, etc. C'est ce que vous ne pouvez pas, tout cela disparaît et ne vous montre qu'un petit nuage très informe autour de chaque abeille, c'est l'effet de l'extrême rapidité du mouvement qu'elle leur donne.

On produit cette illusion en agitant vivement un bâton dont un des bouts est embrasé.

Mais comment se fait-il qu'une si grande agitation de leurs ailes ne les fasse pas s'envoler? Regardez leur attitude, elle vous le dira mieux que ne feraient mes paroles; leurs corselets serrent la table de bien près, l'abdomen au contraire s'en écarte; leurs six jambes surtout semblent devoir s'enfoncer dans le plan de position, ce sont autant d'ancres par lesquelles elles y paraissent fixées.

Les ventilantes s'éloignent assez les unes des autres pour ne pas se nuire; j'ai même cru voir que les allantes et venantes évitaient de s'en approcher pour ne pas être frappées et déroutées par les ailes en action.

L'expérience pouvait m'apprendre si les ventilateurs vivants devaient avoir sur les ruches l'influence salutaire que ceux de notre invention avaient sur l'air de nos appartements et des salles où beaucoup de monde se rassemble journellement. Vous avez deviné l'épreuve qui me vint à l'esprit et qui devait être concluante.

Il ne s'agissait que de séparer un essaim pour quelques moments de ses ventilateurs naturels et pour cela de fermer exactement la porte de la ruche. Le résultat fut l'asphyxie ou la mort apparente de toute la peuplade; en lui rendant l'air avec ses ventilateurs, nous eûmes bientôt rendu la vie à tout l'essaim.

Le conseil du Roi-prophète nous a montré dans la conduite des abeilles et des fourmis l'exemple que nous avions à suivre. La première enfance soignée chez nous comme celle de leurs petits, tous les besoins prévus ou pourvus; qui sait même si les moindres fantaisies n'ont pas été satisfaites et les plus tendres caresses prodiguées.

La douceur que je leur voyais prodiguer et mettre dans tous leurs mouvements me le ferait présumer et préviendrait l'humeur, les effets plus fâcheux que pourraient avoir sur des caractères éminemment irritables des procédés différents; ceux qu'inspirent la bonne Nature n'ont et ne sauraient avoir ces inconvénients.

DIX-HUITIÈME LETTRE
Récolte du Pollen et du Miel

15 juin 1829.

Des trésors, ma chère fille, ont été accordés à nos abeilles: le miel, qu'elles trouvent tout fait dans les nectaires de fleurs, et le pollen, dans leurs anthères.

Votre nouvelle ruche vous aurait déjà appris, si vous ne le saviez pas, que c'est dans les alvéoles qui composent les rayons que ces deux précieuses substances doivent être déposées. Le miel est l'aliment des abeilles adultes et le pollen la base de la bouillie qu'elles donnent à leurs petits. Les alvéoles, qui ont d'abord été destinés à recevoir les œufs de la mère, plus tard tiennent lieu de berceaux et plus tard encore de magasins.

C'est avec leur trompe ou balai que le miel est récolté ou ramassé sur les fleurs. Pour le transporter à la ruche, l'abeille doit préalablement l'avaler; en contractant son estomac elle peut à volonté le faire remonter à sa bouche et le dégorger où il lui plaît par le canal de sa trompe. Je vous conseille de chercher à voir cela de vos propres yeux, en vous rappelant que je ne vois rien par moi-même, et, vous serez sûrement assez bonne pour me dire ce que vous aurez vu, Notez vos observations dans ce but; ce ne sera probablement pas pour vous une trop pénible occupation et pourra vous être utile à vous-même.

Venons maintenant au pollen. On l'appelait autrefois la poussière des étamines; depuis que l'on connaît son plus merveilleux usage, on le désigne par le nom de poussière fécondante.

Imaginez-vous, ma chère enfant, que ces grains presque microscopiques dont sont remplis les anthères, soit le sommet des étamines, sont la vie de tout le règne végétal. Soit que cette petite boîte, que vous connaissez parfaitement, s'ouvre d'elle-même à sa maturité et devienne le jouet des vents, soit qu'emportée fortuitement et déposée par quelque insecte sur les pistils, elle vienne à les pénétrer et à atteindre les germes ou les œufs, son attouchement suffit pour les féconder, c'est-à-dire pour les rendre capables de reproduction. Sans le pollen point de fruits.

Je ne vous demande pas d'excuser ces longs détails, vous en sentez trop sûrement l'intérêt.

Mais vous voudrez savoir comment les abeilles s'emparent de la poussière fécondante pour en faire la nourriture de leurs petits. Cette question a aussi attiré l'attention des naturalistes; j'ai eu la même curiosité, mais ni les Réaumur ni votre ami ne l'ont à mon sens complétement résolue. La rapidité des mouvements de l'ouvrière occupée de cette récolte ne permet pas de les distinguer bien clairement, mais il faut que vous en jugiez par vous-même; je ne désespère pas que vos jeunes yeux ne réussissent mieux que les nôtres à voir les petits détails qui ont pu nous échapper.

Approchez-vous donc d'une plante bien fleurie et qui dans ce moment ait aussi autour d'elle d'autres abeilles dont elle attire l'attention. Vous en verrez d'abord qui en veulent au miel et qui, plus ou moins enfoncées dans le calice de la fleur, le cherchent dans ses nectaires. Ce n'est pas de celles-là que vous devez vous occuper; voyez plutôt, parmi celles des ouvrières qui voltigent au-dessus d'une fleur et sans paraître y toucher, s'il n'en est pas quelqu'une qui fait dans l'air des mouvements extraordinaires. Il ne vous échappera point que ce sont les six pattes qui se meuvent au-dessous de son corps. Vous comprendrez comme vos devanciers que cette ouvrière a dû commencer par ouvrir l'anthère avec ses dents et par en enlever ce qui l'intéresse, et comme l'anthère ne contient que du pollen et que vous voyez ce pollen dans la petite corbeille triangulaire des jambes de la troisième paire, le simple bon sens vous dit que les dents de l'ouvrière ont donné ce qu'elles ont pris dans l'anthère aux mains de la première paire, que celle-ci, après en avoir pelotonné et réuni quelques parties, les transmet à celles de la seconde et que la petite pelote, évidemment grossie, arrive enfin à la corbeille; que de là elle est définitivement transportée dans l'alvéole où vous l'avez trouvée vous-même. Vous remarquerez qu'il y a bien ici quelque chose à deviner, ce n'est pas tout à fait comme je viens de vous le dire que la chose se passe, mais en s'y tenant on ne s'écarte pas trop de la vérité (1). Ce que l'on a mieux vu, c'est le soin que prennent les ouvrières d'arranger ces pilotes de pollen dans les alvéoles qui doivent leur servir de magasin. Il faut pour cela qu'elles entrent à reculons dans la cellule, qu'elles y vident leurs corbeilles et qu'elles pressent avec leurs pieds les pelotes les unes contre les autres, pour en faire tenir un plus grand nombre dans le moins d'espace possible; il ne parait pas que ces alvéoles-magasins soient jamais fermés (2).

Note(1) : Voir Revue 1894, p. 103 à 120, l'étude de M. Pierre Bois: «Théorie nouvelle sur la formation des pelotes de pollen. » - Note du rédacteur.

(2) Sauf quand [es abeilles achèvent de l'emplir les cellules avec du miel. - Note du rédacteur.

Quand il s'agit d'existence et de conservation, aucune précaution ne saurait paraître inutile ou minutieuse. Rien à cet égard n'a été négligé dans ce qui a rapport aux abeilles : rapporter avec sûreté chez elles le miel et le pollen qu'elles viennent de récolter est donc une affaire importante, car il y va de la vie. Vous voulez savoir comment elles s'y prennent pour ne courir aucun risque: le miel trop coulant ne pouvant être contenu dans le canal ouvert de la trompe, s'en échapperait et se perdrait en chemin, où, son odeur attirant les insectes nombreux qui en sont avides, il ne manquerait pas d'être pillé après avoir excité des rixes dangereuses; pour le transporter à la ruche sans en rien perdre, les abeilles n'ont rien de mieux à faire que de le cacher au fond de leur estomac et de le verser bien vite dans l'alvéole qui doit lui servir de magasin. Vous savez qu'une simple contraction de l'estomac suffit pour faire remonter le miel jusqu'à la bouche pour procurer son dégorgement.

Je ne vous apprends sûrement pas aujourd'hui que ce n'est qu'après qu'il a été mangé et rendu par l'abeille que nous pouvons le manger nous-mêmes et j'espère que cela ne vous en dégoûtera pas. Les jeunes larves subissent la même loi, le pollen n'est à leur usage qu'après avoir été mangé par leurs nourrices et avoir reçu dans leur estomac une modification ou une élaboration qui le convertit en gelée et en fait une bouillie appropriée à ses besoins. C'est par un travail analogue que les matières dont se nourrissent les femelles des grands animaux se convertissent en lait dans le sein maternel.

Les différences qu'a observées M. de Réaumur dans la saveur de cette bouillie pendant le peu de jours que les jeunes larves ont à s'en nourrir indiquent sans doute que des matières à nous inconnues y ont été mêlées pour proportionner l'aliment à l'âge et aux divers besoins de la jeune larve; cette amélioration est mieux aperçue quand on compare la fadeur des premiers jours qu'a la bouillie, avec le goût bien plus relevé qu'elle a acquis à la fin de sa distribution. Ces changements dans la saveur de la bouillie ne seraient-ils pas plutôt l'effet d'un commencement de fermentation opérée par la chaleur de la ruche que du mélange de quelques substances étrangères ? Ce qui me le ferait croire c'est que ces changements ont lieu en hiver dès que la reine a recommencé sa ponte et dans une saison où les abeilles ne sortant pas de chez elles n'y peuvent rien apporter du dehors.

Les preuves à l'ordinaire prochain.

DIX-NEUVIÈME LETTRE

Sur le pollen et l'usage qu'en font les abeilles, qui diffère essentiellement de ce que l'on croyait avant moi (1)

Note (1) : On sait que l'origine des lamelles de cire avait déjà été découverte en Allemagne, puis par notre compatriote Duchet. - Note du rédacteur.

22 juin 1829.

Vous m'avez fait un vrai plaisir, ma chère fille, en m'apprenant que vous vous étiez donné une ruche vitrée; vous aviez deviné que c'était faire beaucoup pour votre amusement et votre instruction; voir les choses par soi-même ou ne les connaitre que par de simples récits est assurément très différent. Vous avez aussi facilité par-là les petites explications que je pouvais avoir à vous donner et je ne crains plus que vous ne m'entendiez pas quand je vous parlerai de gâteaux, d'ouvrières, de mâles, de cellules royales, etc.

Mais où en étions-nous ? Je crois vous avoir promis à la fin de ma dernière lettre de vous donner les preuves d'après lesquelles j'ai pu vous dire que les poussières fécondantes des fleurs étaient la base de la nourriture que les abeilles donnaient à leurs petits; ce fut pour ne pas trop allonger cette lettre que je la fermai sans aller plus loin.

Lorsque je publiai mes premières observations, je pensais comme Réaumur, Bonnet et tous les naturalistes dont je connaissais et estimais les écrits, que le pollen avait chez les abeilles une toute autre destination, qu'il leur servait à faire leur cire. Ce ne fut qu'en 1793, dans un séjour que je fis à la Linière, que je dus abandonner cette opinion.

Un jour que j'observais les abeilles du fermier de cette campagne, Burnens fit une remarque fort singulière et qui avait échappé à tous nos devanciers; ce rucher était composé de ruches plus ou moins vieilles, la plupart étaient remplies de gâteaux de cire et n'avaient plus de place pour de nouvelles cellules; cinq ou six ruches venaient d'être peuplées par de nouvelles colonies. Nous vîmes à notre grande surprise que les abeilles qui revenaient des champs rapportaient beaucoup de pollen dans les ruches vieilles et n'en rapportaient point du tout dans celles que peuplaient de nouveaux essaims; voilà le problème dont il fallut chercher la solution; elle sautait aux yeux, elle ne coûta heureusement qu'un instant de réflexion et je fus presque honteux de ne l'avoir pas faite plus tôt. Voici mon raisonnement, il n'aurait pas été au-dessus de la portée d'un enfant.

Les abeilles qui composent un essaim trouvent la ruche qu'elles ont choisie dénuée de tout; de quoi ont-elles besoin cependant? D'alvéoles pour recevoir les œufs de leur reine, mais ces alvéoles doivent être faits de cire; n'est-ce pas dans ce moment-là que le pollen leur est le plus nécessaire? N'en auriez-vous pas conclu qu'il leur était donc inutile? Rappelez-vous, ma chère amie :

1° que la larve renfermée dans l'œuf de la reine n'éclot que le troisième jour à compter du moment où il a été pondu ;

2° que pendant ces trois jours la très jeune larve n'a pas besoin de manger; c'est donc pour cela que ces bonnes nourrices se dispensent d'apporter du pollen; si au contraire, elles en rapportent beaucoup dans les cellules des vieilles ruches, qui sont toutes habitées par des larves de 1, de 2, de 3, de 4 et de 5 jours, n'est-il pas bien probable que c'est pour leur servir d'aliment.

Le pollen n'est pas la seule matière que les abeilles trouvent et récoltent sur les fleurs de nos prairies ou de nos jardins, le miel qu'elles en rapportent dans leur estomac serait-il donc la matière première de la cire? Je vous avouerai que je ne m'en doutais pas, mais je sentis que ces vérités, importantes dans l'histoire des abeilles, devaient être confirmées par l'expérience. Voici la première de celles qui me vinrent à l'esprit: j'avais une ruche devenue inutile par la stérilité de sa reine; nous la sacrifiâmes à cette expérience. C'était une de mes ruches en feuillets, dont les deux extrémités étaient vitrées. On enleva la reine-et on substitua aux rayons du premier et du dernier châssis des gâteaux remplis de couvain, c'est-à-dire peuplés d'œufs et de jeunes larves, mais on n'y laissa aucune cellule qui contint des poussières fécondantes.

La conduite des abeilles dans ces circonstances mérite quelque attention. Le premier et le second jour il ne se passa rien d'extraordinaire, les abeilles couvaient leurs petits et paraissaient en avoir soin. Mais le troisième jour, après le coucher du soleil, on entendit un grand bruit dans cette ruche. Impatients de voir ce qui l'occasionnait, nous ouvrîmes un volet et remarquâmes que tout y était en confusion: le couvain abandonné, les abeilles couraient en désordre sur les gâteaux; nous les vîmes se précipiter par milliers au pas de la ruche; celles qui se trouvaient vers la porte rongeaient avec acharnement la grille dont elle était garnie; leur intention n'était pas équivoque, elles voulaient sortir de leur prison. Il fallait qu'un besoin impérieux les obligeât à chercher ailleurs ce qu'elles ne pouvaient trouver dans leur demeure. Je craignis de les voir périr en les empêchant plus longtemps de céder à leur instinct; on les mit en liberté. Tout l'essaim s'échappa, mais l'heure n'était pas favorable à la récolte, les abeilles ne s'écartèrent pas de leur ruche, elles voltigeaient à l'entour; l'obscurité croissante et la fraîcheur de l'air les obligèrent bientôt à y rentrer. Les mêmes causes calmèrent probablement leur agitation, car nous les vîmes remonter paisiblement sur leurs gâteaux, l'ordre nous parut rétabli; on profita de ce moment pour refermer la ruche.

Le lendemain 19 juillet, nous vîmes deux cellules royales que les abeilles avaient ébauchées sur l'un des gâteaux du couvain. Le soir à la même heure que la veille, nous entendîmes encore un grand bourdonnement dans la ruche fermée; l'agitation et le désordre s'y manifestèrent au plus haut degré, nous fûmes encore obligés de laisser échapper l'essaim; il ne fut pas longtemps hors de son habitation,

Les abeilles calmées rentrèrent comme le jour précèdent. .

Le 20 nous remarquâmes que les cellules royales n'avaient pas été continuées; elles l'eussent été dans l'état ordinaire des choses. Le soir, grand tumulte, les abeilles semblaient en délire; nous les mimes en liberté et l'ordre se rétablit à leur retour.
La captivité de ces mouches durait depuis cinq jours, nous crûmes inutile de la prolonger; d'ailleurs nous voulions savoir si le couvain était en bon état, s'il avait fait les progrès ordinaires et tâcher de découvrir quelle pouvait être la cause de l'agitation périodique des abeilles. Burnens exposa au grand jour les deux gâteaux de couvain qu'il leur avait livrés.

Il observa d'abord les cellules royales, mais il ne les trouva point augmentées; en effet, pourquoi l'eussentelles été ? Elles ne contenaient ni œufs, ni vers, ni cette gelée particulière aux individus de leur classe; les autres cellules étaient aussi désertes, point de couvain, pas un atome de bouillie; les vers étaient donc morts de faim. En supprimant les poussières fécondantes avions-nous ôté aux abeilles tout moyen de les nourrir ? Pour décider cette question il fallait confier aux mêmes ouvrières d'autre couvain à soigner, en leur accordant du pollen en abondance; elles n'avaient eu la liberté de faire une récolte pendant que nous examinions leurs gâteaux ; cette fois elles s'étaient échappées dans une chambre dont les croisées étaient fermées. Quand nous eûmes substitué de jeunes vers à ceux qu'elles avaient laissé périr, nous les fîmes rentrer dans leur prison.

Le lendemain 22 nous remarquâmes qu'elles avaient repris courage; elles avaient solidifié les gâteaux que nous leur avions donnés et se tenaient sur le couvain. Nous leur livrâmes alors quelques fragments de rayons où d'autres ouvrières avaient emmagasiné des poussières fécondantes; mais, afin de pouvoir observer ce qu'elles en feraient, nous primes du pollen dans quelques cellules et nous l'étendîmes sur la table de la ruche. Les abeilles aperçurent aussitôt le pollen contenu dans les rayons et celui que nous avions mis à découvert; elles s'attroupèrent en foule à l'entrée des magasins; elles descendirent aussi sur le fond de la ruche, prirent les poussières fécondantes grain à grain avec leurs dents et le firent entrer dans leur bouche; celles qui en avaient mangé le plus avidement remontèrent avant les autres sur les gâteaux; elles s'arrêtèrent sur les cellules des jeunes vers, y entrèrent la tête la première et s'y tinrent plus ou moins longtemps. Burnens ouvrit doucement un des carreaux de la ruche et poudra les ouvrières qui mangeaient du pollen afin de les reconnaître lorsqu'elles monteraient sur les gâteaux. Il les observa pendant plusieurs heures et il put s'assurer par ce moyen que les abeilles ne prenaient tant de pollen que pour en faire part à leurs nourrissons.

Le 23, nous vîmes des cellules royales ébauchées.

Le 24, nous écartâmes les abeilles qui cachaient le couvain et nous remarquâmes que les jeunes vers avaient tous de la gelée comme dans les ruches ordinaires; qu'ils avaient grossi et s'étaient avancés dans leurs cellules; que d'autres avaient été renfermés nouvellement, parce qu'ils approchaient de leur métamorphose; enfin nous ne doutâmes plus du rétablissement de l'ordre lorsque nous vîmes les cellules royales prolongées. Nous retirâmes par curiosité les portions de gâteaux que nous avions posées sur la table de la ruche et nous vîmes que la quantité de pollen était sensiblement diminuée; nous les rendîmes aux abeilles en augmentant encore leur provision, afin de prolonger la scène qu'elles nous offraient; nous ne tardâmes pas à voir les cellules royales fermées, ainsi que plusieurs alvéoles communs. On ouvrit la ruche, partout les vers avaient prospéré; les uns avaient encore devant eux leur repas, les autres avaient filé, leurs cellules étaient fermées de cire. Ce résultat était déjà très frappant, mais ce qui excita surtout notre étonnement, c'est que, malgré leur captivité si longtemps soutenue, les abeilles ne paraissaient plus empressées à sortir; on ne remarquait plus cette agitation, ce trouble croissant et périodique, cette impatience générale qu'elles avaient manifestés dans la première expérience; quelques abeilles tentèrent bien de s'échapper dans le courant de la journée, mais quand elles en virent l'impossibilité elles retournèrent paisiblement vers leurs petits.

Ce trait, que nous avons revu plusieurs fois et toujours avec le même intérêt, prouve si indubitablement l'affection des abeilles pour les larves dont l'éducation leur est confiée, que nous ne chercherons point ailleurs l'explication de leur conduite. John Hunter s'était occupé des abeilles et avait conjecturé longtemps avant nous que les poussières fécondantes des fleurs étaient la base de la gelée ou de la nourriture que les abeilles donnent à leurs petits en état de larve. Voyez le Journal Enc. pour l'année 1792.

A propos de votre ruche vitrée, je dois vous conseiller, ma chère fille, de la vitrer dans sa partie inférieure; pour cela il faudra substituer au printemps prochain deux hausses semblables à celles que vous lui avez données et qui aient des vitres et leurs volets dans les parties correspondantes aux faces observables du corps de la ruche ...

VINGTIÈME LETTRE
Origine de la cire

23 juin 1829.

Le même raisonnement qui m'avait conduit à douter que le pollen fût la matière première de la cire et les expériences qui changèrent ce doute en certitude, comme vous venez de le voir dans ma lettre précédente, m'amenèrent forcément à penser que le miel étant la seule récolte que les abeilles joignissent à celle du pollen, dont l'inutilité venait de m'être suffisamment démontrée, il ne restait absolument que le miel dans lequel on pût espérer de trouver l'origine de la cire; mais il fallait s'en assurer; l'inverse des épreuves précédentes était bien indiqué et me parut devoir amener la solution de ce nouveau problème.

Il suffisait donc de retenir les abeilles dans leur ruche et de les empêcher ainsi de recueillir ou de manger des poussières fécondantes. Ce fut le 24 mai que nous fîmes cette épreuve sur un essaim nouvellement sorti de la ruche-mère.

Nous logeâmes cet essaim dans une ruche de paille vide, avec ce qu'il fallait de miel et d'eau pour la consommation des abeilles, et nous fermâmes les portes avec soin afin de leur interdire toute possibilité d'en sortir; on laissa cependant un libre passage à l'air, dont le renouvellement pouvait être nécessaire aux mouches captives. Les abeilles furent d'abord fort agitées; nous parvînmes à les calmer en plaçant leur ruche dans un lieu frais et obscur. Leur captivité dura cinq jours entiers; au bout de ce terme nous leur permîmes de prendre l'essor dans une chambre dont les fenêtres étaient soigneusement fermées. Nous pûmes alors visiter leur ruche plus commodément; elles avaient consommé leur provision de miel, mais la ruche, qui ne contenait pas un atome de cire lorsque nous y établîmes les abeilles, avait acquis dans l'espace de cinq jours cinq gâteaux de la plus belle cire. Ils étaient suspendus à la voûte du panier, la matière en était d'un blanc parfait et d'une grande fragilité. Ce résultat, dont nous ne tirerons pas encore la conséquence, était déjà très remarquable; nous ne nous étions pas attendus à une si prompte et si complète solution du problème. Cependant, avant d'en conclure que le miel dont les abeilles avaient été nourries les avait seul mises en état de produire de la cire, il fallait s'assurer par de nouvelles preuves qu'on ne pouvait en donner une autre explication.

Les ouvrières que nous tenions captives avaient pu recueillir les poussières fécondantes des fleurs lorsqu'elles étaient en liberté; elles avaient pu faire leur provision la veille et le jour même de leur emprisonnement et en avoir assez dans leur estomac ou dans leurs corbeilles pour en extraire toute la cire que nous avions trouvée dans leur ruche. Mais s'il était vrai qu'elle venait des poussières fécondantes récoltées précédemment, cette source n'était pas intarissable et les abeilles ne pouvant plus s'en procurer elles cesseraient bientôt de construire des rayons; on les verrait tomber dans l'inaction la plus complète. Il fallait donc prolonger la même épreuve pour la rendre décisive. Avant de tenter cette seconde expérience, nous eûmes soin d'enlever tous les gâteaux que les abeilles avaient construits pendant leur captivité. Burnens, avec son adresse ordinaire, fit rentrer les abeilles dans leur ruche; il les y renferma comme la première fois avec une nouvelle ration de miel. Cette épreuve ne fut pas longue, nous nous aperçûmes dès le lendemain au soir que les abeilles travaillaient en cire neuve; le troisième jour on vint visiter la ruche et l'on trouva effectivement cinq nouveaux gâteaux aussi réguliers que ceux qu'elles avaient faits pendant leur premier emprisonnement. On enleva jusqu'à cinq reprises les gâteaux, en ayant toujours la précaution de ne point laisser échapper les abeilles au dehors; ce furent toujours les mêmes mouches. Elles furent nourries uniquement avec du miel pendant cette longue réclusion, que nous aurions sans doute pu prolonger encore avec le même succès si nous l'eussions jugé nécessaire.

A chaque fois que nous leur donnâmes du miel elles firent de nouveaux gâteaux; il était donc hors de doute que cette nourriture n'excitât en elles la sécrétion de la cire sans le concours des poussières fécondantes, mais il n'était point improbable que le pollen eût la même propriété. Nous ne tardâmes pas à éclaircir ce doute par une nouvelle expérience qui n'était que l'inverse de la précédente.

Cette fois, au lieu de donner du miel aux abeilles, on ne leur donna que des fruits et du pollen; on renferma ces abeilles sous une cloche de verre où l'on plaça un gâteau dont les cellules ne contenaient que des poussières fécondantes accumulées. Leur captivité dura huit jours pendant lesquels elles ne firent point de cire; on ne vit point de plaques cireuses sous leurs anneaux. Pouvait-on élever encore quelque doute sur la véritable origine de la cire? Nous n'en avions aucun.

Dira-t-on encore que la cire est contenue dans le miel et que ces mouches la mettent en réserve dans ce liquide pour l'employer lorsqu'elles en ont besoin? Cette dernière objection n'était pas entièrement dénuée de vraisemblance, car le miel contient presque toujours quelques parcelles de cire, on la voit s'élever à sa surface quand on la délaye dans l'eau; mais le microscope, en nous apprenant que ces particules de cire avaient appartenu à des cellules toute faites, qu'elles avaient la forme et l'épaisseur des rhombes, quelquefois celle des pans brisés des alvéoles, nous fit juger à quoi devait se réduire le scrupule qui nous avait arrêté un instant.

Pour répondre d'une manière formelle à cette objection et pour nous éclairer sur une opinion qui nous était particulière, savoir: que le principe sucré était la véritable cause de la sécrétion de la cire, nous prîmes une livre de sucre canarie réduite en sirop, que nous donnâmes à un essaim que nous tînmes renfermé dans une ruche vitrée. Nous rendîmes cette expérience encore plus instructive en établissant pour objet de comparaison deux autres ruches dans lesquelles furent introduites deux essaims qu'on nourrit, l'un avec de la cassonade très noire, l'autre avec du miel.

Le résultat de cette triple épreuve fut aussi satisfaisant qu'il était possible de l'espérer.

Les abeilles des trois ruches produisirent de la cire; celles qui avaient été nourries avec du sucre de différentes qualités en donnèrent plus tôt et en plus grande abondance que l'essaim qui n'avait été alimenté qu'avec du miel.

Une livre de sucre canarie, réduite en sirop et clarifiée par le blanc d'œuf, produisit 10 gros 52 grains d'une cire moins blanche que celle que les abeilles extraient du miel. .

La cassonade à poids égal donna 22 gros de cire très blanche; le sucre d'érable produisit les mêmes effets.

Pour nous assurer de ces résultats, nous répétâmes cette expérience jusqu'à sept fois de suite avec les mêmes abeilles et nous obtînmes toujours de la cire et à peu près dans les mêmes proportions indiquées ci-dessus.

Il nous parait donc démontré que le sucre et la partie sucrée du miel mettent les abeilles qui s'en nourrissent en état de produire de la cire, propriété que les poussières fécondantes ne possèdent nullement.

Les vérités que ces expériences nous avaient apprises reçurent bientôt une confirmation plus générale; quoiqu'il ne restât aucune incertitude sur ces questions, il fallait s'assurer que les abeilles de nature se conduisaient comme celles que nous avions tenues en captivité. Une longue suite d'observations, dont nous ne donnerons ici qu'un aperçu, nous prouvèrent que lorsque la campagne offre aux abeilles une grande récolte de miel les ouvrières des vieilles ruches l'emmagasinent avec empressement, tandis que celles des nouveaux essaims la convertissent en cire.

Je n'avais pas alors un grand nombre de ruches, mais celles de mes voisins, villageois pour la plupart, me servirent d'objet de comparaison, quoiqu'elles fussent construites en paille et n'offrissent pas les mêmes facilités que les miennes.

Quelques remarques particulières que nous avions faites sur l'apparence des gâteaux et des abeilles elles-mêmes lorsqu'elles travaillent en cire nous permirent de tirer parti de ces ruches si peu favorables à l'observation.

La cire est blanche dans l'origine, bientôt après les cellules deviennent jaunes; avec le temps cette couleur se rembrunit et lorsque les ruches sont très vieilles leurs gâteaux ont une teinte noirâtre. Il est donc fort aisé de distinguer les cellules neuves de celles qui ont été fabriquées antérieurement et par conséquent de connaître si les abeilles construisent des gâteaux actuellement ou si ce travail est suspendu. Il suffit pour s'en assurer de soule-

ver les ruches et de jeter un coup d'œil sur le bord inférieur des rayons.

Les observations suivantes pouvaient encore fournir
quelques indices de la présence du miel sur les fleurs.
Elles sont sur un fait assez remarquable qui n'a point été
connu de mes devanciers; c'est qu'il existe deux espèces
d'ouvrières dans une même ruche; les unes, susceptibles
d'acquérir un volume considérable lorsqu'elles ont pris
tout le miel que leur estomac peut contenir, sont destinées en général à l'élaboration de la cire, les autres, dont
l'abdomen ne change pas sensiblement de dimension, ne
prennent ou ne gardent que la quantité de miel qui leur
est nécessaire pour vivre et font part à l'instant à leurs
compagnes de celui qu'elles ont récolté. Elles ne sont pas
chargées de l'approvisionnement de la ruche, leur fonction
particulière est de soigner les petits; nous les appellerons
abeilles nourrices ou petites abeilles, par opposition à
celles dont l'abdomen peut se dilater et qui méritent le
nom de cirières (1).

Note (1) : On sait maintenant que, dans la ruche, la
division du travail, observée par Huber, est basée sur l'âge
des ouvrières et que chacune remplit à son tour les différentes fonctions étant premièrement nourrice, puis cirière
et butineuse. - Note du rédacteur.

Quoique les signes extérieurs auxquels on peut reconnaitre les abeilles des deux sortes soient peu nombreux, cette distinction n'est point imaginaire.

Des observations anatomiques nous ont appris qu'il
existe une différence réelle dans la capacité de l'estomac;
nous nous sommes assurés par des expériences positives
que les abeilles d'une même sorte ne sauraient remplir
seules toutes les fonctions qui sont réparties entre les
ouvrières d'une ruche.

Dans une de ces épreuves, nous peignîmes de couleurs différentes celles de l'une et de l'autre classe pour observer leur conduite et nous ne les vîmes point changer de rôle.

Dans un autre essai nous donnâmes aux abeilles d'une ruche privée de reine du couvain et du pollen. Nous vîmes aussitôt les petites abeilles s'occuper de la nourriture des larves, tandis que celles de la classe cirière n'en prirent aucun soin.

Lorsque ces ruches sont remplies de gâteaux, les abeilles cirières dégorgent leur miel dans les magasins ordinaires et ne font point de cire; mais si elles n'ont pas de réservoirs pour le déposer et si leur reine ne trouve pas de cellules toutes faites pour pondre ses œufs, elles retiennent dans leur estomac le miel qu'elles ont amassé et au bout de vingt-quatre heures la cire suinte entre les anneaux; alors commence le travail des rayons. On croit peut-être que lorsque la campagne ne fournit pas de miel, les abeilles cirières peuvent entamer les provisions dont la ruche est pourvue; mais il ne leur est pas permis d'y toucher. Une partie du miel est renfermée soigneusement, les cellules où il est déposé sont garanties d'un couvercle de cire, qu'on n'enlève que dans le cas de besoin extrême et lorsqu'il n'y a aucun moyen de s'en procurer ailleurs; on ne les ouvre jamais pendant la belle saison, d'autres réservoirs toujours ouverts fournissent à l'usage journalier de la peuplade, mais chaque abeille n'y prend que ce qui lui est absolument nécessaire pour satisfaire au besoin pressant.

On ne voit point les abeilles cirières se montrer aux portes des ruches avec de gros ventres que lorsqu'elles reviennent de la campagne et qu'elles y ont fait une abondante récolte de miel; et elles ne produisent de la cire que lorsque leur ruche n'est pas remplie de gâteaux.

On conçoit d'après ce que nous venons de dire que la production de la matière cireuse dépend d'un concours de circonstances qui ne se présentent pas toujours. Les petites abeilles produisent aussi de la cire, mais toujours en quantité très inférieure à celle que les véritables cirières peuvent élaborer.

Un autre caractère auquel un observateur attentif ne pourra méconnaître le moment où les abeilles recueillent assez de miel sur les fleurs pour produire de la cire, c'est à l'odeur de miel et de cire qui s'exhale très fortement des ruches à cette époque, odeur qui n'existe pas avec cette intensité dans un autre temps. D'après ces données il nous était facile de connaître si les abeilles travaillaient à leurs gâteaux dans nos ruches et dans celles des cultivateurs du même canton.

En 1793 l'intempérie de la saison avait retardé la sortie des essaims, il n'y en eut point dans le pays avant le 24 mai; la plupart des ruches essaimèrent au milieu de juin. La campagne était alors couverte de fleurs, les abeilles récoltèrent beaucoup de miel et les nouveaux essaims travaillèrent en cire avec activité. Le 18, Burnens visita soixante-cinq ruches; il vit des abeilles cirières devant toutes les portes; celles qui rentraient dans les vieilles ruches serraient aussitôt leur récolte et ne construisaient pas les gâteaux, mais celles des essaims convertissaient leur miel en cire et se hâtaient de préparer des logements pour les œufs de leur reine.

Le 19 il plut par intervalles; les abeilles sortaient, mais on ne vit point de cirières, elles n'apportaient que du pollen; le temps fut froid et pluvieux jusqu'au 27. Nous voulûmes savoir ce qui serait résulté de cette disposition de l'atmosphère.

Le 28 on souleva tous les paniers, Burnens vit alors que le travail avait été interrompu: les gâteaux qu'il avait mesurés le 9 n'avaient pas reçu le moindre accroissement, ils étaient d'un jaune citron; il n'y avait plus de cellules blanches dans aucune de ces ruches.

Le 1er juillet, la température étant plus élevée, les châtaigniers et les tilleuls en fleurs, on vit reparaître les abeilles cirières. Elles rapportèrent beaucoup de miel, les essaims prolongeaient leurs rayons, on voyait partout la plus grande activité; la récolte du miel et le travail en cire continuèrent jusqu'au milieu de ce mois.

L'année fut donc très favorable aux travaux des abeilles; je l'attribue en partie à l'état de l'atmosphère qui n'avait point été chargé d'électricité, circonstance qui a une très grande influence dans la sécrétion du miel dans les nectaires des fleurs. J'ai remarqué que la récolte des abeilles n'est jamais plus abondante et le travail en cire plus actif que lorsque l'orage se prépare, que le vent est au sud, l'air humide et chaud; mais des chaleurs trop soutenues, la sécheresse qui en est la suite, les pluies froides et le vent du nord suspendent entièrement l'élaboration du miel dans les végétaux et par conséquent les opérations des abeilles.

VINGT-ET-UNIÈME LETTRE

A propos de la ventilation (1)

Note (1) : Voir la dix-septième lettre, p. 44. - Note du rédacteur.

Lausanne, le 30 juin 1829.

Que je suis content, ma chère amie, de voir votre maman, votre tante et vous-même occupées d'un sujet qui m'a fort intéressé et qui offre une observation si singulière que malgré mon entière confiance en le très digne Burnens je suis charmé que d'autres bons et chers yeux aient vu comme lui. J'ai déjà une fois désiré me procurer ce plaisir; je m'adressai pour cela à M. de Végobre, étant bien persuadé que s'il voyait comme nous son opinion entrainerait celle des plus savants naturalistes et donnerait plus de crédit à la mienne. Il avait quelques ruches à sa disposition et se prêta à mon désir avec son obligeance ordinaire. Son premier essai ne fut pas heureux et j'eu bientôt le chagrin d'apprendre qu'il n'avait rien vu comme moi. Je compris bien à peu près ce qui l'avait empêché de se rendre à mes premières assertions, mais sans vouloir le presser dans un moment où sa santé peut-être ne lui laissait pas le loisir de s'occuper de mes petits intérêts; je résolus d'attendre qu'il y revint lui-même dans des circonstances plus favorables, Ce moment est arrivé, ainsi que ce que j'avais prévu.

Je vous transcris ici un fragment de sa lettre, dans laquelle il m'apprend que nous sommes actuellement d'accord sur l'existence et la nécessité de la ventilation, appliquée dans les ruches des abeilles au renouvellement de l'air, seul procédé capable d'entretenir sa salubrité et par conséquent la vie de leurs nombreux habitants. La lettre dont je vous parle est du 29 mai 1829. M. de Végobre habitait alors la cure protestante de Fernex; il avait la jouissance d'un grand et beau jardin. Voici ce qu'il m'en dit en propres termes:

« Mais ce jardin dans lequel je peux encore me trainer, j'y trouve une belle compagnie: ni plus ni moins qu'une ruche... Ah ! Voilà M. Huber qui se réveille, une ruche ! – Eh ! Parlez donc. – Hélas ! Oui, une vraie ruche de paysan, gros panier rond, voilà tout. Que voir là ? J'y ai du moins vérifié l'observation de la ventilation sur la porte; la grande rapidité du mouvement de ces ailes grisâtres et presque transparentes est cause que dans un lieu obscur elle échappe à des yeux qui ne sont pas bons.

»C'est bien ce que j'avais deviné. Dans un lieu mieux éclairé et au milieu d'un beau jour, nous avons souvent remarqué que la rapidité extrême du mouvement empêche de voir distinctement la forme des ailes ventilantes et qu'elles ne paraissent plus que sous celle d'un petit nuage dont le corps de la mouche semble entouré. A la montre, les mêmes ouvrières nous ont paru ventiler pendant 14 ou 15 minutes et quelquefois moins. Quelle force musculaire les moindres oscillations ne supposent-elles pas dans les ailes des abeilles ? Une force égale ou peut-être supérieure se remarque aussi dans les muscles de leurs pattes; vous aurez bien des occasions de vous en assurer quand vous verrez une seule abeille, accrochée à la voûte de votre ruche, en soutenir beaucoup d'autres suspendues à ses propres jambes par les crochets ou les ongles de leurs pieds.

Voulez-vous bien, ma chère Elisa, joindre cette feuille à celle de mes lettres où il est question de ventilation; il est bon qu'un fait extraordinaire ne soit pas trop éloigné de sa confirmation.

Dans une autre occasion, M. de Végobre a aussi confirmé une de mes observations les plus importantes; je vous en parlerai lorsqu'il sera question de l'architecture des abeilles.

VINGT-DEUXIEME LETTRE

Ponte de la reine

Lausanne, 7 juillet 1829.

Non, ma chère cousine, je ne vous ai point cru capable de vous mettre dans le danger où vous seriez assurément si vous vouliez observer les abeilles sans l'intermédiaire du verre; vous pourrez voir beaucoup sans courir aucun danger. L'expérience que vous venez d'en faire, et qui a déjà mis sous vos yeux tant de vérités intéressantes, doit vous faire espérer que vous pourrez aller bien loin en vous tenant sur la défensive. Il faut bien ouvrir une ruche quand on veut prendre du miel, mais vous n'en êtes pas là. J'ai dit à Sophie qu'un camail était indispensable, vous avez un an pour vous en procurer un. Jusque-là il faut laisser votre ruche vitrée en repos et ne

faire aucun chagrin à ces abeilles. Leur approvisionnement leur prend beaucoup de temps; il n'est pas question
seulement pour elles de vivre du jour au jour, leur avenir
leur est aussi confié; elles ne sont point, comme on l'a
cru, engourdies pendant la mauvaise saison. Le miel et le
pollen recueillis par le beau temps doivent servir à alimenter toute la peuplade pendant les mauvais jours, et dans
l'ordre qu'elles en ont reçu comment ne pas voir que rien
d'essentiel pour elles n'a été oublié ?

Vous savez que bien d'autres êtres n'ont pas été assujettis à cette apparente prévoyance: les loirs, les mar-
mottes s'engourdissent, s'endorment et pendant leur
sommeil plus ou moins profond n'ont aucun besoin de
manger; la mauvaise saison est un temps de vacances
pour eux. Les abeilles n'ont point de relâche et voici pourquoi:

1° Leurs reines ont, suivant Réaumur, au moins cent
mille œufs à pondre par an; elles n'ont donc pas de temps
à perdre, aussi commencent-elles leur ponte au milieu de
janvier, c'est-à-dire au fort de l'hiver. Que deviendraient
ces pauvres petits s'ils ne trouvaient autour d'eux que des
nourrices engourdies et point de pollen à leur donner ?

2° Puisque votre ruche a été habitée depuis le 3
juin, c'est dans les premiers jours de ce mois que sa reine
a dû commencer sa ponte; vous savez que 21 jours suffisent pour qu'il puisse sortir des abeilles adultes des cellules où les œufs dont elles proviennent ont été déposés.
Des ouvrières ont donc eu plus de temps qu'il ne leur en
faut pour subir tout leur développement. Le premier soin
de leurs compagnes, c'est de mettre ces berceaux en état
de recevoir de nouveaux œufs, car plusieurs générations
occupent successivement le même alvéole; vous les avez
prises sur le fait. Il n'en est pas ici comme chez nos
poules, dont les œufs n'ont besoin d'être couvés qu'autant
qu'ils sont en cet état; pour éclore, l'œuf de la reine n'a

pas besoin d'incubation, la température de la ruche suffit; ce n'est que lorsqu'il est éclos et que la petite larve vient au jour et a percé la coquille que les ouvrières le couvent de plus près. Le nombre que vous en avez vu dans ces parages s'y était entassé pour cette raison (ce qui est très sensible à la main).

Quand vous voudrez savoir s'il y a du couvain dans la ruche, c'est-à-dire dans quelque partie d'un gâteau, touchez le verre et comparez sa température à celle des lieux environnants; vos yeux vous diront aussi qu'il se passe là quelque chose d'intéressant: vous verrez vos abeilles s'y donner bien plus de mouvement qu'ailleurs et frétiller pour ainsi dire et même bourdonner plus fortement dans le but probable d'exciter ...

VINGT-TROISIÈME LETTRE
Départ des essaims

10 juillet 1829.

Vous savoir réunies, mes chères filles, c'est bien vous croire heureuses; me permettez-vous de venir causer un moment avec vous quatre comme si nous nous trouvions tête à tête? C'est à Elisa que je veux parler en ce moment et probablement d'abeilles. Que ne puis-je être sûr d'intéresser aussi sa mère et sa sœur ? Vous avez peut-être trouvé que je vous avais assez prouvé dans une de mes dernières épitres que la cire provenait du miel et surtout de sa partie sucrée. J'ai encore une jolie confirmation à vous offrir de cette vérité; ce sera ma faute si vous ne le trouvez pas.

Souffrez que je vous transporte dans votre propre jardin, que j'aie choisi pour cela un des plus beaux jours du printemps, que l'air soit doux et ce qu'il doit être pour favoriser la sortie des essaims. A cette époque la campagne est couverte de fleurs; vous savez ce qu'y font les abeilles, mille fois vous les vîtes butiner sur les fleurs de vos jardins et de vos prairies. Leur bourdonnement, que je trouve si juste, j'allais dire si harmonieux, si solennel, vous l'avez entendu; il vous a plu mille fois comme une des musiques les plus douces que l'oreille puisse entendre, mais la douceur des abeilles est plus remarquable encore; de ces milliers de dards s'en tourna-t-il jamais un contre vous? Tout est-il l'effet de leur seule réunion ?... Allons consulter l'oracle, voyons ce qui se passe chez vous, c'est-à-dire dans votre ruche vitrée. Quel désordre, quel trouble y verrons-nous ? Qu'est devenu cet ordre si vanté ? Je ne vois là que la plus grande confusion; tout passe si vite devant moi qu'à peine sais-je si ce sont des mâles ou des ouvrières qui courent. Ne vois-je pas là leur reine qui court aussi, qui passe sans les regarder sur le corps des ouvrières, qui les frappe toutes en passant, de sa tête, de ses jambes et de ses antennes. Sa marche sur les rayons produit sur les abeilles qu'elle rencontre, et à qui elle a dit un mot en passant, un effet qui ressemble à celui du sillage d'un vaisseau : malgré la rapidité de sa course on peut toujours voir où elle ira et d'où elle vient. Me trompé-je? Voyez mieux; ses ouvrières ne la suivent-elle pas? Le désordre, évidemment commencé par la reine à mesure qu'elle avance, ne se propage-t-il pas autour d'elle? Où qu'elle aille n'est-elle pas suivie de celles que sa course ont agitées? Oui, car leur nombre diminue sur le rayon où elles étaient il n'y a qu'un instant, et la voilà passée sur l'autre face du même rayon après leur avoir donné le signal du départ.

Second acte ou second fait. - Que vois-je? Qu'est devenu ce rayon tout rempli, tout brillant du plus beau miel il n'y a que quelques minutes? A présent presque tous les alvéoles sont entièrement vides. Voilà donc aussi ce que commandait et ce que voulait la reine. Mais voyons mieux, si nous pouvons. Courons à une autre ruche qui soit dans le même cas, qui ait aussi son essaim à jeter, et surtout dont le dernier châssis soit garni de rayons et vitré. L'œuvre du dépouillement du gâteau est déjà bien avancée, voilà beaucoup de cellules à moitié vides. Il en reste cependant assez pour voir ce qui s'y passera quand ce sera leur tour à être dépouillées.

J'ai dû regretter souvent de n'avoir pas trouvé dans mes ruches beaucoup d'alvéoles qui se prêtassent aussi bien à nos observations que ceux que vous avez vus dernièrement et dont une des faces vitrées laissait voir l'intérieur et tous les mouvements de l'abeille qui s'y serait plongée. Dans le cas dont il s'agit nous vîmes bien au bas du rayon apparent beaucoup de cellules remplies ou à moitié pleines de miel; nous vîmes autant d'ouvrières qui s'y étaient plongées la tête la première. La rapidité de leurs mouvements ne pouvait nous échapper, mais pour l'usage qu'elles avaient eu nous ne pûmes en juger que par la disparition totale du miel dont nous les avions vues remplies.

Ces abeilles, après s'en être gorgées, avaient vraiment changé de forme, leur ventre avait celle d'un petit tonneau et nous eussions pu les reconnaître à leur entrée dans leur nouvelle habitation.

Je répéterai donc ici que le miel est la matière première de la cire. Les abeilles prises sur le fait, comme elles l'ont été plusieurs fois et toutes les fois que je l'ai voulu, m'ont toujours mené à la même conclusion. Loin de m'enorgueillir de mes propres découvertes, je suis quelquefois presque honteux de ne les avoir pas faites plutôt et même de ne les avoir pas devinées, non, pas plus qu'un autre. Ce bel ouvrage ne devait pas être abandonné au hasard de la pluie ou du beau temps.

VINGT-QUATRIÈME LETTRE
Départ des essaims (suite)

Lausanne, 13 juillet 1829.

La conduite de la reine, lorsqu'elle arrive au moment où la crainte que lui inspirent ses jeunes rivales est devenue assez forte pour la décider à quitter sa ruche, montre qu'une autre idée la saisit et ce n'est pas ce que son histoire nous offre de moins étonnant. Elle se rappelle qu'elle est mère et semble dans cet instant s'en rappeler pour la première fois. J'ai essayé de vous peindre cet être unique dans le délire de la terreur, occupée seulement du danger qui la menace et du moyen de s'y soustraire. Ses actions et surtout leur résultat ne permettent pas de douter qu'un autre soin ne l'occupe et ne la possède presqu'entièrement: celui de donner une seconde fois la vie aux nombreux enfants dont elle est entourée, de qui elle veut être suivie et qu'elle doit conduire avec elle dans sa nouvelle demeure, Mais oublions-la pour un instant, pensons plutôt à cet instinct de maternité qui s'est réveillé si merveilleusement à propos, Regardez autour de vous, dans votre propre cœur, chère Sophie (1), la réponse ne se fera pas attendre:

Note (1) : de Portes, mère d'Elisa. - Note du rédacteur.

Se Dio veder tu vuoi,
Cercalo in ogni oggetto,
Miralo nel tuo petto;
Lo troverai con te.

Voyons ce qui serait arrivé si le mauvais principe auquel on n'a que trop cru partageait le gouvernement de cet univers avec le Père de la nature agissant comme aurait pu faire l'aveugle hasard; il aurait pu effacer la loi du code des abeilles, dont nous venons de voir et d'admirer l'une des plus belles applications. L'espèce des abeilles, à peine appelée à l'existence et au bonheur, n'aurait eu qu'un instant de vie; tous les êtres dont la reine se serait fait accompagner, trouvant la nouvelle ruche dénuée absolument de tout ce qui leur était nécessaire, auraient bientôt éprouvé les horreurs de la famine, n'ayant point apporté de miel avec eux ni pu construire aucun alvéole avec de la cire; les petits de la reine ne trouvant pas de berceaux pour les recevoir seraient péris en naissant ou avant de naître; depuis longtemps cette famille industrieuse ne serait plus, elle existe cependant. Le triste hasard n'a donc présidé à rien. Avant d'être de grands philosophes, commençons donc par voir ce dont nous pouvons jouir et par en être reconnaissants, c'est à mon avis la meilleure philosophie.

Elisa peut encore conclure du tableau que j'ai mis sous ses yeux qu'un langage approprié à leurs besoins et à leurs organisations a été accordé aux êtres placés à tous les degrés de l'échelle animale et surtout à ceux qui vivent en société. Ce langage n'est pas bruyant chez les abeilles, pas plus que chez les muets de notre propre espèce. Les antennes en sont l'organe chez nos insectes favoris. Leur dictionnaire est plus ou moins riche, sans doute, la flexibilité de l'organe permet beaucoup de variété dans le degré de force, comme dans la direction et la vitesse de ses attouchements. Cette expression par le moyen de laquelle une habile musicienne sait nous faire entendre ce qu'elle pense ou ce qu'elle sent et qui en dit plus que la voix ne saurait faire, ne la suppléerait-elle pas au pied de l'échelle comme dans les régions les plus élevées. Je vous entendis souvent me dire, chère Sophie, sur votre clavier ce qui n'était point écrit sur votre cahier de musique ...

VINGT-CINQUIÈME LETTRE
Fonctions de la reine et des ouvrières.
Le miel

Lausanne, 31 juillet 1829.

1. La reine des abeilles est, comme vous le savez, au pied de la lettre la mère de tout son peuple.

2. Vous n'ignorez pas qu'elle a deux sortes d'œufs à pondre.

3. Que c'est aux ouvrières qu'elle régit qu'il appartient de construire les alvéoles dans lesquels ils doivent être élevés.

4. Les berceaux de ses petits sont de grandeur, de formes différentes et disposés comme il convient à l'usage auquel ils sont destinés.

5. Vous n'avez pas oublié que la reine connaît ou semble connaître le sexe du petit qu'elle a à pondre, ce dont on s'est assuré en remarquant qu'il ne lui arrivait jamais, à quelques rares exceptions près, de placer un œuf dont un mâle doit provenir dans une cellule destinée aux abeilles communes, ni un œuf dont doit naître une simple ouvrière dans un alvéole fait pour les mâles ou faux-bourdons.

Cette observation de Réaumur excita contre lui les ressentiments de ses voisines de campagne qui ne voulaient pas croire qu'une simple mouche fût douée d'une faculté dont elles étaient privées.

6. Vous venez de voir que la reine-mère se borne à mettre ses petits au jour et ne leur rend aucun soin; c'est à ses ouvrières que les soins qui appartiennent ailleurs exclusivement aux mères ont été confiés. Leur tâche commence au moment où la jeune larve déchire la membrane qui la tenait emprisonnée durant les trois premiers jours de son existence. C'est dans les anthères des fleurs qu'elles trouvent le premier aliment qui convient à leurs petits; elles savent en proportionner la dose à leur âge, à leur force digestive et à leurs autres besoins. Le lait du premier jour est d'abord fade, il ne prend un goût plus relevé que les jours suivants. Le pollen, quel que soit son origine, doit comme le lait (qui sert de première nourriture aux animaux et à nous-mêmes) être mangé, digéré

et élaboré dans le sein de la nourrice. C'est dans la bouillie destinée aux larves royales que le goût fait apercevoir plus sensiblement les différences que nous remarquons et qui prouve que cette admirable disposition est une des lois impérieusement et bien sagement voulues par la bonne Nature.

7. Vous me demandez ce que c'est que le miel. Les Anciens avaient jugé à sa douce saveur que c'était un vrai nectar et lui avaient donné le nom des glandes qui se trouvent au fond du calice des fleurs; la physiologie végétale et la chimie ne nous en apprennent pas davantage. Si nous ne pouvons encore rien dire de plus précis de sa nature et de son utilité pour les plantes dans lesquelles on trouve cette substance le plus ordinairement, regardons-la sous un jour assez intéressant pour nous satisfaire. Si cette liqueur n'est pas utile à la plante qui la sécrète et dont elle ne paraît être qu'une excrétion dont la plante doit se débarrasser, voyez de quel usage elle est pour une foule d'insectes qui s'en nourrissent et en sont très avides; les grands animaux y trouvent comme nous-mêmes un plaisir délectable et un remède précieux. Les anciens conseillaient de la manger avec la cire pour n'en éprouver aucun inconvénient. Comme c'est à la surface supérieure des feuilles, c'est-à-dire à celle qui regarde le soleil, que le miel se trouve ordinairement, leurs poètes et non pas leurs naturalistes disaient que le miel nous venait du ciel même; c'était selon eux une douce transpiration des astres; dans la langue de Pline *suder siderum* était son nom.

VINGT-SIXIÈME LETTRE

Fonctions de la Reine (suite)

Samedi, 1er août 1829.

Je vous disais, ma chère fille, que la ponte de la mère-abeille est d'environ 100,000 œufs pour sa première

année; c'est d'après Réaumur que j'ose l'affirmer, mais
lors même que ce nombre serait exagéré, ne pensez-vous
pas que la moitié ou les trois-quarts de cette tâche serait
bien assez grande et qu'elle le serait peut-être trop si le
soin de mettre ses petits au jour devait être partagé avec
d'autres occupations. Aussi a-t-elle reçu le titre de mère;
mériterait-elle aussi celui de reine ? Si l'observation la
plus suivie peut donner quelque droit d'avoir un avis et de
le dire sur un tel sujet, je me permettrai de mettre sous
vos yeux ce que j'ai toujours pensé là-dessus depuis que
je m'occupe des abeilles. Je crois donc avec et d'après le
grand Réaumur, le meilleur des guides dans un sujet si
délicat, que le premier rang chez les abeilles appartient
sans aucun doute à leur reine; de bien des preuves que je
pourrais vous en donner je ne choisirai que le fait que je
vous racontai l'autre jour pendant que vous étiez à Lavigny; vous pourrez compter que c'est la reine qui décide le
départ des essaims.

Lorsque tout est encore tranquille autour d'elle, que
les ouvrières font leur métier de bonnes, de nourrices, ou
qu'elles s'occupent du soin des récoltes, si l'on suit la
reine des yeux dans une ruche vitrée et qu'il fasse beau
temps, on la verra tout à coup s'agiter, changer de place,
quitter le cercle dont sa garde est toujours composée,
passer sur le corps de ses fidèles gardiennes, changer sa
démarche lente et presque majestueuse en une course
bien plus rapide qu'il ne semblait convenable à sa taille et
à sa dignité maternelle. Malgré la terreur qu'elle a de ses
jeunes rivales et l'espèce d'égarement qui paraît la préoc-
cuper, une autre idée la saisit: à celle de sa royauté se
joint ou se confond celle de mère et c'est de plusieurs
milliers d'enfants qu'elle doit prendre soin. Bonté divine,
tu n'oublies donc rien, rien n'est donc petit à tes yeux;
que notre cher maître n'a-t-il vu ce dernier trait de l'histoire des essaims. Il n'a encore été vu que par moi et pas

par mes propres yeux; j'espère que ma chère fille ne sera pas la dernière qui aura ce plaisir ...

Dans une autre occasion la reine tient encore les rênes du gouvernement; ceci n'est cependant qu'une conjecture, je n'ai point vu la reine toucher ou frapper ses sujettes de ses antennes - comme lorsqu'elle veut leur dire de prendre dans les cellules de leur propre ruche tout le miel dont elles vont avoir besoin dans leur nouvelle habitation.

Expérience. -- Pour changer en vérité ma supposition, je renfermai une jeune reine dans un poudrier de verre avec un mâle très vigoureux et quelques ouvrières pour leur donner les soins nécessaires. Le massacre des mâles avait commencé dans quelques ruches. La reine ne prit point garde aux ouvrières, ne fit d'abord pas plus d'attention au mâle, mais tout à coup, ne l'apercevant que trop, elle s'élança sur lui et le perça de son aiguillon; le coup fut mortel. D'autres épreuves semblables eurent le même résultat; les ouvrières restèrent absolument neutres, elles ne prirent aucune part à un meurtre qui ne leur avait pas été commandé.

L'intervention de la reine était donc de première nécessité, car, vous le savez déjà, ce sont les ouvrières qui ont été chargées de l'exécution. Si j'accuse la reine d'en avoir donné l'ordre c'est pour l'avoir vue se le donner à elle-même et l'exécuter sous mes yeux, et plus encore pour avoir été témoin des soins de tous les moments dont les mâles sont les tendres objets depuis leur naissance jusqu'à la fin de leur vie, et ne pouvoir croire à un tel changement de conduite envers eux sans que rien le motive ou le justifie, si ce n'est l'obligation d'obéir à une loi dont la rigueur ne saurait nous empêcher d'admirer la sagesse; à cette époque de leur existence, les mâles ne sont plus que des bouches inutiles, leur nombre est tel que la famine serait bientôt le fléau qui désolerait la ruche, dans laquelle ils se nourriraient aux dépens de leurs nourrices sans y rien mettre du leur.

Je conviens qu'il peut rester quelques doutes à cet égard; voici un fait que j'ai mieux constaté: la reine et ses sujettes partagent absolument l'Empire. Si la volonté de détruire ses jeunes rivales au berceau est on ne peut plus manifeste chez la reine-mère, le désir de s'y opposer ne l'est pas moins chez ses ouvrières; ce sont elles qui l'emportent dans cette occasion et la reine, toute reine qu'elle est, prend la fuite. Cette première et unique contradiction est ce qui décide son départ; l'équilibre va bientôt se rétablir entre les pouvoirs opposés, Lorsque les courses de la reine ont agité les abeilles et que son langage plus expressif les a rappelées à l'obéissance et surtout à l'ordre de s'occuper de leur avenir, elles se précipitent sur les cellules à miel, s'en gorgent et n'ont plus qu'à suivre la reine-mère dans le lieu où elle trouve bon de s'établir avec elles. Quel nom donnerez-vous, ma bonne fille, à la société des abeilles, à qui il en faut bien un; si vous trouvez d'après ma dernière observation le nom de Monarchie mixte convenable, je ne balance point et l'adopte d'après vous et la raison.

VINGT-SEPTIÈME LETTRE

Construction d'une ruche d'observation

L'histoire naturelle de la reine des abeilles offrait des questions si intéressantes aux amateurs, que ce furent les premières dont M. Bonnet voulut que je m'occupasse. Le défaut de ruches convenables avait été l'obstacle qui avait empêché les meilleurs observateurs de pénétrer ces secrets; je le compris et je cherchai d'abord à écarter cette source d'obscurité et par conséquent d'erreur; pour bien connaître les reines et leur genre de vie, il fallait les voir et les revoir souvent. Vous savez que les rayons des abeilles sont parallèles entre eux et presque verticaux; s'il s'en trouve plus de deux dans une même ruche et qu'on ne puisse pas les écarter les uns des autres, la reine trouve dans les espaces qui les séparent bien des cachettes ou vos yeux ne peuvent la suivre; le contraire arrivera si vos rayons peuvent se séparer et s'écarter comme les feuillets d'un livre; c'est pour cette raison que ma ruche a reçu le nom de ruche en feuillets ou en livre. Le nombre des feuillets peut rendre plus ou moins longue la recherche de la reine; veut-on qu'elle soit la plus courte possible, vous trouverez cet avantage si votre ruche n'est composée que d'un seul rayon; c'est-à- dire la plus simple possible, car la reine n'y trouve aucune retraite où elle puisse échapper à vos regards.

La loi qui veut que les abeilles fassent leurs rayons parallèles et séparés par des espaces égaux et entre lesquels elles puissent marcher et vaquer à leurs divers travaux, ne permet pas qu'elles n'en construisent qu'un seul. Voici ce que j'ai imaginé pour vaincre cette difficulté et ce qui m'a toujours réussi, c'est-à-dire que j'ai vu tout ce qu'il m'a convenu de voir.

1° Pour avoir des ruches plates ou les plus simples possibles, deux étés sont nécessaires; le premier sera employé à vous procurer une ruche en feuillets, les châssis destinés à encadrer les rayons seront faits de bois de sapin.

2° Leurs dimensions seront *ad libitum*; je leur donne ordinairement l'épaisseur d'un pouce, la hauteur de 8 à 10 et la largeur de 11 à 12,

3° Chaque châssis ne sera fait que de trois pièces unies à queue d'hirondelle et bien à l'équerre; il ne pourra changer de forme si les deux montantes sont unies entre elles au milieu de leur longueur par des traverses de trois à quatre lignes d'épaisseur. Ces châssis, au nombre de 8 à 12, seront liés ensemble extérieurement de manière à ne former qu'une boîte; quelques tours de ficelle ou de fil de fer suffiront pour cela. Il s'agira de peupler cette ruche comme à l'ordinaire et de l'abandonner à elle-même et à la bonne nature jusqu'à l'été suivant. Vous aurez eu le temps de préparer la ruche plate dans laquelle l'essaim et les rayons devront être transvasés. Je vous donnerai les détails de cette opération dans ma première lettre.

Revenons à notre reine observée pendant son premier été; nous l'avons suivie avec tout l'intérêt qu'elle ne manquera pas de vous inspirer, ma chère Elisa; quand vous la connaîtrez mieux, vous ne lui retirerez sûrement pas votre amitié, j'ai presque dit votre considération, c'est-à-dire votre reconnaissance pour le bien que nous recevons de son existence et du bel exemple que sa conduite maternelle met journellement sous nos yeux.

C'est à l'abeille comme à la fourmi que le Prophète-roi nous renvoie: la durée de sa vie est de cinq ans d'après M. le pasteur de Gélieu; dans chaque année elle n'a pas moins de 80 ou 100,000 œufs à pondre; c'était assez exiger d'une simple mouche et ce ne sera pas vous qui lui ferez un reproche de ce qu'elle ne rend aucun autre soin à ses nombreux petits que le pur don de la vie. La ponte finit avec la saison, c'est-à-dire au milieu de l'automne et recommence dans notre climat au commencement de l'hiver; l'interruption est probablement encore moins longue dans des climats plus heureux. J'espère, ma chère amie, que vous m'aurez pardonné une digression que j'ai crue nécessaire pour vous faire comprendre comment on pouvait voir la reine-mère et ses petits, ainsi que les traits les plus intéressants de son histoire par les moyens dont je me suis servi, et répondre à la dernière question que vous m'avez adressée, ma bonne et bien chère écolière; c'est pour votre ami un titre auquel il met un bien grand prix.

VINGT-HUITIÈME LETTRE

Construction d'une ruche d'observation (suite)

Mardi, 4 août 1829.

Il faut, ma chère fille, que je tienne aujourd'hui la parole que je vous ai donnée et dont l'exécution vous mettra à même de voir quand vous le voudrez et la reine des abeilles et tout ce qui se passe dans son ménage.

J'avais beaucoup de ruches en feuillets, quand je sentis la nécessité d'en avoir de plus commodes encore, dans lesquelles il fût impossible de rien cacher à l'œil de l'observateur. Je devais donc obliger mes abeilles à se passer du parallélisme des rayons, qui n'était rien moins qu'une des lois de la nature, auxquelles elles sont asservies et fidèles depuis le commencement du monde; ces pauvres bêtes se prêtèrent à ma fantaisie (toute baroque qu'elle dût leur paraître) sans difficulté et de bonne grâce.

1 ° Je fis prendre bien exactement la mesure des châssis que mes abeilles avaient remplis de leurs gâteaux l'été précédent.

2° Je fis construire en bois de sapin un grand châssis qui pouvait encadrer tous ceux de la ruche en feuillets.

3° Tous les rayons de la ruche en feuillets devant être placés les uns au-dessus des autres dans le même plan, je fis établir solidement, entre les deux montants du grand châssis, des traverses capables de soutenir leur poids et qui pour cela devaient être faites de bois dur et avoir un pouce d'épaisseur.

40 Les deux montants du grand châssis, ainsi que leurs traverses supérieures et inférieures, devaient avoir trois pouces dans le sens de la largeur sur un pouce d'épaisseur, leurs autres dimensions étant déterminées par le nombre des rayons de la ruche primaire.

5° Pour que les rayons soient soutenus convenablement, il faut planter dans leurs traverses supérieures de petits tourniquets opposés deux à deux en manière de pince pour serrer entre elles les deux faces du rayon.

6° Vu la grandeur de l'espace observable, la ruche vitrée doit avoir quatre fenêtres, deux sur chacune de ses faces; il serait mieux qu'il y en eût huit et qu'elles puissent s'ouvrir indépendamment les unes des autres. .

70 Pour éviter les accidents, la ruche vitrée aura ses volets et leurs gonds arrangés de manière à ne faire aucun bruit en ouvrant ou en fermant (les moindres secousses pouvant inquiéter les abeilles).

80 La ruche doit être placée dans une chambre tranquille, éclairée d'un seul côté et ne recevant que la lumière réfléchie.

9° Pour la commodité de l'observatrice, la supposant assise, le grand châssis placé devant elle doit pouvoir tourner et lui présenter toutes les parties de ses deux faces sans l'obliger à se lever et à tourner elle-même autour du châssis.

10° Il faut donc que la ruche soit montée sur un pivot.

11° Le plus difficile est peut-être de construire et de décrire la porte des abeilles.

12° Elle doit être faite de deux parties; la première, attenante à la ruche même, sera faite d'un court tube perçant la grande traverse inférieure dans son milieu et tournant librement à frottement doux dans un tube, aussi de bois, et tenant au pied même de la ruche; ce tube devra communiquer avec un canal vitré supérieurement; ce canal, qui sert d'entrée et de sortie aux abeilles, doit traverser de la chambre à l'air libre par une ouverture de deux à trois pouces, pratiquée dans le dormant de la fenêtre; il sera joint assez intimement au bout du canal pour ne laisser aucun passage par où les abeilles puissent entrer dans la chambre et troubler l'observatrice; le pied même de la ruche sera assez fort et pesant pour ne pouvoir être ébranlé.

13° Veut-on peupler cette ruche, ce sont les gâteaux construits l'année précédente qu'il est question d'y transvaser. Après avoir ouvert les volets de la ruche en livre, ainsi que ses fenêtres, et coupé les liens qui assujettissent les cadres, il faut passer entre eux un coin de fer, pour rompre la *propolis* mise par les ouvrières sur leurs interstices, prendre ces cadres successivement, avec les abeilles dont ils sont couverts, et les placer sur les traverses qui doivent les soutenir. Les pinces devront être suppléées au premier rang par des chevilles plantées dans la traverse supérieure et pressant les deux faces des rayons; l'égale épaisseur de toutes les traverses inférieures permet l'usage des pinces, qui pressent mieux que les chevilles à cause de leur ressort.

14° Pour inviter les abeilles à construire leurs rayons dans le sens qui convient à l'observateur, c'est-à-dire qui prévient le croisement de rayons, ce qui empêcherait de les ouvrir en les écartant les uns des autres, il faut tracer aux ouvrières une meilleure direction, ce qui s'obtient, selon John Hunter, en traçant un sillon ou élevant une petite chaussée très précisément au milieu de chaque traverse. J'ai vu qu'une trace, soit en creux, soit en relief, peut également servir à diriger les travaux des abeilles.

15° Au lieu de réunir les châssis comme les feuillets d'un livre, ce qui a l'inconvénient de former des angles au sommet desquels les ouvrières et leur reine peuvent se trouver et être écrasées lorsqu'on les rapproche pour les fermer ainsi que la ruche, il faut supprimer toutes ces dangereuses charnières et leur substituer une manière de rapprocher les châssis qui soit en même temps plus simple et moins dangereuse. Dans cette opération l'adresse et la douceur sont toujours nécessaires, les abeilles ne doivent jamais être brusquées, le châssis doit être écarté de son voisin ou en être rapproché, en conservant son parallélisme et en laissant aux ouvrières le temps de se sauver. Voilà, ma chère fille, ce qui me paraît nécessaire que vous sachiez et ce qui m'a toujours réussi.

Entre les verres de la ruche plate, il ne doit se trouver que 18 lignes, pied de roi; un espace plus grand permettrait aux abeilles de s'accumuler sur les rayons et de parvenir à se cacher, ou ce qui serait pis encore, de construire des demi-rayons derrière lesquels beaucoup de choses intéressantes pourraient échapper à vos regards. Si ces détails vous fatiguent et vous laissent quelque obscurité dans l'esprit, veuillez me le dire, je tâcherai d'être plus clair. Je sais à n'en pas douter que vous trouverez aide et secours dans l'aimable frère que Sophie vous a donné.

Add. J'ai trouvé un moyen plus abrégé de se procurer des ruches plates, il suffira d'y consacrer un seul été au lieu de deux. Si l'on a préparé et peuplé une ruche en feuillets au commencement du printemps, il suffira d'avoir un cadre assez grand pour pouvoir contenir tous les rayons de la ruche en feuillets dans un seul plan, en les rangeant les uns au-dessus des autres, et en formant 3 ou 4 rangs. Cette ruche est très commode et sans aucun danger quelconque.

VINGT-NEUVIÈME LETTRE
Manière de distinguer une abeille des autres

Lausanne, 14 août 1829.

Une visite de Genève m'ôta hier la plume des mains; j'en fus fâché, je n'aime pas faire attendre mes réponses, surtout quand c'est mes enfants chéris qui les demandent. Celles de mes bonnes petites ont été l'objet d'une de mes curiosités, j'ai aussi mis du rouge à mes abeilles pour suivre des yeux une jeune reine dans les airs quand elle va se promener et qu'elle s'élève trop à notre gré; cette peinture nous a souvent donné du plaisir et le moyen de les découvrir. Si l'on veut connaître le temps que met une abeille à revenir chez elle, après avoir parcouru une certaine distance, saupoudrez-la à sa sortie et à son retour; les deux instants comptés sur une montre vous diront ce que vous voulez savoir; mais si vous preniez la fantaisie d'en prendre une lorsqu'elle va rejoindre ses compagnes et rentrer chez elle, les frottements multipliés l'auront bientôt nettoyée de cet ornement étranger et débarrassée de son domino. Les abeilles ont un goût pour la propreté qui m'a souvent dérangé; qu'y faire, c'est une loi de nature. Je n'ai eu à leur opposer qu'une obstination dont je ne me serais pas cru capable. Puisque vous voulez le savoir, voici ce que j'imaginai et le seul moyen qui m'ait jamais réussi. Il faut saisir avec une pince l'ouvrière condamnée à souffrir cette contrainte, tout près de la racine des grandes ailes sans la blesser, et d'un coup de ciseaux lui couper le bout de l'une de ses antennes, Cette manière de la reconnaître est infaillible, le croirez-vous ? Elle ne paraît leur faire aucun mal; je ne connais aucune de leurs opérations que cela gêne le moins du monde; elles ne perdent rien de leur instinct. Vous aurez peut-être plus de peine à croire que l'amputation du bout des deux antennes les en prive absolument. Les abeilles, les mâles, leur reine même ne reconnaissent après l'opération ni leur mère, ni leurs petits, ni leur propre demeure; avec leurs antennes rien ne leur est caché, le secours de leurs yeux leur est ou leur paraît inutile dans l'obscurité; elles travaillent aussi bien la nuit que le jour dans la profonde obscurité de leur ruche. Je voudrais pouvoir répondre aussi pertinemment à votre seconde question, mais ce ne sera pour à présent que par l'aveu de mon ignorance. Il se peut, ma chère Elisa, que votre ruche essaime encore, mais l'époque est indevinable. Recevez mes amitiés et celles que j'envoie d'ici à mes chers Mallet.

TRENTIÈME LETTRE
Pillage des abeilles ou des guêpes

Lausanne, 16 septembre 1829.

Je vous disais il y a quelques jours que je n'avais point vu ces pillages dont on parle beaucoup et que j'étais là-dessus d'une ignorance scandaleuse. Je trouve cependant, dans ma mémoire seulement, un fait dont je vais vous rendre compte et que je n'avais lu nulle part.

Les abeilles ont bien des ennemis, mais, instruites à s'en défendre, elles le font ordinairement avec succès. Dans d'autres circonstances il leur arrive quelquefois, et rarement à la vérité, de succomber et de périr sous les coups de trop nombreux ennemis. Les abeilles, qui partagent avec nous l'honneur de vivre en société, en partagent aussi les inconvénients. Elles ont aussi leurs Vandales comme nous et leurs invasions à craindre. Celle dont je fus témoin, en 1816 ou 1817 (et qui fut bien justement nommée l'année de disette) fut l'effet de la trop grande multiplication des guêpes d'une part et de l'autre de l'affaiblissement que la rareté des subsistances avait produit chez les abeilles. A vue de pays, le nombre des attaquantes était au moins décuple de celui des habitants légitimes, aussi perdis-je toutes mes ruches cette année-là. Ce n'était pas seulement au miel qu'en voulaient ces méchantes voleuses, j'eus aussi le chagrin de les voir tuer les abeilles, les mettre en pièces, leur arracher la tête, la séparer du corselet et du ventre, rebuter cette partie quoiqu'elle fût la seule qui eût du miel à leur offrir et n'emporter à leurs petits que les têtes et les corselets, où elles ne pouvaient trouver que des parties dures et de difficile digestion. Ce fait trop singulier a pareillement été vu aussi par un habile observateur (M.

Perot-Dios). Il ne peut donc rester aucun doute à cet égard (ce que vous m'en avez dit le prouve) que vous avez très bien vu et que je dois vous conseiller de vous instruire par vous-même, quitte à vous de lire après cela les meilleurs auteurs sur le sujet qui vous occupe, Si vous les lisez avant, vous risquerez de vous prévenir; la marche opposée n'a pas cet inconvénient; c'est aux ouvrages de Réaumur que je vous l'envoie, ils sont intitulés *Mémoires pour servir à l'Histoire des insectes*.

Voilà quelques mots sur les pillardes, que je trouve dans des lettres de mon fils, Il m'écrit ainsi:

« Je crois que le plus souvent ce ne sont pas des abeilles du même rucher, J'en fis une fois l'expérience rn les poudrant à blanc et je les vis toutes repartir pour un autre rucher. Il est naturel que sur leur trajet les abeilles découvrent les ruches faibles, elles sont toujours attirées par l'odeur du miel quand la campagne n'en offre pas beaucoup. Une bonne abeille sort de sa ruche directement, c'est-à-dire elle s'en éloigne le plus souvent en ligne droite au travers des airs, comme elle y rentre aussi par la même route. Elle n'a pas l'occasion d'apercevoir et de visiter les ruches situées sur le même front de bataille, »

Il faut donc, d'après cet inconvénient de la proximité des ruches, renoncer à les réunir dans des ruchers; les isoler vaut infiniment mieux. Je suis obligé de vous en donner la preuve que vous ne trouverez point ailleurs,

Quand la reine sort de la ruche et y entre, elle se pose indifféremment sur son appui, sans s'embarrasser si sa station se trouve près d'une autre ruche; dans ce cas elle est saisie et arrêtée, comme une étrangère très suspecte, par les gardes de la ruche dont elle s'est trop approchée, serrée de trop près, gênée dans tous ses mouvements; ne recevant pas la nourriture dont elle peut avoir besoin, elle finit par perdre ses forces et même la vie sans avoir reçu aucune blessure. Les abeilles qui lui étaient étrangères n'ont pas voulu de sa visite et de cette affaire-là sa ruche natale est sans reine, c'est-à-dire perdue, ce que l'isolation prévient absolument. Ceux qui connaissent la découverte de M, Schirach savent comment sa perte peut être réparée. Je ne le leur répéterai pas ici.

Vos mères, ma chère Elisa, m'ont accoutumé à l'intérêt le plus vraiment intarissable. Cet intérêt nous a suivi pendant toute notre existence et celui que vous remarquerez chez votre ami en est la suite toute simple, Je ne vous en remercie pas moins d'avoir su le remarquer; ce mot me toucha très sensiblement. Je vis, ce ne fut que comme un éclair, que nos sentiments, que nos amitiés surtout, peuvent se suivre et se perpétuer de l'ace en race: sentir c'est vivre, n'est-ce pas?

TRENTE-ET-UNIÈME LETTRE
Soins à donner à une ruche faible en hiver

Lausanne, dimanche 4 octobre (1829?).

Vos lettres, ma chère Elisa, ne cessent point de me faire plaisir; c'est beaucoup pour moi de savoir que les miennes vous en font un peu, vous êtes une trop bonne fille pour que cela ne soit pas ainsi; les vrais, les bons sentiments sont ordinairement réciproques. Entre nous, il ne saurait y en avoir d'autres. Vous serez probablement aussi malheureuse avec vos abeilles que je le fus en 1816 ; je perdis cette année-là 64 ruches et, depuis, cette perte n'a point été réparée; je ne vis en fait d'abeilles que sur le temps passé: vous devez voir que mes souvenirs me suffisent pour y penser encore avec agrément, bonheur et reconnaissance; en parler avec vous augmente tous ces plaisirs-là; vous pouvez le croire, cela est parfaitement vrai. Je ne vous ai point parlé jusqu'ici de la conservation des ruches. Vous voilà amenée à savoir par vous-même qu'il faut y penser et pour cela s'aider des lumières de ceux qui ont donné toute leur vie à cette intéressante étude.

Je viens de perdre dernièrement dans M. le pasteur de Gélieu un excellent ami, un homme avec qui on pouvait parler de tout, surtout d'abeilles, dont il s'était occupé toute sa vie. Il a heureusement laissé un petit ouvrage qu'il a intitulé le *Conservateur des Abeilles*; il l'a mis à la portée de tout le monde; c'est ce que j'ai vu de mieux sur ce sujet et je n'hésite pas à vous le conseiller; les personnes qui m'en ont cru s'en sont bien trouvées: M. Barde-Jolivet (mon voisin à Chougny), a fait sous mes yeux l'essai de cette méthode et il a eu tout le succès désiré.

Les abeilles de votre ruche vitrée me paraissent trop réduites en nombre et surtout trop pauvres en miel pour pouvoir passer l'hiver; quant au nombre on pourrait l'augmenter en y joignant les ouvrières de quelques ruches étrangères; le miel pourrait aussi leur être rendu aux dépens de quelques autres ruches, mais cela exige des soins et des précautions qui ne sont point encore à votre usage et je ne vous conseille pas d'y avoir recours à présent.

Le miel coulé est un mauvais moyen de nourrir les abeilles en hiver; elles le dissipent gloutonnement et oublient leur économie ordinaire ; elles ne le portent point dans les rayons comme celui qu'elles récoltent sur les fleurs; cela est incroyable, mais vrai. Sur six ou huit livres de miel coulé et donné à des abeilles qui en manquaient absolument, elles n'en mirent pas un brin dans leurs cellules et périrent misérablement quand elles l'eurent tout mangé. C'est donc du miel en rayon qu'il faut donner aux abeilles qui en sont dépourvues; il faut encore que les rayons soient placés comme elles le font elles-mêmes, cela réveille leur instinct économique; elles n'en mangent alors que ce qu'il en faut pour vivre. M. de Gélieu vous dira là-dessus des choses bien singulières et auxquelles j'ajoute foi d'après lui. S'il reste encore assez d'abeilles dans votre ruche, vous pouvez essayer de l'entrer dans la maison et de la placer dans une chambre au nord dont le soleil n'approche jamais et dont les abeilles ne puissent sortir pendant l'hiver. Dans votre absence, il faut vous assurer qu'on leur donnera tous les jours ce qu'il faut de miel liquide pour remplir la moitié d'une coquille de noix; par ce moyen j'ai pu entretenir la vie de quelques peuplades qui, visitées au mois de novembre, se trouvèrent dépourvues de tout: je leur donnai du pollen en rayon, pour la nourriture des petits; quelques-unes de ces ruches essaimèrent au printemps suivant.

TRENTE-DEUXIÈME LETTRE

Observation inédite.

Comment les abeilles réparent et consolident leurs rayons pour prévenir leur effondrement

Mai 1830.

Nous examinions un jour, Burnens et moi, quelques ruches de formes et de dimensions différentes, mais qui avaient toutes ceci de commun d'être d'une transparence parfaite. Les ouvrages des abeilles, de la plus grande régularité, et surtout les alvéoles du premier rang, fixèrent notre attention. La transparence parfaite de la voûte de ces ruches, à laquelle ils étaient fixés immédiatement, nous permit de voir qu'ils ne contenaient point de miel; un peu de pollen seulement remplissait les alvéoles des deux faces; les alvéoles inférieurs servaient de berceaux aux petits en état d'œufs, de larves ou de nymphes. Le plus grand ordre régnait partout. Ce fut au moment où je l'admirais le plus qu'une exclamation de mon secrétaire m'avertit qu'il se passait là quelque chose de singulier. La ruche, parfaitement éclairée, nous permit de voir, sans la moindre crainte d'illusion, les abeilles occupées à détruire leur propre ouvrage : un centaine d'abeilles s'acharnaient à démolir les alvéoles du premier rang, ceux auxquels étaient suspendues les cellules des rangs inférieurs,

A cette époque les ruches n'étaient pas encore remplies de gâteaux, mais vu leur nombre, le poids de ceux qu'avaient à soutenir les cellules du premier rang devait être considérable; celui de dix à vingt livres n'est sûrement pas exagéré. Nous voyions donc le moment où la chute de ces rayons, en écrasant les ouvrières, allait détruire toutes ces ruches sans que nous n'eussions aucun moyen de prévenir leur ruine totale. Dans les moments du plus grand acharnement des ouvrières, la cire, hachée et réduite sous leurs dents en petits fragments, tombait comme la pluie ou même comme la grêle sur le fond de la ruche; il était jonché des débris de rhombes, de trapèzes et de portions encore reconnaissables des hexagones dont les tubes de ces alvéoles incomplets avaient été composés. La ruine de ces ruches nous paraissait donc inévitable; au moment où nous désespérions d'en pouvoir conserver aucune, un fait bien inattendu vint captiver toute notre attention. J'ai besoin de vous dire qu'il me toucha plus profondément que ne l'avait fait aucune de mes découvertes précédentes. Tandis que des centaines d'ouvrières mettaient en pièces les alvéoles qui servaient à soutenir les rayons inférieurs de leurs fragiles autant qu'admirables édifices, d'autres ouvrières en aussi grand nombre, pressées sur les cellules voisines de celles qu'elles venaient de ravager, s'en occupaient avec la même ardeur, mais dans un but bien différent de celui de leurs compagnes; le soin de les réparer, de les garantir de tout accident, était le seul motif qui animait leurs travaux, Elles nous montraient autant d'empressement conservateur que les autres avaient mis de violence et d'acharnement en sens contraire, Le résultat de ce nouveau travail fut la disparition complète des formes géométriques auxquelles nous étions accoutumés, A ces trapèzes, à ces rhombes si polis, si égaux, si réguliers, qui composaient naguère les cellules élémentaires du premier rang, avaient succédé de lourds piliers inégaux, massifs et vraiment informes, ne ressemblant à rien, si ce n'est peut-être à ceux qui séparent et soutiennent les gâteaux des guêpes et des frelons.

Nous comprimes bientôt qu'en faisant disparaître toute l'élégance de leurs constructions primitives les ouvrières avaient plus que compensé cette perte en donnant plus de solidité aux pièces qui devaient servir de supports à leurs édifices : nous remarquâmes que la matière des nouveaux supports n'était plus de pure cire, elle était mêlée de propolis. La couleur, l'odeur et le goût nous firent aisément connaître cette gomme-résine que les ouvrières avaient fait entrer dans la composition des nouveaux piliers et qui donnait plus de consistance à la cire et moins (la fragilité. Dès lors le poids des gâteaux, quel qu'il fût, ne pouvait plus causer leur chute, l'extermination des abeilles et la ruine de leurs établissements.

Le soin de solidifier les constructions des abeilles ne se borne point aux cellules du premier rang: elles joignent aussi la propolis comme mastic à tous les alvéoles des rangs inférieurs, mais elles se gardent bien de rien changer aux fonds pyramidaux.

Conclusione volti subito. - A présent que ma chère élève connaît aussi bien que son maître très invalide les rayons des abeilles, qu'elle a pu voir et manier ceux de sa ruche vitrée pour s'être assurée par elle-même de la fidélité avec laquelle des insectes suivent les règles qui leur ont été prescrites, elle n'en admirera pas moins la grandeur et la noble simplicité des moyens qui ont été mis à leur portée ; peut-être me pardonnera-t-elle de ne l'avoir pas engagée à me suivre dans un dédale scientifique où j'aurais bien pu m'égarer, Le mot de l'énigme, que j'ai trouvé, n'a rien de bien effrayant en lui-même,

C'est un bloc qu'elles ont-il faire, En premier lieu elles doivent l'élever sous le toit ou sur le plancher de leur habitation, Deuxièmement, lui donner la forme que nous donnons à nos murs de clôture, Troisièmement, les pierres et le sable qui entrent dans nos constructions comme matières premières ne sauraient être d'usage chez les abeilles, c'est dans leur propre sein qu'elles trouvent la matière dont leurs rayons devront être composés; les lames de celle qu'elles prendront sous leurs anneaux, réunies Il la bouillie écumeuse que leur bouche et leur langue leur fournissent, constitueront la véritable cire, la cire proprement dite, Quatrièmement, les fragments de cette matière brisée sous les dents des ouvrières sont rapprochés les uns des autres et liés ensemble par le gluten de la bouillie, qui fait ici l'office de la chaux et donne à ses parties d'abord isolées toute la consistance nécessaire, Cinquièmement, consistance qui augmente dans le travail subséquent; alors ces mêmes parties pressées les unes contre les autres, par les pieds, les mains et les dents des travailleuses, forment un tout qui a la solidité requise, Sixièmement, c'est dans cette étoffe souple et ductile que vont être sculptés les fonds des premiers alvéoles, Septièmement, ces fonds, creusés alternativement sur les deux faces du petit mur et qui sont bien véritablement les ébauches des cellules, n'ont rien de géométrique, rien qui ne soit à la portée du simple bon sens, Huitièmement, de ce travail résultent nécessairement des enfoncements sur une des faces du bloc et des protubérances sur l'autre, soit, neuvièmement, l'entrelacement des alvéoles. Pardonnez-moi cette récapitulation, ma chère fille, c'est peut-être plus pour moi-même que pour vous que je l'ai faite.

Pour vous faire oublier la peine que vous venez de prendre, je vais vous parler un moment des soins de conservation qui ont été pris pour mettre les ouvrages des abeilles à l'abri des ravages de leur ennemis naturels, des intempéries de leur propre atmosphère et du temps,

Si l'on suit avec attention ce qui arrive aux cellules du premier rang, on verra que bientôt, se déliant peut-être de leur peu de solidité, elles font précisément ce qu'il faut pour leur en donner une qui suffira au poids qu'ont à soutenir les alvéoles fondamentaux; ce travail de précaution les rend méconnaissables. A ces alvéoles si déliés et faits de pure cire, vous verrez succéder de lourds et informes piliers: Réaumur, qui ne les avait vus que dans ce dernier état, les appelait les attaches des gâteaux, nom qui depuis leur métamorphose leur convenait parfaitement. Les ouvrières continuent à joindre la propolis à la cire dans les rayons subséquents, mais en de moindres proportions et sans altérer jamais leurs alvéoles dans leur forme et leurs dimensions. J'ai donné ailleurs les détails de cette singulière et utile opération.

Veuillez à présent vous rappeler ce que j'ai dit à la fin de l'article qui précède et qui termine celui des modifications admises par les abeilles dans la suite de leurs travaux. Il est sans doute très étonnant de voir ces insectes mettre autant d'importance et de soin dans la destruction de leur bel ouvrage qu'elles en avaient mis précédemment dans sa construction, mais votre surprise va devenir de l'admiration et même de la reconnaissance quand vous saurez que ces démolitions ont pour but la seule conservation de leurs édifices.

Si vous jetez les yeux sur ces rayons quelques jours après les avoir vu s'acharner à les détruire, vous trouverez tout réparé; de nouveaux alvéoles, bien blancs, bien réguliers, auront remplacé les cellules moisies à demi-ruinées par les teignes et absolument hors de service qu'elles ont dû faire disparaitre. Le terme de ces utiles démolitions m'est inconnu, il doit être mesuré et réglé par la nécessité d'y revenir.

Le fait attesté par Réaumur prouve qu'elles sont fréquentes; il parle d'une ruche qui avait au moins trente années d'existence quand il la vit et qui était en bon état.

Mes correspondants du Mexique me parlent d'une ruche construite par des mouches de la famille des abeilles et qui passait à Tampico pour avoir un siècle d'antiquité.

C'est par des moyens analogues à ceux qu'emploient nos abeilles que nous rajeunissons aussi nos vieilles cités. Il est à remarquer que, malgré l'infériorité des matériaux qu'elles emploient, la durée de leurs édifices, comparée à celle des nôtres, n'est pas tout à fait disproportionnée; je ne serais pas loin de penser que par la répétition du même expédient la continuité des habitations des abeilles ne fut comme celle des nôtres à peu près indéfinie.

Première observation. - En décembre 1795, je profitai d'un beau jour pour visiter les ruches qui m'avaient suivi par eau de Genève à Lausanne et pour m'assurer ainsi que le voyage n'avait dérangé ni les abeilles ni leurs établissements. Parmi ces ruches il y en avait de vitrées; celles dont Réaumur nous a donné la description m'intéressaient particulièrement; c'était là que j'avais pu lire les premières pages de l'histoire des abeilles et m'en faire quelques idées justes. Les unes avaient été peuplées au printemps de la même année, les autres servaient de demeure à des essaims plus âgés. Grâce aux soins qu'en prit Burnens toutes arrivèrent à bon port.

Le plus beau ou le plus fort de tous mes essaims habitait depuis deux ans une grande cloche de verre cylindrique. Comme les abeilles ne peuvent se suspendre lorsqu'elles sont réunies au-dessous de la surface du verre, j'avais voulu que celles de cet essaim y trouvassent de meilleurs points d'appui; des tringles de bois fort minces et convenablement espacées avaient été collées sous la glace qui tenait lieu de toit à cette cloche. Les ouvrières, trouvant dans ces tringles une surface plus facile à pénétrer que celle du verre, y enfonçaient les ongles de leurs pieds et, s'y amarraient si solidement que leur poids ne pouvait les en détacher quand il leur convenait d'être réunies,

Cette ruche était presque entièrement remplie de cire et de miel quand nous la visitâmes à la fin de l'automne. La température de la saison ne permettant pas aux abeilles de sortir, elles s'étaient concentrées dans le haut de leur habitation. Le thermomètre de Réaumur, dont la boule atteignait le milieu du massif, indiquait le 22me degré de son échelle; celui qui était exposé à l'air se soutenait à moins de 3 dans le même temps, Le bourdonnement des abeilles me parut à cette époque à peu près aussi fort qu'il est dans une meilleure saison; il était effectivement produit par le même nombre d'abeilles respirantes.

Comme le froid avait retenu les abeilles dans leur ruche, celles qui mourraient journellement quand elles avaient atteint le terme naturel de leur existence, c'est-à-dire celui d'un an, couvraient la table qui servait de fond à leurs habitations; je craignis que la salubrité de leur atmosphère n'en fut altérée. Je fis, en enlevant ces cadavres, ce qu'elles auraient fait elles-mêmes dans une autre saison où l'engourdissement par le froid n'aurait pas été à craindre; mais afin que le même danger ne se renouvelât point, on rétrécit la porte de la ruche de manière à en interdire l'entrée aux souris, aux mulots et à tous ceux de leurs ennemis qui auraient pu leur nuire. Mais on eut soin de laisse un libre accès à l'air extérieur et à sa circulation dans toutes les parties de la cloche à l'aide des ventilateurs. Depuis que j'ai connu le moyen qu'emploient les abeilles pour entretenir dans leurs habitations la pureté de l'air au degré qui leur convient, mes observations ont été fort bien confirmées par des naturalistes qui ont pu ne s'en rapporter qu'à leurs propres yeux, J'ai surtout été charmé de voir une jeune personne interpréter cette manœuvre des ouvrières, dont elle ne soupçonnait ni l'existence ni la très grande utilité.

Pour se convaincre de la nécessité absolue de la ventilation, il suffit de renfermer les abeilles chez elles hermétiquement ; l'asphyxie et la mort seront les effets presque instantanés de l'interruption complète de la circulation de l'air dans les ruches.

Deuxième visite de la même ruche. – Ce ne fut qu'au commencement de Janvier que nous la dévoilâmes pour y jeter un coup d'œil et voir si les abeilles n'avaient point besoin de nous.

Cette ruche, peuplée depuis deux ans, était, comme je l'ai dit remplie de cire et de miel, ainsi que de pollen ; les rayons, suspendus à la voûte, atteignaient presque la table qui lui servait de fond et n'en étaient séparés que par un intervalle de quelques lignes seulement lors de notre première visite.

Nous trouvâmes cette fois que l'aspect de la ruche n'était plus le même à quelques égards essentiels. Le rayon qui occupait le milieu du cylindre et qui avait seize à dix-sept pouces de hauteur perpendiculaire, s'était séparé de la voûte en glissant sans les toucher entre les deux rayons parallèles; il reposait alors immédiatement sur le fond de la ruche et ne pouvait pas descendre plus bas ; il l'était même déjà trop au gré des ouvrières. Une des règles qu'elles suivent dans leur architecture c'est de laisser toujours quelque vide entre le bas de leurs rayons et le plan quelconque qu'ils atteindraient si elles les prolongeaient dans ce sens; l'intervalle qu'elles laissent étant ordinairement égal à l'espace qu'occupe le corps de l'abeille. On peut croire que leur but en se conduisant ainsi est de se frayer un passage qui abrège leur chemin et leur permette d'en ôter tout ce qui pourrait leur nuire. C'est à cela qu'elles travaillaient au moment où nous dévoilâmes la ruche. La cire qu'elles hachaient avec leurs dents, et que nous voyions pleuvoir en cet endroit et dont elles étaient jonchées, mit cette observation hors de doute; il ne nous en restait que sur la cause de la chute de ce rayon. Nous ne comprenions pas ce qui avait pu le séparer du plafond, où les cellules fondamentales avaient été suspendues et qu'aucune secousse n'avait ébranlé à notre connaissance, à moins de l'attribuer au ramollissement de ses premières attaches, par l'effet d'un coup de soleil trop ardent auquel elles avaient été exposées en plein midi pendant notre dernière visite, et au poids du miel, qu'elles n'avaient pu supporter dans cet état de mollesse. Cette conjecture fut confirmée dans une autre occasion.

Troisième observation. - On peut prévoir, comme je le fis, que la chute du rayon serait la suite inévitable de la manœuvre que je viens de décrire ; en le séparant du fond de la ruche, les abeilles lui avaient ôté sa base et son unique point d'appui. Je doutais pour la première fois de la prévoyance à laquelle elles m'avaient accoutumé, mais bientôt j'eus à revenir de mon erreur : un coup d'œil jeté par Burnens sur le rayon qui avait quitté sa place m'apprit que sa stabilité avait été mieux assurée que je ne l'avais imaginé et j'admirai la simplicité du moyen qui rendait tout accident impossible. Si l'on se rappelle que la distance qui sépare les rayons les uns des autres n'est que de quatre à cinq lignes du pied de roi, on ne trouvera pas que ce soit un grand travail pour les abeilles que celui auquel elles doivent recourir quand elles ont à les unir et à prévenir leur séparation.

La cire est la seule matière qui soit à leur disposition comme à leur usage; mais où la prendront elles quand le froid ne les empêchait pas de sortir de la maison ? La campagne ne leur offrant aucune récolte à faire en hiver, seraient-elles déterminées dans des cas extraordinaires, mais sans doute prévus, à prendre sur leurs propres rayons toute la cire dont elles pourraient avoir besoin ? Nous ne l'avions pas deviné; ce fut cependant ce que nous leur vîmes faire. Un grand nombre d'abeilles, considérablement disséminées ou groupées à différentes hauteurs sur le rayon glissé et vis-à-vis sur les deux parallèles, paraissaient travailler dans ces places très distinctes avec beaucoup d'activité. Les ouvrières qui s'occupaient de ce travail nous le cachaient entièrement par l'interposition de leur corps; ce ne fut que lorsqu'elles l'eurent presque achevé que nous vîmes :

1° que des liens, faits de cire noire et prise évidemment sur de vieux rayons, avaient été construits en manière d'ogive et attachés d'une part au rayon caduc et par l'autre bout à son parallèle ;

2° que ces liens étaient plus gros au contact des rayons qu'à leurs centres; ils n'avaient rien de cellulaire;

3° que leur forme aurait rappelé celle d'une clepsydre, d'une salière, ou de ces piliers que les guêpes et les frelons emploient pour séparer et soutenir les nids de leurs petits. A quelque distance du milieu de la même ruche d'autres rayons s'étaient aussi séparés de sa voûte, probablement par la même raison. Voyez fig. 1 et 2.

Dans une ruche cylindrique on ne peut voir le bord des rayons comme ceux d'un livre entrouvert qu'en le regardant par leurs tranches; l'espace contenu entre leurs bords ne saurait être observé. Nous ne vîmes donc point que les ouvrières construisent des liens entre ces espaces et leurs parallèles comme elles avaient fait sur les bords de leurs rayons et comme elles le firent sur le bord opposé à celui que nous avions observé : ce qui leur était arrivé n'avait rien qui différât de ce que nous avait montré l'accident dont nous venons de parler, ni de la manière bien remarquable dont il fut réparé. Nous comprimes que ces dispositions si simples, mais en même temps si sages, n'avaient point pour but unique de prévenir la chute des rayons de nos abeilles domestiques et d'assurer leur stabilité; elles pouvaient s'appliquer sur une plus grande échelle toutes les ruches qui seraient exposées aux vents et à leurs secousses plus ou moins impétueuses.

Quatrième observation. - Comme les moindres choses en histoire naturelle peuvent être de quelque grande conséquence lorsqu'il est question de chercher à connaître les mœurs et l'instinct des êtres qui sont si loin de nous, je voulus mieux analyser tout ce que m'avait présenté l'observation précédente. Je priai donc la personne à qui je confiai le soin de la répéter de redoubler d'attention: elle le fit en conscience, son rapport que j'ai là sous les yeux ne laisse rien à désirer. La ruche qui fixa surtout son attention avait, comme celle dont je m'étais servi précédemment, sa voûte et ses quatre faces transparentes. Des tringles, dont j'ai parlé plus haut, avaient eu leurs extrémités collées sous la glace horizontale dont le toit était composé et avaient fourni aux abeilles tous les points d'appui dont leurs rayons me semblaient avoir besoin. Un jour, cependant, étonné par une exclamation de mon jeune observateur, je lui demandai s'il était donc arrivé quelque chose d'extraordinaire. « Sans doute, me répondit-il, vos abeilles me paraissent en délire, elles couvrent les cellules du premier rang, celles qui tiennent à la voûte même de la ruche et qui sont les premières ébauches des rayons; c'est à détruire ces cellules vraiment fondamentales que s'occupent les ouvrières, la cire qu'elles hachent avec leurs dents tombe en pluie sur les gâteaux inférieurs, ses fragments n'ont plus rien où l'on puisse retrouver leur forme rhomboïdale, trapézoïde ou hexagonale ». Qu'était-il donc arrivé ? Claude Léchex, remplaçant actuel de Burnens, dont la sagacité et les talents variés sont bien connus à Genève, me donna dans cette occasion la preuve de son zèle et de sa capacité, Il remarqua une légère inflexion, presque insensible aux extrémités, dans les tringles qui supportaient les rayons; cette inflexion devenait plus sensible en s'approchant de leur milieu, la ligne droite qu'elles présentaient d'abord avait alors la forme du grand côté d'un ovale. Ceci ne pouvait être attribué qu'au poids du miel, qui avait forcé la tringle à se séparer de la voûte et à se courber de manière à altérer essentiellement les formes des cellules fondamentales. La conduite des abeilles prouve que ce changement avait été aperçu et la suite de l'observation de Claude Léchex qu'elles avaient trouvé instant de réparer le désordre survenu. Les abeilles se mirent d'abord à l'ouvrage, les unes pour remplir l'espace entre les liteaux et le verre avec la propolis, les autres pour reconstruire les cellules qu'elles avaient détruites. Examinées de très près par un bon observateur, ces cellules parurent semblables en tout à ce qu'avaient été les premières ébauches des cellules fondamentales.

Si les ouvrages des abeilles ne sont pas à l'abri de tout accident, on ne peut voir sans admiration, je dirai même sans quelque reconnaissance, que les abeilles ont été instruites à faire dans tous les cas ce qui convenait le mieux pour y parer.

En vous disant l'extrême plaisir que m'a fait mon observation inédite, était-Il nécessaire de vous en dire la raison? J'ai le plaisir de penser que cela ne l'est point du tout. Sans refuser à nos abeilles la portion d'intelligence dont elles ne peuvent se passer, comment leur accorder la prévoyance qui leur ferait sentir le besoin des précautions à prendre contre des dangers éventuels ? Que des idées si différentes, et les meilleures possibles, aient pu leur venir en même temps, que le même instinct donne aux unes la volonté la plus marquée de mettre leurs propres ouvrages en pièces, tandis que d'autres s'occupent avec ardeur à leur donner sous une autre forme bien plus de solidité! Que pourrions-nous exiger de plus de nous-mêmes? Nos soins peuvent leur être utiles et leur nuisent le plus souvent; voilà les bornes de notre intervention, Aurai-je recours au hasard? Mais l'inconstance est son élément; il ne ferait pas deux fois la même chose dans les mêmes circonstances et l'on voit toujours les abeilles suivre les règles qui leur ont sans doute été prescrites, Le démon s'en mêlerait-il ?

Non, faire le bien et le faire toujours n'est pas dans ses attributions; nous devons croire que c'est au mal qu'il se plaît. Tout ce qu'on voit chez les abeilles ne peut être que l'œuvre de la puissance et de la bonté. Que cette idée vous accompagne donc toujours auprès de vos ruches et ailleurs et vous ramène sans cesse auprès de l'Auteur de toutes choses, le seul de qui nous puissions espérer un vrai bonheur.

Vous savez, ma bonne fille, que l'on m'avait offert de lire cette observation inédite à notre Société de physique et d'histoire naturelle, Quelqu'un, qui l'avait moins goûtée, me fit renoncer à cette publication et je la retirai. En la relisant il me vint quelques doutes à moi-même sur la fidélité de ma mémoire; je résolus de consulter celle de Claude Léchex, de voir ce qui pouvait m'être échappé; je lui écrivis et voici ce qu'il me répondit:

« Après dix ou douze ans d'intervalle, je n'oserais dire à mon bon maitre tout ce que je pus observer dans la ruche vitrée que je lui avais faite. Il n'a sûrement pas oublié le moyen dont nous nous servions pour que nos abeilles pussent se suspendre en masse au-dessous de la voûte vitrée; c'était de coller de légères tringles de bois tendre au-dessous de la voûte transparente, de les faire assez étroites pour qu'elles ne cachassent que le moins possible leurs procédés en architecture et qu'elles fussent espacées de manière que les rayons eussent leurs surfaces opposées séparées seulement par un espace de 4 à 5 lignes, ce qui exigeait que les tringles fussent distantes de 16 à 17 lignes, pied de roi. - Lorsque je vis nos abeilles mettre en pièces leurs propres ouvrages, que Monsieur reçut dans ses mains les fragments de cire qu'elles faisaient pleuvoir sur leurs compagnes au-dessous d'elles et dont leur table se trouva bientôt jonchée, je portai bien naturellement mes regards sur les cellules que les ouvrières s'acharnaient à détruire et qui selon moi allaient bientôt être détruites en entraînant dans leur chute les rayons inférieurs, malheur qui n'arriva pas. Qu'était-il donc arrivé? L'une des petites tringles au-dessous de laquelle avaient été construites les ébauches des cellules fondamentales, soit qu'elle fût trop mince ou mal collée à la voûte, avait fléchi sous elle et pris la forme du grand côté d'un ovale en se séparant de la glace. La tringle avait écrasé les ébauches cellulaires et n'y avait rien laissé qui ressemblât à des formes géométriques ; c'est à les réparer qu'elles s'occupaient alors. Au bout de quelques minutes je pus voir assez distinctement, au-dessous de la tringle, des rudiments encore informes de rhombes, d'hexagones ou de trapèzes. La tringle, en se courbant et se séparant de la voûte, avait laissé un espace vide qu'il fallait remplir; elles le firent et employèrent un mélange de cire et de propolis. Ce qui me surprit, c'est l'abandon qu'elles firent dans cette occasion des règles de leur architecture : plus de cellules ni rien qui leur ressemblât ne s'offrit à mes regards. Leur but était de combler l'espace qui séparait le verre et la tringle et de le faire assez solidement pour que les rayons inférieurs fussent soutenus et inébranlables. En préférant une matière qui avait plus de ténacité que la cire et ne paraissant chercher qu'à donner à ces liens toute la solidité possible, elles me parurent avoir bien fait leur tâche et tout ce qu'on pouvait attendre des meilleurs ouvriers. »

Claude entre ici dans d'autres détails, mais ceux-ci suffisent et j'espère que vous apprendrez avec plaisir que nos abeilles font toujours tout ce qu'elles doivent faire, et avec quelque surprise que les accidents même les plus imprévus sont toujours réparés.

Dans la fig. n° 1 on a conservé seulement les bords ou la tranche de trois rayons comme ils se présentent dans une ruche qui n'a souffert aucun accident suivant les règles qui ont été prescrites aux ouvrières, savoir :

1° de ne jamais laisser vides les espaces qui pourraient se trouver entre les bords supérieurs de leurs rayons et le dessous de la voûte qui sert de plafond à leur ruche et à laquelle ils doivent être attachés.

2° Il est enjoint aux abeilles de laisser toujours quelque intervalle vide entre les bords inférieurs de leurs rayons et la partie de la ruche qui lui sert de plancher. Elles n'ont laissé aucun vide entre la voûte et leurs bords supérieurs en A, A, A, tandis qu'il y a un espace vide au-dessous des trois rayons en a, a, a.

On remarque au contraire dans la fig. n° 2 que les deux règles ont été violées:

1° Le rayon du milieu, B, B, en se détachant de la voûte A, a produit un vide défendu entre cette voûte et le bord supérieur du même rayon.

2° En tombant sur le tablier de la ruche en a, a, il a rempli un espace qui doit toujours rester vide pour permettre aux ouvrières d'y passer et d'en ôter tout ce qui pourrait leur nuire et entre autres de s'opposer à l'entrée et à la ponte des papillons de nuit, dont les œufs cachés dans la cire des alvéoles ne tarderaient pas à éclore par l'effet de la douce température du lieu; leurs larves, couvées et nourries à l'insu des abeilles, s'introduiraient bien vite dans les rayons et les ravageraient. Les ouvrières n'ont donc rien de mieux à faire que de détruire ou de démolir la partie de leur ouvrage qui est comprise entre les lettres a, a, a, a et que sa proximité de l'entrée expose à bien des dangers. En supprimant le bout inférieur du gâteau glissé, il continuerait à descendre et à se remettre en contact avec le tablier ne la ruche s'il n'y avait pas été pourvu. Le rayon glissé, comme je l'ai dit ailleurs, a été lié aux deux rayons parallèles par des ogives suffisantes pour le tenir en place et l'empêcher de s'approcher de la table de la ruche: ces liens sont marqués dans la figure par la lettre O.

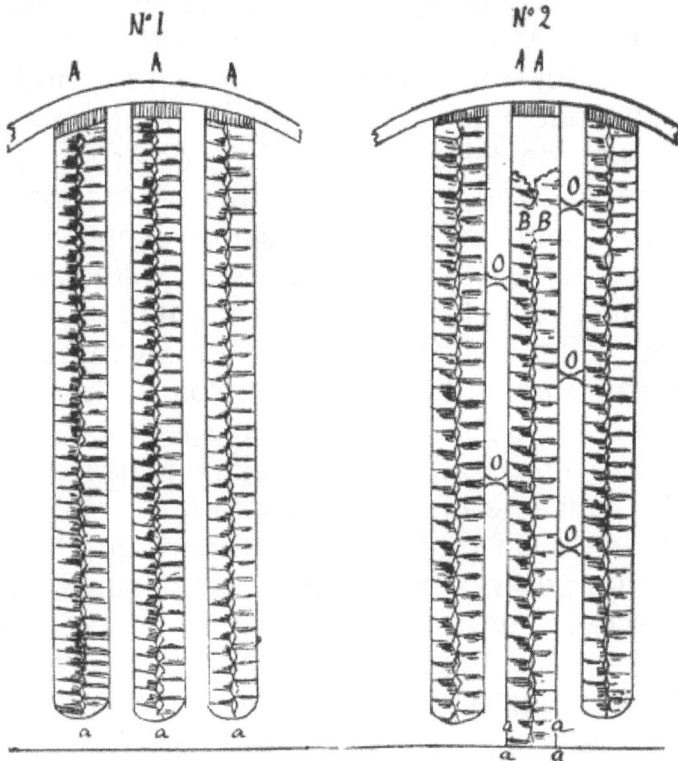

Aucun des moments que j'ai donnés à l'observation des abeilles n'a été plus agréable pour moi que celui où je leur ai vu faire ce que nous aurions fait à leur place, Nos connaissances acquises nous permettaient presque de deviner ce dont elles avaient à s'acquitter, Nous admirions surtout le partage qu'elles semblaient avoir fait entre elles des travaux différents qui leur étaient imposés : tandis que les unes rongeaient la partie inférieur du rayon glissé, d'autres travaillant en sens contraire s'efforçaient à combler le vide qui s'était formé entre le bord supérieur du même rayon et la partie de la voûte à laquelle il devait être fixé. Nous ne devinâmes pas d'abord le but qu'avaient ces groupes, ces rassemblements d'ouvrières de place en place sur le rayon tombé, ce ne fut que lorsque l'ouvrage fut fini et que les travailleuses se furent retirées que nous comprimes leur intention, Je ne vous dirai pas quel fut mon plaisir et ma surprise quand l'interprète le plus fidèle de ceux qui m'ont été accordés m'apprit que tant de liens avaient été construits entre le gâteau descendu et ses parallèles, que l'accident était réparé et que le moyen employé par de simples mouches était le plus sûr et le meilleur qui se pût imaginer. Mais qu'est-ce qui avertit les abeilles du moment où il convient de garantir leurs édifices des accidents éventuels ? Elles ne sauraient s'apercevoir que le poids de leurs rayons s'est augmenté de celui du miel emmagasiné. Leur odorat est peut-être affecté différemment selon que leurs rayons en contiennent une plus ou moins grande quantité. N'y aurait-il pas de l'inconvénient à attendre que les rayons devenus trop pesants ne se rompissent sous le poids du miel et n'écrasassent les abeilles ? Il semblerait qu'elles le savent; c'est toujours avant cette époque trop dangereuse qu'elles se mettent à détruire et à réparer leurs rayons et qu'elles préviennent ainsi toute possibilité de chute. Qu'elle est bonne cette nature qui fait ou qui conseille toujours ce qu'il y a de mieux à faire ou à conseiller. Le Roi-prophète avait bien raison de renvoyer nous-mêmes à l'abeille à la fourmi, c'est aussi une grande révélation que celle qui est donnée à l'homme dans des exemples fournis par de simples animaux et qui pouvait être utile aux peuples auxquels une plus grande révélation n'était pas encore accordée, Vous savez que le tronc des arbres creux est la demeure que choisissent les abeilles livrées à elles-mêmes. je puis le dire pour l'avoir vu; d'autres assurent qu'elles se logent aussi dans les cavités des rochers, ou dans celles qu'ont pratiqué sous terre des taupes ou des renards, je l'ai lu dans les voyages de Mungo Park en Afrique, Les ouragans ne peuvent, dans ces dernières circonstances, faire aucun mal aux abeilles; il n'en est pas ainsi des arbres: les grands vents plus communs dans d'autres climats peuvent les agiter assez fortement pour les faire plier. Quand les secousses sont trop fortes ou trop brusques, les mouvements de l'arbre, communiqués à l'intérieur, pourraient forcer les rayons à se détacher et c'est probablement pour prévenir cet accident qu'a été conçu l'expédient unique et vraiment admirable que nous avons eu le bonheur de découvrir, Les tables de nos ruches ne sont point d'institution naturelle, j'ai vu le cas où une secousse fit tomber quelques gâteaux d'une de mes ruches vitrées; sa table en faisait une prison où tout l'essaim serait péri si nous n'eussions pas connu à temps son danger, ces tables ont encore l'inconvénient de concentrer l'humidité ; je conseillerais donc de les supprimer, je suis d'accord en cela avec de bons observateurs.

TRENTE-TROISIÈME LETTRE

Suite du même sujet

Lausanne 30 mai (1830)

Mes abeilles vous ont donc fait un peu de plaisir, ma chère Elisa; c'était bien mon intention et presque mon espoir, je n'ai pas dû penser qu'un si beau trait de leur histoire vous trouverait indifférente. N'êtes-vous pas surprise qu'il ait échappé jusqu'à nous à ce que les sciences naturelles ont eu de nombreux et d'excellents observateurs; cela est presque incroyable, toute vanité à part. Vous me permettrez de vous avouer que je suis reconnaissant de ce bienfait de la nature comme si j'y étais personnellement intéressé. Il est heureusement pour moi si facile de le vérifier qu'en le faisant connaître aux amateurs je n'ai point à craindre de reproches et de contradictions; il leur suffira toujours pour cela de comparer les premières ébauches des rayons avec ce qu'elles deviennent quand l'ouvrage est plus avancé. Ces premières ébauches n'existeront plus, elles auront été remplacées par des colonnes ou des piliers plus massifs et plus capables de soutenir les gâteaux inférieurs en s'opposant à leur chute et de sauver ainsi la colonie du plus grand péril qu'elle pût courir. Mon observation peut donc passer légitimement pour une vérité démontrée. Une autre chose vous aura frappée, c'est le concert que supposent et que prouvent la destruction et la réparation presque simultanées des alvéoles de première ligne. Leur forme nécessaire comme base des rayons naissants devait être changée lorsque les rayons, devenus plus pesants par la quantité de miel, rendraient de meilleurs soutiens nécessaires à ces magasins. Ce besoin a été senti, un rendez-vous a été donné, tous ces petits êtres ont accepté l'invitation; on ne saurait en douter, une loi sage et conservatrice leur a été imposée et son but bien heureusement atteint. N'étant pas gêné par les réalités, un essaim d'abeilles devient un grand peuple pour moi; il prend à mes yeux presque autant de consistance et d'intérêt qu'il parait en avoir eu aux yeux de la bonne Nature.

Je m'arrête ici, ma bonne Elisa, il est des bornes qui ne peuvent être franchies: admirer et s'attendrir est tout ce qui nous reste, mais n'est-ce pas assez?

Puisque vous ne me renvoyez pas mon petit mémoire, ma chère Elisa, je suppose que vous ne le trouvez pas nécessaire et que vous corrigerez vous même ce qu'il aura de défectueux. Vous voudrez bien coudre ces deux pages à la suite de ma dernière lettre.

TRENTE-QUATRIÈME LETTRE

Alimentation des abeilles à court de provisions

Lausanne, 21 juin 1830.

Quel temps, ma chère Elisa! Il m'a fait peur pour nos abeilles et c'est pour vous les recommander que je prends la plume aujourd'hui; s'il se prolonge, elles mangeront leurs provisions; pour que cela n'arrive pas il faut mettre à leur portée ce qui peut y suppléer. Une cuillerée à café de miel suffira pour deux jours à chaque ruche; une demi-coquille de noix, des plus petites, est le vase le plus convenable. C'est le matin qu'il faut leur donner à déjeuner; dans le gros du jour cela pourrait attirer les pillardes. Après le coucher du soleil, lorsque les abeilles sont rentrées chez elles, on peut aussi servir leur souper. Les gardiennes ne sont point à craindre dans cette occasion; elles laisseront passer le miel sans se fâcher, c'est un talisman infaillible. J'espère que tout cela vous réussira comme à moi et que M. votre beau-frère n'aura jamais à se repentir de son humanité. Le vrai secret avec les abeilles est de n'en avoir pas peur, à l'heure qu'il est je n'ai jamais été piqué.

Je suis bien aise que vous ayez vu le banquet des abeilles, cela vous empêchera de croire que les abeilles soient privées du sentiment de la faim, comme quelques rêveurs l'ont avancé, et vous fera voir en fait qu'elles ont reçu l'ordre de s'aimer (les services mutuels qu'elles se rendent sans cesse n'en seraient-ils pas la preuve ?) et qu'elles n'y savent point désobéir.

Ce sont ces vérités-là qui font le charme de l'histoire naturelle et prouvent sa très grande utilité. Elles sont si frappantes que les yeux de l'âme suffisent pour les voir et s'en pénétrer.

La propolis. Comment les abeilles consolident leurs gâteaux au moyen de filets de propolis placés aux points de contact des pans des cellules

Lausanne, 10 juillet 1830.

Voulant vous faire part, ma chère Elisa, d'une observation qui m'a fort intéressé et dont je n'ai point encore parlé, je dois vous mettre au niveau des connaissances acquises lorsque je commençais à m'occuper des abeilles et ce que je fis pour me persuader que mes prédécesseurs m'avaient parlé *d'après nature*.

C'est de la *propolis* qu'il va être question. Ce mot, grec d'origine, peut s'appliquer à une substance qui doit servir à entourer ou à fortifier une ville ou un bourg quelconque. Les abeilles ont fait sous mes yeux des bastions à la Vauban, composés de cette matière et de pure cire, et s'en servent aussi pour garantir l'intérieur de leurs habitations de tout ce qui pourrait leur nuire, en en vernissant leurs parois.

Vous aviez déjà vu la propolis, peut-être, ou sur les jambes de vos abeilles ou sur les parois de leurs ruches vitrées; sa couleur rouge ne vous aura point échappé. On a dit, chimiquement parlant, que c'était une gomme-résine; mes propres essais m'ont appris qu'elle tenait effectivement de la nature des gommes et de celle des résines, mais les abeilles la prenaient-elles en passant sur les peupliers d'Italie ? Leur odeur m'avait frappé par la ressemblance qu'elle avait avec celle de la propolis. Je fis pour m'en assurer l'expérience suivante:

Par un beau jour du mois de juillet, je fis prendre sur des peupliers d'Italie quelques branches avec leurs bourgeons. Pour les voir plus à mon aise, je les fis porter dans mon cabinet; on les plaça à côté d'une ruche vitrée qui n'avait point de sortie sur la campagne. Les abeilles, attirées par l'odeur de ces bourgeons, ne tardèrent pas à sortir de chez elles et nous montrèrent qu'elles s'y intéressaient. Elles se mirent d'abord à leur enlever leurs écailles et à prendre avec leurs dents ce qu'elles recouvraient ; elles en chargèrent ensuite la corbeille dans laquelle elles rapportent le pollen et rentrèrent enfin dans leur ruche.

Ces mêmes abeilles ne firent aucune attention aux autres branches des autres plantes que nous avions mêlées à celles de peuplier. Cette expérience répétée ne nous permit pas de douter que les bourgeons des peupliers d'Italie ne pussent fournir la propolis aux abeilles, mais étaient-ce les seules plantes sur lesquelles elles pussent la recueillir ? C'est ce que je ne déciderai point.

Voilà ce que je voulais vous dire et que vous lussiez, ma chère Elisa, avant la lettre ci-jointe (1), pour laquelle je vous demande toujours beaucoup d'indulgence et un peu d'intérêt.

Note (1) : La lettre en question, qui suit, est la copie d'une communication faite par François Huber à un de ses amis; nous en avons trouvé le brouillon dans le dossier de M. de Molin, Cette lettre n'est pas datée, mais elle remonte évidemment à l'époque où son auteur préparait la seconde édition des Nouvelles observations, en 1814; les détails qu'elle contient sont en effet reproduits sous une autre forme dans le tome second au chapitre VI, Du perfectionnement des Cellules. – *Note du rédacteur.*

Observation sur un usage particulier de la propolis. - La marche du tardigrade est bien la mienne et vu mes circonstances cela n'est pas étonnant; il le serait plus que j'eusse pu faire quelques pas avec les moyens et les instruments qui sont restés à ma disposition. Tous faibles qu'ils sont, ils ont au moins servi à me distraire et à m'amuser: je vous dis tout cela à propos d'une observation qui est restée bien longtemps dans mon portefeuille et que j'y laisserais peut-être encore si, comme inédite, elle ne pouvait pas suppléer celle que l'on me conseille de supprimer et qui a encouru une objection qui ne me paraît pas mal fondée.

Si vous vous rappelez bien votre Réaumur, vous ne devinerez pas que l'on puisse avoir quelque chose à ajouter à ses descriptions des alvéoles de l'abeille; c'est à lui que j'ai dû tout ce que j'en ai su moi-même et ce n'est que depuis mes dernières publications que j'ai pu voir quelque chose de plus. Dans une histoire aussi classique que l'est devenue celle des abeilles, il serait mal, n'est-ce pas, de laisser dans l'ombre une découverte qui n'est pas sans importance et qui a ce rapport avec ma première observation inédite de faire connaître une précaution tout aussi admirable que celle qu'on me conseille de supprimer et dont la réalité sera plus facile à constater.

L'objet principal ou même unique, dans l'état actuel de nos connaissances, de la précaution dont je parle est aussi de donner aux ouvrages des abeilles la plus grande solidité, de rendre la chute des rayons impossible et de prévenir ainsi la ruine de ces peuplades.

En 1801, j'habitais chez mes enfants aux environs de Lausanne.

Je m'étais fait suivre de mes abeilles; leur voyage fait par eau sur notre lac n'avait eu d'inconvénient ni pour elles ni pour leur conducteur. Aucune ne mouilla ses ailes; en connaissaient-elles le danger? Sans doute et c'est ce pressentiment qui garantit le succès de leur navigation sur nos plus grands fleuves.

Les premiers essaims que j'eus au petit Ouchy furent logés dans des ruches vitrées, dont les voûtes n'étaient pas moins transparentes que leurs faces verticales.

Les observations qu'elles nous permirent de faire n'étaient que la répétition toujours intéressante de celles que nous devions à Réaumur et qui avaient encore pour nous le mérite de la nouveauté.

Un jour, cependant, celle de nos ruches vitrées qui attira plus particulièrement notre attention se trouva éclairée de manière à nous laisser voir une particularité que nous n'avions jamais aperçue.

Un grand nombre d'ouvrières, parcourant la ruche en tous sens et ayant à leurs pattes quelque chose de brillant, arrivaient en grand nombre sous la voûte vitrée. Nous vîmes là plus distinctement que c'était dans la corbeille *pollenifère* qu'elles apportaient actuellement les petits objets brillants qui avaient frappé nos regards; à leur éclat, à leur couleur, de jeunes yeux les eussent pris pour des rubis, mais nous ne pûmes y être trompé: c'était de propolis que ces abeilles avaient pour cette fois rempli leurs corbeilles ; nous en avions surpris quelques-unes au moment où elles allaient l'entrer chez elles ; il nous avait suffi de toucher les rubis prétendus pour y reconnaître cette gomme-résine que les anciens connaissaient et dont le nom qu'ils lui ont donné prouve qu'ils n'en ignoraient pas l'usage, Ceux que les Grecs donnaient à la propolis en différents états indiqueraient même qu'ils la connaissaient mieux que nous; cependant ni Aristote ni les Pline anciens ou modernes ne paraissent avoir entrevu celui qu'ils pourraient lui imposer d'après mes dernières observations.

Dans son état de fraîcheur, avant qu'elle soit desséchée, cette matière jouit d'une propriété qu'elle partage avec toutes celles qui sont glutineuses, celle de pouvoir s'allonger et s'étendre en fils à volonté; elle est molle, souple et n'a rien de cassant. Ce fut de cette propriété que les abeilles de notre ruche firent un grand usage sous nos yeux. L'importance de leur manœuvre dans cette occasion, où il ne s'agissait rien moins que du salut de la peuplade, me fait espérer qu'on me pardonnera des détails sans doute minutieux, mais que je ne me crois pas permis d'élaguer.

Revenons donc au spectacle que nous offrait la ruche vitrée dont je vous parlais tout à l'heure; distrayions-nous si nous le pouvons de ce qu'elle nous montrait de vraiment intéressant, des soins que les abeilles rendirent à leur reine, à ses mâles et surtout à leurs petits, suivons seulement ces ouvrières si actives qui accourent, et en plus grand nombre, dans le haut de leur habitation. Nous apercevons déjà que ce n'est pas aux parois de la ruche qu'elles destinent la propolis dont elles se sont chargées ; les abeilles paraissent examiner leurs rayons bien plus particulièrement, arrêtées à l'orifice même des alvéoles. C'est là qu'elles vident leurs corbeilles, nous devinons sans peine que c'est là qu'elles doivent employer ces matériaux d'un travail encore inconnu.

1° Parmi le grand nombre d'ouvrières qui s'en occupent, choisissons celles que nous pouvons le mieux voir; cramponnées sur le gâteau, leurs têtes tournées vers l'orifice des cellules, presque toutes semblent palper de leurs antennes la propolis qu'elles viennent de déposer en cet endroit.

2° La plupart tâtent avec le bout de leurs dents les petites boules *propolitiques*.

3° Elles font mieux, elles enfoncent leurs dents dans la matière gommeuse que la chaleur du lieu et leurs attouchements si vifs et si répétés ont dû amollir.

4° Après bien des efforts et des tiraillements, nous les voyons s'écarter des boules et emporter entre leurs dents ce qu'elles en ont arraché.

5° Vus à la loupe ou à l'œil, ces petits objets nous paraissent des fils de propolis très minces et de différentes longueurs.

6° Comme pour les mesurer à celle de l'alvéole, elles les portent avec leurs dents ou les mains de leurs premières jambes dans le tube hexagonal. Ce qu'elles font dans l'alvéole nous est caché par leur corps, qui le remplit entièrement. Quand elles en sortent en reculant, nous les voyons quelquefois revenir les mains vides, c'est lorsque le filet s'est trouvé de mesure; dans ce cas il est aisé de remarquer que l'ouvrière l'a posé au point d'intersection de deux arêtes intérieures du tube hexagonal et qu'elle l'a étendu en le pressant à la place qu'il doit revêtir et fortifier.

7° Il arrive plus souvent que le filet n'a pas d'abord la longueur requise; s'il est trop long, un coup de dent l'a bien vite raccourci; dans le cas contraire la petite boule fournit à l'ouvrière ce qu'il lui faut pour l'allonger.

8° Ce qui me surprend toujours, quoique les abeilles et les fourmis aient dû m'y familiariser, c'est de voir que ce n'est point la même ouvrière qui continue le travail que l'autre a commencé; toutes celles qui s'y livrent successivement reprennent le travail quelconque dont elles s'occupent là où leurs compagnes l'ont laissé et sans que le changement de main s'y fasse jamais remarquer par la moindre irrégularité.

9° Nous n'avons pas vu les ouvrières fortifier les fonds pyramidaux de leurs alvéoles comme leurs tubes hexagones, cela était impossible, mais la dissection des fonds pyramidaux nous a appris qu'ils avaient été soignés sous ce rapport dans toutes les parties de la ruche de la même manière.

10° Lors de l'interruption des travaux en cire, par suite de la sécheresse et de tout mauvais temps qui empêche la sécrétion du miel dans les fleurs, le premier symptôme de cette suspension est indiqué par un cordon de propolis dont les abeilles rebordent les orifices des alvéoles dont les tubes n'ont pas toute leur longueur, et comme ces suspensions du travail en cire ont quelquefois lieu plusieurs fois dans chaque été, on peut connaître leur nombre par celui des anneaux propolitiques qui bordent les orifices dans le but probable de garantir les tubes de toute dégradation.

11° M. de Réaumur connaissait trop bien le peu d'épaisseur et l'extrême fragilité des alvéoles pour n'avoir pas compris que les abeilles devaient y pouvoir; il s'était assuré que les faces des cellules étaient moins épaisses qu'une feuille de papier; aussi dans leur nouveauté l'impression des doigts était sensible sur les rayons et le moindre poids ajouté suffirait-il pour les briser. C'est par de nouvelles cires ajoutées aux endroits trop minces que les ouvrières parent à cet inconvénient et donnent à leurs ouvrages bien plus de solidité.

12° On vient de voir qu'elles l'augmentent encore en y joignant la propolis; les filets de cet matière, arrangés en manière d'arcs-boutants au dedans des alvéoles et placés artistement aux points de contact de leurs trapèzes, sont bien ce qu'il y avait de mieux à faire pour lier plus intimement la cire à la propolis et contribuer ainsi à donner aux ouvrages des abeilles toute la solidité nécessaire.

13° et final. Pour voir cet ingénieux artifice, il fallait surprendre les abeilles au moment où elles s'en occupaient; il n'eût pas échappé à Réaumur. Il devient invisible quand les arêtes du prisme intérieur sont recouvertes par les coques soyeuses que laissent toujours les nymphes dans les alvéoles quand elles en sortent sous la forme d'abeilles adultes; le nombre des coques qui s'y succèdent sans interruption détruit nécessairement leur transparence. Swammerdam en a compté dix-sept dans un alvéole.

Pour voir ce nouveau trait de l'industrie de nos mouches, il faut:

1° isoler un alvéole;

2° le mettre à la surface de l'eau;

3° la faire chauffer. La cire, plus fusible que la propolis, se fondra aux environs de 50° de Réaumur et s'étendra comme de l'huile à la surface de l'eau; la propolis ne se fondra point à ce degré, le prisme conservera sa forme, les coques, qui auront pris celle de l'alvéole sur lequel elles se sont moulées, conserveront les arêtes qu'on voyait avant la disparition de la cire.

TRENTE-SIXIÈME LETTRE

Lettre à Mme Sophie de Portes, à Bois-d'Ely

Lausanne, le 18 juillet 1830.

La jolie matinée que vous m'avez fait passer mes chères filles!

J'ai besoin de vous en remercier, mon petit ambassadeur m'a si bien peint notre Bois d'Ely qu'il m'y a transporté (1). Votre bonne réception avait été pressentie, je n'en ai pas eu moins de plaisir à vous retrouver comme vous êtes là. Je sais à présent la ruche d'Elisa par cœur, elle va bien mieux que je ne l'espérais ; si ces abeilles ne tuent pas leurs mâles elle peut avoir encore un essaim. Vu la saison trop avancée cela n'est pas à désirer, il sera peut-être bon de le rendre à sa mère en automne.

Note (1) : L'auteur, dans une autre lettre du même mois qui n'est pas consacrée aux abeilles, parle de son jeune envoyé, qui est allé à Bois-d'Ely prendre des nouvelles de la famille et visiter la ruche de Mlle. Elisa. – Note du rédacteur.

Mlle de Végobre et mon cher Prévost m'ont aussi promis d'aider Richard à se placer; il m'a rendu bon compte de l'activité qui règne dans la ruche Genève; malgré mes absences je prends bien part à tout ce qui se fait là d'utile, de beau et de bon. Dans ce moment je n'ai presque plus qu'Alger en tête et souhaite trop vivement le succès des armes françaises pour n'être pas heureux du dénouement.

Il y a si longtemps que je n'avais relu mes mémoires sur les abeilles que je viens de le faire pour bien m'assurer que je pouvais les mettre sous les yeux de notre enfant. Dites-lui que j'ai pris la liberté de donner à Prévost une copie de ma dernière lettre et qu'il a pris celle de la lire à la Société de Physique; il croit qu'on la lui demandera pour l'imprimer dans le recueil des mémoires de cette Société; j'en ai été flatté et c'est dans l'idée que ce petit succès vous fera plaisir comme à mes autres enfants que je veux le partager avec vous comme avec eux.

TRENTE-SEPTIÈME LETTRE (1)

Note (1) : Cette lettre n'ayant été retrouvée par Mme de Watteville et ne nous ayant été communiquée que postérieurement aux autres, nous n'avons pu la publier à sa place: elle doit précéder la vingtième lettre, sur l'Origine de la cire. – Note du rédacteur.

Nécessité d'abriter les ruches du soleil. Comment l'auteur a été amené à conclure que le pollen n'est pas l'élément de la cire

Lausanne, 26 août (1829).

Vous me permettez, ma chère Sophie, de vous adresser celle-ci (provisoirement) pour la remettre à Elisa quand vous serez à Bois-d'Ely; je me reproche de lui avoir tant parlé d'abeilles sans lui avoir rien dit de ce que tout le monde sait, ou a cru savoir jusqu'à présent, sur leur miel, leur cire et leur art de bâtir, soit leur architecture si célébrée et que je croyais, d'après le premier des naturalistes, si bien connue quand je publiai mes premières observations.

Tout cela a été dit dans ma seconde édition, mais vu l'âge de votre chère fille, je ne peux ni ne veux la condamner à apprendre trop péniblement ce dont je crois pouvoir l'occuper en l'amusant sans lui donner tant de peine. Il était écrit que de grands observateurs ne verraient pas ce beau sujet des abeilles dans son entier et que ce bonheur serait réservé à l'homme du monde qui pouvait le moins l'espérer,

D'après des raisons qui me paraissaient très bonnes, j'avais toujours pensé comme Réaumur que la cire provenait des poussières fécondantes ou du pollen, que j'ai toujours désigné comme lui sous le nom de cire brute dans ma première édition, nom que j'aurais pu changer dans la seconde, mais je ne l'ai pas voulu; mon motif me sera pardonné : on n'y verra que mon respect pour mon maître aussi cher que vénéré. Je renvoie Elisa aux beaux mémoires de Réaumur, quand elle sera curieuse de savoir ce que nous devons à cet excellent naturaliste et si j'avais tort de penser comme lui; pour me justifier à ses yeux de l'avoir fait, je n'ai heureusement qu'à lui raconter ce qui m'est arrivé et ce qui m'a amené à découvrir une vérité que je ne cherchais pas le moins du monde et à laquelle je ne me suis rendu qu'après un mûr examen.

Je m'amusais un jour à observer les abeilles d'un grand rucher qui ne m'appartenait point et que le fermier de la campagne que j'habitais en Suisse avait exposé, comme à l'ordinaire, au soleil de midi. Les mouvements de ces mouches, leur bourdonnement extraordinaire attira d'abord notre attention; nous crûmes remarquer qu'elles ne s'éloignaient point de leurs ruches, que le nombre de celles qui s'en écartaient et qui revenaient chargées, ou de pollen ou probablement de miel, était très petit en le comparant à celui des abeilles qui ne rapportaient rien, et qui paraissaient n'avoir d'autre besoin que celui de prendre l'air et peut-être d'échapper à la trop grande chaleur de l'intérieur de la ruche. Je vis par la suite que ma conjecture était juste, car, répétant cette observation sur mes propres ruches, dont j'avais laissé une partie exposée au soleil tandis que les autres restaient à l'ombre, je constatai que le poids des unes n'avait reçu aucune augmentation, tandis que celui des autres s'était accru de plusieurs onces dans le même temps.

Vous devinez que c'étaient les abeilles que j'avais laissées à l'ombre qui avaient le mieux employé leur temps; cette observation, répétée suffisamment, me persuada qu'il ne convenait pas de tenir les ruches en espalier et qu'on devait au contraire les garantir de l'influence directe du soleil; on le croyait déjà du temps de Virgile. Il conseille dans ses Géorgiques de les mettre à l'abri, à l'ombre d'un palmier ou de quelque grand olivier:

Palma que vestibulum aut ingens oleaster adumbret.

Le temps fut couvert le jour suivant, le soleil ne se montra point, mais la douceur de l'air n'en invita pas moins les abeilles à aller aux champs et à chercher sur les fleurs de nos prairies à faire leurs récoltes ordinaires; elles furent bien plus abondantes ce jour-là qu'elles ne l'avaient été la veille ; toutes celles qui sortaient s'éloignaient d'abord de leur ruche et n'y rentraient qu'avec les fruits de leur travail et sans perdre leur temps à voltiger autour de leur habitation.

Nous étions dans la saison des essaims, il y en avait eu beaucoup dans ce rucher, le tiers des ruches au moins avait essaimé; les nouvelles colonies paraissaient plus agitées que les vieilles, les abeilles qui habitaient celles-ci rapportèrent beaucoup de pollen dans leurs corbeilles; celles des nouveaux essaims rentrèrent avec leurs corbeilles absolument vides et n'avaient de pollen que celui qu'elles avaient pris sans le vouloir sur les fleurs et qu'avait arrêté le duvet dont tout leur corps est couvert. Le seul pollen qu'elles aient voulu prendre est celui qu'elles enlèvent aux anthères et qu'elles déposent dans leurs corbeilles triangulaires, après en avoir fait de petites pelotes en l'air, Ce travail se fait au-dessus des fleurs avec une telle rapidité qu'il est difficile de voir bien distinctement comment elles s'y prennent. Il est sûr qu'elles le prennent avec leurs dents, qui le font passer successivement des anthères aux jambes et de là aux corbeilles triangulaires.

Etonnés de la conduite des abeilles dans cette occasion, de leur voir apporter tant de poussières fécondantes dans les vieilles ruches et presque point dans les nouvelles, nous doutâmes dès ce moment-là que la cire pût provenir du pollen, car, dans des ruches absolument vides, la cire était de première nécessité, il leur en fallait absolument pour recevoir et loger convenablement les œufs de leur reine. La délicatesse de leur membrane est telle que le moindre attouchement les détruit, ceux des abeilles elles-mêmes leur sont interdits. Il est si vrai qu'ils ne peuvent supporter la moindre pression, que, pour les fixer au fond des cellules, la reine ne paraît compter, en les pondant, que sur le gluten dont ils s'entourent nécessairement en passant dans ses ovaires. Quand vous voudrez porter un œuf d'une cellule dans une autre, gardez-vous de le prendre avec une pince quelconque; malgré toute votre adresse vous le briseriez infailliblement ; pour réussir à le déplacer sans lui nuire, il suffit de le toucher de côté avec la pince; il s'attache au fer qu'on lui présente comme le ferait un aimant et y tient par le moyen du gluten dont j'ai parlé.

Il était donc absolument nécessaire, vu l'extrême fragilité des œufs de la mère-abeille, qu'ils fussent reçus à leur naissance dans des loges disposées de manière à prévenir tout accident. La disposition des cellules, leur forme et la matière dont elles sont faites procuraient aux petits êtres qui devaient leur être confiés tout ce que la maternité la mieux entendue pouvait désirer.

Le premier devoir des abeilles, à leur entrée dans leur nouveau domicile, était sans doute de préparer les berceaux des petits que leur reine, pressée de pondre, avait à y confier ; c'est de cire qu'ils doivent être faits. Un instant d'observation, ou plutôt de réflexion, venait de m'apprendre que je m'étais trompé avec tous mes prédécesseurs en croyant que les abeilles trouvaient les éléments de leur cire dans la poussière des étamines. Notre guide à tous, Réaumur, avait remarqué que les abeilles l'enfermées chez elles par le mauvais temps et n'ayant encore pu se pourvoir de pollen n'en construisaient pas moins de beaux rayons de cire. Je l'avais vu bien des fois dans les mêmes circonstances et je n'avais pas fait un pas de plus que mon maître, peut-être ne l'avais-je pas osé.

Quand vous lirez ceci vous aurez déjà vu par vous-même essaimer bien des abeilles. Le trouble, la confusion apparente qui règnent dans les ruches au moment qui précède celui du jet, l'étonnante précipitation avec laquelle les abeilles s'empressent de quitter une habitation qui leur paraissait si chère vous auront probablement fait penser comme à moi que l'essaim ne songe qu'à en sortir et ne s'occupe d'aucun autre soin. Vous aurez vu dans une de mes lettres précédentes qu'il en est tout autrement et que c'est aux abeilles mêmes que j'en ai dû la preuve.

Du moment où je connus l'inutilité du pollen comme matière première de la cire, je la cherchai dans le miel, la seule substance qui, à ma connaissance (le pollen seul excepté), fît partie du ménage des abeilles. La première idée qui vous serait venue n'aurait-elle pas été de mettre celle-là à une épreuve décisive, d'enfermer par exemple vos essaims dans des ruches où ils ne trouveraient que le miel nécessaire à leur consommation (présumée) et de voir ce qui arriverait.

Si, après quelques jours d'emprisonnement, vous trouviez de beaux rayons de cire dans toutes vos ruches, n'en concluriez-vous pas que ce sont vos abeilles qui l'ont faite et que c'est du miel qu'elles l'ont extraite pendant leur captivité, puisque vous n'avez mis que du miel à leur portée? Il vous serait ensuite venu certainement à l'esprit de faire le contraire ou l'inverse de ce que vous aviez fait, c'est-à-dire de substituer au miel les poussières des étamines et de voir ce que vos abeilles en feraient dans la prison où vous les auriez confinées avec quelques fruits doux et un peu d'eau pour que les prisonnières ne souffrissent ni de la faim, ni de la soif. Je puis vous prédire, pour avoir répété bien souvent la même épreuve, que vous n'auriez jamais trouvé un atome de cire neuve dans les ruches qui auraient servi de prison aux abeilles.

Soupçonnant que c'était la partie sucrée du miel qui avait cette étonnante propriété, vous auriez voulu voir ce qui arriverait si au lieu de miel vous ne donniez à vos abeilles que du sucre dissous par l'eau et vous tiendriez votre soupçon pour confirmé quand vous verriez dans cette dernière épreuve vos abeilles changer le sucre en cire comme le miel.

Voyant que le miel seul, ou sa partie sucrée, était bien la matière première de la cire et que le pollen n'y contribuait pas du tout, je ne doute pas que vous n'eussiez voulu savoir de quelle utilité il pouvait être aux abeilles, pourquoi cette récolte était ou paraissait être si importante pour elles. C'est aux ouvrières que sont confiés les soins des petits; celui de les nourrir devait être en première ligne et leur devoir le plus étroit. Je vous vois empressée à vous en assurer par quelques épreuves directes; vous enlevez donc dans les ruches que vous y destinez tous les rayons qui contiennent du miel et vous n'y laissez que ceux où le pollen a été précédemment emmagasiné et les alvéoles où des petits de tout âge ont été élevés; le succès le plus complet vous attend. Voyez avec le secours de la loupe:

1° les œufs sensiblement grossis au fond de leur alvéole ;

2° les jeunes larves ont aussi grandi, elles tiennent plus de place dans ceux où vous les aviez vus la veille;

3° quelques-unes de ces larves se disposent déjà à passer à l'état de nymphes, il y a de la vie partout. En bonne nourrice vous n'avez rien oublié. Le pollen a donc été le lait dont vous les avez nourries; c'est le seul aliment que vous leur ayez donné, il leur a suffi; c'était donc le seul dont eussent besoin les ouvrières qui le leur ont distribué de votre part et nous n'avons plus à chercher la cause de la très grande importance de cette récolte.

Avec le miel dont vous verrez les abeilles se charger au moment de leur départ et qu'elles emportent avec elles dans leur nouvelle habitation, elles pourront produire de la cire et construire les alvéoles qui doivent servir de berceaux aux petits et de magasins aux poussières fécondantes; leur seule ... (1)

Note (1) : la suite du manuscrit manque. – Note du rédacteur.

TRENTE-HUITIÈME LETTRE (1)

Note (1) : Cette lettre et les sept qui suivent portent le millésime 1831 dans le volume manuscrit dans lequel elles ont été copiées, mais c'est sans aucun doute une erreur du copiste et elles doivent avoir été écrites en

1829. Cela ressort, pour celles traitant des Abeilles du Mexique, de correspondances et brouillons de lettres faisant partie du dossier de Molin, et pour les quatre autres (41me à 44me) de leur contenu même. – Note du rédacteur.

Les Abeilles du Mexique

Lausanne, 16 juin 1831,

En vous occupant, ma chère Elisa, des insectes du Nouveau-Monde que nous a fait connaître un célèbre voyageur anglais (M. le capitaine Basile Hall), mon but principal sera comme toujours de mettre sous vos yeux quelques-unes des merveilles de la Nature qu'il m'a été permis d'observer et surtout la variété des moyens qu'elle emploie pour atteindre son but. Vous n'avez pas méconnu celui que je m'étais proposé en vous parlant des abeilles; les êtres dont il va être question et qui sont indigènes du Mexique ont dû à leur ressemblance avec nos mouches à miel et aux produits de leur industrie de recevoir dans l'Amérique du Sud le même nom que celles d'Europe. A la lecture de l'ouvrage du capitaine Hall, qui m'intéressa très vivement, je remarquai cependant quelques traits de dissemblance qui me firent douter que mes nouvelles connaissances fussent bien réellement des abeilles. Je pus, avec l'aide de mes amis et de leurs correspondants au Mexique, faire venir de Tépico les mouches prises dans des ruches semblables à celles qu'avait visitées l'observateur que j'ai nommé. Cette première tentative échoua complètement et cela par la précaution même qui avait été prise pour en assurer le succès. Nos correspondants avaient noyé toutes ces mouches dans la liqueur qui pouvait le mieux en assurer la conservation. Les bouteilles, fermées trop négligemment, laissèrent évaporer cette liqueur et la longueur du trajet, jointe à la chaleur éprouvée, firent fermenter et se putréfier tous ces êtres sans exception; il ne m'en arriva pas un que nos meilleurs anatomistes eussent pu mettre à sa place dans son échelle. Mayor aida mon fils dans cette occasion et ne fut pas plus heureux. M, Basile Hall ayant remarqué que les mouches de Tépico n'avaient piqué personne lorsque l'on avait ouvert leurs ruches, en conclut qu'elles étaient privées d'aiguillon, ce qui ne me paraît pas suffisamment prouvé.

Je ne renonçai pas pour cela à faire tout ce que je pourrais pour mettre hors de doute un point aussi important, ce fut l'objet de ma seconde tentative. Vous croiriez peut-être difficilement, je l'espère de ma chère fille au moins que j'ai été assez indiscret pour revenir à la charge avec de si nouveaux amis et exiger d'eux qu'ils me fissent une dernière fantaisie.

Veri sacra fames quid non mortalia pectora cogis.

(Saint amour de la vérité à quoi ne mènes-tu pas les cœurs de ceux qui sentent tes charmes).

Loin d'être rebuté par le mauvais succès de la première, je comptais assez sur leur complaisance pour leur demander de m'acheter une ruche mexicaine, de me l'expédier en Angleterre et de me l'envoyer le plus tôt possible sans y rien déranger et telle qu'elle se trouverait au moment de son départ (1). Voici ce que vous aurez encore quelque peine à croire et qui cependant n'est que trop vrai, c'est que j'ai oublié de leur recommander de ne pas fermer la ruche et de laisser aux prisonnières le libre accès de l'air, sous peine de les voir s'asphyxier et périr misérablement. Mes amis du Mexique n'y pensèrent pas plus que moi; la ruche que je demandais fut achetée, expédiée en Europe, adressée à Londres à J.-L. Prévost, qui la reçut, la déballa, l'ouvrit avec ma permission; mais ayant vu d'abord que la porte avait été solidement fermée, il craignit (ce qui était malheureusement arrivé) que toutes les mouches ne fussent mortes. Des légions de cirons furent les seuls êtres vivants qu'il vit dans cette ruche et que nous y trouvâmes encore à son arrivée à Yverdon. Je, c'est-à-dire, mon fils trouva tout, à cela près, dans le meilleur état possible et parfaitement tel qu'il avait été vu et décrit par M. Hall. Je vous enverrai bientôt la relation de cette partie de son voyage. Croyez donc, comme si vous le voyiez vous-même:

1° que les mouches de Tépico récoltent autant de miel au Mexique que nos abeilles le font en Europe; qu'il est pour le moins aussi bon et plus aromatisé que celui de nos vraies abeilles;

2° qu'elles savent en convertir une partie en cire et en produire considérablement;

3° je vous dirai plus bas ce qu'elles en font. Sous ces rapports les habitants du pays sont aussi bien partagés que nous. Vous penserez peut-être qu'ils le sont mieux quand vous saurez que j'ai eu le bonheur de confirmer la conjecture du premier observateur et d'en faire une vérité. Comme M. Hall l'a soupçonné, les mouches à miel du Mexique sont dépourvues d'aiguillon et de toute arme offensive. On peut donc les observer impunément et s'emparer de leurs trésors sans qu'ils ne nous coûtent rien. Vous êtes trop juste, ma bonne Elisa, pour ne pas accorder quelque intérêt à ces étrangères et admirer les voies par lesquelles la Providence les rend dignes de votre intérêt et de la reconnaissance des habitants d'un autre hémisphère. La suite de cette lettre vous dira ce que j'ai pu voir de plus. Dieu soit avec vous mes chers enfants.

F. H.

Notice de M. Basile Hall relative à des mouches qu'il observa à Tépico et dont Je trouve la relation dans le tome II de son voyage au Chili, au Pérou et au Mexique (page 238) en 1820,1821 ,1822. L'auteur était officier de la Marine Royale; ce fut par ses ordres que ce voyage fut entrepris.

De la place du marché nous nous rendîmes à une maison où il y avait une ruche d'abeilles du pays qu'on ouvrit en notre présence.

Note (1) : l'auteur eut du reste l'occasion de rendre à son tour un service à ses correspondants du Mexique. Dans une lettre datée du 14 juin 1827, après avoir parlé des tentatives réitérées qu'il venait de faire pour se procurer des mélipones vivantes, il écrit ce qui suit:

« Je n'étais pas absolument sans remords de mes indiscrétions répétées, lorsqu'il me tomba du ciel un moyen de me les faire pardonner; c'est pour vous en faire part que j'ai pris la plume aujourd'hui, j'espère que vous trouverez que cela en valait la peine. Le professeur Prévost, ce bon camarade dont je vous parlais tout-à-l' heure, m'apporta peu avant mon départ de Genève une petite lettre du Mexique dans laquelle les savants anglais, dont j'avais mis la patience et la bonté à l'épreuve, me demandaient un service auquel ils mettaient beaucoup de prix, celui de leur apprendre comment on pourrait blanchir leur cire, n'ayant pu le faire jusqu'à présent. Leurs forêts sont remplies de ces mouches et de leur produit. Inutile si on ne peut en faire des bougies, et qui, si l'on pouvait y parvenir, enrichiraient cette partie de l'Amérique et ceux qui ne manqueraient pas de s'occuper d'une si bonne spéculation. Vous devinez pour cette fois? Je saisis bien vivement cette occasion de m'acquitter et de faire aussi quelque plaisir à de bonnes gens qui n'avaient épargné ni soins ni peines pour m'en procurer.

• Je m'adressai donc à l'un de nos meilleurs chimistes: sa réponse ne se fit point attendre, Prévost ne perdit pas non plus un moment pour l'envoyer à son fils, qui nous apprend qu'elle court les mers dans cet instant et qu'elle va faire bien plaisir à ses amis, car Macaire-Princeps leur apprend ce qu'ils désirent tant savoir, qu'ils peuvent blanchir leur cire mexicaine et en composer

autant de belles bougies qu'ils voudront. Le moyen que nous employons pour blanchir nos draps et tout ce que nous voulons qui soit blanc blanchira aussi bien la cire de Tépico, c'est le lavage répété dans l'eau saturée d'acide muriatique oxygène ou chlore, comme on l'appelle aujourd'hui. » - Note du rédacteur.

Les abeilles, le miel et la ruche diffèrent beaucoup de ceux d'Angleterre. La ruche est ordinairement faite d'un tronc de bois de deux ou trois pieds de longueur et de huit à dix pouces de diamètre, creusé et terminé aux extrémités par des ouvertures circulaires, jointes avec soin au bois quoique mobiles à volonté.

Il y a des personnes qui, au lieu de cet appareil grossier de bois, ont des ruches cylindriques en terre cuite, ornées de figures et d'anneaux circulaires. Les ruches servent d'ornement aux vérandas des maisons, aux toits desquelles elles sont suspendues avec des cordes, de la même manière que le sont, sur le devant des cabanes de village, les ruches en bois. Sur un des côtés de la ruche et à moitié du chemin entre les extrémités, est un petit trou assez large pour donner l'entrée à une abeille chargée de butin, avec une espèce d'auvent pour mettre la ruche à l'abri de la pluie; ce trou figure ordinairement une bouche d'homme ou de quelque animal dont la tête est en relief sur la ruche.

Une abeille est chargée d'un emploi qui n'est pas tout profit. Elle est continuellement devant le seuil de la ruche, qui est si étroit que chaque fois qu'une de ses compagnes arrive elle se place en dedans ou en dehors et revient de suite à son poste. L'expérience a prouvé, du moins à ce que l'on m'a dit, que l'abeille qui était en faction restait en permanence pour toute la journée.

Lorsqu'on a reconnu au poids que la ruche est pleine, on enlève tout ce qui est à l'extrémité et on en retire le miel. La ruche qu'on ouvrit devant nous n'était pas entièrement pleine, ce qui nous permit d'étudier plus aisément l'économie de l'intérieur. Le miel n'est pas disposé en cellules hexagones comme dans nos ruches, mais en sacs de cire pas tout-à-fait aussi grands qu'un œuf. Ces sacs ou vessies sont suspendus autour des côtés de la ruche et paraissent remplis à moitié. Il est probable que la quantité est en raison de ce que la force de la cire peut supporter sans se rompre. Les sacs placés dans le fond sont plus solides et par conséquent plus remplis que ceux du haut.

Dans le centre de la partie basse de la ruche se trouvait une masse irrégulière de rayons mêlés de cellules semblables à celles de nos abeilles et dans lesquelles reposaient les plus jeunes, qui avaient déjà de la force. On leva les cellules pour leur donner la liberté, elles prirent leur vol. Pendant que nous examinions la ruche, une personne retira les rayons et le miel. Le trouble fut jeté parmi ce petit peuple, aucun de nous ne fut piqué quoique nos figures et nos mains en fussent couvertes. Il y a dans le pays une espèce plus méchante; l'espèce que nous vîmes paraît n'avoir ni la volonté ni le pouvoir de faire du mal. Nos amis nous dirent qu'elles étaient toujours *may manso*, très apprivoisées et qu'elles ne piquaient jamais. Le miel répand un parfum d'aromates et pour le goût il diffère entièrement de celui de nos climats.

Description de la mélipone domestique. - Les abeilles du Mexique sont du genre Mélipone; leur tête est un peu carrée, leur corps arrondi et velu comme celui de nos bourdons et, non pas angulaire comme celui de nos abeilles domestiques. Lorsqu'on les regarde par dessous, il y a des bandes peu apparentes; leur taille est d'un tiers plus petite que celle des abeilles d'Europe; cependant elles sécrètent de la cire, mais probablement à la manière de nos bourdons velus des champs.

Elles ont la corbeille pollénifère et une brosse, mais elles n'ont pas cette pince qui sert à nos abeilles d'outil pour extraire les plaques à cire, elles n'en avaient pas besoin.

TRENTE-NEUVIÈME LETTRE
Les Abeilles du Mexique (suite)

Lausanne (juin).

Vous avez déjà vu dans ma première lettre, ma chère Elisa, que le mauvais succès de mes épreuves ne m'avait pas fait renoncer à celles qui pouvaient répandre quelques lumières sur une partie d'histoire naturelle que d'autres n'avaient point exploitée. Vous ne me trouverez peut-être pas trop étourdi quand vous saurez que je ne suis pas le seul qui ait imaginé de faire venir en Europe des êtres intéressants qu'il était trop difficile d'observer dans leur pays natal. Non, d'autres ont eu la même idée, mais ce sont nos propres abeilles qu'ils ont osé mener en Amérique. Ils ont même prétendu y avoir réussi.

Mlle de Végobre, qui me permettait de lui parler de tout ce qui m'intéressait, me dit un Jour qu'il ne serait pas bien difficile de nous faire envoyer des abeilles de la Guadeloupe, pour les comparer avec les nôtres et voir par cette première observation si les unes et les autres étaient bien de la même espèce et pouvaient avoir une patrie commune. Grâce à cette bonne amie, peu de mois suffirent à la personne qui se chargea de sa commission pour m'apporter à Genève quelques centaines d'abeilles ouvrières prises au pied des ruches de la Guadeloupe et qui se trouvèrent en tous points semblables à celles de nos propres ruches. C'est sur cela que j'ai cru pouvoir espérer que des mouches à miel du Mexique pouvaient aussi bien venir chez nous que celles d'Europe étaient arrivées en Amérique. Pour s'en assurer on devait cependant encore en faire l'épreuve. Je la confie aux jeunes observateurs qui en sentiront l'utilité.

QUARANTIÈME LETTRE

Les abeilles du Mexique (suite)

Lausanne, 4 juillet 1831 (?).

Ma chère Elisa,

En sollicitant votre intérêt pour mes nouvelles connaissances d'outre-mer, vous aurez probablement compris que ce n'était pas sans raison que je désirais vous faire partager mon sentiment à leur égard.

Lorsque je fus assuré par l'inspection de cette malheureuse ruche, que j'avais fait venir de si loin, que le premier observateur qui nous les avait fait connaître n'avait dit que la vérité en parlant de l'utilité dont elles pouvaient être et surtout de leur douceur dans tous les rapports qu'elles ont avec nous, l'idée me vint que ce serait rendre un bon service aux habitants de nos provinces méridionales, peut-être à de chers amis que j'ai dans ces heureux climats, que de les engager à les attirer chez eux et à en favoriser la multiplication. Mais avant d'en parler à personne, je voulus savoir ce qu'en penserait un de mes meilleurs amis, M, Manoël de Végobre, et surtout les consulter sur les meilleures précautions à prendre pour assurer le succès d'une entreprise qui me paraissait un peu hasardeuse, peut-être même téméraire. Voici celles qui me semblaient les plus importantes:

1° On devait s'assurer en premier lieu, avant le départ des mélipones, qu'elles avaient des vivres suffisants pour un voyage d'un si long cours, et dans le cas contraire on devait y pourvoir en leur donnant le miel et le pollen qui leur étaient nécessaires.

2° Il fallait empêcher que les ruches ne suivissent les mouvements du vaisseau dans les gros temps et qu'elles ne pussent jamais s'incliner comme eux à droite ou à gauche en s'éloignant de la ligne verticale ; on devait pour cet effet avoir recours aux appareils employés dans le même but pour maintenir les boussoles dans la situation convenable.

3° Entretenir toujours l'accès libre à l'air dans les ruches en laissant leurs portes ouvertes pour prévenir son altération, Ces points n'étant sujets à aucune objection raisonnable, je vais joindre ici ceux qui parurent à mon ami mériter ou exiger quelques explications. Pour votre commodité je tâcherai que mes réponses à ces questions les suivent toujours immédiatement. Vous n'attendez ni n'exigez pas de moi que je réponde à tout ce que vous pouvez me demander et qu'aurait pu m'apprendre ma ruche du Mexique si je l'avais reçue vivante et prospérante comme j'aurais pu l'espérer. D'illustres exemples nous apprennent que ce n'est pas toujours dans un bel ordre que se présentent aux naturalistes de nos jours de beaux échantillons des objets de nos études. Voyez, Mademoiselle, où les Cuvier, les Brongniart et consorts ont trouvé ceux qui les ont immortalisés; c'est en fouillant les plus profondes cavités de nos cavernes terrestres qu'ils ont aperçu les débris plus ou moins altérés d'êtres dont l'existence ne doit être rapportée qu'aux temps les plus reculés et peut-être les plus voisins ou même contemporains des catastrophes de tout genre qui ont bouleversé notre planète, Cependant dans ces êtres si altérés et réduits presque en poussière, ces savants ont reconnu les restes fossiles d'animaux gigantesques, différents de tout ce que nous connaissons dans le règne animal. L'anatomie, étudiée comme elle ne l'avait jamais été, leur a fait reconnaître dans leur air de famille celles auxquelles ils avaient appartenu. Grâce à Cuvier nous avons sous les yeux les habitants d'un monde qui n'existe plus et qui ne tiennent que de loin avec ceux qui vivent avec nous. Les premiers pas de nos anciens géologues en ont amené d'autres encore plus intéressants; notre espèce avait échappé aux premières recherches, d'autres ont trouvé des ossements humains pétrifiés dans les grottes de Montpellier et d'autres lieux; ces ossements se trouvent, dit-on, mêlés et confondus dans nos couches avec les débris d'objets qui ont été évidemment façonnés et travaillés de la main des hommes et qui sont probablement de la même antiquité. Ces recherches mèneront à d'autres, nous avons encore bien des lumières à attendre et à espérer de la sagacité, du zèle dont paraissent animés nos jeunes géologues. Ils s'uniront assurément aux travaux antérieurs des sages qui les ont précédés et on ne l'oubliera pas. Leur part de gloire ne sera-t-elle pas assez belle encore ?

C'est aussi des mines que j'ai à m'occuper et des lois qui ont régi les êtres dont nous n'avons plus que les dépouilles mortelles. Si M. Cuvier a pu découvrir dans les débris de quelques animaux antédiluviens tant de choses sur leurs mœurs, pourrons-nous espérer, d'après l'inspection et l'autopsie des nombreux cadavres qui nous sont venus du Mexique, d'entrevoir la physiologie et les mœurs des abeilles mexicaines ?

Si ce nom convient aux êtres dont nous nous occupons, les différences qu'on peut remarquer entre les abeilles proprement dites et les mouches à miel du Mexique, sans permettre de les placer dans des familles différentes, exigent cependant entre elles quelque séparation. J'en ai parlé dans la note qui termine ma première lettre. J'ai à vous occuper dans celle-ci de dissemblances plus frappantes. Vous n'ignorez pas le rôle que joue l'aiguillon chez les abeilles européennes; toute la haute police de nos ruches semble tourner sur ce pivot. Leurs reines sont dominées par un instinct dont elles sont le seul exemple que nous connaissions dans l'histoire. Cette disposition jalouse est si réelle chez elles que l'infanticide, qui presque partout fait horreur à la nature, est très commun chez les mères-abeilles européennes. On sait que c'est avec leur aiguillon qu'elles tuent leurs petits au berceau. Les mouches à miel du Mexique, privées de cette arme offensive, sont dispensées de cette atrocité (ceci est détaillé dans mes lettres sur les essaims).

Il est un moment où nos abeilles, saisies d'une rage qui a tous les effets de la haine, passent envers les mâles de l'espèce aux démonstrations les moins équivoques de l'aversion qu'ils leurs inspirent. C'est encore avec l'aiguillon qu'elles parviennent à se défaire, à se débarrasser des êtres qui ont été jusqu'à ce moment les objets des soins les plus tendres. Est-ce comme membres inutiles et par conséquent dangereux que les mâles, qui consomment beaucoup de miel et ne rapportent rien qui puisse accroître les provisions, s'attirent un traitement si rigoureux et dont j'ai aussi décrit toutes les phases ? Qu'on n'en cherche pas la cause déterminante, on ne la trouverait pas dans l'âge avancé des êtres qui doivent être sacrifiés, car leurs œufs et leurs plus jeunes larves n'échappent point à leur proscription. J'ai vu souvent que le dépôt des reines, leur vieillesse ou leur stérilité sont des cas où le massacre des mâles est quelquefois différé et souvent même n'a pas lieu. Je vous fais grâce de mes conjectures.

La privation d'un aiguillon doit assurément changer le caractère et les mœurs des êtres qui en sont dépourvus et nous faire trouver plus de douceur et de paix chez les abeilles mexicaines que chez celles de notre Europe. Les mélipones ne connaissent point ces disparates. Je n'ai point trouvé dans les ruines de leurs établissements de reines ni de mâles; si elles en ont, ce dont on ne saurait douter, il faut qu'ils n'eussent rien qui les distingue des simples ouvrières. L'autopsie ou l'inspection de l'intérieur de ces cadavres aurait levé tous les doutes si la putréfaction ne les avait pas corrompus. En réalisant presque toutes mes prévisions, ces observations prouvent l'utilité des recherches dont j'ai cru devoir m'occuper; elles ont amené à ma connaissance bien des faits dont je n'ai pu être le témoin. Des êtres qui ne sont plus peuvent encore faire le sujet de nos études; on vient de voir qu'un cimetière peut encore nous révéler des particularités intéressantes sur les habitudes et les mœurs d'autrefois d'un peuple dont il a été la patrie.

M. de Végobre m'a adressé bien des questions intéressantes au sujet des mélipones ; je lui ai répondu de mon mieux. Je renverrai à un autre moment cette partie de notre correspondance, je suis plus pressé de vous dire à présent quelques mots à propos de mon (mode) de navigation, l'objection qui s'est présentée à l'esprit de mon ami et la manière dont il s'en est tiré. Je vais le laisser parler lui-même:

« ... Une observation qui m'a frappé c'est leur *innocuité* et la conséquence funeste qui en résulterait pour elles si elles étaient transportées chez nous.

« Vous connaissez mieux que personne la sagacité de nos abeilles pour découvrir, même à une grande distance, un dépôt de miel quelconque et la passion furieuse qui les y porte. J'en ai vu, il y a deux ans, un exemple lamentable à Plainpalais. Si donc une ruche mexicaine se trouvait transportée dans ce pays, ne serait-il pas à craindre que toutes les abeilles de la contrée, qui apprendraient plus tôt ou plus tard que cette ruche est sans défenseurs, ne vinssent la piller entièrement et qu'il n'y eût plus de moyen de la renouveler? Vous me dites que vos Mexicaines sont un peu plus petites que nos abeilles: ceci me suggère une idée pour parer au danger que je viens de signaler; ce serait de placer nos étrangères dans des ruches dont l'entrée serait fermée par plusieurs petits trous, autant qu'il en faudrait, mais chacun trop petit pour qu'une de nos abeilles pût y passer. Une autre observation, c'est que ce serait un affreux malheur pour ces pauvres Américaines si l'on s'avisait d'acclimater dans leur pays nos tyrans d'Europe (que vous aimez tant). »

Vous applaudirez comme moi aux moyens qu'a trouvés mon bon conseiller intime d'annuler l'objection qu'il avait lui-même élevée et qui sans cela eût certainement rendu mon projet inexécutable. Vous verrez, ma chère fille, dans la notice (1) que je vous envoie, que le moyen qu'il propose est précisément celui de la bonne nature; il en a d'autant plus de mérite à mes yeux. Les abeilles d'Europe ont aussi des ennemis à redouter, elles ont été instruites à donner aux entrées de leurs habitations des dimensions telles qu'elles pussent opposer un sûr obstacle à leurs invasions.

Nature ! Nature ! Tes bonnes inventions devancent toujours les nôtres. Admirons-la de toutes nos forces et n'allons pas en être jaloux.

QUARANTE-ET-UNIÈME LETTRE

Traitement des piqûres, conditions requises pour une ruche d'observation, massacre des mâles

Note (1) : Publiée à la suite de la 38me lettre. – Note du rédacteur.

Lausanne, le 4 août 1831 (?).

Auriez-vous été piquée, ma chère Elisa, j'ai cru le deviner ou bien plutôt le sentir à la lecture de votre dernière lettre et j'ai regretté de n'avoir pas assez pesé sur les précautions que vous deviez prendre quand vous auriez à affronter les abeilles dans des ruches plates, où leur instinct est trop contrarié pour ne pas leur donner de l'humeur. Je vous aurais dit le seul remède que j'ai vu employer à Burnens et qui n'était pas de son invention. Il arrachait d'abord l'aiguillon de la blessure, pour avoir très bien remarqué qu'il continuait à se mouvoir après s'être séparé du corps de l'abeille, et cela pour agrandir la plaie

en la rendant plus douloureuse. Il frottait ensuite vigou-
reusement la partie blessée avec une poignée d'herbe
fraîchement cueillie : cette pression en faisant sortir le
venin abrégeait l'enflure et la douleur. Vous vous en sou-
viendrez pour une autre fois.

Pour voir sûrement la reine il faut que la ruche plate
ne leur permette pas de disparaître un seul instant à nos
regards, mais les verres qui les enferment ne doivent pas
être plus loin l'un de l'autre qu'à la distance de vingt
lignes (pied de roi); l'épaisseur moyenne des rayons étant
à peu près d'un pouce, les huit lignes qui restent, parta-
gées des deux côtés du rayon, fourniront l'espace qui
permettra aux ouvrières de couvrir ces deux faces sans
pouvoir s'y accumuler et gêner l'observateur. Je vous
conseille de vous en tenir à ces dispositions, qui m'ont
toujours réussi. Quand vous aurez une nouvelle ruche
plate à construire, avant de visiter vos abeilles attendez
qu'elles aient tout solidifié dans leur nouvelle demeure et
qu'elles y soient accoutumées. Je vous conseille encore,
pour vous garantir tout à fait des piqûres, que la ruche
plate soit enfermée dans un cabinet vitré, que les abeilles
ne puissent y entrer ou en sortir que par une ouverture ou
un canal vitré, pratiqué dans le dormant de la fenêtre, qui
ne lui empêche ni de s'ouvrir ni de se fermer; les abeilles
pourront aller et venir sans être gênées et sans pouvoir
vous atteindre.

Reprenons à présent la conversation trop longtemps
interrompue; avec votre permission les mâles de l'espèce
en seront le sujet, ils méritent bien de nous occuper un
moment. Ils sont, comme tous les petits des abeilles,
l'objet des soins les plus assidus pendant leur première
enfance; ce sont les simples ouvrières qui en ont été
chargées et qui s'en acquittent dignement. Vous avez bien
qu'ils n'ont ni pieds, ni pattes et que leurs larves sont
obligées pour cheminer dans leurs alvéoles de ramper

autour de leur axe en spirale, en se prévalant de leurs anneaux, dont les plis leur servent de pieds dans cette occasion. Cette marche bien lente est tellement proportionnée à la longueur de l'espace à parcourir, qu'elle ne se termine que lorsque la jeune larve a atteint l'ouverture de son alvéole et l'âge où elle doit se changer en nymphe, époque de sa vie où elle n'a plus besoin de manger et où elle peut se passer des soins de ces bonnes ouvrières qui jusqu'à ce moment leur ont servi de nourrices. Mais leur tâche va bientôt recommencer; le mâle adulte dépend absolument des soins de ses gardiennes; aucun de ses organes ne peut l'aider à se nourrir, ni à se livrer à un travail quelconque. Vous ne l'accuserez donc pas de paresse quand vous le verrez les bras croisés, la nature le veut ainsi. La ruche n'est que sa chambre à coucher, son diner est toujours prêt. Nos plus grands seigneurs n'eurent jamais plus d'aides employés à leur service et volant à leur secours; la toilette de leurs nourrissons les occupe constamment; on ne peut les voir un moment sans surprendre quelques ouvrières occupées à les frotter ou à les brosser avec leur trompe, qui leur tient lieu de vergette ou balai (nom qui convient mieux à cet instrument que celui qu'on lui a donné fort improprement, car la trompe n'est point un suçoir)...

Comme c'est des mâles qu'il est question ici, je dois vous faire grâce de ce qui n'a pas avec eux un rapport immédiat; ce qui regarde la reine, sa fécondation et ses étranges suites sera l'objet de la suppression indiquée par ces deux lignes de points.

Accordez donc encore un peu d'intérêt aux petits êtres dont je vais vous occuper. Au sortir de leur enfance, ils sont comme vous venez de le voir dans la dépendance de leurs premières gardiennes; mais ils ont la liberté de plus; ils peuvent sans éprouver la moindre gêne sortir de la ruche et rentrer à toute heure. Dans les beaux jours c'est depuis neuf à dix heures du matin jusqu'à quatre heures de l'après-midi que vous les verrez courir, voler et presque folâtrer autour de leur habitation; aucun insecte ailé n'est aussi vif, ni aussi gai que les mâles des abeilles. Leur nombre va quelquefois jusqu'à mille ou douze cents dans chaque ruche et leur bourdonnement très sonore remplit leur atmosphère et anime agréablement les alentours de nos ruchers. Cet état de choses dure ordinairement trois à quatre semaines depuis leur dernière sortie de l'alvéole qui leur servit de berceau et donne assurément à l'observateur attentif l'idée bien douce d'une heureuse population; mais, vous le savez sans doute, cela va bientôt changer; la première fois que je le vis j'en fus presque trop frappé. Voir ces mêmes ouvrières passer presque tout à coup à des démonstrations hostiles envers des créatures auxquelles ce que la maternité a de plus tendre avait été prodigué, les voir poursuivies dans leurs retraites avec le plus grand acharnement pour les forcer à descendre sur la table de leur ruche et à y recevoir la mort. Ce que ce spectacle avait d'affligeant pouvait cependant l'être encore davantage; il le devint en effet quand je me fus assuré que la proscription de la race masculine s'étendait aux œufs, aux larves et aux nymphes qui auraient pu la perpétuer et qui furent tous massacrés sous mes yeux.

C'était donc avec raison que M. de Réaumur avait appelé cette scène un *affreux massacre, une horrible tuerie.*

Je ne sais si vous avez vu tout cela de vos propres yeux, ma chère Elisa, mais passant l'été à la campagne et ayant des ruches à vous, vous êtes appelée à être le témoin des scènes que je viens de décrire; mon devoir à moi est de faire en sorte que vous voyiez les choses comme elles le sont et que vous ne laissiez aucun accès dans votre bon esprit à d'injustes préventions.

C'est ordinairement au commencement ou au milieu de l'été que les abeilles changent de conduite et que les mâles de l'espèce paraissent devenir les objets de leur aversion; voyons si le moment du sacrifice est bien choisi!

Si les mâles étaient massacrés plus tôt, l'ordre et la police des ruches pourraient être intervertis sous le rapport de la fécondation; s'ils l'étaient plus tard, les récoltes de la ruche pourraient en souffrir, les ouvrières n'ayant plus assez de temps pour remplir leurs magasins de miel et suppléer par de nouvelles récoltes à celles qu'auraient consommées les mâles, devenus à cette époque des membres inutiles de la société. Le moment qu'ont pris les ouvrières pour s'en défaire est donc le meilleur qu'elles eussent à prendre. La seconde floraison des prés, celle des esparcettes entre autres, ainsi que celle des blés noirs, leur permettent ordinairement de récolter autant et plus de substances alimentaires que les mâles ont pu en consommer pendant le court séjour qu'ils ont fait au milieu des ouvrières qui viennent de les exterminer. La destruction qui nous avait d'abord révoltés, au lieu d'être aussi fâcheuse pour nos abeilles qu'elle nous l'avait paru, leur est donc avantageuse, puisque le salut de l'espèce en est le résultat assuré; le vœu de la nature est donc accompli et il l'est généralement. Ce qui se passe dans les ruches qui sont à votre portée a lieu dans toutes les ruches existantes. En ferons-nous honneur au hasard ? Je ne fais pas à ma bonne écolière le tort de l'en soupçonner.

Il n'est peut-être pas très régulier de présenter son opinion sans dire sur quoi elle est fondée et de vouloir que ses amis l'adoptent sur votre parole. Pour ne pas trop grossir le paquet que j'envoyai à Bois d'Ely, je résolus de mettre sur une autre feuille ce que je pouvais avoir encore à vous dire au sujet des mâles et du sort étrange auquel ils sont condamnés. La première fois que j'en fus le témoin et lorsqu'il ne me fut plus permis de douter de la mort violente qu'ils devaient subir, ignorant à cette époque la généralité de la loi dont le fait était sous mes yeux, je pensais comme M. Bonnet que Réaumur avait pu se tromper et que les massacres des mâles qu'il avait si bien décrits n'étaient que l'effet accidentel d'une cause encore ignorée. Ne se pouvait-il pas (par exemple) que les mâles habitant les ruches observées n'eussent en vieillissant contracté quelques défauts ou quelques habitudes vicieuses qui les fissent prendre en déplaisance par ces mêmes ouvrières qui avaient été jusqu'alors leurs fidèles protectrices! Supposition gratuite et que j'abandonnai bien vite quand tous mes voisins de la campagne m'apprirent que le fait qui m'étonnait et dont j'étais presque scandalisé ne faisait point cet effet sur eux depuis qu'ils savaient, par eux-mêmes comme par tradition, que ce massacre que j'avais sous les yeux se voyait tous les ans, à la même époque et dans toutes les ruches du pays. Toute l'espèce masculine ne pouvait donc point être soupçonnée d'être atteinte de quelque infirmité dont l'âge avancé aurait peut-être été la cause. Parmi le grand nombre des mâles, dont aucun n'était épargné, il y en avait sans doute de très jeunes et qui n'étaient adultes que depuis quelques jours ou quelques heures seulement; mais ce qui prouvait encore mieux que leur proscription n'était point encore causée par leur vieillesse et quelques infirmités qui auraient pu en être le résultat, c'est que les œufs mêmes et les larves de tout âge qui en étaient provenus étaient impitoyablement arrachés de l'alvéole natif et jetés à la voirie. Je sus ensuite, par mes correspondants ou par les ouvrages qui traitaient des abeilles que la proscription de la race masculine et son extermination n'étaient ignorées nulle part et que j'étais probablement le seul à m'en étonner. Ce fait, nouveau pour moi jusqu'alors, prenait un tout autre aspect à mes yeux, celui plus imposant d'une loi de la Nature, mais quel était son but? Pour le savoir, c'était ses résultats qu'il fallait connaître et j'y donnai toute mon attention. Je ne négligeai point de m'en instruire en interrogeant les cultivateurs qui s'intéressaient aux abeilles et dont l'expérience toujours respectable pouvait me valoir des lumières que mes propres efforts ne réussiraient point à me donner, c'est-à-dire à me procurer. La plupart de ceux que je consultai me dirent que leurs abeilles, assez traitables à l'ordinaire, le devenaient moins à certaine époque de la saison et qu'elles n'étaient (ce sont leurs propres paroles) jamais plus méchantes que lorsqu'elles étaient plus riches, c'est-à-dire lorsque le miel abondait dans leurs magasins. C'était, selon eux, pour défendre leurs trésors et empêcher qu'ils ne fussent dilapidés par les mâles qu'elles les mettaient tous à mort. Ceux qui avaient cette idée me racontèrent si exactement leurs observations et elles se rapportaient si bien avec les miennes que je ne pus douter qu'ils n'en eussent été les témoins; mais avaient-ils pu voir que l'extermination des mâles coïncidait toujours avec l'époque de la plus grande richesse des abeilles ? Non, cette connaissance leur était interdite; les ruches vitrées n'étaient point à leur usage: la construction de celles dont ils se servaient le plus ordinairement ne leur aurait permis d'inspecter leurs magasins qu'après les avoir ouvertes violemment et pour ainsi dire mises en pièces, moyens auxquels leurs propriétaires n'auraient ni voulu ni osé recourir. Les ruches vitrées de l'invention de Réaumur et plus particulièrement les miennes, celles auxquelles on a donné le nom de ruches en livre ou en feuillets, permettaient d'inspecter les provisions dans leurs magasins sans la moindre inquiétude et sans aucun danger quelconque.

Je ne donnerai ici que le résultat des nombreuses observations que j'ai faites pendant plusieurs années et d'après lesquelles je suis très porté à croire que les années d'abondance ou de disette ne sont pas le but ou la cause des massacres auxquels se livrent presque périodiquement les abeilles de toutes les ruches, et cela pour avoir vu ces expéditions cruelles avoir lieu dans des ruches peu riches et qui n'avaient de miel qu'autant qu'il leur en fallait pour leur subsistance journalière. Je persiste donc à penser qu'il existe une autre cause du phénomène observé dans la conduite des abeilles, mais s'il ne nous appartient pas de nous en occuper et surtout de le définir, il ne nous est pas interdit de nous en approcher au moins par le sentiment, et c'est là que je vous renvoie, ma chère fille; les idées de bonté, de grandeur et de la plus haute sagesse dont je vous sais pénétrée depuis votre naissance ne me permettent pas de douter que vous ne soyez sur la voie et que nous ne devions infailliblement nous y rencontrer.

En lisant votre dernière lettre j'ai frémi du danger que vous avez couru, il ne s'agissait pas pour vous de quelques piqûres seulement, mais affrontant comme vous le faisiez la population entière, vous vous exposiez aux ressentiments de tous les êtres dont elle était composée. Ne le faites plus, au nom du ciel et de tout ce qui vous est cher.

Je reprendrai bientôt ce sujet, il est trop important pour être négligé.

QUARANTE-DEUXIÈME LETTRE
Guêpes et Bourdons

Lausanne, le 10 août 1831 (?).

Voulez-vous que nous causions encore un moment, ma chère correspondante, sur le sujet que je n'ai pas craint d'aborder dans mes lettres précédentes. Je n'ai point la prétention de le sonder dans toute son étendue, mes connaissances se bornent assurément à la profonde admiration des voies de la Providence, quelque sévères qu'elles puissent nous paraître, et qui atteignent toujours le but qu'elle s'est proposé. Ici ce but n'est autre que la conservation de l'espèce; le sacrifice des individus en était la véritable et inévitable conséquence. L'extermination des mâles chez les abeilles n'est pas le seul exemple que nous offre la nature de la rigueur de ses lois. Sans sortir de cette famille, voyez ce qui arrive aux guêpes, aux frelons, aux bourdons velus, etc. C'est à leurs femelles seules qu'est confiée la conservation si précieuse à ses yeux de la vie chez les espèces dont l'existence était apparemment nécessaire.

Au premier froid tout périt dans les nids des guêpes et des bourdons, les femelles seules survivent à toute la population. Elles cherchent un abri contre les grandes rigueurs de l'hiver. Cette saison ne leur offrant plus d'aliments il leur est accordé de pouvoir s'en passer; alors elles s'engourdissent et ne se réveillent que lorsqu'une plus douce température met à leur portée les êtres qui se sont engourdis comme elles et dont à leur réveil elles peuvent se nourrir. Ces femelles, fécondées pendant l'été précédent, n'ont plus d'autre besoin que celui de pondre et de mettre au jour la race future; mais avant leur premier enfantement, il faut préparer un lieu propre à leur servir de berceau. La femelle qui va devenir mère sait le devoir qui lui est imposé et s'en acquitte dignement; nous avons vu les loges qu'elles savent faire pour leurs petits avant leur apparition et pendant leur solitude.

Chez les bourdons comme chez les guêpes, chaque nid a en automne plusieurs femelles fécondées. Elles ne se réunissent point pour passer l'hiver ensemble; toutes s'isolent au contraire et chacune doit passer son hiver dans un abri différent. Les pontes successives de la mère l'entoureront bientôt d'un nombre d'aides suffisant, le soin de bâtir ne la regardera plus, mais voilà l'espèce conservée. Quelle sera la limite de son existence? Nous l'ignorons comme celle de la nôtre. Les disciples de notre Seigneur lui demandèrent quelle serait l'époque de son heureux retour sur la terre. Il leur répondit que c'était le secret de Dieu même et qu'il leur importait seulement d'être prêts toujours à le recevoir, c'est-à-dire à en être bien reçu (Evangile St Mathieu, chapitre XXIV). Etant assis sur la Montagne des Oliviers, ses disciples s'adressèrent à lui en particulier et lui dirent: « Dis-nous quand ces choses arriveront et quel sera le signe de ton avènement et de la fin des siècles? » Jésus leur répondit: « Prenez garde que personne ne vous séduise. Quant à ce jour et à cette heure-là personne ne le sait, pas même les anges du ciel, mais mon Père seul. »

Nous ne sommes point, ni vous ni moi, assez injustes, ma chère Elisa, ou assez égoïstes pour juger du mérite des êtres qui nous occupent par l'intérêt que nous leur accordons. Le miel, la cire et la soie sont des dons sans doute bien précieux assurément, mais l'abeille et le ver-à-soie qui les mettent entre nos mains ne doivent pas s'emparer de toute notre attention ainsi que de notre reconnaissance. Permettez-moi donc de chercher dans l'histoire de ces pauvres guêpes, qui ne sont pas trop accoutumées à nos hommages, des preuves de cette infinie bonté que proclame la nature toute entière et pour les estimer à leur juste valeur servons-nous de la même balance (si nous le pouvons) que la main créatrice.

Les guêpes, vous le savez, ne font point de magasins pour les besoins de l'avenir ou d'une autre saison; cet avenir, cette saison ne doivent pas exister pour elles. Dès les premiers froids de l'automne la peuplade toute entière doit périr, la mère seule exceptée. Cette femelle, devenue féconde avant cette époque, que devient-elle dans cette occasion? Restera-t-elle dans son palais, que tout a déserté et dans lequel elle serait exposée aux froidures de l'hiver et aux attaques de l'ennemi, les souris, les mulots, etc. ? Non, non, elle est dépositaire de la race future; ces germes (à tous égards précieux aux yeux de la Providence, qui ne fait exception de personne), conservés dans son sein et n'ayant besoin dans les derniers temps que de la douce chaleur de leur mère, sont prêts à profiter comme elle d'une température encore plus douce, à devenir des œufs dont le printemps amène les développements ultérieurs. J'ai trouvé plusieurs fois de ces femelles, quelques-unes qui s'étaient nichées dans les paillassons destinés à préserver du froid mes figuiers et mes autres plantes. Leur engourdissement n'était pas très profond, car il suffisait de les tenir un moment sur ma main pour leur voir faire des mouvements et se réveiller bientôt, si je ne les eusse pas remises dans le lieu le plus convenable où je les avais trouvées et d'où elles devaient attendre que le printemps fût avancé et eût mit à leur portée ou à leur disposition les insectes dont elles font leurs aliments.

Ne pensez-vous pas comme moi que ce sont là des preuves bien suffisantes de l'infinie bonté dont ces êtres sont l'objet.

Un malade voit-il' autre chose dans son médecin que de la bonté dans les soins qu'il lui rend, quels que soient les remèdes auxquels il doive sa santé ?

P. S. - Lorsque la saison n'a plus de rigueur à nous faire craindre, les femelles le sentent dans leur abri, le quittent pour ne plus y revenir, mais où vont-elles ? Sera-ce dans le nid qu'elles ont habité pendant l'été précédent ? Non, elles n'y remettent pas les pieds et vont chercher ailleurs la place qui puisse convenir à un nouvel établissement. C'est là, comme je vous l'ai dit, que la femelle, encore solitaire, construit la niche où son premier œuf doit être déposé. La cause de la dispersion de ces femelles en automne aurait-elle pour but d'éloigner leurs habitations les unes des autres et de les tenir à des distances respectueuses ? Cela rappellerait le soin que prenaient aussi les abeilles d'éloigner leurs essaims les uns des autres quand on leur en laisse la permission.

QUARANTE-TROISIÈME LETTRE
Provisions de voyage des Essaims (1)

Note (1) : Ce sujet a déjà été traité avec moins de détails dans la troisième lettre. – Note du rédacteur.

Lausanne, 24 août 1831 (?).

Vous serez étonnée, ma chère amie, du peu de mots dont je vais avoir besoin pour vous faire connaître la découverte dont j'ai à vous entretenir; vous me pardonnerez sûrement de ne point en employer d'inutiles. Vous acquerrez sans peine une belle, une satisfaisante idée et parfaitement consonante avec celles que vous avez déjà sur la police ou sur les règles que la sagesse et la bonté divine ont données à ces êtres que vous aimez et dont ils ne peuvent point s'écarter; et ce qui est plus étonnant encore c'est de les voir y revenir quand ils s'en sont écartés. Je vous ai fait voir dans le chapitre qui précède la reine uniquement occupée d'un seul objet, l'inquiétude que lui inspirent ses jeunes rivales et qui ne lui laisse d'autre désir que celui de quitter son habitation, mais elle ne veut pas se séparer d'un peuple qui n'est composé que de ses enfants. Voyez-la parcourir comme en délire toutes les parties de la ruche, passer sur le corps de ses compagnes, les toucher, les frapper de ses antennes et leur faire entendre ce qu'elle ne peut leur exprimer autrement, sa volonté de partir et l'ordre de la suivre. On ne saurait douter que cet ordre, cette volonté ne soient entendus, car l'obéissance est immédiate; elle fait partager son agitation à toute la peuplade. Au trouble qui la suit partout, vous connaissez qu'elle a aussi passé par là; quand il est à son comble elle se précipite vers la porte de sa ruche et en sort quelquefois seule et comme si elle ne s'embarrassait point d'être ou de n'être pas suivie. Les portes sont souvent trop étroites pour que celles qui se présentent puissent y passer en même temps; elles doivent attendre que cela soit possible, mais la reine qui les attend ne tarde pas, à son tour, à se réunir à elles et à prendre le vol. Voilà tout ce que je savais quand je fis imprimer mes Lettres sur les Essaims. Le 15 mai 1816, j'avais seize ruches, fortes, bien peuplées et dont les reines étaient toutes âgées d'un an; elles étaient donc prêtes à jeter leurs essaims. Je les fis surveiller exactement pour ne pas perdre l'occasion de revoir des faits aussi singuliers que ceux que je viens de vous raconter et dont personne n'avait parlé. Je n'espérais pas qu'il s'en présentât de nouveaux, mais je me trompais, vous allez le voir. Le charivari que nous entendîmes tout autour de nous nous apprit qu'il y avait des essaims en l'air dans mon voisinage. Nous nous rendîmes bien vite dans mon jardin pour ne pas perdre ceux qui sortiraient de nos propres ruches. Au bout d'un quart d'heure d'attente il en sortit un, lequel, au bourdonnement que nous entendîmes, nous parut devoir être nombreux. Sa reine rentra deux ou trois fois chez elle (comme si elle avait oublié quelque chose), mais elle ne put y pénétrer à cause de l'obstruction de la porte par le grand nombre de mâles et d'ouvrières qui voulaient aussi s'échapper et se réunir aux abeilles de l'essaim, qui étaient déjà dehors de la ruche et avaient précédé la reine. Nous en agrandîmes l'entrée pour la leur faciliter: elles sortirent alors avec l'impétuosité d'un torrent. Curieux de savoir ce qui se passait au dedans de cette ruche pendant que l'essaim s'en échappait, nous ouvrîmes le volet qui nous empêchait de voir le dernier rayon. En appliquant la main sur le verre, nous le trouvâmes d'une chaleur extraordinaire ; elle était causée par l'affluence des abeilles qui couvraient presque entièrement ce dernier rayon et par l'agitation qui régnait au milieu d'elles. Comme elles présentaient toutes leur dos nous ne pouvions pas bien distinguer ce qu'elles faisaient là; il fallut les forcer à quitter la place en les frottant doucement avec une branche feuillée, ou bien en approchant du verre une bougie allumée dont la chaleur les obligeât à s'éloigner; ces expédients réussirent, nous vîmes à notre grande satisfaction et avec surprise que les cellules qui étaient fermées le matin et entièrement pleines de miel, venaient d'être ouvertes et que le miel avait été enlevé. Je ne vous peindrai pas le plaisir que nous fit ce premier aperçu; vous connaissez mes sentiments, c'était du salut des abeilles dont je venais de m'assurer et du soin providentiel dont ce petit peuple était toujours l'objet heureux. Sans cela, sans la prévoyance ou plutôt l'étonnante présence d'esprit des abeilles, qui font toujours en temps utile tout ce qu'elles ont à faire, qu'allait devenir le nouvel essaim, sorti d'une ruche bien pourvue et confiné dans une demeure dépourvue de tout ? Que lui arriverait-il si le mauvais temps l'eût surpris dès son entrée dans sa nouvelle habitation et l'eût empêché d'en sortir pendant les premiers jours de son établissement ? L'impossibilité de faire aucune récolte l'aurait privé du miel dont il ne pouvait se passer pour se nourrir et sans lequel il ne pouvait ni produire de la cire, ni construire les alvéoles où devaient être déposés les œufs de la reine. Vous venez de voir comment il y avait été pourvu.

Cette observation ne tarda pas à se confirmer: une autre ruche à peu près dans le même cas, et dont l'essaim était presque au moment de s'échapper, nous montra aussi son dernier rayon couvert d'abeilles qui se pressaient d'enlever le miel des alvéoles à peine entrouverts. Comme elles étaient moins serrées que celles qui m'avaient montré le même fait, nous ne fûmes point obligés de les chasser pour mieux voir leurs opérations; pendant trois à quatre minutes qu'elles restèrent encore dans la ruche et sous nos yeux, elles ne firent autre chose que ce que nous avions déjà vu. Leur empressement à se gorger de miel était évident, mais la célérité qu'elles mettaient dans ce travail prouvait que le besoin et le désir de se joindre aux abeilles émigrantes les occupaient également.

Le matin du même jour et les précédents nous avions vu le miel comme éparpillé dans toutes les parties de cette ruche; il paraissait donc qu'elles l'avaient déplacé en dernier lieu pour le mettre à l'abri des pillardes, ou peut-être avaient-elles voulu le réunir au fond de la ruche pour qu'il fût plus à la portée des ouvrières au moment prévu du départ de l'essaim (cette dernière supposition me paraît la plus vraisemblable). Je ne m'en tins cependant pas à cette première observation; le fait était si neuf, si important dans la police économique des abeilles, il intéressait tellement leurs cultivateurs qu'il fallait le revoir bien souvent pour y donner toute notre confiance. Ce fut donc l'objet de mes études pendant les années qui suivirent cette découverte. Je me crois à présent en droit de vous assurer que les choses se passent comme je viens de vous le dire.

L'agitation de la reine, communiquée à toute la peuplade, devait donc aboutir à lui faire partager l'envie de fuir dont elle était elle-même possédée, mais partir à vide c'eût été courir à une ruine infaillible. Tel n'était pas le but que se proposait la Nature, le sien était plus paternel. Elles avaient reçu l'ordre précis de ne jamais essaimer sans emporter avec elles dans leurs nouvelles habitations le miel nécessaire à leur subsistance et qui peut seul les mettre en état de construire de nouveaux rayons, qui serviront de berceaux à la nouvelle génération ou de magasin propre à contenir ou à conserver leur récolte.

Vous voudrez peut-être voir tout cela par vous-même, ma chère fille, les expériences que j'ai publiées dans mon mémoire qui traite de l'origine de la cire vous mettront sur la voie et je vous conseille de repasser tout cela. Je suppose que vous allez renfermer tout un essaim dans une ruche vitrée; vous n'aurez fait que ce que font les abeilles elles-mêmes quand, obéissant à leur instinct, elles quittent leur ruche natale et vont chercher à leurs périls et risques, et quelquefois assez loin du point de départ, un nouveau domicile. Continuez à les imiter; vous venez de voir qu'elles ne partent point à la légère et sans emporter avec elles ce qui peut leur être nécessaire. Que votre essaim trouve donc à son entrée dans sa nouvelle demeure une bonne dose de miel et un peu d'eau dans une éponge, quelques onces; mettez dès à présent cette peuplade dans le cas d'un essaim naturel qui est surpris par le mauvais temps au moment de son entrée dans sa nouvelle ruche et dont les ouvrières, retenues chez elles par la pluie, ne peuvent faire aucune récolte sur les fleurs, situation que vous imiterez parfaitement en renfermant les abeilles chez elles, de manière, cependant, que l'air puisse y pénétrer. Le soir du premier jour de leur captivité, les vitrages de votre ruche vous permettront de voir l'essaim suspendu dans sa partie supérieure et fort tranquille en apparence; l'intérieur du massif formé par les chaînes ou les guirlandes d'ouvrières suspendues à la voûte vous sera caché et vous n'apercevrez point ce qui se passe au dedans, mais vous verrez très distinctement le rideau qui environne, c'est-à-dire qui enveloppe ce massif, et qui, composé d'ouvrières jointes les unes aux autres par les crochets de leurs pieds, l'entourent d'un voile ou d'une tenture mobile. L'essaim naturel et l'artificiel comparés vous offriraient le même tableau. Votre oreille, appliquée tour à tour sur les verres des deux ruches vous ferait entendre un bruit ou une espèce de claquement produit par les dents des ouvrières occupées des travaux préparatoires de leur architecture, travaux auxquels elles ne peuvent se livrer que sur la cire elle-même.

Le procédé que vous avez suivi dans votre expérience vous a mené aux mêmes résultats auxquels sont arrivées les abeilles de l'essaim naturel et je puis vous féliciter d'avoir aussi bien opéré que la nature elle-même.

D'autres épreuves faites dans le même temps m'apprirent que le pollen fournissait aux abeilles le seul aliment qui convient à leurs petits. Le miel et le sucre, employés sans mélange avec la poussière des étamines, ne leur conviennent pas. J'ai toujours vu périr ceux de ces petits que j'avais essayé de réduire à cet unique aliment. Leur mort était toujours suivie de la désertion des abeilles.

Mes nouvelles épreuves confirment pleinement les précédentes, les essaims naturels produisent la cire par le moyen du miel que leur fournissent les fleurs, comme les essaims que je puis appeler artificiels en produisent par le même moyen ou par celui du miel que je leur fournis moi-même; jusqu'ici, je n'ai vu aucune différence entre le résultat des deux épreuves. Les essaims naturels qui me valurent la découverte dont il est ici question me firent voir tout ce que la nature avait fait pour leur conservation.

QUARANTE-QUATRIEME LETTRE

Souvenirs d'enfance. Salutaire influence de l'étude de la nature. La musique des oiseaux; le sens de l'odorat chez les abeilles; le langage des animaux.

Lausanne, le 1er novembre 1831 (?).

Je vous ai assez parlé des abeilles domestiques et de celles qui, dans nos ruches, peuvent hardiment prendre le nom de sœurs de la charité; vous ne les méconnaîtrez pas sous un nom auquel vous avez bien quelques droits, bonne et chère Elisa, les abeilles vraiment ouvrières,

Ce serait des mâles dont j'aurais à vous entretenir, car ils jouent un grand rôle dans leur histoire, mais vous les croyez des paresseux, des fainéants, des petits-maîtres, tous occupés de s'amuser et de folâtrer et presque de rire, et je ne veux pas prendre leur défense en main tant que vous ayez cette prévention; ce serait prendre celle des vices dont on les accuse; permettez-mol seulement de vous prier de suspendre votre jugement à leur égard tant qu'il ne vous est pas prouvé qu'ils ne méritent que votre mépris.

J'ai aussi eu comme vous de grandes et de petites basses-cours à observer. Mon père avait la passion des oiseaux; il possédait tous ceux que nous connaissons le mieux par leur talent pour la musique. Le rossignol, la fauvette, le serin. Etc., avaient à Plainpalais une grande volière; quelques arbres et un ruisseau les tenaient là presqu'en état de nature. Ils nichaient dans leur belle volière et paraissaient aussi heureux que ceux qui n'avaient d'autre asile que les arbres de nos jardins ou de nos vergers. C'était là que votre petit ami, encore à la robe, passait tout le temps qu'il pouvait dérober aux occupations exigées par son âge et par la volonté de ses parents. Ce fut aussi là qu'il prit le goût de l'histoire naturelle et que son jeune esprit s'ouvrit à des beautés qui n'ont rien perdu des charmes qu'il leur avait trouvés si près de son berceau.

Quelques amis de mon père lui reprochaient un jour devant moi de me laisser trop de temps où je ne faisais rien, selon eux, que de le perdre et m'amuser, Aujourd'hui je bénis encore Dieu de ce qu'il inspira à mon père bien-aimé de me laisser suivre mon goût pour l'histoire naturelle. « Peut-il vivre leur dit-il, en meilleure compagnie ? Qu'entend-il sortir de ces mouches innocentes, de ces petits bees si jolis, de ces grands même, tout laids qu'ils sont ou qu'ils paraissent ? Qui risque de corrompre son petit cœur ou de gâter son esprit ? » Ce badinage n'en était pas un ; après une vie entière j'y vois une prophétie accomplie, me permettez-vous de vous le dire. Voyais-je déjà une vraie révélation dans ce que me faisaient voir et entendre ces êtres qui n'avaient d'autres instituteurs que leur père'? Leur langage, qui ne me disait rien que de pur, n'était-il pas pour moi plus intelligible et plus aimable que s'il eût été plus savant'? Au moment où je vous écris, j'ai là tout près de moi deux représentants de ceux qui élevèrent mon bas âge presque depuis le maillot et j'ai l'honneur de pouvoir vous dire avec vérité que je les entends comme alors et qu'ils sont encore pour moi de dignes missionnaires de l'auguste Vérité.

Avant d'aller plus loin je voudrais être sûr que vous me pardonnez de me faire moi-même le sujet de mes observations. Je connais sûrement mieux que ceux qui n'ont qu'entrevu la belle nature tout ce qu'elle peut avoir d'influence sur ceux dont elle est la principale étude de toute la vie; ce que j'éprouve me paraît devoir encourager ceux qui m'écoutent et ne leur faire comme à moi que du bien.

Mon oreille musicale vous est connue, au moins de réputation.

Elle ne m'a pas mieux servi que celle des physiciens qui se sont le plus occupés de la musique des oiseaux. Nos savants ont vu avant moi qu'il ne nous était possible d'imiter que de bien loin les accents de ces petits êtres qui ont plus ou moins le don de nous charmer.

Mon écolière ne doute pas que son vieux maître n'ait fait ce qu'il a pu pour saisir la cause probable de cette différence. Je crois m'être assuré, et je ne suis pas le seul, que les oiseaux chanteurs n'ont pas la même gamme que nous.

Le rossignol a plus de rapport qu'aucun autre avec notre échelle harmonique; c'est celui, de tous les oiseaux qui chantent bien, le plus facile à imiter. Les peuples du nord (j'en ai un sûr garant) ont aussi leur gamme très différente de la nôtre. Prenez sur votre clavecin les notes diésées sans autres, ces cinq notes sont les seules que l'on entende dans les vieux airs des Calédoniens. Louis Necker (1), votre cher parent, me l'a assuré et en a fait sur sa cornemuse l'expérience devant moi. Vous savez que cet instrument est celui que les montagnards écossais emploient pour mener leurs soldats au combat et si souvent à la victoire. Une autre notion que je crois juste et que je dois aussi à mes ci-devant bonnes oreilles, c'est que la différence observée dans la gamme du chant des oiseaux, c'est-à-dire dans la distance à laquelle ils placent les notes qui la composent à la suite les unes des autres, n'empêche point qu'ils ne chantent juste; de ma vie je ne leur entendis faire un ton faux,

Note (1) : Louis Necker, fils aîné de Mme Necker-de Saussure, l'auteur de l'*Education progressive*, ce petit-neveu du ministre des finances de Louis XVI, fut professeur à l'Académie de Genève, où il enseignait la géologie et la minéralogie. Il a passé les vingt dernières années de sa vie aux Hébrides, dans l'ile de Skye, qui offre de l'intérêt au point de vue minéralogique et où il trouvait à satisfaire son goût très vif pour les sciences naturelles. Il a publié un ouvrage sur les oiseaux de notre pays, qui est très apprécié pour les renseignements qu'il y donne sur les dates d'arrivée et de passage des divers oiseaux. – Note du rédacteur.

Est-ce prévention de ma part ? S'il est des êtres assez malheureusement organisés pour que leur cœur ni leur esprit n'entendent pas le langage dont se sert la nature pour leur plaire, pour les charmer, les consoler par ce qui se produit chez nous dans nos concerts naturels, dans ceux dont les bois les plus sauvages nous donnent de si agréables sensations, il faut les plaindre et n'en être que plus reconnaissants si cette source de plaisir ne nous a pas été refusée; je veux croire qu'une grande compensation leur a été accordée,

Vous voyez, chère Elisa, que c'est à la botanique que je pense dans ce moment. Permettez-moi, malgré mon âge, etc., de vous offrir un bouquet; comme qu'il soit composé vous ne trouverez sûrement rien à critiquer dans l'assortiment des couleurs dont sont ornées les fleurs qui le composent.

Ces couleurs, leurs diverses nuances sont les notes fondamentales de leur gamme, leur distribution sur les pétales est calculée pour notre plaisir. L'homme, et l'homme seul, est préparé aux jouissances qu'une savante main a bien voulu lui destiner. Vous avez eu des enfants à aimer et à rendre heureux, ma chère fille; dites, si vous vous le rappelez, combien de fois un bouquet, une simple fleur leur a fait plaisir. Il a aussi été pensé à ces pauvres petites créatures en donnant à leur mère la voix et plus de facilité qu'à leurs frères et à leurs maris pour amuser, pour consoler de tous leurs petits chagrins cette énorme portion des êtres sensibles qui composent le genre humain. Non, non, celui de tous les êtres qui est le plus enrichi de tant de bienfaits ne saurait être ce qu'il paraît quelquefois : ingrat!

En cherchant à connaître les effets des odeurs sur les insectes, je n'ai trouvé que les abeilles chez qui ils fussent très remarquables; celle du miel les attire très particulièrement. Vous ne l'ignorez pas; celui qu'ou laisse à découvert est bientôt aperçu par ces mouches. Ce qui est plus singulier et moins connu, c'est qu'elles gardent fort longtemps le souvenir de leurs découvertes. Des abeilles qui avaient trouvé du miel répandu sur une fenêtre étaient revenues six mois après pour chercher ce qui pouvait en être resté à la même place. Cette observation a été faite à Yverdon et mérite d'être conservée comme la première preuve que nous ayons eue de ce que nos insectes favoris ont reçu le don de la mémoire.

L'odeur du pollen, imperceptible à nos sens, ne l'est probablement pas à ceux des insectes qui trouvent dans les poussières fécondantes l'aliment qui convient le mieux à leurs petits et qui ont été instruits à l'y chercher. Les fleurs les plus odorantes ne semblent presque pas les attirer quand leur pollen n'est pas visible ou au moins à leur portée.

Si quelques odeurs de celles qui nous paraissent les plus agréables les atteignent infailliblement, toutes celles qui nous déplaisent et que j'ai éprouvées les repoussent et les mettent en fuite aussitôt qu'elles s'en sont aperçues.

Il est assez curieux de voir dans le même moment les deux effets opposés qui prouvent également cette assertion.

Répandez quelques gouttes de miel sur votre fenêtre, c'est-à-dire sur la tablette de votre fenêtre. Les abeilles qui apercevront votre cadeau viendront bien vite en jouir; vous les verrez allonger leur trompe, ou plutôt leur langue et en plonger l'extrémité dans le miel. Prenez ce moment pour couvrir ce miel de camphre pulvérisé; les abeilles fuiront à l'instant. Ce spectacle peut devenir plus curieux et plus instructif: ne couvrez le miel qu'en partie du camphre, qu'elles détestent, les abeilles ne fuiront point; vous les verrez s'écarter autant qu'elles le pourront du mélange qui les attire et les repousse également. Elles feront si bien que l'extrémité seule de leurs balais pourra atteindre ce que vous aurez laissé de miel à découvert. Cette expérience mérite d'être répétée et variée en employant d'autres substances attirantes et repoussantes. Elle peut au moins vous amuser.

La voix: Les premiers voyageurs qui nous parlent des animaux habitant les îles de la Mer du Sud assurent qu'ils sont muets. Cela s'est-il confirmé ? Je l'ignore, mais ce que nous savons très bien, vous et moi, c'est que ceux qui naquirent en Europe, en Asie, en Afrique et en Amérique ne sont pas muets et sont, au contraire, doués de l'organe qui peut les mettre en rapport avec leurs semblables et surtout avec leurs petits. Si nous ignorons le langage des animaux étrangers aux lieux que nous habitons, nous pouvons juger par nos vaches et par leurs mâles que la nature leur a donné le moyen, comme aux animaux que nous connaissons personnellement, de se dire tout ce qu'il faut qu'ils sachent et surtout de se faire entendre de leurs petits. Ceci a été confirmé par des voyageurs européens qui ont visité les parties du monde qui sont la patrie des animaux étrangers à la nôtre. Je n'en ai entendu aucun, mais vous ne doutez pas plus que moi, que les lionnes et la femelle des tigres, etc., ne sachent avertir leurs petits de ce qui doit leur convenir ou leur nuire et que les accents des mères et de leurs enfants n'aient du charme pour leurs oreilles, alors même que la terreur qu'ils inspirent serait le seul effet de ces mêmes accents sur nos organes humains.

QUARANTE-CINQUIÈME LETTRE (1)

Note (1) : Cette lettre, sans date, manquait dans la collection de Mme de Watteville; nous en avons trouvé le projet dans le dossier conservé par M. de Molin. – Note du rédacteur.

A propos du mode de reproduction des abeilles ; constatation d'un mariage de reine

S'il n'a point été question dans mes lettres précédentes des reines-abeilles, qui jouent bien assurément le premier rôle dans l'histoire de ces mouches, c'est, ma chère fille, que j'ai dit presque tout ce que j'en savais dans les lettres que M. Bonnet m'avait permis de lui adresser; elles contiennent mes réponses aux questions qui l'intéressaient et qui étaient encore en litige à cette époque.

Vous trouverez donc quand vous le voudrez dans mon livre tout ce que j'ai tenté pour mettre dans tout son jour la découverte de Schirach (2).

Note (2) : Voir la 4me des Lettres Inédites. – Note du rédacteur.

Les abeilles, suivant lui, pour réparer la perte de leur reine, n'avaient qu'à donner à leurs larves destinées à n'être que des abeilles ouvrières l'éducation royale, c'est-à-dire à changer la forme, les dimensions et la situation de l'alvéole et la qualité de l'aliment qui convenait à la jeune reine, qui sans cela n'eût été qu'une abeille commune et dont les organes sexuels n'auraient point reçu le développement nécessaire. M. Bonnet, qui n'admit point d'abord ce que la découverte de Schirach avait d'étonnant ou de merveilleux, voulut bien se rendre aux preuves que je crus pouvoir lui donner de sa vérité. Quelques observateurs, égarés par de trompeuses analogies, assuraient que les reines-abeilles étaient fécondes par elles-mêmes et n'étaient point asservies aux lois imposées à la plupart des animaux. De nombreuses expériences nous apprirent que cette exception n'avait aucune réalité, que leurs noces ne pouvaient avoir lieu dans l'intérieur de leurs ruches, mais seulement dans le haut des airs, etc. (3)

Note (3) : On comprend que François Huber se refusât à admettre, en ce qui concerne les abeilles, le phénomène de la parthénogénèse tel que quelques naturalistes le concevaient de son temps, c'est-à-dire la procréation sans accouplement (Lucina sine concubilu), à l'exclusion du mode habituel de reproduction par le concours des deux sexes. Il avait en effet constaté que, chez nos insectes, l'accouplement avait réellement lieu et qu'il était suivi à bref délai de la ponte par la reine d'œufs donnant naissance à des ouvrières. Mais il s'était également assuré, par de nombreuses expériences, que, lorsqu'il retenait la jeune reine prisonnière dans la ruche jusqu'au 20me ou 23me jour et l'empêchait ainsi de s'accoupler, elle ne pouvait plus pondre que des œufs mâles, et l'explication de ce mystère l'a préoccupé jusqu'à la fin de ses jours: « Mais pourquoi, dit-il dans l'une des nombreuses notes qu'il a rédigées à ce sujet, pourquoi le retard de la fécondation met-il les reines-abeilles hors d'état de pondre des œufs d'ouvrières ? C'est un problème sur lequel l'analogie ne fournit aucune lumière; je puis dire aujourd'hui, comme lorsque j'écrivais ceci à M. Bonnet, que dans toute l'histoire physiologique des animaux, je ne connais point d'observation qui y ait le moindre rapport. Voir la 5me des Lettres Inédites et notre note. – Note du rédacteur.

Malgré les preuves que j'en avais eues, je regrettais de n'avoir pu en être le témoin; ce ne fut que plusieurs années après la publication de mon livre que M. le pasteur de Gélieu mit cette preuve tant désirée sous mes yeux, ou plutôt entre mes mains; il m'envoya les deux conjoints pris par l'un de ses amis à leur retour de la cérémonie aérienne qui avait consommé leur union (1).

Note (1) : Il y a une vingtaine d'années, M. Bernard de Gélieu, pasteur à Colombier et fils de l'auteur du Conservateur des abeilles, étant apiculteur lui-même, nous avait fait, malgré son grand âge, l'honneur d'assister à l'une des séances du comité de la Société romande. Evoquant ses souvenirs de jeunesse, il nous raconta qu'à l'époque où il faisait ses études de théologie à la Faculté de Genève son père l'avait chargé d'offrir à son ami François Huber un mariage de reine et de faux-bourdon, qu'un villageois avait capturé dans le voisinage de son rucher. « Je sentais déjà, nous dit notre vénérable collègue, tout l'intérêt que présentait cette pièce anatomique pour

l'auteur des Nouvelles observations et pour la science. »
(Voir Bulletin de la Suisse romande, 1879, p. 30.) – Note
du rédacteur.

Pour partager avec d'autres amateurs le plaisir de
voir au moins la représentation d'un fait aussi intéressant,
je le fis peindre fidèlement. Les originaux eux-mêmes
furent placés dans la belle collection de M. le professeur
Jurine et leur portrait envoyé à Edimbourg à des amis qui
m'avaient donné bien des marques d'intérêt.

QUARANTE-SIXIÈME LETTRE (1)

Note (1) : Mme de Watteville avait mis à part un certain nombre de lettres plus intimes qu'elle ne considérait
pas comme pouvant être publiées; elle a bien voulu cependant nous les communiquer, en nous autorisant à y
glaner ce qui pourrait intéresser les apiculteurs. Bien que
dans les extraits qui suivent il ne soit pas uniquement
question des abeilles, nous ne doutons pas qu'ils ne plaisent à nos lecteurs. Ils leur feront faire plus ample connaissance avec l'homme de bien, au cœur chaud, à l'esprit
aimable et fin, pour qui tout dans la nature était un sujet
d'admiration et un enseignement d'un ordre élevé. – Note
du rédacteur.

Vendredi matin, 1er mai 1828.

Quoique vous ne m'ayez pas écrit, petite Elisa, j'ai
le sentiment intime que je vous dois une réponse. Vous
avez bien voulu que je crusse que vous pensiez quelquefois à moi et c'est à cela ou de cela que je veux vous
remercier. C'est bien joli parce que c'est bien naturel de
ne pas oublier ceux qui nous aiment; ceux qui auraient le
malheur d'en être capables pourraient bien finir par n'aimer rien, ni eux, ni leurs parents, ni leurs devoirs, ni leur
Dieu .....

..... L'autre jour, après avoir fini d'écrire à Sophie,
j'allais reprendre la plume pour écrire à ma fille cadette; il

me sembla qu'il valait mieux attendre pour causer avec vous que vous fussiez à Bois d'Ely. Les bruits des rues me sont antipathiques, j'aime mieux en vous causant ne vous voir entourée que de nos chères bêtes, je ne crains point que leurs chants, leur ramage ou même leur ..... (?) vous distraient trop de ce que je puis avoir à vous dire; non je ne serai point jaloux de vous voir prêter l'oreille au chant du rossignol, de la fauvette, pas même au bourdonnement des bonnes abeilles. Je ne m'irriterai point quand je vous verrai partager votre attention entre moi et les soins que pourraient vous demander vos plantes chéries, votre basse-cour et sauf respect vos étables.

Sophie vous a-t-elle parlé d'une galanterie que m'a fait notre de Candolle, en donnant un nom à une plante du Brésil nouvellement découverte de la famille des Mélastomacées et dont il s'occupe actuellement. Il a bien voulu se rappeler que j'avais donné bien du temps à l'étude de la physiologie végétale et trouvé qu'il était juste que cela ne fût pas tout à fait perdu. Il donna dans le temps où je m'en occupais un bon extrait de mes observations dans sa Flore Française et à présent il veut que la nouvelle plante soit connue sous le nom de son ami et qu'elle porte celui de *Huberia*. Le croiriez-vous, le grand philosophe que vous savez en a été flatté, voilà comme sont ces grands personnages, de grands enfants et rien de plus.

J'ai demandé à Sophie de me permettre de dire à de Candolle que deux ou trois de mes petites amies aimeraient avoir dans un petit coin de leur jardin une de mes filleules à soigner et voilà encore un enfantillage, je vous permets d'en rire avec maman, mais pour l'effectuer j'attends votre permission .....

QUARANTE-SEPTIÈME LETTRE

Dimanche matin, mai 1828.

.... Pour vous amuser en attendant et toujours aux dépens des abeilles, je veux vous dire ce qu'on raconte (dans le beau livre de Villemain) de saint Ambroise comme de Platon: que dormant un jour exposé à l'air dans son berceau, un essaim d'abeilles était venu se poser sur son visage et que même quelques-unes se glissèrent sans le blesser dans sa bouche entrouverte. La nourrice fut effrayée. Le père, qui se promenait près de l'enfant avec sa femme et sa fille ainée, ne voulut pas, dit-on, interrompre le prodige (et fit bien), et quand il vit l'essaim s'envoler au plus haut des airs, il s'écria: « Cet enfant, s'il vit, sera quelque chose de grand». Cette prophétie eut, certes, tout son accomplissement.

Dans un cas plus récent et tout semblable, l'essaim, après avoir bien effrayé la nourrice et la mère de l'enfant, s'envola sans lui avoir fait le moindre mal et quoiqu'une vingtaine d'abeilles se fussent enfilées sous son maillot, où on les trouva pleines de vie, ce qui prouve qu'elles n'avaient pas dardé leurs aiguillons contre le petit innocent.

On en a trouvé bien souvent dans le lit d'un autre innocent qui avait la manie de tenir ses abeilles dans sa chambre à coucher et qui assure de n'en avoir jamais été piqué.

A l'heure qu'il est, je vous assure moi-même que je n'ai jamais été piqué par mes abeilles et que je ne connais le mal qu'elles peuvent faire quand on les traite trop rudement que de réputation, ce qui nous apprend que c'est avec douceur qu'elles doivent toujours être traitées, si l'on ne veut jamais avoir à s'en plaindre.

Adieu, bonne Elisa, n'allez pas m'oublier auprès de maman et de Sophie, et, surtout ne vous ennuyez pas encore de votre fou d'ami et de son califourchon. Vous savez bien qu'il faut toujours en avoir un.

QUARANTE-HUITIÈME LETTRE

Lausanne, 29 juillet 1828.

Ma chère Elisa, j'espère un plaisir aujourd'hui; en attendant je veux avoir celui d'en causer un moment avec vous. Votre oncle me fit dire hier que je le verrais probablement; j'aurai par lui à peu près tout ce que je veux savoir de vous tous .....

..... Vous ne m'avez point demandé comment la fantaisie de m'occuper d'histoire naturelle et particulièrement d'abeilles avait pu me venir et me prendre si sérieusement.

La fièvre de Verna, dont je m'étais fait fermier en 1782, m'avait assez tourmenté pour me faire désirer de changer d'air; vos bons parents, de chère mémoire, l'apprirent et voulurent que ce fût chez eux; je n'hésitai point, leur proposition fut acceptée. Les soins de la plus tendre amitié contribuèrent bien autant que le changement d'air au rétablissement complet de ma santé. Je trouvai dans la bibliothèque de vos parents un livre dont je ne connaissais pas l'existence et qui donna le premier éveil à ma curiosité et à mon désir de faire connaissance avec les abeilles.

Les mémoires de la Société Economique de Berne, destinés plus spécialement à l'agriculture, rendaient compte de questions relatives à l'histoire des abeilles et des découvertes vraies ou prétendues qui intéressaient les savants et le public à cette époque.

Ce fut dans ce même ouvrage que je lus pour la première fois la très étrange découverte du pasteur Schirach; quoiqu'elle eût fait un très grand bruit en Allemagne elle ne s'était point répandue en France.

M. Ch. Bonnet était je crois le seul qui s'en fût occupé, sans y avoir ajouté foi. L'auteur allemand assurait que les abeilles qui avaient perdu leur reine pouvaient réparer cette perte et s'en procurer une autre, pourvu qu'elles trouvassent dans les alvéoles destinés à servir de berceau aux petits de la reine perdue des œufs ou des larves en bas âge dont il ne devait provenir que des abeilles ouvrières. Pour opérer cette métamorphose, il ne fallait, selon M. Schirach, que donner à ces petits êtres un logement plus vaste, où leurs organes pussent mieux se développer, et des aliments plus appropriés à leur nouvelle dignité. Il ne me parut pas plus qu'à M. Bonnet que la conversion des abeilles communes en reines pût être opérée par des causes qui selon toutes les apparences ne pouvaient avoir de tels effets; cependant le ton de bonhommie de l'auteur allemand, les témoins respectables qu'avaient eu ses observations me firent suspendre mon jugement. Je fus à M. Bonnet, je lui proposai mes doutes, qu'il voulut bien écouter, comme je vous l'ai dit ailleurs, et même approuver les tentatives qu'on pouvait faire contre sa propre opinion et en faveur de celle du bon pasteur de Lusace, Vous savez que j'eus le bonheur de réussir et de persuader M. Bonnet que le bon Schirach n'était point un charlatan. Ce premier succès fut ce qui m'attacha aux abeilles et me donna le désir ou plutôt la passion de connaître mieux des êtres qui avaient intéressé le monde savant depuis qu'il avait ouvert les yeux et laissé dans leur histoire jusqu'à nous tant d'obscurité et d'erreurs. Ce n'est pas sans raison que j'adresse à l'enfant de mes meilleurs amis ce que je n'ai point encore dit au public, mon but ne saurait ni lui échapper, ni déplaire à ses premiers amis.

QUARANTE-NEUVIÈME LETTRE

10 décembre 1828.

. . . Hier, en ouvrant le beau livre de Mme Necker(1), je tombai sur cette phrase qui me rappela les conversations que nous avions eues ensemble quand j'avais le bonheur d'en avoir avec elle; vous allez comprendre le plaisir qu'elle a dû me faire: « D'où viennent chez les animaux ces craintes et ces espérances qui semblent tenir à une sorte de divination ? Comment, sans étude et sans modèle, exécutent-ils ces constructions merveilleuses dont quelques espèces ont seules le secret? Ce sont des faits inexplicables, dira-t-on, mais c'est là précisément ce que j'avance; avouer l'impuissance des causes matérielles, c'est m'obliger à reconnaître un ordre de choses plus élevé ; qu'importe que je l'admette pour des créatures inférieures ; *si à travers l'intelligence d'un faible oiseau j'entrevois l'intelligence suprême, Je me prosterne et m'attendris*. Tout ce qui dans chaque espèce est admirable en soi et au-dessus des facultés qui lui ont été départies me paraît l'effet d'un instinct sublime, rayon direct de la lumière d'en haut. »

Note (1): L'Education Progressive. – Note du rédacteur.

Ces belles lignes n'ont pas besoin de commentaires, elles pourraient servir d'épigraphe à tout ce que nous nous sommes dit depuis que vous m'avez permis de parler d'abeilles avec vous, ç'a été ma seule idée, Mme Necker le sait bien, car les abeilles et mes découvertes ont été le seul sujet de nos entretiens.

Mon père, dont on ne connaît guère que le talent, m'avait fait aimer la nature, dont il était l'enfant gâté, et de cet amour-là à celui de son auteur il n'y avait qu'un pas à faire en mettant tous les jours sous les yeux d'un simple enfant ces sublimes beautés et les dons dont il jouit déjà. Comment la reconnaissance ne naîtrait-elle pas dans son jeune cœur et ne s'accroîtrait-elle pas à mesure de ses développements; le cœur une fois gagné, la lumière une fois reçue ne peut plus rétrograder, bientôt et plus tôt qu'on ne le croit l'enfant n'est plus un enfant.

Mesdames de St-Denis, dont j'occupe l'appartement, avaient accoutumé les pauvres oiseaux de venir chercher en hiver de quoi vivre sur la tablette de leur fenêtre; nous avons suivi ce bon exemple; ce matin, je leur ai fait leur soupe et l'ai répandue sur la fenêtre de ma chambre en l'honneur du retour de mes enfants, pour ne pas jouir tout seul de cet heureux événement...

CINQUANTIÈME LETTRE

... Que vous m'avez fait plaisir en voyant par vos propres yeux ce que j'avais complètement oublié de vous dire, c'est que la ventilation s'exécute à l'intérieur comme au dehors de la ruche: c'est au centre en effet que l'air commence à se gâter et qu'il importe d'arrêter bien vite les progrès de l'altération.

Les premiers battements des ailes au centre déplacent donc autour d'elles l'air qui commence à se gâter; le vide qui en résulte oblige l'air extérieur à venir prendre sa place; il est bientôt remplacé lui-même par l'air altéré au centre. La continuité parfaite de ces mouvements contraires entretient à toujours la salubrité dans tout l'édifice; c'est à mon sens, et j'espère que vous n'en disconviendrez pas, un des plus beaux traits de l'industrie des abeilles. J'ai été aussi content de ce que vous en avez été témoin que d'en avoir fait la découverte. Ce trait ne se voit point ailleurs, son utilité est égalée par la perfection du moyen. De combien de siècles l'espèce humaine n'a-t-elle pas été devancée dans cette occasion ?

Rien de plus juste que ce que vous avez vu et pensé sur le miel et le chemin qu'il a à faire pour devenir de la cire. Avec votre genre d'esprit permettez-vous les conjectures suggérées par des faits. Je vous félicite d'avoir vu le commencement d'une cellule royale; vous voilà à la cour, vous n'y éprouverez pas de disgrâces. Je ne savais pas, pour ne l'avoir jamais goûtée, que la bouillie royale fût salée. Si vous continuez comme vous avez commencé, vous apprendrez bien des choses à votre maitre affectionné.

CINQUANTE-UNIÈME LETTRE

29 juin 1829.

... Votre lettre, que je viens de recevoir, me rend presque la vie, car n'ayant rien de vous depuis longtemps et ignorant votre séjour à Lavigny, je m'inquiétais fort de votre silence. Ce qui troublait le plus mon repos, et sauf respect mon sommeil, c'était de vous croire victime de votre curiosité ou de quelque précaution oubliée, et comme je pouvais penser que vous aviez été trop maltraitée par vos abeilles, c'était sur moi et sur moi seul que tombaient des reproches que je ne me suis pas épargné. La possibilité qu'il y eût quelque lettre perdue de votre côté ou du mien m'était bien venue à l'esprit, mais comment croire que l'accident fut arrivé à cinq lettres de suite, ce qui ne pouvait s'expliquer que par votre absence, et je n'avais pas eu l'esprit de le deviner ...

Mon observation de la ventilation chez les abeilles a aussi reçu dernièrement une confirmation qui m'a fait beaucoup de plaisir; je n'en suis pas moins charmé de l'avoir eue par vous, dont la confiance me tient bien autant au cœur que celle de nos autres savants.

Madame Sophie vous fera passer la lettre où je réponds à vos questions, mais je vous en conjure, ne négligez rien de ce qui peut vous garantir de la piqûre des abeilles, faites-le pour votre maman, pour vous et aussi pour celui de vos amis qui, quoique bien innocent d'intention, se croirait très coupable du moindre mal qui pourrait vous arriver. - Dites-moi si vous seriez curieuse de l'art que les abeilles emploient dans leurs constructions, c'est-à-dire de leur architecture ; je crois pouvoir vous instruire sans trop de peine pour vous et pour moi. Le jour où vous me direz que vous le souhaitez, je prendrai la plume sur ce sujet-là et ferai tout mon possible pour ne pas trop vous ennuyer et surtout pour ne pas vous casser la tête.

Mon neveu s'est chargé de vous faire parvenir la copie d'un mémoire qui avait été inséré dans la *Bibliothèque Britannique*; il y était question des portes que les abeilles donnent à leur ruche et qu'elles savent varier selon les circonstances où elles se trouvent. Vous trouverez qu'elles ont bien de l'esprit, mais non, mille fois non, ce que vous en penserez vaudra mieux que tout cela; tout m'assure que votre cœur, d'accord avec votre intelligence, vous amènera comme toute leur histoire à placer mieux votre admiration et votre reconnaissance.

CINQUANTE-DEUXIÈME LETTRE

Le 10 décembre 1830.

Le plus pressé, ma chère Elisa, est de venir au secours de vos abeilles; je n'ai jamais vu les abeilles refuser le miel que je leur offrais. Burnens ne leur donnait, en hiver, que du miel pur et ramené à une douce température en le tenant quelques moments sur des cendres chaudes; il a sans doute plus d'odeur quand il est réchauffé que lorsqu'il est ou figé ou cristallisé. Ce parfum, qu'elles connaissent et qu'elles aiment, les atteint dans le haut de leur ruche et les dispose à venir le chercher dans le bas ou partout ailleurs. Un auteur, dont j'ai oublié le nom, conseille de percer le haut de la ruche, de manière que l'ouverture permette d'y introduire le cou d'une petite bouteille que l'on remplit de miel et que l'on bouche seulement avec un petit morceau d'éponge; cela peut réussir si on a soin de tenir toujours le miel en état de liquidité, je ne l'ai pas essayé. Faites l'épreuve d'offrir à vos abeilles du miel coulant et exigez de vos gens de campagne qu'ils ne présentent du miel à vos abeilles qu'après l'avoir réchauffé modérément. La moitié d'une coquille de noix en contiendra la quantité nécessaire pour deux jours; il est inutile et surtout dangereux de leur en donner davantage à la fois. Je comptais qu'elles mettraient dans leurs cellules ce qu'elles trouveraient de trop pour leur conservation journalière, mais cela n'arrive pas, elles dissipent tout ce qu'on leur en offre et, ne pouvant sortir de chez elles, cet excès leur fait du mal. Pour cela je m'en suis assuré par moi-même, j'ai même vu dans cette occasion que les bonnes ouvrières méritent bien ce nom-là; leurs petits, vous le savez, n'ont ni pieds ni pattes et sont prisonniers dans leurs alvéoles, les conséquences de leur situation ont été prévues par Celui qui a tout prévu.

Nous avons observé et suivi pendant bien des heures de suite les ouvrières qui gardaient dans leurs berceaux les petits dont elles n'étaient point les mères. Vous verrez cela avec bien de l'intérêt quand vous chercherez à voir comment elles soignent les petits de leur propre reine avant qu'ils puissent sortir de l'alvéole royal et vaquer eux-mêmes à tous leurs besoins. Si l'on avait besoin d'exemples de douceur, de patience, on les trouverait à foison dans nos ruches d'abeilles ou chez les fourmis.

CINQUANTE-TROISIÈME LETTRE

(Sans date.)

... Vous avez bien fait, ma chère Elisa, de venir au secours de vos abeilles: nos campagnards croient que l'eau miellée leur donne la dysenterie, je n'ai rien vu qui confirme ce préjugé; L'eau miellée dont on les arrose les calme comme par enchantement quand elles sont plus agitées. Quand on veut mêler deux essaims, il n'y a rien de mieux à faire pour empêcher tout combat entre les ouvrières que de faire tomber sur elles une rosée d'eau miellée.

Si vous voulez faire une jolie observation, remplissez de miel pur la moitié d'une coquille de noix à laquelle vous aurez fait un manche; placez la coquille dans un endroit de votre ruche que vous puissiez bien voir; elle sera bien vite aperçue par vos ouvrières. Je ne vous dis pas ce que vous verrez vous-même, je vous condamne seulement à me le conter un jour. Cette petite dose de miel suffit à un grand essaim pour 24 heures au moins. Le très petit nombre de mouches qui se mettent à table et prennent part à ce repas le distribuent à toutes celles qui composent la peuplade, qui sans doute se le partagent entre elles. Bien des milliers d'estomacs en reçoivent leur part et cet atome leur suffit (exemple curieux de la divisibilité presque infinie de la matière) ...

Au Comte de Mouxy de Loche
PREMIÈRE LETTRE

Je profite, Monsieur, du départ prochain de notre cher Comte de Flumet, pour vous faire parvenir l'expression de ma juste reconnaissance. Les occupations auxquelles mon fils se livre en ce moment l'empêcheront probablement de s'éloigner du toit paternel; elles lui procurent la distraction dont il avait besoin et que notre excellent ami voulait qu'il trouvât auprès de vous. Vous vous y êtes prêté, Monsieur, de la manière la plus obligeante; nous en conservons le souvenir très chèrement et dès que les fourmis laisseront quelque répit à mon jeune naturaliste, il ira vous rendre ses devoirs et vous demander de lui continuer vos bontés.

M. Falquet, notre parent, nous lut votre lettre et j'eus bientôt dévoré le mémoire intéressant dont elle était accompagnée. Votre observation est aussi curieuse que neuve; mon secrétaire m'avait bien parlé quelquefois de certaines abeilles qu'il trouvait au mois de mai, et qui avaient sur la tête des filets terminés par des boutons diversement colorés. Mais nous n'avions rien vu de plus, et pour ne pas faire de conjecture trop hasardée nous n'en avions point fait du tout; il vous était réservé, Monsieur, d'expliquer ce phénomène.

Si les abeilles trouvent de la cire toute formée sur les parties de quelques plantes, il se pourrait très bien qu'elles sussent les saisir et les employer. Elles se servent bien de la cire des vieux gâteaux que l'on met à leur portée; j'en ai vu qui fermèrent une fois leurs cellules neuves et blanches en cire noire qu'elles enlevaient à de vieux gâteaux. Le miel leur manqua tout à coup par l'effet de la sécheresse; la sécrétion de la cire cessa entièrement, elles furent réduites à employer celle des vieux gâteaux. Si je n'étais pas venu à leur secours, ne pouvant laisser leur couvain à découvert elles auraient été obligées de construire les couvercles avec la cire de leurs propres rayons et de détruire par conséquent leur propre ouvrage. Elles n'auraient pu continuer leurs gâteaux que lorsque la température de la saison leur aurait permis de faire une nouvelle récolte de miel et par conséquent de cire, et le sort de l'essaim aurait été bien hasardé.

En donnant du miel à temps aux abeilles de nos essaims, et dès que l'on voit que leur premier travail est suspendu par l'effet de l'intempérie, on les met en état de continuer leurs gâteaux et de produire autant de cire qu'elles l'auraient fait si la saison le leur eût permis. Mais comme c'est aux dépens du miel que les abeilles font la cire, la même dose ne peut pas servir à la fois à leur faire construire des alvéoles et à remplir ceux qui doivent leur servir de magasins. Ceux qu'elles auront fabriqués aux dépens du miel que vous leur aurez donné seront prêts pour recevoir celui que les fleurs leur fourniront, et comme elles auront assez de cellules à cette époque elles n'auront plus besoin d'en construire, et tout le nouveau miel pourra être emmagasiné pour la provision de l'hiver.

Mais qu'arrivera-t-il si la sécheresse ou l'intempérie quelconque se soutient trop longtemps et si l'été ou l'automne n'ont plus de fleurs pour les abeilles, comme cela arrive souvent dans nos cantons et comme je l'ai vu notamment dans les années de 1793 et 1803 ? La réponse est aisée: tous les essaims de l'année périront et un grand nombre de mères ruches auront le même sort, à moins qu'on ne consente à les nourrir jusqu'au retour d'une autre saison. Je doute que nos paysans veuillent en prendre la peine et en faire la dépense.

Les deux mois de récolte valent mieux pour les abeilles des Hautes-Alpes et en général pour toutes celles qui habitent le Nord, leur véritable patrie, que nos trois saisons où la campagne leur est ouverte et qui ne leur donnent que des récoltes si chétives et si souvent interrompues.

Il faudrait donc, selon moi, pour tirer parti de ces insectes et même pour ne pas risquer de voir perdre cette race précieuse, ou mener nos abeilles en pâturage, comme faisaient nos pères, quand le pays d'alentour n'a plus rien à leur offrir, ou mettre le miel à leur portée, ainsi que le pollen nécessaire à leurs petits, en cultivant des plantes sur lesquelles elles pussent faire ces deux récoltes à temps. En choisissant les premiers jours de juin pour la semaille du blé noir, on obtient ce fourrage en pleine fleur dans le courant de juillet, c'est-à-dire dans un moment où la première végétation des pâturages est épuisée, et où il arrive même qu'ils sont brûlés. Cette plante africaine résiste mieux que les autres à la chaleur et à la sécheresse.

J'ai vu plusieurs fois mes abeilles faire de grandes récoltes sur des blés noirs qui s'étaient ressemés d'eux-mêmes et qui avaient donné leurs fleurs à la fin de juillet ou au commencement d'août. Si j'avais quelque terre à moi, je répéterais l'expérience sous le rapport des abeilles. Vous, Monsieur, ne pourriez-vous pas la faire un peu en grand ? Je souhaiterais fort qu'elle réussit entre vos mains. Faites-moi la grâce de me dire quelles seraient vos idées là-dessus; je mettrais un grand prix aux communications que vous voudriez bien m'accorder.

La partie économique de la science des abeilles est celle que j'ai le moins cultivée, et comme elle m'intéresse infiniment, vous m'obligeriez en entrant dans quelques détails là-dessus.

J'ai l'honneur d'être, Monsieur, avec la plus parfaite considération, votre très humble et très obéissant serviteur.

Au Bouchet, près de Genève, le 14 mai 1804.—HUBER.

DEUXIÈME LETTRE

J'ai bien du regret, Monsieur, d'avoir tardé si longtemps à répondre à la lettre obligeante que vous m'avez fait l'honneur de m'adresser. Je la reçus à la veille de mon départ pour la Suisse (1). M. de Flumet, que je vis à cette époque et qui partait aussi pour Chambéry, me promit qu'il vous verrait en passant et qu'il vous dirait ma reconnaissance et celle de mon fils en attendant que je pusse vous l'exprimer moi-même.

Note (1) : A l'époque ou Huber écrivait, Genève était depuis quelques années englobé dans l'Empire Français. Note du rédacteur.

Le jeune naturaliste auquel vous voulez bien prendre quelque intérêt sent le prix de vos bontés et vous prie de les lui conserver; il ira quelque jour chercher de l'instruction et du plaisir dans ce vieux château où l'on cultive avec tant de succès l'art qu'il aime et dans lequel vos conseils et vos exemples peuvent lui être d'une si grande utilité.

J'espérais, à mon retour ici, revoir notre cher comte et avoir de vos nouvelles par son canal, mais il est parti pour la Suisse au moment où j'arrivais et je n'ai eu que ses compliments. Permettez-moi donc, Monsieur, de chercher moi-même à renouer le fil d'une correspondance que je sais apprécier et qui a été interrompue bien malgré moi.

J'ai fait cette année une observation qui ne sera peut-être pas neuve pour vous comme elle l'a été pour moi. J'en rendrai compte avec détail à notre Société de Physique et d'Histoire naturelle lorsque je lirai l'histoire de mes recherches sur la nature, l'origine et les usages de la Propolis. Je lui conserve son sexe féminin, quoique je sache que nos précepteurs de Paris en ordonnent autrement, mais je suis un enfant rebelle et d'ailleurs il me suffit de parler aussi bien ou de ne parler pas mieux que Maraldi, Réaumur et Bonnet.

Pendant que j'étais à Lausanne, je faisais des excursions fréquentes dans les campagnes environnantes. Un de mes amis avait quelques ruches de paille; il me dit un jour que l'on voyait tous les soirs des chauves-souris de la petite taille rôder autour de son rucher, qu'elles entraient même dans les ruches et que son jardinier les avait vues au moment où elles venaient d'en sortir. M. d'A. me dit aussi qu'il se disposait à soufrer quelques-unes de ses ruches. Vous comprenez que je ne crus pas aux chauves-souris ni à leur irruption dans les ruches et que je fis ce que je pus pour empêcher mon ami de faire périr des abeilles par le feu, mais ce fut inutilement.

Le 16 septembre, entre chien et loup, on vit voltiger beaucoup des prétendues chauves-souris autour des ruches; on fit périr trois essaims en les exposant à la vapeur du soufre enflammé. Mais cette fois la punition suivit de près le délit, car on ne trouva point de miel ou presque point dans les rayons de ces trois ruches. Je vis la cire qu'on en avait tirée, elle était molle, gluante et sucrée; il paraissait donc qu'elle avait contenu du miel. Les abeilles en avaient effectivement récolté beaucoup pendant le mois précédent; il était donc sûr que ce miel avait disparu depuis peu de jours.

Les gâteaux des trois ruches soufrées n'avaient point été endommagés ni écartés les uns des autres comme cela serait arrivé infailliblement si les chauves-souris étaient entrées dans les ruches de vive force; je me confirmai encore dans l'opinion que ce n'était point elles qui avaient causé ces ravages.

Pour savoir à qui l'on devait les attribuer, le 17 j'envoyai mon domestique dans cette campagne entre 6 et 7 heures du soir; je lui recommandai de faire bonne garde et de me rapporter morts ou vifs quelques-uns des individus qu'il verrait voltiger autour des ruches et tâcher de s'y introduire. Ce ne fut pas long; au bout d'une demi-heure, il m'apporta deux Phalènes, reconnues pour le papillon Tête de mort. Le jardinier de mon ami les avait prises et blessées d'un coup de serpette à l'instant où elles essayaient de pénétrer dans les ruches. Le fermier d'une autre campagne vint dire à mon domestique, pendant qu'il était à son poste, que dans ce moment même une foule de ces papillons volaient autour de son rucher; et c'était le cas de tous ceux qui avaient des abeilles à plusieurs lieues à la ronde, je m'en suis assuré. Voilà donc un ennemi de plus pour nos abeilles, et il est bien redoutable, puisqu'il peut consommer en peu de temps tout ce qu'elles ont de miel pour leur provision d'hiver, car j'ai appris de tous ceux qui ont vu ces papillons autour de leurs ruchers et qui ne se sont pas opposés à temps à. leurs invasions que leurs ruches n'avaient presque plus de miel. Je leur ai conseillé de les nourrir pendant l'hiver ou avec du miel pur ou avec du sirop de sucra; une cuillère à café remplie de sirop ou de miel suffit pour 24 heures à une peuplade ordinaire.

Si la nature a donné aux abeilles un ennemi si dangereux, elle les a instruites à se mettre à l'abri de ses ravages. M. d'A. comprit qu'on y réussirait en rétrécissant les ouvertures qui servent de portes aux abeilles. Il fit placer des râteaux de fer-blanc façonnés en arcades au-devant de trois ruches, et comme il n'en avait plus sous la main, il n'en mit point aux portes des autres.

Le 18, j'allai voir; je trouvai toute la maison en l'air et en admiration de l'esprit qu'avaient montré les abeilles. Celles des ruches que l'on n'avait pas barrées avaient elles-mêmes rétréci et muré leurs portes. La veille, cette muraille n'existait pas. Le danger avait donc réveillé leur instinct il cet égard: Il est malheureux qu'il ne l'ait pas été plus tôt. Cependant si les abeilles rétrécissaient leur porte, et de manière que le papillon Tête de mort ne pût jamais pénétrer dans leur demeure, cette Phalène mou n'ait de faim et le vœu de la nature ne serait pas rempli, car il est évident qu'elle en a reçu l'ordre de chercher les aliments dans les ruches des abeilles. Il faut que tout le monde vive et pour que l'équilibre subsista, il faut que l'épervier ne mange pas toutes les colombes; si elles sont leur proie naturelle, elles savent éviter leur ennemi et il en échappe toujours assez pour que l'espèce soit conser-vée. La porte des abeilles n'est donc qu'une ruse de guerre qui ne doit pas toujours réussir; il suffit qu'elles le fassent quelquefois. Mais comment ce papillon échappe-t-il à l'aiguillon des abeilles? (1) Je n'ai là-dessus qu'une conjecture, vous la devinez sûrement; nous la mettrons à l'épreuve l'année prochaine, si Dieu le veut.

Note (1) : Lire, sur la manière dont se comporte le Sphinx Atropos dans les ruches, les très intéressants détails que donne M. C-P. Cory dans sa "Note sur l'Abeille de Madagascar ». *Revue 1890*, p. 124 à 127. Voir aussi *Revue 1886*, p. 17, 51, 73, 127, 129 ; 1887, p. 10; 1888, p.169, 232. Note du rédacteur.

Peut-être que dans leur pays natal, lorsqu'elles ha-bitent encore les forêts et que l'homme ne s'est point mêlé de leurs affaires, les abeilles feraient d'avance ce qu'elles ne font ici qu'après coup. Peut-être aussi que c'eût été trop pour la tête d'une mouche que d'en exiger une mesure de précaution. Il fallait peut-être, pour que l'idée de rétrécir leurs entrées fut réveillée ou excitée dans leur sensorium, que la présence même de l'ennemi les y déterminât.

J'avais déjà vu les portes naturelles des abeilles, elles avaient aussi été construites à l'heure du danger. Mais quoique très porté à admirer leur industrie et les vues de l'infinie sagesse, je n'avais rien osé conclure de deux observations isolées; il fallait les répéter comme je l'ai fait cette année pour les saisir dans leur ensemble et admirer un trait de plus de l'industrie de ces mouches étonnantes. Car, dans tous les ruchers que j'ai visités ou fait visiter en dernier lieu; il s'est toujours trouvé quelques ruches dont les portes avaient été récemment murées à l'aspect des papillons Tête de mort.

En me donnant de vos nouvelles, Monsieur, faites-moi la grâce de me dire si vous avez observé cette année quelque chose de semblable. Je vous demande aussi de vouloir bien que nos communications quelconques sur les abeilles restent entre nous, jusqu'à ce que nous trouvions convenable l'un et l'autre d'en faire part au public.

J'ai l'honneur d'être avec la plus parfaite considération, Monsieur, votre dévoué serviteur.

Au Bouchet, près de Genève, le 14 octobre 1804.

HUBER.

TROISIÈME LETTRE

Je craignais, Monsieur, que vous n'eussiez pas reçu ma lettre et, pour que vous ne prissiez pas une trop mauvaise idée de votre correspondant, j'avais prié M. de Flumet de vous faire savoir que je vous avais écrit et de me donner de vos nouvelles; il sait l'intérêt que je prends à ce qui vous touche, Monsieur, et vous voudrez bien y croire.

Quand j'eus l'honneur de vous écrire, je ne savais point que vous vous fussiez occupé de la Propolis. On avait lu votre mémoire à notre Société pendant mon séjour à Lausanne, et ce n'a été que dans une de nos séances particulières, lorsqu'on lut le registre, que j'appris qu'il en avait été question dans la séance précédente. J'ai demandé la communication de votre mémoire et M. Jurine me le fit passer. Je l'ai lu avec le plus grand intérêt; vous avez réussi dans une recherche très difficile et le fait dont vous avez été témoin n'avait été vu ni soupçonné par personne; recevez-en, Monsieur, mes sincères compliments.

Permettez-moi de rappeler votre observation quand j'occuperai la Société de celles que j'ai faites sur le même sujet. Elles ne se contredisent point; il était naturel que vous crussiez que les abeilles n'avaient qu'une manière de récolter la Propolis, et que vous ne trouvassiez pas qu'elles dussent la prendre sur les bourgeons du peuplier noir, lorsque vous les aviez vues la récolter sur les feuilles de cet arbre. Ce qui est vrai, c'est qu'elles la récoltent sur les uns et sur les autres. Elles la prennent où elles la trouvent, nous nous en sommes assurés.

En insérant votre notice dans mon mémoire, je ne ferai mention que du fait qui constate votre découverte et je supprimerai l'exclusion que vous donniez conjecturalement aux bourgeons du peuplier noir. Je serai charmé, dans cette occasion comme dans toute autre, d'associer mon nom à celui d'un amateur aussi distingué de l'histoire naturelle.

Je l'ai déjà fait en usant de la permission que vous m'avez donnée de me servir de votre note très instructive sur le Sphinx Atropos; je l'ai envoyée avec mes observations à M. Pictet, le professeur. Je ne sais s'il trouvera à propos de les publier dans le Journal Britannique, peut-être que le désir de rendre un service aux cultivateurs, en les avertissant du danger que ce papillon fait courir à leurs abeilles, engagera les rédacteurs à placer mes observations dans la partie de l'agriculture, quoiqu'elles ne soient pas d'origine britannique. M. Pictet est à Paris actuellement comme Tribun, je vous ferai connaître sa réponse dès que je l'aurai reçue.

C'est un trait bien curieux de l'intelligence des abeilles, ou plutôt de la main qui les conduit, que la précaution qu'elles prennent de rétrécir les entrées de leur ruche quand elles sont menacées d'invasion étrangère. Le fait était déjà connu du temps d'Aristote. Je ne l'ai lu dans son livre des animaux que depuis que je l'ai vu dans celui de la nature; il dit que c'est avec la Propolis qu'elles rétrécissent leurs portes, mais sans aucun détail sur la manière dont elles s'y prennent, ni sur la forme qu'elles donnent à ce singulier ouvrage:

Etenim, cum sint ampliores aditus ; fabricâ obstruentes coarctant.

J'ai vu des variétés singulières dans cette construction; elles méritent d'être étudiées, c'est le doigt de Dieu qu'on voit là. Il est aussi intéressant qu'utile de suivre toutes ses divines traces. Vous êtes si bien fait pour le sentir, Monsieur, que je n'hésite pas à vous prier de concourir avec moi dans une recherche qui doit être approfondie et qui peut être éclairée par vos lumières et vos talents.

J'ai vu de ces portes rétrécies qui sont de véritables ouvrages de fortification; elles montrent les créneaux, les chemins couverts, des portes secrètes dont les ouvertures sont masquées, etc. D'autres fois le mur de Propolis et de vieille cire n'est percé que d'une seule ouverture inclinée, tortueuse, et dont l'accès peut être défendu par une ou deux ouvrières. Quand la Propolis leur manque, c'est avec de la cire pure qu'elles font cette muraille singulière; elles savent bien dans la suite y mêler la Propolis (1).

Note (1) : Le Dr. de Planta a bien voulu faire l'analyse des matières employées par les abeilles pour leurs fortifications. Voici ce qu'il a trouvé pour les échantillons que Je lui avals envoyés: Cire d'abeille 76,27% ; Résine (propolis) 22,15% ; Eau et huiles volatiles 1,58% (Revue, 1886, p. 73; voir aussi p. 51.) Note du rédacteur.

Cette année, mes abeilles avaient rétréci leur porte au commencement de juillet; cette précaution avait été prise évidemment contre des pillardes d'une ruche voisine ; elles n'avaient laissé que deux petites ouvertures pour le passage de deux ouvrières au plus. En août, lors de la grande population et de la grande récolte de miel, elles ont agrandi ces ouvertures sous nos yeux pour rendre les passages plus libres; mais afin qu'ils ne le fussent pas trop, elles ont laissé subsister un large pilier an tiers de leur porte, qui, la divisant en deux parties, en a interdit l'accès au grand sphinx. Fera-t-on honneur à l'aveugle hasard d'une disposition dont le but est d'une utilité si évidente ?

Faites-moi la grâce, Monsieur, de regarder vos ruches et celles de vos voisins, et de dessiner ce que vous verrez sur des ruches actuellement peuplées. Il ne sera pas facile de voir ce travail dans tous ses détails; on le pourra plus aisément en hiver, quand les abeilles seront plus tranquilles. Il serait encore plus facile de le faire si l'on avait quelques ruches mortes dont les portes eussent été rétrécies (2).

Note (2) : Voir le dessin que j'ai donné d'après nature d'une entrée barricadée par les abeilles, Revue, 1888, p.233, et *Conduite du Rucher*, 6me éd., p. 191. Note du rédacteur.

Permettez-moi de vous demander quelques détails sur ces ruches des Hautes-Alpes dont vous avez approuvé la construction.

Je partage votre opinion sur la disposition des abeilles pendant la mauvaise saison.

Le temps ne me permet plus que de vous assurer de ma parfaite considération. F. HUBER.

P.-S. - Je me suis aussi assuré cette année que les pommes de terre n'attirent point les abeilles et que la récolte de la Propolis est sujette à de grandes variations. Cette année elle a été bien tardive et peu abondante.

Au Bouchet, près de Genève, le 19 novembre 1804.

QUATRIÈME LETTRE

Je ne sais, Monsieur, si vous recevez la Bibliothèque Britannique; vous y verriez que j'ai fait usage de la note instructive et intéressante que vous aviez bien voulu m'envoyer; il n'y manque que votre nom; je ne conçois pas pourquoi les rédacteurs l'ont mis en abrégé. Il aurait aussi mieux valu que cette note parût avec mon mémoire, mais elle fut portée à Paris par M. Maurice et l'on n'a PH, à cause de cela, l'insérer que dans le numéro suivant. L'on a aussi oublié de faire graver le dessin que j'avais donné de ces portes casematées par les Abeilles, que mon fils avait fait assez exactement pour donner l'idée de ce trait de leur industrie. Les descriptions sans figures ne produisent jamais autant d'effet.

Je lus votre note et ma seconde lettre à la Société des Naturalistes lorsque ce fut mon tour de la tenir. Vous savez peut-être que cette Société n'est composée que de MM. de Luc, Jurine, Tolot, Gos, de mes fils et de moi. Elle ne s'occupe que d'histoire naturelle; elle a de nombreux correspondants et des membres étrangers. Si vous le voulez, Monsieur, vous en serez à bien des titres. La proposition que nous en fîmes M. Jurine et moi fut très accueillie et je me chargeai de vous communiquer le vœu de notre Société et d'être l'interprète de ses sentiments. M. Jurine me pria aussi de vous dire qu'il aura l'honneur de vous proposer à la Société de Physique et d'Histoire naturelle.

Comme je n'assistais pas à la séance qui a eu lieu dernièrement, je ne sais point s'il a fait cette proposition. Dans ce cas, il vous l'aura sans doute écrit.

Je vois trop rarement notre cher comte de Flumet; il est très répandu et très recherché. Je lui ai fait la commission de Madame sa cousine et toutes les fois que nous nous sommes rencontrés, le château de Loche et ses habitants ont été mis sur le tapis. Je ne désespère pas de les connaître un jour plus particulièrement; ce qui est le plus certain, c'est que je le souhaite et que je mets un grand prix à la continuation d'une correspondance dont tout l'avantage est pour moi.

Agréez, Monsieur, mes vœux pour tout ce qui vous intéresse, et recevez l'assurance de ma haute considération.

Genève, le 29 janvier 1805.
        F. HUBER.

P.-S. - Mon fils ainé vous présente ses respects.

CINQUIÈME LETTRE

Monsieur,

J'ai communiqué votre lettre aux membres de notre petite Société; ils ont appris avec un grand plaisir que vous vouliez bien en être et ils m'ont chargé de vous le dire.

M. Jurine, à qui j'ai remis votre lettre pour lui rappeler ce que vous attendez de lui, m'apprit qu'il ne vous avait pas encore proposé à notre Société de Physique et d'Histoire naturelle, mais qu'il devait le faire dans sa première séance particulière; elle doit se tenir chez moi le 28 de ce mois et comme je la présiderai vous pouvez être sûr que la question sera mise sur le tapis et que mon suffrage vous est bien acquis.

Je ne doute pas, Monsieur, que toutes les communications que vous voudrez bien faire aux rédacteurs de la Bibliothèque Britannique ne soient reçues avec l'empressement qu'elles méritent; je serai en particulier charmé de connaître vos observations sur le redoutable Atropos, sur la cause de son cri, sa trompe, etc.; votre dessin rendra ces notices encore plus intéressantes; il ne serait peut-être pas impossible de le faire graver ici.

Ne vous êtes-vous point amusé à graver vous-même ? Mon père avait réussi dans cet art, comme dans tous ceux auxquels il s'était appliqué; cependant, quoiqu'il prît bien des précautions nous craignions toujours pour lui les effets de l'eau forte.

M. Jurine nous lut, l'autre jour, son mémoire sur les ailes des mouches et nous montra les beaux dessins de sa fille. Ce mémoire et ces dessins resteront dans son bureau dans l'impossibilité de faire graver ces belles planches.

Une personne de ma connaissance a eu cette année 11 ruches dévastées par l'Atropos; si on ne veut pas les perdre toutes l'été prochain, il faudra absolument les garantir de ce redoutable ennemi par quelque moyen analogue à celui que j'ai indiqué. Dans leur pays natal les abeilles savent sans doute mieux résister à ces invasions qu'elles ne le font dans ceux où on les a transplantées et où elles n'ont pas tout leur instinct et toute leur énergie.

Proust écrit à La Métherie (*Journal de Physique* de Frim. 13), en date du 19 novembre: « Il y a deux miels; l'un liquide habituellement et l'autre sec, non déliquescent, cristallisable à sa manière et moins sucré que le sucre. On les sépare par l'esprit-de-vin; pour cela il faut opérer sur des miels grenus. » C'est dommage qu'il n'y ait pas plus de détails. Si ce Proust n'était pas en Espagne, c'est-à-dire au bout du monde, je les lui aurais demandés.

Autant qu'il m'en souvient, les Anciens distinguaient trois sortes de miel; je reverrai cela dans Pline. Faute d'étudier leurs écrits, on donne souvent pour des nouveautés ce qui courait les rues au temps d'Aristote.

J'ai vu dernièrement le comte de Flumet, toujours aimable, heureux et bien portant. C'est qu'il a su se résigner ; ici on l'aime autant qu'on admire sa modération et son courage. C'est déjà un bienfait de la Providence et ce ne sera pas le dernier.

Je vous remercie, Monsieur, de ce que vous voulez bien souhaiter l'ouvrage de mon fils sur les Bourdons. (1) Vous l'auriez reçu depuis longtemps s'il était entre nos mains. Il n'y en a ici qu'un exemplaire dans un recueil anglais qui appartient à la Bibliothèque Publique. Ceux que l'on a tirés à Londres ne nous sont pas encore parvenus.

(1) *Observations on several Species of Bees.* Transactions of the Linnean Society, Vol. VI. Note du rédacteur.

Il lut jeudi dernier, à la séance publique de la Société de Physique et d'Histoire naturelle, un petit mémoire sur les relations des fourmis et des pucerons (1); il me parut qu'on en fut content. J'espère que les encouragements qu'il reçut dans cette occasion confirmeront son goût pour l'histoire naturelle. On m'a demandé ce mémoire pour le *Journal Britannique*. Il résiste à lui donner autant de publicité, et moi je ne suis point fâché qu'il soit modeste et timide.

Note (1) : *Bibliothèque Britannique*. Sciences et Arts, Tome XXVII. Note du rédacteur.

J'ai l'honneur d'être, Monsieur, avec une parfaite considération, votre dévoué serviteur.

Genève, le 19 février 1805.

HUBER.

SIXIÈME LETTRE

Il y a trop longtemps, Monsieur, que je n'ai point eu le bonheur de recevoir de vos nouvelles; je crois que c'est ma faute et cela ne m'aide pas à en prendre mon parti. Ne pouvant pas écrire moi-même, je ne réponds pas toujours aussi exactement que je le voudrais. Je dois ménager les yeux que l'on veut bien me prêter et que j'occupe beaucoup plus que je ne devrais. C'est la seule cause de ma négligence, car je pense très souvent à vous, Monsieur; nos rapports de goûts vous en sont garants, sans compter que je sais bien ce que j'ai à gagner à ces communications.

Votre mémoire sur les plantes que les abeilles préfèrent et sur la succession de celles qu'il conviendrait de mettre à leur portée dans chaque saison m'a fort intéressé. Je l'ai communiqué à notre Société des Naturalistes qui se tint chez moi le 1er mardi de juin; il fit plaisir à nos collègues et on l'a mis dans nos archives.

J'ai manqué deux séances de la Société de Physique et d'Histoire naturelle, le mauvais temps m'empêcha de m'y rendre. Nous devons en avoir une demain chez le professeur Pictet; il sait toujours les rendre intéressantes. Je voudrais fort en jouir avec vous, Monsieur; ne viendrez-vous pas une fois prendre votre place dans nos deux Sociétés? Nous serions tous charmés de vous y voir et d'entendre la lecture de quelques fragments de vos portefeuilles. J'en suis pour ma part extrêmement impatient.

Cette année, dont on se plaint de tous côtés, cette dose si faible de chaleur, ces variations continuelles dans la température ne sont pas défavorables aux abeilles. Jamais les reines ne furent aussi fécondes, à ma connaissance au moins. Nos ruches ont communément donné 2 essaims et souvent 3, sans que les mères aient été trop affaiblies. On dit même avoir vu les premiers essaims jeter eux-mêmes pour fonder ailleurs une nouvelle colonie; mais l'on exagère le bien comme le mal. On m'assura l'autre jour que certaines ruches avaient jeté cinq à six fois et l'on prétendait que cela n'était point rare à Rumilly. (1) Faites-moi la grâce, Monsieur, de prendre quelques informations là-dessus.

Note (1) : Dans la Haute-Savoie.

Le miel et la miellée n'ont jamais été plus abondants; le travail en cire n'a point été suspendu, comme il l'est ordinairement après la coupe des foins et surtout dans les années de sécheresse, ce qui vient de ce que les prés fauchés ont bien vite poussé et refleuri, grâce aux alternatives de pluie et de beau temps. La Propolis n'a pas manqué non plus comme les années précédentes.

Je remarque que les mâles se trouvent plus tard dans quelques ruches que je ne l'ai vu. J'en ai encore un bon nombre dans une de mes ruches vitrées, tandis que d'autres ruches les ont chassés ou tués depuis longtemps.

M. de Gélieu (2) m'écrivait l'autre jour qu'il n'y avait qu'un an sur dix où les abeilles fussent si heureuses dans nos climats; auriez-vous fait cette observation ?

Note (2) : Jonas de Gélieu, auteur de Le Conservateur des Abeilles, etc. Note du rédacteur.

Un amateur m'écrit qu'en Italie on croit préserver les abeilles des teignes de la cire en mettant dans la ruche un morceau de cuir de vache de Russie; et ce n'est pas que la fausse-teigne craigne cette odeur, elle les attire, au contraire, et c'est parce qu'elles pondent leurs œufs sous ce cuir, que les ruches en sont préservées. Vous comprenez qu'il faut le retirer tous les matins pour ôter ces œufs. En attendant que cela soit bien prouvé, le remède me paraît bien dangereux; celui qui en trouverait un meilleur rendrait un beau service aux abeilles et à ceux qui les cultivent.

Le Sphinx Atropos a-t-il autant multiplié qu'il y avait lieu de le penser? S'il confie ses œufs à la terre, les pluies de l'hiver en auront fait périr un bon nombre. Avec cela, Monsieur, garantissez vos ruches de ses attaques et mettez-y de bonnes grilles avant que l'insecte ailé paraisse dans vos campagnes.

Vous m'obligerez beaucoup si vous voulez bien me parler de vos abeilles et de vos occupations. J'apprendrai avec intérêt des nouvelles de votre santé et de celle de votre famille.

J'ai l'honneur d'être, avec une parfaite considération, votre dévoué serviteur.

Au Bouchet, près de Genève, jeudi 8 août 1805.
F. HUBER.

SEPTIÈME LETTRE

Si la crainte d'être indiscret ne m'avait pas retenu, il y a longtemps, Monsieur, que j'aurais sollicité quelques nouvelles de vous. J'espérais que M. le comte de Flumet m'en rapporterait à son retour de Savoie, mais ses affaires l'ont mené d'un côté différent de celui que vous habitez et il n'a point eu le plaisir de vous voir. Permettez-moi de vous demander à vous-même si votre santé est aussi bonne que je le désire, si vos occupations vous laissent le loisir de cultiver vos goûts, et si l'histoire naturelle ne vous a rien offert cette année qui ait piqué votre curiosité et dont vous voulussiez bien faire part à un pauvre invalide qui sentirait tout le prix de ces communications.

Je n'ai presque personne ici qui suive la partie que nous aimons.

Il y a bien à Genève quelques faiseurs de collections, mais je ne connais point de véritable abeilliste et l'on aime quelquefois à parler de son califourchon. -

Jurine va publier son ouvrage suries insectes; il a déjà vu quelques critiques allemandes du Système qu'il n'a pas encore publié. Vous voyez, Monsieur, qu'il y a des gens bien pressés de juger et de se faire une réputation aux dépens de celle des autres. Ils en auront la courte honte; notre ami triomphera tôt ou tard, c'est l'histoire de la vérité.

Hier, dans une séance de la Société de Physique et d'Histoire naturelle, présidée par M. Maunoir, qui nous lut un beau mémoire sur l'anévrisme et la manière de guérir cette maladie, Jurine se fit beaucoup d'honneur en rendant justice au talent de son collègue et en mettant la découverte qu'il annonçait à la place que la modestie de l'auteur ne lui avait pas permis de lui assigner. Ce qui caractérise nos savants et ce que j'apprécie le plus, c'est qu'il y a entre eux émulation sans rivalité et qu'à la manière dont ils s'entraident, dont ils se soutiennent et se font valoir réciproquement, il parait que la jalousie et l'envie n'entrent pas dans leur composition.

M. Colladon montra quelques branches de Palma Christi; deux ou trois variétés de cette plante étaient chargées de fruits. Il les a cultivées dans son jardin botanique; leur végétation a été très heureuse et on peut espérer qu'elle réussirait encore mieux dans les provinces méridionales. Comme l'huile de ricin nous arrive souvent rance des Iles et qu'alors elle est très dangereuse, il serait à souhaiter que cette plante put s'acclimater en Europe et que nous eussions cet utile médicament dans sa fraicheur.

J'avais envie cette année de faire quelques expériences sur les guêpes, sur celles entre autres qui vivent en grandes sociétés et qui font leur nid dans les arbres creux ou dans des cavités souterraines, et j'attendais pour cela que l'on m'indiquât quelques-uns de ces grands guêpiers. Mais on n'en a pas vu un seul dans les environs. J'ai bien trouvé au printemps quelques petits guêpiers en rose, sur les branches des rosiers et des groseilliers; il parait que ces peuplades ne sont pas venues à bien, car l'on a vu très peu de guêpes au printemps et presque point pendant l'été. Nous n'en avons aperçu aucune auprès de mes ruches. Vous savez, Monsieur, qu'elles ne manquent pas de les visiter quand il y en a. L'année dernière, par exemple, elles étaient très multipliées et lorsque les abeilles tuèrent leurs mâles et les jetèrent à la voirie, les guêpes faisant les fonctions de corbeaux, enlevèrent tous ces cadavres sous nos yeux; elles les recevaient quelque fois presque de la main des abeilles. Grâce à leur vigilance, le terrain près de mes ruches fut toujours parfaitement net; cet été, nous avons dû nous charger nous-mêmes de ce soin.

Nous n'avons pas aperçu de guêpes sur nos espaliers, ni dans les vergers, ni sur les fruits que l'on a fait sécher en grande abondance et qui, par contre, ont toujours été couvert d'abeilles et d'autres mouches. Les liqueurs sucrées qui les attirent dans nos appartements, les confitures, nos viandes même, qu'elles viennent quelquefois partager avec nous, n'en ont attiré aucune et l'espèce a disparu dans ce canton. J'ai bien vu quelques frelons, mais en très petit nombre. Toutes les informations que j'ai prises me persuadent qu'il y a eu disette de guêpes à quelques lieues à la ronde. Il serait curieux de savoir jusqu'où cela s'est étendu; il le serait plus encore de connaître la cause de cette disparition. L'avez-vous observée dans vos cantons et voudriez-vous, Monsieur, prendre quelques informations là-dessus dans vos environs?

Un M. Gonthar, propriétaire des eaux minérales découvertes dans la vallée de St-Gervais (1), m'a assuré que l'on avait remarqué qu'il n'y avait point de guêpes; je n'aurais pas cru avoir jamais à les regretter. Il me manque aussi l'Atropos, je ne puis pas en accrocher un l'année dernière et celle-ci; la chenille de la pomme de terre n'a point paru à ma connaissance. La crainte que j'avais elle de leur énorme multiplication en 1804 pour nos abeilles ne s'est donc point réalisée. Aussi, celles que je puis observer n'ayant point cet ennemi à redouter n'ont point casematé leurs portes, ni l'année dernière ni celle-ci, ce qui est aussi curieux que la précaution qu'elles prennent précisément alors qu'elle est nécessaire.

Note (1) : Dans la Haute-Savoie. - Note du rédacteur.

Je finis à regret de m'entretenir avec vous. Si vous le pouvez, Monsieur, dites-moi bien vite de vos nouvelles et ne doutez jamais du dévoilement de votre très humble serviteur.

Au Bouchet, près de Genève, le 19 octobre 1806.

HUBER-LULLIN.

HUITIÈME LETTRE

Monsieur,

Notre cher comte m'apprit il y a deux jours votre perte et votre juste douleur. Vous voulez bien croire que j'y prends la plus vive part et que votre malheur a coûté des larmes à votre nouvel ami comme à ceux qui jouissent depuis plus longtemps du bonheur d'être en relation avec vous. Je m'affligeais d'être privé si longtemps de vos nouvelles, celles que je viens de recevoir expliquent trop bien votre silence.

Je voudrais espérer que votre correspondance n'est qu'interrompue, que vous pourrez bientôt reprendre vos occupations favorites et qu'elles apporteront, à l'aide de Dieu et du temps, quelque soulagement à vos peines.

M. de Flumet m'a dit que vos abeilles vous avaient donné quelque souci. En auriez-vous perdu cet hiver, comme cela est arrivé à beaucoup de gens à ma connaissance ?

Les miennes auraient eu le même sort si les ruches dont je me sers ne m'avaient pas permis de connaître leur situation économique et de voir qu'elles n'avaient pas assez de miel pour passer l'hiver, La douceur de celui que nous avons eu a augmenté leur consommation et les rigueurs du printemps ne leur ont point permis, jusqu'au 22 avril, de rapporter des provisions de bouche,

Dès que je m'aperçus de la pauvreté de mes ruches, je leur adaptai de petits entonnoirs par le moyen desquels je pouvais, sans les déranger, y faire couler du miel (1). On donnait une bonne cuillerée à chaque ruche de deux jours l'un, et c'est surtout lorsque le soleil brille et qu'il invite les abeilles à sortir que ce secours me paraît le plus nécessaire. Mais à quoi attribuer leur pénurie ail sortir d'une saison qui semblait des plus favorables, puisque nos campagnes furent toujours couvertes de fleurs jusqu'à latin de l'automne ? Les prunes, comme vous le savez, avaient été très abondantes, on en sécha prodigieusement dans nos environs; les séchoirs furent toujours couverts d'abeilles et cela dura longtemps, Auraient-elles été trompées par cet appât, aurait-elles négligé une récolte plus utile et plus durable pour cette récréation passagère ? J'en parlai à quelques vieux paysans, qui me dirent que les années où les prunes abondaient étaient fatales aux abeilles. Sans l'aventure de cet hiver, je ne l'eusse jamais cru.

Note (1) : Avant d'avoir lu cette lettre, je m'imaginais avoir été le premier à me servir d'un entonnoir pour nourrir les abeilles sans ouvrir la ruche. – Note du rédacteur.

Les essaims ont été rares et tardifs dans nos cantons; dans le pays de Vaud, cela n'a pas été différent. La sécheresse dont nous souffrons depuis deux mois a fort contrarié les abeilles et surtout les derniers essaims que j'ai eus dans la dernière semaine de juin; ayant employé tout leur miel à la fabrication des rayons, ils seraient morts de faim ou n'auraient fait que languir si je ne les eusse pas secourus.

J'ai quelques ruches de verre que j'ai peuplées cette année, Deux entre autres, de forme hexagone et qui ne peuvent être haussées qu'à la manière de Palteau (1). Elles ne sont habitées que depuis la fin de juin. Le travail en cire, que la sécheresse interrompit beaucoup trop tôt, n'a point été repris par les abeilles que j'ai gorgées de miel à plusieurs reprises. Elles n'ont pas transporté une goutte de ce miel dans leurs gâteaux, ni fait un seul alvéole à ses dépens. Pour les forcer à convertir ce miel en cire, il faut écarter les rayons les uns des autres, et c'est à quoi les ruches en feuillets se prêtent exclusivement. Elles n'ont que l'inconvénient d'exiger de l'adresse pour les manier et quelque précision dans la construction. J'ai voulu chercher à les rendre d'un usage plus facile et j'ai malheureusement trouvé par expérience qu'au lieu de les simplifier leur perfectionnement exigeait qu'elles fussent encore plus compliquées.

Note (1) Auteur de *Nouvelle construction de ruche en bois* avec la façon de gouverner les abeilles. Metz et Paris 1773. - Note du rédacteur.

Ma petite invention réussirait parfaitement entre vos mains; un jour je vous en donnerai les détails si vous en êtes curieux. Il ne me reste de temps aujourd'hui que pour me rappeler à votre souvenir, et vous prier, Monsieur, de conserver un peu d'intérêt à votre dévoué. Août 1807.
F. HUBER

A Horace-Benedict de Saussure, à Genève (1)

(Sans date, Genève 1779.)

Monsieur,

Je me suis fait électriser ce matin. L'électricité était très belle au conducteur, mais pourquoi ne pouvait-on pas me tirer d'étincelles malgré tous vos soins, et quoique j'eusse fait communiquer mon excitateur à cornes avec la terre par le moyen d'une chaine, comme vous aviez eu la bonté de me le dire ? J'ai essayé de m'en tirer à moi-même en tenant à la main le manche qui isole, et en attachant la chaîne de communication à une paroi de la chambre; alors je me suis tiré des étincelles extrêmement fines et faibles; elles m'ont cependant causé assez de douleur et d'élévation à la peau; la chaîne que je lie au conducteur ne me communique peut-être pas assez d'électricité; une verge avec une pomme de métal vaut mieux apparemment. Le défaut n'est peut-être que dans l'excitateur, dont les boules sont fort petites. Voudriez-vous bien me faire la grâce, Monsieur, de me prêter les verges dont je me servais chez vous, pour que je m'en procure de pareilles, si elles sont nécessaires pour mon opération.

Nous eûmes bien du regret de n'avoir pas été hier à la maison.

Outre le plaisir de vous voir et de vous remercier de vos bontés, nous aurions eu le cœur net sur tout cela sans être indiscrets.

J'ai l'honneur d'être votre très humble et obéissant serviteur,

HUBER-LULLIN.

Note (1) : En m'envoyant cette lettre, M. Pictet remarque qu'il n'est pas sans intérêt d'apprendre qu'après de longues années de cécité, Huber cherchait encore dans l'application de l'électricité, les moyens de recouvrer la vue. - Note du rédacteur.

A Augustin-Pyramus de Candolle, à Genève
PREMIÈRE LETTRE

(Non datée: timbrée du 26 mai 1828.)

Très cher de Candolle,

En réponse à la lettre de ma jeune cousine, je lui ai promis de m'adresser directement à vous pour lui donner l'explication du fait qu'elle a observé, ne voulant pas la réduire à mes propres conjectures. Elle a accepté l'offre que je lui ai faite, et, dans une dernière lettre, elle insiste sur son exécution. Permettez-moi donc de vous demander quelques lignes pour satisfaire un désir de s'instruire que vous ne désapprouverez pas. Vous verrez par sa lettre que je me suis vanté au Bois d'Ely du don que vous m'avez fait d'une petite filleule (1), ce dont j'ai prié notre cher Prévost de vous remercier. Quelle apparence y a-t-il que nous puissions acclimater chez nous cette pauvre Brésilienne, et que mes jeunes amis puissent en choyer une dans cette latitude ?

Note (1) : Le prof. de Candolle avait donné à un genre nouveau de plantes le nom d'*Huberia*, en l'honneur de Huber. Voir 46me Lettre à Mlle de Portes, page 123. - Note du rédacteur.

J'ai vu dernièrement que vous vous occupiez des Melastomées.

Le parrain de Mlle Huber devrait, ce me semble, ne pas être le dernier des amateurs d'histoire naturelle à connaître le caractère et les qualités extérieures de cette famille de plantes.

Je n'ai pas du tout songé à publier un mot de ce que mon cher Prévost a communiqué à notre Société; je ne vous en remercie pas moins de vos bons avis et vous prie bien fort de croire à la sincère amitié comme à la parfaite considération de—HUBER-LULLIN,

DEUXIÈME LETTRE

(Sans date; cotée au dos par le prof. de Candolle: « de Lausanne, 1830 ».)

Très cher parent,

Mon fils me fit il y a quelques jours un véritable plaisir en m'apprenant que mon père n'était point encore oublié dans sa patrie, et que la Société des Arts verrait avec intérêt les échantillons de ses talents qui pourraient être entre mes mains (1).

Note (1) : Jean Huber, mort en 1790. Voir la note, 1re page de l'*Introduction. -* Note du rédacteur.

Votre aimable lettre, qui confirme cet espoir, mérite toute ma reconnaissance. Veuillez remercier la Société que vous présidez de l'accueil qu'elle a bien voulu faire à mon présent. Je ne pouvais y être insensible. Dieu sait si je ne profiterai pas quelque jour de la permission qu'elle me donne d'assister, au moins de cœur, dans son beau musée, à une des séances de la Classe qui s'intéresse aux arts que mon père a cultivés. Si j'apprenais que je pusse espérer de vous entendre, il est très probable que je ne résisterais pas à la tentation.

Je ne puis vous adresser ces lignes sans vous remercier aussi de la permission que vous avez donnée à mon fils de suivre votre cours. Ce qu'il m'en rapporte n'est point entendu froidement par un ami de la Nature et de son digne interprète.

Tout à vous, HUBER-LULLIN.

Au professeur Marc-Auguste Pictet (1)

Note (1) : Cette lettre est intéressante par la bonne foi que Huber mettait dans ses recherches. - Note du rédacteur.

Genève, le 17 février 1813.

Mon cher Pictet,

Depuis que je vous ai soumis mon travail sur la respiration des abeilles, il a pris plus d'importance à mes propres yeux. J'en suis plus content depuis qu'il m'a paru vous intéresser, et c'est précisément pour cela que je voudrais le rendre plus digne de votre approbation et de celle de vos pareils (2).

Note (2) : Voir *Nouvelles Observations*, 1814, Tome second, Chap., VIII, pages 309 à 362. - Note du rédacteur.

La première chose à faire selon moi, c'est de ne donner mon opinion sur la cause mécanique du renouvellement de l'air dans la ruche que comme une simple conjecture, mais dont la probabilité a été fort augmentée par le succès des ventilateurs artificiels. En présentant la chose sous la forme d'une question que je ne me vante point de résoudre, je risque moins de compromettre ma réputation et celle de mes amis. Les physiciens et les naturalistes ne trouveront point mauvais que je leur donne la liberté de penser d'une autre manière et de chercher ou de trouver une meilleure explication de ce curieux phénomène.

Vous ne m'avez pas reproché d'avoir épargné les expériences: eh bien, je suis moins indulgent que vous, mon cher ami, il me semble que je n'en ai point fait assez. Pourquoi, par exemple, n'ai-je point répété en hiver ce que j'ai fait en d'autres saisons Ne fallait-il pas savoir si les abeilles gâtaient l'air au même degré quand la mauvaise saison les retient chez elles que lorsqu'elles ont la clef des champs ?

L'expérience de la ruche fermée aurait encore été bonne à répéter. L'événement quelconque nous eût appris si de libres communications avec l'air étaient aussi nécessaires en hiver qu'elles le sont en été ? Ce qui pourrait en faire douter, c'est l'usage où l'on est, en certains cantons, de renfermer les abeilles pins ou moins étroitement à partir de la fin de l'automne jusqu'au retour du printemps. Il y a même, à ce qu'on dit, des paysans qui murent les portes de leurs ruches avec du mortier, de la terre glaise ou de la bouse de vache. On assure que ces ruches ne s'en trouvent pas mal. Quoique cette manière de clore les ruches soit loin d'être hermétique, et qu'elle ne prévienne qu'imparfaitement l'introduction et le renouvellement de l'air, je n'aurai l'esprit en repos là-dessus que lorsque j'aurai vu ce qui arrivera à des abeilles renfermées pendant l'hiver aussi rigoureusement que le furent, pendant l'été, celles que j'ai soumises à ma cruelle expérience.

Il me semble qu'il n'y n'aurait point de mal, en terminant le mémoire, d'indiquer ce qui reste à faire et, si l'on veut, d'annoncer que je le ferai. En parlant moi-même des ruches fermées par les cultivateurs dans l'arrière-saison, je préviens une objection qu'on ne manquerait pas de me faire, et qui paraîtrait péremptoire. Je ne négligerai rien pour me mettre en état de l'apprécier. Peut-être cela sera-t-il fait avant l'impression, car l'épreuve (1) ne demande qu'une demi-heure.

Note (1) : Le mot épreuve semble employé ici dans le sens d'essai, *expérience* et non pas dans celui d'*épreuve d'imprimerie*. - Note du rédacteur.

Je perdis, il y a trois ans, une superbe ruche en hiver, et voici à quoi je crus pouvoir l'attribuer: Comme elle était vitrée, on l'avait recouverte d'un épais surtout de paille. Les liens s'étant relâchés, le surtout descendit trop bas à notre insu et barra la porte des abeilles. L'obstruction fut encore augmentée par les cadavres des ouvrières qui meurent journellement dans les ruches, et qui, dans ce cas, ne purent être emportés et jetés à la voide. Ils s'y corrompirent donc, et comme l'air vicié par ces cadavres et par la respiration des abeilles ne put être expulsé, ni renouvelé, il fallut bien que la peuplade périt.

Mon fils a oublié de faire mention de l'unique expérience que je me sois permise en hiver. Je l'entrepris, comme vous le verrez dans cette lettre, à l'instigation de M. Senebier, qui la trouva nécessaire et son résultat décisif. Le courant d'air observé par Burnens, en février, à la porte de sa ruche ne semble-t-il pas prouver en effet que les abeilles respirent en hiver comme en été; qu'elles gâtent l'air autour d'elles et savent le renouveler, - à moins cependant que les mouvements de nos anémomètres ne puissent être attribués à une autre cause, par exemple à l'électricité, au magnétisme ou à quelque autre *foléra !* Eh bien, quel que fol que cela paraisse, il est si facile d'en avoir le cœur net que je ne le négligerai pas. Un bâton de cire et un tube de verre suffiront pour réduire ce soupçon à sa juste valeur.

HUBER.

A Monsieur de Végobre, à Genève
PREMIÈRE LETTRE

Lausanne, 28 mai 1827.

… Si j'avais prévu le mauvais temps de cette semaine, je l'aurais encore passée près de la bonne amie que j'ai quittée avec bien du regret.

Les pauvres abeilles ne sont pas plus prévoyantes à cet égard que leur observateur invalide. Le lendemain de mon arrivée, c'est-à-dire le jour même de nos trombes, la matinée fut assez belle et j'eus beaucoup de visites, entre autres celle d'un bel essaim qui vint se poser sous la fenêtre de mon salon. N'étant pas très partisan du hasard, j'ai attribué tout bonnement cette visite à quelque chose de mieux et à toute bonne fin je l'ai prise pour un hommage et l'ai trouvée d'un bon augure. Pour que ces pauvres bêtes ne se trouvassent pas trop mal de leur empressement, j'ai voulu qu'on leur donnât un dîner qui leur convint et empêchât que cette suite de mauvais jours leur fit aussi trop de mal. Un sirop de sucre dans du vin a dû produire cet effet et nous les voyons aujourd'hui aussi vives et gaillardes que nous pouvions le désirer.

J'eus, il y a quelques jours, le très grand plaisir d'entendre une belle dame conter à une nombreuse société ce que mon dernier confident en avait dit dans notre journal universel de mars (1). Elle en parlait avec l'air d'intérêt des nouvelles connaissances et je parierais qu'elle n'avait jamais lu ni peut-être entendu parler Iles Observations qui en avaient fourni le sujet; l'ouvrage dont elles sont tirées gagnerait à être montré de ce ton-là. Trop de détails fatiguent et risquent souvent d'ennuyer; ceux qui en veulent absolument pourront en trouver en suffisance dans mon livre; ce qui m'appartient réellement ne tiendrait pas tant de place; les chapitres de l'Architecture gagneraient à être abrégés, les lecteurs et l'auteur n'y perdraient rien.

Note (1) : La Bibliothèque Universelle, publiée à Genève. - Note du rédacteur.

Réaumur, grâce à ses mauvaises ruches, n'a pu voir que l'art que mettent les abeilles à polir, à perfectionner et à achever leurs alvéoles. Mes ruches avec leurs voûtes transparentes m'ont permis de voir les premières ébauches et c'était le plus curieux. Quand vous en serez entrain, je vous en reparlerai et vous dirai ce qui semble hon à conserver et à omettre.

DEUXIÈME LETTRE

Lausanne, le 14 février 1828

Ecrivant l'autre jour à l'un de mes correspondants, je fus amené, sans trop savoir pourquoi, à lui parler de l'aiguillon empoisonné de nos abeilles; je ne crois pas, mon cher monsieur, vous en avoir jamais entretenu ; vous ne trouverez peut-être pas trop déplacé que je le fasse aujourd'hui, à temps perdu. Je n'ai que deux choses à vous en dire et cela n'exigera de vous que très peu d'attention.

La première de ces choses est le préjugé généralement établi que l'aiguillon chez les abeilles et d'autres insectes est une arme offensive, infiniment redoutable pour nous et pour tous les animaux. Si cela était, la terre que nous habitons en commun serait absolument inhabitable pour tous; comme cela n'est pas, l'accusation tombe d'elle-même, mais cela aurait pu être; il y a bien de l'ingratitude à ne pas vouloir le remarquer et en bénir la Providence.

Chez d'autres insectes que les abeilles, l'aiguillon est purement une arme défensive, ou vengeresse, ou leur sert à faciliter rentrée de leurs œufs dans l'écorce ou dans le parenchyme des plantes dans lesquelles est préparé l'aliment qui convient à leurs petits.

L'aiguillon chez les abeilles a des usages plus étendus, si ce n'est plus importants; c'est le pivot autour duquel roule toute leur police et dont résulte l'ordre et par conséquent le bonheur de ces peuplades favorisées, de ces ruches, en un mot, que nous ne pouvons trop admirer, même en ne comptant pas sur le profit et l'utilité très réelle que nous savons en tirer.

Un Français, à qui j'avais prêté mon livre, me fit dire en me le renvoyant qu'il n'y avait rien de neuf, que ce n'était que le B. A. BA d'une science dont Réaumur avait vu et dit tout ce qu'il y avait d'intéressant à y voir et à en dire.

Cher et grand Réaumur, auriez-vous été si injuste et si impoli ?

Non, vous n'auriez pas vu de si mauvais œil votre écolier impotent; c'est bien à vous que je dois tout ce que j'ai su des abeilles avant de les avoir observées moi-même et en suivant vos excellentes leçons, Vous aviez conduit leur histoire jusqu'au moment où la vieille reine dépose ses œufs dans les cellules royales, je n'ai eu qu'à vous suivre depuis là, Le fil que vous aviez mis vous-même entre mes mains m'a conduit à voir un spectacle bien étrange et auquel ni vous ni moi ne nous serions attendus; aussi fus-je bien étonné et presque scandalisé quand je vis par les yeux de mon fidèle secrétaire la reine-mère elle-même détruire le berceau royal à belles dents et tuer à grands coups d'aiguillon les nymphes royales, dont naguère elle avait déposé les germes sous mes yeux, se reposer ensuite quelques moments et conti-nuer à détruire tout ce qu'il y avait de larves et de nymphes dans les alvéoles royaux, dans le cas cependant où le mauvais temps prolongé ne permettait point de voir sortir des essaims cette même année de la ruche natale. De cet assassinat devait résulter quelque heureuse com-pensation, en rendant impossible la pluralité des femelles dont vous aviez pressenti le danger; quelques coups d'aiguillon avaient assuré le bonheur et la paix de la république, ou, si vous l'aimez mieux, de la monarchie constitutionnelle.

Un autre usage de l'aiguillon, qui n'est pas moins important et que M. de Réaumur paraît avoir deviné, est celui qu'en font les abeilles quand elles doivent se défaire de leurs mâles, ce qui n'arrive jamais qu'après la féconda-tion; loi bien étrange sans doute et dont rien de purement physique ne nous mène à comprendre la constante, l'iné-vitable exécution. C'est un décret du Ciel même, dont les voies ne sont pas les nôtres, mais dont les suites bien heureuses pour le peuple abeille nous montrent comme toujours que la sagesse y a présidé.

Si ces mouches bien étonnantes eussent oublié de tuer leurs mâles quand ils ne leur servent plus à rien, la famine et leur ruine totale en eussent été l'infaillible résultat, ce qu'il fallait éviter. Ce ne sont pas seulement les mâles adultes qu'elles exterminent; leurs nymphes, leurs larves et jusqu'à leurs œufs sont détruits sans miséricorde, ce qui étonne et confond presque quand on a vu les soins dont toute la race masculine a été le constant objet dans ces mêmes ruches, dont les abeilles, par une révolution inconcevable, sont devenues tout à coup leurs ennemis et leurs bourreaux.

Votre HUBER tout dévoué.

Abrégé de « la vie et les écrits de François Huber » par Professeur A. P. De Candolle

François Huber 1750-1831

François Huber naquit à Genève, le 2 Juillet 1750, d'une famille honorable et chez laquelle la vivacité de l'esprit et de l'imagination semble héréditaire: son père, Jean Huber, a eu la réputation d'être l'un des hommes les plus spirituels de son temps, et se trouve souvent cité à

ce titre par Voltaire qui appréciait sa conversation originale ; il était agréable musicien, faisait des vers qu'on
vantait même dans le salon de Ferney, se distinguait par
des réparties vives et piquantes, peignait avec facilité et
avec talent, excellait tellement dans l'art des découpures
de paysage qu'il semble avoir créé ce genre, sculptait
même mieux qu'il n'est donné aux simples amateurs de le
faire, et à ces talents variés il joignait le goût et l'art de
l'observation des mœurs des animaux .

Jean Huber transmit presque tous ses gouts à son
fils. Celui-ci suivit dans son enfance les leçons publiques
du collège, et guidé par de bons maîtres y prit le goût de
la littérature que la conversation de son père développait ;
il dut encore à cette inspiration paternelle le goût de
l'histoire naturelle ; il prit celui des sciences physiques
dans les cours de De Saussure et en manipulant dans le
laboratoire d'un de ses parents qui se ruinait à chercher la
pierre philosophale. Doué d'une âme ardente il eut un
développement très précoce, s'étudia à observer la nature
à l'âge où d'autres pensent à peine qu'elle existe, et sentit
des passions vives à l'âge où d'autres ont à peine des
émotions. Il semblait que, destiné à être soumis dans peu
à la plus cruelle des privations, il faisait, comme par
instinct, des provisions de souvenirs et de sentiments
pour le reste de ses jours. Dès l'âge de quinze ans, sa
santé générale et sa vue commencèrent à s'altérer ;
l'ardeur qu'il mettait à ses travaux et à ses plaisirs, la
passion avec laquelle il passait les jours à l'étude, et les
nuits à lire des romans à la faible lueur d'une lumière
qu'on lui enlevait même quelquefois et qu'il s'était accoutumé à remplacer par la clarté de la lune, furent, dit-on,
les causes qui menacèrent à la fois, et sa force et sa vue.
Son père le mena à Paris consulter Tronchin pour sa santé
et Venzel pour l'état de ses yeux.

Tronchin voulant combattre son état de marasme l'envoya passer quelque temps dans un village des environs de Paris (Stain), pour y vivre, s'il était possible, à l'abri de toute agitation; on le réduisit à la vie d'un simple paysan; il conduisait la charrue et se livrait à tous les travaux rustiques; ce régime eut un plein succès, et Huber garda de ce séjour à la campagne, non seulement une santé inaltérable, mais encore un tendre souvenir et un goût particulier pour l'habitation des champs.

L'occultiste Venzel regarda l'état de sa vue comme incurable; il ne crut pas possible de hasarder l'opération de la cataracte, alors moins connue qu'aujourd'hui, et annonça au jeune Huber la probabilité d'une prochaine et complète cécité.

Cependant ses yeux, malgré leur faiblesse, avaient, dès avant son départ et depuis son retour, rencontré ceux de Marie-Aimée Lullin, fille de l'un des Syndics de la République ; ils s'étaient trouvés souvent ensemble dans des leçons de danse. Un amour mutuel, tel qu'on le ressent à 17 ans, s'était établi entre eux et était devenu partie de leur existence ; ni l'un, ni l'autre ne pouvaient croire qu'il fût possible de désunir leur sort, et cependant la chance toujours croissante de la prochaine cécité d'Huber décida Mr. Lullin à refuser son consentement à cette union ; mais plus le malheur de son ami, du compagnon qu'elle s'était choisi, devenait certain, plus Marie se regardait comme engagée à ne pas l'abandonner. Elle l'aimait d'abord par amour, puis par générosité et par une espèce d'héroïsme, et résolut d'attendre l'âge de sa majorité, alors fixée à 25 ans, pour s'unir avec Huber. Celui-ci sentant de son côté tout le tort que son infirmité faisait à ses espérances, s'efforçait de la dissimuler ; tant qu'il pouvait encore discerner quelque clarté, il aimait à faire illusion et à lui-même et au public ; il agissait, il parlait comme s'il pouvait voir, et trahissait souvent son malheur par cette confiance. Ces sept années avaient fait une telle impression sur lui que pendant le reste de sa vie, à l'époque même où sa cécité vaincue avec tant d'habileté était un des titres de sa célébrité, il aimait encore à le dissimuler : il vantait la beauté d'un point de vue par ouïe dire, ou par simple souvenir ; l'élégance du costume, la fraîcheur du coloris d'une femme, quand sa voix lui plaisait ; et dans sa conversation, dans ses lettres, dans ses livres mêmes, il aimait à dire, j'ai vu, j'ai vu de mes yeux. Ces mensonges innocents qui ne trompaient ni lui, ni les autres, étaient comme autant de souvenirs de cette époque fatale de sa vie où chaque jour il voyait s'épaissir les crêpes qui l'entouraient et où il pouvait craindre qu'au malheur d'être aveugle il put joindre celui d'être abandonné par l'objet de son amour ! Il n'en fut pas ainsi : Mlle. Lullin résista à toutes les séductions, à toutes les persécutions même, par lesquelles son père cherchait à la détourner de son projet, et dès le moment de sa majorité elle se présenta au temple conduite par son oncle maternel, Mr. Rilliet-Fatio, et conduisant, pour ainsi dire, elle-même l'époux qu'elle s'était choisie lorsqu'il était heureux et brillant, et au triste sort duquel elle voulait maintenant dévouer sa vie ! Une amie, une parente, une confidente intime était auprès d'elle ; cette amie c'était ma mère, et le récit de cette noce d'amour et de dévouement souvent raconté par elle dans ma jeunesse, se lie dans mon cœur à mon plus doux souvenir.

Madame Huber se montra digne par sa constance, de l'énergie qu'elle avait développée: pendant quarante ans qu'a duré cette union, elle n'a pas cessé de rendre à son époux aveugle les soins les plus touchants ; elle était sa lectrice, son secrétaire, faisait des observations pour lui, lui évitait tous les embarras que sa situation aurait pu faire naître. Son mari, faisant allusion à sa petite taille, disait-elle, *mens magna in corpore parvo* (un grand esprit dans un petit corps). Tant qu'elle a vécu, disait-il encore dans sa vieillesse, je ne m'étais pas aperçu du malheur d'être aveugle !

On a vu des aveugles briller comme poètes, on en a vu se distinguer comme philosophes, comme calculateurs; mais il était réservé à Huber de s'illustrer, quoique privé de la vue, dans les sciences d'observation et sur des objets si minutieux que les observateurs clairvoyants ne les distinguent eux-mêmes qu'avec peine. La lecture des ouvrages de Réaumur et de Bonnet, et la conversation de ce dernier, dirigèrent sa curiosité sur l'histoire des abeilles ; son séjour habituel à la campagne lui inspira le désir d'abord de vérifier quelques faits, puis de remplir quelques lacunes de leur histoire ; mais pour ce genre d'observations il lui fallait, non pas seulement un instrument du genre de ceux que le travail qu'un opticien peut fournir, mais un aide intelligent que lui seul pouvait façonner à cet usage ; il avait alors un domestique nommé François Burnens, remarquable par la sagacité de son esprit et le dévouement qu'il portait à son maître. Huber le dressa à l'art d'observer, le dirigea dans ses recherches par des questions adroitement combinées, et au moyen des souvenirs de sa jeunesse et des témoignages qu'il recueillait auprès de sa femme et de ses amis, il contrôlait les récits de son aide et parvenait à se faire une image nette et vraie des moindres faits. *Je suis bien plus sûr*, me disait-il un jour en riant, *de ce que je raconte, que vous ne l'êtes vous-mêmes, car vous publiez ce qu'ont vu les yeux seuls, et moi je prends la moyenne entre plusieurs témoignages*. Raisonnement très plausible, sans doute, mais qui ne dégoûtera personne de l'usage de ses yeux!

La publication de ces travaux eut lieu en 1792, sous la forme de lettres à Charles Bonnet et sous le titre de Nouvelles observations sur les abeilles. Cet ouvrage frappa beaucoup les naturalistes, non-seulement par la nouveauté des faits, mais par leur rigoureuse exactitude et par la singulière difficulté contre laquelle l'auteur s'était débattu avec tant de talent. La plupart des académies de l'Europe, et notamment l'académie des Sciences de Paris, admirent peu à peu Huber au nombre de leurs associés ; le poète Delille célébra sa cécité et ses découvertes, et notre aveugle fut dès ce moment placé au premier rang parmi les observateurs les plus habiles, j'allais dire les plus clairvoyants.

L'activité de ses recherches ne fut ralentie, ni par ce premier succès qui aurait pu satisfaire son amour-propre, ni par les embarras qui résultèrent pour lui de déplacements occasionnés par la révolution, ni même par sa séparation d'avec son fidèle Burnens. Il lui fallait un autre aide. Sa femme lui en servit d'abord ; puis son fils Pierre Huber, qui dès lors s'est acquis une juste célébrité dans l'histoire des mœurs des fourmis et de plusieurs autres insectes, commença son apprentissage d'observateur en prêtant ses secours à son père. Ce fut principalement par son aide qu'il exécuta de nouvelles et laborieuses recherches sur ses insectes favoris. Elles forment le second volume de la seconde édition de son ouvrage, publiée en 1814 et en partie rédigée par son fils.

L'origine de la cire était alors un point de l'histoire des abeilles débattu par les naturalistes: quelques-uns avaient dit, mais sans en donner des preuves suffisantes, qu'elles la fabriquaient avec le miel ; Huber, qui avait déjà heureusement débrouillé l'origine de la propolis, confirma cette opinion sur celle de la cire par de nombreuses observations, et montra en particulier, avec l'aide de Burnens, comment elle s'échappe sous forme de lames entre les anneaux de leur abdomen. Il se livra à des recherches laborieuses, pour reconnaître comment les abeilles la préparent pour leurs édifices ; il suivit pas à pas toute la construction de ces merveilleuses ruches qui semblent résoudre par leur perfection les problèmes les plus délicats de la géométrie ; il assigna le rôle que joue dans cette construction chaque classe d'abeilles, et suivit leurs travaux depuis le rudiment de la première cellule jusqu'au perfectionnement complet du gâteau. Il fit connaître les ravages que le Sphinx atropos exerce dans les ruches où il s'introduit ; il tenta même de débrouiller l'histoire des sens des abeilles, et en particulier de rechercher le siège de ce sens de l'odorat dont toute l'histoire des insectes démontre l'existence, tandis que leur structure n'en laisse pas encore fixer l'organe avec certitude. Enfin, il se livra à des recherches curieuses sur la respiration des abeilles ; il prouva d'abord par plusieurs expériences, que ces insectes consomment du gaz oxygène comme les autres animaux. Mais comment l'air peut-il se renouveler et conserver toute sa pureté dans une ruche enduite de mastic et close de toutes parts, sauf l'étroit orifice qui lui sert de porte ? Ce problème exerça toute la sagacité de notre observateur, et il vint à reconnaître que les abeilles, par un mouvement particulier de leurs ailes, agitent l'air de manière à déterminer son renouvellement ; après s'en être assuré par l'observation directe, il prouva encore son opinion en imitant cet effet au moyen d'une ventilation artificielle.

Cette persévérance d'une vie entière sur un objet donné est un des traits caractéristiques d'Huber, et probablement l'une des causes de ses succès. Les naturalistes se partagent, d'après leurs goûts et souvent d'après leur position, en deux séries ; les uns aiment à embrasser l'ensemble des êtres, à les comparer entre eux, à saisir les rapports de leur organisation, et à en déduire leur classification et les lois générales de la nature ; ce sont nécessairement ceux qui ont à leur disposition de vastes collections, et pour la plupart, ils habitent dans les grandes villes : il en est d'autres qui se plaisent à l'étude approfondie d'un sujet donné, qui le considèrent sous toutes ses faces, le scrutent jusque dans ses détails les plus intimes et en suivent avec patience les moindres particularités ; ceux-là sont en général des observateurs sédentaires et isolés, vivant loin des collections, loin des grandes villes.

Huber se classe évidemment dans l'école des observateurs spéciaux; sa position, son infirmité l'y retenaient, et il s'y est acquis un rang honorable par la sagacité et la précision de ses recherches ; mais on sent facilement en lisant ses ouvrages, que sa brillante imagination le portait vers les idées générales. Dépourvu de termes de comparaison, il les cherchait dans cette théorie des causes finales, qui plaît à tous les esprits étendus et religieux, parce qu'elle semble rendre raison d'une foule de faits, mais dont on sait que l'emploi est souvent propre à égarer ; on doit lui rendre cette justice que l'usage qu'il en a fait a toujours été contenu dans les bornes de l'observation et du doute philosophique.

Son style est en général clair et élégant; sans cesser d'avoir la précision qui convient au genre didactique, il participe au genre d'agrément qu'une imagination poétique sait répandre sur tous les sujets; mais ce qui les distingue surtout, parce qu'on s'y attend moins, c'est qu'il décrit les faits d'une manière tellement pittoresque qu'en le lisant, on croit voir soi-même les objets que l'auteur, hélas n'avait pas vus ! En réfléchissant à cette singulière qualité du style descriptif d'un aveugle, j'ai cru m'en rendre raison en pensant aux efforts qu'il avait dû faire pour coordonner les récits de ses aides et s'en faire une image complète. Nous autres, qui jouissons souvent avec tant d'insouciance, de ce sens précieux auquel nous devons de saisir à la fois tant d'objets divers et tant de parties d'un même objet, nous négligeons souvent d'étudier quelle est celle de ces parties qui domine les autres et doit tenir le premier rang dans l'exposition ; nous risquons donc fréquemment que cette exposition soit

confuse, précisément parce que notre impression des objets est simultanée et sans effort ? Mais Huber était obligé d'écouter avec attention les récits des autres, de les classer avec méthode, de se refaire une image de l'objet par ses conceptions ; et sa narration écrite après cette laborieuse opération, fait passer notre esprit par toutes les phases qui ont éclairé le sien. J'oserai dire encore qu'on trouve dans ses descriptions un sentiment d'artiste, à tel point que je n'ai aucun doute que, s'il eut conservé la vue, il eut été peintre comme son père et son fils.

Son gout pour les beaux-arts ne pouvant s'appliquer aux formes, se porta sur les sons: il aimait la poésie, mais surtout il était doué d'une prodigieuse disposition pour la musique. Il avait pour elle un goût qu'on pourrait dire inné, et il en a tiré un grand secours pour les délasse-ments de sa vie entière ; il avait une voix agréable et s'était initié dès son enfance aux charmes de la musique italienne.

Le désir de conserver des relations avec ses amis absents, sans avoir besoin de secrétaire, lui fit naître l'idée d'une sorte d'imprimerie à son usage : il la fit exé-cuter par son domestique Claude Léchet dans lequel il avait développé le talent de la mécanique comme jadis celui de l'histoire naturelle dans François Burnens. Dans des cases numérotées se trouvaient de petits caractères d'impression très saillants, qu'il rangeait dans sa main ; il plaçait sur les lignes ainsi composées une feuille noircie avec une encre particulière, puis une feuille de papier blanc, et avec une presse que son pied mettait en mou-vement, il parvenait à imprimer une lettre qu'il pliait et cachetait lui-même, heureux de l'espèce d'indépendance qu'il espérait acquérir par ce procédé. Mais la difficulté de mettre cette presse en action, lui en fit bientôt abandon-ner l'usage habituel. Ces lettres, et des caractères d'algèbre en terre cuite, que son fils, toujours zélé et ingénieux pour lui être utile, avait fabriqués pour lui, furent pendant plus de quinze ans une source de distractions et d'amusements. Il jouissait aussi du plaisir de la promenade et même de la promenade solitaire au moyen de fils qu'il faisait tendre dans toutes les allées des campagnes qu'il habitait. En les suivant de la main il connaissait sa route, et de petits nœuds pratiqués de place en place l'avertissaient de sa direction et de sa position.

Doué naturellement d'une âme bienveillante, comment cette heureuse disposition, que le frottement des homes détruit trop souvent, ne se serait-elle pas conservée en lui? Il ne recevait de tous ceux qui l'entourait que des services et des égards. Le monde pratique, ce monde hérissé de tant de petites aspérités, avait disparu pour lui. On soignait sa maison, sa fortune, sans l'en embarrasser. Etranger aux fonctions publiques, il ignorait une grande partie des embarras des affaires, des ruses et des fraudes des hommes. Ayant pu rarement, et sans qu'on eut droit de le lui reprocher, être utile aux autres, il n'avait jamais éprouvé tout ce que l'ingratitude offre d'amer. La jalousie même se taisait, malgré ses succès, devant son infirmité. On lui savait gré d'être heureux, comme d'une vertu, dans une position où tant d'autres se seraient livrés à des regrets continuels. Les femmes lui apparaissaient toutes, pourvu que leur voix fût douce, comme il les avait vues à dix-huit ans. Son âme a donc toujours conservé cette fraîcheur d'imagination, cette candeur des sentiments de l'adolescence, qui en fait le charme et le bonheur ; aussi aimait-il la jeunesse, qui, plus que l'âge de l'expérience, se trouvait en accord de sentiments avec lui ; jusqu'à la fin de sa vie, il a pris goût à diriger les études des jeunes personnes et avait au plus haut degré l'art de leur plaire et de les intéresser. Quoiqu'avide de liaisons nouvelles, il n'abandonnait jamais ses anciennes amitiés. « Une chose que je n'ai jamais pu apprendre, » disait-il dans son extrême vieillesse, « c'est à désaimer ». Ainsi de vraies compensations, tirées de sa position même, s'étaient présentées à lui dans son malheur, et il avait eu le bon esprit de les apprécier et de savoir en jouir.

Sa conversation était en général amiable et gracieuse; il plaisantait avec légèreté", n'était étranger à aucune connaissance, et aimait à s'élever aux idées les plus graves et les plus importantes, comme à descendre au badinage le plus familier; il n'était pas savant dans le sens ordinaire du mot, mais en plongeur habile il touchait le fond de chaque question par une espèce de tact et une sagacité d'esprit qui suppléaient au savoir. Lorsqu'on lui parlait d'objets qui intéressaient sa tête ou son cœur, sa belle figure s'animait d'une manière particulière, et la vivacité de sa physionomie semblait, par une magie mystérieuse, animer jusqu'à ces yeux depuis si longtemps condamnés aux ténèbres.

Il a passé les dernières années de sa vie à Lausanne, soigné par sa fille Madame de Molin. De loin en loin il a encore donné quelque suite à ses anciens travaux. La découverte des abeilles sans aiguillon, faite aux environs de Tampico par le Capitaine Hall, excita son intérêt, et il eut une vive jouissance quand son ami le Professeur Prévost fut parvenu à lui faire arriver, d'abord quelques individus, puis une ruche même de ces insectes. Ce fut là le dernier hommage qu'il rendit à ses anciennes amies, auxquelles il avait dévoué tant de recherches laborieuses, auxquelles il avait dû de la célébrité, et ce qui vaut mieux, du bonheur : on n'a après lui, rien ajouté d'essentiel à leur histoire. Les naturalistes doués de la vue n'ont rien trouvé d'important à joindre aux observations de celui de leurs confrères qui en était privé.

Huber a conservé ses facultés jusqu'au dernier jour. Il a été amiable et aimant jusqu'à la fin. Agé de 81 ans, il écrivait à l'une de ses meilleures amies ; il est des moments où il est impossible de tenir les bras croisés, c'est lorsqu'en les écartant un peu l'un de l'autre, on peut dire à ceux qu'on aime tout ce qu'ils vous ont inspiré d'estime, de tendresse et de reconnaissance... Je ne dis qu'à vous, ajoutait-il plus bas, que la résignation et la sérénité sont des biens qui ne m'ont pas été refusés. Il écrivait ces lignes le 20 Décembre dernier ; le 22 il n'était plus, sa vie s'était exhalée sans douleurs et sans agonie entre les bras de sa fille. —*Abrégé de « La vie et les écrits de François Huber » par le Professeur De Candolle.*

A propos de l'auteur

François Huber n'avait que quinze ans quand il a commencé à souffrir d'une maladie qui a entraîné progressivement une cécité totale; mais, avec l'aide de son épouse, Marie Aimée Lullin, et de son domestique, François Burnens, il a été en mesure de mener des enquêtes qui ont jeté les bases d'une connaissance scientifique de l'histoire de la vie de l'abeille. Ses nouvelles observations sur les abeilles ont été publiées à Genève en 1792. D'autres observations ont été publiées plus tard dans le deuxième tome en 1814. Ce qu'il a découvert a posé les fondements pour toutes les connaissances pratiques que nous avons des abeilles aujourd'hui. Ses découvertes étaient tellement révolutionnaires, que l'apiculture peut très facilement être divisée en deux époques pré-Huber et post-Huber.

A propos du livre

Les Nouvelles observations sur les abeilles rédigées par François Huber entre 1789 et 1814, sont en fait une série de deux tomes. Dans le tome I publié en 1792, François Huber relate les observations et les résultats des expériences qu'il a menées sur des abeilles enfermées dans une ruche de verre, avec son fidèle assistant François Burnens dans un ensemble de lettres adressées à M. Charles Bonnet. Dans le deuxième tome publié en 1814, François Huber relate la suite de ses observations sur les abeilles. Il y aborde différents sujets comme l'origine de la cire, la respiration des abeilles, l'usage des antennes par les abeilles etc.

A l'occasion du bicentenaire de la première publication de la série des deux tomes, nous vous proposons une édition révisée et étendue des Nouvelles Observations sur les Abeilles de François Huber. Dans cette édition, vous retrouverez les deux tomes des Nouvelles observations sur les Abeilles ; vous y retrouverez aussi les Lettres Inédites de François Huber faisant suite aux Nouvelles Observations, ainsi que l'autobiographie abrégée de l'auteur, le tout réuni en un seul livre. Dans cette édition de 2014, la table des matières a été placée au début du livre, des illustrations tirées de copies très bien conservées de l'édition de 1814 des Nouvelles observations, ont été incluses dans le texte, à l'endroit où elles sont citées ; une table des illustrations située à la suite de la table des matières répertorie toutes ces illustrations. En outre, dans cette nouvelle édition, l'ancien français dans lequel les ouvrages d'origine étaient rédigés, a été actualisé et le texte original a été divisé en rubriques et sous-rubriques pour un plus grand confort de lecture.

De la fécondation de la Reine-Abeille jusqu'à la méthode d'essaimage artificiel, en passant par l'origine de la cire et bien d'autres sujets très intéressants, malgré leur grand âge, les Nouvelles Observations sur les Abeilles de François Huber reste un des principaux ouvrages de référence dans le domaine de l'apiculture.

www.ingramcontent.com/pod-product-compliance
Lightning Source LLC
Chambersburg PA
CBHW022044210326
41458CB00071B/155